纺织科学与工程高新科技译丛

智能纺织品及其应用

［法］弗拉丹·孔卡尔（Vladan Koncar） 编著

贾清秀 裴广玲 李 昕 译

王 锐 主审

中国纺织出版社有限公司

内 容 提 要

智能纺织品是一种能够感知和响应环境变化的纺织品。本书从应用领域的角度出发,详细介绍了三大类智能纺织品:医疗用智能纺织品,交通和能源用智能纺织品,起防护、安全和通信作用的电子纺织品。在每一大类中,以严谨科学的态度讨论了目前全球领先的学术和工业实验室中获得的各种研究成果、研究原型、相关科学问题及其解决方案,同时对智能纺织品的工业化进展及面临问题进行了概括。本书中理论与实践内容并行,案例丰富,不仅对学术界的研究人员和学生有参考价值,也对智能纺织品设计生产商和初创企业有所帮助。

本书中文简体版经 Elsevier Ltd.授权,由中国纺织出版社有限公司独家出版发行。本书内容未经出版者书面许可,不得以任何方式或任何手段复制、转载或刊登。

著作权合同登记号:**01-2019-0557**

图书在版编目（CIP）数据

智能纺织品及其应用/（法）弗拉丹·孔卡尔
(V. Koncar) 编著;贾清秀,裴广玲,李昕译. --北京:
中国纺织出版社有限公司, 2021.1
(纺织科学与工程高新科技译丛)
书名原文:Smart Textiles and Their Applications
ISBN 978-7-5180-6644-5

Ⅰ.①智… Ⅱ.①弗… ②贾… ③裴… ④李… Ⅲ.
①智能材料—纺织品 Ⅳ.①TS1

中国版本图书馆 CIP 数据核字（2019）第 190160 号

责任编辑:朱利锋   责任校对:寇晨晨   责任印制:何 建

中国纺织出版社有限公司出版发行
地址:北京市朝阳区百子湾东里 A407 号楼   邮政编码:100124
销售电话:010—67004422   传真:010—87155801
http://www.c-textilep.com
中国纺织出版社天猫旗舰店
官方微博 http://weibo.com/2119887771
北京云浩印刷有限责任公司印刷 各地新华书店经销
2021 年 1 月第 1 版第 1 次印刷
开本:710×1000 1/16 印张:39
字数:620 千字 定价:168.00 元

原书名：Smart Textiles and Their Applications

原作者：Vladan Koncar

原 ISBN：978-0-08-100574-3

Copyright © 2016 by Elsevier Ltd. All rights reserved.

Authorized Chinese translation published by China Textile & Apparel Press.

智能纺织品及其应用（贾清秀，裴广玲，李昕译）

ISBN：978-7-5180-6644-5

注意

本书涉及领域的知识和实践标准在不断变化。新的研究和经验拓展我们的理解，因此须对研究方法、专业实践或医疗方法作出调整。从业者和研究人员必须始终依靠自身经验和知识来评估和使用本书中提到的所有信息、方法、化合物或本书中描述的实验。在使用这些信息或方法时，他们应注意自身和他人的安全，包括注意他们负有专业责任的当事人的安全。在法律允许的最大范围内，爱思唯尔、译文的原文作者、原文编辑及原文内容提供者均不对因产品责任、疏忽或其他人身或财产伤害及/或损失承担责任，亦不对由于使用或操作文中提到的方法、产品、说明或思想而导致的人身或财产伤害及/或损失承担责任。

序

　　智能纺织品是能够感知和响应环境变化的纺织品，具有传感、驱动、发电、存储、通信等一种或多种功能。智能纺织品的研究贯穿纺织、电子、化学、生物、医学等多学科领域，是典型的高科技纺织品。过去十年间，基于可穿戴织物的个人系统被用于健康监测、保护和安全以及健康生活等方面。由于具有巨大的商业前景和公众需求，今后智能纺织品会更加深入地走进我们日常生活的诸多方面，发挥更重要的作用。

　　法国鲁贝国立高等纺织工程学院的 Vladan Koncar 教授邀请智能纺织品研发领域的多位国际知名专家，共同编写了《智能纺织品及其应用》（Smart Textiles and Their Applications）一书。该书共 28 章，主要内容可分为三大部分：第一部分介绍了智能纺织品在医疗领域的应用，包括其在健康监测、治疗和辅助技术等方面的应用；第二部分介绍用于交通和能源的智能纺织品，比如用于监测结构和工艺、能源生产的智能纺织品；第三部分讨论了用于保护、安全和通信的智能纺织品，比如电致变色纺织品显示器、纺织天线和个人防护设备等。该书最突出的特色是汇总了从全球学术和工业实验室获得的各种研究成果、原型和案例，从工艺原理、材料设计、产品性能与应用方面详细介绍了智能纺织品的基本原理、研究进展及发展趋势。该书图文并茂、案例丰富，可供从事智能纺织品研究和技术产品开发的研究人员、设计人员、工程人员、制造商等参考和借鉴，也可作为高等院校、研究院所相关专业的参考用书。

　　本书的翻译工作由贾清秀统筹完成，王锐主持进行全书的审校工作。第一章、第二十三章~第二十五章由吴晶翻译，第二章~第五章由马慧玲翻译，第六章~第十章由贾清秀翻译，第十一章~第十三章由王文庆翻译，第十四章~第十七章由吴汉光翻译，第十八章~第二十二章由李昕翻译，第二十六章~第二十八章由裴广玲翻译。译书的出版得到了中国纺织出版社有限公司的鼎力支持和帮助，在此一并致谢。

　　我们在翻译过程力求忠于原著，但由于学识有限，翻译内容难免会有不准确之处，敬请诸位同行、专家和读者批评指正。

译者

2020 年 9 月

目　录

1 智能纺织品及其应用简介

V. Koncar

国立高等纺织工业技术学院（ENSAIT）GEMTEX 实验室，法国鲁贝
里尔大学，法国里尔

1.1 智能纺织品的定义

智能纺织品是一种能够感知和响应环境变化的纺织品。智能纺织品可分为两类：一类是"被动"智能纺织品，另一类是"主动"智能纺织品。

"被动"智能纺织品具有被环境刺激后改变其性能的能力。例如，形状记忆材料、疏水或亲水性纺织品等都属于这一类。

"主动"智能纺织品则装有传感器和驱动器，传感器和驱动器能够将内部参数转化为传递信息。这类"主动"纺织品能够感知来自环境的不同信号，例如温度、光强和污染，从而决定如何对外部信号做出反应，且最终使用各种基于织物的、灵活的、微型化的执行器［纺织显示器、微振动设备、发光二极管（LED）、有机发光二极管（OLED）］对环境信号做出反馈。嵌入式电子设备（电子纺织品）及智能纺织品结构可以进行本地"决策"；将智能纺织品与包含数据库的云、使用人工智能软件的服务器等无线连接，可以进行远程"决策"。

1.1.1 智能纺织品起源

1989 年，日本首次定义了"智能材料"这一概念。追溯历史，最早被称为"智能纺织品"的纺织材料是具有形状记忆功能的丝线。20 世纪 60 年代，形状记忆材料的发现以及 70 年代智能高分子凝胶的发现被普遍认为是智能材料的真正诞生。直到 20 世纪 90 年代末，"智能材料"才被引入纺织品。20 世纪 90 年代末，科研工作者完成了第一个与通信纺织品相关的研究。21 世纪初，第一个纺织电子半导体元件诞生。

1.1.2 目前现状

当今的市场充满活力，可分为数字、卫生、交通、能源或安全等，纺织品可以作为它们的支撑，为其增加了很多的附加值。目前，1kg 技术纺织品的价值估算为 5.3 美元，而非织造材料为 3.4 美元，纺织复合材料为 10.5 美元。智能纺织品市场也在迅速增长，图 1.1 显示了 2012~2018 年全球智能、数字和交互式面料及纺织品市场的增长。全球智能面料市场在 2018 年增长到 20 亿美元左右。

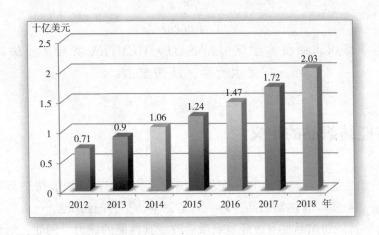

图 1.1　2012~2018 年全球智能、数字和交互式面料及纺织品的市场（以十亿美元计）
数据来自 Statista（www.statista.com）

另外，被称为"物联网"或"物联网的互联对象"市场在 2020 年可能会涵盖 300 亿件联网设备，其中 10%将被服装占据。如果这些数字成为事实，就意味着到 2020 年将有大约 30 亿件衣服使用智能纺织品的某些方面，如传感器、驱动器、发射器、接收器和计算单元等，来提升衣服的智能性。在这种情况下，智能纺织品的市场份额将比上述统计数据（图 1.1）还要大。对全球纺织业来说，这些数字非常鼓舞人心，同时也体现出人们的生活方式发生的重大变化。社交网络为人们之间的互动引入了一种全新的方式。Uber、BlaBlaCar、Airbandb、众筹等新服务从根本上改变了经济、交通、住宿等成本。

最近，谷歌的 Jacquard 项目（https://www.google.com/atap/projecta-jacquard/）已经启动，该项目旨在能够使用标准的工业织机将触觉和手势交互编织到纺织品中，这应该归功于新的导电纱线，交互部分将被设计得尽可能严谨。在设计过程中，将导电纱线连接到连接器和比外套纽扣还小的微型电路上的创新技术正在研发中。这些微型化的电子设备可以捕捉触摸交互，并可以使用计算机算法推断出各种手势。

捕捉到的触摸和手势数据无线传输到手机或其他设备上以控制更为广泛的功能，如将用户与在线服务、应用程序或手机功能连接起来。而提花纱线必须与现今织物所用的传统纱线区分开来。

1.1.3 未来发展趋势

预测未来总是充满挑战和风险的，然而，智能纺织品可能会以两种不同的并行方式发展。一是低成本智能纺织品，将为公众生产，并主要整合到服装和家用纺织品中；二是专门用于成本较高、附加值较高的特殊用途。今天人们只能在市场上看到一部分此类产品，智能纺织品还没有完全开发和推广，特别是从可靠性的角度来看，它们还没有真正为市场做好准备。在研究实验室里，有成百上千的模型具有部分可靠性，但是可靠性的普适范围和规模还没有扩大。因此，有必要为此做出重大努力，将其中一部分推向市场，使智能纺织品的应用更加壮大和可靠，并且最重要的是以低成本大批量来生产。

1.2 主要应用领域

本书突出了智能纺织品应用的主要领域。以严谨科学的方式，讨论了在全球最好的学术和工业实验室中获得的各种研究成果、研究原型和出现的科学问题及其解决方案。同时，本章第二部分将介绍工业应用上面临的实际问题。因此，本书不仅对学术界的研究人员和学生有参考价值，也对正在开发使用智能纺织品概念的产品的公司和初创企业有所帮助。本书涉及三部分内容：有关医疗用途的智能纺织品；交通和能源用智能纺织品；起防护、安全、通信作用的电子纺织品。

1.2.1 医疗领域

医疗用途多种多样，从床单、手术服和绷带到更复杂的纺织品，如用于光动力疗法、支架、复合心脏瓣膜或血管的发光织物，涵盖了对纺织品结构的广泛需求。本书涉及的这部分内容旨在介绍最新、最先进的成果在医疗领域复杂纺织结构中的应用。医学研究领域要求非常高，临床试验也总是需要反复验证所使用的智能纺织品。本章各节中介绍的几个结构目前正在进行临床试验，这也体现出将其大规模应用在医疗领域的紧迫需求。

1.2.2 交通和能源领域

交通领域，包括地面交通（汽车、铁路）和航空航天（飞机、卫星、宇宙飞船等），是智能纺织品一个非常重要的应用领域。当今最重要的目标是减少车辆和飞机的重量以提高它们的效率和性能。纺织复合材料发展迅速，纺织制造技术，如织造、针织、编织甚至其多种形式的混合越来越多地被用于三维复合材料加固设计和制造。而复合材料部件，特别是结构部件，必须在现场进行实时监控以确保安全性和可预测性。因此，智能通信复合材料与嵌入式传感器相连，连接到监控设备，能够实时监控结构的坚固性，并在出现问题时发出警报（预测性维护），这将在未来几年实现。

现在能源问题越来越重要。智能纺织品在能源收集和生产（柔性光伏电池、风力磨坊、压电纱线）以及储能（超级电容器、柔性电池）方面做出重要贡献。

1.2.3 防护、安全、通信等电子产品领域

人与物的安全与防护是智能纺织品领域特别重要的课题。消防员和警察的制服、军事装备以及嵌入多层纺织品的弹道结构，都是智能纺织设备发挥作用的例子。未来还会出现许多其他可能性，例如，能够检测婴儿呼吸暂停功能的衣服，或当暴露在高水平 UVA 射线中时会发生警告的泳衣。

1.2.4 其他领域

电子纺织品是另一个令人兴奋的应用领域。纤维二极管和晶体管已经在不同的实验室开发出来。柔性传感器和驱动器（纺织显示器、加热织物）将在未来成为人们的衣服、汽车内饰和家用纺织品的一部分。因此，以柔性织物为基础的电子电路将完全集成到织物上，并连接到数据库和服务器，从而为服装和纺织品提供其他新的应用领域。

1.3 智能纺织品及其市场准备情况

随着传感器、静电放电、钢铁腐蚀、电磁屏蔽、无尘服装、监测、军事应用、服装数据传输等工业应用领域的发展，智能材料在电子纺织品和智能服装领域的需求迅速增长。因此，通过开发对外界刺激做出反应的新材料来改善纺织品的性能对于这类应用是非常重要的。

本书从纺织的角度，提出并分析实现新一代纺织结构所必须使用的构件，对智能纺织品的创新通信和智能功能进行了分类，分析并介绍了将电子设备集成到服装和纺织配件中的各种新兴技术。

从纯技术的角度来看，智能纺织品的概念可能被认为是两个行业（纺织和电子）融合的结果。电子产品的微型化使得人们可以随身携带各种设备，这些设备被称为"便携设备"，其功能从休闲（随身听、MP3、便携式电视）到通信和信息管理（手机、个人数字助理），再到健康（起搏器、生理传感器）。

另外，纺织工业在高附加值纺织领域有了长足的发展，主要是在高性能纺织和纤维领域。新材料的使用、新结构的开发以及新集成过程的设计使得开发具有

传递信息的载体成为可能，多数时候这种载体的使用均基于其导电特性。这些纺织工业的新成就使电子设备直接融入纺织结构，从而改变了服装的功能。服装除了主要的保护功能和被动交流功能外，还成为个体与环境之间的第二皮肤或具有特定功能的界面。

为了能够发现通过增加智能和交际功能来满足潜在的需求，首先应该明确传统的服装功能，这些功能概括为三个主要领域：保护、自我延伸和个人空间组织。

对未来服装新功能的预测或多或少与服装的内在功能有关。新功能中的大多数采用现在的技术是可行的，但需要根据服装和纺织品的"智能水平"，发挥各种技术的专长（纺织、电子、电信）。在下面的讨论中，将对新型服装进行分类。

创新的高性能纺织纤维、纱线和面料，与微型化电子设备相结合，使多种智能功能在服装中得以实现。进化过程中使用的所有技术（高性能纺织品、电子产品、通信和电信）都与描述这些设备的特性有关。技术不断地赋予服装新的价值，以改善和改变其定义。智能通信服装的性能及其潜在的目标和应用将在下面详细描述。

1.3.1 智能服装

"智能服装"一词描述的是除传统服装特性外，还具有辅助功能的一类服装。这些新的功能或性质是通过利用特殊的纺织品、电子设备或两者的结合而获得的。在高温作用下会变色的毛衣可以被视为智能服装，还有一种记录运动员运动时心率的手环。智能服装可以分为以下三类。

（1）将信息存储在内存中并进行复杂计算的服装助理。

（2）记录人的行为或健康状况的衣服监控。

（3）可调节服装，可调节某些参数，如温度或通风。

所有的智能服装都可以在手动或自动模式下工作。在手动模式下，穿戴者可以对附加的智能功能进行操作；在自动模式下，穿戴者可以对外界环境参数（温度、湿度、光线）进行自主反应。

根据四个主要的常见主题：外围设备、数据处理、连接器和能源，可对智能纺织品中包含的各种电子部件进行分类。为了更好地理解目前对"与自身有关的"电子器件进行研究的目标，下面对这些元件进行简述。

1.3.2 外围设备

1.3.2.1 控制界面——接近"人的界面"

使用衣服作为控制界面是很有趣的，因为它们可以接近身体部位。例如，戴在衣领或帽子上的耳机、戴在衣领上的麦克风或用在夹克袖子上的键盘。当然，另一个例子是语音识别。人体工程学对服装这些控制界面的适应也非常重要。与某些微型化的交流设备相反，服装具有更大的表面积，这使它能够提供更多的功能。例如，放在手掌上的智能手机的小键盘，如果放在比原来大三倍的衣服表面上，就更容易阅读。另外，服装的轻盈和灵活性也意味着需要重新定义这些新界面所使用的形式和材料。还必须确保这些新型织物具备耐磨性和耐水洗性。

1.3.2.2 传感器

由于服装伴随着身体的每一次运动，有时与人直接进行身体接触，通过传感器来翻译和诠释人类活动已成为理想的物理支持。衣服可以用来监测不同的动作，特别是在手势识别的情况下，以促进某些命令变得直观，例如当一个人把衣领移动到耳朵处时，电话会自动释放。此外，当这些传感器与计算和控制单元相关联时，可能更好地实现情景和上下文识别。

交际服装中的传感器也可以作为各种参数的心理传感器，表示这种传感器可用于记录健康或人体参数，这种传感器的应用很多。例如，可以使用传感器对运动员的身体表现进行分析，或者对病人进行实时的医疗跟踪。

1.3.2.3 信息恢复——执行器的接口

在许多应用中，有必要显示或再现集成到服装中的通信系统所产生的信息。因此，传统的界面，如显示器、屏幕或扬声器，必须满足与控制界面相同的人机工程学和机械阻力标准。以彩色液晶屏为例，硬度、重量和能耗等是目前液晶屏的特点，必须调整。现已出现玻璃微型显示屏或使用柔性支架的解决方案。

此外，服装和纺织品配件与人类自然感觉的接近，为信息的传播开辟了新的可能性。采用视觉和听觉方式（如屏幕和扬声器）收集信息，由于不需要与用户直接接触，现在已得到很大程度的发展，很快就会通过触觉和嗅觉的方式加入进来。一款可以从衣领散发混合香水来改变周围的环境的 T 恤衫，将不再专属于科幻小说领域。

1.3.2.4 数据处理设备

支持内存、计算和数据处理（RAM、硬盘、处理器）的材料，如果不是微型化的肯定会很快被淘汰。即使在柔性衬底上取得了进展，它们仍然是脆弱的，需要部分刚性的保护，以便集成到通信服装中。然而，它们的集成已经完全成为可能，就像将微型 PC 集成到皮带中一样。可以想象，在通信器中，本地只处理少量信息。本地处理和远程处理的区别涉及特定算法的开发，与自动驾驶的智能汽车的情况一样。

1.3.2.5 连接器

信息互联是目前通信服装领域的另一个主要问题。主要是如何以最佳的效率在电子系统的各个组成部分之间传输信息和能量。在身体的不同部位分配不同的部件时，必须考虑重量分配和人体工程学的概念。

无线传输的技术多种多样，例如使用各种标准的红外线或无线电波（IEEE

802. 11，蓝牙）。如果这些传输方式使通信服装不需要物理连接，还必须考虑附加条件的限制，例如，运行所需的能源消耗很重要。此外，当它是一个简单的信息传输问题（如接点打开、关闭或类似问题）或能源传输问题时，有线连接变得不可或缺，无线连接主要是将用户连接到户外环境。

研究控制和信息反馈集中的问题是很重要的。事实上，为了能够管理包括许多功能在内的复杂通信设备，有必要将输出控件和输入信息集中在单个接口上。例如，正在查看的电子邮件或地图站点上的某个方向能够出现在同一个屏幕上。

1. 3. 2. 6　能源

能源自主仍然是大多数移动电子设备的主要障碍。许多无线设备用户无疑希望永远不用重新加载手机，即使电子电路需要的能量越来越少，也许会产生新的额外的能量需求（更大的屏幕意味着更大的功耗）。

在通信服装中，自主性与重量和体积相比也必须做出让步。电池技术不断发展，例如锂聚合物，但电池仍然是便携式设备中最重的部分。通信服装的优势在于，服装的重量将使其有可能部分地摆脱这种约束。

另一个有趣的选择是使用可再生能源。太阳能和风能对衣服的适应性相对较差，因为它们要想真正有效，需要很大的表面积。已经进行了许多关于这方面技术的研究，这些技术可以恢复人体在白天的体力活动中所释放的能量。再次强调，衣服是这些新充电系统的理想支持。

2 智能纺织品在医疗保健中的应用

C. Cochrane[1,2], C. Hertleer[3], A. Schwarz-Pfeiffer[4]

[1] 国立高等纺织工业技术学院 GEMTEX 实验室, 法国鲁贝

[2] 里尔大学, 法国里尔

[3] 根特大学, 比利时根特

[4] 尼德莱茵应用科学大学, 德国门兴格拉德巴赫

2.1 前言

自 20 世纪 90 年代开始, 智能纺织品就广泛应用于医疗保健领域。显而易见, 纺织品与皮肤紧密接触, 可以覆盖身体的大部分。集成到衣服中的电极、传感器和执行器能够监测或校正身体状态。此外, 由纺织材料制成的传感器和线路穿起来更舒适, 可以无形中融入服装。有关将纺织电极整合到服装中的研究始于 20 世纪末, 并致力于以较为舒适的方式对患者进行长期监测。

本研究所需的最重要材料之一是导电纺织品。在过去 10 年中, 大量的研究集中在具有导电性能的智能纺织品结构设计。导电纺织品结构的潜在用途是多种多样的, 从被动的传感器到有源元件, 如加热元件。因此, 将它们以电极的形式集成到衣服中监测佩戴者的生物医学参数, 还可以集成到绷带中用于电疗。此外, 可以在较冷的环境中将导电纺织品结构整合到内衣中用作电阻加热元件。

本章分为三部分。第一部分概述纺织电极的现有技术及其工作原理, 第二部分概述纺织传感器的进展, 第三部分概述医疗用的基于纺织品的执行器, 包括用于加热、电疗和人造肌肉的纺织品。

2.2 纺织品电极可以监测什么

电极是可以传导电流的装置, 可以测量电位差。通常医疗环境中使用的电极是不同形状和尺寸的刚性金属板。而导电纺织品已经在抗爆、电磁屏蔽和易爆区域的防护服等领域具有较长时间的应用, 以后可能会替代目前使用的刚性材料。

近年来, 纺织品电极在家用和个人保健系统中的应用越来越受到关注。将其

集成到服装、皮带或帽子中，可以连续监测各种生物电位，包括心脏、肌肉或大脑活动等。下面概述了不同的测量原理及其在传统纺织品和现有纺织产品中的应用。

2.2.1　心电图

心电图（ECG）是从体表来测量心肌电活动。随着每个心跳，离子穿过心肌并形成电荷梯度，在身体表面不同位置测量得到不同的 ECG 矢量，这些矢量称为引线。ECG 矢量由放置在身体上的三个不同电极组成，第四个电极用作参考[53]。

在过去几年中，科学家采用不同的纺织技术来设计和开发纺织品电极，并将其集成到服装中提供 ECG 矢量。针织是迄今为止应用最多的技术，例如，采用针织技术将电极集成在腰带中，供儿童在医院佩戴[15]，可以预防婴儿突然死亡（图 2.1）。

由不锈钢纱线制成的电极经过几次洗涤，并不会改变其电学特性。但由于纱线的刚度，在反复拉伸编织带后，会在织物表面形成毛圈。针织技术也是将电极集成到救援人员内衣中的首选技术。科研人员使用镀银纱

图 2.1　一体化不锈钢电极编织带
（比利时国立根特大学提供）

线[56]和含有30%不锈钢纤维的混纺纱线[57]制备电极，为了保证电极和人体皮肤接触良好，必须在电极和皮肤之间加入凝胶垫。Beckmann 等[6]采用不锈钢纱线、银涂层纱线或镀银机织物研究了八种不同的针织和编织电极设计，结果表明，不同的纱线以及制造工艺会影响纺织电极的接触阻抗，一定的编织结构可以改善接触阻抗。Songa 等[74]发现，将银基纱线通过提花织造形成电极并集成到织物中，织物具有低阻抗。此外，研究人员利用刺绣技术改善电极和人体皮肤之间的接触，由于刺绣部分略高于织物表面，可以实现更好的接触[46,63]。同样，研究也发现，镀银纱线具有低阻抗[79]，且不受洗涤影响[29]。典型的电极材料如图 2.2 所示。

2.2.2　肌电图

肌电图（EMG）记录的是肌肉收缩和放松循环中发生肌肉电活动的测量值。通常肌肉活动是由直接放在皮肤上的三个电极捕获，如可以通过集成到短裤中的纺织电极来测量[21]，测量的信号幅度与常规双极表面电极测量相当。然而，其他参数如频谱记录和传导速度还需要进一步改进。Lintu 等最早开始使用纺织品电极

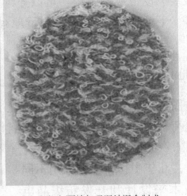

（a）纯银包覆纱　　　　　　（b）银包覆纱与吸湿纱混合制成

图 2.2　典型电极材料

（由德国亚琛工业大学提供）

进行 EMG 测量的研究[41]。

在欧盟（EU）项目中，研究人员探索了以非接触方式记录肌电图的可能性，他们将两个刺绣 EMG 电极集成在一件衬衫和一件背心中进行测量[42]。

2.2.3　脑电图

脑电图（EEG）记录由于脑结构不同而产生的头皮不同位置之间的电压差，即每个通道连接到两个电极。EEG 电极可能由小金属板制成，并通过导电电极凝胶附着在头皮上进行测量，它们可以由多种材料制成，最常用的是锡（Sn）和银/氯化银（Ag/AgCl）电极，但也有金（Au）和铂（Pt）电极[77]。由于国际标准建议在头皮上放置 19~70 个电极，因此电极通常固定在由弹性织物制成的帽子上，以保证正确的配置。

刺绣是将 EEG 电极集成到贴片或帽子中的主要技术[26]。

瑞典一个研究小组研究了市售的银涂层针织面料作为 EEG 电极的适用性，表明使用接触凝胶时可以用针织物记录脑电图，但必须评估其长期特性[44]。

到目前为止，由于运动伪影会导致电位测量的不稳定，因此纺织电极的可靠性通常是最关键的。然而，生物信号监测电极尤其需要稳定的电位和低界面阻抗，以解决生物信号失真和假象问题。

患者体内的离子和电子设备及其引线中的电子携带电流或电荷。电流/电荷载体之间的电荷转移机制发生在电极—患者接触处，并且对于电极的优化设计是非常重要的。在大多数应用场景中，还需要在电极和皮肤之间额外涂抹凝胶。电极—电解质界面和电极下面的皮肤都会产生电势和阻抗，这些电势和阻抗会使测量的生物信号失真或对测量产生不利影响。因此，可重复且可靠的表征方法是必不可少的。一些研究小组直接在人体皮肤上比较了不同纺织品电极的特性。例如，Lanata 研究了不同纺织品电极对志愿者进行间接呼吸监测的效果[38]。此外，Rahal 还研究了纺织品电极监测成人肺通气的适用性，并与常规电极进行了比较[61]。

然而，人类皮肤的特性因人而异，并且随时间而变化，从而使实验的重复性变得复杂[6]。因此，在体内测量之前需要对受试细胞进行体外测量[60]，且要在模拟真实场景的同时在受控且可再现的环境中表征电极。

2.3 纺织品电极和传感器如何工作以及可以测量什么

如前所述，人体内进行着大量的电活动。心脏、肌肉和大脑活动都是可测量的，因为在与电极接触的皮肤上可以观察到电势变化。这也是为什么开发用于测量生理参数的传感器主要基于电和电容传感机制的原因。

通常，传感器测量物理量，然后传递到由电子设备处理的电信号中，如图 2.3 所示。

物理量 ——→ （纺织）传感器 ——→ 电信号 ——→ 电子

图 2.3　传感器的工作

结构形状的变化会引起电阻的变化，例如，当拉伸导电单丝时，它将变得稍长并且电阻将增加。

传感器开发的另一个原理是电容变化，如果两个导电板之间的绝缘介电层变化，通过改变压力可以测量电容的变化。

尽管大多数基于纺织品的传感机制依赖于电信号并采用导电纺织品，但是光学传感方法也可应用于智能纺织品中。塑料光纤（POF）是一种常用的材料，因为它们不易碎并且与纺织材料更相容。

科研工作者通过选择合适的材料和设计合适的纺织结构，改善传感器的舒适性和耐磨性，并对纺织传感器的建模、清洗和测试进行了大量的研究工作，以确保其适用性。

2.3.1 应变传感器

应变传感器用来测量物体长度的变化。最常见的传感机制是电阻变化，也就是拉伸传感器将导致电阻的可测量变化。

应变灵敏度可以在不同层次的纺织品上实现：纤维可以由对金属等应变敏感的材料制成；对于敏感纤维，也可以采用与传统纺织纤维结合的纱线。采用适当的纺织工艺（针织、编织或刺绣）可以制备不同结构的纺织品，也可以采用在纺织品基材上涂覆涂料赋予其传感性能。不锈钢纤维、纱线和金属涂覆的聚合物纱线是用于制备这些传感器的典型材料，例如涂银的尼龙纱线。Xue 等[83]研究了导电聚合物涂覆的纤维，制备了聚吡咯涂层的 XLA™ 弹性纤维作为纺织品的应变传感器。

采用导电聚合物复合材料是制备基于柔性纺织品的应变传感器的另一种方法[16]。炭黑纳米粒子/热塑性弹性体复合材料可以印刷到纺织品表面（图 2.4），当发生形变时，颗粒间的距离发生变化，电子流动受阻，导致电阻变化。

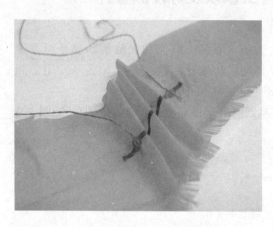

图 2.4　纺织用导电高分子复合传感器
（由法国国立高等纺织工业技术学院
GEMTEX 实验室提供）

大量的研究工作投入设计、开发和制造基于纺织品的应变传感器方面，这些传感器与健康监测有关，用于测量呼吸速率[1,3,50]、姿态[47,72]或身体运动[84]。

2.3.2　压力传感器

施加的压力可导致电阻或电容的变化。2001 年，Swallow 和 Thompson 推出了"感观面料"[76]，他们的技术基于两个导电织物层，中间夹着一层非导电网。当在导电织物上层施加压力时，通过网孔与底部导电织物接触，电阻会发生变化。该织物已用于制备织物键盘或集成纺织品键盘等产品。

为了获得压敏织物，Sergio 等[70]提出了一种由电容器的分布式无源阵列（行和列的网格图案）组成的系统，其电容根据施加在织物表面的压力而变化。每个电容器由两个导电条制成，并由弹性和介电材料隔开，可以通过在织物中或织物表面编织或刺绣导电纱线来制备导电网格。

Rothmaier 等[64]制备了基于柔性 POF 的纺织压力传感器，该方法采用可整合到纺织品中的热塑性有机硅纤维。当在织物上施加压力时，传感光纤的横截面将改变并因此传输较少的光，检测光强度的变化与施加的压力大小有关。

2.3.3　温度传感器

根据使用的材料和操作原理，可将温度传感器分为如下几种类型。

（1）热敏电阻，可根据陶瓷或聚合物电阻的变化检测温度变化。

（2）电阻温度检测器，根据金属电阻的变化指示温度值。

（3）热电偶，基于两种不同金属连接处产生的热电效应。

（4）有机硅传感器，基于半导体的扩散电阻分析原理。

如何解决传感器的耐磨性是开发用于体温监测的温度传感器的一个重要问题。另一个问题是如何提高传感器的柔韧性，这为传感器的潜在应用提供了更多机会，包括集成到不同的纺织品中。目前基于不同类型的纺织品温度传感器可分为纤维基、针织物、机织物、刺绣织物和印花织物[9,11,33,67,73,88]。图 2.5 为刺绣温度传感器。

Locher 等[43]基于铜合金线编织物的电阻变化，开发了一种可以确定温度分布的织物，使用两点校准时可以实现 1K 的测量精度，这种精确度可以提高到 0.5K。用该织物做成的衣服可以监测人体温度分布。

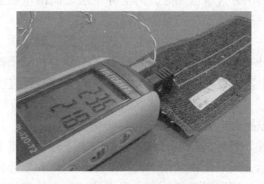

图 2.5 基于镀银和镀镍的 Amberstrand®
纱线的刺绣热电偶
（由德国亚琛工业大学 ITA/RWTH 提供）

2.3.4 热通量传感器

热通量是指单位时间内通过某个表面的热量。在服装系统中，热通量传感器可以提供身体和环境之间的热交换信息，从而可以直接输入以改善服装的热舒适性。Gidik 等[23]通过将热电（TE）线编织到纺织品基材中来开发基于纺织品的热流传感器，如图 2.6 所示。TE 线由康铜和铜两种金属组成，并在其连接处形成热电偶，这些连接点出现在织物的两侧。根据塞贝克（Seebeck）效应，当织物的两侧具有不同的温度或存在热通量时，测量的电压值不同。

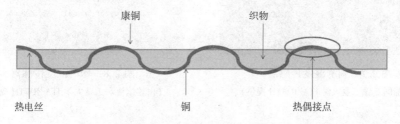

图 2.6 基于纺织品的热通量传感器，包括编织到纺织品基体中的热电丝

2.3.5 汗/湿度传感器

体液如汗液、尿液或眼泪可提供有关病人健康状况的信息，因此可收集并分

析以用于医学诊断。流体或湿度通常可以通过两种不同的物理原理来测量：电阻传感器或电容传感器。

电阻式湿度传感器测量吸湿介质中阻抗的变化。传感器通常由沉积在涂有导电聚合物、盐或其他活化化学物质基底上的贵金属电极组成。传感器吸收水分，离子官能团离解，导致电导率发生变化。因此，随着湿度增加，材料的电阻降低。Pereira 等[59]提出了编织电阻式湿度传感器，采用两个带有集成不锈钢纱线或单丝的导电层的多层结构，这两个导电层由用作吸收层的棉机织物隔开。当吸收层中的水分含量增加时，两个导电层之间的电阻会发生改变，夹层结构的设计提供了一种定性而非定量的分析。

喷墨打印为生产电阻式湿度传感器提供了另一个方法。Weremczuk 等[80]使用具有银纳米颗粒的墨水研究了不同的传感器配置。Zysset 等[89]也应用薄膜技术将电阻温度元件开发到 Kapton® 带上，随后将其编织成纺织品。

电容式湿度传感器由两个电极（导电板）和放置在导电板之间的电介质组成。根据介电常数反映的电容变化确定湿度值，这是介电材料具有吸湿性能的先决条件，因为材料中的水分含量取决于环境温度和环境水蒸气压力。基本传感材料包括金属氧化物（Al_2O_3、TiO_2、SiO_2）和半导体材料（SnO_2）。Mecnika 等采用刺绣和丝网印刷制备电容式湿度传感器，他们研究将不同的刺绣设计和金属涂层纱线组合，以实现传感器的有效操作[49]，如图 2.7 和图 2.8 所示。

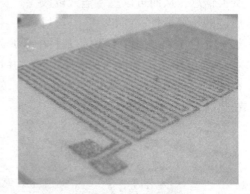

图 2.7　刺绣湿度传感器
（由德国亚琛工业大学 ITA/RWTH 提供）

图 2.8　印刷湿度传感器
（由德国亚琛工业大学 ITA/RWTH 提供）

欧盟资助的 BIOTEX 项目选择了多种方法来分析人类的汗液。采用 pH、钠和电导率三种传感器分别测量汗液的 pH、钠浓度和电阻。为了在穿着时收集待分析的汗液的良好样品，开发了基于 Lycra® 的流体处理系统[54]。

2.3.6 气体传感器

气体传感器用于检测挥发性化合物。对于人体而言，可能是尿液、腋下汗液或呼出的气味。Seesaard 等[68]报道了一种具有可穿戴电子鼻功能的刺绣传感器，也称为"电子鼻"，他们将功能化的单壁碳纳米管传感材料沉积在织物基底上绣有导电纱线的交叉电极上（图 2.9）。

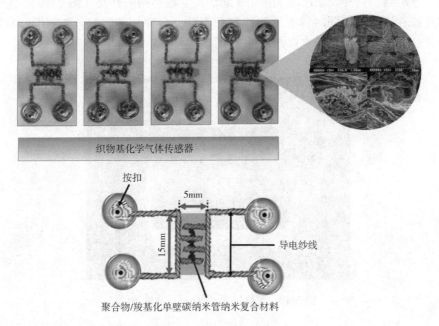

图 2.9 刺绣"电子鼻"

（由 Thara Seesaard 提供）

另外，Kinkeldei 等[34]制备了一种"电子鼻"，由在柔性聚合物基底上的 4 个炭黑/聚合物传感器组成，这些传感器被切割成类似纱线的条状，并集成到纺织结构中。

2.4 在健康应用中使用的纺织品驱动器

2.4.1 加热：将电热丝整合到纺织品结构中

服装一直是帮助人们适应生活或工作的载体。人们感到寒冷时可以添加衣服，感到炎热时脱掉衣服。然而，在某些特殊情况下，特别是在外部工作环境中，不允许不断地调整衣服，穿着者可能因为不活动时觉得穿着舒适，但工作时会感到过度束缚。

电阻加热纺织品可以使穿着者保持舒适。穿着者穿着绝缘性的衣服,在活动时或在温暖的环境中感觉舒适,当不活动或进入较冷的环境时,不需要调整衣服层数,可以通过激活电阻加热系统取暖。因此,一方面可以避免穿着太多衣服引起的热应力;另一方面可以避免在寒冷环境下由于绝缘不足而导致冷损伤。

当电流作用在电阻器上时,电能转换成热能。由于导电纱线和纺织品的作用类似于电阻器,这种现象已经大量用于纺织品加热结构的开发(图 2.10)。它们可以与皮肤直接接触,同时具有柔韧性和悬垂性。各种加热服装,如衬衫、夹克和手套已经上市,本节稍后将对此进行介绍。

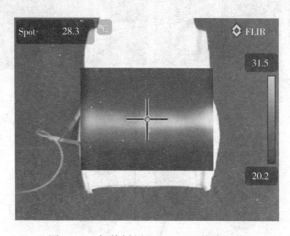

图 2.10　加热衬衫(UGent)的热图像

鉴于电阻加热纺织品的研究现状,一些研究人员集中研究了不同来源的聚吡咯涂层织物的发热,如聚对苯二甲酸乙二醇酯[24,71]或棉花[8]。此外,还研究了金属化或金属基纱线,如镀银纱线或不锈钢纱线[25,31]。研究人员还进行了用于加热目的的碳基纺织品结构的研究[81],例如,在北极环境中使用的智能服装的加热系统[62]。Koncar 等[36]提出了一种基于不锈钢和炭黑涂层的混合结构。

其中一些研究材料已经作为纺织产品的加热元件供消费者使用,这些产品主要集中在休闲、运动和汽车应用领域,可分为加热垫和完全成型加热服装两类。

对于加热垫,不同的公司可提供用于服装和配件的热垫,如手套、鞋子以及汽车座椅。最有可能的是,这些织物具有集成的且可以连接到电源和控制器的导电纱线电路。例如 Malden Mills❶ 的 Polartec® 加热面板,30Seven❷ 的 Bekinox® 加热服装和 Zimmermann 的 Novonic® 加热系统。这些结构利用预定的金属基纱线,以各

❶　EP Patant 1513373.

❷　www. 30Seven. eu.

种方式（例如以正弦曲线的方式）集成到织物垫中。

其他结构包括绝缘铜线（电源）和绝缘不锈钢线（加热）编织成窄幅织物（Tibtech innovations❶）或采用不锈钢线或聚酰胺涂层银线刺绣或缝纫（Forster Rohner❷）。

金属丝也可用于完全成型加热服装的制备，最早商业化的产品是加热保暖内衣 WarmX❸。镀银纱线分别以正弦曲线的方式编织在衬衫和紧身衣的腰、颈或脚部。加热区和电源控制器之间由带有按扣的导电织物连接。

所有这些系统都能有效地产生热量，根据成本、加热面积的尺寸和形状、所需的灵活性等进行选择。

通常系统使用高达 12V 的可充电电池供电，以获得移动系统。然而，电源是限制加热纺织品普遍使用的一个因素，尤其是由于电源的尺寸较小，限制了加热时间。

加热贴片或完全成型的加热服装在医疗领域常用于治疗关节炎、肌肉疼痛、痉挛和关节僵硬。用加热纺织品治疗的常见身体部位是膝盖、臀部、腰部、手部和颈部，这些纺织品在表面尺寸或形状方面没有限制。

2.4.2 电疗：用于治疗目的的纺织品电极

电疗是通过向人体施加电流来治疗某些疾病。Galvani 和 Volta 创建了电生理学基础，电疗是其中的一个分支。

人体内产生的内源电流是许多生理过程的基础，并通过（纺织）电极记录下来。因此，记录心电图、肌电图和脑电图是可能的。相反，从外部施加到身体上的外源性电流会产生各种各样的影响。

电刺激（ES）是一种电疗方式，电流脉冲在"活性"（阴极）和"中性"（阳极）电极之间流动，引起细胞膜去极化，并在神经和肌肉收缩中产生动作电位的一种技术。

一般来说，电刺激有三个治疗目的：缓解疼痛、刺激生理变化和刺激肌肉收缩（通过人工收缩瘫痪的肌肉和单侧脑或脊髓损伤）。此外，电刺激被认为是通过模仿皮肤受伤时产生的自然电流来重启或加速伤口愈合过程。通常，与周围健康组织相比，压力创面具有异常低的电势，从而可检测到电压梯度[10]。对伤口以及健康皮肤组织的研究表明，电刺激具有积极作用。

然而，由于没有足够的证据来确定最佳和最有效的参数，电刺激在医疗方面的应用仍然存在问题和争议。相关的大多数研究以临床报告的形式发表，很少有

---

❶ www.tibtech.com.

❷ www.frti.ch.

❸ www.warmx.de.

包含结果统计分析在内的对照实验和随机案例研究。此外，每份报告中包括的溃疡病因和位置各不相同，一些环境因素严重影响了对溃疡伤口愈合的控制。

尽管如此，美国卫生和公共服务部医疗保健政策和研究局制定并发布了压力性溃疡的管理临床实践指南（2016）。该指南指出，电刺激是唯一具有足够证据支持的辅助治疗手段，值得推荐。

市场上最早的电刺激电极（20 世纪上半叶）通常由具有凹口的橡胶背衬组成，并在其中放置用作衬垫的吸收材料。在吸收衬垫的中间安装一块金属板，作为电极，连接到插座上。金属板被吸收垫覆盖，避免直接接触患者的皮肤[55]。此外，还开发了类似的电极设计，使用具有吸收材料如海绵或泡沫的组合的金属板[12,28,48]。

在过去的 20 年里，可弯曲和一次性医疗电极不断发展。使用金属网、箔或碳浸渍的橡胶或乙烯基材料作电极代替传统的刚性金属板，赋予电极结构更好的柔韧性。通常在材料的导电侧涂覆凝胶态的导电黏合剂，为导电材料和患者皮肤之间提供良好的导电性。导电材料和电刺激设备之间由电线连接，此外，导电材料表面的压力按钮也可以代替导线。导电材料的外表面覆盖有绝缘材料以防止触电。

目前，一些生产商在电极装置中用导电纺织材料代替金属箔或网格，与传统电极（金属涂覆的粘贴片上的导电水凝胶）相比，使用纺织电极舒适性更强，更方便固定且和皮肤具有良好的电接触，但是由于水凝胶随着使用时间延长而干燥，导致刺激性能下降[18]。此外，水凝胶电极如果使用后不进行适当清洗，可能会引起皮肤刺激和过敏反应，对长期使用者来说水凝胶电极是不舒服的。因此，将导电纱线整合到织物中的纺织品电极是传统电极的替代品。

目前，纺织品电极主要用于心电图[82]、EMGs[21]和EEGs[44]的长期监测，但也有一些涉及纺织品电极在运动和康复中促进电刺激的应用。Li 等[39]使用镀银纱线作为导电材料，采用嵌花针织技术设计的针织品，制备了一种经皮神经电刺激的服装。结果表明，该服装（包括纺织品电极）可清洗、柔软、便宜，而且制造简单，可以获得与传统电极类似的结果，并且能将电信号传递到人体的特定区域。Axelgaard 和 Grussing[4]也使用了一种具有柔韧性的针织导电织物。除了传统的电极设计，Flick 等[22]还设计了手套形状的电极，该系统包括作为活动电极的手套和置于患者前臂作为反电极的导电织物带，两者由银涂层织物制成的纺织电极连接到便携式脉冲刺激器。

编织和刺绣电极也可以刺激血液流动，如果患者必须长时间卧床休息，则可降低患者出现压力性溃疡的风险[66]。典型的编织电极如图 2.11 所示。

一般来说，刺绣是目前设计电刺激电极的最常用方法，优势在于该技术的灵活性，加工速度快，并且能实现根据要求精确放置电极[32]（图 2.11）。

电极设计的另一种方法是使用丝网印刷技术在纺织品上印刷电极阵列[85]，印

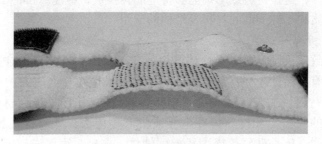

图 2.11　编织电极用于电疗[66]

刷浆料中含有碳或银颗粒。

2.4.3　光发射：通过光动力疗法治疗黄疸和癌症

纺织品光扩散器在通过光动力疗法（PDT）治疗新生儿黄疸（高胆红素血症）和癌症（光化性角化病）方面具有广阔的应用前景。由于柔性光源更符合身体曲线，从而显著改善了光传输的均匀性。为了防止使用发光二极管（LEDs）或有机LED（OLEDs）导致的局部强烈照明（热点），通常在光源和皮肤之间放置一个扩散元件。因此，将光纤集成到柔性结构中可以为 LEDs/OLEDs 提供一种有趣的替代方案。光纤原本是光导，它们必须以最小的损耗将引入的光从一端传输到另一端。诱导沿光纤长度侧向发射光的方法很多，这种侧向发射是通过将一些光从光纤的核心向包层和外部泄漏一些光而产生。Mordon 等[53]采用不同的方法开发用于医疗应用的侧向发光纤维（SEOF）和发光结构：在包层中加入氧化钛，提供侧向发光光纤来制作光毯[27]；通过包层的微穿孔使 SEOF 平行化[35]；基于刺绣的发光织物[69]和基于织物的发光织物[17]。对于后两个示例，光纤的弯曲会造成光泄漏。以织物为基材的发光织物具有较高的透光率、良好的透光均匀性和良好的柔韧性。

飞利浦公司开发了一种用于治疗黄疸的发蓝光的光疗毯（胆红素毯），可以完全包裹在新生儿身上，能够代替传统的蓝光灯。至于 PDT，由于光源和婴儿皮肤之间的距离很近，提高了治疗效率。该光疗毯由嵌入纺织品中的 LED 形成的多层系统和均匀分布的光的光学漫射层组成。除了基于 LED 系统，基于光纤的纺织品光扩散器也可以用于治疗黄疸（Brochier Technologies）。

2.4.4　人造肌肉

人工肌肉或机械执行器已经被研究了好几年。这个研究方向对纺织品有特别的意义，原因有两个：（1）通过仿生学，可以尝试仿制由肌纤维组成的肌肉；（2）纺织品由于穿着舒适，且符合人们穿着衣服的习惯，是支撑外部肌肉的良好选择。

2.4.4.1　电活性聚合物和电活性复合结构

一种开发"人造肌肉"的方法是使用基于聚合物的电活性聚合物（EAPs）或

19

电活性复合结构，这些材料或结构能够将电能转换成机械能。Bar-Cohen 等[5]探索了具有不同性质和不同类型的材料及结构的应用。

2.4.4.2 介电弹性体

最简单的致动机制是介电弹性体静电效应。介电弹性体是 EAPs 的一个子类，能够制造成具有高活性应变（高达 380%）、高活性应力（高达 1MPa）和低响应时间的可变形执行器。通常，需要高于 100MV/m 的作用场。当在材料上施加电压时，电荷之间的吸引力和排斥力在电介质中产生应力，导致材料的压缩和伸长。通常，所用的弹性体是硅氧烷或丙烯酸弹性体，电极是由碳或银或其他导电材料制成。从弹性的观点来看，电极和弹性体必须是高度柔顺的。

机械执行器的形状配置很重要，因为它决定了运动的幅度和方向。常规形状（如平面、管或辊）不能像肌肉那样引起线性收缩。其中一种可能性是使用受压电技术启发的堆叠式配置，它由平面执行器的多层结构组成。当施加高电压时，整个装置的收缩是每一层厚度压缩的总和[13]。

2.4.4.3 压电聚合物

压电材料具有偶极子，当施加电场时偶极子可以排列，作为响应，发生尺寸变化。采用聚偏氟乙烯（PVDF）和其衍生物，主链上的氟使聚合物具有高极性并可以产生可逆的构象变化，因而获得最佳性能。对于 PVDF，仅极性的 β 相可产生压电效应。

对于介电弹性体执行器，电场和电压都很高（接近 100MV/cm 和 1kV 以上），但压电聚合物的弹性模量比介电弹性体高 1000 倍[51,87]。对于大的变形，从弹性的角度来看，电极和弹性体必须是高度柔顺的。一些压电纤维已经获得生产和应用，尤其应用在声发射[20]和能量收集[78]领域。

2.4.4.4 离子电活性聚合物

离子电活性聚合物的效果是由离子或分子的电扩散产生的，当离子进入或离开（迁移）聚合物区域时，这种扩散导致膨胀或收缩。在某些情况下，变形是由离子物质的反应引起的。这些材料使用的电压很低（低于 10V），但有两个主要缺点：一是这些聚合物需要水和盐的存在，二是电极上的化学消耗是不可避免的。

对于这类材料，全氟磺酸离子（杜邦公司的 Nafion）具有良好的效果。导电聚合物也表现出这种行为。当施加电场时，氧化态的变化导致电子插入聚合物链或从聚合物链中移除，产生可以通过溶剂促进并引起材料的膨胀或收缩的平衡电荷的离子通量。聚吡咯、聚苯胺或聚噻吩是最常用的材料。导电聚合物作为执行器，通常需要低电压来激活并具有中等应变（2%~10%）[45]。由于离子在聚合物网络中的传输缓慢，时间响应相对较低。导电聚合物相比于其他电活性聚合物的优点是其工作电压低、应变大和成本低。

2.4.4.5 离子聚合物—金属复合材料

人造肌肉是由作为离子导电层的聚电解质组成的，其中聚合物链提供一种离子类型，而移动溶剂化离子提供相反电荷[51]。聚电解质夹在两个柔性金属电极之间。当施加电压（低于 10V）时，移动阳离子向负电极移动，引起正电极附近的膨胀和收缩，结果导致三层结构的弯曲。离子聚合物—金属复合材料（IPMC）执行器的应用包括机械夹具、阀门和隔膜泵。Bar-Cohen 等[5]制造了一个四指 IPMC抓手，并进行了抓取岩石的测试。

2.4.4.6　气动人工肌肉

气动肌肉广泛应用于机器人结构和外骨骼中。气动人工肌肉（PAMs）的原理很简单，当封闭的体积增加时，它会缩短[7]。该系统的局限性在于 PAM 只能产生拉力。为了获得双向运动，必须使用对抗设置。自 20 世纪 30 年代以来，科学家研究了许多 PAM 类型。为了产生单向致动力，采用了几种方法：折叠 PAM[19]，Yarlott 肌[86]，Kukolj 肌[37]或 Paynter 双曲面肌[58]。一些气动执行器可以弯曲，柔性执行器是基于分成两个或三个扇区的弹性体元件开发的[14,75]。

对健康领域的应用，气动肌肉以再现真实身体肌肉产生力的方式定位和连接。通过特殊设计使气动人工肌肉在日常生活中应用于康复、主动矫形器和辅助装置。

日本冈山大学研制的动力辅助手套由固定在普通手套上的六块气动橡胶（可能基于编织结构）[65]肌肉组成。肌肉能承受约 20N 的力，足够在日常生活中使用。一些研究表明，使用 PAM 有可能设计出步行辅助装置[30]或低背支撑装置[40]。当然，也可以提出像东京大学的"肌肉套装"（Muscle Suit）这样的整个可穿戴设备，这种肌肉套装是可穿戴的，用皮带和魔术贴贴在身上，不需要带有人造肌肉的金属框架。

下一步的工作是使用弹性密封织物更好地将 PAMs 融入服装，从而提高耐磨性和舒适性。

2.5　结论

近年来，传统的纺织品和电子元件已被集成到可穿戴诊断和治疗系统，并用于监测生命体征和身体相关的参数，应用于医疗和防护领域。此外，随着高效导电聚合物致动纤维和化学传感导电聚合物纤维的发展，传感器和执行器在纺织材料中的集成即将实现。所有这些电子纺织系统都需要适当的导电纺织结构作为基石。

导电纺织结构作为原材料的可用性及其价格决定了本章描述和讨论的技术和产品的未来使用情况，后期日常应用中承受恶劣条件的能力决定了产品价格的高低。

除了需要不断提升生产智能纺织品所需的基本材料，还应不断改进工艺。例如，薄层技术对于电子产品和纺织品的融合和复兴至关重要，涂层和印刷工艺对于日益缩小的电子器件，并将电子元件嵌入医疗纺织品中至关重要。根据欧洲嵌入式计算系统技术平台（ARTEMSIS）的研究显示，目前90%的计算设备都在嵌入式系统中。到2020年，这一数字将达到400亿部。

然而，这种"嵌入式无处不在"的发展只有在设备不引人注目且对用户可靠的情况下才会成功。例如，集成到衣服中的传感器不应对运动或变形敏感。

最后，通过建立新的测试程序标准来记录这些新产品的性能和安全性也是至关重要的。欧洲标准化委员会在这方面迈出了一步，建立了一个围绕智能纺织品的工作组，希望在不久的将来能够开展更多这方面的工作，以加强智能医疗纺织品的研究和应用。

参考文献

［1］ Agency for Healthcare Research and Quality, US Department of Health and Human Services, http://www.ahrq.gov/［assessed 11.01.2016］.

［2］ Al-Khalidi, F.Q., Saatchi, R., Burke, D., Elphick, H., Tan, S., 2011. Respiration rate monitoring methods: a review. Pediatric Pulmonology 46 (6), 523-529.

［3］ Atalay, O., Kennon, W., Demirok, E., 2015. Weft-knitted strain sensor for monitoring respiratory rate and its electro-mechanical modeling. IEEE Sensors Journal 15 (1), 110-122.

［4］ Axelgaard, J., Grussing, T., 1988. Electrical Stimulation Electrode, US Patent 4722354.

［5］ Bar-Cohen, Y., 2004. Electroactive Polymer (EAP) Actuators as Artificial Muscles—Reality, Potential and Challenges. SPIE Press, Bellingham.

［6］ Beckmann, L., Neuhaus, C., Medrano, G., Jungbecker, N., Walter, M., Gries, T., Leonhardt, S., 2010. Characterization of textile electrodes and conductors using standardized measurement set-ups. Physiological Measurement 31, 233-247.

［7］ Belforte, B., Quaglia, G., Testore, F., Eula, G., Appendino, S., 2007. Wearable textiles for rehabilitation of disabled patients using pneumatic systems. In: Van Langenhove, L. (Ed.), Smart Textile for Medicine and Healthcare. Woodhead Publishing.

［8］ Bhat, N.V., Seshadri, D.T., Nate, M.N., Gore, A.V., 2006. Development of conductive cotton fabrics for heating devices. Journal of Applied Polymer Science 102, 4690-4695.

［9］ Bielskaa, S., Sibinskia, M., Lukasikb, A., 2009. Polymer temperature sensor for textronic applications. Materials Science and Engineering B 50, 52.

[10] Braddock, M., Campbell, C.J., Zuder, D., 1999. Current therapies for wound healing: electrical stimulation, biological therapeutics, and the potential for gene therapy. International Journal of Dermatology 38, 808–817.

[11] Brian, D., Molina-Lopez, M., Quinter, A.V., 2011. Why going towards plastic and flexible sensors? Procedia Engineering 25, 8–15.

[12] Browner, W., 1962. Device for Electrical Treatment of Bodily Tissues, US Patent 3055372.

[13] Carpi, F., Migliore, A., Serra, G., De Rossi, D., 2005. Helical dielectric elastomer actuators. Smart Materials and Structures 14, 1210–1216.

[14] Cataudella, C., Ferraresi, C., Manuello Bertetto, A., 2001. Flexible actuator for oscillating tail marine robot. International Journal of Mechanics and Control 2 (2), 13–21.

[15] Catrysse, M., Puers, R., Hertleer, C., Van Langenhove, L., van Egmond, H., Matthys, D., 2004.Towards the integration of textile sensors in a wireless monitoring suit. Sensors and Actuators A: Physical 114 (2–3), 302–311.

[16] Cochrane, C., Koncar, V., Lewandowski, M., Dufour, C., 2007. Design and development of a flexible strain sensor for textile structures based on conductive polymer composite. Sensor 7, 473–492.

[17] Cochrane, C., Mordon, S., Lesage, J.C., Koncar, V., 2013. New design of textile light diffusers for photodynamic therapy. Materials Science and Engineering C: Materials for Biological Applications 33 (3), 1170–1175.

[18] Cooper, G., Barker, A.T., Heller, B.W., Good, T., Kenney, L.P.J., Howard, D., 2011. The use of hydrogel as an electrode-skin interface for electrode array FES applications. Medical Engineering and Physics 33, 967–972.

[19] Daerden, F., Lefeber, D., 2001. The concept and design of pleated pneumatic artificial muscles. International Journal of Fluid Power 2 (3), 2001.

[20] Egusa, S., Wang, Z., Chocat, N., Ruff, Z.M., Stolyarov, A.M., Shemuly, D., Sorin, F.,Rakich, P.T., Joannopoulos, J.D., Fink, Y., 2010. Multimaterial piezoelectric fibre. Nature Materials 9, 643–648.

[21] Finni, T., Hu, M., Kettunen, P., Vilavuo, T., Cheng, S., 2007. Measurement of EMG activity with textile electrodes embedded into clothing. Physiological Measurement 28 (11), 1405–1419.

[22] Flick, A.B., 1994. Electrical Therapeutic Apparatus, US Patent 5374283.

[23] Gidik, H., Bedek, G., Dupont, D., Codau, C., 2015. Impact of the textile substrate on the heat transfer of a textile heat flux sensor. Sensors and Actuators A:

Physical 230, 25-32.

[24] Hakansson, E., Kaynak, A., Lin, T., Nahavandi, S., Jones, T., Hu, E., 2004. Characterization of conducting polymer coated synthetic fabrics for heat generation. Synthetic Metals 144, 21-28.

[25] Hamdani, S., Potluri, P., Fernando, A., 2013. Thermo-mechanical behavior of textile heating fabric based on silver coated polymeric yarn. Materials 6, 1072-1089.

[26] Hanus, S., Gnewuch, K., Reichmann, V., Roth, M., Scheibner, W., Thurner, F., Oschatz, H., Schwabe, D., Möhring, U., 2013. Textile Lösungen für die Medizin, Medizintechnik, Sport und Wellness, Auftaktveranstaltung SmartFitIn, Weimar.

[27] Hu, Y., Wang, K., Zhu, T.C., 2010. Pre-clinic study of uniformity of light blanket for intraoperative photodynamic therapy. Proceedings of SPIE-The International Society for Optical Engineering. pii:755112.

[28] Kameny, S., 1977. Electrode, US Patent 4014345.

[29] Kannaian, T., Neelaveni, R., Thilagavathi, G., 2012. Design and development of embroidered textile electrodes for continuous measurement of electrocardiogram signals. Journal of Industrial Textiles 42 (3), 303-318.

[30] Kanno, T., Morisaki, D., Miyazaki, R., Endo, G., Kawashima, K., 2015. A walking assistive device with intention detection using back-driven pneumatic artificial muscles. In: 2015 IEEE International Conference on Rehabilitation Robotics (ICORR), pp. 565-570.

[31] Kayacan, O., Bulgun, E., Sahin, O., 2008. Implementation of steel-based fabric panels in a heated garment design. Textile Research Journal 79 (16), 1427-1437.

[32] Keller, T., Kuhn, A., 2008. Electrodes for transcutaneous (surface) electrical stimulation. Journal of Automatic Control 18 (2), 35-45.

[33] Kinkeldei, T., Zysset, C., Cherenack, K., Troester, G., 2009. Development and evaluation of temperature sensors for textiles integration. 2009 IEEE Sensors, pp. 1580-1583.

[34] Kinkeldei, T., Zysset, C., Münzenrieder, N., Tröster, G., 2012. Influence of flexible substrate materials on the performance of polymer composite gas sensors. In: International Meeting on Chemical Sensors, Nürnberg, Germany, 2012.

[35] Koncar, V., 2005. Optics fiber, fabric displays. Optics and Photonics News 16 (4), 40-44.

[36] Koncar, V., Cochrane, C., Lewandowski, M., Boussu, F., Dufour, C., 2009.

Electro-conductive sensors and heating elements based on conductive polymer composites. International Journal of Clothing Science and Technology 3 (2), 82-92.

[37] Kukolj, M., 1988. Axially Contractible Actuator, US Patent 4733603.

[38] Lanata, A., Scilingo, E.P., Nardini, E., Loriga, G., Paradiso, R., De Rossi, D., 2010. Comparative evaluation of susceptibility to motion artefact in different wearable systems for monitoring respiratory rate. IEEE Transactions on Information Technology in Biomedicine 12 (2), 378-386.

[39] Li, Li, Man Au, Wai, Li, Yi, 2009. Design of intelligent garment with transcutaneous electrical nerve stimulation function based on the intarsia knitting technique. Textile Research Journal 80 (3), 279-286.

[40] Li, X., Noritsugu, T., Takaiwa, M., Sasaki, D., 2013. Design of wearable power assist wear for low back support using pneumatic actuators. International Journal of Automation Technology 7 (2), 228-236.

[41] Lintu, N., Holopainen, J., Hänninen, O., 2005. Usability of Textile-integrated Electrodes for EMG Measurements. University of Kuopio, Department of Physiology, Laboratory of Clothing Physiology, Kuopio, Finland.

[42] Linz, T., Gourmelon, L., Langereis, G., 2007. Contactless EMG sensors embroidered onto textile. In: 4th International Workshop on Wearable and Implantable Body Sensor Networks, Vol. 13 of the Series IFMBE Proceedings, pp. 29-34.

[43] Locher, I., Kirstein, T., Tröster, G., 2005. Temperature profile estimation with smart textiles. In: Proceedings of the International Conference on Intelligent Textiles, Smart Clothing, Well-being, and Design, Tampere, Finland, pp. 19-20.

[44] Löfhede, J., Seoane, F., Thordstein, M., 2012. Textile electrodes for EEG recording—A pilot study. Sensors 12, 16907-16919.

[45] Madden, J.D.W., Vandesteeg, N.A., Anquetil, P.A., Madden, P.G.A., Takshi, A., Pytel, R.Z., Lafontaine, S.R., Wieringa, P.A., Hunter, I.W., 2004. Artificial muscle technology: physical principles and naval prospects. IEEE Journal of Oceanic Engineering 29 (3), 706-728.

[46] Marozas, V., Petrenas, A., Daukantas, S., Lukosevicius, A., 2011. A comparison of conductive textile-based and silver/silver chloride gel electrodes in exercise electrocardiogram recordings. Journal of Electrocardiology 44 (2), 189-194.

[47] Mattmann, C., Clemens, F., Tröster, G., 2008. Sensor for measuring strain in textile. Sensors 8, 3719-3732.

[48] Maurer, D., 1977. Electrode for Transcutaneous Stimulation, US Patent 3817252.

[49] Mecnika, V., Hoerr, M., Jockehoevel, S., Gries, T., Krievins, I., Schwarz-Pfeiffer, A., 2015. Preliminary Study on Textile Humidity Sensors. ITG-Fachbericht-Smart SysTech 2015.

[50] Merrit, C.F., 2008. Electronic Textile-Based Sensors and Systems for Long-Term Health Monitoring (Ph.D. thesis). Raleigh University, North Carolina.

[51] Mirfakhrai, T., Madden, J.D.W., Baughman, R.H., 2007. Polymer artificial muscles. Materials Today 10 (4), 30-38.

[52] MIT, 2013. Electrocardiogram Measurement Circuit Design Lab. Available from: http://web.mit.edu/2.75/lab/ECG%20Lab.pdf (accessed 19.10.15).

[53] Mordon, S., Cochrane, C., Tylcz, J.B., Betrouni, N., Mortier, L., Koncar, V., 2015. Light emitting fabric technologies for photodynamic therapy. Photodiagnosis and Photodynamic Therapy 12 (1), 1-8.

[54] Morris, D., Coyle, S., Wu, Y., Lau, K.T., Wallace, G., Diamond, D., 2009. Bio-sensing textile based patch with integrated optical detection system for sweat monitoring. Sensors and Actuators B: Chemical 139 (1), 231-236.

[55] Novello, P., 1981. Electrode Structure for Electrocardiograph and Related Physiological Measurements and the Like. US Patent 1583087.

[56] Paradiso, R., Bourdon, L., Loriga, G., 2009. Smart sensing uniforms for emergency operators. Advances in Science and Technology 60, 101-110.

[57] Paradiso, R., Loriga, G., Taccini, N., 2005. A wearable health care system based on knitted integrated sensors. IEEE Transactions on Information Technology in Biomedicine 9 (3), 337-344.

[58] Paynter, H.M., 1988. Hyperboloid of Revolution Fluid-driven Tension Actuators and Method of Making. US Patent 4721030.

[59] Pereira, T., Silva, P., Carvalho, H., Carvalho, M., 2011. Textile moisture sensor matrix for monitoring of disabled and bed-rest patients. In: EUROCON-International Conference on Computer as a Tool. IEEE, pp. 1-4.

[60] Priniotakis, G., Westbroek, P., Van Langenhove, L., Hertleer, C., 2007. Electrochemical impedance spectroscopy as an objective method for characterization of textile electrodes. Transactions of the Institute of Measurement and Control 29 (3-4), 271-281.

[61] Rahal, M., Khor, J.M., Demostthenous, A., Tizzard, A., Bayford, R., 2009. A comparison study of electrodes for neonate electrical impedance tomography. Physiological Measurement 30, S73-S84.

[62] Rantanen, J., Impio, J., Karinsalo, T., Malmivaara, M., Reho, A., Tasanen,

M., Vanhala, J., 2002. Smart clothing prototype for the arctic environment. Personal and Ubiquitous Computing 6 (1), 3-16.

[63] Reichl, H., Kallmayer, C., Linz, T., 2008. Electronic Textiles, True Visions-the Emerge of Ambient Intelligence. Springer, Berlin, Heidelberg/Germany.

[64] Rothmaier, M., Luong, M.P., Clemens, F., 2008. Textile pressure sensor made of flexible plastic optical fibers. Sensors 8 (7), 4318-4329.

[65] Sasaki, D., Noritsugu, T., Takaiwa, M., Yamamoto, H., 2004. Wearable power assist device for hand grasping using pneumatic artificial rubber muscle. In: Workshop on Robot and Human Interactive Communication.

[66] Schwarz, A., 2011. Electro-Conductive Yarns: Their Development, Characterization and Applications (Ph.D. thesis). Ghent University, Ghent.

[67] Seeberg, T.M., Røyset, A., Jahren, S., Strisland, F., 2011. Printed organic conductive polymers thermocouples in textile and smart clothing application. In: 33rd Annual International Conference of the IEEE EMBS.

[68] Seesaard, T., Lorwongtragool, P., Kerdcharoen, T., 2015. Development of fabric-based chemical gas sensors for use as wearable electronic noses. Sensors 15 (1), 1885-1902.

[69] Selm, B., Rothmaier, M., Camenzind, M., Khan, T., Walt, H., 2007. Novel flexible light diffuser and irradiation properties for photodynamic therapy. Journal of Biomedical Optics 12 (3), 240340.

[70] Sergio, M., Manaresi, N., Tartagni, M., Guerrieri, R., Canegallo, R., 2002. A textile based capacitive pressure sensor. Proceedings of IEEE 2, 1625-1630.

[71] Shang, S., Yang, X., Tao, X., Lam, S.S., 2010. Vapor-Phase polymerization of pyrrole on flexible substrate at low temperature ad its application on heat generation. Polymer International 59, 204-211.

[72] Shyr, T.W., Shie, J.W., Jiang, C.H., Li, J.J., 2014. A textile-based wearable sensing device designed for monitoring the flexion angle of elbow and knee movements. Sensors 14 (3), 4050-4059.

[73] Sibinski, M., Jakubowska, M., Sloma, M., 2010. Flexible temperature sensors on fibers. Sensor 10 (9), 7934-7946.

[74] Songa, H.-Y., Leea, J.-H., Kanga, D., Choa, H., Chob, H.-S., Leec, J.-W., Leec, Y.-J., 2010. Textile electrodes of jacquard woven fabrics for biosignal measurement. Journal of the Textile Institute 101 (89), 758-770.

[75] Suzumori, K., Liikura, S., Tanaka, H., 1991. Development of flexible microactuator and its applications to robotic mechanisms. In: Proceedings of the IEEE Inter-

智能纺织品及其应用

national Conference on Robotics and Automation.

[76] Swallow, S., Thompson, A., 2001. Sensory fabric for ubiquitous interfaces. International Journal of Human-Computer Interaction 13 (2), 147-159.

[77] Teplan, M., 2002. Fundamentals of EEG measurement. Measurement Science Review 2 (2), 1-11.

[78] Vatansever, D., Siores, E., Hadimani, R. L., Shah, T., 2011. Smart woven fabrics in renewable energy generation. In: Vassiliadis, S. (Ed.), Advances in Modern Woven Fabrics Technology.

[79] Weder, M., Hegemann, D., Amberg, M., Hess, M., Boesel, L., Abächerli, R., Meyer, V., Rossi, R., 2015. Embroidered electrode with silver/titanium coating for long-term ECG monitoring. Sensors 15, 1750-1759.

[80] Weremczuk, J., Tarapata, G., Jachowicz, R., 2012. Humidity sensor printed on textile with use of ink-jet technology. Procedia Engineering 46, 1366-1369.

[81] Wie̗zlak, W., Zieliński, J., 1993. Clothing heated with textile heating elements. International Journal of Clothing and Technology 5 (5), 9-23.

[82] Xu, P.J., Zhang, H., Tao, X.M., 2008. Textile-structured electrodes for electrocardiogram. Textile Progress 40, 183-213.

[83] Xue, P., Wang, J., Tao, X.M., 2014. Flexible textile strain sensors from polypyrrole-coated XLA™ elastic fibers. High Performance Polymers 26 (3), 364-370.

[84] Yamada, T., Hayamizu, Y., Yamamoto, Y., Yomogida, Y., Izadi-Najafabadi, A., Futaba, D., Hata, K., 2011. A stretchable carbon nanotube strain sensor for human-motion detection. Nature Nanotechnology 6, 296-301.

[85] Yang, K., Freeman, C., Torah, R., Beeby, S., Tudor, J., 2014. Screen printed fabric electrode array for wearable functional electrical stimulation. Sensors and Actuators A: Physical 213,108-115.

[86] Yarlott, J.M., Mass, H., 1972. Fluid Actuator, US Patent 3645173.

[87] Zhang, Q., 2004. Electroactive Polymer (EAP) Actuators as Artificial Muscle. SPIE Press, Bellingham, p. 95.

[88] Ziegler, S., Frydrysiak, M., 2009. Initial research into the structure and working conditions of textile thermocouples. Fibers and Textiles in Eastern Europe 17 (6), 84-88.

[89] Zysset, C., 2013. Integrating Electronics on Flexible Plastic Strips into Woven Textiles (Ph.D. thesis). ETH Zürich, Zürich.

3 为视障人士设计的避障智能衬衫

S. K. Bahadir[1,3], *V. Koncar*[2,3], *F. Kalaoglu*[1]

[1] *ITU，土耳其伊斯坦布尔*

[2] *国立高等纺织工业技术学院 GEMTEX 实验室，法国鲁贝*

[3] *里尔大学，法国里尔*

3.1 前言

由于生理或神经因素造成的视觉知觉缺乏称为失明。根据世界卫生报告，全球约有 3.14 亿人视力受损，其中 4500 万人失明。这意味着大约有 4500 万人在行动、信息处理和环境解读方面依赖于周围的其他人[1]。

缺乏视觉感知与失去独立并行。在当今社会，独立是很重要的，视障人士像其他人一样不希望依赖他人生活。他们想要旅行，不用担心被撞或迷路。他们希望像其他人一样独立获取信息。因此，视障人士需要独立的辅助设备，如导航、阅读标志等。

导航是通过安全的方式确定个人的位置，并指引个人到达期望的目的地的一门艺术和科学。如何通过导航指导视障人士在室内外移动，一直是一个具有挑战性的问题。因为导航的局限限制了视障人士进入许多建筑物，妨碍他们使用公共交通，使他们难以融入当地社区。

为了解决视障人士的导航问题，已经进行了大量的研究，开发了如手杖、电子旅行机器人等辅助移动设备[2-4]。然而，这些设备还存在一些限制，例如，手杖作为现在使用最广泛的助行器，具有一定的局限性，它的长度限制了探测范围，且难以检测悬垂的障碍物和公共场所的储存空间等。此外，就像其他助行器一样，手杖的重量是另一个关键问题。为了解决视障者的导航问题，迫切需要一种新的辅助导航系统来帮助盲人更容易地识别环境。

本章将介绍一种具有创新性的智能衬衫系统，该系统以电子纺织品设计方法的开发为基础，可帮助视障人士在室内环境中安全快速地在障碍物之间穿梭。智能衬衫系统是将服装与传感器、执行器、电源和数据处理单元相结合的一个初始模型系统。该系统的工作原理基于两个主要功能：一是通过传感器感知周围环境和障碍物，二是由执行器通过信号处理单元中的反馈系统引导用户。在这种方法中，智能衬衫模型的设计包括对视障人士和智能服装理论的回顾。智能衬衫模型开发过程的框架如图 3.1 所示。

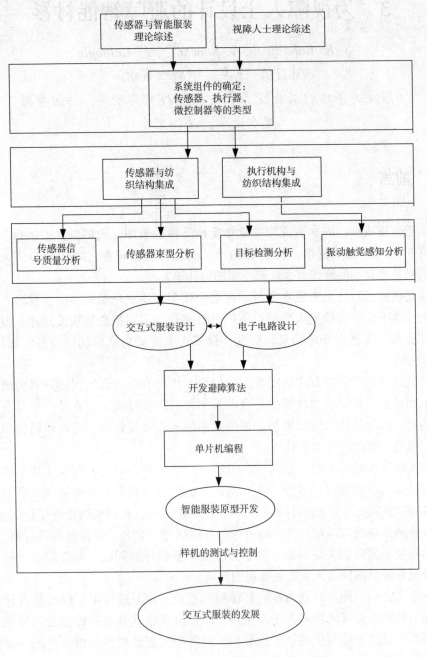

图 3.1 智能衬衫开发的流程图

本章将详细描述智能衬衫避障系统的设计理念，该系统可以作为一件柔软、轻便且舒适的服装穿在身上。首先，给出电子元件与纺织结构集成的电子纺织品避障体系结构。然后，讨论集成到纺织品结构中的电子元件的工作性能。

3.2 避障的电子纺织品架构

智能衬衫的设计不仅需要在软件和硬件上探索设计参数，还需要在日常穿着要求上探索设计参数[5]。

3.2.1 硬/软件基础及耐磨性要求

3.2.1.1 软件和硬件组件要求

在开始设计智能衬衫之前，会考虑许多与设计变量相关的问题。电子系统架构的研究目标需要回答以下问题：

需要什么类型的传感器？

可以使用什么类型的执行器？

如何处理数据，以及需要什么类型的信号处理单元？

信号处理单元的决策参数是什么？

每种类型的传感器需要多少个？

每种类型的执行器需要多少个？

传感器和执行器在人体上的最佳位置是什么？

微控制器最有用的位置是什么？

在分析传感器采集数据时，需要哪些算法来提供准确性？

系统所需的功耗是多少？

采用哪种类型的电源？

哪种类型的导电纤维适合该系统架构？

3.2.1.2 耐磨性能要求

在设计智能服装系统时，除了电子硬件和软件外，系统的耐磨性也是一个关键问题。在考虑耐磨性的同时，必须考虑其他一些性能，如重量轻、透气、舒适和易于佩戴等。在本系统中，所有预期的可穿戴性能要求如表3.1所示。

表3.1　系统的可穿戴性能要求

功能性	可维护性	可制造性	服用性能	耐久性
检测障碍	耐洗涤	易于制造	舒适	强度高
障碍	快干	合适的尺寸范围	无皮肤过敏	耐剪切—拉伸撕裂
	色牢度		无压力点	

31

功能性	可维护性	可制造性	服用性能	耐久性
指示警报	可维修		透气性 吸湿性 质轻 尺寸稳定性 易穿脱 保持操作的灵活性 最大运动范围	耐磨损

3.2.2　电子元件与纺织品结构的整合

3.2.2.1　传感器原理对纺织品结构的适应性

声呐是一种用于探测、定位、确定物体或通过反射声波测量物体距离的仪器。为了检测电子纺织品电路中的障碍物，选择 LV – MaxSonar® – EZ3™（MaxBotix® Inc.）超声波传感器，因为它尺寸小、功耗低（2.5~5.5V），并且具有最佳检测角度。该超声波传感器的检测范围为 6~254 英寸❶，传感器的工作频率为 42kHz[6]。将导电纱线引入纺织品结构时，需考虑传感器引脚之间的距离。

为了将超声波传感器集成到织物结构中以及在结构中形成电路，使用线性电阻<50Ω/m 并且纱线细度为 312dtex/34f×4 的镀银尼龙纱线。织物是双层结构，并将导电纱线放置在结构的中间层，防止织物基电路短路。两层织物由上层的经纱组与底层的纬纱组相连，两层均选用四线缎纹组织。图 3.2 为双面织物的下拉、穿线、提升平面图以及三维结构图。

为了实现多传感器协同工作，传感器如图 3.3 所示连接在一起。为了保持传感器运行并不断循环，需要做三件事：首先，在最后一个传感器的 TX 与第一个传感器的 RX 之间添加一个 1kΩ 的电阻；其次，拉高 BW 引脚；最后，为了"启动"传感器，第一个传感器上的 RX 引脚被拉高至少 20μS。这样，微控制器就可以将其引脚恢复到高阻态，以便下一次从最后一个传感器输出的 TX 到达第一个传感器的 RX，从而使链中的所有传感器按顺序运行。这种"传感器环"一圈一圈地循环，可以不断保持其模拟值的有效性。

考虑到这种电气连接，必须使用传感器的电压、接地、AN、TX、RX 和 BW 引脚。根据超声波传感器输出引脚的尺寸，在每个样品中，导电纱线在纬纱方向

---

❶　1 英寸 = 2.54cm。

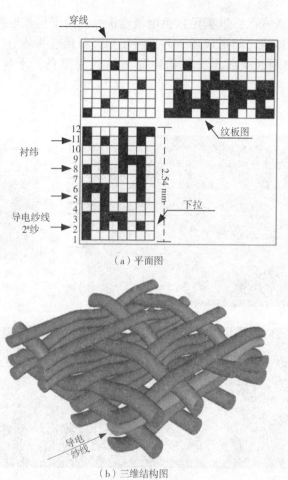

（a）平面图

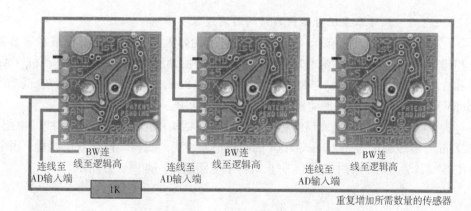

（b）三维结构图

图 3.2　双面织物结构

图 3.3　超声传感器的链接

数据来源于 http：//www.MaxBotix.com/documents/LV-maxsonar-EZ data sheet.pdf（2015 年 6 月访问）

上以特定距离插入六次，以满足六个电气连接点。为了构建电路并将传感器与织物连接，在导电纱线之间形成环，并且将按扣缝合到这些环上。与传感器连接的最终织物结构如图 3.4 所示，织物中导电纱线为灰色，不导电聚酯微纤维为白色。

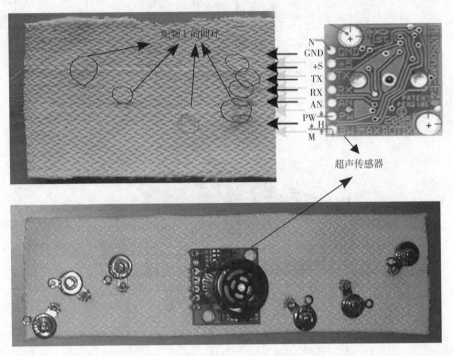

图 3.4　织物概述：与传感器接地、Vcc、TX、RX、模拟电压和 BW 输出点对应的导电纱线

3.2.2.2　执行器原理对纺织品结构的适应性

针对研究目的，选择振动触觉反馈来引导视障人士。振动电动机根据服装系统和超声波传感器的功率要求来选择。为了给予振动触觉感知，振动电动机（Arduino LilyPad Vibe Board®）采用小尺寸（2g，0.8mm PCB，20mm 外径）、低功率（5.5V）的执行器，确保振动触觉感知，并易于实施，如图 3.5 所示。

为了将振动电动机集成到织物结构中以及在结构中形成电路，使用线性电阻<50Ω/m 且纱线细度为 312dtex/34f×4 的镀银尼龙纱线。织物同样是双层结构，并将导电纱线放置在结构的中间层，防止织物基电路短路，如图 3.2 所示。

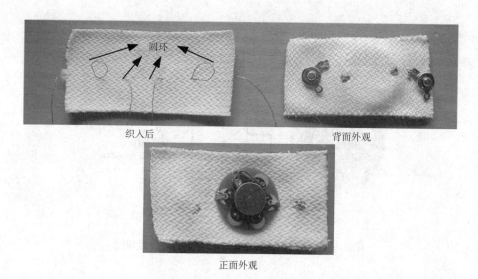

图 3.5　附着在服装上的髋骨区域或集成在织物上的振动电动机

3.3　智能衬衫概念模型

在样机开发过程中，首先根据电子软件和硬件要求设计了系统的电子电路，然后根据用户的耐磨性和舒适性要求设计了系统的布局。

3.3.1　智能衬衫电路

超声波传感器的多重连接是智能衬衫电路整体设计的主要考虑因素，如 3.3.1.4 中所述。因此，首先介绍振动电动机、超声波传感器和微控制器的电路原理图，然后详细给出整个智能电路的原理图。

3.3.1.1　振动电动机的电路原理图

图 3.6 显示了 Ardunio LilyPad Vibe Board®[7] 的电路原理图。每个振动电动机的 GND 引脚与电路的 GND 相连，每个振动电动机的 Vcc 引脚与微控制器数字输出连接。

3.3.1.2　超声波传感器电路

采用的有源元件超声波传感器由 LM234、二极管阵列、PIC 16F676 微控制器以及各种无源元件组成[6]。在单一系统中同时使用多个超声波传感器，可能会受到其他传感器的干扰（串扰）。为了避免串扰问题，使用参考文献[4]中提出的链接方法。根据 3.3.1.4 中讨论的传感器的多重连接原理，将各传感器的输出引脚

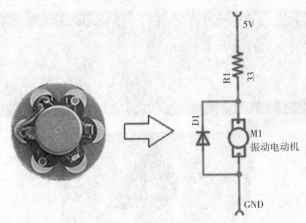

图 3.6 Arduino LilyPad VibeBoard® 的电路原理图

GND、5V、TX、RX、AN 和 PW 与整个电路连接。GND 和 Vcc（工作在 2.5 ~ 5.5V）引脚与 4.8V 镍氢扁平电池连接。由于超声波传感器的 AN 输出以每英寸 Vcc/512 的比例因子工作，这意味着 5V 的电源输出约 9.8mV/英寸（5V/512 ≈ 9.8mV），而 3V 的电源输出约 5.8mV/英寸（3V/512 ≈ 5.8mV），根据这些参数进行编程。

3.3.1.3 微控制器原理图

采用圆形的 LilyPad Arduino® 微控制器板，它的直径约为 50mm，厚度为 0.8mm，附带的电子元件厚度约为 3mm，且可以通过 USB 连接或外部电源供电。在智能衬衫电路设计中，由 4.8V 镍氢扁平电池供电。该板基于 ATmega328[8]，电路板示意图如图 3.7 所示。

由图 3.4 和图 3.8 可知，模拟输入 A0（23）、A1（24）、A2（25）和 A3（26）的引脚与超声波传感器的模拟输出引脚相连。Vcc 和 GND 引脚与电源连接，数字输出 D2（32）、D3（1）、D4（2）、D5（9）、D6（10）和 D7（11）的引脚与振动电动机的输入引脚连接。

3.3.1.4 智能衬衫整体电路示意图

智能衬衫整体电路原理如图 3.8 所示。该电路的功能是将传感器采集到的模拟信号进行数字化，并将其转换为振动信号。它通过识别障碍物位置与用户所需的转动动作（方向和角度）之间的相关性，将模拟信号调制成不同程度的振动。这个电路有四种关键连接和元件：（1）一个微控制器，（2）四个超声波传感器，（3）八个振动电动机，（4）两个电源。四个传感器用于检测障碍物，八个振动电动机（左右各四个）通过转弯方向和角度来引导用户。如 3.3.2.3 中开发的算法所述，八台振动电动机提供了微控制器通过语言变量处理所需转弯动作的指令，

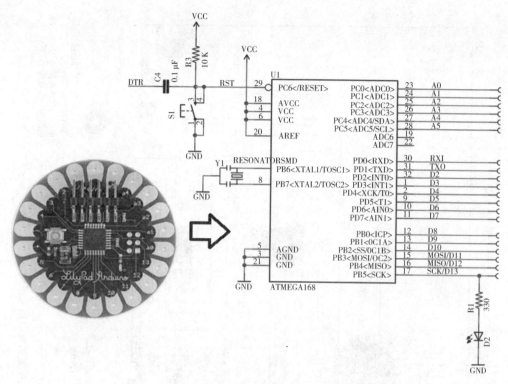

图 3.7 LilyPad 主板微控制器示意图

如小（S）、中（M）、大（L）、超大（VL）角度的左转弯或右转弯。为实现上述目的，微控制器被用来处理数据，并将数据转换成命令。

3.3.2 衬衫上的电路布局

参考图 3.8 设计的样机电路布局如图 3.10 所示。服装前后、手臂上方的电路设计分别如图 3.9（a）和（b）所示。

3.3.2.1 传感器放置

考虑到女性和男性身体姿势的不同，传感器放置在乳房区域下方。根据文献[9-10]中报道的实验结果，将四个传感器之间的距离调整为 20cm。

传感器的位置对障碍物的检测起着重要作用。它们应被放置在衣服在行走过程中不会移动太多的区域。基于这一概念，有两个可选区域：肩部或乳房下方的区域。如果传感器放置在肩部区域，将检测到高度较高的障碍物，例如衣柜或墙壁；如果传感器放置在乳房下方的区域，则不仅可以检测到高度较高的障碍物，而且还可以检测到低于该高度的障碍物，例如桌子。考虑到日常生活环境中高度较低的障碍物多，因此选择乳房下方的区域作为传感器的位置，可以避免更多的

37

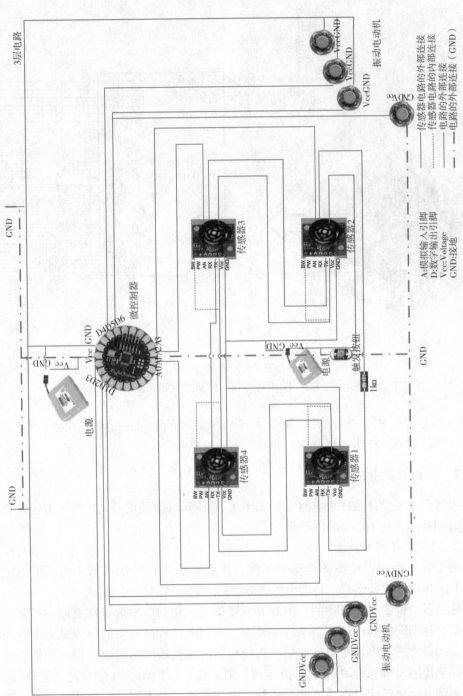

图 3.8 智能服装系统电路原理图

障碍物碰撞，也更符合最初设定的目标。

3.3.2.2 执行器放置

根据文献[11]报道，研究人员发现，在评估者的身体外腕关节和髋骨区域可以感受到最高水平的振动触觉。因此，为了引导使用者，将两个振动电动机放置在衣服的外腕或髋骨区域。三个振动电动机放在左臂的手腕上，而另外三个放在右臂的手腕上。而在夏季服装上选择左右髋骨区域。该服装专为夏季和冬季设计。因此，取出手臂时，系统被设计成能够通过放置在服装左右髋骨区域的振动电动机进行控制。综上所述，八个振动电动机的放置方式如下：服装外腕的左右两侧各放置三个振动电动机，另外两个位于左右髋骨区域。在一只手臂上使用三个振动电动机，向用户提供障碍物位置和所需转弯角度的信息。

例如，在小角度右转的情况下，只有右臂上的第一个振动电动机动作。同样，如果所需的转弯动作是一个大角度的右转，则右臂上的三个振动电动机将起作用。

3.3.2.3 微控制器和电源放置

确定执行器和传感器的位置后，规划微控制器和电源的位置。考虑到电路和电阻的限制，微控制器和电源应该尽可能地靠近。此外，微控制器放置时应注意，它是输入和输出的网络，因此，它应放置在能够从传感器收集所有模拟输出并将输入发送到执行器而没有任何重叠的区域。因此，就整个电路而言，微控制器的最佳位置是服装的中心。

由于微控制器位置和电路限制，电源的位置应靠近微控制器。因此，将它们放置在服装的垂直中心线周围。

3.3.3 智能衬衫样衣的结构

3.3.3.1 智能衬衫的基本结构

根据图 3.9 所示的电路布局设计，研究人员采用制备无缝产品的方法。因此，使用 MBS Merz®平纹圆筒针织机，圆筒直径为 13 英寸，E28 规格，用于生产交互式服装的基本结构，如图 3.10 所示。

考虑到耐磨性和耐久性等性能要求，如舒适、透气、吸湿、轻质、强度等，使用线密度为 78dtex/68dtex×2 的聚酰胺（PA66）纱线。另外，为了保证服装的紧密贴合性，也可以使用包含 Lycra®（16 旦）的 PA（22 旦）弹性纱线。如图 3.4 所示，导电镀银尼龙 66（4 股）纱线为灰色，线密度为 312dtex/34f×4，电阻为 50Ω/m，而聚酰胺纱线为白色。这种结构是可以清洗的，而其他电子部件是可拆卸的，不建议洗涤。

3.3.3.2 智能衬衫的可拆卸结构

传感器和执行器与主电路连接的可拆卸织物如图 3.11 所示。如 3.3.1.4 中所述，有四个传感器和八个振动电动机集成在织物上，这些可拆卸部件以按扣的方

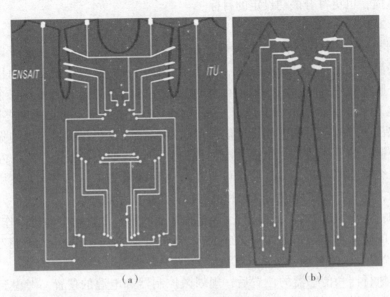

(a)   (b)

图 3.9　衬衫上的电路布局

式与服装基本结构中的主电路连接。

　　通过缝制方式制备微控制器连接的
可拆卸织物。类似地，按扣提供了主电
路和微控制器之间的连接。用于生产交
互式服装基本结构的织物也用于制备微
控制器连接和电池口袋（图 3.12），导
电纱线同样可插入并隐藏在针织物中间。

3.3.3.3　智能衬衫样衣

　　带有可拆卸部件的智能衬衫如图
3.13 所示，传感器位于乳房区域下方，
振动电动机定位在衣服的腕部和髋骨区
域，微控制器和电池沿着服装的垂直中
心线定位。

　　超声波传感器、振动电动机和电池
的部件是从衣服的内侧连接的，因此，
它们是不可见的。而微控制器是可以在
衣服上看到的，用户可以通过微控制器
上的按钮轻松打开和关闭系统。

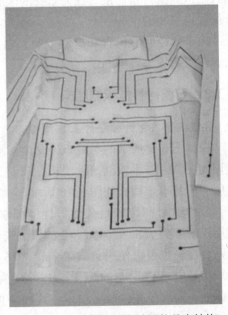

图 3.10　已开发的智能衬衫的基本结构

　　穿在人体模型上的智能服装样衣如图 3.14 所示。没有电池的样衣重量约为

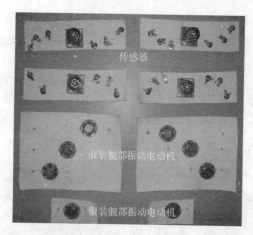

图 3.11 传感器和执行器与主电路连接的可拆卸织物

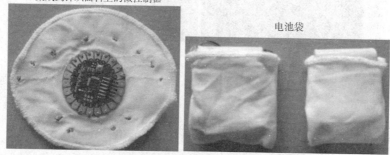

图 3.12 连接微控制器和电池口袋的可拆卸织物

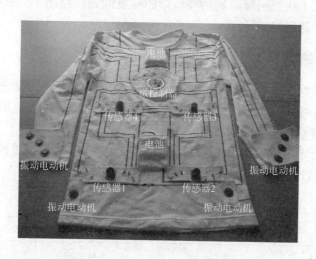

图 3.13 智能衬衫及其可拆卸部件

250g，两个电池的重量为458g。这款智能服装能够检测和避免障碍物，操作简单，轻便易携带，当可拆卸部件从主体结构上拆卸下来时可以清洗。

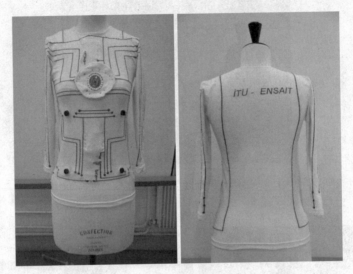

图3.14　适合视障人士的最终智能衬衫原型

3.4　智能衬衫避障和数据传输算法

针对视障人士在充满障碍物的环境中的导航问题，提出了一种基于神经模糊逻辑的智能衬衫避障控制算法。

3.4.1　避障策略

在有障碍的情况下，引导一个人很困难。为了引导用户，首先，应该确定三个重要因素[12]：目标、障碍、人的位置；然后，按照图3.15实施指导策略，图中观察者使用的符号等同于控制系统的符号。

实际上，行走中的人对应的运动状态如表3.2所示。可以通过控制行走中人的角度（w_b）和线速度（v_b）来估计行走者在环境中的位置。

表3.2　步行中人的运动状态

w_b	$w_b = 0$	$w_b > 0$	$w_b < 0$
运动状态	直线	右转	左转

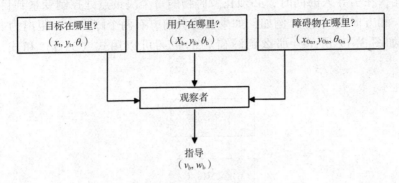

图 3.15　指导策略框图

假设工作空间 W，N 个静止障碍物 O_n，$n \in \{1, \cdots, N\}$，一个目标点，如图 3.16 所示。

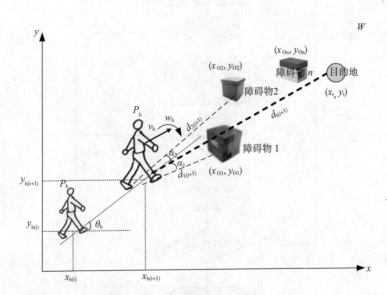

图 3.16　人在多障碍环境下行走的导航

在 n 个障碍物和一个目标点的情况下，用式（3-1）计算到目标点的距离。

$$d_{t(i+1)} = \sqrt{(x_t - x_{b(i+1)})^2 + (y_t - y_{b(i+1)})^2} \tag{3-1}$$

根据人的需要修改所需的方向角（ϕ），如式（3-2）所示。

$$\phi_{i+1} = \tan^{-1}\left(\frac{y_t - y_{b(i+1)}}{x_t - x_{b(i+1)}}\right) \tag{3-2}$$

通过式（3-1）和式（3-2），可以得到方向角（ϕ）与人行走速度之间的关系。

因此，在引导人的同时，必须在障碍物的每个决策点处控制变量到目标的距离（d_1）和方向角（ϕ）。例如，如果步行者前方有两个障碍物，距离为 $d_{1(i+1)}$ 和 $d_{2(i+1)}$，如图 3.17 所示，那么到障碍物的距离可以用式（3-3）和式（3-4）计算。

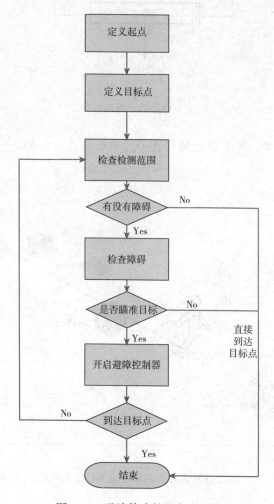

图 3.17　避障策略的基本流程图

$$d_{1(i+1)} = \sqrt{\left(x_{01} - x_{b(i+1)}\right)^2 + \left(y_{01} - y_{b(i+1)}\right)^2} \tag{3-3}$$

$$d_{2(i+1)} = \sqrt{\left(x_{02} - x_{b(i+1)}\right)^2 + \left(y_{02} - y_{b(i+1)}\right)^2} \tag{3-4}$$

障碍物 1 与目标点之间的角度（α_1），障碍物 2 与目标点之间的角度（α_2）可以按式（3-5）和式（3-6）计算。

$$\alpha_{1(i+1)} = \tan^{-1}\left(\frac{y_t - y_{b(i+1)}}{x_t - x_{b(i+1)}}\right) - \tan^{-1}\left(\frac{y_{O1} - y_{b(i+1)}}{x_{O1} - x_{b(i+1)}}\right) \tag{3-5}$$

$$\alpha_{2(i+1)} = \tan^{-1}\left(\frac{y_t - y_{b(i+1)}}{x_t - x_{b(i+1)}}\right) - \tan^{-1}\left(\frac{y_{O2} - y_{b(i+1)}}{x_{O2} - x_{b(i+1)}}\right) \tag{3-6}$$

α_k 表示角度检测范围，α_{kmax} 表示最大检测角度，也就是检测范围的边界，为了准确避开障碍物，应考虑以下规则[13]：

（1）（$\alpha_{1(i+1)} > \alpha_{kmax}$）$\wedge$（$\alpha_{2(i+1)} > \alpha_{kmax}$）表示在检测范围内没有障碍物，不需要躲避。也就是直线行走或 $w_b = 0$（表 3.1）。

（2）[（$\alpha_{1(i+1)} \leqslant \alpha_{kmax}$）$\wedge$（$\alpha_{2(i+1)} > \alpha_{kmax}$）] $\vee$ [（$\alpha_{1(i+1)} > \alpha_{kmax}$）$\wedge$（$\alpha_{2(i+1)} \leqslant \alpha_{kmax}$）]，表示在检测范围内只有一个障碍物需要躲避。因此，问题被简化为如何避免一个障碍物，向右或向左转，或换句话说，$w_b > 0$ 或 $w_b < 0$（表 3.1）。

（3）（$\alpha_{1(i+1)} \leqslant \alpha_{kmax}$）$\wedge$（$\alpha_{2(i+1)} \leqslant \alpha_{kmax}$），表示检测范围内存在两个要躲避的障碍。因此，根据最小距离规则 [min（$d_{1(i+1)}$, $d_{2(i+1)}$）] 来选择应该避免的障碍物[13]：

a. 如果 $d_{1(i+1)} < d_{2(i+1)}$，则首先避开第一个障碍物（O_1），再避开第二个障碍物（O_2）。

b. 如果 $d_{1(i+1)} > d_{2(i+1)}$，则首先避开第二个障碍物（O_2），再避开第一个障碍物（O_1）。

c. 如果 $d_{1(i+1)} = d_{2(i+1)}$，则比较 $\alpha_{1(i+1)}$ 和 $\alpha_{2(i+1)}$。

ⅰ. 如果 $\alpha_{1(i+1)} < \alpha_{2(i+1)}$，则选择障碍物 1（$O_1$）作为目标障碍物以避开。

ⅱ. 如果 $\alpha_{1(i+1)} > \alpha_{2(i+1)}$，则选择障碍物 2（$O_2$）作为目标障碍物以避开。

ⅲ. 如果 $\alpha_{1(i+1)} = \alpha_{2(i+1)}$，则随机选择其中一个作为要避开的目标障碍物。

根据图 3.17 所示的避障策略，开发一个控制系统来指导视障人士。在控制系统的设计过程中，使用模糊神经网络方法。

3.4.2 避障的神经模糊控制算法

在智能衬衫系统中，四个集成在服装正面的传感器可以感知周围环境。穿着者在未知环境中导航时，超声波传感器检测到障碍物的存在，并测量其到障碍物的距离。在设计过程中，四个传感器分为两组（图 3.18）。为了区分障碍物的高度，将两个超声波传感器放置在衣服上较高的位置，而将另外两个放置在较低的位置。同样，为了区分障碍物是在穿着者的左侧还是右侧，两个传感器被放置在衣服的左侧，而另外两个放置在右侧。

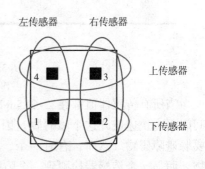

图 3.18　传感器在服装上的位置

因此，根据两组四个传感器的情况，确定被检测障碍物的可能情况，并确定障碍物相对于人的位置。图 3.19 显示了障碍物位置的一些情况。

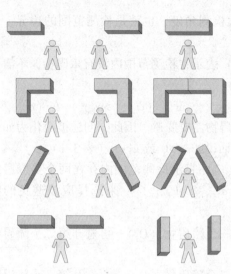

图 3.19　障碍物与用户之间的不同情况

3.4.2.1　数据过滤和预处理

传感器收集的数据要么被消除，要么被传输到控制器。众所周知，传感器检测范围高达 6.45m[6]。

为了实现控制器的准确控制，首先要确定预设值。过滤预设值大于 2.5m 的数据，也就是说如果物体与用户之间距离为 2.5m 或更远时，则过滤数据，认为用户周边没有障碍物。因此，在第一算法中，所有大于 2.5m 的平均输入数据被过滤，并直接发送到位置（0），视为无转动动作。

对于小于 2.5m 的平均数据，被认为是有效障碍物，并根据对象的位置，将其发送到一个避障策略中进行处理。图 3.20 解释了数据过滤过程。

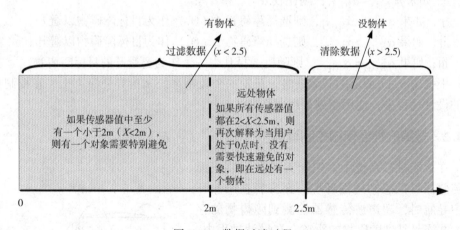

图 3.20　数据过滤过程

当所有传感器值都在 2~2.5m 时，认为障碍物在很远的位置，不需要在这个时间间隔内快速避开这个障碍物。因此，这种情况再次直接发送到位置（0），不需要躲避障碍物。然而，有时一个、两个或三个传感器可能测量到 2~2.5m 的障碍物，而另一个传感器检测到一个障碍物在 2m 之内。在这种情况下，如果至少有一个传感器的值小于 2m，则将其解释为存在一个应该避免的障碍物。

为了确定物体的位置，在实时环境中对不同物体在 x 轴和 y 轴上的位置进行实验。每个传感器包括 9900 个数据点。在这个概念中，利用四个传感器检测物体的可能方案如下：

```
<Algorithm 1: Data filtration and preprocessing>
if Xd_1i > 2 & Xd_2i >2 & Xd_3i >2 & Xd_4i > 2
    there is no obstacle;
elseif Xd_1i < 2 & Xd_4i < 2 & (Xd_2i > 2 | Xd_3i > 2)
    obstacle at the left;
elseif (Xd_1i > 2 | Xd_4i > 2) & Xd_2i < 2 & Xd_3i < 2
    obstacle at the right;
elseif (Xd_1i < 2 | Xd_4i < 2) & Xd_2i > 2 & Xd_3i > 2
    obstacle at the left;
elseif Xd_1i > 2 & Xd_4i > 2 & (Xd_2i < 2 | Xd_3i < 2)
    obstacle at the right;
elseif Xd_1i < 2 & Xd_2i < 2 & Xd_3i > 2 & Xd_4i > 2
    if Xd_1i > Xd_2i
    obstacle at the right;
    else
    obstacle at the left;
    end
elseif Xd_1i > 2 & Xd_2i > 2 & Xd_3i < 2 & Xd_4i < 2
    if Xd_4i > Xd_3i
    obstacle at the right;
    else
    obstacle at the left;
    end
elseif Xd_1i < 2 & Xd_2i > 2 & Xd_3i > 2 & Xd_4i < 2
    obstacle at the left;
elseif Xd_1i > 2 & Xd_2i < 2 & Xd_3i < 2 & Xd_4i > 2
    obstacle at the right;
elseif Xd_1i < 2 & Xd_2i < 2 & Xd_3i < 2 & Xd_4i < 2
    obstacle at the front;
else
    there is no obstacle;
end
```

使用算法 1 确定对象的位置（算法 1 通过实时测量进行测试，使用 MATLAB 算法的成功率为 97.98%），将数据发送到避让策略：左避、前避、右避。

3.4.2.2 神经模糊控制算法

采用神经模糊算法处理数据，算法由三部分组成：输入层、隐藏层（规则层和结果层）、输出层。模糊推理系统（FIS）发生在算法的输入层和隐藏层中。使用 MATLAB® 模糊逻辑工具箱来设置模糊推理系统。如图 3.21 所示，开发了三种模糊推理系统，即左侧模糊推理系统、前部模糊推理系统、右侧模糊推理系统。

图 3.22 为开发的左侧避障的模糊推理系统。类似地，还开发了前部和右侧避障模糊推理系统。模糊化过程将清晰的输入值映射到范围为 0~1 的语言模糊项。

在该层中，输入是经过过滤的数据，每一个输入都被分类为模糊集函数。模糊推理系统的输入来自传感器 1、传感器 2、传感器 3 和传感器 4 的"到障碍物的平均测量距离"信息，其由三个语言变量描述："近""远""非常远"。每个传感器的功能范围从 0（最小）到 2.5m（最大）。

"近"和"远"两个语言变量由三角函数描述，而"非常远"由梯形函数描述，如图 3.23 所示。实际上，$2 < X_{di} \leqslant 2.5$ 的输入值被认为是在远处或近处都没有检测到障碍物，这种情况被解释为"非常远"。

传感器对（-10，60）cm 处的障碍物的距离测量结果如图 3.24 所示。传感器 1 和传感器 2 检测到 60cm 左右的障碍物，而传感器 3 和传感器 4 没有检测到障碍物。当取这些数据的平均值时，首先对其进行过滤，然后将每一个输入分类为模糊集函数，如下所示：

（1）传感器 1 和传感器 2 检测到的"到障碍物的平均测量距离"大约是 60cm，因此归类为"近"。

（2）传感器 3 和传感器 4 检测到的"到障碍物的平均测量距离"大约是 2.4m，因此归类为"非常远"。

模糊推理系统的输出也采用模糊语言变量进行描述，如图 3.25 和图 3.26 所示，分别为左小（S）、左中（M）、左大（L）和左非常大（VL），以及右小（S）、右中（M）、右大（L）和右非常大（VL）。函数定义域为 [-90，90]，且所有语言变量都用三角函数（MF）表示。

在隐藏层中，为了指引用户在环境中的移动，依据算法 1 设计了 77 条规则以建立传感器值与转角之间的关系。人类是通过线下的实时测量和训练得到的知识来制定规则的，障碍物的位置决定用户的转动角度。表 3.3 为用户避免与障碍物相碰撞的建议转向角度。表中"R"和"L"分别表示右转和左转。另外，如前所述，{Z，S，M，L，VL} 的值是用语言变量的方式表示转向角。

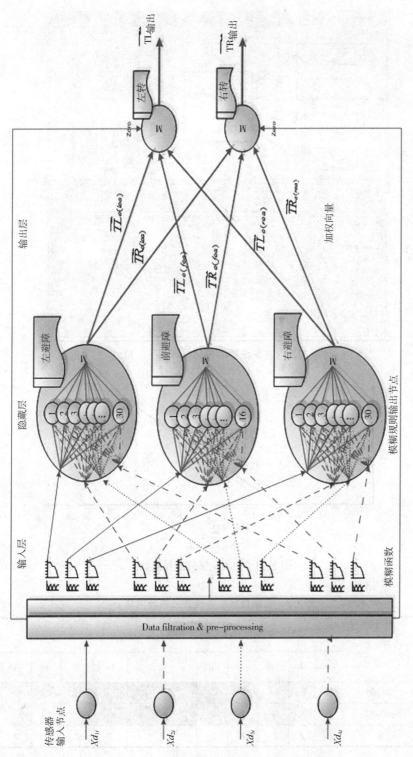

图 3.21 智能服装的神经模糊控制系统

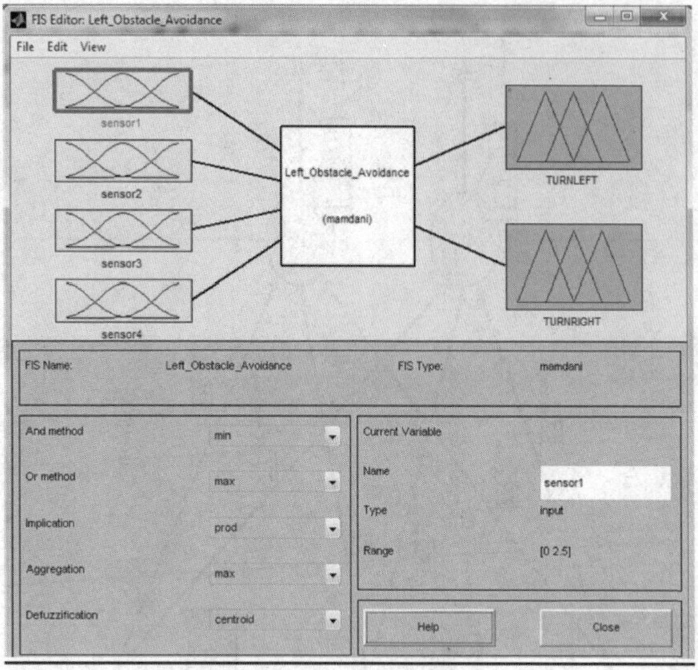

图 3.22 左侧避障的模糊推理系统（FIS）

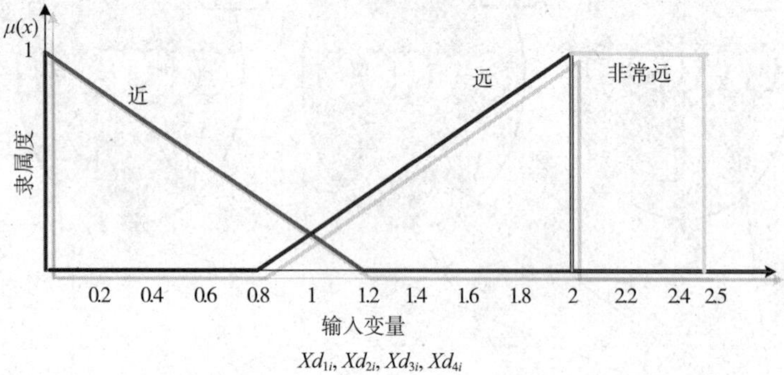

图 3.23 输入变量的隶属函数

表 3.3 检测目标在各位置上的转向角 φ

y轴上的障碍物（cm） 转向角（φ）	x轴上的障碍物（cm）										
	－∞	−40	−30	−20	−10	0	10	20	30	40	－∞
0~100	Z	RS	RS	RM	RL	RVL/ LVL	LL	LM	LS	LS	Z
100~200	Z	RS	RS	RS	RM	RL/LL	LM	LS	LS	LS	Z
∞	Z	Z	Z	Z	Z	Z	Z	Z	Z	Z	Z

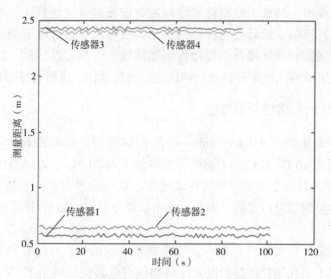

图 3.24　障碍物位于（-10，60）cm 时的测量结果

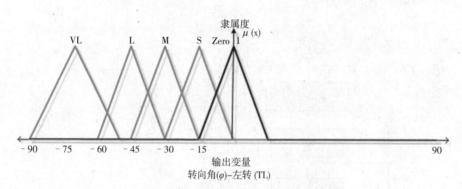

图 3.25　输出变量的隶属函数"向左转"

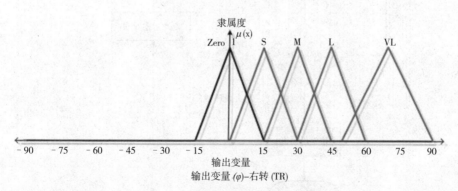

图 3.26　输出变量的隶属函数"向右转"

在此基础上，提出一种基于模糊神经处理的智能服装系统的算法。利用模糊关系对系统输入进行评估，然后使用神经网络结构推导出可避开障碍物的转向角的输出。因此，由微控制器处理神经模糊控制器的输出，然后以"S""M""L"和"VL"的间隔信号形式传输到振动电动机进行转向动作，进而引导用户。

3.4.3 数据传输和微控制器编程

智能衬衫系统使用 Lilypad Arduino® 微控制器板。该电路板基于 ATmega328（20MHz，6 通道 10 位 ADC，14 通道可编程输入/输出线），在 ATMEL® 技术数据手册[14] 可以查找其指令集和芯片的技术规格。Arduino 开发了一个基于 C 语言的软件，用来对微控制器进行编程。因此，在本研究中，Arduino 的软件由于编程简单，优于汇编语言。

本程序的设计旨在分析由超声波传感器获取的信号，并将它们转换成不同的振动间隔，用于引导用户进行能避开障碍物的有效转向。图 3.27 为智能衬衫中使用的微控制器主程序流程图。

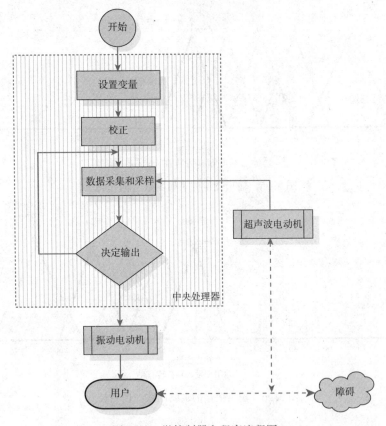

图 3.27　微控制器主程序流程图

主程序的工作原理如下：首先，程序进入初始化阶段，设置所有变量，初始化所有输入/输出端口，并启用外部设备。其次，处理器在5s内等待校准。在校准阶段，所有传感器输出都分配到相同的范围。因此，它们能够测量相同的间隔。然后，开始数据采集和采样循环，超声波传感器采集的信号在采样周期内处理。在此期间，数据处理是为了了解用户是否遇到障碍。

根据数据评估，如上一节所述，如果在右侧检测到障碍物，则将驱动信号转换为左侧振动电动机，引导人向左转弯，反之亦然。如果数据评估显示用户前方没有障碍，则不需要输出左转或右转指示，也就没有动作信号转换到振动电动机（0=直行）。以这样的方式在下一个时间间隔内进行数据采集和采样循环。

在微控制器编程中，关键点是采样周期中数据采集和输出的顺序。在本研究中，为了确定采样周期和输出顺序，在正确的时间间隔引导用户避免撞到障碍物，应考虑视障人士的初始步行速度。研究报告称，正常行人的行走速度在1.22m/s（年轻人）和0.91m/s（老年人）之间[15-16]。考虑到这个已知的事实，并结合观察的情况，假定视障人士的步行速度为0.6m/s。此外，如前所讲，在步行期间要检查障碍物的距离为2.5m。因此，微控制器编程的最大时序图包括安全范围内采样循环和决策输出周期，如图3.28所示。

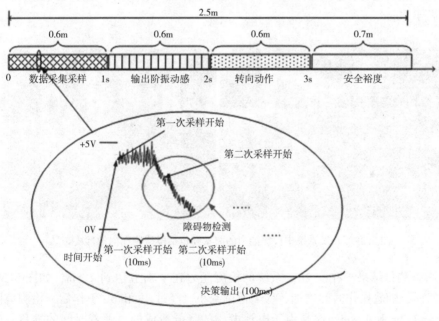

图3.28　微控制器的时序图

在第一秒进行数据采集和采样，数据的最小采样时间约为10ms（1个采样循环10ms）。一旦评估了采样后的数据，决策矩阵的一个元素就会被更新。因此，对

53

于新条件，可以在 10 个采样过程之后给出决策输出，大约在 100ms 内。一旦给出决策输出，致动信号就被传递到振动电动机，用户可以在 1s 内感知到振动。由于决策输出，振动的感觉可以在第二个时间间隔（$t_{\text{start-vib}}$ 1s，$t_{\text{duration-vib}}$ 1s）之前开始。图 3.28 所示的时间间隔显示了包括安全裕度在内的最大时间间隔，以便在撞上障碍物之前引导用户。在感受到振动后，再给用户 1s 时间用来完成转弯动作中的向前运动。以这种方式，可以保证用户在 2~2.5m 范围内避开障碍物。因此，考虑到时序图和先前提到的信息，编写了微控制器程序并嵌入智能衬衫系统中。

3.5　智能衬衫的传感性能

3.5.1　障碍物和探测范围的感知能力

出于实验目的，对放置在人体模型上的智能衬衫进行检测范围测试，如图 3.29所示。在测量期间，障碍物被放置在人体模型前面的不同位置，以便找到最大检测范围。例如，图 3.29 中所示的地面上的白色线图是在不同的时间间隔获得的。此外，由于传感器在服装上的位置及障碍物的长度和宽度是障碍物检测的关键，因此在进行实验之前做出以下假设：实验中使用的障碍物宽度大于 30cm，高度高于 90cm。

图 3.29　开发系统中检测能力的测量和包括障碍物在内的环境布局

根据测量结果，在前 2h，系统的检测能力在 y 轴上达到 2.5m，如图 3.30 所示。然而，随着操作时间增加，检测范围减小。经过 4h 和 6h 工作后，检测范围分别降至 2.2m 和 1.8m。这是由于电池电压的降低造成的。随着时间的推移，电池耗尽，因此，传感器的馈电电压降低。由于超声波传感器的模拟电压输出以每英寸 512 Vcc（馈电电压）的比例系数工作，因此传感器获取的测量距离随着 Vcc 的减小而减小，并且随着时间的推移，检测范围减小。

此外，如图 3.30 所示，可以观察到左右传感器的检测范围略有不同，左右传感器检测到的区域不对称，这可能与传感器的不同灵敏度有关。

总体而言，实验结果表明，所开发的系统能够在检测范围内无故障地识别障碍物的位置。

3.5.2　振动运动的回避策略

图 3.31 所示穿着智能衬衫的人体模型向位于左侧（第一个箱子）和前方（第二个箱子）的物体移动。

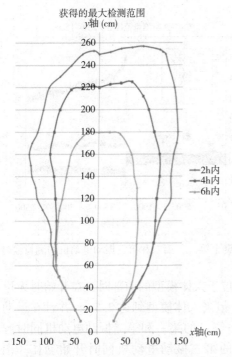

图 3.30　所开发的智能服装的检测能力

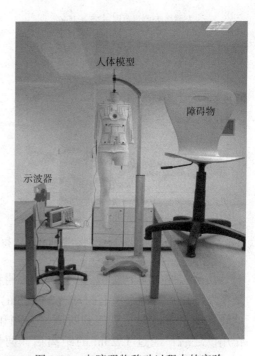

图 3.31　向障碍物移动过程中的实验

为了测试在运动过程中系统遇到障碍物时的反应，采用图 3.31 所示的实验装置。例如，穿着智能服装的人体模型以 0.6m/s 的速度向障碍物移动（图 3.32），当人体模型距离障碍物 3~2.5m 时，振动电动机无动作，即直行（Z）。

然而，在第一种情况下［图 3.33（a）］，当人体模型距离位于左侧的障碍物 2.5m 时，只有右臂上的第一振动电动机起作用，提出动作警告，其他振动电动机在距离障碍物 1.25m 时才会出现振动。另外，在 1.25m~15cm 的运动过程中，除第一振动电动机外，右臂上的第二振动电动机也会出现振动，以提示障碍物的接近程度（表 3.3）。在朝位于左侧的障碍物移动期间，示波器在与左臂和右臂上的

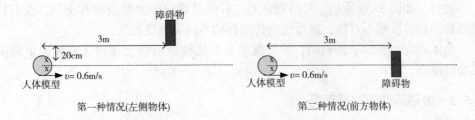

第一种情况(左侧物体)　　　　　　　　　第二种情况(前方物体)

图 3.32　穿着智能衬衫的模特向左侧物体移动（第一种情况）和向前移动（第二种情况）

第一、第二和第三振动电动机连接点处测量的导电纱线上的信号如图 3.33 所示。

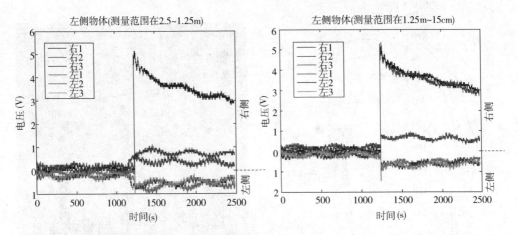

图 3.33　向位于左侧的障碍物移动期间，左臂和右臂上第一、第二和第三振动电动机的测量信号

在第二种情况下（图 3.34），当障碍物位于人体模型的前部时，在开始时无论是在左侧还是右侧都没有振动（3~2.5m）。但当人体模型到达 2.5m，并且在运动期间直到 1.25m 时，观察到两侧（左侧和右侧）的第一和第二振动电动机同时起作用。之后，经过 1.25m 的距离后，两侧的第三振动电动机同时开始动作。图 3.34 清楚地显示了人体模型向前方障碍物移动时振动电动机接收到的信号差异。

实验结果表明，所开发的智能衬衫系统能够准确地检测障碍物的位置，并给出正确的结果，以警告用户避开障碍物。它能够在检测范围内无故障地识别障碍物的位置。这意味着系统能够准确地检测障碍物，当障碍物在右侧时，系统就会向左输出，反之亦然。当障碍物位于前方时，系统会给出一个输出，如右转并同时向左转。这样用户可以自主选择向右或向左转以避免前方的障碍物。由此可见，所开发的智能服装系统是非常有前景的。

3.5.3　加热行为

进行热分析是为了了解服装是否存在温度上升至影响用户舒适性或者安全性

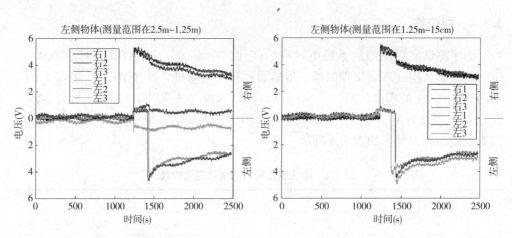

图 3.34 向前方障碍物移动期间，左右臂上第一、第二和第三振动电动机上的测量信号

的可能。

热成像仪（Testo880®）是利用红外图像拍摄物体的结构，在 30℃时的热分辨率<0.1℃，设置为每 5s 记录一次温度。电源采用多通道 DC 电源（吉时利 2400 SourceMeter®，吉时利仪器公司），实验在标准实验室条件（20℃，65%RH）下进行，将交互式服装的基础结构放置在距热像仪约 50cm 的塑料支架上。然后，用 DC 电源探针夹住衣服的导电部分。

可以观察到导电纱线的温度随着电压的增加迅速增加（图 3.35）。五个电压 1V、4V、8V、12V 和 16V，所获得的平均温度值分别为 18.3℃、20.8℃、30.5℃、46℃和 64.4℃。

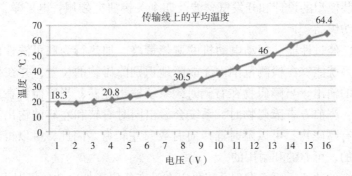

图 3.35 服装上导电纱线的平均温度与电压的关系

基于这些结果，在使用镀银导电纱线（<50Ω/m）的情况下，智能衬衫推荐的电压范围不应超过 6~7V，以确保舒适性和安全性。

3.5.4 可洗性

为了测试家用洗涤后系统电导率的变化，在测试方法 AATCC 135—2004 [17] 下，将基础结构（不含微控制器、传感器和振动电动机）洗涤 10 次。用 66g/L 的去污剂，1.8kg 的模拟负荷，（18±1）加仑❶的水位（洗涤时间 12min，最终旋转时间 6min）洗涤样品。在每个洗涤周期后，测试传输线的电导率。10 次洗涤循环后没有发现显著差异，如表 3.4 所示。

表 3.4 清洗后传输线的电阻变化情况

	洗涤次数										
	0	1	2	3	4	5	6	7	8	9	10
电阻（Ω）	11.43	11.71	11.82	12.22	12.245	12.263	12.272	12.293	12.32	12.342	12.37

3.6 结论

本章介绍了一种为视障人士提供避障的智能衬衫原型。针对智能服装系统，提出一种基于神经模糊控制器的避障算法，以便通过这种智能服装系统为视障人士导航。该算法根据模糊关系对传感器获取的系统输入进行评估，然后利用神经网络结构推导出与振动电动机指示的转向角相对应的输出。之后，根据控制算法实现微控制器编程。

智能服装模型的设计和开发概念涉及四个关键研究领域：电子学，信息技术，控制工程，纺织品。

该模型已经过性能、振动电动机的避障策略、加热行为和可洗性的检测。结果表明，该系统能够在检测范围内无故障地识别障碍物的位置，并在检测障碍物时提供正确的输出。当障碍物在右侧时，系统输出左转；当障碍物在左侧时，系统输出右转；当前方有障碍物时，系统会给出同时右转和左转的输出，这样用户就知道面前有障碍物，可以随时选择向右或向左转弯。因此，可以得出结论，此系统是成功的、可靠的和耐用的。

关于系统的功耗，研究发现系统可以在没有任何额外电池的情况下至少工作 1 天，但是这个结果会随着环境的变化而改变。因此，建议用户使用备用电池以延长使用时间。

---

❶ 1 加仑（英制）= 4.546L = 4.546×10⁻³ m³

关于系统的加热行为，在运行模式（电压≈5V）期间，发现衣服上传输线的温度约为22℃，这大致对应于美国暖通空调工程师协会标准 ASHRAE 55—2010 规定的热舒适度（21.1℃）。然而，根据前期研究结果，由于施加的电压值影响智能服装系统的加热行为，在设计智能服装系统之前，应该着重考虑使用者的舒适程度。

通过对已开发的智能衬衫系统在室内环境感知性能和准确引导视障人士的综合研究，将为交互式服装设计和开发提供新的科学认识。这对纺织结构的传感器和执行器的集成提出了巨大挑战。此外，智能纺织品是一个新兴产业，还有很多需要开发的领域，因此成功地实现和集成用于智能衬衫系统的电子产品对智能纺织品的研究具有重要价值。

3.7 未来发展趋势

本章展示了为视障人士提供避障功能的智能衬衫模型。基于本章的研究，建议未来的研究工作如下。

（1）为了检测较小的障碍物，可以将系统与用户的整个服装（例如裤子）结合起来。此外，为了检测地面上的障碍物（如大洞）或楼梯，系统也可以与鞋子集成。

（2）目前，该系统提供了准确的静态检测。为了指导用户在行走过程中准确避免碰撞，将最新开发的神经模糊控制器算法应用到单片机编程以避免障碍物是非常有用的。建议将微控制器升级为具有更多存储器和无线连接的微控制器，并通过在微控制器中实现数字滤波器来升级编程语言，以衰减微控制器内部处理信号中的噪声。这样，在行走时导航和制导的精度会提高。

（3）对于户外环境，开发的系统可以与 GPS、RFID、摄像头和语音导航完全集成，它不仅可以跟踪用户，还可以查找路线，使用合成语音引导用户到目的地，确保用户的定位信息（如当前位置的街道地址等）。

（4）关于所开发系统的功耗，可以对系统（如电压监视电路）进行用户电池或电压水平的报警控制。需要在微控制器编程中加入一些与检测范围、能力相关的系数，防止由于电压水平降低导致的检测范围减小。

（5）由于电子和纺织行业的技术小型化和成本降低，开发的系统可以采用新的传感元件、新的柔性技术、新的执行器和新的功能性纱线。例如，未来将柔性纺织太阳能电池嵌入新开发的智能服装系统作为电源，可更薄、更轻且具有更强大的功能。人造肌肉作为执行器，也是一个有趣的方向。最后，未来可能会开发一种完全柔性的声呐系统，取代现有的微型刚性传感器。

参考文献

[1] World Health Organization, World Health Report, http://www. who. int/mediacentre/factsheets/fs282/en/index.html, (accessed at 10.02.11).

[2] M. Bousbia-Salah, A. Redjati, M. Fezari, M. Bettayeb, An ultrasonic navigation system for blind people, signal processing and communications, ICSPC 2007, in: IEEE International Conference, 24-27 November, 2007, pp. 1003-1006.

[3] L. Xiaohan, H. Makino, S. Kobayashi, Y. Maeda, Design of an indoor self-positioning system for the visually impaired-simulation with RFID and bluetooth in a visible light, in: Communication System Engineering in Medicine and Biology Society 29th Annual International Conference of the IEEE, 22-26 August, 2007, pp. 1655-1658.

[4] S. Kursun Bahadir, V. Koncar, F. Kalaoglu, Wearable obstacle detection system fully integrated to textile structures for visually impaired people, Sens. Actuators A Phys. 179 (07/2012) 297-311.

[5] S.K. Bahadir, Wearable Obstacle Avoidance System Integrated With Conductive Yarns for Visually Impaired People (Ph.D. thesis), Universite Lille, Sciences et Technologies, Computer Engineering/Automation, France, 11/2011.

[6] MaxBotix. Inc., LV-maxsonar®-EZ3. data sheet and chaining notes, avalaible at http://www.maxbotix.com/documents/LV-MaxSonar-EZ_Datasheet.pdf, (accessed June 2015).

[7] http://www.robotshop.com/PDF/arduino-lilypad-vibe-board-schematic.pdf, (accessed on March 2011).

[8] http://arduino.cc/en/uploads/Main/LilyPad_schematic_v18.pdf, (accessed on February 2011).

[9] S. Kursun Bahadir, F. Kalaoglu, V. Koncar, Comparison of multi-connected miniaturized sonar sensors mounted on textile structure in a different position angle for obstacle detection, in: International Conference on Intelligent Textiles & Mass Customisation, Casablanca, Morrocco, 27-29 October, 2011.

[10] S. Kursun Bahadir, V. Koncar, F. Kalaoglu, Multi-Connection of Miniaturized Sonar Sensors Onto Textile Structure for Obstacle Detection, Autex, Mulhouse, France, 06/2011, 08.06.2011-10.06.2011.

[11] S. Kursun Bahadir, F. Kalaoglu, V. Koncar, Analysis of vibrotactile perception via e-textile structure using fuzzy logic, Fibres Text. East. Eur. 95 (6) (11/2012)

91-97.

[12] S. Kursun Bahadir, S. Thomassey, V. Koncar, F. Kalaoglu, An algorithm based on neuro-fuzzy controller implemented in a smart clothing system for obstacle avoidance, Int. J. Comput. Intell. Syst. 6 (3) (2013) 503-517.

[13] Q. Liu, Fuzzy obstacle-avoiding controller of autonomous mobile robot optimized by genetic algorithm under multi-obstacles environment, in: 6th World Congress on Intelli-gent Control and Automation, 2006, pp. 3255-3259.

[14] http://www.atmel.com/dyn/resources/prod_documents/doc8271.pdf, (accessed on February 2011).

[15] R.L. Knoblauch, M.T. Pietrucha, M. Nitzburg, Field studies of pedestrian walking speed and start-up time, Transp. Res. Rec. 1538 (2006) 27-38.

[16] T.J. Gates, D.A. Noyce, A.R. Bill, V. Nathanael, Recommended walking speeds for pedestrian clearance timing based on pedestrian characteristics, in: TRB 2006 Annual Meeting, 2006. Paper No. 06-1826.

[17] AATCC Test Method 135-2004 Dimensional Changes of Fabrics After Home Laundering.

4 用于光动力疗法的发光纺织品

J. -B. Tylcz[1], *C. Vicentini*[2,3], *S. Mordon*[1]

[1] 里尔大学国家健康与医学研究院，法国里尔

[2] 里尔大学，法国里尔

[3] 中央理工学院（CHRU），法国里尔

4.1 前言

4.1.1 光动力疗法

光动力疗法（PDT）是一种存在多年的局部选择性治疗方法，用于治疗癌症前期病变或癌症。这种处理需要在目标区域内存在三个要素（图4.1）：

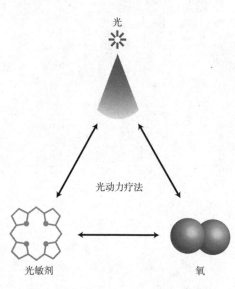

图4.1 光动力疗法：三个要素的相互作用

（1）光敏剂（PS）是一种可光活化的分子，当被光子激发时可与氧反应产生有毒物质，破坏癌细胞。

（2）可激活光敏剂的特定波长和强度的光。

（3）天然存在于生物介质中的氧分子。

这种疗法应用在许多医学领域，如肿瘤、妇科或胃肠疾病。然而，皮肤病是应用光动力疗法比较多的学科之一，因为目标部位（皮肤）很容易通过光线到达，在几个主要皮肤病适应证中的功效已被证实：

（1）光化性角化病（AK）是一种皮肤癌前病变。它是老年人群中常见的皮肤病，由太阳损伤引起，看起来像红斑鳞屑斑块。它会对患者的生活质量产生负面影响，并可演变为浸润性鳞状细胞癌。

（2）鲍恩氏病是一种原位鳞状细胞癌。它仅限于表皮层，但可以发展成侵入性皮肤癌。

（3）基底细胞癌（BCC）是一种局部恶性肿瘤皮肤癌，浅表型的可以用光动力疗法治疗。

实际上，考虑到人体解剖学的复杂性和生物组织的异质性，光传递是光动力疗法治疗的主要问题之一。光的不均匀性会使有的病变位置不能得到有效治疗。目前，由发光二极管（LED）组成的平面装置治疗皮肤病，如图4.2所示。这种装置不能适应靶向区域的复杂性，由于缺乏光的均匀性，一些损伤接收不到正确的光剂量。

4.1.2 发光织物的原理

如前所述，光的均匀性是光动力疗法中光源的一个重要问题。解决这一问题的方法是开发灵活多变的光源以改善光向曲面传递的方式，就像人体解剖学一样[1]。几十年来，有许多解决方案可以产生灵活均匀的光源[2-3]，自20世纪80年代以来，方便而有效的方法是将光纤集成到柔性结构中[4-6]。

4.1.2.1 远端发射光纤

众所周知，光纤通常用于通信，以便将光编码信息从一个点传送到另一个点。光纤通常由透明塑料或玻璃材料制成，直径为$5 \sim 1000 \mu m$，并以最小的损耗传输光能到其远端。事实上，如果电磁辐射（即光波）被限制在纤芯内并在其内部传播，就被称为远端发射光纤（DEEOFs）。这种情况下，光波的反射发生在光纤纤芯和包层之间的边界处，如图4.3所示。如果该边界法线与入射光线之间的角度ψ大于或等于临界角ψ_c，定义如式（4-1）所示：

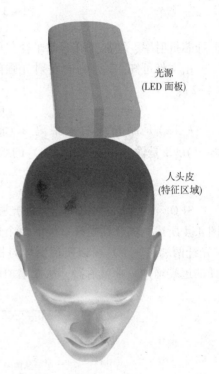

光源
(LED面板)

人头皮
(特征区域)

图4.2　不均匀的光分布：
经LED面板处理的人类头皮

$$\psi_c = \arcsin \frac{n_2}{n_1} \tag{4-1}$$

其中n_1和n_2分别是光纤纤芯和包层的折射率。注意，当$n_2 < n_1$时发生全内反射。

4.1.2.2 侧向发射光纤

如果不符合前面的条件，即入射角ψ小于临界角ψ_c，则光可以从纤芯泄漏到光纤的外表面，这种光纤称为侧向发射光纤（SEOF）。通过增加包层折射率、降

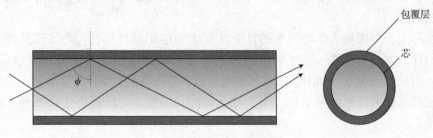

图 4.3　远端发射光纤

低纤芯折射率、增加光纤弯曲半径。可以得到 SEOF。

由文献可知[7-8]，侧向发射光强随光纤输入距离的增大而减小，可表示为式（4-2）:

$$I_s(x) = Ae^{-kx} \tag{4-2}$$

$I_s(x)$ 是距光纤输入距离 x（m）处的发射光强度（W），k 是散射系数（m^{-1}），A 是输入光强度 I_0（W）的函数，如式（4-3）所示。

$$A = \frac{I_0}{4\pi}e^{k-1} \tag{4-3}$$

SEOF 沿光纤必须提供均匀的光强才可用于发光织物。然而，如式（4-3）和图 4.4 所述，耦合到光纤一端的单个光源将产生减弱的光强。因此，使用两个光源（光纤两端各一个）可以实现更均匀和强度更高的光发射。另一种解决方案是在光纤的远端增加一个反射器，从而增加总发射光的均匀性。

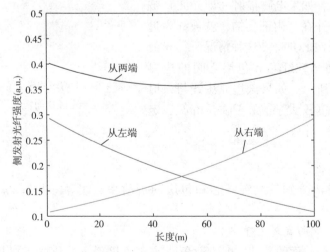

图 4.4　SEOF 发出的理论光强度与距离的函数关系（其中，$k = 0.01m^{-1}$，$I_0 = 10W$）

最近，科学家开发了不同的方法来实现从光纤的侧表面发射光，例如在光纤的纤芯或包层中添加散射物、包层的微灌注等。

（1）添加散射材料。在光纤的制备过程中，在纤芯[7-8]或包层[9]中添加一些散射材料。例如，Xu 等使用二氧化钛颗粒（TiO_2）与硅树脂包层混合作为散射剂。如图 4.5 所示，当折射光线穿过 TiO_2 颗粒时，在不同方向上散射，导致光通过包层均匀泄漏。然而，这种方法只适用于光纤长度为几米的情况。

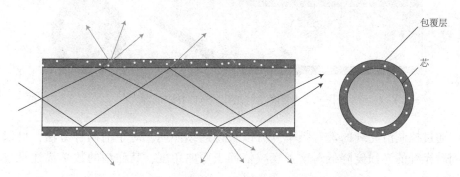

图 4.5　侧面发光光纤，由于包层内散射材料导致的漏光

（2）微灌注。主要有两种技术可以诱导包层的微灌注：①通过机械处理，使微粒以不同的速度和密度投射在光纤包层上；②采用化学溶剂在薄液滴中分散，以减少包层的厚度。后者似乎效果较好[10]。图 4.6 显示了由于包层的微灌注引起的光泄漏。

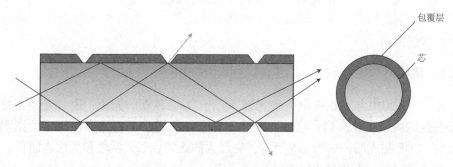

图 4.6　侧面发射光纤，由于包层的微灌注而发生漏光

为了补偿光纤发射光强随距离增加而逐渐减小，微灌注采用梯度方式进行，即在光纤输入端附近孔的密度较小，相反，在远端时孔密度较高。

值得注意的是，一些用于器官 PDT 治疗的医用光纤结合了包层微灌注（允许漏光）和添加散射材料（增加光的扩散），其在远端呈现扩散尖端的情况。但是，这种组合的使用仅限于短的扩散尖端（长度 1~10cm）。

（3）宏弯。光纤也可以在不改变部件完整性的情况下发光。实际上，光纤可以弯曲（图 4.7），如果光纤的半径超过临界角 ψ_c，则芯内的光不再受到限制，漏光强度随着弯曲弧度变大而增多。因此，一些光线可通过包层泄漏产生光斑。

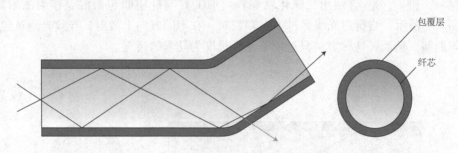

图 4.7　侧面发射光纤，弯曲导致的漏光

通过控制沿光纤的宏弯频率，可以获得连续照明。对于前两种方法，可以观察到沿光纤的光强度降低。这种衰减依赖于弯曲角度，其详细的数学描述见参考文献[11]。

4.2　面料类型

有很多技术可以将 SEOF 集成到发光织物。本节提供关于发光纺织品或类纺织品结构设计的文献中所描述的三个实例。当然，这并不是一篇详尽的综述，因为将光纤结合到纺织品，除了可以进行光动力疗法外，还有许多其他用途（从时装设计到数据通信[12]）。

4.2.1　绕组

Hu 等于 2010 年首次提出一种光毯[13]，作为一种新的光源，通过光动力疗法治疗恶性胸膜或腹腔疾病。这种面料并不完全是纺织品，它是根据特定的图案缠绕长的 SEOF 制成的，如图 4.8 所示，它最大的优势在于灵活性和大比表面积。

首次尝试通过在多层 PVC 结构（层间隔 1cm）内整合 4.9m 长的 SEOF（添加散射材料）纤维（纤芯直径 400μm）来制造光毯。通过在光纤末端放置反射镜来改善发射光的线性均匀性。最后，添加散射层（0.2% 脂内介质）以及铝箔反射器（0.1mm），以使整个毯子的发射光分布均匀。样品宽 20cm，长 30cm，但只有 300cm² 有效。

Hu 等表征了毯子发射的光通量率分布，并给出了通量率的三维表示。该图表示相对光纤注入光功率（W）的发射通量率（mW/cm²）。研究中使用了准点探测

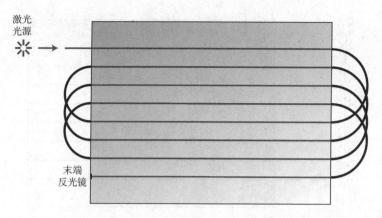

图 4.8　在塑料层内部按特定图案缠绕发光纤维而制成的光毯

器，并在 0.05mm 处进行辐照度测量，提供了非常准确和可靠的表征。样品和测量结果如图 4.9 所示。测得输入功率的平均通量率为 1.7mW/（cm^2·W），变化为 ±26%。

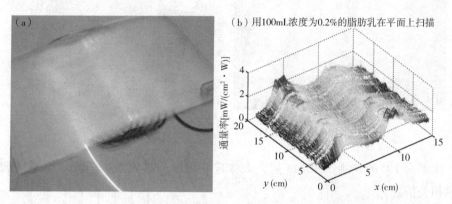

图 4.9　第一条光毯原型（a）及其表征（b）[13]

2013 年，Hu 等再次提出了一系列并行 SEOFs 制成的毯子，如图 4.10 所示[14]。

在这种情况下，使用 9cm 长的 SEOF 代替一根长纤维，这需要使用与毯子内的纤维一样多的激光源。层间距仍然是 1cm，并且还使用了散射流体和铝箔（厚度 0.3mm），该样品有效区域约为 20cm^2，如图 4.11 所示。

该研究使用与第一条毯子同样的测量方式，输入功率的平均通量率为 7.4mW/（cm^2·W），变化为±15%。

这项技术提供了相对好的结果，然而，由于其结构（大直径的纤维）限制了柔性，限制了其在弯曲表面上的使用，如人头。值得注意的是，根据测量结果，

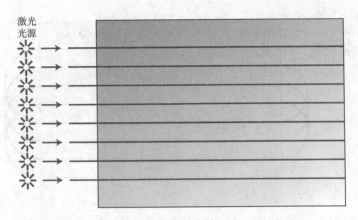

图 4.10　在塑料层内部并行排列 SEOFs 制成的光毯

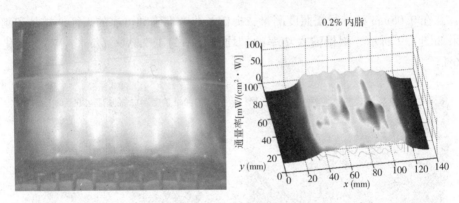

图 4.11　第二条光毯样品原型（左）及其表征（右）[14]

输入功率为 1W 的光测试 10min 后，人体皮肤温度升高到 43℃（第一条毯子没有提供相关信息）。

4.2.2　刺绣

基于通过宏弯释放光的原理，在薄的织物基底内整合数个光纤环路和曲线，如图 4.12 所示。通过刺绣，由光纤（曲线、环形、"之"字形等）和所缝合的基底（织物、薄膜、纸张等）描述的图案限定整个织物发出的光的特征。

2007 年，Selm 等提出了一种基于刺绣光纤的新型柔性光扩散器[12,15]。由致密的编织结构（100％涤纶，50g/m²，经线和纬线的密度

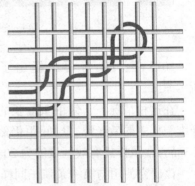

图 4.12　SEOF（深色曲线）刺绣到基底（灰色）的示意图

为 29 根/cm）组成，其中塑料光纤（直径为 175μm）用 100% 涤纶加捻短纤维纱线固定。研究表明，纤维平均每平方厘米形成 28 个随机环（环直径约为几百微米），最小的针距为 1mm。整个柔性光扩散器高约 2mm，有效面积为 11cm^2，如图 4.13 所示。

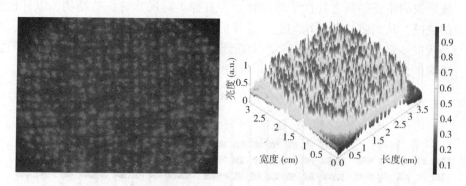

图 4.13 刺绣 SEOFs 的织物图片（左）及其表征（右）[15]

在这种配置中，光纤的两端耦合到一个激光源：178 根光纤聚集在 2.7mm 的金属耦合元件中。此外，在扩散器的背面施加铝箔以改善辐射。

通过在扩散器上 9 个不同位置放置 1cm^2 圆形检测器，测量扩散器发出的辐照程度，来测试和评估几种纺织品样品。得出的结论为：每个扩散器输入功率的平均通量率为 36mW/（cm^2·W），变化为 ±17%。然而，由于扩散器没有考虑其孔径（1cm^2）内的变化，所以这种测量方法不如之前准确。因为实际上，如图 4.13 所示，扩散器由多个光点组成，这些光点导致在毫米尺度上的通量率变化比之前用探测器观测到的要大得多。这些光点直接与环的曲率角相关联，此过程不受控制，导致纤维中的光泄漏不均匀。

最后，本研究还评估了温度升高对材料性能的影响，在以 1W 的输入功率工作 5min 后，环境温度升高 18℃（从 22℃ 升高到 40℃）。

4.2.3 编织

编织光纤如图 4.14 所示。2013 年，Cochrane 等提出一种基于编织光纤的光动力治疗用光扩散器的新设计[6]。刺绣的目的是生产一种嵌入光纤的纺织结构，并产生允许侧面发光的宏观弯曲。本研究提出

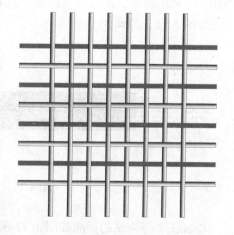

图 4.14 将 SEOF（黑色）编织到基材（灰色）的示意图

一种手工编织的样品，其中经纱由 20 根/cm 的 330dtex 涤纶制成，纬纱由光纤（直径 250μm）制成，该光纤由特殊改进的梭子引入，密度为 37 根/cm。样品尺寸为 21.5cm×5cm，有效面积约 107cm²。光纤的两端（每侧约 20cm 长）被集成到一个金属套管中并且可以耦合到激光源。

该研究的主要创新之处在于将织物分为五种不同尺寸的织造结构，以补偿侧射光的衰减，从而使扩散器均匀化。选择的结构是缎纹组织，在缎纹组织中，光纤与经线以一定的距离相互交织，产生连续的表面效果。根据两个弯之间的距离，设计不同的编织结构，使用的三种结构如图 4.15 所示。

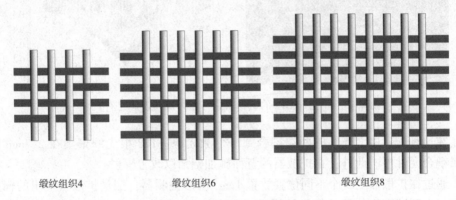

缎纹组织4　　　　　缎纹组织6　　　　　缎纹组织8

图 4.15　样品中使用的缎纹编织（SW）结构，光纤为黑色，经线为灰色

对于每种结构（SW4、SW6 或 SW8），光纤的弯曲角度是不同的，因此，光纤发出的光量随距离的变化也不同。提出的方法是在一个结构内混合两种缎纹结构。因此，织物的第一、第三和最后部分由 SW4 和 SW8 混合组成，而第二和第四部分是完整的 SW6，如图 4.16 所示。

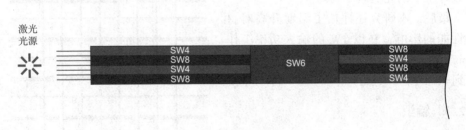

图 4.16　混合编织方式

Cochrane 等测试的样品如图 4.17 所示。使用 635nm 激光二极管和 1cm² 的方形传感器测量织物发出的光强，背面放置一张白纸（用作反射器）。在这些条件下，作者报告输入功率的平均通量率为 3.6mW/（cm²·W），变化为 14%。然而，相比

之前的研究，评估均匀性的准确度不足（传感器的敏感表面太大，无法考虑小的变化），因此图 4.18 显示了从图 1-16 估计的较小比例的织物上光分布的三维表征。

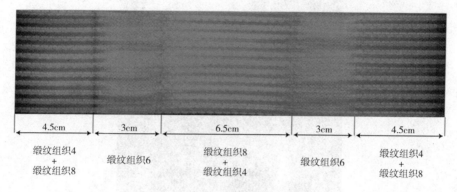

4.5cm	3cm	6.5cm	3cm	4.5cm
缎纹组织4 + 缎纹组织8	缎纹组织6	缎纹组织8 + 缎纹组织4	缎纹组织6	缎纹组织4 + 缎纹组织8

图 4.17　混合编织的织物图片
（样品由法国鲁拜克斯恩森，GEMTEX 实验室提供）

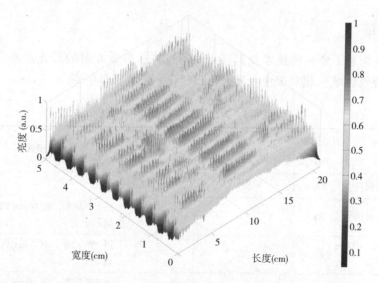

图 4.18　编织织物光分布的三维表征

Cochrane 等还评估了由光引起的温度升高，在空气中以 5W 的输入功率工作 10min，温度升高小于 1℃。

这项技术目前用于在临床试验中的评估。第二阶段的研究旨在比较使用经典治疗设备（LED 面板）和基于 LEF 的新型治疗方案 Flexitheralight® 获得的临床结果。图 4.19 所示为用于患者头皮的装置。

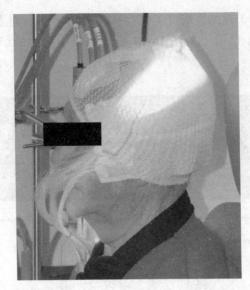

图 4.19　在临床试验中用于治疗光化性角化病的 Flexitheralight® LEF

4.2.4　总结

表 4.1 汇总了现有的技术及其特点。通过将扩散器发射的总光功率（平均辐照度乘以有效区域）相对于注入光进行归一化，来计算辐射率。

表 4.1　发光织物概述及其特性

技术	有效面积（cm^2）	平均辐照强度 [mW/（cm^2·W）]	偏差（%）	屈服（%）	升温效应
光毯 1（卷绕）	300	1.7	26	51	—
光毯 2（平行纤维）	20	7.4	15	15	用 1W 功率，在 10min 内，从 36℃到 43℃
刺绣	11	36	17	40	用 1W 功率，在 5min 内，从 22℃到 40℃
编织	107	3.6	14	39	用 5W 功率，在 10min 内，从 21℃到 22℃

4.3　发光织物的未来

在过去的几十年里，有机发光二极管、聚合物发光二极管或聚合物发光电化学电池（PLEC）等发光器件等被广泛应用于平板显示器、标牌、智能手机、电视甚至光动力疗法[2]。它们变得更小、柔韧性更好，甚至可以生产不同的形状和颜色。2012 年，爱荷华州立大学的一个研究小组成功生产出一种具有纳米纤维形式的一维电致发光器件[16]，如图 4.20 所示。采用此方法，将不再使用光纤，因为电致发光的纳米纤维（TELF）在电流驱动下会发光。这些装置是柔性的，并且可以很容易地集成到纺织品基底中来生产发光织物。

最近的一项研究进一步提出建立一种颜色可调的、可编织的纤维状 PLEC[17]，如图 4.21 所示。优点是可以发出不同颜色（针对不同的光动力学应用，如需要使用蓝光的诊断）、重量轻、韧性好且柔软，并且可以编织成发光织物。

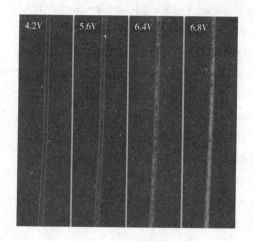

图 4.20　对 TELF 器件施加不同
电压的发光响应[15]
（经参考文献中作者和相关组织许可改编）

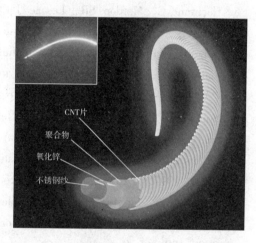

图 4.21　聚合物发光电化学电池（PLEC）
结构示意图[17]

参考文献

［1］McCarron PA, Donnelly RF, Zawislak A, Woolfson AD. Design and evaluation of a water-soluble bioadhesive patch formulation for cutaneous delivery of 5 - aminolevulinic acid to superficial neoplastic lesions. Eur. J. Pharm. Sci. 2006;27(2-3):268 - 79. School of Pharmacy, Queens University Belfast, Medical Biology Centre, 97 Lisburn Road, Belfast BT9 7BL, UK. p.mccarron@qub.ac.uk. Retrieved from: http://ukpmc.ac.uk/abstract/MED/16330192.

［2］Attili SK, Lesar A, McNeill A, Camacho-Lopez M, Moseley H, Ibbotson S, et al. An open pilot study of ambulatory photodynamic therapy using a wearable low-irradiance organic light-emitting diode light source in the treatment of nonmelanoma skin cancer. Br. J. Dermatol. 2009;161(1):170-3. http://dx.doi.org/10.1111/j.1365-2133.2009.09096.x. Blackwell Publishing Ltd.

[3] Guyon L, Lesage JC, Betrouni N, Mordon S. Development of a new illumination procedure for photodynamic therapy of the abdominal cavity. J. Biomed. Opt. 2012;17: 1-18.

[4] Daniel M. Light emitting fabric (US Patent). 1980.

[5] Cochrane C, Meunier L, Kelly FM, Koncar V. Flexible displays for smart clothing: Part I—overview. Indian J. Fibre Text. Res. 2011;36:422-8.

[6] Cochrane C, Mordon SR, Lesage J-C, Koncar V. New design of textile light diffusers for photodynamic therapy. Mater. Sci. Eng. C 2013;33:1170-5.

[7] Spigulis J, Pfafrods D. Clinical potential of the side-glowing optical fibers. In: Specialty fiber optics for biomedical and industrial applications, vol. 2977. San Jose, CA, USA: SPIE; 1997. p. 84-8. http://dx.doi.org/10.1117/12.271010.

[8] Spigulis J, Pfafrods D, Stafeckis M, Jelinska-Platace W. Glowing optical fiber designs and parameters. In: Krumins A, Millers DK, Sternberg AR, Spigulis J, editors. Optical inorganic dielectric materials and devices, vol. 2967. Riga, Latvia: SPIE; 1997. p. 231-6. http://dx.doi.org/10.1117/12.266542.

[9] Xu J, Ao Y, Fu D, Lin J, Lin Y, Shen X, et al. Photocatalytic activity on TiO_2-coated-sideglowing optical fiber reactor under solar light. J. Photochem. Photobiol. 2008;199:165-9.

[10] Koncar V. Optical fiber fabric displays. In: Optics and photonics news, 16(4). Optical Society of America; 2005. p. 40-4. Retrieved from: http://www.opticsinfobase.org/abstract.cfm? id=83263.

[11] Endruweit A, Long A, Johnson M. Textile composites with integrated optical fibres: quantification of the influence of single and multiple fibre bends on the light transmission using a Monte Carlo ray-tracing method. Smart Mater. Struct. 2008;17(1): 1-10.

[12] Selm B, Rothmaier M, Camenzind M, Khan T, Walt H. Novel flexible light diffuser and irradiation properties for photodynamic therapy. J. Biomed. Opt. 2007; 12(3):034024. http://dx.doi.org/10.1117/1.2749737.

[13] Hu Y, Wang K, Zhu TC. Pre-clinic study of uniformity of light blanket for intraoperative photodynamic therapy. In: Kessel DH, editor. Optical methods for tumor treatment and detection: mechanisms and techniques in photodynamic therapy XIX, vol. 7551; 2010. http://dx. doi. org/10. 1117/12. 842809. San Francisco,

CA, USA.

[14] Hu Y, Wang K, Zhu TC. A light blanket for intraoperative photodynamic therapy. Proc. SPIE Int. Soc. Opt. Eng. 2013;7380;73801W.

[15] Selm B, Rothmaier M. Radiation properties of two types of luminous textile devices containing plastic optical fibers. Proc. SPIE 2007;6593. Photonic Materials, Devices, and Applications Ⅱ, 65930E.

[16] Yang H, Lightner CR, Dong L. Light-emitting coaxial nanofibre. ACS Nano 2012; 6(1): 622-8. Copyright 2012, American Chemical Society.

[17] Zhang Z, Kunping G, Yiming L, Xuey L, Guozhen G, Houpu L, et al. A colour-tunable, weavable fibre-shaped polymer light-emitting electrochemical cell. Nat. Photonics 2015;9: 233-8.

5 纺织品结构中微胶囊活性物质的控释

S. Petrusic[1], *V. Koncar*[2,3]
[1] *ECCO 皮革有限公司，荷兰东恩*
[2] *国立高等纺织工业技术学院 GEMTEX 实验室，法国鲁贝*
[3] *里尔大学，法国里尔*

5.1 前言

在过去 20 年中，纺织界经历了巨大的变化和创新。如今，纺织材料的作用远远超出了简单服装的作用。在 20 世纪末被认为是想象的东西现在已成为现实，成为人们日常生活的一部分。柔性显示器、柔性晶体管、传感器、可穿戴电子设备、药物输送贴片、化妆品辅助设备等，更多地依赖于各种智能纺织品结构。工程纺织品在物理、力学和化学性能方面的巨大差异开辟了一个全新的应用领域，可以改善人们的医疗保健、通信、安全、舒适和健康现状。

微胶囊化和聚合物工程的发展为智能纺织品应用领域的拓展做出了巨大的贡献。将微胶囊附着在织物结构上是多年来的研究热点。应用于纺织品中的微胶囊化材料实质上就是多种类型的活性剂，包括紫外线防护、自清洁、抗菌化合物[24]、相变材料[36]、染料和颜料[38]、香水[45]、维生素[50]和药物[26,37]等。从功能纺织品中释放的活性剂一直存在这样一个问题：由于对氧化、光、湿度或固有挥发性的敏感性，许多活性物质以游离形式使用时是不稳定的。因此，出现了以织物为基础的活性剂控释体系它的制备工艺要求很高，需要满足许多条件，如有效保护包埋材料，使其可用性和释放速率在可控范围，以及有效地将微胶囊嵌入纺织品基材中。此外，在纺织品结构上附加微胶囊不应损害纺织品固有的弹性和透气性。

本章主要概述用于纺织品的微胶囊活性剂，以及控释和微胶囊化的重要性。进一步阐述将微胶囊嵌入纺织品结构中的方法和重要参数。此外，本章还将概述从纺织品中控制释放不同的微胶囊活性剂。这些主题对于理解研究人员开发用于纺织品结构中的可控的嵌入式微胶囊所面临的挑战是必要的。

5.2 活性剂的控制释放

5.2.1 定义

控制释放意味着活性剂的释放频率低且效率更高。控制释放的目的是使药剂以一定的速率和持续时间释放，且具有预期的效果[15]。释放的靶向性使活性物质在特定位点释放[15]。当活性剂是药物时，控释是指活性剂在血浆中的量，应低于毒性水平但不低于最低有效水平，如图5.1所示。此外，药物释放的控制意味着在较长时间内释放速率的预测和重现性。

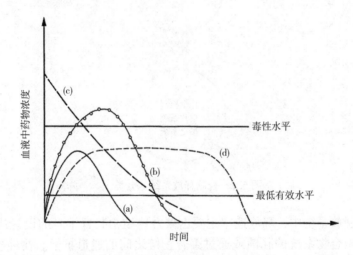

图 5.1 各种给药方式在血液中的典型药物水平与时间的关系曲线[15]

(a) 标准口服剂量，(b) 口服过量，(c) 静脉注射，(d) 控释剂量

药物释放过程中最重要的组分是活性剂和载体。载体通常是聚合物，允许活性物质运输到人体的指定位置。

5.2.2 分类

药物是最重要和最丰富的一类活性剂，因此控释系统总是使用药物定义其分类。控制释放机制可大致分为物理释放机制和化学释放机制。物理释放机制基于药物通过聚合物基质的扩散，聚合物基质的溶解/降解，渗透压或离子交换[1]。与此相反，化学释放机制意味着药物分子的修饰。确切地说，药物分子和释放载体之间的化学键是被化学或酶降解作用破坏的。Heller 将控释系统分为四大类[14]：扩散控制系统、渗透控制系统、化学控制系统和调节系统，如图5.2所示。

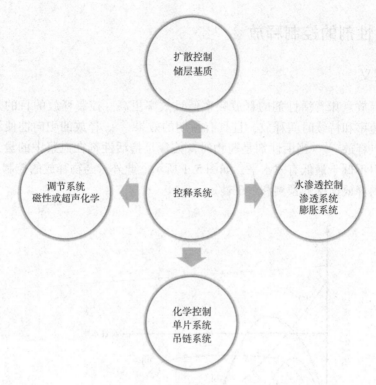

图 5.2　控制释放系统的分类[14]

在最佳释放系统中，释放速率主要由聚合物结构装置本身的设计决定[55]。药物可以通过聚合物系统的孔隙或通过聚合物链之间的通道扩散。在纯扩散控制释放系统中，聚合物本身没有发生变化。在基质扩散控制系统中，药物可以溶解或分散在整个聚合物网络中，而储层扩散控制系统则使药物通过聚合物膜与外部环境分离[43]。扩散可以被认为是活性剂释放的最常见机制，并且它有助于所有其他释放机制。

化学控制释放受聚合物体系内发生的反应控制。在化学控制的易蚀系统中，药物释放速率通过聚合物的降解或溶解来控制。与此相反，在吊链系统中，聚合物网络和药物之间的聚合物链通过水解或酶促降解发生裂解[43]。

当系统由亲水性聚合物组成时，发生溶胀控制释放，该亲水性聚合物在整个基质或聚合物结构中发生溶胀，显示出空间上的不连续溶胀，溶胀控制释放通常存在于水凝胶外壳中，这种三维聚合物网络能够吸收大量水而不溶解。一般来说，这种机制是指装载有药物的干燥水凝胶与水或其他生物流体接触，聚合物基质开始溶胀并且可以观察到两个相，内部玻璃相和溶胀的橡胶相。

从刺激敏感性聚合物中释放药物可归类为调节药物释放。智能聚合物或刺激敏感聚合物具有通过改变自身物理性质来响应环境微小变化的能力。这种现象直接影响药物从聚合物基质中的扩散，有助于控制释放速率[11]。

5.2.3 纺织品结构在控释中的作用

口服是众多给药方法中最常见的一种。然而，口服给药对有效给药和治疗效果有许多限制。这些限制归因于以下方面：（1）药物固有的低黏膜渗透性；（2）药物渗透性仅限于特定的胃肠道区域；（3）由于化合物水溶性低导致肠道液体溶解率低；（4）胃肠道环境中的药物不稳定导致药物在吸收前降解[51]。

传统口服给药的弊端推动了诸如肠贴剂等新给药系统的开发[51]。肠贴剂可以吸收大量的药物，并确保在肠黏膜前单向释放，避免不必要的药物损失。经皮给药是口服给药的一种很好的替代方式。通过选择药物的透皮施用，消除口服给药产生的血药浓度的高低波动，同时避免了不必要的药物代谢。

柔韧性是纺织品的最显著优点，这有利于将其应用于身体的任何部位。因此，纺织品被认为是局部施用各种活性剂最方便的载体[40]。

基于纺织品的药物递送系统不仅可以应用在皮肤上，还可以以缝合线形式（由多种纤维组成，包括聚酯、聚丙烯、聚乙烯等）或在药物洗脱医疗设备中用于体内药物传送，如小直径血管移植物和支架、组织和神经再生[31,52]。King 认为，生物纺织品是用于特定生物环境的纺织品，其性能取决于其与细胞和生物流体之间的相互作用，并根据其生物相容性和生物稳定性来衡量[22]。本章考虑除医疗和制药应用之外的其他活性剂。

根据活性剂在基体中的掺入情况，将用于控制释放活性剂的纺织品结构进行分类，如图 5.3 所示。

在纺织纤维和长丝中直接加入活性剂可以通过几种方法实现。首先将纤维纺纱或进一步织成织物，然后通过涂层、浸渍、纱线染色、离子交换、

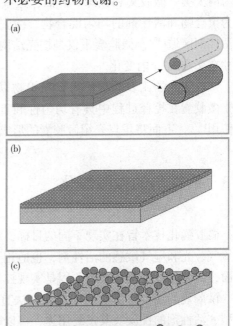
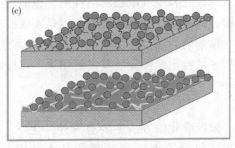

图 5.3　含有活性剂的纺织品结构设计
（a）掺入纤维/长丝中的活性剂（核/壳或基质结构），
（b）掺入涂料/浸渍膜中的活性剂，（c）掺入的活性剂
附着于织物表面的微粒中（通过接枝或黏合剂）

喷雾浸渍、浸轧等方式加载活性剂[60]。核/壳纤维结构可以通过将药物掺入熔纺纤维的壳中来制造[61]，或向核中添加活性剂形成[30]。制备载药纤维的另一种方法是共混，即将活性剂和成纤材料混合在一起制备成纺丝液体，再纺成纤维[60]。

在织物表面以膜的形式负载活性载药敷料，对创面愈合、治疗皮肤病和皮肤损伤尤为有益。Gerhardt 等[12]在涤纶织物上开发了一种药物传递整理剂，这种整理剂的润滑作用是通过从织物敷料中释放的含有亚麻酸的植物治疗物质引起的。高度交联的生物聚合物（多糖）网络涂敷在该织物上，涂层厚度小于 10μm。载药织物显著降低了湿条件下的摩擦力，但也降低了纺织品敷料本身的耐磨性。载有活性剂的薄膜可通过涂覆或浸渍施加到织物结构上。

在纳米颗粒和微粒制剂作为活性剂时，需要做一些区分。通常，微粒表示微米范围内的颗粒，尽管这个术语有时甚至用于纳米尺寸的颗粒。广义的微粒可以分为两大类：微胶囊和微球。然而，这些术语有时是同义词[49]。通常，微球被描述为聚合物和活性剂的均匀混合物。微胶囊是指球形颗粒，其至少具有一个独立的活性剂区域[49]。微胶囊不仅是核壳结构，还指活性剂在固体基质中分散的情况，尺寸在 2~50mm 内变化。

微胶囊大的比表面积使得其在织物以及纤维之间形成均匀且连续的涂层[28]。由于微胶囊在控释过程中具有均匀性和重现性，因而在活性药物控释中发挥着重要作用[49]。下面将重点介绍微胶囊的形成及其在纺织结构中的嵌入。

5.3　活性剂的微胶囊化

微胶囊化技术旨在实现不同的目标，如图 5.4 所示。微胶囊化特别适用于保护对氧气、光和湿气敏感的活性剂，也适用于易挥发的、不溶的或易反应的活性剂。然而，封装活性剂的最重要原因是实现控制释放。

微胶囊的结构与活性剂的加入方法直接相关。根据用于封装的高分子材料的类型、活性剂的性质及其最终用途，可以采用不同方法对活性剂进行微胶囊化。

5.3.1　方法

微胶囊化的方法主要有三种：化学、物理化学和机械。综述文章详细系统地阐述了包封药物的微胶囊化的方法[25,53]。图 5.5 给出了微胶囊化方法的一般分类[53]。

每种微胶囊化方法都有优点和缺点，最佳的微胶囊化技术应该确保活性剂的稳定性并达到高的封装效率。药物释放曲线应该是可重复的，整个过程易于扩展。

凝聚法是微胶囊制备及其与纺织材料结合应用最广泛的技术[19,27,32,56]。这种方

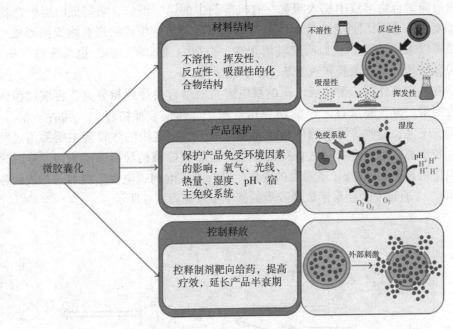

图 5.4　微囊化的目标

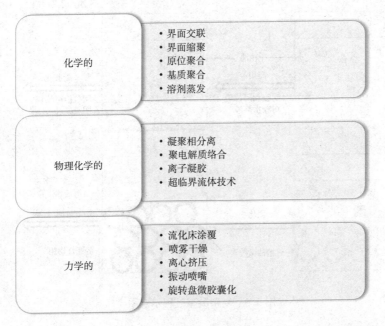

图 5.5　微胶囊化方法的分类

法通过向聚合物溶液中加入溶解在有机溶剂中的第三组分，来降低涂层聚合物的溶解度[41]。凝聚层通常在带相反电荷的蛋白质和多糖组成的聚合物周围形成。蛋白质可以来源于动物，如明胶乳清蛋白、白蛋白或丝素蛋白，也可来源于植物，如海藻酸盐、角叉菜胶和羧甲基纤维素钠盐[56]。

在特定条件下，带相反电荷的聚电解质的络合会导致相分离，将该过程称为复合凝聚。复合凝聚技术已成功应用于橙子、薄荷、楝树籽、广藿香、薰衣草、茉莉、艾油、蜂胶等提取物的微胶囊化。用于纺织结构的微胶囊主要采用这种方法制备，通常加入含有持久香味的香水、药品和抗菌精油。一般来说，复凝聚是由以下因素引起的：pH 或温度的变化，以及不良溶剂或电解质的加入形成两相凝聚物[56]。通过复合凝聚形成微胶囊的基本步骤如图 5.6 所示。

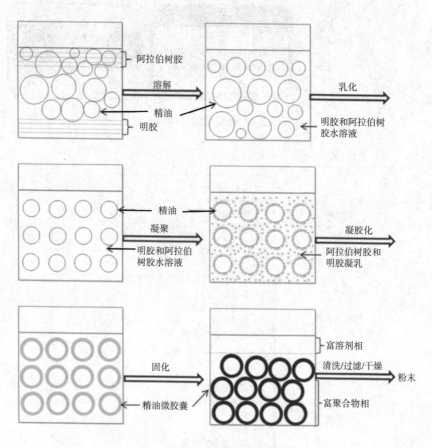

图 5.6 复杂凝聚过程示意图[56]

根据其内部构象，复合凝聚法制得的微胶囊可分为单核微胶囊和多核微胶囊[56]。由于该技术操作简单、低污染[27]，具有高封装效率，微胶囊尺寸分布较窄且控制好等优点，获得广泛应用[58]。

5.3.2　挑战

　　无论待释放的活性剂是药物、保湿剂、维生素还是芳香剂，建立以织物为基础的控释体系的关键步骤是设计适当的聚合物材料来封装活性剂。聚合物材料作为活性剂保护介质，其性能的提升还有很大空间，这取决于聚合物工程的进展程度。只有这样才能实现与纺织品结构更有效和持久的结合，以及更可控的释放。

　　此外，微胶囊的力学性能对于胶囊材料的可控释放具有重要意义。特别是嵌入织物结构中的微胶囊，用于局部释放活性剂时，需要有足够的稳定性来承受磨损[39]。

　　如上所述，复合凝聚是制备用于纺织品的微胶囊的最常用方法之一。然而，对于交联凝聚壳中需使用有毒试剂（如戊二醛）的情况，在更大程度上对于开发复合凝聚法具有很大的限制，应继续开展更为环保的凝聚壳的研究。

5.4　将微胶囊嵌入纺织品结构中

　　将微胶囊嵌入纺织品结构给聚合物和纺织品科学家带来了相当大的挑战，特别是考虑到负载效率、耐久性和微胶囊中活性剂的无损运输，即对活性剂释放的充分控制。为了成功地将微胶囊嵌入纺织品结构中，需要对纺织品的表面性质有深入的了解。不同的纺织品基质、微胶囊和活性剂，需要不同的嵌入方法。

5.4.1　方法

　　将微胶囊嵌入纺织品结构中有多种通用方法（图5.7）。微胶囊可以通过涂覆、浸渍、填充、印刷或喷涂等方式应用于纺织材料，或者通过少量多次掺入的方式直接与人造纤维结合[4,5,21,32,34,40]。

　　在大多数体系中，将微胶囊应用于纺织品需要黏合剂。黏合剂通过形成由长链大分子组成的薄膜，将微胶囊固定到纺织材料上，并形成三维连接网络[7]。黏合剂可以是淀粉、羧甲基纤维素、聚乙烯醇、丙烯酸酯乳液、苯乙烯—丁二烯、聚醋酸乙烯酯或丙烯酸酯、氨基醛树脂、硅酮等[8]。黏合剂可确保微胶囊保持在原位，并使其耐洗涤和磨损。然而，它们通常会阻碍活性剂的释放。为了克服这个问题，可以使用具有两种或多种官能团的黏合剂将微胶囊以共价键的方式结合到纺织材料基体上。

　　通常使用相同的微胶囊制剂来比较不同方法制备的负载有微胶囊的纺织品。研究人员制备薰衣草、迷迭香和鼠尾草精油作芯，三聚氰胺—甲醛作壳的微胶囊，

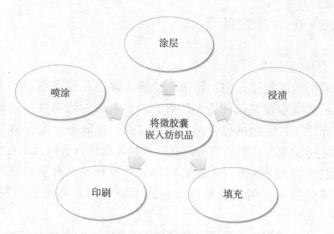

图 5.7　在纺织品结构中嵌入微胶囊的最常用方法

并研究了棉织物用浸轧技术和丝网印刷方法使微胶囊负载的优缺点[13]。在实验室卧式两辊轧机上进行浸轧处理后的织物硬度较低，透气性较好，这是由于印花浆料的组成和黏度较高所致。然而，使用磁性印花机进行平面丝网印刷，可以使微胶囊在织物上更好地分布，并控制其在织物上的沉积（图 5.8）。

Monllor 等[34]研究了混有薄荷香料的三聚氰胺福尔马林微胶囊，对棉织物的浸渍和浴液耗用（丙烯酸树脂）情况。图 5.8 显示了两种方法在棉织物结构中嵌入微胶囊效果的差异。由于微胶囊和织物之间没有亲和力，多次浸渍不会增加织物上微胶囊的数量。在这两种情况下，微胶囊对摩擦都很敏感。

在丙烯酸黏合剂存在下，使用双浸/双压填充法成功实现了维生素 E 微胶囊在靛蓝色棉织物上的浸渍实验，然后进行染色和固化[50]。三聚氰胺—甲醛微胶囊的固定使织物功能化，可以抵抗反复洗涤、摩擦和熨烫，且在反复洗涤过程中维生素 E 的含量下降很小。

很多应用于纺织品的微胶囊是使用三聚氰胺—甲醛树脂制备的，这是由于其具有优异的性能，包括高硬度和机械强度、优异的耐热性、耐水性、户外耐候性和易着色性[10]。在选择最佳嵌入方法和适合的黏合剂时，应仔细考虑聚合物基体材料的性质。Salaün 等[46]研究了微胶囊基体材料、三聚氰胺—甲醛和几种黏合剂以及这些配方的涂层与棉和涤纶织物的黏结性能。根据基体的纤维结构，微胶囊通过完全被黏合剂包裹或通过黏合剂与纤维之间建立连接。此外，为了获得最佳的耐洗涤牢度，研究表明，没有必要同时使用高剂量的黏合剂和微胶囊。

如前所述，使用载有活性剂的微胶囊对纺织品进行处理时，还可以采用能发生化学交联的黏结剂，即将纺织品浸入含有微胶囊、交联剂和其他化学物质的整理液中，以实现高效的嵌入（渗透剂、催化剂）[27,28,57]。应避免使用具有毒性的甲醛作为交联剂。因此，基于环保考虑，可以使用多元羧酸等替代物作为交联剂[33]。

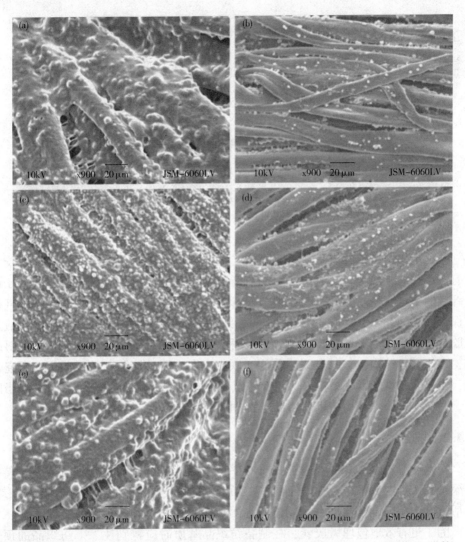

图 5.8　使用印刷和浸渍两种方法使不同用量微胶囊负载到棉织物上的扫描电子显微镜
　　　　照片（SEM）：（a）～（c）印刷工艺，（d）～（f）浸渍工艺[13]

Alonso 等[4]报道了一种无毒的方法，将含有葡萄柚种子提取物的壳聚糖微胶囊接枝在纤维素织物上，这种织物具有抗菌性能，并且有良好的气味。首先使用紫外光照射基板，通过光氧化产生自由基来活化表面，使织物表面缠结较少，从而更有效地嵌入微球。在磷酸钠作为催化剂的条件下，壳聚糖微胶囊壁中的柠檬酸在紫外光照射下接枝到纺织品表面。这是由于柠檬酸作为多羧酸基团，使壳聚糖微胶囊通过酯键结合的方式附着到纤维素上[3]。功能化纤维素织物的扫描电镜照片（SEM）如图 5.9 所示。

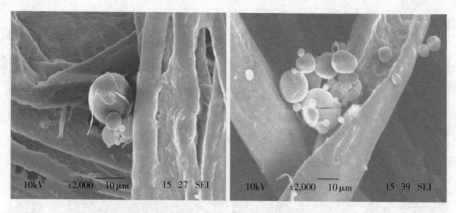

图 5.9　与含有葡萄柚种子提取物的壳聚糖微胶囊相连的纤维素纺织品的 SEM 照片[4]

共价键作用使其具有良好的耐洗性。同时，优化微胶囊的尺寸，保证微胶囊能有效穿透纤维间隙，并通过交联成功接枝在纤维上[28]，即要求微胶囊的直径低于纤维的平均直径。因此，为了使微胶囊有效嵌入棉织物中，微胶囊的平均直径应保持在 $1\sim20\mu m$。此外，还应考虑织物结构、纬纱密度、纬纱细度等织造参数对微胶囊装载能力的影响。Li 等[27]采用三种织物结构：平纹组织结构，2/1 右斜纹结构和蜂窝状结构，以二维树脂作为交联剂来嵌入艾绒油负载的微胶囊。研究表明，由于微胶囊的紧密结构（大量交错点）和松弛结构（少量交错点）的适当匹配，微胶囊在蜂窝结构中可获得最佳的黏附性。

5.4.2　挑战

将微胶囊嵌入纺织品中需要在分子水平上了解界面作用，并对各组分的物理特性有深入了解。以持久、高效和无创的方式将微胶囊应用于纺织品时，要考虑的主要参数包括微胶囊的组成、纺织纤维的功能、黏合剂/交联剂的化学成分和织物结构。

为了更有效地包埋微胶囊，在制备纺织品基质时应特别注意。纺织品的预处理包括化学改性，增加材料表面功能团，使之易与其他物质结合。例如，在水体系中处理纤维增加其化学反应活性[47]，或采用等离子体技术使织物表面产生更多的反应活性位点[9]。

织物在处理过程中会有机械应力作用，微胶囊通常对其相当敏感。化学相容性是决定织物/微胶囊能否成为耐洗性良好的智能纺织品的决定因素，这种纺织品旨在持久和可控地释放活性剂。

如果通过涂层将微胶囊与黏合剂混合应用到织物上，则应充分考虑和分析微胶囊的润湿性和表面自由能，以便设计最佳的纺织品配方[46]。最佳的微胶囊配方应该是具有单位表面承受载荷大、耐磨性好、不妨碍活性剂释放，且对人体健康完全无害。

5.5 纺织品结构对微胶囊活性剂控释的影响

药物是最重要的一类活性剂，由于许多医学原因，其释放需要加以控制。日常生活中并不需要控制香料、维生素或驱虫剂等活性剂的释放，虽然它们和生活密切相关。不同类型活性剂的释放控制是不同的，与包覆它们的聚合物壳和纺织品载体有关。

5.5.1 药物

纺织品和微胶囊药物经常使用在经皮给药方面。它们的优势在于通过简单地移除纺织品的经皮装置就可以中断药物输送，避免不必要的早期药物代谢。

Ma 等[32]报道了一个成功采用功能纺织品实现药物受控释放的例子。他莫昔芬（三苯氧胺，Tamorifen）是乳腺癌治疗中最重要也最常使用的药物之一，可实现其在棉斜纹织物上以微胶囊形式经皮给药。使用复合凝聚技术，明胶、阿拉伯胶和戊二醛作为交联剂，制备平均尺寸为 $30 \sim 90 \mu m$ 的微胶囊。利用黏合棒，在黏合剂帮助下制备表面光滑的球形微胶囊。在 5 次和 10 次洗涤循环后，微胶囊仍具有稳定性，这主要是由于在黏合剂作用下生成共价键。体外药物释放研究表明，初始 1h 观察到高爆发效应，但随着时间增加可达到稳定状态（图 5.10）。微胶囊制备过程中药物—聚合物配比、聚合物浓度和搅拌速率对他莫昔芬的释放起着重要的控制作用。

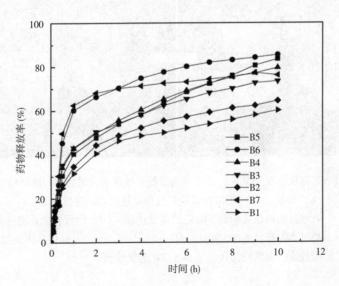

图 5.10 不同 pH 条件下制备的微胶囊中他莫昔芬（三苯氧胺）的累积释放速率[32]

在各种生物医学应用中（包括经皮给药），生物聚合物是一种极具吸引力的材料[44]。壳聚糖是一种可降解、生物相容性好的生物高分子材料，已成功应用于口服或局部药物的微胶囊制备。Lam 等研究表明，将 5-氟尿嘧啶包在壳聚糖微胶囊中，随后嵌入棉织物上制备经皮给药载体[26]，选择 5-氟尿嘧啶（5-氟-1-H-嘧啶-2,4-二酮）作为治疗皮肤癌常用的有效活性剂。将其溶解在金盏花浸渍油中，然后将混合物分散在壳聚糖溶液（醋酸）中，搅拌成乳液。将氢氧化钠加入超声处理的乳液中，直至 pH 为 10，使壳聚糖交联。棉织物上的微胶囊直径为 3.21μm，具有约 50% 的药物负载效率。用裸鼠进行皮肤释放研究，如图 5.11 所示。24h 后，超过 30% 的药物被释放，证明所开发的纺织品/微胶囊系统在药物释放方面具有潜在应用前景。

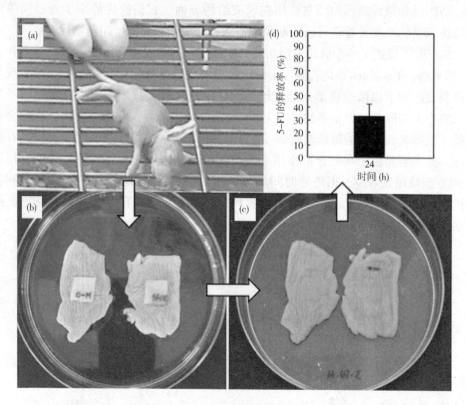

图 5.11 进行裸鼠皮肤实验，以证明从微胶囊处理的棉织物中可能释放 5-FU：
（a）裸鼠，（b）用微胶囊处理的棉织物给药的裸鼠皮肤，（c）用微胶囊处理过的棉织物给药 24h 后的裸鼠皮肤，（d）用微胶囊处理过的棉织物经过 24h 释放 5-FU 的量。对于（b）和（c），左侧样品代表没有药物的微胶囊，右侧样品代表装载 5-FU 的微胶囊

　　Hui 等[18]报道了基于生物聚合物微胶囊的另一种医学应用。研究结果表明，以含有中草药 PentaHerbs 的壳聚糖—海藻酸钠（CSA）作为微胶囊的棉织物可以用于治疗特应性皮炎，活性成分是没食子酸。将壳聚糖—海藻酸钠微胶囊置于 pH 为 5.4 和 5.0 的磷酸盐缓冲溶液（PBS）中，在两种模拟人体皮肤条件下进行体外释药试验。最初 24h 没食子酸快速释放，但随后释放速度变慢，分别在 pH 为 5.0 和 pH 为 5.4 下达到释放率 96% 和 70% 的稳态，如图 5.12 所示。

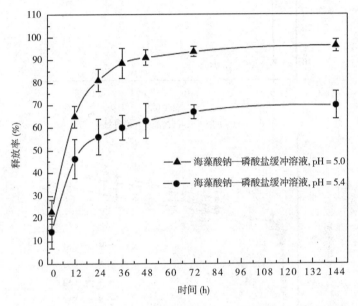

图 5.12　壳聚糖—海藻酸钠微胶囊的没食子酸的释放曲线[18]

　　环糊精是由吡喃葡萄糖组成的环状低聚糖，具有亲脂的中心腔和亲水的外表面，在微胶囊等分散给药系统的设计中发挥了重要作用[29]。环糊精在分散体系中能增加疏水性药物的可用性，这种作用使其成为极具吸引力的辅料。

　　虽然不属于纺织工程的范围，但值得一提的是，成功开发了用于控制药物释放的核/鞘纤维的方法[59]。Yu 等应用静电纺丝技术，通过 UV 诱导接枝聚合，制备负载有水杨酸的聚（ε-己内酯）/聚乙二醇核/鞘纤维。研究结果表明，由于纤维壳层厚度的不同，制成的纤维结构在初始阶段大量释放药物，随后转为持续的药物释放（图 5.13）。

5.5.2　香水

　　众所周知，人类大脑中负责记忆、识别情感的部分受到嗅觉系统的影响。气味会唤起人们愉悦或不悦的反应以及快乐和放松等情感反应[23]。因此，除了食品、

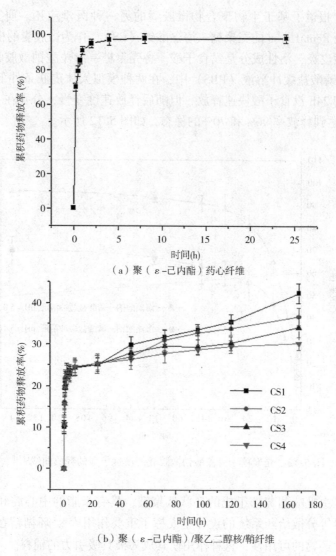

（a）聚（ε-己内酯）药心纤维

（b）聚（ε-己内酯）/聚乙二醇核/鞘纤维

图 5.13　纤维中水杨酸的释放百分比与培养时间的关系

农业和制药行业之外，微胶囊化香料、香精和精油在纺织工业中发挥了重要作用，这一点不足为奇[56]。含香料的纺织品可用于正式的商务套装、运动休闲服、手套、袜子、地毯、床上用品、毛巾、鞋垫等各种物品[16,37]。

　　对于稳定性差的活性成分，如稳定性差的气味剂，微胶囊化是必需的，这一领域的最大挑战是香味的受控释放及其持久性[42]。

　　基材的物理结构以及胶囊尺寸对于研究微胶囊嵌入纺织品结构中的机理非常重要。微胶囊越小，分散越均匀，释放时间越长[20]。Hu 等[20]实现了棉织物微胶囊对玫瑰香味的持续释放，通过透射电镜、动态光散射、傅里叶变换红外光谱仪、X 射线衍射、气相色谱—质谱、电子鼻等措施对微胶囊的结构和性能进行了表征。第一批微胶囊的平均直径为 51.4nm，第二批微胶囊的直径为 532nm，是第一批微胶囊的 10 倍以上。经微胶囊处理后的棉织物的耐水洗性能明显优于直接用玫瑰香精处理后的棉织物。此外，经微胶囊处理后，棉织物的香气损失明显低于未经微胶囊处理后的棉织物。因此，微胶囊尺寸越小，持续释放性能越好。Hu 等[19] 同样使用纳米胶囊很好地控制香味释放，将平均粒径为 130nm 的桂花香料壳聚糖微胶囊浸渍在棉织物上，由于棉织物与桂花微胶囊之间存在羟基的相互作用，具有良好的耐水洗性能。

微胶囊活性物质的控释不仅受其大小的影响，而且受形态影响。Hong 和 Park 的研究证明了这一点，他们合成了以酒石酸二水合物为渗透剂、以森林浴香料为核心材料的聚乳酸微胶囊，并采用丙烯酸黏合剂将其印在棉织物上[17]。微胶囊制备工艺参数的变化，如搅拌时间和介质含量比例（保护胶体浓度），导致制备出不同粒径（5~13nm）微胶囊；较好地保护胶体（聚乙烯醇），有助于更好地防止不稳定乳液之间的聚结，从而使尺寸分布更窄，并且表面更光滑。通过电导率测定，得出了酒石酸钠二水合物从微胶囊中释放的情况（图 5.14）。释放曲线表明，在保护胶体含量较小的介质中，由于颗粒间的结合，微胶囊膜的渗透性较差。

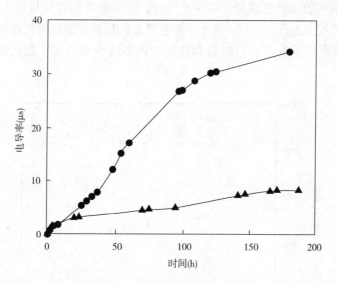

图 5.14　不同保护胶体浓度下聚（L-丙交酯）微胶囊中酒石酸钠二水合物的电导率
（"▲"为 1%，"●"为 2%，质量浓度）[17]

要严格控制与皮肤直接接触的功能纺织品的组成。研究目标是用其他化学物质代替任何有害的试剂。Azizi 等[6] 利用可再生材料制备用于化妆品的纺织品芳香微胶囊。以聚氨酯和异山梨酯为原料，采用二月桂酸二丁基锡为催化剂，通过界面缩聚法制备胆碱香精微胶囊。采用丙烯酸交联剂在纯锦纶针织物上浸渍尼罗林（2-萘乙醚）负载的聚氨酯微胶囊。微胶囊粒度分布在 1 ~ 100μm，平均值为 27μm，适用于浸渍方法。其耐洗性较高，第一次洗涤仅损失 10%，洗涤 5 次损失 40%，洗涤 20 次损失 70%。

5.5.3　其他

　　除了药物和香料之外，微胶囊化妆品在纺织品的功能化中起着重要作用。化妆品中维生素的价值是毋庸置疑的。由于其强大的抗氧化特性和保湿效果，维生素 E 在美容纺织品行业中至关重要。另外，在驱虫剂中起作用的活性剂，也在微胶囊智能纺织品中占有一席之地。这些纺织品结构属于保护性纺织品，在传染病对公众健康构成严重威胁的热带地区尤为重要[54]。

　　Son 等[50]使用干法将含维生素 E 乙酸酯（生育酚乙酸酯）的三聚氰胺—甲醛微胶囊有效地附着到棉针织物上，还研究了微胶囊处理后的织物经靛蓝染色后的颜色特性以及添加软化剂的影响。通过双浸/双压法在丙烯酸黏合剂存在下填充平均直径为 2.36μm 的维生素 E 乙酸酯微胶囊，大约添加 2%。实验证明，微胶囊在洗涤、摩擦、熨烫过程中均保持稳定。20 次洗涤后，微胶囊的损失率仅为 6.4%。在 18 周的时间内追踪活性成分，在前 6 周内，维生素 E 的释放量约为 120.44g/m²，12 周内下降至 42.82g/m² 左右。因此，维生素 E 的释放是缓慢而渐进的（图 5.15）。此外，纤维表面的维生素 E 乙酸酯和软化剂或多或少地增加了靛蓝染料分子的耐洗涤性。

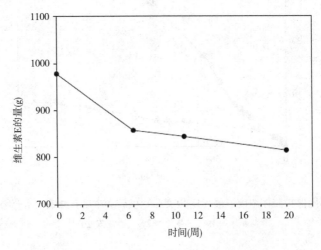

图 5.15　经处理的棉针织物（100cm×100cm）随时间变化释放维生素 E 的量[50]

驱虫剂是另一种在微胶囊化纺织中应用较多的活性剂。其中最重要的是驱蚊物质，因为它们是疟疾（*Anopheles stephensi*）、登革热（*Aedes aegypti*）、黄热病、基孔肯雅热、丝虫病等的传播媒介，所以在许多热带国家是巨大的生命威胁[54]。工业驱虫织物面临的挑战包括无毒活性剂的残留活性、对出汗和摩擦的耐受性[54]。基于植物的驱虫剂的微胶囊化是驱虫织物有效的解决方案，如香茅属植物精油和提取物、楝树、柠檬桉树或松木焦油等。然而，以评价驱虫功效为目的的精油控释不易测试，这要求在驱避剂产品的特定距离处收集挥发物[54]。

5.6　未来趋势

载药微胶囊纺织品在医药、化妆品、保健等领域有着广泛的应用。它们的作用将随着人们对材料科学、纺织工程、制药工程和物流等学科的需求和进步而增长。

随着人们环境意识的增强，相关研究应针对更加可持续的制备微胶囊的试剂，但也应将其与纺织品结合，这将扩大当前应用的范围。此外，应特别注意纺织品结构的生物降解性，特别是用于药物体内递送的新型载体。

释放活性剂的时间延长始终是控释系统所追求的。优化微胶囊聚合物壳的组成和包封方法应该体现在更好的释放控制中。应特别注意，具有响应性的聚合物能赋予织物额外的功能，得以广泛应用的前提在于如何以微胶囊的形式将其应用到纺织结构上。

5.7　结论

智能纺织品正迅速成为人们日常生活中不可或缺的一部分，可以使人们在工作中更安全、更健康、更放松、更高效。含有活性剂的微胶囊使纺织品功能化，提高了纺织品的使用寿命。

然而，这些智能纺织品结构的功能还有待提高，作用还有待优化，将纺织品/微胶囊系统用于活性剂的控释提高到一个更高的水平需要多学科知识。从活性剂配方、微胶囊聚合物壳组成、微胶囊包封方式、微胶囊埋入纺织品结构等各个方面考虑，可以进一步推动智能纺织品的发展。

考虑到改善微胶囊性能的可能性以及将其附着在相关纺织品基体上的方法，负载微胶囊功能化的纺织品领域将在未来几年得到显著发展。

参考文献

[1] Acharya, G., Park, K., 2006. Mechanisms of controlled drug release from drug-eluting stents. Advanced Drug Delivery Reviews 58, 387-401.

[2] Active Ingredient, 2011. Available from: http://medical-dictionary.thefreedictionary.com/activefingredient (16/7/2015).

[3] Alonso, D., Gimeno, M., Olayo, R., Vázquez-Torres, H., Sepúlveda-Sánchez, J. D., Shirai, K., 2009. Cross-linking chitosan into UV-irradiated cellulose .bers for the preparation of antimicrobial - finished textiles. Carbohydrate Polymers 77, 536-543.

[4] Alonso, D., Gimeno, M., Sepúlveda-Sánchez, J.D., Shirai, K., 2010. Chitosan-based micro capsules containing grapefruit seed extract grafted onto cellulose fibers by a non-toxic procedure. Carbohydrate Research 345, 854-859.

[5] Anitha, R., Ramachandran, T., Rajendran, R., Mahalakshmi, M., 2011. Microencapsulation of lemon grass oil for mosquito repellent finishes in polyester textiles. E-lixir Bio Physics 40, 5196-5200.

[6] Azizi, N., Chevalier, Y., Majdoub, M., 2014. Isosorbide-based microcapsules for cosmetotextiles. Industrial Crops and Products 52, 150-157.

[7] Badulescu, R., Vivod, V., Jausovec, D., Voncina, B., 2008. Grafting of ethylcellulose microcapsules onto cotton fibers. Carbohydrate Polymers 71, 85-91.

[8] Boh, B., Knez, E., 2006. Microencapsulation of essential oils and phase change materials for applications in textile products. Indian Journal of Fibre & Textile Research 31, 72-82.

[9] Chatterjee, S., Salaün, F., Campagne, C., 2014. Development of multilayer microcapsules by a phase coacervation method based on ionic interactions for textile applications. Pharmaceutics 6, 281-297.

[10] Fei, X., Zhao, H., Zhang, B., Cao, L., Yu, M., Zhou, J., Yu, L., 2015. Microencapsulation mechanism and size control of fragrance microcapsules with melamine resin shell. Colloids and Surfaces A: Physicochemical and Engineering Aspects 469, 300-306.

[11] Galaev, I., Mattiasson, B. (Eds.), 2007. Smart Polymers: Applications in Biotechnology and Biomedicine, second ed. CRC Press, Boca Raton, FL.

[12] Gerhardt, L.-C., Lottenbach, R., Rossi, R.M., Derler, S., 2013. Tribological investigation of a functional medical textile with lubricating drug-delivery finishing.

Colloids and Surfaces B：Biointerfaces 108, 103-109.

[13] Golja, B., Sumiga, B., Forte Tavčer, P., 2013. Fragrant finishing of cotton with microcapsules: comparison between printing and impregnation. Coloration Technology 129, 338-346.

[14] Heller, J., 2012. Drug delivery systems. In: Ratner, B.D., Hoffman, A.S., Schoen, F.J., Lemons, J.E. (Eds.), Biomaterials Science: An Introduction to Materials in Medicine. Academic Press, Amsterdam; Boston.

[15] Himmelsten, K.J., 2012. Controlled Release: A Quantitative Treatment. Springer Science & Business Media.

[16] Holme, I., 2007. Innovative technologies for high performance textiles. Coloration Technology 123, 59-73.

[17] Hong, K., Park, S., 2000. Preparation of poly(L-lactide) microcapsules for fragrant fiber and their characteristics. Polymer 41, 4567-4572.

[18] Hui, P.C.-L., Wang, W.-Y., Kan, C.-W., Ng, F.S.-F., Wat, E., Zhang, V. X., Chan, C.-L., Lau, C.B.-S., Leung, P.-C., 2013. Microencapsulation of Traditional Chinese Herbs-PentaHerbs extracts and potential application in healthcare textiles. Colloids and Surfaces B: Biointerfaces 111, 156-161.

[19] Hu, J., Xiao, Z., Ma, S., Zhou, R., Wang, M., Li, Z., 2012. Properties of osmanthus fragrance-loaded chitosan-sodium tripolyphosphate nanoparticles delivered through cotton fabrics. Journal of Applied Polymer Science 123, 3748-3754.

[20] Hu, J., Xiao, Z., Zhou, R., Ma, S., Wang, M., Li, Z., 2011. Properties of aroma sustained-release from cotton fabric with rose fragrance nanocapsule. Chinese Journal of Chemical Engineering 19, 523-528. http://dx.doi.org/10.1016/S1004-9541(11)60016-5.

[21] Jaâfar, F., Lassoued, M.A., Sahnoun, M., Sfar, S., Cheikhrouhou, M., 2012. Impregnation of ethylcellulose microcapsules containing jojoba oil onto compressive knits developed for high burns. Fibers and Polymers 13, 346-351.

[22] King, M.W., 1991. Designing fabrics for blood vessel replacement. Canadian Textile Journal 108, 24-30.

[23] Kozlowski, A.C. (Ed.), 2008. Fragrance for Personal Care, first ed. Allured Publishing Corporation, Carol Stream, IL.

[24] Kundu, D., Hazra, C., Chatterjee, A., Chaudhari, A., Mishra, S., 2014. Extracellular biosynthesis of zinc oxide nanoparticles using *Rhodococcus pyridinivorans* NT2: multifunctional textile finishing, biosafety evaluation and in vitro drug delivery in colon carcinoma. Journal of Photochemistry and Photobiology, B: Biology 140,

194-204.

[25] Lam, P.L., Gambari, R., 2014. Advanced progress of microencapsulation technologies: in vivo and in vitro models for studying oral and transdermal drug deliveries. Journal of Controlled Release 178, 25-45.

[26] Lam, P.-L., Lee, K.K.-H., Wong, R.S.-M., Cheng, G.Y.M., Cheng, S.Y., Yuen, M.C.-W., Lam, K.-H., Gambari, R., Kok, S.H.-L., Chui, C.-H., 2012. Development of hydrocortisone succinic acid/and 5-fluorouracil/chitosan microcapsules for oral and topical drug deliveries. Bioorganic & Medicinal Chemistry Letters 22, 3213-3218.

[27] Li, L., Liu, S., Hua, T., Au, M.W., Wong, K.S., 2012. Characteristics of weaving parameters in microcapsule fabrics and their influence on loading capability. Textile Research Journal. http://dx. doi. org/10. 1177/0040517512454184. Published online before print August 14, 2012.

[28] Liu, J., Liu, C., Liu, Y., Chen, M., Hu, Y., Yang, Z., 2013. Study on the grafting of chitosan-gelatin microcapsules onto cotton fabrics and its antibacterial effect. Colloids and Surfaces B: Biointerfaces 109, 103-108.

[29] Loftsson, T., Duchêne, D., 2007. Cyclodextrins and their pharmaceutical applications. International Journal of Pharmaceutics 329, 1-11.

[30] Maleki, M., Amani-Tehran, M., Latifi, M., Mathur, S., 2014. Drug release profile in core-shell nanofibrous structures: a study on Peppas equation and artificial neural network modeling. Computer Methods and Programs in Biomedicine 113, 92-100.

[31] Martin, A., Tabary, N., Leclercq, L., Junthip, J., Degoutin, S., Aubert-Viard, F., Cazaux, F., Lyskawa, J., Janus, L., Bria, M., Martel, B., 2013. Multilayered textile coating based on a b-cyclodextrin polyelectrolyte for the controlled release of drugs. Carbohydrate Polymers 93, 718-730.

[32] Ma, Z.-H., Yu, D.-G., Branford-White, C.J., Nie, H.-L., Fan, Z.-X., Zhu, L.-M., 2009. Microencapsulation of tamoxifen: application to cotton fabric. Colloids and Surfaces B: Biointerfaces 69, 85-90.

[33] Mohsin, M., Farooq, U., Iqbal, T., Akram, M., 2014. Impact of high and zero formaldehyde crosslinkers on the performance of the dyed cotton fabric. Chemical Industry & Chemical Engineering Quarterly 20, 353-360.

[34] Monllor, P., Bonet, M.A., Cases, F., 2007. Characterization of the behaviour of flavour microcapsules in cotton fabrics. European Polymer Journal 43, 2481-2490.

[35] Next Generation Fiber-Based Implantable Drug Delivery: The TissueGen and Bio-

medical Structures Solution. n.d. Available from: http://www.bmsri.com/wp-content/themes/bms/pdf/tissuegen_datasheet.pdf (16/7/2015).

[36] Nejman, A., Cieślak, M., Gajdzicki, B., Goetzendorf-Grabowska, B., Karaszewska, A., 2014. Methods of PCM microcapsules application and the thermal properties of modified knitted fabric. Thermochimica Acta 589, 158-163.

[37] Nelson, G., 2002. Application of microencapsulation in textiles. International Journal of Pharmaceutics 242, 55-62.

[38] Nelson, G., 2013. Microencapsulated colourants for technical textile application. In: Gulrajani, M. (Ed.), Advances in the Dyeing and Finishing of Technical Textiles. Elsevier, Cambridge, pp. 78-104.

[39] Neubauer, M.P., Poehlmann, M., Fery, A., 2014. Microcapsule mechanics: from stability to function. Advances in Colloid and Interface Science 207 (Special Issue: Helmuth Möhwald Honorary Issue), 65-80.

[40] Nierstrasz, V.A., 2007. Textile-based drug release systems. In: Van Langenhove, L. (Ed.), Smart Textiles for Medicine and Healthcare: Materials, Systems and Applications. Woodhead Publishing Ltd., Cambridge, p. 67.

[41] Nihant, N., Grandfils, C., Jérôme, R., Teyssié, P., 1995. Microencapsulation by coacervation of poly(lactide-co-glycolide) IV. Effect of the processing parameters on coacervation and encapsulation. Journal of Controlled Release 35, 117-125.

[42] Peña, B., Panisello, C., Aresté, G., Garcia-Valls, R., Gumí, T., 2012. Preparation and characterization of polysulfone microcapsules for perfume release. Chemical Engineering Journal 179, 394-403. http://dx.doi.org/10.1016/j.cej.2011.10.090.

[43] Peppas, N.A., Bures, P., Leobandung, W., Ichikawa, H., 2000. Hydrogels in pharmaceutical formulations. European Journal of Pharmaceutics and Biopharmaceutics: Official Journal of Arbeitsgemeinschaft für Pharmazeutische Verfahrenstechnik e.V 50, 27-46.

[44] Petrušić, S., 2011. Macro and Micro Forms of Thermosensitive Hydrogels Intended for Controlled Drug Release Applications. Lille 1.

[45] Rodrigues, S.N., Martins, I.M., Fernandes, I.P., Gomes, P.B., Mata, V.G., Barreiro, M.F., Rodrigues, A.E., 2009. Scentfashion®: microencapsulated perfumes for textile application. Chemical Engineering Journal 149, 463-472.

[46] Salaüun, F., Devaux, E., Bourbigot, S., Rumeau, P., 2009. Application of contact angle measurement to the manufacture of textiles containing microcapsules. Textile Research Journal 79, 1202-1212.

[47] Salaün, F., Vroman, I., Elmajid, I., 2012. A novel approach to synthesize and to fix microparticles on cotton fabric. Chemical Engineering Journal 213, 78–87.

[48] Singh, M.K., Varun, V.K., Behera, B.K., 2011. Cosmetotextiles: state of art. Fibres & Textile in Eastern Europe 19, 87.

[49] Singh, M.N., Hemant, K.S.Y., Ram, M., Shivakumar, H.G., 2010. Microencapsulation: a promising technique for controlled drug delivery. Research in Pharmaceutical Sciences 5, 65–77.

[50] Son, K., Yoo, D.I., Shin, Y., 2014. Fixation of vitamin E microcapsules on dyed cotton fabrics. Chemical Engineering Journal 239, 284–289.

[51] Teutonico, D., Ponchel, G., 2011. Patches for improving gastrointestinal absorption: an overview. Drug Discovery Today 16, 991–997.

[52] TissueGen Showcases Groundbreaking ELUTE® Fiber for Implantable Drug Delivery at MD&M East. TissueGen. n.d. Available from: http://www.tissuegen.com/tissuegenshowcases–groundbreaking–elute–fiber–for–implantable–drug–delivery–at–mdm–east/(16/7/2015).

[53] Tomaro-Duchesneau, C., Saha, S., Malhotra, M., Kahouli, I., Prakash, S., 2012. Microencapsulation for the therapeutic delivery of drugs, live mammalian and bacterial cells, and other biopharmaceutics: current status and future directions. Journal of Pharmaceutics 2013, e103527.

[54] Van Langenhove, L., Paul, R., 2014. Insect repellent finishes for textiles. In: Paul, R. (Ed.), Functional Finishes for Textiles: Improving Comfort, Performance and Protection. Elsevier, Cambridge, pp. 333–360.

[55] Wise, D.L., 2000. Handbook of Pharmaceutical Controlled Release Technology. CRC Press.

[56] Xiao, Z., Liu, W., Zhu, G., Zhou, R., Niu, Y., 2014. A review of the preparation and application of flavour and essential oils microcapsules based on complex coacervation technology. Journal of the Science of Food and Agriculture 94, 1482–1494.

[57] Yang, Z.M., Liang, G.Q., Li, L., Au, W.M., Zhong, H.Y., Wong, T.K.S., Yang, Z.H., 2011. Preparation of antibacterial cotton fabric containing patchouli oil microcapsules by chemical crosslinking method. Advanced Materials Research 221, 308–315.

[58] Yeo, Y., Baek, N., Park, K., 2001. Microencapsulation methods for delivery of protein drugs. Biotechnology and Bioprocess Engineering 6, 213–230.

[59] Yu, H., Jia, Y., Yao, C., Lu, Y., 2014. PCL/PEG core/sheath fibers with con-

trolled drug release rate fabricated on the basis of a novel combined technique. International Journal of Pharmaceutics 469, 17–22.

[60] Zhu, L.-M., Yu, D.G., 2013. 9–Drug delivery systems using biotextiles. In: Guidoin, M.W.K.S.G. (Ed.), Biotextiles as Medical Implants, Woodhead Publishing Series in Textiles. Woodhead Publishing, pp. 213–231.

[61] Zilberman, M., 2007. Novel composite fiber structures to provide drug/protein delivery for medical implants and tissue regeneration. Acta Biomaterialia 3, 51–57.

6 医用神经肌肉电刺激背带

J. Hesse
萨克森应用科技大学时尚与纺织学院，荷兰

6.1 前言

集成神经肌肉电刺激（NMES）医用背带是一种矫形设备，能够稳定腰椎间盘突出后的背部，刺激肌肉，使背部肌肉增强，防止背部持续疼痛（图6.1）。

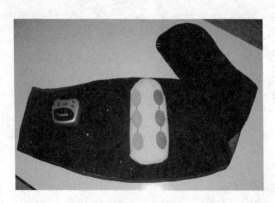

椎间盘突出期间和之后，背部肌肉无力，需要保护和稳定。因此，医生和理疗师使用不同的疗法来增强背部肌肉，以防止进一步的椎间盘突出，加速愈合过程。他们还使用弹性束身衣和临时躯干矫形器等矫形设备来辅助治疗。通常，矫形设备可以帮助椎间盘突出患者稳定背部，有效缓解症状。但如果患者完全依赖这个设备，则自身肌肉不再受到刺激，功能逐渐弱化[1]。肌无力

图6.1 具有综合神经肌肉电刺激功能的医用背带

是个严重的问题，大多数椎间盘突出都是由于背部肌肉无力，无法支撑脊柱以及横向、背向运动和旋转运动造成的[2]。

因此，需要一种能够支撑和稳定脊柱并刺激肌肉的产品，以便能够完成其自身功能并防止肌无力。这种产品也可以使背部挺直，同时刺激背部肌肉。

6.2 医学背景信息

6.2.1 背部构造

背部是躯干的后部，从颈部到臀部，由大小肌肉、结缔组织、关节和最重要

的部位——脊椎骨组成。

脊椎骨由 7 块颈椎、12 块胸椎、5 块腰椎和 3~5 块尾骨组成。脊柱的一般功能是支撑头部、躯干和手臂，并稳定身体姿势。脊柱在背部的颈椎和腰椎区域有自然弯曲，主干的形状呈"双 S 形"。这种特殊的形状可以保证直立姿势，同时防止躯干负荷过重。这种形状可以吸收人体走路、跑步或在其他需要保护脊髓的运动中所发生的震动。脊柱的运动可以通过椎间盘、关节、韧带和肌肉间的相互作用来实现。

脊柱有 33 或 34 个椎骨。椎骨的数量因人而异，但 99% 的人有 33 或 34 个椎骨。所有椎骨的组成相同，大小各异。颈椎比腰椎小很多，因为与颈椎和胸椎相比，腰椎必须非常有力和稳定才能承受大部分体重。椎骨相互叠加，并与椎间盘、肌肉、韧带和关节相连。

作为减震器的椎间盘位于两个椎体之间。椎间盘由一个弹性核和一个环组成。髓核由 90% 的水组成，环状纤维则由交叉蛋白纤维组成。环具有保护和稳定核心并将其固定到位的功能。椎间盘不包含任何血管，只能通过运动来"喂养"。当椎间盘做减震器使用时，它们就会失去水分变薄；当夜间身体休息时，它们则变厚。这就是为什么一个人白天身高比夜间矮 1.5~2cm 的原因。这个过程每天都在发生。随着年龄的增长，椎间盘会变得越来越多孔，因为营养吸收会减少。这就是背部疼痛随着年龄的增长而增加的原因，腰椎间盘突出症患者会更常见。

脊髓的椎管位于椎间盘后方，从脑干一直延伸到脊柱的末端。脊髓是所有反射的中心，所有的主要神经都通过这个通道，在身体各个部位的不同区域形成分支。脊髓连接大脑和身体的各个部分，非常脆弱。

脊椎骨周围有许多大小不一的肌肉，这些肌肉使脊椎骨保持稳定并保护脊髓，确保脊柱得到均匀的拉伸，并支持背部运动。脊椎骨非常不稳定，没有肌肉的支持，就会塌陷。因此，肌肉环绕着脊柱的旁边、下面和上面，以提供必要的支持。背部肌肉较多，结构复杂。一般来说，背部肌肉可分为自体（浅层）肌肉和深层肌肉。浅层肌肉的主要功能是支持躯干的稳定和运动。这一组中最大的肌肉是竖脊肌，它从颈部开始，贯穿整个背部直到骨盆。深层肌肉位于脊椎之间，把椎体和椎体连接起来，主要稳定脊柱并支持其运动。

为了确保整个躯干的稳定，腹部肌肉、臀部肌肉、骨盆肌肉、臀肌和一些手臂、腿部肌肉等其他肌肉群也起着重要的作用。正是由于这些肌肉的协同作用，才使得躯干强健而稳定。

背部是身体最重要的部分，因为它是人体运动的保障，因此保持背部健康和稳定是非常有意义的。

6.2.2　腰椎间盘突出症及其治疗

腰椎间盘突出症在男性和女性中都很常见，它的字面意思是"破裂"或"隆起"。这种疾病也被称为髓核疝，不同患者的症状可能不同。背部有三个不同的地方可以发生椎间盘突出：颈椎、胸椎和腰椎。在大多数情况下，椎间盘突出会发生在腰椎。

在椎间盘突出症中，椎间盘环撕裂，果冻样的核心向外膨胀。大多数时候，核心会挤压神经根，因为它们位于椎间盘的左右两侧。因此，神经的压迫是引起疼痛的原因。

在颈椎间盘突出症中，疼痛会从颈部扩散到手臂，可能会导致皮肤失聪。胸椎间盘突出表现在手臂疼痛和力量丧失。在腰椎间盘突出症中，疼痛会辐射到腿、臀部和脚，同时皮肤会失聪或丧失力量。随着病情恶化或出现瘫痪现象，医生必须迅速采取行动来防止永久性损伤。

椎间盘是否容易突出跟基因有关，这种疾病也被称为"虚弱的背部"。也就是说，脊椎和周围组织之间关联不充分。大多数情况下，椎间盘突出是因为周围肌肉无力，无法提供足够的保护和支持。

因此，对椎间盘突出患者来说，必须对肌肉进行专门训练以保护脊柱，防止进一步恶化。在采取治疗措施之前，必须认真检查具体的症状。现有病例中，大约75%的患者可以通过理疗、药物治疗以及在专家指导下进行有针对性的运动来治疗。理疗师也使用电刺激疗法，又称经皮神经电刺激，来减少疼痛并帮助愈合。治疗过程中，重点是采用稳定的肌肉束身衣，使肌肉能够控制好脊柱并防止进一步的问题。治疗师通过特殊的运动来训练自体（浅层）肌肉和深层肌肉。一般来说，由于深部肌肉难以触及，增加自体肌肉的肌肉质量更容易。

6.2.3 神经肌肉电刺激

神经肌肉电刺激疗法是物理治疗中常用的一种健康疗法，适用于多种症状，可有效缓解循环障碍和植物性障碍患者的疼痛。

神经肌肉电刺激可以改善肌肉状况，是目前最常用的治疗方法之一。采用每秒高达150个脉冲的低流量频率来强化不同的肌肉群。肌肉受到短电脉冲的刺激和激活，从而使目标肌肉实现收缩。治疗目标要在治疗开始时就确定，主要有肌肉是否中度或重度衰弱、肌肉状况是否中度或重度不良、肌肉是否需要减少痉挛等三个常见目标。

电刺激的运动过程是：大脑通过脊髓向神经发送电脉冲，这样肌肉就会有收缩的冲动，进而导致肌肉的全面收缩。

NMES装置接管了大脑的功能，并将脉冲发送到电极，电极直接作用于肌肉。无论这种冲动来自大脑还是来自外部设备，对肌肉的效果是一样的。神经肌肉电刺激疗法对人体没有危险，因为它的工作频率很低，所以心脏没有任何危险。这种疗法可以应用于身体的大部分部位，但在某些部位却很难起到锻炼肌肉的效果。

唯一的例外是乳房，因为这种疗法可以从多方面影响乳房。如果患者体内有其他内部电气设备，如起搏器，或者患者有感染或伤口，则需要慎重使用 NMES 设备。

6.3 医用背带

由于最终产品是一个护理设备，因此必须仔细设计背带的构造，并对各种影响因素进行广泛测试。该任务的首要目标是内化医学背景，科学地研究背部、背部肌肉、电疗法、椎间盘突出及其治疗等术语，并在此基础上进行背带研究和制作。明确医学背景后，在产品分解结构中列出不同的材料和医疗器械，如导电纱、电极、基本材料、监视器和连接器等，并逐一对其进行测试。最终，确定目标产品所需的最佳性能原件。

6.3.1 背带

开发的最终产品需要满足两个主要性能：稳定背部和保证舒适性。患者在使用产品时可以得到舒适的背部支撑。

为了实现稳定支撑，矫形设备如弹性束身衣、背带或临时躯干矫形器等是由非常坚固的材料制成的。由于需要良好的透气性和灵活性，棉织物 Drell® 等材料非常适合用于制作矫形器械。所用材料必须非常坚固，这样才能确保在使用过程中使背部得到有效支撑。

在矫形应用中，常用天然材料而不是合成材料，因为矫形产品大多直接接触皮肤，必须避免刺激性。常用的有棉织物（如 Drell® 和 Molton®）和羊毛织物。棉织物是一种非常坚固、透气、抗静电和具有皮肤友好性的材料，缺点是柔韧性较低、隔热性较差；棉织物常用于绷带和直接接触皮肤的产品。羊毛织物由于其弹性、尺寸稳定性和隔热性能而被用于矫形器械。

用于矫形产品的有聚酯（如 Diolen® 和 Trivera®）、聚酰胺（如 Nylon® 和 Perlon®）、聚丙烯腈（如 Dralon® 和 Dunova®）、聚丙烯和聚氨酯等。这些材料大多用于制造非常坚固且用来稳定身体某些部位的产品。此外，合成材料还应用于矫形器和假肢。

对于背带来说，所选材料必须具备柔韧性、透气性、抗静电性、亲水性和舒适的亲肤性。第一层和第二层使用的棉质斜纹织物，因为坚固、透气、抗静电且对皮肤舒适，被用于医疗背带的内表面，并直接接触皮肤。第三层是非织造聚酯填充材料，提供额外的稳定性和舒适性。第四层采用的棉织物 Drell® 材料，因为优异的强度和柔韧性，经常用于矫形设备，如矫形束身衣和临时躯干矫形器，它可以支撑和稳定身体的应用部位，在医疗背带中，它用于产品的两侧，可以使背部笔直。聚醚砜经编织物可用于需要更强大的支撑和灵活性的产品。上述四种材料组合使用可以实现背带的稳定性和舒适性。

背带所用材料的结构如图 6.2 和表 6.1 所示。

图 6.2　背带所用材料

表 6.1　医用背带的材料结构

斜纹棉布
斜纹棉布
聚酯填充物
Drell棉布
聚酯经编织物

医用背带长 160cm，宽 40cm。外表面由五个不同的部件组成：左边是 Drell 棉质钩环扣和涤纶经编织物，中心是全棉斜纹织物，右边用 Drell 棉和涤纶经编织物，右边第一个部件是带有集成 NMES 装置的棉斜纹织物。外表面结构如图 6.3 所示。

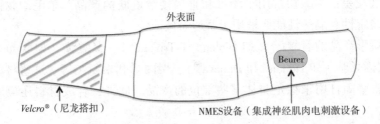

外表面

Velcro®（尼龙搭扣）　　　　NMES设备（集成神经肌肉电刺激设备）

图 6.3　医用背带的外表面

医用背带的内表面用的是棉质斜纹织物，直接接触皮肤。内表面中心附着的叫作 pelotte 的矫形垫由泡沫或硅树脂材料组成。因为矫形垫可以对身体的特定部位施加压力，给这些部位额外的支持，所以经常被使用，它们经常附着在矫形器或假肢上，防止产品在使用过程中移位。这对于医用背带来说非常重要，因为这个衬垫顶部的刺绣织物电极必须固定在恰当的位置，否则没有疗效。背带的 pelotte 矫形垫外部有一个 100% 未漂白棉布做成的保护罩。

背带的右边有钩环扣来关闭医用背带。Velcro 尼龙搭扣因为操作简单，在矫形器械中应用非常广泛。考虑到安装的精确性，大多数矫形器械必须是定制的。使用尼龙搭扣的医用背带可以单独关闭，目前只生产一般尺寸如 S、M、L、XL、XXL 的产品。内表面的整体结构如图 6.4 所示。

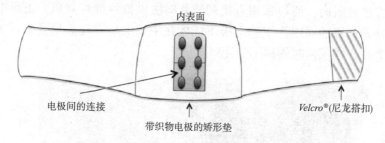

图 6.4　医用背带的内表面

6.3.2　神经肌肉电刺激

神经肌肉电刺激包括两个主要元件：神经肌肉电刺激装置和织物电极。

在测试和选择 NMES 设备时，NMES 设备必须能够将电脉冲传输到织物电极，以便使治疗尽可能有效和舒适。NMES 疗法刺激肌肉，从而使肌肉增强。必须达到某种平衡，以便一方面电极能尽可能有效地工作，另一方面治疗时尽可能使患者舒适。研究过程中测试了三种不同的 NMES 装置：Saneosport NMES 装置、Beurer EM41 NMES 装置和 Beurer EM35 NMES 装置。由于 Beurer EM35 NMES 装置具备所需的特性并取得了最佳的测试结果，因此被用于医用背带。Beurer EM 35 NMES 装置如图 6.5[3] 所示。

图 6.5　NMES 装置

此外，还对一系列导电纱线和技术进行了测试，以获得可用和舒适的织物电极。采购 Bekaert Bekinox VN12/2、Shieldex 镀银尼龙纱线 234/34f×4 和 Shieldex 镀银尼龙纱线 117/17f×2，进行电导率和电阻测试。采用编织、针织和刺绣等工艺，研制出性能优良的织物电极，这种电极可以将脉冲传递到背部肌肉，而且不会刺激皮肤。最后，利用刺绣技术结合 Shieldex 镀银尼龙纱线 117/17f×2 开发出最佳的织物电极，如图 6.6 和图 6.7[4] 所示。织物电极放置在矫形贴片上，因为该元件可以确保电极不会滑出其位置[5]。这一点非常重要，因为电极要直接接触肌肉才可以有效地刺激肌肉。6 个织物电极放置在矫形垫上，并相互连接，以确保电流可以流过每个电极。矫形垫放置在背部的腰椎区域，织物电极附着在背部肌肉上。由于电极直接接触肌肉，所以采用直接刺激肌肉法模拟背部直立肌。正负电极之间的面积是精确计算的，因为织物电极不能放在主干上。脊柱必须受到保护，因为脊髓穿过脊柱，在任何时候都不能受到损伤。

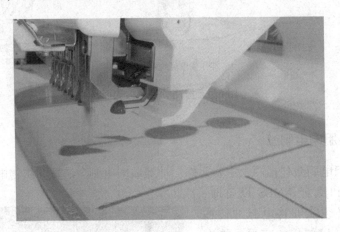

图 6.6　织物刺绣

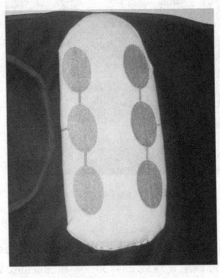

图 6.7　带织物电极的矫形电极垫

NMES 装置通过焊接和缝合与电极相连，并将电脉冲传输到织物电极。垫左侧的三个电极和右侧的三个电极相互连接。三个电极之间有一条刺绣 Shieldex 镀银尼龙纱线 117/17f×2，确保每个电极都能获得从 NMES 设备传输的脉冲。在矫形垫的背面，电极连接到通过焊接和缝合与 NMES 设备相连的电线上。此外，矫形垫通过钩环式紧固件固定在医用背带上，以确保其不会滑出位置。电线被放置在医用背带的第一层和第二层之间，并与 NMES 装置平行运行。在 NMES 装置的背面，通过将电线焊接到一个按扣上进行连接。

矫形垫的前后、织物电极与 NMES 装置的连接结构如图 6.8 所示。

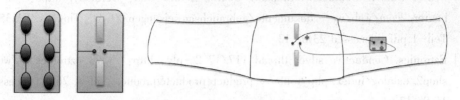

图 6.8　带有织物电极的矫形垫的正、背面及织物电极与 NMES 装置的连接方式

6.4　测试结果和结论

该原型由一组参与试验的骨科患者在为期四周的时间内进行测试。所有参与者过去都有背部问题，但在测试期间没有接受医生或理疗师的治疗。他们每周对产品进行两次灵活性、舒适性和有效性测试。在四周内测试了不同的强度，以便确定最佳强度以供进一步使用。每周对强度和持续时间进行转换，以查看测试期间的任何差异。在每次测试期间和之后，参与测试的骨科患者都要写下他们的感受，以及他们是否注意到了特别的东西。最后，他们必须回答一些问题，例如，长时间使用医用背带后，在电刺激期间和之后，他们是否感觉到背部有任何影响，以及医用背带是否稳定背部并使直立姿势成为可能。最后，从测试中得出了一些重要的结果。所有参加者都表示，医用背带使背部稳定，在电刺激时感觉舒适。很明显，如果强度不太高，电刺激是舒适的，太尖锐的脉冲会导致治疗过程不愉快。

测试表明，神经肌肉电刺激会刺痛肌肉，这样肌肉就不会变弱。试验表明，2股 Shieldex 镀银尼龙纱线可以直接接触皮肤。通常，将电极与液体或凝胶结合使用，使其更导电，并防止任何不适刺激或导致创伤。所使用的织物电极不含任何液体或凝胶，织物电极对皮肤无任何不良影响。电脉冲很容易传输，电极在导电时有可能刺痛肌肉。综上所述，我们制作了一种腰椎背带，其功能是稳定背部，使姿势挺直，并通过综合神经肌肉电刺激刺激背部肌肉。

参考文献

[1] Platzer W. Taschenatlas Anatomie – Bewegungsapparat（Auflage 10）. Stuttgart：Thieme Verlag；2009.

[2] DKV. Bandscheibenvorfall. 2011. http://www.dkv.com/gesundheit – bandscheiben-

vorfallbeschreibung-12497.html〔accessed 18.07.13〕.

〔3〕Beurer GmbH. Gebrauchsanweisung Beurer EM35. Ulm, Germany. https://www. beurer. com/web/we - dokumente/gebrauchsanweisungen//GA _ Therapy/EM35 - Teil-1.pdf〔accessed 23.08.13〕

〔4〕Eztronics. Conductive silver thread 117/17 2 - ply, http://www. eztronics. nl/web-shop2/catalog/index. php?route = product/product&product _ id = 265〔accessed 15.08.13〕.

〔5〕Igl C, Rudolph D. Materialen und Werkstattbedarf. München: Ortho. Production GmbH; 2011. https://www. streifeneder. de/downloads/o. p./catalogues - 2015/de/ streifeneder_katalog_materialien_d.pdf〔accessed 23.08.13〕.

7 监测运动员生命体征传感器的通信协议

D. Kogias, E. T. Michailidis, S. M. Potirakis, S. Vassiliadis
比雷埃夫斯应用科学大学，希腊艾加里奥

7.1 前言

运动员需要通过大量的体育锻炼来保持健康和体型。对运动员和教练来说，监测运动员生命体征（主要反映训练期间人的生理和身体状况）至关重要，以避免过度训练、受伤和疾病，或者根据测量数据调整训练强度和时间表[1-5]。因此，最近研究者提出并测试了一种内置计算和无线数据传输的智能小型低功率传感器，这种传感器可将大区域分布的运动员联系起来，甚至可以嵌入可穿戴设备，例如包含计算机和先进电子设备的服装及配件[1-2,6-7]。

可穿戴监测系统与无线通信技术密切相关。尤其是，无线技术让运动员佩戴的设备可以与其他无线节点实时共享数据，从而形成无线通信网络。与有线通信相比，无线通信具有显著的优势，这是由于基础设施需求减少、网络部署成本效益高、协议的灵活性以及随时适应新设备的能力强。传感器对无线通信的使用及其相互通信的需求导致了无线传感器网络（WSNs）的发展[8-12]，特别是无线体域网络（WBANs）[13-15]。这些网络可以将所获得的信息，例如关于运动员的状况，传输到一个基站进行持续和实时的监测。

本章重点介绍可用于上述监测的无线传感器网络及其通信技术和标准，通过全面、对比地介绍流行通信协议的细节，重点介绍与体育活动有关的应用。

7.2 系统概述和网络特性

从健康状况到运动训练时的疲劳程度，各种传感器在监测一个人不同活动的潜在应用已引起学术界和业界的广泛关注。最近，研究们致力于开发更小、更便宜但功能强大的传感器，以更加有效地提高我们的生活质量[6-8]。为了实现这一目标，现代传感器将其体积小的优势与使用无线技术的优势结合起来，以实现更好的性能，并增加可实施和测试的潜在场景的数量。

传感器性能的快速发展和应用领域的多样性揭示了两个需要进一步关注和研究的兴趣点。一是在维护困难的情况下，为了延长传感器的使用寿命，需要进行能量收集；二是传感器之间和/或与基站之间进行通信，以便归纳和处理所有收集到的数据。关于能量收集，在文献[16-18]中给出了延长系统寿命的解决方案，其中提出并研究了利用自然资源补充损失能量的方法，如风能和太阳能。至于各节点之间的内部通信，可以创建一个由大量传感器组成的动态（移动）网络，能够处理大量无线但高效传输的数据，这样就引入了 WSN[8-12]，相关内容将在后面章节进行深入探讨。

7.2.1 无线传感器网络：技术、应用和挑战

无线传感器网络由多个传感器组成，这些传感器被称为节点，可以是固定的，也可以是移动的。它们通常通过无线连接传播收集到的信息。数据可以通过源和目标之间的点到点链接转发，也可以通过网状网络经由多跳转传输到汇聚节点或网关节点，以便处理和（进一步）重新分发到网络上或网络外的其他节点，如 Internet。根据具体情况，处理程序可以使用多个基站传输。

因此，无线传感器网络由安装在所需区域内或附近的传感器组成，这些传感器成本低、应用灵活，并且耗能低，可从周围环境中收集某些测量数据。根据传感器收集到的数据，无线传感器网络可以进一步分为两个子类[8]：同质传感器网络，其传播的数据由测量相同类型数据的传感器生成，例如温度和身体压力；或由许多不同传感器组成的异质传感器网络，例如家庭警报系统由红外（IR）传感器来监测移动物体，并有磁开关来检测门窗的关闭或打开。

无线传感器网络中的通信基础设施由两层组成：第一层是传感器和网关之间的通信基础设施，第二层是网关和外部世界之间的通信基础设施[10]。而对于主干网即第二层来说，快速和安全的线路如光纤等是首选；第一层的选择则有所不同。根据距离和速度需要，可以有两种不同的传输类型：无线局域网（WLAN）和无线个人局域网（WPAN）[20]。

7.2.1.1 无线局域网

无线局域网是一种无处不在的宽带无线资源，它使用低带宽通道，满足安全和可靠通信的要求，速度高达 54Mb/s。它是在传感器和网关之间开发的，这些传感器和网关分散在室内 30～50m 或室外 100～200m 的距离。无线局域网部署在城市、郊区和农村环境中，主要的无线通信技术是 WiFi，通常覆盖两个频段，分别为 2.4GHz 和 5.2GHz。

7.2.1.2 无线个人局域网

WPAN 是一个专用网络，允许在非常小区域内的各种电子设备之间传输信息，包括家用电器、智能电表和健康监测系统、能源管理设备和智能穿戴设备。

由于 WPAN 应用程序对带宽要求较低，因此 WPAN 中使用的连接具有低带宽、低成本和灵活的特点。这些需求可以通过各种通信技术来满足，但是最好的候选方案是 ZigBee、蓝牙、全球移动通信系统（GSM）和低功耗无线个人区域网络（6LoWPANs）上的 IPv6。将在 WSNs 上运行的应用程序的需求作为选择正确技术的指南，ZigBee 具有在网状网络拓扑中操作的优势。当传感器分散在人体各处时，WPANs 被转换成 WBANs。稍后将更全面地介绍 WBANs（连同 WPANs）。

对于第二层，除了有线解决方案外，还可以考虑使用无线广域网（WWAN）。WWAN 基本上是一个高带宽的双向通信网络，可以进行远程数据传输。它以有效和可扩展的方式提供网关与外部世界之间的所有通信。为了满足不同需求的 WSN 应用，它还提供了不同的通信和服务质量（QoS）需求。WWANs 的最佳候选技术是全球微波接入互操作性（WiMAX）和第四代（4G）以及 4G 以上蜂窝网络。微波和光纤也是已知的用于可靠和高带宽通信的有线解决方案。另外，根据开发的需要，可以优先选择各种有许可或无许可的无线技术或固定通信技术来传播数据。

无线传感器网络在现实世界中的应用几乎是无限的。WSN 可以应用于人类生活的许多方面，比如军事用途、家庭应用、机器健康监测、人体健康监测[19]、导航、环境或基础设施监测，等等。例如，在家庭应用程序中，智能家居的概念开始显现，家用电器（如吸尘器、电灯或微波炉），都有传感器，可以在内部与其他电器进行通信，但也可以通过互联网远程进行，并允许用户控制它们。通过这种方式，订单可以远程发送，传感器也可以对家庭潜在危险发出警报。在健康监测方面，有一些应用程序为残疾人或医院的诊断和药物管理提供易于使用的界面。同时，对于 WBANs 来说，在远程监测慢性病患者、在大规模伤亡情况下监测患者、在家中为老年人提供生活帮助等方面已经有所应用并取得了乐观的结果。体育活动是本章的主要内容，稍后会详细介绍。在高强度训练期间，可以测量运动员状况或其生命体征的应用程序已经经过测试，结果良好。

WSNs 面临着许多挑战，为了按照其规范执行并能够保持其性能，需要仔细解决这些挑战。这些挑战从技术上的挑战（如能量消耗）到特定领域的挑战（如可穿戴传感器的生物相容性），不一而足。下面介绍 WSNs 面临的主要挑战。

（1）电源。持续工作的传感器需要保证能量恢复，否则它将停止运行，从而影响整个 WSN，尤其是当功能失调的节点数量显著增加时。为了解决这个问题，人们提出了许多解决方案。首先，由于技术的进步，电池寿命正在提高。其次，采用了新型的轻量级协议进行节点间的数据通信，设计并使用了低功耗处理器来降低系统的整体功耗。最后，利用可再生能源（如太阳能或风能）来保障能量供应的技术正在迅速发展，这对那些传感器分布在难以接近和补充（手动）其电力的区域的网络来说非常有利。

（2）自主网络和节点。需要一个节点或网络能够在尽可能少的人工交互的情况下自主操作，这对于创建一个可扩展的、功能齐全的 WSN 至关重要。

（3）可靠性和安全性。数据传输的可靠性和安全性在 WSN 中扮演着非常重要的角色。想象一下，在体育活动中需要注意关键的健康指标，不管可能引起的通信消耗如何，都必须有效地进行传输。需求可能会随着应用程序的不同而变化，因此解决方案（硬件或软件）也可能会有所不同。

（4）耐用性。环境、人体和环境传感器会受到各种天气的挑战和危害，但需要能够长期保持其运行和功能，而不管它们所面临的条件如何。

（5）生物相容性。生物传感器与人体长期接触的影响正在研究中，特别是在人们希望或需要长期使用智能穿戴设备的场合越来越多的情况下。

7.2.2 可穿戴系统的最新进展、材料和特点

可穿戴系统的设计包括用于测量任何生理或生物力学信号的传感器。这些传感器应易于使用，不会对佩戴者造成任何不适，这一点非常重要，因为这些传感器通常放置在特定的身体部位以获得更好的性能。此外，传感器还应具有实时和（甚至）持续记录的能力，并使用现代无线通信技术在传感器之间传输数据或将数据传输到负责监测的基站，从而创建一个 WSN。当需要对传输的数据进行最小化或预处理时，传感器应该能够处理收集到的数据。可穿戴系统的功能如图 7.1 所示。

创造一个强大的、低成本的、具备上述能力的微系统，并将其封装到一个设备中，从而设法将所谓的微机电系统（MEMS）与先进的电子封装技术相结合，这对此类系统的开发起到了非常重要的作用[23]。此外，大量可穿戴设备有助于监测提高日常生活质量的场景（如健康、体育锻炼或老年人的监控），也增加了人们对该领域的关注和兴趣。

通用可穿戴系统由许多不同的层组成[1]。最底层位于主体和传感器之间的接触面。传感器层分为三个子层：服装和传感器、信号过滤、局部处理。然后是处理层，负责收集不同的传感器信号，提取特定信息，并对传递到应用层的结果进行分类。最近处理层还新增了信号处理功能，以便尽量减少传输数据的数量。最后，应用层负责根据系统的应用功能向用户提供信息和反馈。

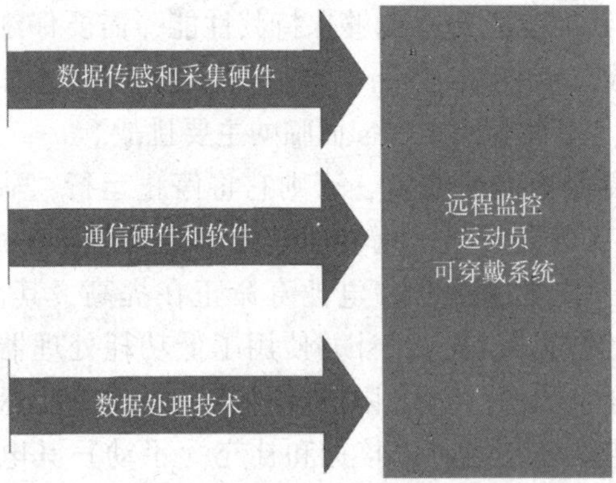

无线传感器网络在传感器集成和小型化方面的进步和信息处理技

图 7.1 可穿戴系统的功能图

112

术的发展，使得可穿戴系统可应用于健康监测、卫生保健系统和体育活动等重要领域。作为这些技术进步的一部分，可穿戴系统现在可以根据其特点分为三大类。

（1）被动智能穿戴设备。仅能通过使用特定传感器感知环境或用户。

（2）主动智能可穿戴设备。能够通过嵌入式传感器感知来自环境或用户的刺激，并集成自主操作的执行机构，或根据基站的命令进行反应。

（3）非常智能的可穿戴设备。不仅能够感知和反应，还能根据特定情况调整其行为。

纺织品一直是可穿戴设备系统潜在用途研究的基础，因为它们能够提供设计时所需的舒适和高效功能。织物中的嵌入式传感器可用于心电图（ECG）、脑电图（EEG）或肌电图（EMG）传感。此外，在织物和衣服中使用合适的传感器可以用于感应温度，而形状敏感的织物可以用于感应运动或压力。基于织物的天线也在研究中，该天线比较短，可以织入非导电织物。

另外，智能纺织品的研究涉及智能材料的研究，如何加工这些材料形成智能纺织品是需要考虑和研究的问题。许多不同的技术，如缝纫、机织、针织、编织和印刷，可以将智能材料融入纺织品中。

7.2.3　可穿戴技术在体育活动中的应用

体育活动是一个从智能可穿戴设备和无线传感器网络的发展中受益匪浅的领域。由于体育运动包括体育锻炼和体力消耗，所以在运动员练习或比赛时监控他们的生命体征是很重要的，以防止任何潜在的伤害或帮助其提高表现水平。为了实现这一目标，最近的技术进步使得新的设备设计、新的改良材料和便携式电子设备能够用于监测、训练、自我评估和提高运动员的成绩。

不同的体育活动，如自行车、足球、游泳和高尔夫，要求对运动的不同方面进行监控。例如在高尔夫运动[1-2]中，为了提高球手的挥杆水平，专业教练使用红外光学传感、声波传感和多普勒雷达进行监控。在自行车运动中，追踪速度/距离、能量消耗（卡路里）、海拔和心率对运动员调整训练至关重要。也就是说，测量与需求密切相关。因此，大量的测量系统正在开发中，能够涵盖许多体育需求和活动。

在参考文献[21]中，可穿戴技术根据测量类型进行分类。生理测量与身体在运动和比赛中的反应有关。测量的生命体征包括运动员的心率和心肺反应。心率的测量是通过测量任何动脉中血液的脉搏来确定每分钟的心跳次数，比较精确的测量方法是心电图。对于心肺反应，使用便携式测力计测量运动员的代谢反应。性能测量与运动的结果更为相关，如速度、时间、高度、距离、节奏等。有大量的设备可以实现这一结果，而这类系统由于其低成本和高效率而得到了广泛的应用，专业人士或者想更好地控制自己运动的业余爱好者，都能轻易地买到。这类系统包括加速度计、运动计数器、皮肤电阻抗计和热通量计，用于测量运动员运动的不同性能指标。生物力学测量更侧重于身体运动的某些部位，以及如何优化它以获得更好的性能或健身效果。所设计的模型旨在研究和理解人体的空间动力学。例如，在运动员康复期间，测量准确的足底压力（在多个实例和事件下）会有很大帮助，可根据个人对预期治疗的反应来制定合适的康复计划。图7.2描述了可使用合适的生命体征传感器测量的代表性生物医学信号的类型。

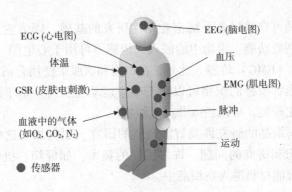

图7.2　使用传感器技术测量来自人体的生物医学信号

此外，对职业运动员在比赛中的动作和姿势进行检查，可以更好地了解运动鞋和附件对他们表现的影响。最近开发了一种方法来分析足球靴的设计如何影响内踢的性能[1]。系统中包括了高速摄像机的使用、给靴子施加不同压力以及软件分析。

除了传感过程外，现代体育活动监测中最有意义的是对运动员状况的实时信息的交流和传播，可依据这些信息进行现场战略的调整或是否需要暂停。以参考文献[22]为例，对球员在足球比赛中的表现和状态进行监控，并研究在比赛中信息传输的问题。足球比赛中的球员不是处于恒定状态，而是以不可预测的方式移动，因为球员的运动受其角色和位置以及比赛节奏的影响。例如，与中场球员相比，进攻者在比赛中不太可能经常移动。考虑到比赛在105m×68m的开阔场地进行，路由协议应该能够提供最佳解决方案。

数据的收集以及如何实现实时监控，从而做出实时决策，是至关重要的。而无线技术将有助于提高系统性能。

7.3　无线通信技术和标准

可以利用或结合多种无线技术来连接传感器，实现无处不在的可穿戴医疗保健/医疗系统，并持续可靠地测量用户的生理信号。每种技术都集中在某些特性上。除了电气和电子工程师协会（IEEE）802. 11 WLAN 工作组[24]打算提供可靠的远程通信外，IEEE 计算机协会还成立了 IEEE 802. 15 WPAN 工作组，该工作组研究并制定了短期无线网络的标准。在 IEEE 802. 15 工作组中，有不同的目标组。第一组涉及 IEEE 802. 15. 1[25]标准，尤其是蓝牙标准，处理从手机到个人数字助理通信的各种任务，并具有适用于语音通信的 QoS。第二组（IEEE 802. 15. 2）[26]试图制定 WPAN（IEEE 802. 15）和其他无线设备（在未经许可的频段中运行）共存的标准。第三组（IEEE 802. 15. 3）[27]打算显著提高需要非常高 QoS 的多媒体应用程序的 WPAN 数据传输速率（20 Mbps 及更高），而第四组（IEEE 802. 15. 4）[28]与低数据传输速率 WPAN 相关，并以非常低的功耗为一组工业、住宅和医疗应用程序提供服务。以上 WPAN 未考虑消耗和成本要求，对数据传输速率和 QoS 的需求较宽松。最后，第五组（IEEE 802. 15. 6）[29]致力于 BAN 技术，即针对人体（但不限于人体）、体内或周围设备和操作优化的低功耗和短程无线技术，以服务于各种应用，包括医疗、消费电子和个人娱乐。图 7.3 展示了一个对运动员进行无处不在的健康和活动监测系统。该系统由多个传感器组成，这些传感器利用不同的协议和标准从运动员身体和各种无线传输链中获取生理和活动数据。

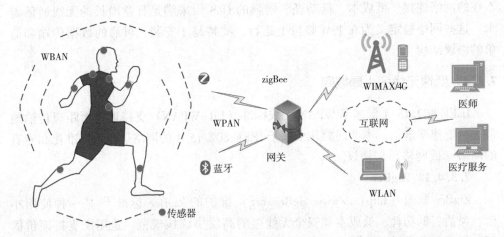

图 7.3　WBAN 及其支持的无线技术，用于运动员无处不在的健康和活动监测

7.3.1　无线局域网

　　如前所述，WLAN（IEEE 802. 11）被归类为远程系统，在高阻塞环境中提供良好的覆盖范围、高数据传输速率、处理无缝漫游和消息转发的显著复杂性。就监测应用而言，可使用专门的医疗传感器监测来自人体的健康信息，并通过覆盖在其他通信技术（如 WLAN）之上的 WPAN 将数据传输给远程医生，以便医生对

其进行诊断。事实上，无线局域网既不节能，也不节约成本，用户应在短时间运行后更换电池。因此，无线局域网只能代替工作区一般局域网接入的高速电缆，或者在某种程度上是应用无线局域网标准的辅助和补充，这更适合于电池供电的车身传感器网络。

7.3.2 蓝牙

蓝牙技术（IEEE 802.15.1）使用一个非常短的无线电链路，该链路已针对小型个人设备进行了优化，在短波超高频 2.4~2.485GHz 的无许可工业、科学和医疗（ISM）频段内运作，并使用二进制高斯频移键控调制[30]。蓝牙技术由电信供应商爱立信于 1994 年发明，最初被认为是 RS-232 数据线的无线替代品。蓝牙的典型目标距离是 10m，不需要设备之间有清晰的视线。与 IEEE 802.15.3 和 IEEE 802.15.4 类似，蓝牙连接是以一种特殊的方式创建的，用于在移动电话、便携式计算机、打印机、数码相机等设备之间交换信息。

7.3.3 高速无线个人局域网

WPAN 是一种新兴的短距离室内外多媒体和数据中心应用技术，旨在以无所不在的网络连接、低成本、低功耗、增强的 QoS[27] 来满足日益增长的无线通信需求。这些网络被定义为在 ISM 频段上运行，支持易于安装、可靠的数据传输和简单的协议结构。

7.3.4 低速无线个人局域网

IEEE 802.15.4 低速率 WPAN 无线标准（LR-WPAN）支持通过短距离传输通道进行低速率通信。本节回顾几个基于 IEEE 802.15.4 的网络运行的标准化和专有的网络（或网格）层协议。

7.3.4.1 ZigBee

ZigBee 联盟（http：//www.zigBee.org）维护的 ZigBee 标准[32] 是一种使用小型、灵活、低功耗、低成本和安全无线电的高层协议栈规范，适用于支持廉价固定、便携和移动设备之间大量节点的自组网[33,34]。ZigBee 设备的供应商通常使用集成无线电和 60~250kb 闪存的片上系统（SoC）解决方案。ZigBee 基于 IEEE 802.15.4 标准在三个 ISM 频段提供服务和运营，即 868MHz（欧洲）、915MHz（美洲和澳大利亚）和 2.4GHz（全球）。

7.3.4.2 无线 HART

无线 HART（IEC62591）是一种基于高速公路可寻址远程传感器（HART）协议的可靠、安全、经济、多供应商、可互操作的国际无线标准[35]。该标准支持使用 IEEE 802.15.4 标准无线电在 2.4GHz ISM 频段上运行，数据传输速率可达 250

Kbps，具有时间同步、自组织和自愈网状结构的特点。

（ISA100.11A）无线标准是通过国际自动化协会（ISA）制定的[36]。本标准旨在支持无线工业设备的广泛需求，包括过程自动化、工厂自动化和射频识别。ISA100.11A 的主要功能是灵活性（通过向制造商提供各种构建选项和自定义系统操作的运行时选项）、设备互操作性、对多种协议的支持、与其他无线网络共存、使用开放标准、对多种应用程序的支持、可靠性（错误检测、通道跳跃）、确定性（TDMA、QoS 支持）、存在干扰时的稳健性和安全性（数据完整性、隐私性、真实性、重放和延迟保护）。

7.3.5 无线区域网络

微电子和集成电路、SoC 设计、无线通信和智能低功耗传感器的最新进展使WBAN 的发展成为可能[37-39]。WBAN 是为便携式、低功耗、轻量化和微型化设备/传感器优化的通信标准，能够监测人体的生理活动和行为，如健康/健身状态和运动模式。利用传感功能，这些设备可以戴在身上，无干扰地监测人的生理状态。这些设备还可用于开发智能和低成本的医疗保健系统，并可作为诊断程序的一部分，在不限制患者/运动员正常活动的情况下，处理信息并将其转发到诊断疾病和开具处方的基站。通过对专用生物传感器提供的信号进行有效处理，获得可靠、准确的生理评估。

一般而言，WBAN 由体内和体内区域网络组成，可持续监测重要信息[37]。体内区域网络允许侵入/植入设备与基站之间的通信。另外，体外区域网络提供非侵入/可穿戴设备与基站之间的交互。生物传感器使用不同的拓扑结构连接，即星型、树型和网状拓扑。最常见的是星形拓扑，其中节点以星形方式连接到中央协调器。WBAN 使用无线医疗遥测服务（WMTS）、ISM、UWB 和医疗植入通信服务（MICS）频带进行数据传输。

7.4 安全性和可靠性问题

与任何无线通信一样，安全性是传感器与基站之间通信的关键要求，尤其是当收集和传播的信息至关重要时，比如敏感的健康数据。WSN 中必须解决的安全性和可靠性目标是数据机密性、数据完整性、身份验证、可用性和新鲜性[6,42]。

在 WSN 中不能采用常见的现有安全机制[6,42]，因为存在一些限制某些资源的障碍，例如内存和存储资源，这些资源受到许多 WSN 应用的设计限制，以及巨大的功率问题。通过利用天然再生技术如太阳、风等，对能量收集解决方案进行了多项研究[16-18]。此外，无线通信本质上是不可靠的。数据包的路由通常由使用无连接技术的协议处理，因此遇到通信冲突或者网络延迟时，缺少可用于任何通信错误和数据包丢失中恢复的处理方法。WSN 中的传感器会受到物理攻击的损坏，这些物理攻击可能会破坏或暂时宣布节点不可用，从而导致网络对这一不幸事件做出反应。

上述通信障碍指出了与典型网络不同的 WSN 的特性。因此，WSN 的安全性要求不仅包括典型的网络要求，还通过独特的要求进行了强化。这些安全性要求如下。[1-2,13]

（1）数据机密性：通过使用加密和密钥分发技术，确保传感器数据不会泄漏到任何相邻传感器，并确保通过安全通道进行高度敏感的数据通信。

（2）数据完整性：即使数据机密性技术可能确保数据不会被第三方窃取，但总有可能将损坏的数据注入网络，以扰乱节点及其整体功能。可能损害网络通信的恶劣环境条件，也会产生相同的结果。数据完整性解决方案通过确保传播的数据在传输过程中不会因恶意或环境危害而被更改来解决此问题。

（3）数据新鲜度：需要数据包的新鲜度，以确保接收到的数据尚未被接收或未被最近的数据包接收过。延迟和拥塞可使数据包过时，因此，在处理任何数据包之前均需要研究其新鲜度。

（4）数据可用性：由于 WSN 的固有特性以及功率和能量限制，此要求至关重要，因此，不仅是要实现数据可用性，还要确保节点的功耗限制在最重要的功能上，从而实现网络可用性。能量收集解决方案也可以应用于提高网络性能。

（5）身份验证：这是为了确保数据源是发送、接收信息的实际节点，对于传播敏感数据（如患者/运动员的健康体征）尤其重要，以防止恶意用户在通信过程中生成虚假数据。

7.5　结论和展望

本章研究了使用无线传感器监测运动员的各种运动活动，着重讨论运动员所佩戴的（重要）标志和传感器互连，选择最佳无线通信技术。为此，介绍了各种现代无线通信标准和技术的性能特点。

需要注意的是，选择每种情况下要应用的标准主要取决于应用的性质。因为每种无线技术在给定的条件下表现更好，并且没有针对所有可能的环境和网络的全局解决方案。选择所需技术的另一个设计特点是传感器节点对低功耗的需求，同时还期望具有提高系统性能的先进处理能力。考虑到不支持实施通用安全机制的通信网络的特殊性，对所采用的解决方案的可靠性问题进行了研究。

未来，技术的进步将提高传感器节点的性能，同时减小尺寸、降低能耗，从而设计出性能更好的通信标准和最佳网络性能，即使在恶劣的环境条件下也能正常工作。

参考文献

[1] A. Bonfiglio, D. De Rossi, Wearable Monitoring System, Springer, New York, 2011.

[2] M.J. McGrath, C.N. Scanaill, Sensor Technologies: Healthcare, Wellness and Environmental Applications, Apress Open, New York, 2014.

[3] L.T. Rossetto, I. Muller, V. Brusamarello, E. Fabris, C.E. Pereira, Wireless portable sensor for athletic monitoring, in: Proc. IEEE International Instrumentation and Measurement Technology Conference (I2MTC) 2012, May 13e16, 2012, pp. 2371–2375.

[4] J.A. Schlosser, K. Carroll, Textile and clothing applications for health monitoring of athletes and potential applications for athletes with disabilities, J. Text. Appar. Technol. Manag. 8 (1) (2013) 1–25.

[5] G. Kiokes, C. Vossou, P. Chatzistamatis, S.M. Potirakis, S. Vassiliadis, K. Prekas, et al., Performance evaluation of a communication protocol for vital signs sensors used for the monitoring of athletes, Int. J. Distributed Sens. Netw. 2014 (2014) 13, http://dx.doi.org/10.1155/2014/453182. Article ID 453182.

[6] M. Chan, D. EsteVe, J.-Y. Fourniols, C. Escriba, E. Campo, Smart wearable systems: current status and future challenges, Artif. Intell. Med. 56 (3) (November 2012) 137–156.

[7] G. Cho, Smart Clothing, Technology and Applications, CRC Press, December 2009.

[8] C. Buratti, A. Conti, D. Dardari, R. Verdone, An overview on wireless sensor networks technology and evolution, Sensors 9 (2009) 6869–6896.

[9] K. Sohraby, D. Minoli, T. Znati, Wireless Sensor Networks: Technology, Protocols and Applications, Wiley-Interscience, Hoboken, N.J, 2007.

[10] J. Gubbi, R. Buyya, S. Marusic, M. Palaniswami, Internet of things (IoT): a vision, architectural elements, and future directions, Future Gener. Comput. Syst. 29 (7) (Sepember 2013) 1645–1660.

[11] J. Yick, B. Mukherjee, D. Ghosal, Wireless sensor network survey, Comput. Netw. 52 (12) (2008) 2292e2330.

[12] I.F. Akyildiz, W. Su, Y. Sankarasubramaniam, E. Cayirci, Wireless sensor networks: a survey, Comput. Netw. 38 (4) (2002) 393–422.

[13] G.-Z. Yang, Body Sensor Networks, Springer-Verlag, London, 2014.

[14] T. Ozkul, A. Sevin, Survey of popular networks used for biosensors, Biosens. J. 3 (110)(2014), http://dx.doi.org/10.4172/2090-4967.1000110.

[15] A. Nadeem, M. A.Hussain, O. Owais, A. Salam, S. Iqbal, K. Ahsan, Application specific study, analysis and classification of body area wireless sensor network applications, Comput. Netw. 83 (4) (2015) 363-380.

[16] S. Mao, M.H. Cheung, V.W.S. Wong, An optimal energy allocation algorithm for energy harvesting wireless sensor networks, in: Proc. IEEE International Conference on Communications (ICC) 2012, June 10e15, 2012, pp. 265-270.

[17] H. ElAnzeery, M. ElBagouri, Novel radio frequency energy harvesting model, in: Proc. IEEE International Power Engineering and Optimization Conference (PEOCO) 2012, June 6e7, 2012, Melaka, Malaysia.

[18] G. Anastasi, M. Conti, M. Di Francesco, A. Passarella, Energy conservation in wireless sensor networks: a survey, Ad Hoc Netw. 7 (3) (2009) 537-568.

[19] A. Darwish, A.E. Hassanien, Wearable and implantable wireless sensor network solutions for healthcare monitoring, Sensors 11 (2011) 5561-5595.

[20] V. Custodio, F.J. Herrera, G. Lopez, J.I. Moreno, A review on architectures and communications technologies for wearable health-monitoring systems, Sensors (Basel) 12 (10)(2012) 13907-13946.

[21] Y.-D. Leea, W.-Y. Chungb, Wireless sensor network based wearable smart shirt for ubiquitous health and activity monitoring, Sens. Actuators B Chem. 140 (2) (2009) 390-395.

[22] S. Hara, T. Tsujioka, T. Shimazaki, K. Tezuka, M. Ichikawa, M. Ariga, et al., Elements of a real-time vital signs monitoring system for players during a football game, in: Proc. IEEE 16th International Conference on e-Health Networking, Applications and Services (Healthcom) 2014, 2014, pp. 460-465.

[23] A.S. Silva, A.J. Salazar, M.V. Correia, C.M. Borges, Wearable inertial monitoring unitd A MEMS-based device for swimming performance analysis, in: Proc. International Conference on Biomedical Electronics and Devices, January 26-29, 2011, Rome, Italy.

[24] IEEE Standard 802.11b-1999, Part 11: Wireless LAN Medium Access Control (MAC) and Physical Layer (PHY) Specifications e Higher-speed Physical Layer Extension in the 2.4GHz Band, 1999.

[25] IEEE Standard 802.15.1-2005, Part 15.1: Wireless Medium Access Control (MAC) and Physical Layer (PHY) Specifications for Wireless Personal Area Net-

works（WPANs），2005.

[26] IEEE Std 802.15.2-2003，Part 15.2：Coexistence ofWireless PersonalAreaNetworkswith Other Wireless Devices Operating inUnlicensed FrequencyBands，IEEE Standards Association，2003.

[27] J. Karaoguz，High-rate wireless personal area networks，IEEE Commun. Mag. 39 （12）（2001）96-102.

[28] J.A. Gutierrez，M. Naeve，E. Callaway，M. Bourgeois，V. Mitter，B. Heile，IEEE 802.15.4：a developing standard for low-power lowcost wireless personal area networks，IEEE Netw. 15 （5）（September-October 2001）12-19.

[29] K.S. Kwak，S. Ullah，N. Ullah，An overview of IEEE 802.15.6 standard，in：Proc. 3rd International Symposium on Applied Sciences in Biomedical and Communication Technologies，November 7e10，2010，Rome.

[30] C. Bisdikian，An overview of the bluetooth wireless technology，IEEE Commun. Mag. 39 （12）（December 2001）86-94.

[31] Y.P. Zhang，L. Bin，C. Qi，Characterization of on-human-body UWB radio propagation channel，Microw. Opt. Technol. Lett. 49 （6）（June 2007）1365-1371.

[32] ZigBee Alliance. http://www.caba.org/standard/zigbee.html.

[33] K. Malhi，S. C. Mukhopadhyay，J. Schnepper，M. Haefke，H. Ewald，Azigbee-basedwearable physiological parameters monitoring system，IEEE Sens. J. 12 （3）（March 2012）423-430.

[34] P. Baronti，P. Pillai，V.W.C. Chook，S. Chessa，A. Gotta，Y. Fun Hu，Wireless sensor networks：a survey on the state of the art and the 802.15.4 and ZigBee standards，Comput. Commun. 30 （7）（May 2007）1655-1695.

[35] J. Song，H. Song，A.K.Mok，C. Deji，M. Lucas，M.Nixon，WirelessHART：applying wireless technology in real-time industrial process control，in：Proc. IEEE Real-Time and Embedded Technology and Applications Symposium （RTAS）2008，April 22e24，2008，pp. 377-386.

[36] F.P. Rezha，S.Y. Shin，Performance evaluation of ISA100.11A industrial wireless network， in： Proc. IET International Conference on Information and Communications Technologies （IETICT）2013，April 27e29，2013，pp. 587-592.

[37] J. Jung，K. Ha，J. Lee，Y. Kim，D. Kim，Wireless body area network in a ubiquitous healthcare system for physiological signal monitoring and health consulting，Int. J. Signal Process Image Process. Pattern Recognit. 1 （1）（2008）47-54.

[38] B. Latre，B. Braem，I. Moerman，C. Blondia，P. Demeester，A survey on wireless body area networks，Wirel. Netw. 17 （1）（January 2011）1-18.

[39] S. Movassaghi, M. Abolhasan, J. Lipman, D. Smith, A. Jamalipour, Wireless body area networks: a survey, IEEE Commun. Surv. Tutor. 16 (3) (2014) 1658-1686. Third Quarter.

[40] ISO/IEEE 11073e00101, Health Informatics e Point-of-Care Medical Device Communication e Technical Report e Guidelines for the Use of RF Wireless Technologies, November 2005. http://www.ieee1073.org/standards/11073-00101/11073-00101.html.

[41] J. Yao, S. Warren, Applying the ISO/IEEE 11073 standards to wearable home health monitoring systems, J. Clin. Monit. Comput. 19 (6) (December 2005) 427-436.

[42] J.P. Walters, Z. Liang, W. Shi, V. Chaudhary, Wireless sensor network security: a survey, in: Y. Xiao (Ed.), Security in Distributed, Grid, Mobile and Pervasive Computing, Auerbach Publications, CRC Press, 2007.

8 形状记忆压缩系统治疗慢性静脉疾病

B. Kumar[1], *N. Pan*[1], *J. L. Hu*[2]

[1] 加州大学戴维斯分校纺织、生物与农业工程系，美国加利福尼亚州

[2] 香港理工大学纺织服装学院，中国香港

8.1 前言

压缩疗法是治疗静脉和淋巴疾病的基础，包括静脉腿溃疡、静脉高血压、静脉水肿、静脉淤滞和其他慢性静脉疾病[1-2]。压缩疗法的目的是降低受影响肢体区域的静脉压力，显著减轻疼痛，将肿胀的肢体缩小到最小尺寸并保持该尺寸，增加活动性，同时保持肢体的压力梯度均匀，以促使静脉回流到心脏[3-4]。在压缩疗法中，使用不同的压缩方式，如绷带、长袜或间歇气动压缩，向受影响的肢体区域提供外部压力或压缩[4-5]。使用绷带或长袜的压缩治疗在实践中最常见，它们被用来提供梯度压缩（均匀的压力梯度），以促使静脉血回流到心脏。

在目前的临床实践中，传统的加压疗法存在一些局限。由于肢体大小或形状的差异、材料特性和应用程序等因素的影响，压力水平很难达到要求[6]。此外，由于肢体形状不断变化（即随着时间的推移水肿减少），绷带或长袜所达到的压力梯度随着时间的变化而变化，并且没有外部手段来调整压力梯度。在使用过程中的压力下降不可避免，就像市场上的所有压缩绷带一样，目前还没有办法通过局部或整体绷带来控制压力及其分布。很明显，控制或调整腿部的压力能使治疗更加有效。

在此，一个独特的压缩系统使用形状记忆聚合物（SMP）可以解决上述问题。SMP 是一种智能材料，能够记忆原始形状，以便暴露在外部刺激（如热、光、水等）下能够从暂时变形的形状中恢复。在过去 10 年中，SMP 被用于许多潜在创新产品的开发[7-11]。目前，热敏性开关电源已成功应用于许多工程[12]。对于热 SMP，可以通过适当的编程工艺（即形状固定）将临时变形的形状设定在较低的转变温度（T_s）。在设定为 T_s 时，SMP 中的分子链（即切换段）在变形状态下的运动被冻结，并且内部应力消散为非常低或接近零。然而，一旦被温度高于 T_s 的刺激触发，切换段就变得可移动，并且冷冻应力的再生有助于变形的 SMP 恢复到原始形状。因此，这种压力也称为恢复应力，其强度可以根据不同情况进行调整。

如果变形的 SMP 在约束下使用（扩展没有变化），激活过程将在其结构中产生大量的应力。由于压缩系统产生的界面压力与织物结构中产生的应力直接相关，因此 SMP 在不改变变形的情况下调节内应力的独特性质对压缩管理有利[13-14]。这将有助于在不改变绷带织物变形的情况下改变或重新调整肢体上的压力。鉴于上述事实，本章介绍了 SMP 在压缩管理方面的潜力。首先，介绍压缩疗法的一些基础知识及其使用方面存在的挑战。然后简要介绍 SMP 的工作原理，并详细说明如何利用 SMP 获得压力变化。最后，本文给出了 SMP 织物的实验结果作为概念验证，并概括了基于 SMP 的压缩系统作为一种新型的伤口护理管理系统相对于现有传统产品的优势。

8.2　慢性静脉疾病

慢性静脉疾病，如静脉曲张、深静脉血栓形成、水肿、溃疡、淋巴水肿等，是由于静脉系统功能不正常导致的，尤其是下肢，使静脉血液难以从腿部回到心脏。患有此类疾病的患者由于持续疼痛、活动和身体功能受限、抑郁、社会孤立和高治疗成本，生活质量较差[15]。据估计，1%的普通人群（年龄在18~64岁）患有慢性静脉疾病[16]。65岁以上人群的这一比例进一步增加到4%[17]。此外，由于生活方式的改变和人口老龄化的加剧，预计未来这一比例将进一步提高。

根据临床、病因、解剖和病理生理（CEAP）分类，受影响肢体的所有临床体征分为七类（$C_0 \sim C_6$）[18]。一些常见症状包括疼痛、沉重、肿胀、抽筋、瘙痒、刺痛和皮肤刺激等。遗传、年龄、女性、肥胖、怀孕、站立时间延长和身高增加等可能是慢性静脉疾病的原因。为了理解将慢性静脉疾病与其他类型伤口分开的病理生理学和临床特征，以及识别其危险因素，诊断工具和治疗方式对于制订合理的治疗方法至关重要。

8.2.1　病理生理学

了解疾病过程的病理生理学和临床特征是很重要的，便于适当的治疗和预防慢性静脉疾病。在理解构成这些不同表现形式的机制方面，人们已经做出了相当大的努力。在正常健康的人体中，心血管系统，即动脉和静脉，顺利工作以保持适当的血液循环。动脉将新鲜血液输送到身体的不同部位，静脉将缺氧的血液回流到心脏。慢性静脉功能不全（CVI）发生在下肢静脉无法将足够的血液泵回心脏时，这种不正常的功能是静脉高压的结果[18]。在大多数情况下，静脉高压是由瓣膜功能不全引起的，其他原因则包括静脉流出阻塞和由于肥胖或腿不动导致的小腿肌肉泵衰竭。深静脉血栓形成（DVT）是指静脉内的血凝块（血栓）阻碍血液顺利流向心脏的情况[3]。这些堵塞静脉的血液会增加静脉中的血压，从而使瓣膜超载。这可能导致阀门损坏，进一步使问题恶化，导致血液回流［图8.1（a）和（b）］。这可能导致血液在周围组织中积聚，引起肿胀，腿部也可能感到沉重、疲劳、疼痛、不安或隐痛。随着时间的推移，CVI和腿部肿胀会导致静脉溃疡［图8.1（c）］。

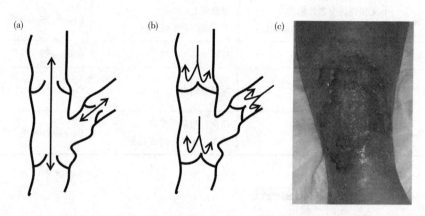

图8.1　（a）瓣膜功能不全导致血液回流，（b）静脉瓣膜功能正常（无回流），（c）静脉溃疡

8.2.2　压缩疗法

随着医疗保健管理的进步，压缩疗法、硬化疗法、消融、静脉剥离、旁路手术、瓣膜修复、血管成形术和支架术等方法可用于治疗和预防静脉溃疡。这些方法大多可归为两类：保守治疗或药物治疗；手术治疗[17]。压缩疗法是一种保守疗法，主要使用绷带或长袜对受影响的肢体部分进行外部压迫，以控制水肿（肿胀）和静脉高压[19-21]。压迫可以抵消重力，因此在未来仍将是治疗各种腿部溃疡的基本疗法[22]。表8.1列出了目前用于治疗腿部静脉溃疡的几种压缩装置。施加外部压力的主要影响如下。

（1）减少静脉直径，增加周围间质压力。这会增加深静脉的血流量，减少病理返流量，降低静水压。

（2）通过使静脉壁更紧密地结合在一起，恢复瓣膜功能［图8.1（b）］。

（3）降低浅静脉系统的血压。

（4）减少毛细血管和组织之间的压力差，防止回流。

（5）增加皮肤微循环，有利于白细胞脱离内皮，防止进一步粘连。

（6）将间质液体重新整合到血管中。

表 8.1　压缩用医疗器械

医疗器械	优点	缺点	示例
绷带	保持压缩 压力可调 建议用于高压缩水平（35~80mmHg）	需要由训练有素的医生和护士应用 压力变化，无测量	Comprilan®，Coban 2®
丝袜	无须训练有素的医生 适用于低压（20~40mmHg）	很难穿上 不同腿需要不同长袜	Jobst®，Sigvaris®
Unna 靴	舒适	易脏	Gelocast®
尼龙搭扣装置	自我应用 自我调节	没有吸引力	CircAid®
肢体泵	增加静脉回流 对静止患者有效	昂贵，嘈杂，笨重 需要固定几小时或几天	PneumaPress®

8.2.3　界面压力的作用和重要性

影响临床疗效的主要参数是界面压力[13-14,21-26]。界面压力是指压缩系统施加在表皮表面的压力。拉普拉斯定律用于预测界面压力（P），这是织物张力、织物厚度和肢体周长的函数[24,27-28]。可以用式（8.1）表示。

$$P = \frac{T \times w}{R} \tag{8.1}$$

式中，T 是织物单位面积的张力，w 是织物厚度，R 是肢体半径。治疗效果无疑取决于界面压力，因为界面压力必须非常准确地限制在一定范围内，不应低于或高于规定水平，否则会导致治疗过程中的某些并发症[29]。低压起不到外部压迫的作用，过高的压力则会阻碍动脉流动并引起不适。目前，尚不清楚克服静脉高压所需的最佳压力，但踝关节外部压力为 35~40mmHg 是必要的，以防止受慢性静脉功能不全影响的腿部毛细血管渗出[17]。表 8.2 显示了推荐用于各种症状的压缩量。

除了压力水平外，刚度对于确定压缩材料的临床效率是至关重要的。刚度由压缩材料的延伸引起的压力增加来定义[13]。许多报道表明，尽管连续使用 12 周，但几种压缩产品的静脉性腿部溃疡的愈合率仍然很差[22]。这是由于它们在腿部运动期间不能产生动态压缩（压力波）。这是刚度起作用的地方，它有助于在运动过程中通过改变腿围产生显著的压力波[13-14]，从而有助于增加小腿泵的射血分数。对于一个理想的压迫装置，建议在站立和行走时有一个可承受的低压和高压，以便在每次肌肉收缩时实现静脉的间歇性压迫。

表8.2 推荐压缩量

压缩程度（kPa）	适用症状
<2.6	预防深静脉血栓形成（分级加压袜）、轻度水肿、腿酸痛（职业性腿症状）
2.6~4	轻度静脉曲张，轻度到中度水肿，长途飞行，妊娠期间和妊娠后静脉曲张
4~5.3	静脉溃疡（包括愈合的溃疡）、深静脉血栓形成、浅表血栓性静脉炎、静脉曲张伴严重水肿、血栓后综合征、轻度淋巴水肿
>5.3	严重淋巴水肿、严重慢性静脉功能不全

8.2.4 挑战

在实践中，选择具有适当尺寸和配合良好的理想压缩产品始终是保健领域从业者和制造商的追求，以便使患者感到舒适并取得较好的疗效[2]。例如，需要不同类别的长袜来提供轻微（Ⅰ级，14~17mmHg）、中等（Ⅱ级，18~24mmHg）和高强（Ⅲ级，25~35mmHg）级别的压缩，具体取决于静脉疾病的严重程度[30]。由于不同患者腿部属性（形状或尺寸）的变化、材料特性、刚度或弹性的差异以及不同压缩水平的要求，很难达到目标压力水平。此外，随着时间的推移，压力下降也是一个主要问题。实验研究表明，由于肿胀减少，压力会随着时间的推移而降低[31]。此外，许多压缩产品在使用后会出现初始压力降[6,32]。与含有弹性纱线的织物相比，纯非弹性纱线（棉纤维、黏胶纤维、聚酯纤维等）制成的织物的压力降低更大[6,20]。几乎所有压缩产品都不可避免地会出现压降，一旦压力低于目标水平，就需要更换产品。此外，如何在夜间患者睡觉时提供较低的压缩来保障舒适性也是个挑战，除了从腿部移除压缩产品之外没有其他手段[33]。显然，传统方法的诸多问题说明了智能压缩系统的重要性，该系统允许通过外部手段施加不同程度的压缩，以在腿部需要时改变或重新调整压力。

8.3 压缩用形状记忆材料

8.3.1 形状记忆基础

如果聚合物材料具有固定临时形状并在施加外部刺激时恢复其原始形状的能力，则称为形状记忆聚合物（SMP）[10,12,34-37]，SMP的这种特性也称为形状记忆效应（SME）。各种聚合物，如聚丙烯酸酯共聚物[38]、聚降冰片烯[39]、分段聚氨酯[40]、分段聚氨酯离聚物[41]、环氧基聚合物[42]、硫烯基聚合物[43]、交联多环辛烯[44]、交联乙烯—醋酸乙烯共聚物[45]和苯乙烯基聚合物[46]，均具有形状记忆效应。SME表示SMP记忆原始形状的能力，允许材料在适当的刺激下从临时变形形状恢复原始形状。SME 主要涉及两个方面：可修复性和可恢复性。可修复性是指 SMP 通过适当的编程过程（即形状固定）从原始未变形形状转变为临时变形形状的能力，而可恢复性则表示其恢复原始形状的能力。在编程过程中，SMP 发生机械变形，变形形状暂时固定。SME 最重要的特征是这种暂时变形形状的稳定性，在没有适当刺激的情况下，形状不会改变。通过暴露在适当的刺激下，主动触发临时形状以恢复原始形状，图 8.2 为 SME 示意图。通常，可以使用如热[47]、光[48-49]和电[50-51]等刺激来触发。此外，也有由磁感应 SME[52] 和水驱动 SME[53] 等其他刺激触发的 SMP。其中，热致 SME 更常见，形状恢复发生在一定的临界温度[54]。

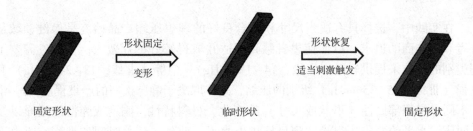

图 8.2　SMP 中 SME 的图示

8.3.2　界面压力控制的恢复潜力

压缩系统中的应变决定了其结构中的内应力，从而确定了肢体上的压力水平 [式（8.1）]。如果压缩系统的内应力可以在不改变其变形的情况下发生变化，将是压缩管理的一大优势，有助于在需要时实现目标压力[37]。所以就需要用到智能材料，可以在不改变形状的情况下改变内应力，SMP 就可以实现这一点，它允许在其结构中"冻结"或释放应力而不改变应变水平。从变形形状中恢复初始形状的主要原因是激活 SMP 的恢复力。这表明变形的 SMP 中的应力被"冻结"到低于某一温度 [$T<T_s$（转变温度）]，并且在激活（$T>T_s$）时，该"冷冻"应力可被释放以帮助 SMP 恢复到原始形状。但是，如果变形的 SMP 不能恢复到原来的形状，那么结构中的应力就会被释放。对于压缩管理来说，SMP 的这种独特能力非常重要，因为压力可以从外部进行管理，从而控制肢体的压力水平。

图 8.3 显示了在约束条件下获得 SMP 中的应力变化的形状记忆规则。形状 A 表示 SMP 的原始形状。在较高温度（$T>T_s$）下拉伸 SMP 后，将产生力（内应力）。如果允许 SMP 在较高温度（$T>T_s$）的约束下松弛，应力会因应力松弛而减小，最终所有弹性应力在较高温度下保持 B'状态。进一步冷却（$T<T_s$）导致内应力减小，所有应力都会"冻结"在最终状态 B 中。状态 B 在较低温度下暂时固定为零应力

或无应力。如果 B 状态在约束下加热（不允许延伸变化），由于熵弹性，"冻结"应力将释放，B′状态将恢复。对于 SMP 材料来说，这个过程是可逆的，并且在暴露于外部刺激时可以"冻结"或释放压力。

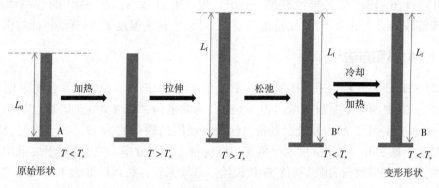

图 8.3　在变形 SMP 中获得应力释放和"冻结"的热力学程序

8.3.3　用于压缩的形状记忆执行器

在压缩管理领域，Ahmad 等提出了基于 SMP 的薄膜驱动器，用于加压绷带[55]。他们使用附着在织物上的温度响应型 SMP 条带来控制外部热源的压缩。形状记忆合金（SMAs）与 SMPs 相似，近年来在生物医学工程等多种应用领域引起了人们的强烈兴趣。SMAs 是一组金属合金，由于温度和/或负载变化，表现出较大的可恢复应变或力[56]。Moein 和 Menon[57] 已经证明了 SMAs 的恢复应力对于压缩管理的重要性。如果在加热过程中限制细长形状记忆合金试样，则会产生很大的应力，以防止形状记忆合金试样恢复到原来的形状。这种独特的条件使得在小腿上施加初始恒定压力，然后再改变压力变得可行。然而，由于在织物生产过程中 SMA 线与纺织纱线的结合存在挑战，因此使用基于 SMA 的压缩绷带并不是一种有效的方法。

8.4　使用形状记忆纤维的智能压缩系统

SMP 有薄膜、纤维、泡沫、溶液或凝胶等不同形态。泡沫、凝胶或溶液不能用于压缩材料。此外，使用 SMP 薄膜执行器可能会严重阻碍压缩系统的透湿性和渗透性，因此不能提供改善患者舒适性的解决方案。显然，在织物结构中使用 SMP 长丝是目前的首选。形状记忆聚氨酯（SMPUs）具有加工方便等特点，受到了科学界的广泛关注。SMPU 长丝可由长链多元醇、二异氰酸酯和扩链剂三种合成材料制成。多元醇的原料为聚四甲基乙二醇（PTMEG）、聚己内酯二醇（PCL）、聚己二酸丁二醇（PBA）、聚己二酸二酯二醇（PHA）；扩链剂为 1,4-丁二醇（BDO）、乙二醇（EG）、乙二胺（EDA）等；二异氰酸酯为乙烷二异氰酸酯（MDI）、1,6-环己烷二异氰酸酯（HDI）等。通过适当选择 SMP 的各单体组分（转换链段的类型和分子量/硬链段含量），可以将转变温度 T_s 调节至目标范围。

8.4.1　材料和方法

　　以 SMPU 为原料，采用熔融纺丝工艺生产 SMP 长丝。SMPU 聚合物采用本体聚合法，以聚四亚甲基醚二醇（$M_n=650$）为软链段，以 4,4'-亚甲基二苯基二异氰酸酯和 1,4-丁二醇为硬链段制备。软段和硬段的质量比为 12∶13。将混合物在 100℃下干燥 24h，直到湿度水平低于 100 ppm（百万分率），得到用于熔融纺丝的 SMPU。采用单螺杆挤出机制备 SMP 长丝，氮气保护，纺丝温度为 175~202℃，卷绕速度为 500m/min。本研究中选择的 SMPU 长丝的玻璃化转变温度在 25~50℃，长丝的永久变形和形状回复率为 23.7% 和 95%。采用 V 型针床双罗纹平型纬编针织机，以 SMPU 和尼龙长丝混纺纱为原料，制备形状记忆压力装置，具体见表8.3。使用 SMP 织物演示压力控制，采用 Kikuhime™ 压力传感器进行测量。将 SMP织物置于圆柱管上，将整个装置置于加热室中，得到界面压力的变化数据。使用不同的圆柱形管来刺激不同周长的人腿。改变温度、层数、周长和应变等参数，可以在不同的水平上获得加热室中产生的额外压力。

表 8.3　SMP 织物详情

指标	纬编针织
纱线线密度（tex）	18.9（尼龙） 13（SMPU 长丝）
成分（%）	59.2（尼龙） 40.7（SMPU 长丝）
面密度（g/m²）	341.2
厚度（mm）	1.85
织物密度	8（线圈纵行/cm） 12（线圈横列/cm）

8.4.2　结果与讨论

　　如前所述，如果在织物结构中使用 SMP 长丝和其他常规纤维，则可以通过简单加热改变一定的应力，从而控制外部压力水平。图 8.4 显示了 SMP 织物通过简单加热重新调节压力的工作机理。在较低温度（$T<T_s$）下，SMP 长丝的回复应力未被激活，只有在 SMP 织物结构中存在弹性应力时，才能获得较低的压力。提高温度（$T>T_s$）可以激活 SMP 丝中的回复应力，从而增加整体应力并使压力发生变化。SMP 要想成为可靠的压缩产品，还需要考察很多方面，如可以达到多少额外压力、温度范围、可以决定额外压力的其他外部因素等。

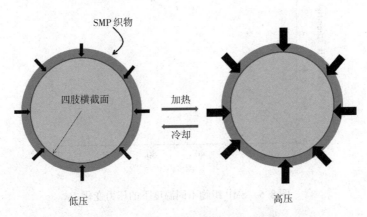

图 8.4　SMP 织物外加热变压工作原理

温度升高（$T>T_s$）导致 SMPU 长丝在 T_s 以上活化而产生更高的内应力

研究时在织物结构中使用了热敏性 SMPU 长丝。热致 SMP 的 T_s 可以是玻璃化转变类型，在该类型中，可以在一定温度范围内看到 SME。通过在一定范围内改变温度，可以产生不同程度的回复应力。这清楚地表明了通过改变温度将压力调节到不同水平的可能性。在实际情况中，不能将 SMP 的温度升高得太高，因为这样会使受影响的肢体非常不舒服或无法忍受。因此，选择所需的 T_s 范围始终是一个大问题。需要选择合适的 SMPU 和尼龙长丝来开发 SMP 织物。上述 SMPU 长丝的玻璃化转变温度范围为 25~50℃，且可以在较宽的温度范围内呈现压力变化。

图 8.5 显示了 SMP 织物从 20℃加热到 50℃时产生的额外压力。压力在初始阶段（5min）增加，最后达到固定值。表 8.4 总结了几个变量对 SMP 织物在激活时产生的额外压力的影响。在增加活化温度时，额外压力也增加（$p<0.01$）。通常，所有 SMP 都具有一个较宽的过渡范围，因此所有的链段不太可能随着温度的升高而完全激活到一个固定的水平。预计在 T_{trans}（大约 50℃）的上极端比其下极端（大约 35℃）能激活更多的链段。因此，在较高的温度下，SMP 织物的回复应力会增加。与温度相似，应变对 SMP 织物具有相同的影响。由于回复应力的增加，在较高的应变水平下观察到更多的压力。层数和周长的影响可以从拉普拉斯定律的方程导出。压力与肢体周长成反比，因为在较大周长（31.2cm）处观察到的界

面压力低于在 23.6cm 周长处观察到的压力。此外，增加包裹层的数量将具有累加效应。

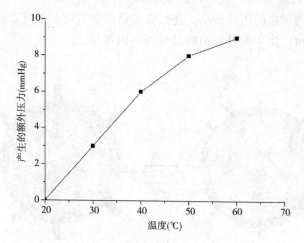

图 8.5　SMP 织物不同温度下的压力变化

表 8.4　不同因素对 SMP 织物激活时产生的最大额外压力（mmHg）的影响

温度 T （℃）	气缸周长							
	23.6cm				31.2cm			
	应变				应变			
	低		高		低		高	
	层数		层数		层数		层数	
	1	2	1	2	1	2	1	2
35	4.9	7.5	7.8	11.9	3.1	4.9	4.2	7.4
50	7.8	15.1	11.5	21.6	5.8	10.5	7.3	13.4

8.5　结论

本章介绍了 SMP 长丝在压缩管理中的新应用。采用 SMPU 长丝开发了一种 SMP 织物。该织物可以通过外部加热改变其结构的内应力，可以控制或管理缠绕位置的压力，增加织物的温度和应变会刺激压力的增加。该 SMP 压缩系统在压缩管理方面具有若干优势。首先，它可以让护士有更多的自由来控制或重新调整压力，以便在需要时达到适当的压力。其次，与其他常规压缩产品相比，SMP 压缩系统的优势在于当压力降到目标水平以下时，可以重新调整压力水平，从而提供持续压缩。最后，它可以为患者提供更好的持续压缩治疗依从性。它可以在白天提供高压缩力，晚上提供低压缩力而不需要移除。未来的工作需要关注几个因素的影响，如不同的 SMP、硬段含量、SMP 在混纺纱中的比例等。

参考文献

［1］ Partsch H. Compression therapy in leg ulcers. Rev Vasc Med 2013;1(1):9-14.

［2］ Dennis M, et al. Effectiveness of thigh-length graduated compression stockings to reduce the risk of deep vein thrombosis after stroke (CLOTS trial 1): a multicentre, randomised controlled trial. Lancet 2009;373(9679):1958-65.

［3］ Partsch H. Compression therapy for deep vein thrombosis. Vasa Eur J Vasc Med 2014; 43(5):305-7.

［4］ Kumar B, Das A, Alagirusamy R. Study on interface pressure generated by a bandage using in vitro pressure measurement system. J Text Inst 2013;104(12):1374-83.

［5］ Farah RS, Davis MDP. Venous leg ulcerations: a treatment update. Curr Treat Options Cardiovasc Med 2010;12:101-16.

［6］ Kumar B, Das A, Alagirusamy R. Effect of material and structure of compression bandage on interface pressure variation over time. Phlebology 2013;29(6):376-85.

［7］ Hu JL, et al. Recent advances in shape-memory polymers: structure, mechanism, functionality, modeling and applications. Prog Polym Sci 2012;37(12):1720-63.

［8］ Xie T. Recent advances in polymer shape memory. Polymer 2011; 52(22):4985-5000.

［9］ Lendlein A, et al. Shape-memory polymers as a technology platform for biomedical applications. Expert Rev Med Devices 2010;7(3):357-79.

［10］ Sun L, et al. Stimulus-responsive shape memory materials: a review. Mater Des 2012;33: 577-640.

［11］ Leng JS, et al. Shape-memory polymers and their composites: stimulus methods and applications. Prog Mater Sci 2011;56(7):1077-135.

［12］ Meng H, Hu JL. A brief review of stimulus-active polymers responsive to thermal, light, magnetic, electric, and water/solvent stimuli. J Intell Mater Syst Struct 2010; 21(9):859-85.

［13］ Kumar B, Das A, Alagirusamy R. Analysis of factors governing dynamic stiffness index of medical compression bandages. Biorheology 2012;49(5e6):375-84.

[14] Kumar B, Das A, Alagirusamy R. Analysis of sub-bandage pressure of compression bandages during exercise. J Tissue Viability 2012;21(4):115-24.

[15] Reich-Schupke S, et al. Quality of life and patients' view of compression therapy. Int Angiol 2009;28(5):385-93.

[16] Evans CJ, et al. Prevalence of varicose veins and chronic venous insufficiency in men and women in the general population: Edinburgh vein Study. J Epidemiol Community Health 1999;53(3):149-53.

[17] Patel NP, Labropoulos N, Pappas PJ. Current management of venous ulceration. Plast Reconstr Surg 2006;117(7):254s-60s.

[18] Bergan JJ, et al. Mechanisms of disease: chronic venous disease. N Engl J Med 2006;355(5):488-98.

[19] Vicaretti M. Compression therapy for venous disease. Aust Prescr 2010;33(6):186-90.

[20] Kumar B, Das A, Alagirusamy R. Study of the effect of composition and construction of material on sub-bandage pressure during dynamic loading of a limb in vitro. Biorheology 2013;50(1-2):83-94.

[21] Das A, et al. Pressure profiling of compression bandages by a computerized instrument. Indian J Fibre Text Res 2012;37(2):114-9.

[22] Partsch H. Compression for the management of venous leg ulcers: which material do we have? Phlebology 2014;29:140-5.

[23] Hafner J, et al. Instruction of compression therapy by means of interface pressure measurement. Dermatol Surg 2000;26(5):481-6.

[24] Thomas S. The production and measurement of sub-bandage pressure: Laplace's Law revisited. J Wound Care 2014;23(5):234-46.

[25] Zarchi K, Jemec GBE. Delivery of compression therapy for venous leg ulcers. Jama Dermatol 2014;150(7):730-6.

[26] Kumar B, Das A, Alagirusamy R. An approach to examine dynamic behavior of medical compression bandage. J Text Inst 2013;104(5):521-9.

[27] Basford JR. The Law of Laplace and its relevance to contemporary medicine and rehabilitation. Arch Phys Med Rehabil 2002;83(8):1165-70.

[28] Kumar B, Das A, Alagirusamy R. Prediction of internal pressure profile of compressionbandages using stress relaxation parameters. Biorheology 2012;49(1):1-13.

[29] Mosti G, Partsch H. High compression pressure over the calf is more effective than graduated compression in enhancing venous pump function. Eur J Vasc Endovascular Surg 2012;44(3):332-6.

[30] Sue J. Compression hosiery in the prevention and treatment of venous leg ulcers. J Tissue Viability 2002;12(2):67-74.

[31] Mosti G, Picerni P, Partsch H. Compression stockings with moderate pressure are able to reduce chronic leg oedema. Phlebology 2012;27(6):289-96.

[32] Kumar B, Das A, Alagirusamy R. An approach to determine pressure profile generated by compression bandage using quasi-linear viscoelastic model. J Biomech Eng Trans Asme 2012;134(9).

[33] Ziaja D, et al. Compliance with compression stockings in patients with chronic venous disorders. Phlebology 2011;26(8):353-60.

[34] Mano JF. Stimuli-responsive polymeric systems for biomedical applications. Adv Eng Mater 2008;10(6):515-27.

[35] Meng QH, Hu JL. A review of shape memory polymer composites and blends. Compos Part A Appl Sci Manuf 2009;40(11):1661-72.

[36] Small W, et al. Biomedical applications of thermally activated shape memory polymers. J Mater Chem 2010;20(17):3356-66.

[37] Hu JL, Kumar B, Narayan HK. Stress memory polymers. J Polym Sci Part B Polym Phys 2015;53(13):893-8.

[38] Kagami Y, Gong JP, Osada Y. Shape memory behaviors of crosslinked copolymers containing stearyl acrylate. Macromol Rapid Commun 1996;17(8):539-43.

[39] Sakurai K, Kashiwagi T, Takahashi T. Crystal-structure of polynorbornene. J Appl Polym Sci 1993;47(5):937-40.

[40] Hu JL, Mondal S. Structural characterization and mass transfer properties of segmented polyurethane: influence of block length of hydrophilic segments. Polym Int 2005;54(5):764-71.

[41] Zhu Y, et al. Effect of cationic group content on shape memory effect in segmented polyurethane cationomer. J Appl Polym Sci 2007;103(1):545-56.

[42] Xie T, Rousseau IA. Facile tailoring of thermal transition temperatures of epoxy shape memory polymers. Polymer 2009;50(8):1852-6.

[43] Nair DP, et al. Photopolymerized thiol-ene systems as shape memory polymers. Polymer 2010;51(19):4383-9.

[44] Liu CD, et al. Chemically cross-linked polycyclooctene: synthesis, characterization, and shape memory behavior. Macromolecules 2002;35(27):9868-74.

[45] Li FK, et al. Shape memory effect of ethylene-vinyl acetate copolymers. J Appl Polym Sci 1999;71(7):1063-70.

[46] Sakurai K, et al. Shape-memorizable styrene-butadiene block copolymer. 1.

Thermal and mechanical behaviors and structural change with deformation. J Macromol Sci Phys 1997; 36(6):703-16.

[47] Meng Q, et al. Polycaprolactone-based shape memory segmented polyurethane fiber. J Appl Polym Sci 2007;106:2515-23.

[48] Koerner H, et al. Remotely actuated polymer nanocompositesdstress-recovery of carbon-nanotube-filled thermoplastic elastomers. Nat Mater 2004;3(2):115-20.

[49] Lendlein A, et al. Light-induced shape-memory polymers. Nature 2005;434 (7035): 879-82.

[50] Choi W, et al. Synthesis of graphene and its applications: a review. Crit Rev Solid State Mater Sci 2010;35(1):52-71.

[51] Kim H, Abdala AA, Macosko CW. Graphene/polymer nanocomposites. Macromolecules 2010;43(16):6515-30.

[52] Weigel T, Mohr R, Lendlein A. Investigation of parameters to achieve temperatures required to initiate the shape-memory effect of magnetic nanocomposites by inductive heating. Smart Mater Struct 2009;18(2).

[53] Chen SJ, Hu JL, Chen SG. Studies of the moisture-sensitive shape memory effect of pyridine-containing polyurethanes. Polym Int 2012;61(2):314-20.

[54] Mather PT, Luo XF, Rousseau IA. Shape memory polymer research. Annu Rev Mater Res 2009;39:445-71.

[55] Ahmad M, Luo J, Miraftab M. Feasibility study of polyurethane shape-memory polymer actuators for pressure bandage application. Sci Technol Adv Mater 2012;13 (1):015006.[56] Jani JM, et al. A review of shape memory alloy research, applications and opportunities. Mater Des 2014;56:1078-113.

[57] Moein H, Menon C. An active compression bandage based on shape memory alloys: a preliminary investigation. Biomed Eng Online 2014;13:135.

9 保健用可穿戴式身体传感器网络

Y. K. Kim, *H. Wang*, *M. S. Mahmud*
马萨诸塞大学达特茅斯分校，美国马萨诸塞州北达特茅斯

9.1 前言

　　"可穿戴计算"是指直接集成到服装和配饰中的电子系统，用于持续监控和方便访问，这是一种基于智能纺织品的可穿戴人体传感器网络（WBSN）。20世纪90年代早期，随着带有头戴式显示器的便携式计算机变得可行，出现了体戴式设备的理念。这些可穿戴设备可用作小型计算机，如手机、个人数字助理（PDA）或个人电脑。然而，在某些情况下，由于其生物反馈和生理信息跟踪的复杂功能，它的性能超过了所有这些手持设备。此外，这些无线计算机可用于远程通信系统，从而允许远程用户访问、通信和存储信息。这些功能可以在远程医疗、远程保健、远程教育、娱乐等领域发挥至关重要的作用[1]。

　　物联网时代（IoT）正在改变医疗保健服务和管理的性质。物联网由连接到互联网的微型传感器组成。物联网设备的第一阶段是硬件传感器平台，用于感知和转换电输出的机械测量。目前，越来越多的低成本和低功耗传感器推动了许多在以前难以想象的应用。一些基本的传感器包括运动、手势、大气、光、压力、声音、温度、位置等。保健传感器包括心电图（ECG）、脑电图（EEG）、肌电图（EMG）、光电容积脉搏波和心率变异性（HRV）。

　　医学研究所报告称，2010年美国医疗保健行业2.6万亿美元中的7500亿美元用于支付不必要的费用（图9.1）[2]。虽然许多利益相关者正在讨论医疗改革以及如何应对不断上升的成本，但物联网即无线医疗设备技术可以解决健康护理成本的相关问题。

　　医疗保健行业正在利用基于物联网的新医疗技术，这将大大改善护理水平并降低成本。使用无线技术的医疗设备急剧增长，通过植入式或者佩戴式来控制身体功能和测量一系列生理参数。例如，植入带有生物传感器和执行器的设备可以控制心律、监测高血压、提供神经的功能性电刺激、作为青光眼传感器以及监测膀胱和颅压[3]。基于电子纺织品（E-Tex）的无创健康监测WBSNs将是预防医学、早期诊断和慢性疾病及时治疗所需的最佳选择[4]。WBSNs是可穿戴生物医学传感

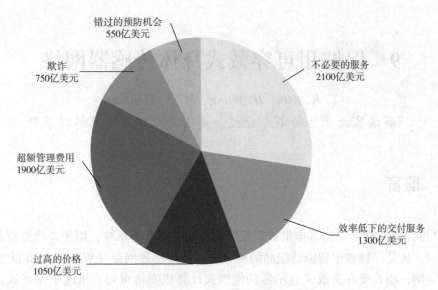

图 9.1 物联网（IoT）可能会影响许多不必要的成本

器和系统的子集，其定义为"生物医学（包括生物）可穿戴传感器/执行器和基于传感器的通信系统，可监测和/或刺激、和/或治疗、和/或替代人类生理和物理的人体功能"[5]。WBSN 设备监测生命体征，协助假肢运动，并作为微型"基站"收集和传输各种生理参数。在不久的将来，嵌入在药片中的微型转发器将使医生能够跟踪和监测药物使用情况[6]。

基于 WBSN 的医疗保健服务系统需要在生物学、生理学、物理、化学、微/纳米技术、材料科学、工业部门（如医疗器械、电子、微芯片、智能纺织品、电信和相关工程学科）进行多学科研究和开发。因此，生物医学传感器和执行器技术、微电子和纳米电子设备、智能纺织品和先进无线网络技术之间需要密切的跨学科合作，通过设备与人体之间易于使用的可穿戴接口提供个性化的医疗保健和无创健康监测。此外，所有经济发达国家都在经历社会变革，如人口老龄化、残疾人士的进一步融合和慢性病增加。这些变化都将加速 WBSNs 的进一步发展和市场增长。

嵌入式人体传感器网络（BSN）系统可以提供医疗保健服务，如生理信号监测和动态通信。这个 WBSN 应用程序正在迅速增长。目前，配备多种身体传感器的无创 WBSN 被用于随时随地收集和传达佩戴者的健康状况，如 Sotera 的 Visi Mobile™所示（图 9.2）。

从传感器收集的信息可供医务室和医生用于早期诊断和/或早期干预。然而，随着传统身体传感器数量的增加，由于其尺寸和重量，用户可能会感到不舒服。一个潜在的但非常重要的解决方案是将越来越多的传感器与智能纺织结构或 E-Tex

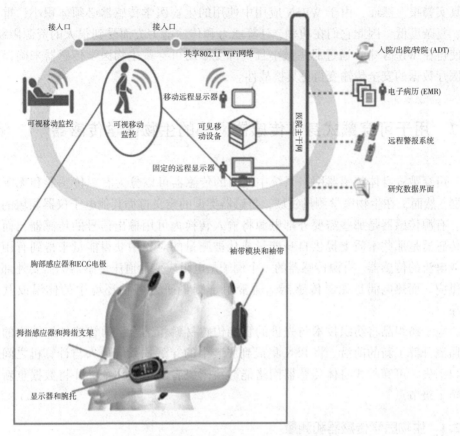

图 9.2　Visi Mobile™无线生命体征监测系统
(http：//www.visimobile.com/visi-product-info/technical/)

集成在一起，而不牺牲用户的舒适性和意识[7]。然而，这种集成需要在生物传感器/执行器和传感器网络的设计上做出巨大的改变。首先，必须最小化身体传感器/执行器的尺寸，这就需要将所有硬件组件小型化[8-9]。其中，特别是无线传输天线和电源电池的尺寸需要缩小。其次，传感器网络应能适应人体传感器之间以及从传感器到接收器节点（如计算机、PDA、智能手机、平板电脑等）之间相对较短距离的通信。最后，必须发展节能的人体传感器网络技术。例如，如何在满足人体传感器网络需求的同时降低能耗是关键因素。此外需要特别注意的是，可穿戴式人体传感器网络的安全性和隐私性仍然是一个主要问题。人体传感器网络的许多应用都是至关重要的。从身体传感器收集的信息必须是安全的，而且用户的隐私也应该受到保护。在人体传感器网络中，必须保护传感器节点之间敏感医疗数据的完整性和保密性，防止无线传输数据包的修改或其他恶意攻击。其他类似的攻击包括导致错误诊断和治疗的健康数据，以及在紧急情况下伪造警报或抑制真实警报。然而，由于 WBSN 应用中使用的生物医学传感器必须体积小、重量轻、复杂度低，因此它们在功率、计算能力和传输能力方面受到很大的资源限制。这使得在 WBSN 中，通过那些微小且资源受限的可穿戴生物医学传感器来确保敏感医疗数据的安全传输变得更具挑战性。

9.2 用于可穿戴式身体传感器网络的生物医学传感器

可穿戴式身体传感器网络系统中使用的传感器可以分为有源传感器和无源传感器。然而，在生物医学测量领域，传感器类型的定义遵循其他电子仪器领域的惯例：有源传感器是那些需要外部电源将输入转换为可用输出信号的传感器，而无源传感器是那些本质上提供自身能量或从被测量的对象中获得能量来得到有用电势或电流的传感器。有源传感器的一个例子是电阻应变计血压传感器，需要外部电压供应。而热电偶是无源传感器，通常用于测量研究各种环境中的体温或其他现象。

电子纺织品将纺织技术与先进的智能传感材料相结合，为智能纺织结构的健康监测开辟了新的前沿。将 BSN 集成到服装中的穿戴式系统使人与计算机之间的接口消失。可穿戴式身体传感器网络能够检测患者的生命体征，并将数据重新传输至下级节点。

9.2.1 生物医学传感器和测量

传感器是所有传感器网络的基本组成部分，其质量在很大程度上取决于信号调节和处理、微电子机械系统和纳米技术的行业进展。传感器分为：生理传感器、生物动力传感器和环境传感器三类。

生理传感器测量生理生命体征，如血压、心率、连续血糖监测、核心体温、血氧和呼吸频率。生理生命体征是 WBSN 为了评估患者最基本的身体功能而获取的各种生理统计学指标。通常记录的生命体征包括体温、心率、血压和呼吸频率，但也可能包括其他指标，如姿势和运动、脉搏血氧饱和度和心电图。对于压力、流量、温度等生物医学测量，工业上采用了各种传感器，以满足常用的医疗测量特性，如表 9.1 所示。

只有少数生物医学信号如体温是恒定的或变化非常缓慢。这些生物传感器转换的生物信号是时间的函数，即生物信号本质上是动态的而非静态的。因此，必须从动态仪器特性的角度考虑生物测量系统与传感器的关系。仪器由一个线性微分方程描述，该方程将时域内的输出信号与输入信号联系起来。

生物动力学传感器测量来自人体运动的加速度和角速度。对于某些动态检测，传感器基于应变仪、加速度计和全球定位系统（GPS）。环境传感器测量环境现象，如湿度、光线、声压水平和温度。

表 9.1　生物医学测量特征[10-11]

测量	参数范围	频率（Hz）	传感器或方法
血流量	1~300mL/s	0~20	流量计
血压	0~400mmHg	0~50	应变计或袖口
心电图	0.5~5mV	0.05~150	皮肤电极
脑电图	5~300μV	0.5~150	头皮电极
肌电图	0.1~5mV	0~10,000	针电极
pH	3~13	0~1	pH 电极
呼吸频率	2~50 次/min	0~10	阻抗，光纤
温度	32~40℃	0~0.1	热敏电阻，热电偶

　　然而，WBSN 传感器的数量有限且多种多样，还需要特定的位置设计以增强可穿戴性。实际上，无效的放置或无意的移动会产生运动伪影，这会显著降低捕获数据的质量。这样的要求需要传感器最小化和检测放置错误的策略，例如更好地安装与节点上的信号分类相结合。商用传感器具有广泛的电源要求、校准参数、输出接口和数据速率。为了满足传感需求，WBSN 节点可能需要一种特定的应用程序，以便最大限度地减少设计空间，提高效率，并在单个应用程序上分摊成本[12]。

　　主要用于生物医学测量的生理传感器有表面电极、压力传感器、热敏电阻和光电二极管。表面电极是一种将体内的离子流转换为电流的传感器[13]。将医用表面电极与受试者皮肤接触，监测组织和器官产生的生物电位。起源于大脑电活动的生物电位称为脑电图。肌肉动作电位产生的生物电位可以用皮肤电极记录下来，被称为肌电图。心电图是用银/氯化银皮肤电极记录心脏窦房结产生的心脏动作电位。血液循环受到心室电激活的一连串事件的影响。这个激活序列产生了在胸腔内流动的闭合的离子电流。对于心电图测量，将两个皮肤电极（称为导线）放置在身体的指定位置，以转换两个电极位置之间的电位差。目前使用的 Ag/AgCl 电极涂有凝胶以减少皮肤阻抗，这会对受试者造成皮肤刺激或不舒服的感觉。因此，基于 E-Tex 的 WBSN 需要非接触式纺织心电电极。近年来，对电容耦合 ECG 系统进行了大量研究，以满足非接触式医疗传感器的需求。然而，大多数研究并未解决所获取信号的实时处理问题，并且在软件端对信号进行了过滤和放大，这导致数据处理的时间延迟。此外，电容电极的全电位在人体传感器网络中有着更广泛的应用。在电容传感中，衣服被用作人体和高阻抗传感器之间的绝缘层。为了方便，电容电极可以很容易地集成到衣服、椅子、床或者任何其他家庭环境中。

压力和位移传感器是用来测量身体器官和组织的大小、形状和位置的。常见的位移传感器类型是基于电阻、电感、电容和压电的变化。电阻式位移传感器是电位计和应变计。为了直接测量血压，可以使用安装在带有惠斯通电桥接口电路的膜片上的线应变计。桥式电路用来检测应变或力。它们可以配置在半桥或全桥电路中，并分别给出电压输出 $V_0 = -V_{EX}$ （GF/2） ε 和 $V_0 = -V_{EX}$ （GF） ε。这里 ε = 应变，V_{EX} = 桥励磁电压。量表因子定义为 GF = （$\Delta R/R$）/$\Delta L/L$ = （$\Delta R/R$）/ε。

用于位移测量的电感式传感器基于线圈的电感，$L = n^2 G\mu$，其中 n = 线圈匝数，G = 形状因子，μ = 介质的有效磁导率。这三个参数都可以通过机械位移来改变。与应变计相比，线性可变差动变压器电感传感器在大位移范围内具有良好的线性度、高分辨率和更好的灵敏度[11]。

电容传感器可用于检测两个平行金属板之间电容引起的位移，$C = \varepsilon_0 \varepsilon_r A/x$，其中 ε_0 = 自由空间的介电常数，ε_r = 介质的相对介电常数。位移可以通过改变这三个参数来测量。电容扩音器就是一个很好的例子，它对声压引起的位移做出响应。压电传感器用于测量生理位移和记录心音。这些传感器由压电陶瓷和压电聚合物制成。对于柔性可穿戴传感器，需要纤维或薄膜形式的聚合物压电材料 [如聚偏氟乙烯 （PVDF）]。

为了监测患者的体温，通常使用热电偶和热敏电阻。热电偶是基于跨越两种不同金属的连接点的塞贝克 （Seebeck） 电动势 （emf）。典型的经验校准数据可以通过曲线回归方程拟合：$E = a_1 T + a_2 T^2 + \cdots$，其中 E 是以 mV 为单位塞贝克 （Seebeck） 电动势，T 以℃为单位，并且参考端温度维持在 0℃。热敏电阻是陶瓷半导体，是具有高负温度系数的热电阻。在生物医学应用中，热敏电阻的电阻率为 $0.1 \sim 100\Omega$[11]。核心体温测量采用辐射测温仪，通过测量鼓膜及周围耳道发出的红外辐射来测定体内体温。与口腔或直肠温度测量相比，耳红外测温法具有响应时间短 （0.1s） 和准确度高 （约 0.1℃） 等临床优势[11-12]。光电二极管是光传感器，在生物医学仪器中，发光二极管 （LED） 被作为廉价的光源。脉搏血氧饱和度测定法就是一个很好的例子。

生物测量系统由生物传感器、放大器/检测器、模拟信号调节器、模数转换器、数字信号处理器、显示和数据存储等组成。测量数据可以通过蓝牙、ZigBee 和 WiFi 传输到医生办公室或医院的数据服务器，以便进一步分析和干预。应用专用集成电路 （ASIC） 和现场可编程门阵列 （FPGA） 的最新研究，不仅将所有这些功能部件整合成一个微型节能芯片中，而且还将微控制器和无线电系统集成在一起。通过 ASIC 和 FPGA 连接的可穿戴式人体传感器网络，可以在 E-Tex 平台上对无创医疗监护系统进行有效重构。

9.2.2　生物传感器纺织品和电子纺织品

嵌入 WBSN 的生物医学传感器可能需要进行修改以适应用户的舒适度和可靠性。此外，集成的织物传感器尺寸小、灵活，适用于 E-Tex 连接。

为了监测心脏健康，已经实施了几种将心脏传感器集成到 E-Tex 中的举措。"智能衬衫"可穿戴主板[14]、可穿戴健康体系[15]和救生衣[16]是这些措施的一些成果。所有这些 WBSN E-Tex 产品都配有心电图和呼吸传感器。这些智能衬衫是基于几种纺织传感器技术，以获取心电图信号，而不是传统的 Ag/AgCl 湿电极。柔性纺织电极由通过机织或针织形成贴片的金属导电纤维或有机导电聚合物或电活性聚合物（EAP）制成。导电纱线由不锈钢（SS）丝与纺织纱线包覆或缠绕而成，或由 SS 丝与普通纺织纱线并列而成。然后将导电纱通过针织或机织制成不接触式的干纺织电极，将其集成到 WBSN 服装中。

基于导电聚合物的 ECG 电极可以通过复合薄膜条或通过数字印刷或其他涂覆方法在织物上直接沉积导电聚合物油墨来获得。帕特拉（Patra）等已经成功地将有机导体聚-3,4-亚乙二氧基噻吩应变传感器和银连接线印刷到织物上[17]。印刷导线部分嵌入织物中，部分嵌入表面，嵌入组件提供持久感觉检测。初步分析表明，这些生物传感器可以有效地用于监测身体运动，如呼吸。这种类型的压阻式传感器模式在柔性织物基板上可以形成一个微型呼吸传感器阵列，用于可穿戴的健康监测系统。此外，使用相同的技术，可以打印原位电容阵列，以形成非接触式心电传感器。

呼吸频率通过测量胸部扩张或皮肤阻抗变化的技术来测量。对于前一种技术，大多数系统都使用由压阻材料和纺织结构组合而成的应变计，Hertleer 等报道了一种由氨纶和 SS 纱线针织而成的织物传感器[18]。对于后一种技术，在胸部放置无创皮肤电极，在呼吸周期中可以检测到阻抗的变化。

人体温度可以通过在导电织物结构中嵌入热电偶或热敏电阻来监测。塑料光纤（POF）环路对温度敏感，用于检测 0.3℃ 分辨率的体温[19]。与热电偶和热敏电阻相比，光学传感器不受外部电磁干扰的影响，信噪比非常高。POF 传感器也易于集成到智能纺织结构中[20]。

脉冲血氧测定法可与编织或刺绣的 POF 织物结构（例如用于 LED/光电二极管传感器的手套或贴片）以及微控制器连接集成到可穿戴结构中。血氧饱和度（SaO_2）数据可以与 WBSN 连接并传输到医生办公室的数据接收器，以便进一步分析和及时干预。表 9.2 总结了上述基于 E-Tex 的 WBSN 纺织生物传感器。这些纺织传感器非常灵活，可为 E-Tex 和人体传感器网络的集成提供良好的连接。

表 9.2　用于 WBSN 的柔性纺织品生物传感器

生物信号	传感器类型	纺织品生物传感器
心电图（ECG）	表面电极	机织/针织金属电极
肌电图	表面电极	机织/针织金属电极
呼吸	压阻式电极	电活性聚合物（EAP）纤维
血液氧合	LED/光电二极管	机织/针织塑料光纤
皮肤温度	热敏电阻	POF 或 EAP 纺织品
皮肤电阻抗	表面电极	机织/针织金属电极
心音	压电麦克风	聚偏氟乙烯薄膜或机织贴片

9.3　可穿戴式人体传感器网络和无线数据采集

将可穿戴式人体传感器集成到诸如智能服装之类的纺织品中，可以让用户更舒适地使用长期的无创监测系统。传感器可以嵌入衣服中，使得传感器的部署更加灵活。然而，设计这样的系统存在重大挑战。首先，管理不同位置的大量传感器并不是一件轻而易举的事，这些传感器将通过与皮肤的可变接触产生大量数据，并且由于身体运动和信号干扰，这些数据可能不稳定和不准确。其次，为了给用户提供舒适感，必须尽量减小传感器的尺寸。基于可穿戴式人体传感器网络的监控系统优于传统的监控系统，例如，传感器放置位置更合理和传感器更多，也使用户更舒适。由于传感器集成在织物结构中，因此它们可以以不引人注目的方式收集生理信号。另外，收集的生理信号必须可供用户和医疗专业人员使用，以便在需要时提供反馈和帮助。从技术角度来看，为了可靠地接收准确的数据，还应该提高信号质量。WBSN 将成为未来无处不在的医疗保健系统的基础设施平台。系统必须能够可靠地将数据传送到数据中心以进行进一步处理。目前，可穿戴式人体传感器网络技术仍处于初级阶段，受到广泛的研究关注。这项技术一旦被接受和采用，有望成为医疗保健领域的一项突破性发明，从而使远程医疗和 M-Health 等概念成为现实。然而，在 WBSN 广泛应用于人类健康监测之前，必须回答一个关键问题：无线个人区域网络（WBAN）提供的健康和医疗信息是否可信？这主要是由于资源受限的医疗传感器节点在运行和通信中缺乏安全性。为了回答这个问题，必须满足无线医疗数据在 WBAN 上传输的安全性、真实性和数据完整性。真实性是保证接收者接收到的信息来自可信来源，一名患者的数据只能从该患者专用的 WBAN 系统中检测和获得，不应与其他患者的数据混合。

9.3.1   网络架构

一个典型的可穿戴式人体传感器网络由多种类型的生物医学传感器和网关（如智能手机或其他移动设备）组成，这些传感器和网关可以集合传感器的数据并将其传输到远程控制服务器或云。特别是对于基于纺织材料的可穿戴传感器，传感器可能具有有限的无线通信能力，因此数据路由和集合是必要的。为了适应网络结构，必须设计一种节能通信协议来支持可穿戴传感器之间以及传感器与网关之间的数据传输。

如图9.3所示，所有基于织物的传感器将通过织物数据总线和电网通过 WiFi 或 3G/4G 无线网络连接到手机。从这些纺织传感器收集的数据最终将被传送到远程服务器。在之前的研究[21]中，开发了一种安全的、资源感知的 BSN 体系结构，以实现实时医疗保健监测，特别是针对安全无线心电数据流平台和监控系统设计了一种通信协议。利用现有的小型、低功耗无线三导联心电图传感器对系统进行了测试，并利用图形用户界面软件实现了可靠的信号传输。IEEE 802.15 的 TG6（BSN）的最新形成激发了人们对无线技术在生物医学应用中的极大兴趣。尽管这些基于纺织品的传感器被放置在人体上或隐藏在用户的衣服中，但将通用的人体传感器网络应用于人体健康监测将是一项挑战，

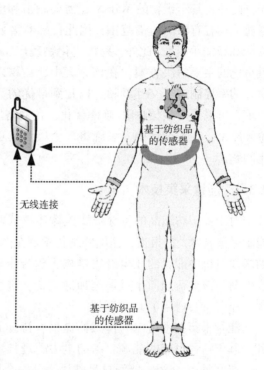

图9.3   典型的可穿戴式人体传感器网络架构

需要考虑能源效率和实时性能。因此，必须设计出能使可穿戴传感器网络既可靠又有效的信道模型和高效协议。未来的重要工作包括开发和评估改进的信道模型，这些模型将为捕获信号衰弱和链路可靠性提供坚实的基础：更高效的天线、更真实的设备部署指南以及物理层更有效的淡入淡出缓解策略。

9.3.2   能耗最小化技术

在基于可穿戴纺织品的无线人体传感器网络中，小尺寸传感器通常由电池供

电。因此，研究这些传感器的能耗最小化技术至关重要。在能耗最小化技术领域已经进行了大量研究。在人体传感器网络中，无线信道随时间变化并且显著影响每次跳跃的能量消耗。在不考虑通信信道质量的情况下，能量效率总是次优的。在基于纺织品的传感器网络的功率优化中，信道条件的确定和时延的研究是非常关键的。虽然已经对基于传感器网络的电源管理进行了一些研究，但它们仅限于占空比优化。对于能量优化，物理层（PHY）、介质访问控制（MAC）和路由层协议必须基于可用的可持续电源一起设计。为了获得整体性能，需要对物理层参数的值进行优化，例如误码率、MAC/链路层的睡眠/唤醒调度以及网络层的路由选择。此外，基于织物的 WBSN 还需要路由和电源管理技术。例如，由于小型传感器通常具有有限的通信范围，因此传感器需要使用多跳路由技术将数据传输到网关（如智能手机）。此外，跨层优化物理层、睡眠/唤醒调度和路由设计将是能耗最小化的主要解决方案。在该方案中，在物理层，基于无线信道条件，对传输速率和功率控制进行交互调整，以找到最优的数据传输策略。根据剩余能量和应用要求，可以进行最佳睡眠/唤醒优化。在网络层，应该基于底层服务开发一个延迟感知路由。在本设计中，系统将多个层及其功能耦合起来，从而形成一个跨层优化问题。

9.3.3 能量采集技术

对于基于纺织品的可穿戴式人体传感器网络，可以采用太阳能和压电纤维等能量采集技术。据报道，压电纤维传感器在产生电能方面效率高、性能稳定。当在纳米发电机中配置的压电纤维结构受到身体运动的机械应力时，其附着的电极接收电荷，该电荷倾向于抵消施加的应变。这种电荷可以被收集、存储并传送到电源电路（如传感器）或处理器。

能量采集技术可以为传感器提供可持续的能源，以执行许多应用中的特定任务。基于这些可能的能源，新的电力管理技术将与传统的 WBSN 技术有很大的不同。有文献[22]介绍，能源自足被认为是一个更好的理想设计目标，而不是最小化总能耗。在能量自足模式下，传感器节点消耗的能量与收获的能量相同，持续但峰值受限。Vigorito 等改进了他们的工作，提出了一个没有能源建模要求的占空比优化[23]。即优化传感器网络中的占空比以节省能量而不破坏能量自足规则。然而，这项研究忽略了优化中的两个重要因素。一个是延迟要求，这在基于事件的传感器网络中至关重要。另一个是能量问题。近年来，研究者们已经广泛研究了各种应用的能量感知任务协议。然而，这些提议的方法仅基于现有的电池水平，并且忽略了可以补充电池供应的能量收集的潜力。虽然最近的其他研究已经探索将能量收集技术整合到无线传感器网络中[24-25]，但这项研究只是利用收集系统提供的额外能量来提高寿命和性能。文献［25］中的两项研究将收集的能量信息纳入任务算法，以提高性能和寿命。此外，文献［25］中的研究引入并解释了"能量自足"的概念，其概括地说明了每个传感器在很长一段时间内消耗的能量小于或等于从环境中获取的能量。这些方案通过自适应控制 MAC 协议层的占空比来确定能量自足。然而，它们不仅提供了有效利用收集能量的启发式技术，其他关键因素如延迟和信道条件也未被忽略。显然，能源收集硬件为消除能源可持续性限制提供了希望。当传感器节点上的收集传感器连续采集瞬时可用电源时，传统的电池限制将不存在。

传统的以能效为目标的优化设计由于具有能量收集功能而处于次优状态。然而，现有的基于不可再生能源的能量感知技术在下一代能量采集可穿戴式人体传感器网络中可能无法有效工作。如果网络协议设计不包含能量自足性，则无法获得最佳的能量效率。目前还缺少一种充分利用采集能量来提高传感器网络性能的跨层框架。迫切需要为下一代通信 WBSN 系统开发高效的电力利用技术。这项工作可分为两个方面：一是需要开发一个包含路由、睡眠/唤醒控制的跨层框架，以达到最佳的能效；二是在传感器唤醒优化中，需要考虑时延约束和信道条件因素，以保证无线传感器网络的严格实时性。

9.3.4　可穿戴式人体传感器网络的安全设计

WBAN 中的可穿戴式医疗传感器资源严重受限。此外，这些传感器应允许远程存储和访问外部处理和分析工具。由于医疗传感器的这些特殊功能，尽管在过去几年中已经进行了许多项目，如 CodeBlue，MobiHealth 和 iSIM，但安全性仍然是 WBAN 的主要关注点。在文献［26］中提出了一种系统框架，以向用户提供实时反馈，并将用户的信息传递给远程医疗服务器。在文献［27］中，开发了一个名为 UbiMon 的系统，旨在开发一种智能且价格合理的医疗保健系统。麻省理工学院媒体实验室开发的 MIThril 旨在提供对人机界面的全面了解[28]。麻省理工学院实验室研究了接口、可穿戴计算机和设备[29]。在文献［30］中为宇航员开发了一种名为"救生员"（LifeGuard）的可穿戴生理监测系统。IEEE 组织诸如 802. 15. 6[31] 和 1073[32] 等正致力于为医疗和非医疗应用提供低功率体内和体外无线通信的解决方案和标准。

发展可穿戴式人体传感器网络对于现代远程医疗和移动健康（M-Health）来说势在必行。然而，安全仍然是一个尚待解决的问题。特别是，必须以低计算复杂度和高功率效率实现可穿戴式人体传感器的安全系统。由于期望基于纺织品的人体传感器网络的节点在人体上或人体内相互连接，因此人体本身可以形成其他身体无法获得的固有的安全通信路径。放置在同一人体的不同身体部位的多个人体传感器共享一个安全的循环媒体或信任区域，即人体，其在任何其他类型的网络中不可用。从这些受信任区域收集的生物特征信息可以唯一地表示个体并且明确地区分其他个体，这为可穿戴人体传感器网络中的基于生物特征识别的实体认证奠定了基础。使用这些生物识别值可提供强大的安全性和数据完整性，同时消除了昂贵的密钥分发。它可以替代基于公钥基础设施的认证，这在资源受限的WBSN中公钥基础设施身份验证的计算和能耗都非常昂贵。重点是人体传感器网络中的传感器如何利用生物特征认证并区分它们是否属于同一个人。由于人体内固有的安全流通介质自然形成了一个通信信任区，因此可以保护来自同一个人的数据包的完整性。

有关使用生物特征信息的 WBAN 安全通信的文献报道不多。Venkatasubramanian 等概述了普适医疗保健系统中的安全解决方案，利用生物医学信息保护医疗传感器收集的数据，并控制对普适医疗保健系统管理的健康信息的访问。Cherukuri 等提出了一种基于生物特征的密钥分发方案，以保证传感器之间在同一人体上的通信安全。利用人体生物医学特性在不同位置同时记录，通过纠错码生成伪随机数，并用该伪随机数对对称密钥进行加密、解密和安全分发。他们认为，传统的公钥密码（即非对称密码系统）涉及大量的求幂运算，这使得它比私钥密码的价格要高出一个数量级，不适合于资源受限的医疗传感器。Poon 等在此基础上提出了一种类似于 WBAN 中对称密码系统的密钥交换方案，使用基于脉冲间隔（IPI）信号模式作为生物特征。密钥是在发送方使用自己的本地 IPI 信号提交的，同时接收端记录的 IPI 信号取消提交。在一篇文献[33]中指出，由于不同身体位置的 IPI 信号略有变化，采用模糊密钥承诺方案来纠正恢复的加密密钥中的错误，已提交的密钥用于进一步加密。在另外两篇文献[34-35]中发现了关于 WBAN 生物特征安全性的其他类似研究，其中将诸如 IPI 和心率变异性等生物特征信号编码成 128 位序列，并通过汉明距离测量差异。

然而，上述研究都集中在密钥分发问题上，而生物识别认证，即如何在保持生物特征信息唯一性的同时，将有效载荷与生物特征信息合并，这一问题尚未得到解决。此外，上述所有基于生物特征的密钥交换方案都需要关键的时间同步，因为它们需要在同一人体的不同位置同时记录生物特征信息，这在资源有限的可穿戴式人体传感器网络中会产生相当大的额外通信开销。此外，其中一个生物特征可能不是唯一的，意外故障措施（如硬件或软件故障）可能会使传统的基于生物特征的安全系统发生故障。

可穿戴式人体传感器网络的未来工作将从以下三方面展开：①提供准确、低成本的基于生物特征识别的多模型选择方法，以选择最佳的生物特征和数据的认证模式；②制订一个密钥协商方案，该方案使用收集到的多个动态生物特征作为密钥，并在通信伙伴之间共享，以降低通信和计算成本；③在低成本密钥协商方案下，针对人体传感器网络开发一种基于生物特征的认证系统。

将来需要开发基于多生物特征的认知方法来选择最佳分类模型和生物特征，

以进行准确和低成本的生物特征数据认证。基于生物识别的认证系统应该能够通过人体传感器网络保护数据通信信道。它主要有两部分组成：①基于认知多模型生物识别的认证方法，使用一组从生命体征中提取的生物特征统计数据；②支持低成本和安全通信的模型选择标准。Wang 等[36]的研究表明，GMM/HMM（高斯混合模型/隐马尔可夫模型）方法可能是建立生物特征信息统计特征（如心电图特征）以确保数据传输的潜在候选方法。然而，多模选择策略是一种更合理的实时数据建模方法，该策略可以促进实时场景下一组潜在候选模型的比较有效性分析。此外，它还可能导致潜在的校准或新模型的开发。使用生物特征信号（例如，IPI、PR 间隔，BP 和 ST 段）将是确保 WBAN 内传感器间通信安全的潜在解决方案。安全设计不应局限于这些生物特征信号。在所提出的框架中，可以考虑从人体测量到的任何独特的生物特征信号，前提是这些生物特征信号可以以较低的复杂性加以利用。

如图 9.4 所示，设计了一种多模选择方法来选择认证的最合适模型。模型选择的标准包括准确度和低成本。基于多个特征（如 IPI、PR、BP 和 ST），PIs 建议对多个模型进行评估，并选择适当的模型，以实现低成本、高精度的数据认证。对于每个类 C_i，存在一组 L_i 候选模型 $\{M_{il}: l= 1, \cdots, L_i\}$，每个模型 M_{il} 被视为模型结构 T_{il}（或拓扑）的结合和模型 θ_{il} 的参数。此外，对于每个类 C_i，假设代表性数据集 X_i。模型选择是选择单个拓扑 T_{il} 作为类 C_i 的唯一代表。这是通过设计选择标准来实现的，使得对于每个类 C_i，如果 $T_{il} = \text{argmax}C(T_{i,k})$，则选择 T_{il}。贝叶斯（Bayesin）模型选择中的常见做法是忽略先验结构 $P(T_{il})$，并使用证据 $P(X_i \mid T_{il})$ 作为模型选择的标准。模型选择的标准是以较低的错误分类率和时间成本实现最佳模型拟合。经典的模型选择标准是评估模型的适合性，而不是它产生低分类错误率的能力。对于模式识别，文献中典型的分类模型选择准则包括阿卡克

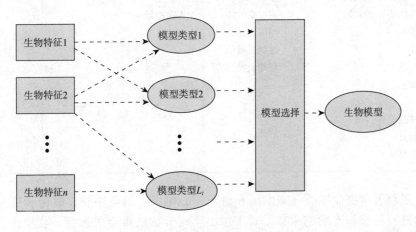

图 9.4 通过模型选择进行安全设计

(Arkaike) 信息准则（AIC，越小越好）、贝叶斯信息准则（BIC，越小越好）和调整后的 BIC（越小越好）。Bouchard 和 Celeux 最近提出了贝叶斯熵准则（BEC，越小越好），它考虑了模型拟合和分类率。结果表明，BEC 不仅是昂贵的交叉验证错误率的替代方案，也优于 AIC 和 BIC。虽然我们假设 BEC 提供了更可靠的模型选择结果，但这四个标准可以保守地用于模型选择。

9.4　无线生物医学计算和应用

纺织品不仅能保护或遮盖皮肤，还能体现出穿着者的自我表达、品位和个性，也可以展示社会经济地位和文化水平。在现代时尚界，纺织品因其美观和美感而备受青睐。可穿戴设备的最新进展已将纺织材料的功能扩展到了"智能纺织品"。现在，根据执行器的位置，智能纺织品可分为主动式和被动式。如果执行器嵌入纺织品中，则为主动式；否则，为被动式。智能纺织品在我们的日常生活中发挥着关键作用，包括健康监测、个人追踪、军事用途、教育、家用电器、交通、游戏、娱乐和音乐等领域。表 9.3 显示了智能纺织品在各个领域的应用。

表 9.3　智能纺织品的应用

健康监测	电子和计算机	健身跟踪器	军事	工业	餐饮
血压	计算机和电视屏幕	个人跟踪器	手持终端	手持设备	温度控制
补缀	游戏	活动监测	平视显示器	智能服装	无菌冰箱
心率监测	计算机硬件	卡路里计数器	智能服装	手指跟踪	卡路里计数器
心电图监测	太阳能电池	姿态跟踪	智能玻璃	基于手势的设备	
助听器	运动监测器	主动行走	远程医生		
视觉辅助工具	游戏机	耐应变织物	个人跟踪器		
远程送药		睡眠传感器			
紧急救援		智能玻璃			
空气过滤器		智能织物			
治疗装置					
抗生素					
胰岛素注射					
葡萄糖检查					
睡眠呼吸暂停					

通过对患者生命体征（如血压和血流、心电图、脑电图和血氧饱和度）的无线通信进行可靠和连续的采集，对于做出实时分诊决策至关重要。收集生命体征的多种传感器无线连接到中央控制节点（如智能手机和 PDA）。在特定时间，多个

生命体征（生物特征）的组合对每个患者都是独一无二的。这些特征是临床医生了解患者健康状况的重要指标。

这些特征是相关的，如果任何参数丢失或出现异常，其余的可以提供信息。随着时间的推移和对不同情况的反应，这些特征的急性变化为临床医生提供了重要参照，以了解在特定时间及随着时间的推移个体患者发生了什么，从而使这些患者能够得到更深入的监测，并且可以改变他们的生活方式或药物治疗方案。无处不在的通信、无线生物医学计算和可穿戴传感的集成将使许多无线生物医学应用成为可能。部署在大量人群中的传感器所产生的数据可能非常庞大，并会对数据处理、存储和传输提出重大挑战。这个问题也可以定义为大数据问题。将新兴的大数据技术应用于传统的生物医学计算应用，可以为未来的无线健康服务打开新的前景。

9.4.1 无线生物医学计算

从可穿戴传感器收集生物医学数据涉及处理数据，如传感器/网关中的压缩和网关或远程服务器中的数据融合。只要传感器的计算能力足以进行压缩，就可以应用许多可用的数据压缩技术。对于大多数可穿戴传感器来说，将数据处理任务卸载到网关可能是一个很好的策略。然而，在通信开销和计算复杂性之间存在着权衡。在可穿戴传感器网络的网关处，可以应用数据融合等智能数据处理技术。例如，在某些情况下，可能存在生物医学传感器的冗余部署。冗余数据可以使用不同的编码技术进行编码，也可以不传输到远程服务器。另外，可穿戴式人体传感器网络的网关可以根据采集到的数据做出一些智能决策。例如，在健康监控报警系统的应用中，网关可以应用一些数据挖掘技术来确定被监控者的健康状态是正常的还是异常的。如果正常，可能不需要将收集的健康数据报告给远程服务器。此外，现有的数据挖掘、模糊建模和数据融合等智能技术也可以用于提高可穿戴式无线人体传感器网络的自配置和管理能力。

此外，在许多生物医学应用中，将 WBSN 与智能手机相结合是一种新的技术趋势。智能手机本身有多种传感器，如 GPS、加速度计、陀螺仪、磁强计、麦克风和接近传感器，它可以支持许多生物医学计算应用程序，比如察觉某个人状态低落以及通过电话应用程序给出健康建议。生物医学人体传感器和智能手机的集成可以在未来支持众多的移动生物医学应用。

此外，将收集到数据的计算任务转移到云端，正成为未来无线生物医学计算的一个重要研究方向。云可以提供无限的存储和计算能力。有几个与云支持的WBSN 相关的挑战性问题如下：首先，要满足可穿戴式人体传感器网络与云端之间的服务质量（QoS）要求，QoS 涉及通信、计算和云服务器响应；其次，用户和云服务器之间应保持安全和隐私，监控数据是私有数据，不应向未经授权的用户披露，此外，受监控的人员应该能够控制从人体传感器访问他们的个人健康数据；最后，应在云端实现有效的决策支持算法，以帮助医务人员做出适当的治疗决策。

9.4.2 生物医学应用

基于定位和导航的应用一直是许多传感器网络的基本要求。智能纺织品可以实现对生理信息的持续、长期监测。商用设备可长期监测心率、心电图、氧气、呼吸和体温（图 9.2）。许多应用都是基于织物传感器开发的，例如坠落检测、心率变异性和脉搏率[37]。织物传感器还可用于无线健康监测和测量用户的健康状况。在医学领域，可穿戴式传感器取得了比其他领域更大的成功[38]。例如，织物传感器可用于远程胰岛素水平监测。对于糖尿病患者，当胰岛素水平低于临界值时，智能纺织品可用作提供胰岛素的信号，而不是一直注射胰岛素。这可以减少患者到医生办公室就诊的频率，也可以从远程治疗轻微的伤害或疾病。在预防保健中采用智能纺织品，可以促进其工作重点从治疗转向预防。

梅奥诊所（Mayo Clinic）开发了远程监控系统，用于支持和监控心脏病患者。例如，BodyTel 和 Bioman T 恤是一种商用的基于纺织材料的可穿戴传感器[39]。通过突破性的智能和智能传感器，医疗保健监控的新概念正在出现，患者穿着没有任何身体不适。WEALTHY 和 MyHeart 是两个由欧盟资助的项目。WEALTHY 系统将包括决策系统的完整服务器备份，集成了智能传感器、无线模块和高度可扩展的计算技术[40]。MyHeart 是欧盟资助的最大的医疗保健研究项目之一。该项目首先提出了心力衰竭管理系统，可以预测早期心力衰竭[41]。

过去，纺织品通常用于时尚、外观、舒适和保护。而智能纺织品可以通过使用触觉、化学和压力传感器将健康监测系统扩展到现代水平。通过采用纳米技术，智能纺织品可以打开全新一代远程医疗和保健应用。

9.4.3 运动和健身应用

参加体育运动的人穿着智能纺织品能提高其表现、个人舒适度和意识。体育运动也推动了智能纺织品行业的大量研究，如透气纺织品和防潮纺织品[42]。智能纺织品的新发明允许使用相变技术控制体温，其工作原理是吸收多余的热量并在需要时释放。最新的纺织材料可以感知运动员的即时生物状况和生化状态。缝合到纺织材料中的压电传感器可以帮助提供运动学分析，能够矫正姿势，增强运动并减少伤害。此外，可穿戴织物传感器始终处于活动状态，用于持续监测，并提供实时重要信息来跟踪性能。智能训练袜也可以归类为可穿戴传感器，包括射频识别标签、无线模块、运动传感器和加速度计。此外，织物传感器还可用作个人活动追踪装置，如热量消耗、心率变异和睡眠质量。智能纺织品的未来可能涉及嵌入衣服中的化学传感器，以及从汗液分析中提取信息的地方。

9.5 未来趋势

基于纺织品的可穿戴式人体传感器网络将大大促进人们对生物传感器设计、BSN 和生物医学计算等新兴领域的理解，这将在数字时代发挥关键作用，以满足医院和家庭环境中广泛应用的目标。具体来说，需要开发一个包括通信和计算在内的综合系统框架，其中涉及三个重要组成部分：可附加于患者和/或最终用户的无线生物传感器；高效的通信协议，可以将生理信号从传感器传输到远程服务器；高效的信号处理算法，可以从传感器数据中提取有用的信息，供医生做出决策。近年来物联网和无线通信网络技术的快速发展以及先进的移动设备和应用程序或多或少满足了这些需求。

WBSN 设备监测生命体征，协助假肢运动，并作为微型"基站"收集和传输各种生理参数。在不久的将来，嵌入在药片中的微型转发器将使医生能够跟踪和监测药物的使用。随着微处理器的体积越来越小，功能越来越强大，人们可以想象，有一天，无线可穿戴技术将能够监测或控制几乎所有的身体功能和运动。许多无线医疗设备与附近的接收器通信，这些接收器连接到有线网络、蜂窝系统或宽带设备，还可以访问互联网。患者不再需要用缠结的电缆绑在一个地方，为医疗专业人员创造一个更安全的工作场所，为患者创造一个更舒适的环境，从而降低感染风险。无线监控允许患者待在医疗环境之外，降低医疗成本，使医生能够实时获取重要信息，而无须进行办公室访问或住院治疗。对于老年人来说，WBSN设备为预防和护理提供了一个重要的解决方案。

基于纺织品的可穿戴式人体传感器网络将成为未来智能和互联健康系统的技术平台，特别是用于无处不在的健康监测和计算。应建立新的算法、理论模型和实际实施指南，以实现轻量级和高效的健康监测。该领域的未来研究将涉及信号处理和数据处理、传感器设计、无线保健、建模、仿真和性能分析。通过将轻量级传感器解决方案集成到传感器、通信和计算中，WBSNs 将对非侵入式动态健康监测产生重大影响。

9.6 结论

本章讨论了可穿戴式人体传感器网络的技术发展趋势，以及实现基于 WBSNs 的无处不在的无线保健服务的一些关键技术。

生物医学传感器技术、智能纺织品和先进的无线网络技术之间需要密切的跨学科合作。合作需要来自医学、信息技术和计算等多学科领域的专家参与。

参考文献

［1］Axisa F, Schmitt PM, Gehin C, Delhomme G, McAdams E, Dittmar A. Flexible technologies and smart clothing for citizen medicine, home healthcare and disease prevention. IEEE Trans Inf Technol Biomed 2005;9(3):325-36.

［2］IOM. http://iom.nationalacademies.org/Reports/2012/Best-Care-at-Lower-Cost-The-Path-to-Continuously-Learning-Health-Care-in-America.aspx; 2010 [accessed 15.09.15].

［3］Mahn TG. Wireless medical technologies: Navigating Government Regulation in new medical age, http://vertassets. blob. core. windows. net/download/031c2332/031c2332-b5c1-428b-9003-3d6282677c5e/regulatory_wireless_medical_technologies.pdf [accessed 10.01.16].

［4］Yamakhoshi K. Current status of noninvasive bioinstrumentation for healthcare. Sens Mater 2011;23:1-20.

［5］Botano P, De Rossi D, et al. IEEE EMBS technical committee on wearable biomedical sensors & systems: position paper. In: Proceedings of the international workshop on wearable and implantable body sensor networks (BSN'06); 2006.

［6］Clark D. Take two digital pills and call me in the morning. Wall Str J August 4, 2009.

［7］http://www.wearaban.com Website of EU project 242473, Wear-a-BAN, for unobtrusive wearable human-to-machine interfaces.

［8］Boehme C, Vieroth R, Hirvonen M. A novel packaging concept for electronics in textile UHF antennas. In: Proc 45th Intl Symp Microelectron; 2012. p. 425-32.

［9］Manic D, Severac D, Le Roux E, Peiris V. Cost-effective and miniaturized System-on-Chip based solutions for portable medical & BAN applications. In: Proc 5th Intl Symp Med Inf Commun Technol; 2011. p. 15e9. http://dx. doi. org/10. 1109/ISMICT. 2011. 5759787.

［10］Hugo K. Measurement systems. In: Webster JG, editor. Bioinstrumentation. John Wiley; 2004.

［11］Olson WH. Basic concept of medical instrumentation. In: Webster JG, editor. Medical instrumentation: application and design. 4th ed. John Wiley; 2010.

［12］Hanson MA, Powell Jr HC, et al. Body area sensor networks: challenges and opportunities. Computer January 2009:58-65.

[13] Baura GD. Medical device technologies. Elsevier; 2012.

[14] Park S, Jayaraman S. Enhancing the quality of life through wearable technology. IEEE Eng Med Biol Mag 2003;22(3):41–8.

[15] Pardiso R, Wolter K. Wealthyd–A wearable healthcare system: new frontier on E-textiles. Int Newsl Micro–Nano Integr 2005;2(5):10–1.

[16] Vivononetics. 2014. http://vivonoetics.com/products/sensors/lifeshirt/[accessed 25.03.14].

[17] Patra PK, Calvert PD, B Warner S, Kim YK, Chen CH. Quantum tunneling nano-composite textile soft structure sensors and actuators. National Textile Center Annual Report, Project No: NTC M04–MD07. 2006.

[18] Hertleer C, Van Longenhove L, et al. Intelligent textiles for children in a hospital environment. In: Proceedings of 2nd AUTEX conference, Bruges, Belgium; 2002.

[19] Moraleda AT, García CV, Zaballa JZ, Arrue J. A temperature sensor based on a polymer optical fiber macro–bend. Sensors 2013;13:13076–89.

[20] Massaroni C, Saccomandi P, Schena E. Medical smart textiles based on fiber optic technology. J Funct Biomater 2015;6:204–21.

[21] Wang H, Peng D, Wang W, Sharif H, Chen HH, Khoynezhad A. Resource–aware secure ECG healthcare monitoring through body sensor networks. IEEE Wirel Commun Mag February 2010;17(1):12–9.

[22] Penella MT, Gasulla M. A review of commercial energy harvesters for autonomous sensors. Instrumentation and measurement technology conference proceedings, 2007 IEEE May 1e3, 2007. p. 1–5.

[23] Vigorito CM, Ganesan D, Barto AG. Adaptive control of duty cycling in energy–harvesting wireless sensor networks. In: Sensor, mesh and ad hoc communications and networks, SECON'07. 4th annual IEEE communications society conference on, June 18e21, 2007; 2007. p. 21–30.

[24] Kansal A, Hsu J, Zahedi S, Srivastava MB. Power management in energy harvesting sensor networks. ACM transactions on embedded computing systems; 2006.

[25] Kansal A, Srivastava M. An environmental energy harvesting framework for sensor networks. In: ACM joint international conference on measurement and modeling of computer systems (SIG–METRICS); 2003.

[26] Jovanov E, Milenkovic A, Otto C, de Groen P. A wireless body area network of intelligent motion sensors for computer assisted physical rehabilitation. J Neuro Eng Rehabil March 2005;2(6).

[27] http://www.ubimon.net, Date visited, March 16, 2014.

[28] http://www.media.mit.edu/wearables/mithril, Date visited, March 09, 2014.

[29] http://www.hitl.washington.edu, Date visited, March 25, 2014.

[30] http://lifeguard.stanford.edu, Date visited, March 11, 2014.

[31] http://www.ieee802.org/15/pub/TG6.html, Date visited, March 16, 2014.

[32] IEEE P1073.0.1.1/D01J. Draft guide for health informatics— point-of-care medical device. In: Communication technical report-guidelines for the use of RF wireless technology; 2006.

[33] Juels A, Wattenberg M. A fuzzy commitment scheme. In: Proc 6th ACM Conf Comp Commun Sec; November 1999. p. 28-36.

[34] Bao S, Zhang Y, Shen L. Physiological signal based entity authentication for body area sensor networks ad mobile healthcare systems. Conf Proc IEEE Eng Med Biol Soc September 2005;(3):2455-8.

[35] Zhang Z, Wang H, et al. ECG-cryptography and authentication in body area networks. IEEE Trans Inf Technol Biomed November 2012;16(6):1070-8.

[36] Wang W, Wang H, Hempel M, Peng D, Sharif H, Chen HH. Study of stochastic ECG signal security via Gaussian mixture model in wireless healthcare. IEEE Syst J December 2011;5(4):564-73.

[37] Smailagic A, Siewiorek D, Reilly D. CMU wearable computers for real-time speech translation. In: Proceedings of the ISWC 03 IEEE computer society; 1999.

[38] Schnelle D, Aitenbichler E, Kangasharju J, Muhlhauser M. Talking assistant-car repair shop demo. In: Proceedings of the sixth international conference on ubiquitous computing; 2004.

[39] Schiele B, Oliver N, Jebara T, Pentland A. DyPERS: dynamic personal enhanced reality system. In: Proceedings of the international conference on vision systems; 1999.

[40] Paradiso R, Loriga G, Taccini N. Wearable health care system for vital signs monitoring. In: Mediterranean conference on medical and biological engineering; 2004.

[41] Satava RM. Virtual reality and telepresence for military medicine. Ann Acad Med Singapore 1997;26(1):118-20.

[42] Kortuem G, Segall Z, Bauer M. Con-text-Aware, adaptive wearable computers as remote interfaces to intelligent environments. In: Proc IEEE Int Symp Wearable computers (ISWC), IEEE CS press, Los Alamitos, Calif; 1998. p. 58-65.

10 具有肌肉骨骼系统的多指
机器人手的仿生控制

S. Ide, *A. Nishikawa*
新宿大学，日本上田

10.1 前言

在日常生活中，人类可以做出各种或简单或复杂的动作。可以灵活运动的人体是一套肌肉骨骼系统，由骨骼、肌肉和肌腱组成。其中，肌肉在关节周围对抗排列，人类通过灵巧地控制肌肉来进行所需的运动。

最近，受肌肉骨骼系统启发，研究者们开发出了可以实现灵活运动的人形机器人[5-6,9]。作为人形机器人构成的重要组件，机器人手是日常生活中执行各种任务的必备工具，多指机器人手作用尤其重要。

然而，由于其结构复杂，建立一个模型并将传统的控制器应用于该模型很困难。因此，设计控制器是研制机器人手的障碍之一。

另外，尽管人类都有类似的肌肉骨骼系统，但人类的动作是灵活的。最近对肌肉骨骼系统生物学机制的研究表明，生物系统通过噪声来灵活地工作[11]。例如，激活肌肉的分子马达是由热波动（如噪声）驱动的。这种生物系统被称为生物波动，受这种生物灵活性启发的控制方法已应用于各种机器人[1,7-8,10]。

本研究中，利用受生物波动激励的仿生控制器以肌肉骨骼系统控制五指机器人手，并通过对手指的位置控制来验证控制器的性能。

10.2 五指机器人手

本研究中使用的机器人手是一个气动五指机器人手，其灵感来自于人类的右手（图 10.1）。它有 16 个关节和 25 个执行器，具有 17 个自由度（DOF）[2]，有望实现人性化的灵活抓握。

执行器是由低气压（最大 200kPa）驱动的 McKibben 气动人工肌肉。由于 McKibben 气动人工肌肉具有柔韧性，因此该机器人手在人类环境尤其是医疗领域

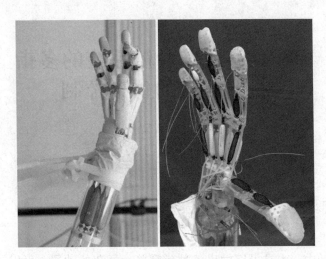

图 10.1　五指机器人手（左，有皮肤；右，无皮肤）

与人接触时比较安全。机器人手是一个冗余结构，它的灵感来自于使用几块肌肉来移动关节的肌肉骨骼结构。因此，控制器的设计是困难的。本研究以机械手中指为控制对象，设计了受生物波动激励的生物控制器。

10.2.1　肌肉骨骼系统

人类通过灵巧地控制关节周围的对抗性肌肉做出灵活的动作。机器人手是一种对抗性肌肉驱动系统（图 10.2），简化了肌肉骨骼系统，使用多个肌肉移动关节，通过给系统中每个执行器提供压力差支配关节周围的运动。此外，受肌肉骨骼系统启发，机器人手实现了与人手更相似的结构，有多个关节肌肉，可以使多个关节同时移动。

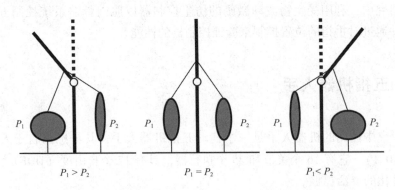

图 10.2　对抗性肌肉驱动系统（P_1 和 P_2 表示压力）

10.2.2　执行器

执行器是气动执行器,由通过供应气压而膨胀的气囊和覆盖气囊的套管组成。由于气囊是径向充气,当内部压力增加时,套筒像缩放仪一样变形,并产生轴向收缩力(图10.3)。本研究中使用的 McKibben 执行器由 Squse Co., Ltd. 设计。即使一个执行器的长度与另一个执行器的长度不同,内部压力和收缩比之间的关系也不会改变。因此,可以设计不同长度的执行器,并通过将执行器的长度与手指关节的长度相匹配,将其直接连接到机器人的手掌上。

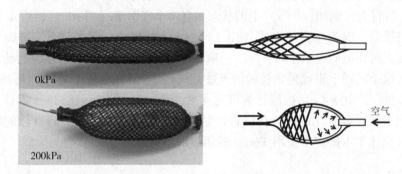

图 10.3　McKibben 执行机构的工作原理

10.3　生物启发控制

10.3.1　控制目标

本研究选取机器人手的中指作为控制目标,控制器是为中指设计的。图10.4描绘了中指的结构。它有三个自由度机制,形成三个旋转关节[掌指关节(MP)、近端指关节(PIP)和远端指关节(DIP)]。使用四个执行器:一个执行器在 PIP 关节上用于屈曲,一个在 DIP 关节上用于屈曲,两个布置在 MP 关节上用于屈曲和伸展。

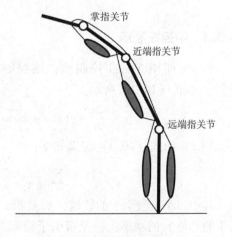

图 10.4　中指的结构

10.3.2　控制器激发的生物波

郎之万（Langevin）方程称为 Yuragi 方程，是基于生物波动提出的数学模型[3]。Yuragi 方程由式（10.1）描述。

$$\frac{\mathrm{d}x}{\mathrm{d}t} = f(x) \cdot Activity + \eta \qquad (10.1)$$

其中，x 是系统的状态，$f(x)$ 是系统的动态，$Activity$ 是任务的完成率（或活度），η 是噪声。$f(x)$ 有几个吸引子，它们是预先嵌入 $f(x)$ 的解的候选吸引子，因此系统使用噪声搜索适合环境的吸引子。此外，使用 $Activity$ 值可以更有效地改变 x 的行为。例如，$f(x)$ 上的状态 x 有两个吸引子（图 10.5），当 $Activity$ 为低时随机搜索，因为噪声项在式（10.1）中占主导地位。而当状态 x 被吸引到适合活动较高时环境的吸引子时，$f(x)$ 项占主导地位。$f(x)$ 表示系统的动力学特性，但在这个问题上很难得到精确的函数 $f(x)$，本研究中所用的机器人手模型是很难建立的。因此 $f(x)$ 被设计为可选函数。活动必须根据任务进行设计，这在某些情况下相对容易（例如，在位置控制上，从机器人手的指尖到目标的距离）。以下部分描述了本研究中使用 Yuragi 控制器的具体设计。

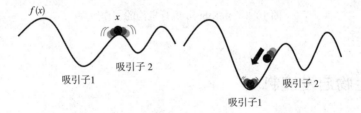

图 10.5　吸引子选择（左，低活性；右，高活性）

10.3.3　中指控制法

本研究使用 Yuragi 控制器，该控制器使用 Yamada 等提出的 Yuragi 方程设计[10]，如式（10.2）所示。

$$\frac{\mathrm{d}x}{\mathrm{d}t} = f(x) \cdot Acitivity + (1 - Activity) \cdot \eta \qquad (10.2)$$

$f(x)$ 由式（10.3）定义如下：

$$f(x) = \sum_{i=1}^{N} \frac{k_d^2}{\| X_i - x \|^2 + k_w^2} \cdot \frac{X_i - x}{\| X_i - x \|} \qquad (10.3)$$

其中，N 是吸引子的数量，X_i 是第 i 个吸引子，k_d 是吸引状态 x 到吸引子（吸引子的功率）的功率，k_w 是吸引子功率有效的范围（吸引子的范围）。式（10.2）和式（10.3）用于有效地搜索吸引子。首先，设计 η 项以使其受限于 0 到 1 的活动范围，从而使控制器有效地确定搜索空间。其次，由于使用式（10.3）计算的 f (x) 是具有多个吸引子的函数，因此通过设置适当的 k_d 和 k_w 值来调整每个吸引子的功率。例如，如果 k_d 大于 k_w，由于吸引子的功率很强，x 的行为更具确定性；而如果 k_w 大于 k_d，则 x 在吸引子之间随机移动，因为吸引子的范围很大。再次，当活动变大时保持在吸引子处是可能的，通过计算状态 x 对每个吸引子的矢量，同时通过计算状态 x 和每个吸引子的位置关系，可以放大当活动变大时吸引状态 x 对吸引子的作用。然而，由于在式（10.3）中设置 k_d 和 k_w 的值需要多次试验和误差，$f(x)$ 的有效设计很困难。在本研究中，改进式（10.3）的 $f(x)$ 定义为式（10.4）。

$$f(x,\ Activity) = \sum_{i=1}^{N} \frac{1}{\|X_i - x\|^2 + \left(\dfrac{1}{Activity}\right)^2} \cdot \frac{X_i - x}{\|X_i - x\|} \qquad (10.4)$$

无须使用式（10.4）选择参数值。通过将 k_d 固定为 1，并用自适应方法替换 k_w，可以实时改变吸引子的功率和吸引子的范围，该方法可以评估式（10.3）中每个吸引子的范围。当 $Activity$ 大时，x 被吸引到适合环境的吸引子，因为当吸引子的范围变小时吸引子的功率变强。相反，当 $Activity$ 很小时，x 在吸引子之间移动，因为当吸引子的功率变弱时吸引子的范围变大。因此，式（10.2）定义为式（10.5）。

$$\frac{\mathrm{d}t}{\mathrm{d}t} = f(x,\ Activity) + (1 - Activity) \cdot \eta \qquad (10.5)$$

在这项研究中，Yuragi 控制器是使用式（10.4）和式（10.5）设计的。

Yuragi 控制器在本研究中搜索提供给控制目标的每个执行器的压力。这里，x 和 η 对应于中间的每个执行器 [伸缩器（e），MP 关节的屈肌（MPf），PIP 关节的屈肌（PIPf）和 DIP 关节的屈肌（DIPf）] 手指。因此，x 和 η 通过 $x = [x_e, x_{MPf}, x_{PIPf}, x_{DIPf}]^T$，$x = [x_e, x_{MPf}, x_{PIPf}, x_{DIPf}]^T$ 来计算。另外，吸引子 X_i 由 $X_i = [X_{ei}, X_{MPfi}, X_{PIPfi}, X_{DIPfi}]^T$ 计算。下一节将介绍 $Activity$ 的设计，它是指示任务完成率的参数。

10.4　实验

10.4.1　系统

图 10.6 描述了所用的实验装置，包括一台控制 PC [MDV ADVANCE ST 6300B，Windows XP，英特尔酷睿 i7 920（2.67GHz）]，一个 AD 转换器（AI-1664LA-LPE，16 位），两个 DA 转换器（AO-1616L-LPE，16 位），数字输出板（RRY-32-PE），运动捕捉系统（VENUS3D），调节器（ITV0030），电磁阀

（S070C-5DCO-32）和空气压缩机（DPP-AYAD）。采样时间为 80 Hz。输入信号是由控制 PC 产生的电压，并使用调节器转换为压力。输出信号是指尖位置的坐标 $[E_X, E_Y, E_Z]$。欧氏范数（所需位置与指尖位置之间的距离）是控制器的评估指标。欧几里得（Euclidean）范数用 l 描述并使用式（10.6）计算。

$$l = \sqrt{(E_{Xd} - E_X)^2 + (E_{Yd} - E_Y)^2 + (E_{Zd} - E_Z)^2} \qquad (10.6)$$

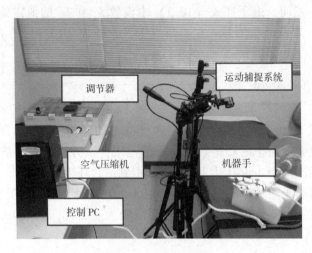

图 10.6　实验设置

因此，实验中使用的活度是根据式（10.6）计算的范数设计的，并由式（10.7）描述。

$$Activity = \frac{-l}{l_{max}} + 1 \qquad (10.7)$$

其中，l_{max} 是由所需位置和指尖位置在最大屈曲时计算得出的范数最大值，无论是当向所有屈肌提供最大压力（200kPa）使其达到最大弯曲时，还是当仅向手指伸肌提供最大压力使其达到最大伸展时，指尖位置均是稳定状态。每个范数都是预先获得的，最大范数为 l_{max}。

实验中执行了两项任务。一个是使手指从伸展状态弯曲到所需位置的弯曲任务，另一个是使手指从弯曲状态伸展到所需位置的伸展任务。在对每个执行器施加恒定压力之后，当手指处于稳定状态时，定义所需位置。表 10.1 列出了为确定所需位置而提供给每个执行器的压力。表 10.2 列出了手指第一状态下每个执行器的第一个压力值。表 10.3 给出了 Yuragi 控制器的每个参数值。实验中使用 Yuragi 方程直接搜索压力，搜索空间为 0~200kPa。每项任务进行 10 次位置控制实验，控制时间为 300s。表 10.4 所示为实验过程中的噪声水平。

表 10.1　确定所需位置的各执行机构压力

执行器	屈曲任务	扩展任务
伸缩器（kPa）	50	150
MP 屈肌（kPa）	150	50
PIP 屈肌（kPa）	50	50
DIP 屈肌（kPa）	50	50

表 10.2　各执行机构的第一压力值

执行器	屈曲任务	扩展任务
伸缩器（kPa）	180	20
MP 屈肌（kPa）	20	180
PIP 屈肌（kPa）	20	20
DIP 屈肌（kPa）	20	20

表 10.3　实验条件

吸引子数 N	21
吸引子 X_i	0, 10, 20, …, 200
噪声 η	随机数（表 10.4）
第一状态 x（屈曲任务）	$[180, 20, 20, 20]^T$
第一状态 x（扩展任务）	$[20, 180, 20, 20]^T$

表 10.4　噪声水平噪声级

$x \leqslant 5$	$5 < x < 195$	$195 \leqslant x$
$0 \sim 300$	$-300 \sim 300$	$-300 \sim 0$

10.4.2　控制结果

图 10.7 和图 10.8 描绘了每项任务的输入压力、范数和每个任务的最佳表现的转换。在控制结束时，弯曲任务的 *Activity* 值为 0.9824，扩展任务的 *Activity* 值为 0.9831，表示任务基本完成。输入压力值（ $x = [10, 110, 10, 80]^T$ 用于屈曲任务， $x = [70, 10, 10, 60]^T$ 用于伸展任务）与表 10.1 中的完全不同。然而，由于指尖达到所需位置，无论能否搜索到合适的吸引子， X 均通过与各种环境（例如，每个执行器的活动）的相互作用来搜索完成任务的吸引子，这些吸引子是每

个执行器提供的压力值，以确定所需位置。由此可见，Yuragi 控制器可以控制难以建模的机器人。然而，由于在所有试验中任务并没有被真正完成，图 10.7 和图 10.8 依然存在一些偏差。Yuragi 控制器在未来仍需改进性能。

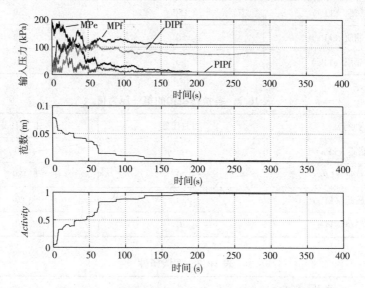

图 10.7　输入压力、范数和最佳表现的 *Activity* 值的转换（弯曲任务）

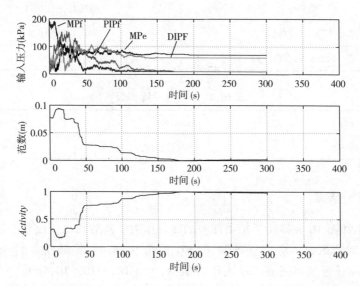

图 10.8　输入压力、范数和最佳表现的 *Activity* 值的转换（扩展任务）

10.5　结论和展望

本研究通过实验证明了在生物波动的激励下，使用 Yuragi 控制器对具有肌肉骨骼系统的五指机器人手的中指进行控制。Yuragi 控制器被确认为有效的非基于模型的控制器，因为它可以在不完全确定控制目标模型的情况下完成给定的任务。这一结果表明，Yuragi 控制器可以应用于各种任务（如抓取和夹取），因此可以考虑实施更复杂的任务。此外，Yuragi 控制器可应用于结构复杂的机器人，如肌肉骨骼机器人（仿人机器人）和超冗余机器人（蛇形机器人结肠镜[4]）。本研究的重点是五指机器人手的基本控制。Squse 有限公司最近开发了 Squse Hand H-Type 五指机器人手，覆盖着看起来像人类皮肤的硅橡胶（图 10.9）。然而，由于这种手是由气压驱动的，因此很难设计出能够进行灵巧运动的控制器，就像本研究中的机器人手一样。

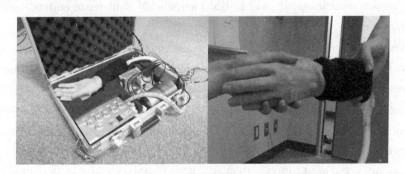

图 10.9　机器人手的应用

参考文献

[1] Fukuyori, I., Nakamura, Y., Matsumoto, Y., Ishiguro, H., 2009. Control method for a robot based on adaptive attractor selection model. In: The 4th International Conference on Autonomous Robots and Agents, pp. 618-623.

[2] Honda, Y., Miyazaki, F., Nishikawa, A., 2010. Control of pneumatic five-fingered robot hand using antagonistic muscle ratio and antagonistic muscle activity. In: Proceedings of the 3rd IEEE/RAS-EMBS International Conference on Biomedical Robotics and Biomechatronics, pp. 337-342.

[3] Kashiwagi, A., Urabe, I., Kaneko, K., Yomo, T., 2006. Adaptive response of a

gene network to environmental changes by fitness-induced attractor selection. PLoS One 1 (1), 1-9.

[4] Kuramata, Y., et al., 2014. Development of a colonoscope robot with multiple propulsion modes using pneumatic soft actuators. In: Proceedings of BioMedical Imaging, JSMBEBMI2013-11.

[5] Marques, H.G., et al., 2010. ECCE1: the first of a series of anthropomimetic musculoskeletal upper torsos. In: Proceedings IEEE-RAS International Conference on Humanoid Robots (Humanoids 2010), Nashville, TN, USA.

[6] Mizuuchi, I., et al., 2006. Development of musculoskeletal humanoid Kotaro. In: Proceedings of the 2006 IEEE International Conference on Robotics and Automation.

[7] Nurzaman, S.G., Yu, X., Kim, Y., Iida, F., 2014. Guided self-organization in a dynamic embodied system based on attractor selection mechanism. Entropy 16, 2592-2610.

[8] Shirai, K., et al., 2009. Noise-based underactuated mobile robot inspired by bacterical motion mechanism. In: IEEE/RSJ International Conference on Intelligent Robots and Systems.

[9] Sodeyama, Y., et al., 2008. The designs and motions of a shoulder with a spherical thorax, scapulas and collarbones for humanoid "Kotaro". In: IEEE/RSJ International Conference on Intelligent Robots and Systems.

[10] Yamada, Y., et al., 2011. Development of an automatic endoscope positioning system based on biological fluctuation-A non-model based algorithm for automatic positioning of an endoscope. SICE 47 (1), 51-60 (in Japanese).

[11] Yanagida, T., et al., 2006. Brownian motion, fluctuation and life. Biosystems 88 (3), 228-242.

11　精神响应类纺织品及其与人脑相互作用研究

G. K. Stylios, *M. Chen*
赫里瓦特大学纺织与设计学院柔性材料研究所，英国苏格兰

11.1　前言

　　纺织技术的快速发展促进了智能纺织品在日常生活中的应用。智能纺织品和服装可以与人类的心理状态相联系，体现情绪变化。例如，在一个智能生活环境中，形状记忆面料、变色染料和柔性电子产品可以集成到新产品中，产生色彩、图案和纹理的变化，响应人类的情绪与感觉[1]。智能服装结合了纺织、电子和信息技术，穿着者可以通过发送信息或改变外观来表达自己的情感[2]。在"情感衣橱"里，集成有传感器的服装可以监控穿着者的情绪状态并做出相应的外观改变[3]。智能纺织品研究的重要性及其功用性是显而易见的，因此智能纺织品与大脑的相互作用作为上述研究的理论部分，需要进一步加强研究。有几个需要回答的重要问题，例如，大脑如何对设计做出反应？该反应对大脑各部分有何影响？能否通过开发精神响应类纺织品来影响人类的心理状态？最后，如果设计的影响是已知的，那么设计可以被操纵吗？本章将就上述问题展开讨论。

11.2　心理学与艺术

　　医院的装饰画对人们的情绪具有暗示作用。例如：在有自然环境图片和自然声音的环境中，支气管镜检查患者疼痛感会缓解[4]；在化疗期间看到深海图片时，乳腺癌患者焦虑感会降低[5]；在换药过程中观看配乐风景视频时，烧伤患者的疼痛和焦虑会减轻[6]；在急诊科等候区展示自然环境图片或视频时，人们的躁动、嘈杂度和对视都明显降低[7]。由此可知，视觉刺激会影响人的情绪，导致不同的健康状态或行为。视觉艺术和精神状态之间的准确关系还有待研究。

11.3 色彩、图案与人类情绪的关系

色彩和图案变化是智能纺织品的两大优势。这两个特征如何在现实生活中与人类情绪产生积极的互动？首先讨论一下对颜色和图案的认识。

有关颜色对人类情绪影响的研究已经进行了一段时间。研究者们想知道某种特定的颜色是否对人类情感有内在影响。早期的研究表明，颜色可以影响脑电波，从而以肌肉反应、血压和心率变化的形式来影响人类的生理机能。例如，帕金森症患者或脑损伤患者在接触红色时症状更严重，而接触绿色时症状会有所改善[8]。此外，人在红色房间内血压和心率会升高，而在蓝色房间会降低。所以，大多数人很难在红色房间里长时间工作或待着，但在蓝色房间里却很放松[9]。临床研究表明，作为自主神经系统的功能，红光比蓝光更能刺激大脑皮层的视觉活动，导致血压、呼吸和眨眼频率增加[10]。研究还发现，红光与焦虑有关，而蓝光和绿光则与放松和平静的情绪有关[11]。与绿色和蓝色相比，红色能够唤起兴奋感[12-15]。颜色的其他属性也会影响人们的心理状态，例如，室内空间色彩强烈时会给人一种兴奋感，而颜色偏弱则会给人一种平静感[16]。因此，在激发兴奋感方面，色彩强度的影响要大于色彩本身[17]。

研究人员还研究了图案对人类情感的影响。临床观察发现，82%的偏头痛患者看到条纹图案后，偏头痛会发作；条纹或格子图案会激发癫痫患者的癫痫症状；精神分裂症和帕金森症患者对垂直波形和闪烁的灯光表现出更大的敏感度。另有研究表明，在现实生活中，几何形状的人字花纹地毯会让人产生置身于起伏表面的感觉，就像海浪一样。当孩子们在铺有类似地毯的地板站着、坐着或爬过时，会感到恶心。衬衫制造商指出，蓝色和白色细条纹布料会使穿着者的眼睛出现疲劳症状，并伴随恶心和头痛[18]。

在图案感知方面，不同的图案特征对人类反应产生不同的影响。与条纹、同心圆和辐射线的图案相比，棋盘格图案能引起更快速的响应[19-21]。图案中棋盘的尺寸影响更为显著，较小的棋盘尺寸对视觉的影响最大[22]；三角形图案对视觉反应刺激比正方形和圆形更有效[23]；尖锐的角比圆角能更快地触发响应[24,25]。此外，图案的锐度和模糊度也会影响人的视觉反应，锐化图案具有更高的视觉响应[22]。与不对称图案相比，视觉大脑更容易检测和处理对称图案[26]，这也解释了为什么大家更喜欢左右对称的人脸[27-28]。

对人类情绪的研究发现，复杂或不协调视觉图案的过度刺激能够加速脑电波活动、心率和情绪感受[29]。在利用行为映射方法研究条纹和棋盘格图案对生活空间影响时发现，条纹图案会产生不愉快、回避、焦虑和负面评价；而棋盘格图案

则会出现分心、忙碌、运动和摇摆的情绪。没有一个参与者对四壁上所有的图案感到满意。在另一项室内空间实验中，当在一个表演艺术大厅的音乐排练室的墙上贴一个圆点图案时，表演者发现墙似乎在移动，有一种"游泳的效果"，会让人产生疲劳和厌烦的感觉[18]。此外，包含向下指向 V 角的几何形状图案设计可以触发威胁感知，而那些向上指向的图形则不会有威胁感。这是因为向下的 V 形手势激活大脑中增加威胁情绪的区域。同样，向下指向的三角形也会引起不愉快的感觉[30]。

11.4　人类大脑

人脑在人们感知世界、理解世界和决策过程中扮演着重要的角色。人脑由三部分组成：大脑、小脑和脑干，每一部分都具有重要的功能。大脑是人脑最大的部分，负责感觉、知觉、自主运动、学习、说话和认知。小脑位于大脑后面，与脊髓相连。它比大脑小得多，但在控制我们的身体运动方面起着重要的作用。脑干连接大脑和脊髓，负责调节呼吸、意识和控制体温。在人脑解剖中，大脑的每一个半球被分为四个叶：额叶、颞叶、枕叶和顶叶；中央沟位于额叶与顶叶交界处，如图 11.1 所示。大脑的每一部分都有特定的功能[31]。

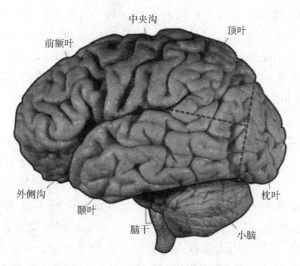

图 11.1　人脑的左侧面（右侧呈镜像）[32]

大脑的每项功能都是由数十亿的脑细胞相互协作完成。脑细胞又称作神经元，神经元之间基于电信号和化学传递进行信息传递。当大量的神经元同步活动时会产生电势，通过头皮表面的外接电极并经电信号调节放大可以检测得到。电势随时间的变化轨迹被称为脑电图（EEG）或脑波。图 11.2 为电极 T4、Cz、Cz 和 T3 记录的两个脑电图，信号放大后可以在计算机屏幕上显示、保存或打印。脑电图是检查大脑活动的一种非侵入式方法，常常在心理学中被用来发现大脑活动与特定行为之间的关系，包括运动表现、心理活动、感觉、注意力和知觉[33]。在过去，大多数涉及脑电图的研究都是针对严重的疾病进行的。而最近，它们被用于心理学中的情绪研究，其用途已经扩展到市场营销、产品开发及艺术设计领域。

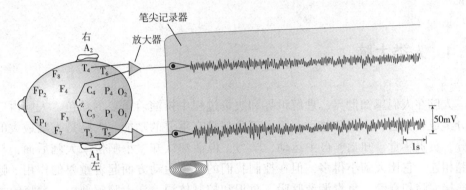

图 11.2　典型 EEG 信号图

脑电图信号包含多种节律波形。有的大而慢，有的小而快。从人脑中可以观察到五种波：δ 波、θ 波、α 波、β 波和 γ 波。每一种脑电波都有特定的频率和振幅。典型的脑电图波形如图 11.3 所示。δ 波是振幅在 20~200mV 的最大波，但出现频率最低，小于 4Hz。θ 波的振幅在 20~100mV，频率在 4~7Hz。α 波是最常见的记录波，频率在 8~13Hz，振幅在 20~60mV。β 波相对较快，发生在 14~30Hz 频率，振幅在 2~20mV。而 γ 波是最小和最快的波，出现在 30Hz 以上，其振幅在 5~10mV。

每个脑电波都与特定的大脑功能有关。研究人员研究了脑电波的功率谱。功率谱是由位于脑电波频带内的频率成分所贡献的功率。当人处于深度睡眠时，很容易观察到 δ 波[33]。当看到一张已知图片时，比如爱人的照片，大脑额叶区域的 δ 功率比看到一张陌生人照片时要高得多[35]。θ 波与年轻人低水平警觉性密切相关。θ 功率响应发生在不同的精神状态和认知活动中。同时发现，头皮额中线的 θ 功率与愉悦感有关[33,36]。当大多数人闭着眼睛安静坐着时，可以观察到 α 波，代表一个人处于放松状态。任何精神波动都会引起 α 波振幅减少或消失。α 波和大脑活动呈负相关，这意味着 α 波的减少会增加大脑活动。大脑左额叶和右额叶区域的 α 功率差异被认为是一种指示人们接近与退缩相关情绪的指标[37]。β 波是兴奋的精神状态的标志。当一个人处于警戒状态或参与认知过程时，很容易观察到 β 波[33]。在对负面刺激做出反应时，大脑额叶、中央和顶叶区域能够观察到更高的

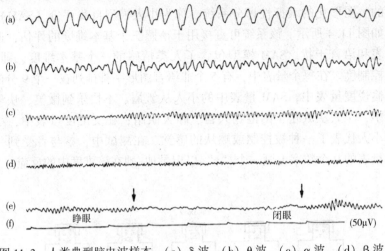

图 11.3　人类典型脑电波样本：(a) δ 波，(b) θ 波，(c) α 波，(d) β 波，
(e) 睁眼法阻断 α 波，(f) 1s 时间标记[34]

β 功率[38]。当一个人受到感官刺激时，如咔嗒声或闪光，就会观察到 γ 波。研究发现，通过对大脑皮层的大面积视觉刺激，γ 功率响应会增强，在大脑的额叶和中心位置的增幅最大。在认知过程中，与注意力相关的 γ 频率响应出现在额叶和大脑中央区域，尤其面对不愉快或模糊的图形时，γ 活动显著增加[33,39-41]。

11.5　人类情绪的自我评价

Mehrabian 和 Russell 认为，人类情感有三个基本维度，即愉悦度（愉悦—不快）、激活度（觉醒—非觉醒）和优势度（支配—服从）。这三个维度能够充分描述各种人类情感，可作为衡量各种刺激所引发情绪反应的评分量表[42]。他们的理论是基于 Osgood、Suci 和 Tannenbaum 发现的三个基本语义差异因素，即评价、活跃性和力度[43]。Mehrabian 和 Russell 采用 Osgood 的语义差异因子，提出了相对应的情感维度。愉悦度表示个体情感状态的正负特征；激活度表示个人的神经生理激活水平；优势度表示个体对情景和他人的控制状态。

愉悦—觉醒—支配（Pleasure-arousal-dominance）PAD 情感模型[44]已经在各项研究中被用来评估主体的情感反应。例如，预测人外貌的吸引力研究[45]、人名的受喜爱程度研究[46]、产品的偏好预测研究[47]以及色彩的情感作用研究[48]。

但是在实际应用中 PAD 情感模型非常耗时，需要花费大量的精力和专业知识进行数据分析，并依赖于语言语义差异评级量表，这些使 PDA 情感模型在非英语文化中难以应用。为了弥补 PAD 情感模型的不足，Lang 和他的团队[49-50]设计了一种非语言的、图形化的表征性评分系统，称为小人模型自我评价（SAM）情感评级系统，如图 11.4 所示。该系统可直接用于情感三个基本维度的评估，避免了语义差异量表和语言干扰。SAM 模型包含了人类情感的三个基本维度，即愉悦度、唤醒度和控制度。在每个量表中，有 5 个非语言图形字符排列在一个 9 分的评分量表上。在愉悦度量表中，SAM 量表中的小人从皱眉、不快乐到微笑、快乐；在唤醒度量表中，小人从放松、困倦到兴奋、睁大眼睛；在支配度量表中，小人从小到大，小小人代表了一种被控制或顺从的感觉。在测试中，参与者受到一定刺激后在每个量表的 9 个数字上画一个"x"以记录他/她在该维度中的反应。

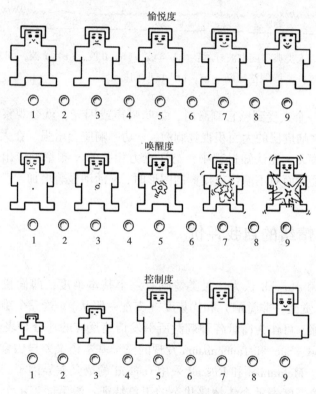

图 11.4 小人模型自我评价（SAM）情感评级系统[53]

　　Bradley 和 Lang[51]研究了 SAM 模型与 PAD 情感模型之间的相关性。研究结果显示，PAD 情感模型的语义差异因子得分和 SAM 系统的评分结果在愉悦度和唤醒度上几乎是一致的；但在支配度上存在分歧。Bradley 和 Lang 的研究表明，SAM 情感模型在测量被试者的支配感方面可能更准确。SAM 模型已经被用于测量人们对各种境况下的情绪反应，包括图片、图像、声音、广告、疼痛等。此外，积极开发国际情感图像系统（IAPS）数据库，为情感心理学研究提供规范化的图像刺激[52]。未来可以采用SAM情感模型对模式变化时的情绪影响进行自我评估。

11.6　图案变化的影响研究

精神生理学家认为，人们的情绪行为及其影响是可被测量的生物现象，人们的情绪体验处于一个具有三维输出的黑匣子中，可以从这个黑匣子中指定情绪状态。三维的输出分别为行为、语言和生理，每一维度都可量化测试。行为输出定义为生存行为或其衍生体，如接近、躲避、攻击或威胁。语言输出包括表达性沟通，如痛哭、言语攻击或声音强度、频率的变化，以及评估性叙述，如对感觉和态度的描述或自我评价。生理输出包括内脏和躯体肌肉、面部肌肉、呼吸、内分泌和免疫系统以及大脑活动的变化[54]。情感的测量常常局限于对单一输出的评估，就像传统的主观方法只基于主观报告一样。目前图案与情绪的关联测试研究除参考评估报告外，更多的是，通过人脑各部分活动的直接测量得到，其中图案具有特定的属性。因此，我们首先开发高响应率的热致变色纱线，然后将纱线编织成图案多变的面料，测试它们对我们情绪反应的影响，从而确定智能织物的情绪效果以及它们对人脑的作用。

11.6.1　纱线设计开发

变色纱线设计理念是基于一种特殊的水基热致变色喷涂颜料系统，如图11.5所示。纱线呈"皮芯"结构。"皮"是能够热致变色的材料，而"芯"是耐热性能的导电材料，实现电能与热能之间的能量转换。当电流通过纱芯时，纱芯会产生热量，热量从纱芯传递到纱皮，实现变色效应。当电流切断后，纱芯的热量消散，温度下降，纱线表面恢复原来的颜色。因此，纱线可以通过控制器提供电流来改变颜色。

纱线呈现有色或无色两种状态，可以通过在纱线上施加电流进行调节。室温25℃时，纱线呈黑色，如图11.5左侧所示，电阻值为9Ω。当纱线连接到3V电源后，40s内纱线的颜色由黑色变为浅灰色，最终呈现白色（无色），如图11.5右侧所示。切断电源后，40s内纱线从白色重新恢复至黑色。

11.6.2　织物设计

利用热致变色复合纱线设计四种图案变化的织物用于织物图案对人脑影响的研究。每一种织物包括两种可变图案。本研究只采用黑、白两种颜色以规避颜色种类对情绪的影响，如图11.6所示。共设计四种可变图案，每种图案在观看时均

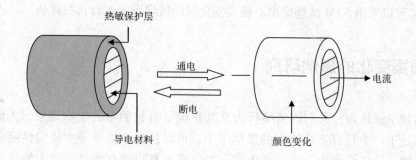

热敏保护层

通电

断电

电流

导电材料

颜色变化

图 11.5　智能变色纱线设计示意图

可引发不同的情绪反应。设计 1 展示了两种基本一致的图案，即 1.1 和 1.2，二者均由规律性排列的同种几何图案组成，只是 1.2 清晰度高一些。设计 1 的织物图案可由浅灰变到深黑。

设计 2 的两种图案均为矩形几何对称结构，由规律重复的菱形组成。与 2.2 相比，2.1 的菱形较小。在视觉效果上，2.1 构成元素小、排列松散、不强烈。而 2.2 则几何元素大、明确且密集。设计 2 的织物图案实现从小到大、从松散到密集的变化。设计 3 是由正方形组成的图案。3.1 是对称且连续重复排列的正方形，但是 3.2 具有不对称的结构，正方形和矩形随意排列并且部分几何形状内部被黑色填充。所以，设计 3 的织物图案实现由连续、规则、对称到不对称、不规则的变化。设计 4 也是由正方形组成的图案，其中 4.1 是一种对称的、有规律重复的正方形，4.2 与 4.1 具有相同大小及分布的正方形，但其中部分填充了深黑色。因此，4.2 比 4.1 更复杂且不对称。设计 4 的织物图案变化是由简单、非常对称到复杂、非对称。

基于以上面料的图案设计，可以将影响情绪的图案分为两大类：对称图案（设计 1 和 2）和非对称图案（设计 3 和 4）。前者图案内的元素形状具有不同的强度和大小；后者则是从对称到不对称，从连续、简单和明确到不连续和无规律。

11.6.3　面料开发

采用新型热致变色复合纱在日本岛精 8 针 ESE 工业电子针织机上实现上述四种可以改变图案的织物的编织。所有面料的结构采用三色鸟眼提花织纹设计，保证了织物图案的准确度和清晰度，这也是人脑测试数据的准确性的前提（二者关系后续阐述）。背景图案由 1 层 112tex 白色羊毛、1 层 50tex 黑色羊毛和 50 层 50tex 灰色羊毛混合编织而成，最终织物成品如图 11.7 所示。室温 25℃时，面料呈现的图案如图 11.7 右侧所示。当接通电流或者环境变化导致温度增加至 31℃ 及以上

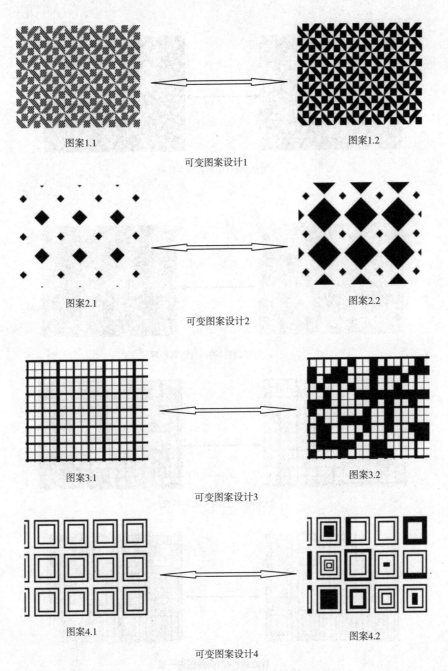

图案1.1　　　　　　　　　　　　图案1.2

可变图案设计1

图案2.1　　　　　　　　　　　　图案2.2

可变图案设计2

图案3.1　　　　　　　　　　　　图案3.2

可变图案设计3

图案4.1　　　　　　　　　　　　图案4.2

可变图案设计4

图 11.6　四种图案变化的织物效果图

时，面料呈现图 11.7 左侧的图案。当温度降低至 31℃ 以下，织物恢复原样。电流法调控织物图案变化能在 40s 内完成。

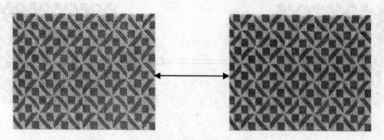

智能面料1的两种图案外观

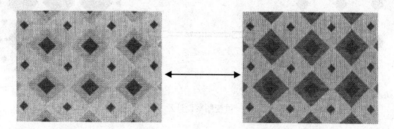

智能面料2的两种图案外观

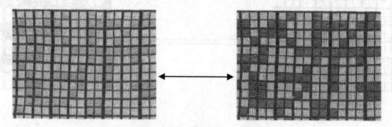

智能面料3的两种图案外观

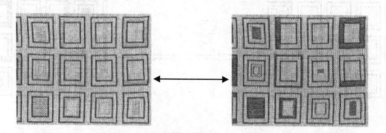

智能面料4的两种图案外观

图 11.7　用于实验的四种智能图案可变的织物

11.7　实验方法

11.7.1　参与者

该实验参与测试人数 20 人，其中男性 11 人，女性 9 人，年龄从 23 到 54 岁（平均年龄 31.6 岁，标准差 9.01 岁）。测试者身体健康，无癫痫发作史、头部或脑损伤或手术史、幽闭恐怖症或任何已知的精神问题。他们都是右撇子，视力正常或戴眼镜矫正视力正常。开始实验前，告知其与结果无关的实验大体流程。依据合规性标准，每位测试者均要求签署书面同意书和伦理表格。所有测试者均单独参加测试，并禁止相互交谈。

11.7.2　织物刺激

通过扫描将智能纺织品的两种图案转化为电子图像，同时确保其分辨率及特征。在实验中，每一种图像都被放置在一个灰色背景的 19 英寸显示屏中央作为刺激源，显示尺寸是：宽 305mm，高 245mm，图片亮度相同。测试者距离显示器 1400mm，织物刺激物的视角为水平 12.4°，垂直 10.0°。

11.7.3　实验用幻灯片

台式计算机是织物图案的主要传播工具。通过设计幻灯片给测试者提供实验指导和织物刺激。幻灯片的顺序和时长由微软"演示"软件预先编写。

实验包括两步，首先是织物图案与人脑之间的相互作用，其次是针对每种图案所产生情绪的自我评价。图 11.8 给出了实验第一部分的幻灯片顺序及时长，其中记录了每个参与者对每个织物的在线反应脑电波。首先，播放实验开始前的准备事项 8s；然后按照指示，测试者进行一个循环的眼部运动，包括闭眼、睁眼和眨眼，以避免实验过程中的眼部疲劳；接着面对灰色屏幕 2.5~3.5s；最后，进行图案刺激测试 11s。这个周期重复 4 次。当屏幕上出现"休息 20s"的提示，实验暂停。然后，做眼部循环运动，重复以上顺序，直到所有织物图案测试完成。织物图案随机展示，且不会重复。

图 11.9 中显示了实验第二部分幻灯片的顺序和时长。要求参与者在观看图案时，在 SAM 量表上给出自己的主观评分。幻灯片一开始是 8s 的准备屏幕，接着显示一个包括循环内容的指令幻灯片，然后进行 30s 的织物图案观察，循环重复 8 次。织物图案随机播放但无重复。最后放映致谢幻灯片，实验结束。

11.7.4　实验过程

实验在消声室里进行。到达实验现场后，每位受试者聆听简单的实验讲解并

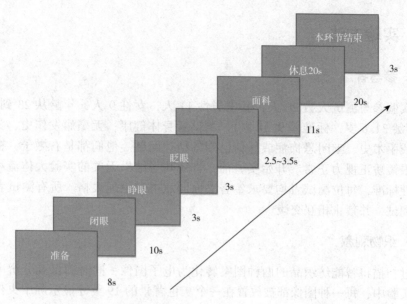

图 11.8　实验第一部分的幻灯片顺序及时长示意图

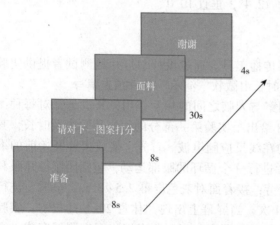

图 11.9　实验第二部分的幻灯片顺序及时长示意图

阅读实验信息，然后签署同意书，开始实验准备工作。每位受试者头上佩戴 ECI 电帽用来记录脑电图。每位受试者的左耳垂上都有一个耳电极。一对圆盘电极用于检测受试者的眼球运动，其中一个位于左眼角上方 1cm 处，稍偏左侧；另一个附着在左侧的乳突上，位于颅骨下部外耳后方。然后将 EEG 帽和所附电极插入 EEG 系统。在实验开始前，对所有电极阻抗进行初步检测，确保其小于 $20k\Omega$。这样，就可以确保所有电极正确连接到头皮并获得清晰的脑电波数据。

　　在实验的第一部分，受试者坐在躺椅上，面向演示屏幕，双手放松置于椅子扶手，眼睛的高度调整至屏幕的中心位置。受试者被告知，屏幕上会显示一系列的指示幻灯片，其中一些幻灯片包含了诸如闭上眼睛、睁开眼睛和眨眼等指令，而另一些幻灯片则包含了织物图像。要求受试者舒适和放松地看着屏幕的中心，保持身体放松，按照屏幕上的指示进行测试，睁开眼睛的指令由操作员口头下达。

每个受试者被要求在分配的时间内观察织物图案，并避免眨眼、深呼吸，或任何其他身体动作。在实验正式开始前，受试者做几个练习确保达到其舒服状态。

第一部分实验结束后，将受试者的脑电图帽和电极取下。在短暂的休息之后，进行实验的第二部分，给受试者讲解如何使用 SAM 量表。让每位受试者明白每个织物图案的评分仅反映他/她的直接个人喜好，没有正确或错误之分。反复练习直至无不适感后开始第二部分试验。

11.8　大脑数据获取与处理

11.8.1　EEG 信号记录与处理

每个受试者的大脑反应通过他们头部佩戴的帽子中包含的 19 个电极记录，得到相应的 EEG 信号。按照国际 10-20 脑电图系统将测试电极置于特定头皮位置，如图 11.10 所示。接地电极位于 Fz 通道前方，基准电极位于受试者的左耳垂。每个 EEG 信号采集采样率为 200Hz，经 80Hz 低通滤波器滤波、放大并数字化，保存，输出数据文件，电极阻抗小于 20kΩ。脑电图系统的设计及与触发盒、PC 机的连接如图 11.11 所示。每张幻灯片出现时，触发盒立即在 EEG 信号中放入事件标记，以便沿着连续信号确认幻灯片位置，

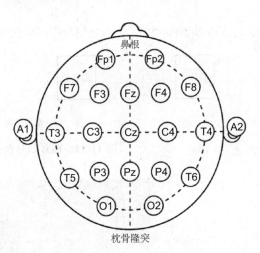

图 11.10　EEG 国际 10-20 系统电极放置示意图[55]

从而标记每张幻灯片的不同图案刺激时的脑电波变化。试验照片如图 11.12 所示，由此产生的 EEG 数据如图 11.13 所示。此外，通过 EEG 还可以得到心跳变化，将做另行阐述。

眼球运动产生的电势，称为眼电图（EOG）。它是由活动/参比双电极获得，将该双电极插入多重图像 EEG 通道，实现 EOG 信号的放大和数字化。

11.8.2　数据管理

在信号预处理过程中，连续脑电图信号的记录与演示幻灯片的日志文件在 MATLAB 工具箱 EEGLAB（版本 11.0.4.3b）[56]中同步。然后提取八种图案刺激对

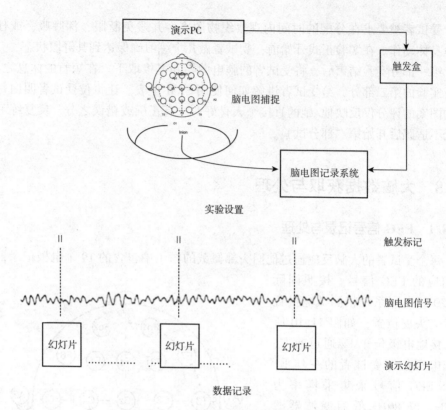

图 11.11 EEG 信号获得实验设置

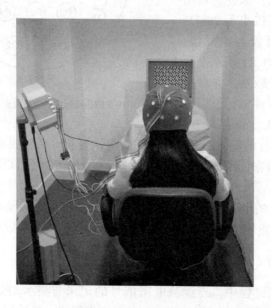

图 11.12 典型实验图片

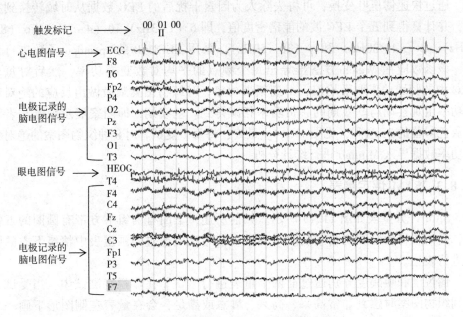

图 11.13　典型实验中的 EEG 人脑数据记录

应的脑电图信号。信号区存在一定的延迟，即从图案播放前 2s 到播放后 10s，如图 11.14 所示。通过 EOG 通道和 EEGLAB 的独立分量分析（ICA）方法[56]对眼球运动、眨眼、颞部肌肉活动或线路噪声引起的干扰信息进行校正。ICA 方法是基于采集的信号是一系列活动在空间上稳定组合的假设，这些活动既包括暂时独立于时间的 EEG，也包括人为因素。来自大脑、头皮和身体不同部位的电位之和是线性的，且几乎不存在传播至电极的时间延迟。从采集的数据中去除人为因素造成的 EEG 信号后，即可得到人工校正的 EEG 信号。ICA 算法已被证明能够有效检测并去除眼睛、肌肉和线条噪声造成的假象[57]。

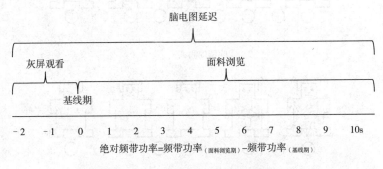

绝对频带功率=频带功率(面料浏览期)-频带功率(基线期)

图 11.14　观察织物图案引起的绝对频带功率

181

通过快速傅里叶变换，可将去除人为因素干扰后的 EEG 数据从时域转换到频域，并计算得到五个 EEG 波的能谱密度值，即 δ（1~3Hz）、θ（4~7Hz）、α（8~13Hz）、β（14~30Hz）和 γ（30~50Hz）。采用 EEGLAB 的 spectopo 函数进行计算，该函数应用 Welch 方法推导出每个频点的平均对数变换功率，然后对每个 EEG 内的频域功率取平均值，得到频带功率。对织物图案刺激做出反应的绝对频带功率由观察期与基线期的频带功率相减得到。基线期，即图案展示前参与者观看灰色屏幕的 2s 时间，见图 11.14。最终，将每个受试者对 8 种织物图案的绝对频带功率数据导入 Minitab 进行统计分析。

11.8.3 SAM 评定量表

SAM 评分量表如图 11.15 所示。如前所述，下面有两组下方带有圆圈的五幅图，受试者将面对织物图案刺激时的主观情绪反应通过勾画量表中情绪下方的圆圈进行表达。

愉悦度和唤醒度分别通过前两个量表进行测试。在愉悦度测试中，当受试者看到织物图案时感到非常高兴、高兴、满意或满足，会在量表左侧图形下画一个 "×" 来表示；当受试感到完全不开心、烦恼、不满意或无聊时，会在量表右边图形下对应的圆圈加上一个 "×" 来表示。唤醒度与愉悦度测量方法基本相同。左侧代表被刺激、兴奋、完全清醒和唤起的极端感觉，另一端代表未被刺激、未兴奋、平静、迟钝、困倦或未被唤起的极端对立感觉。实验结束后，对每位受试者在 SAM 量表上的评分进行打分，然后将得分存储在 Minitab 数据库中进一步统计分析。

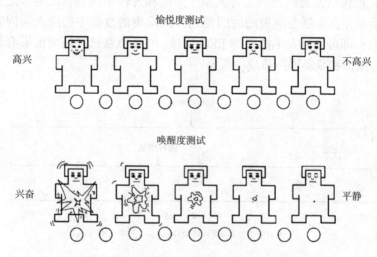

图 11.15 实验中采用的 SAM 评分量表[53]

11.9　数据分析与结果

数据分析旨在揭示人们对四种智能织物不同图案效果引起的情绪差异。分别对 EEG 频带功率和 SAM 量表评分进行分析。每种织物都有 1 和 2 两种图案状态。受试者对各织物图案的响应差异由下式得到：

$$\sum\nolimits_{\mathrm{Diff}n} = P_{n1} - P_{n2}$$

式中，$\sum\nolimits_{\mathrm{Diff}n}$ 是每个织物 n 的响应差异，$n = 1$，2，3，4；$P_{n1} - P_{n2}$ 是各织物图案 1 和 2 的响应差。

采用统计假设检验和置信区间估计对 20 名受试者的数据样本进行差异均值计算。采用获得 5% 显著水平下样本数据分布的正态性。样本数据分布的正态性采用莱恩-乔伊纳（Ryane Joiner）检验，在 5% 显著水平下进行。置信水平在 80% 以上的结果显著性将在下节讨论。

11.9.1　智能面料 1 的影响

按照上述试验顺序及数据处理方法，记录、保存和后处理每个受试者对面料 1 的脑电波数据。

11.9.1.1　EEG 频带功率

（1）δ 频率。在三电极通道中观察到 δ 功率响应的显著差异，如图 11.16 所示。在 Fp2 和 F3 通道，90% 和 88% 置信水平下的差异的平均值都大于零，说明图案 1.1 诱发的 δ 功率显著高于图案 1.2。而在顶叶右侧的 P4 通道中，差异的平均值小于零，说明图案 1.1 在该脑区诱发的 δ 功率小于图案 1.2。

（2）θ 频率。在 Cz 通道中观察到明显不同的 θ 波功率响应。如图 11.17 所示，在 83% 的置信水平下，差异的平均值小于零，这表明图案 1.2 在大脑中央沟中心诱发的 θ 功率高于图案 1.1。

（3）α 频率。如图 11.18 所示，在 C3 和 O2 通道中观察到 α 功率响应的显著差异。在 93% 和 90% 的置信水平下，差异的平均值均大于零，这表明图案 1.1 在大脑的两个部位诱发的 α 功率都显著高于图案 1.2。

（4）γ 频率。值得注意的是，在额叶、中央沟和顶叶中发现了不同的 γ 功率响应，如图 11.19 所示。在 80% 的置信水平下差异的平均值大于 0，这表明在大脑的所有这些位置上，图案 1.1 引起的 γ 功率明显高于图案 1.2。

11.9.1.2　SAM 评分量表的评分

按照前面描述的步骤进行实验的第二部分。在 90% 置信水平下，对 SAM 量表的自评得分进行差异检验，结果如图 11.20 所示。在愉悦度和唤醒度上，二者差异

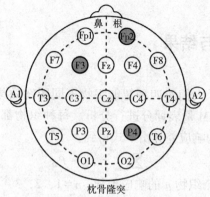

变量	N	平均值	标准偏差	均值标准误差	90% 置信水平	T	P
Fp2	20	2.10	4.99	1.12	(0.17, 4.03)	1.88	0.075

变量	N	平均值	标准偏差	均值标准误差	88% 置信水平	T	P
F3	19	1.141	2.966	0.680	(0.031, 2.252)	1.68	0.111

变量	N	平均值	标准偏差	均值标准误差	83% 置信水平	T	P
P4	20	−1.60	4.92	1.10	(−3.17, −0.03)	−1.45	0.163

图 11.16　对智能面料 1 的 δ 功率响应结果

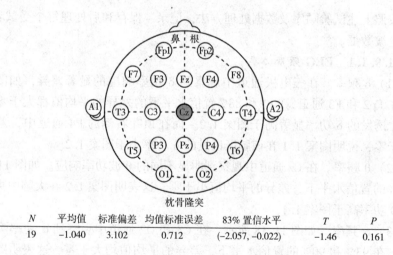

变量	N	平均值	标准偏差	均值标准误差	83% 置信水平	T	P
Cz	19	−1.040	3.102	0.712	(−2.057, −0.022)	−1.46	0.161

图 11.17　对智能面料 1 的 θ 功率响应结果

的平均值均小于零，表明图案 1.2 较图案 1.1 更让人感到愉悦和兴奋。

11.9.1.3　结果分析与总结

总之，在可测量的大脑反应以及人们对织物图案变化影响的情绪反应的自我评价中，有重要的发现。根据主观报告，当织物图案从 1.1 变到 1.2 时，会给受试者带来更多的愉悦和兴奋。在脑电波反应中，图案 1.1 在大脑中央沟的左侧和枕叶的右侧触发了更高的 α 能。枕叶是大脑的视觉处理中心，且 α 波和大脑活动是负

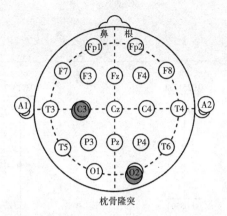

变量	N	平均值	标准偏差	均值标准误差	93% 置信水平	T	P
C3	20	1.446	3.364	0.752	(0.002, 2.891)	1.92	0.070

变量	N	平均值	标准偏差	均值标准误差	90% 置信水平	T	P
O2	20	1.782	4.335	0.969	(0.106, 3.458)	1.84	0.082

图 11.18　对智能面料 1 的 α 功率响应结果

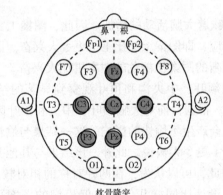

变量	N	平均值	标准偏差	均值标准误差	80% 置信水平	T	P
Fz	20	0.463	1.528	0.342	(0.009, 0.917)	1.35	0.191

变量	N	平均值	标准偏差	均值标准误差	85% 置信水平	T	P
C3	20	0.866	2.452	0.548	(0.043, 1.688)	1.58	0.131

变量	N	平均值	标准偏差	均值标准误差	90% 置信水平	T	P
Cz	20	0.767	1.937	0.433	(0.017, 1.516)	1.77	0.093

变量	N	平均值	标准偏差	均值标准误差	89% 置信水平	T	P
C4	20	0.631	1.634	0.365	(0.018, 1.243)	1.73	0.101

变量	N	平均值	标准偏差	均值标准误差	90% 置信水平	T	P
P3	20	0.751	1.831	0.409	(0.043, 1.459)	1.83	0.082

变量	N	平均值	标准偏差	均值标准误差	88% 置信水平	T	P
Pz	20	0.748	2.045	0.457	(0.003, 1.492)	1.63	0.119

图 11.19　对智能面料 1 的 γ 功率响应结果

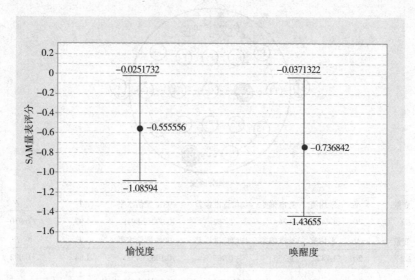

图 11.20 智能面料 1 图案 1.1 与图案 1.2 的 SAM 量表评分差异（平均置信水平为 90%）

相关的，α 波的减少意味着大脑活动的增加。因此，图案 1.2 比 1.1 引发更高的大脑活动和更高的视觉反应，即图案 1.2 比 1.1 更令人兴奋。因此，在对称的几何小图案中，那些强烈而清晰的图案比褪色的图案更让人兴奋。

在 γ 波反应中，在额叶、中央沟和顶叶观察到显著的结果。当有消极的情绪刺激时，γ 功率会增加。根据目前对大脑额叶、中央和顶叶区域的 γ 功率响应的观察结果，发现图案 1.1 会产生不愉快的影响。这一结果与愉悦度量表的评分结果一致，即其图案 1.2 比 1.1 更令人愉悦。此外，该结果与其他关于 γ 功率响应和情绪的研究一致[41,58-59]。因此，可以认为，在两种对称的相对较小的几何黑白图案中，定义明确、清晰大胆的设计比同样几何元素但模糊的图案更能让人兴奋和愉悦，尽管后者在大脑的视觉处理时会产生更高的响应。

11.9.2 智能面料 2 的影响

11.9.2.1 EEG 频带功率

（1）δ 频率。在位于大脑额叶右侧的 F4 通道观察到一个显著的 δ 功率差异，如图 11.21 所示。在 80% 的置信水平下，差异的平均值大于 0，说明在大脑的这个位置，图样 2.1 激发的 δ 功率高于图案 2.2。

（2）θ 频率。在位于大脑额叶中心的 Fz 通道处发现了显著的 θ 功率差异，如图 11.22 所示。在 85% 的置信水平下，差异的平均值小于零，说明在这个脑位置，图案 2.1 比 2.2 唤起的 θ 功率小。

（3）α 频率。如图 11.23 所示，中央沟的 C3、Cz 通道和枕叶左侧的 O1 通道

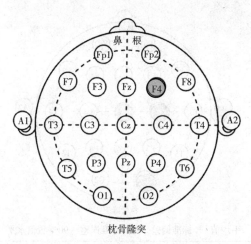

变量	N	平均值	标准偏差	均值标准误差	80% 置信水平	T	P
F4	20	1.64	5.07	1.13	(0.13, 3.14)	1.45	0.164

图 11.21 对智能面料 2 的 δ 功率响应结果

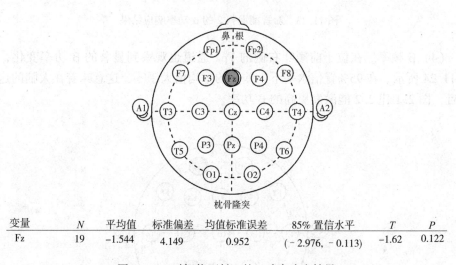

变量	N	平均值	标准偏差	均值标准误差	85% 置信水平	T	P
Fz	19	−1.544	4.149	0.952	(−2.976, −0.113)	−1.62	0.122

图 11.22 对智能面料 2 的 θ 功率响应结果

的 α 功率存在显著差异。在 80% 置信水平下, C3 通道中差异的平均值小于零, 说明图案 2.1 在中央沟左侧触发的 α 功率较小。而在 Cz 通道中, 85% 置信水平下, 差异的平均值大于零, 说明图案 2.1 在中央沟中心触发了更高的 α 功率。O1 通道中, 在 90% 置信水平下, 差异的平均值小于零, 即图案 2.1 在该脑部位置触发的 α 功率低于图案 2.2。

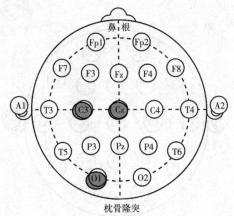

变量	N	平均值	标准偏差	均值标准误差	90% 置信水平	T	P
O1	20	−1.730	4.361	0.975	(−3.417, −0.044)	−1.77	0.092

变量	N	平均值	标准偏差	均值标准误差	85% 置信水平	T	P
Cz	18	1.021	2.598	0.612	(0.098,1.945)	1.67	0.114

变量	N	平均值	标准偏差	均值标准误差	80% 置信水平	T	P
C3	20	−0.991	2.975	0.665	(−1.874, −0.107)	−1.49	0.153

图 11.23　对智能面料 2 的 α 功率响应结果

（4）β 频率。在位于前额叶右侧的 Fp2 通道也观察到显著的 β 功率变化，如图 11.24 所示。在 95% 置信水平下，差异的平均值大于零，这意味着在大脑的这个位置，图 2.1 比 2.2 能激发更高的 β 功率。

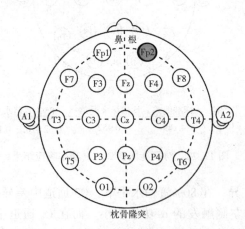

变量	N	平均值	标准偏差	均值标准误差	95% 置信水平	T	P
Fp2	20	0.869	1.607	0.359	(0.116, 1.621)	2.42	0.026

图 11.24　对智能面料 2 的 β 功率响应结果

（5）γ 频率功率。在额叶前部左侧的 Fp1 通道和额叶左侧的 F3 通道中发现了 γ 功率的显著差异，如图 11.25 所示。在 90%和 95%置信水平下，两个通道差异的平均值均大于零，说明图案 2.1 在这两个脑区诱发的 γ 功率明显高于图案 2.2。

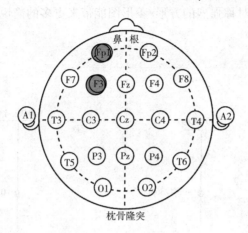

变量	N	平均值	标准偏差	均值标准误差	95%置信水平	T	P
F3	19	0.971	1.202	0.276	(0.392, 1.551)	3.52	0.002

变量	N	平均值	标准偏差	均值标准误差	90%置信水平	T	P
Fp1	20	0.721	1.666	0.372	(0.077, 1.365)	1.94	0.068

图 11.25　对智能面料 2 的 γ 功率响应结果

11.9.2.2　SAM 评价量表的评分

在 90%的置信水平下，对 SAM 量表的自评得分进行差异检验，结果如图 11.26 所示。在两个等级量表中都观察到显著的结果。在愉悦度和唤醒度上，差异的平均值均小于零，说明图案 2.2 比 2.1 更令人愉悦，给予人的兴奋感更强烈。

11.9.2.3　结果分析总结

综上所述，在自我评价和客观大脑测量中，受试者对图案 2.1 和 2.2 的情绪反应均得到了显著的结果。在主观评分体系中，图案 2.2 比 2.1 更令人愉悦，这在 EEG 测量的 θ、β 和 γ 功率响应中也有所体现。因此，图案 2.2 在位于额叶中心的 Fz 通道中触发的 θ 功率明显高于图案 2.1。此外，额中 θ 功率与人的愉悦感呈正相关，这与 SAM 的愉悦度量表得分一致。这一发现与前额中心 θ 功率对人类情绪反应的类似研究具有一致性[36]。脑电波的 β 频率功率也出现了显著的差异，其中图案 2.1 在脑额叶前部右侧明显激发了更高的 β 频率功率。研究表明，大脑额叶区域 β 频率功率更多地受消极的情绪刺激，反而在积极的情绪刺激时表现较弱。因此，目前的结果表明，图案 2.1 对人们有负面影响，这与自我评分的结果是一致的。这一发现也与 β 功率与情绪关系的研究结果一致[38]。γ 频率能量响应的显著结果表明，图案 2.1 在大脑前额叶和额叶区域的左侧唤起了明显更高的 γ 功率。据报道，在受到不愉快的刺激时，γ 功率变大。目前的结果表明，图案 2.1 相对于图案 2.2 对人的情绪反应有更多不愉快的影响，这也与主观自我评分的结果一致。这一发现也与其他 γ 功率和情感的研究结果一致[41,58-59]。综上所述，当织物图案由 2.1 变化为 2.2 时，对称强烈的方形/菱形图能带来更多的愉悦感。

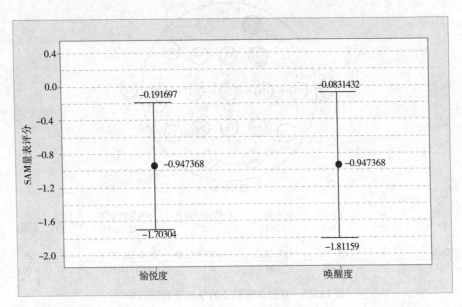

图 11.26　智能面料 2 图案 2.1 和图案 2.2 的 SAM 量表评分差异（平均置信水平为 90%）

11.9.3　智能面料 3 的影响

11.9.3.1　EEG 频带功率

（1）δ 频率。大脑不同区域 δ 功率响应的显著结果如图 11.27 所示。这些区域包括前额叶的 Fp2 通道，整个额叶的 F3、Fz、F4 通道，左侧中央沟的 C3 通道以及左侧顶叶的 P3 通道。在 80% 以上的置信水平下，差异的平均值均大于零，说明图案 3.1 触发的 δ 功率明显高于 3.2。

（2）θ 频率。如图 11.28 所示，θ 功率的显著结果也出现在大脑的大部分区域，包括 Fz 和 F4 通道的额叶、中央沟的 Cz 和 C4 通道、顶叶的 P3、Pz 和 P4 通道以及枕叶的 O1、O2 通道。观察到差异的平均值大于零，说明相对于图案 3.2，图案 3.1 在这些脑区诱发更高的 θ 功率。

（3）α 频率。在大脑额叶的 F3、Fz、F4 通道、中央沟的 Cz、C4 通道以及顶叶的 P4 通道，可以观察到 α 功率响应的显著差异，如图 11.29 所示。在 85% 和 90% 的置信水平下，这些差异的平均值均大于零，说明图案 3.1 在这些脑区比 3.2 激发了更高的 α 功率。

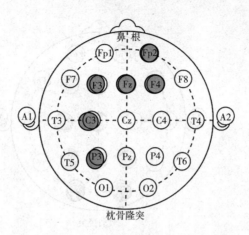

变量	N	平均值	标准偏差	均值标准误差	93%置信水平	T	P
Fp2	20	2.15	4.71	1.05	(0.12, 4.17)	2.04	0.056

变量	N	平均值	标准偏差	均值标准误差	95%置信水平	T	P
F3	20	3.23	6.23	1.39	(0.31,6.15)	2.32	0.032

变量	N	平均值	标准偏差	均值标准误差	95%置信水平	T	P
F4	20	3.16	5.66	1.27	(0.51,5.81)	2.50	0.022

变量	N	平均值	标准偏差	均值标准误差	90%置信水平	T	P
Fz	20	2.52	5.97	1.34	(0.21,4.83)	1.89	0.074

变量	N	平均值	标准偏差	均值标准误差	80%置信水平	T	P
C3	17	0.699	2.052	0.498	(0.033, 1.364)	1.40	0.180

变量	N	平均值	标准偏差	均值标准误差	80%置信水平	T	P
P3	20	1.74	5.66	1.27	(0.06, 3.42)	1.37	0.185

图 11.27　对智能面料 3 的 δ 功率响应结果

（4）β 频率功率。如图 11.30 所示，位于枕叶左侧的 O1 通道的 β 功率有显著差异。在 90% 的置信水平下，差异的平均值小于零，表明在大脑的这个位置，图案 3.1 比 3.2 激发的 β 功率小。

（5）γ 频率功率。如图 11.31 所示，在中央沟右侧的 C4 通道、顶叶的 P3、P4 通道以及整个枕叶的 O1、O2 通道也发现了 γ 功率的显著差异。C4、O1、O2、P4 通道在 80% 以上置信水平下，差值的平均值均大于零，意味着图案 3.1 在这些位置激发的 γ 功率高于 3.2。在 95% 置信水平下，P3 通道差异的平均值小于零，表明图案 3.1 在大脑的这个位置激发的 γ 功率较小。

11.9.3.2　SAM 量表评分

在 95% 置信水平下，统计 SAM 量表评分得分的差异，结果如图 11.32 所示。在唤醒度量表中得到显著的差异，差异的平均值小于零，表明图案 3.2 较 3.1 具有

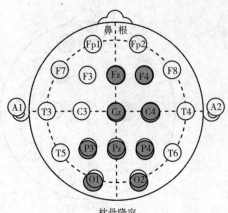

变量	N	平均值	标准偏差	均值标准误差	95% 置信水平	T	P
P4	20	2.61	5.20	1.16	(0.17, 5.04)	2.24	0.037
变量	N	平均值	标准偏差	均值标准误差	90%置信水平	T	P
O2	20	1.915	4.288	0.959	(0.257, 3.572)	2.00	0.06
变量	N	平均值	标准偏差	均值标准误差	95%置信水平	T	P
Pz	20	2.65	4.87	1.09	(0.37, 4.93)	2.43	0.025
变量	N	平均值	标准偏差	均值标准误差	95% 置信水平	T	P
O1	20	1.937	3.986	0.891	(0.072, 3.803)	2.17	0.043
变量	N	平均值	标准偏差	均值标准误差	90% 置信水平	T	P
F4	20	2.12	4.76	1.06	(0.28, 3.96)	1.99	0.061
变量	N	平均值	标准偏差	均值标准误差	95% 置信水平	T	P
C4	20	2.678	4.455	0.996	(0.593, 4.763)	2.69	0.015
变量	N	平均值	标准偏差	均值标准误差	85%置信水平	T	P
Fz	20	1.64	4.89	1.09	(0.00, 3.28)	1.50	0.150
变量	N	平均值	标准偏差	均值标准误差	90% 置信水平	T	P
Cz	20	2.12	4.86	1.09	(0.24, 3.99)	1.95	0.066
Variable	N	平均值	标准偏差	均值标准误差	90% 置信水平	T	P
P3	20	2.39	5.64	1.26	(0.21, 4.57)	1.89	0.074

图 11.28 对智能面料 3 的 θ 功率响应结果

更大的兴奋作用，即图案 3.1 比 3.2 更容易让人平静、放松。

11.9.3.3 结果分析与总结

综上所述，对智能面料 3 的两种可变图案的反应测试，主观评分结果与 EEG 检测数据具有一致性。即当织物的图案由 3.1 变化为 3.2 时，EEG 数据显示出现更高的兴奋度，与主观的自我评估分数一致。图案 3.1 能够在大脑大部分区域

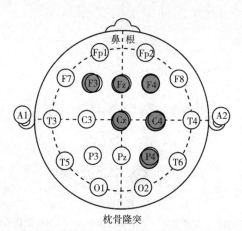

变量	N	平均值	标准偏差	均值标准误差	85%置信水平	T	P
P4	20	1.473	4.353	0.973	(0.013, 2.933)	1.51	0.147

变量	N	平均值	标准偏差	均值标准误差	85%置信水平	T	P
F3	20	1.094	3.158	0.706	(0.035, 2.154)	1.55	0.138

变量	N	平均值	标准偏差	均值标准误差	90%置信水平	T	P
F4	20	1.372	3.261	0.729	(0.111, 2.633)	1.88	0.075

变量	N	平均值	标准偏差	均值标准误差	85%置信水平	T	P
C4	20	1.527	4.194	0.938	(0.120, 2.934)	1.63	0.120

变量	N	平均值	标准偏差	均值标准误差	85%置信水平	T	P
Fz	20	1.088	2.969	0.664	(0.092, 2.084)	1.64	0.118

变量	N	平均值	标准偏差	均值标准误差	90% 置信水平	T	P
Cz	20	0.910	2.338	0.523	(0.006, 1.814)	1.74	0.098

图 11.29　对智能面料 3 的 α 功率响应结果

激发更多的 δ 能。当在有睡意或低警戒状态时，处理信息的效率降低，往往可以观察到 δ 的广泛分布[33]。因此，受试者面对图案 3.1 兴奋度降低，同时在大脑额叶、中央沟和顶叶激发更高的 δ 能。α 频率与大脑活动成反比。图案 3.1 比 3.2 激发更少的大脑活动，图案 3.2 具有更高的唤醒效果。同样，图案 3.2 在大脑枕叶左侧（负责大脑视觉处理）激发了更高的 β 能，当一个人处于高度警觉或认知过程时，往往可以观察到 β 能[33]；图案 3.2 比 3.1 具有更高的视觉激励。因此，智能面料 3 的图案变化对观看者的情绪激发水平有显著影响。当图案由连续对称变化到不对称并包含密集部分时，会在人们的情绪中引发更大的兴奋。所以图案 3.1 使人情绪更平静、低警戒，而图案 3.2 是不对称的，提高了唤醒度，增加了兴奋情绪。

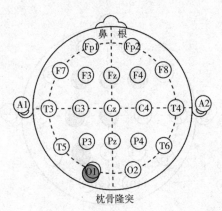

变量	N	平均值	标准偏差	均值标准误差	90% 置信水平	T	P
O1	17	−0.486	1.139	0.276	(−0.968, −0.003)	−1.76	0.098

图 11.30 对智能面料 3 的 β 功率响应结果

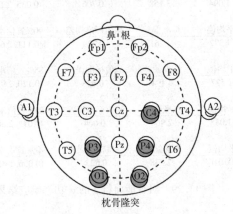

变量	N	平均值	标准偏差	均值标准误差	95% 置信水平	T	P
P4	20	0.938	1.657	0.370	(0.163, 1.713)	2.53	0.020

变量	N	平均值	标准偏差	均值标准误差	95% 置信水平	T	P
O2	20	0.991	2.057	0.460	(0.028, 1.954)	2.15	0.044

变量	N	平均值	标准偏差	均值标准误差	85% 置信水平	T	P
O1	20	0.560	1.648	0.368	(0.008, 1.113)	1.52	0.145

变量	N	平均值	标准偏差	均值标准误差	80% 置信水平	T	P
C4	20	0.540	1.679	0.376	(0.041, 1.038)	1.44	0.167

变量	N	平均值	标准偏差	均值标准误差	95% 置信水平	T	P
P3	15	−0.464	0.796	0.206	(−0.905, −0.024)	−2.26	0.040

图 11.31 对智能面料 3 的 γ 功率响应结果

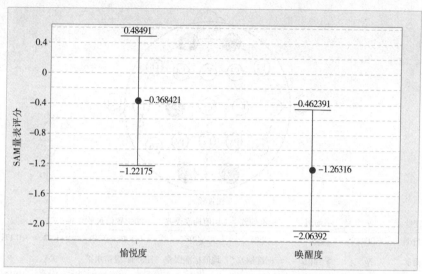

图 11.32　智能面料 3 图案 3.1 和图案 3.2 的 SAM 量表评分差异（平均置信水平为 95%）

11.9.4　智能面料 4 的影响

11.9.4.1　EEG 频带功率

（1）δ 频率。5 个电极通道，依次是前额叶的 Fp1 和 Fp2 通道、中央沟右侧的 C4 通道和枕叶上方的 O1 和 O2 通道，均观察到 δ 波的显著差异，如图 11.33 所示。在 80% 和 85% 的置信水平下，差异的平均值均小于零，表明图案 4.1 在这些脑区唤起的 δ 功率小于 4.2。

（2）θ 频率。在前额叶上方的 Fp1 和 Fp2 通道中，可以观察到显著的 θ 功率差异，如图 11.34 所示。在 90% 的置信水平下，这些通道差异的平均值小于零，表明图案 4.1 在脑额叶的 θ 功率激发能力低于图案 4.2。

（3）α 频率。α 功率在前额叶右侧的 Fp2 通道以及前额叶的 F3、Fz 通道均有显著的差异，如图 11.35 所示。在 80% 以上置信度水平下，这些通道差异的平均值小于零，说明图案 4.1 在这些脑区触发的 α 功率低于图案 4.2。

（4）β 频率。在前额叶的 Fp1 和 Fp2 通道、额叶右侧的 F4 通道和枕叶左侧的 O1 通道均观察到显著的 β 功率差异，如图 11.36 所示。在 90% 置信水平下，Fp1 通道差异的平均值大于 0，表明图案 4.1 在前额叶左侧明显地激发了较高的 β 功率。但是在 95% 置信水平下，Fp2、F4 和 O1 通道差异的平均值小于零，则图案 4.1 在前额叶和额叶的右侧以及大脑枕叶的左侧触发的 β 功率比图案 4.2 少。

（4）γ 频率。在位于前额叶左侧的 Fp1 通道中观察到 γ 功率的显著差异，如图 11.37 所示。在 95% 置信水平下，差异的平均值大于零，这意味着在这个大脑位置，图案 4.1 比 4.2 激发更高的 γ 功率。

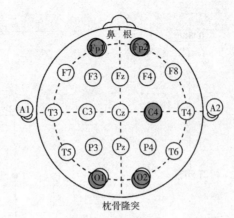

变量	N	平均值	标准偏差	均值标准误差	80% 置信水平	T	P
Fp1	20	−2.81	8.85	1.98	(−5.44, −0.19)	−1.42	0.171

变量	N	平均值	标准偏差	均值标准误差	85% 置信水平	T	P
Fp2	20	−3.01	8.63	1.93	(−5.91, −0.12)	−1.56	0.135

变量	N	平均值	标准偏差	均值标准误差	80% 置信水平	T	P
O2	20	−2.02	6.55	1.46	(−3.96, −0.08)	−1.38	0.184

变量	N	平均值	标准偏差	均值标准误差	85% 置信水平	T	P
O1	20	−2.04	6.03	1.35	(−4.06, −0.01)	−1.51	0.147

变量	N	平均值	标准偏差	均值标准误差	85% 置信水平	T	P
C4	20	−1.67	4.72	1.05	(−3.26, −0.09)	−1.59	0.129

图 11.33　对智能面料 4 的 δ 功率响应结果

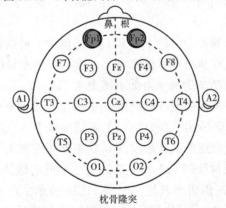

变量	N	平均值	标准偏差	均值标准误差	90% 置信水平	T	P
Fp2	20	−2.18	5.47	1.22	(−4.30, −0.07)	−1.79	0.090

变量	N	平均值	标准偏差	均值标准误差	90% 置信水平	T	P
Fp1	20	−2.73	6.05	1.35	(−4.70, −0.03)	−1.75	0.096

图 11.34　对智能面料 4 的 θ 功率响应结果

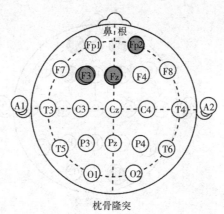

变量	N	平均值	标准偏差	均值标准误差	95% 置信水平	T	P
Fp2	19	−1.305	2.538	0.582	(−2.529, −0.082)	−2.24	0.038

变量	N	平均值	标准偏差	均值标准误差	85% 置信水平	T	P
F3	20	−1.107	3.100	0.693	(−2.147, −0.067)	−1.60	0.127

变量	N	平均值	标准偏差	均值标准误差	80% 置信水平	T	P
Fz	20	−1.219	4.042	0.904	(−2.419, −0.019)	−1.35	0.193

图 11.35　对智能面料 4 的 α 功率响应结果

11.9.4.2　SAM 量表评分

在 95% 置信水平下，对 SAM 量表的自评分值进行差异分析，结果如图 11.38 所示。在唤醒量表上得到差异的均值小于零，说明图案 4.1 激发的兴奋程度低于 4.2。即图案 4.2 使人兴奋，而图案 4.1 使人感到平静、放松。

11.9.4.3　结果分析总结

综上所述，在人们对智能织物 4 的两种图案外观的反应中观察到显著的结果。这些图案的情感意义可以直接在大脑中测量，也可以通过自我排名来测量。当织物从图案 4.1 变为图案 4.2 时，人们的情绪会变得更兴奋，这可以从 SAM 量表的自我评分中发现。在脑电波测量中，大脑中多个位置也能观测到的 EEG 频带功率响应的明显差异，即图案 4.2 在大脑前额叶区域引起了显著的 δ 功率响应。而大脑额叶区域的 δ 功率增加与情绪表达的面部表情存在密切联系[60]，即图案 4.2 比 4.1 更能引起情绪反应。图案 4.2 也会在枕叶左侧（负责视觉信息处理的区域）触发显著较高的 β 功率。β 功率与警觉性或认知过程有关[33]，所以图案 4.2 可能比 4.1 在人们的视觉反应中引发更显著的觉醒，该结果与 SAM 量表评价结果一致。目前的研究结果表明，与对称的常规矩形图案相比，不对称和复杂的类方形图案更能激发人们的兴奋情绪。

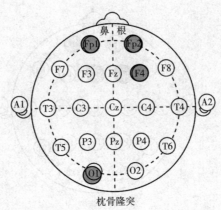

变量	N	平均值	标准偏差	均值标准误差	95% 置信水平	T	P
Fp2	20	−0.951	1.834	0.410	(−1.809, −0.093)	−2.32	0.032

变量	N	平均值	标准偏差	均值标准误差	95% 置信水平	T	P
O1	18	−1.136	0.919	0.217	(−1.593, −0.680)	−5.25	0.000

变量	N	平均值	标准偏差	均值标准误差	95% 置信水平	T	P
F4	17	−1.141	0.903	0.219	(−1.605, −0.677)	−5.21	0.000

变量	N	平均值	标准偏差	均值标准误差	90% 置信水平	T	P
Fp1	17	0.515	1.041	0.253	(0.074, 0.956)	2.04	0.058

图 11.36　对智能面料 4 的 β 功率响应结果

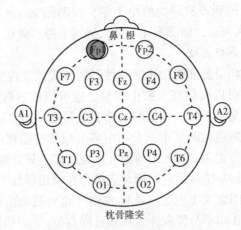

变量	N	平均值	标准偏差	均值标准误差	95% 置信水平	T	P
Fp1	20	0.839	1.727	0.386	(0.031, 1.647)	2.17	0.043

图 11.37　对智能面料 4 的 γ 功率响应结果

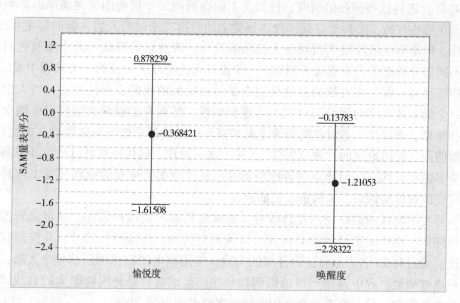

图 11.38　智能面料 4 的 SAM 量表评分差异

11.10　结果与讨论

　　人们的感官刺激是由思想完成的，并受到环境的影响，而环境又反过来影响情绪。很长时间以来，研究者投入大量精力去研究和理解人类的情感，力图描绘出大脑的工作图谱。

　　尽管人类个体之间存在差异，但某些事情对人们的影响是一样的。例如，当被针戳时会感觉疼痛，不喜欢难闻的气味，区别苦味和甜味，看到事情时也会有同样的反应。

　　艺术与情感密切相关，艺术家的情感状态在作品会有所体现。莱昂纳多·达·芬奇（Leonardo da Vinci）的《蒙娜丽莎》（*Mona Lisa*，1506 年）备受推崇，因为她的微笑能让人平静下来，而爱德华·蒙克（Edvard Munch）的《呐喊》（*The Scream*，1910 年）则让人感到焦虑。拜伦勋爵的诗《她走在美丽的路上》（1813 年）让人感到幸福，而艾米莉·狄金森的诗《如果我死了》（1924 年）让人感到悲伤。然而，艺术家进行创作时，往往忽略作品对人的情绪影响。如果有可能的话，必须回答几个哲学和生理学的问题。是否存在影响人类情感的特定视觉特征？哪些视觉属性与大脑的不同部分相互作用？能否通过操控视觉体验来影响我们的生理状态？人们可以借助医疗中的一些神经影像手段，包括 EEG、PET、MRI 和

MEG 等，进行这些问题的研究，例如，上面提到的关于织物图案对情绪的影响研究。在某些方面，类似于寻找一种"视觉上的药物"来改变人们大脑的特定状态/条件。但是不应该局限于找到令人快乐的设计，理解它的形状、大小和颜色对大脑不同部分的影响更为重要。例如，一个设计可能是令人愉悦的，大脑额中线的 δ 波频率很高，但是在大脑的视觉反应中显示出较低的唤醒度和注意力；当人们看到一个低 δ 波频率的设计时可能不会感到愉悦，然而它的视觉大脑反应可能会很高；模糊、不寻常、不对称的图像令人兴奋。可以通过更改图案来影响人类情绪，就像前面已经讨论过的"视觉医学"。基于这一原理，现代材料可以被设计成两种或更多的视觉状态，因此通过智能纺织品，从四种图案可变的织物开发出八种图案可变的智能纺织品，来验证人们的假设。

开发出特殊的热致变色复合纱后，能够将其编织成四种织物，并将其转换成两级图案。这些图案经过精心设计，以测试对称性、连续性、尺寸、几何形状和强度。通过对 20 名志愿者进行仔细的实验，使用脑电图扫描他们的整个大脑，并在脑电波测量过程中遵循严格的惯例和程序。受试者对每种织物图案的自我评价给出主观数据，并与客观可测量的大脑数据联系起来。

具有对称的、规律性重复的小几何元素组成的图案，且图案清晰强烈，显示高强度的大脑活动，使人感到兴奋和愉悦。而完全相同的图案在低分辨率和强度时大脑激发 γ 脑频率，令人感到不悦，这也在量表的自我评价中得到证实。

规律性重复菱形的对称几何矩形结构图案显示高的 θ 频率，让人感到愉快，与量表的自我评价一致。同时，大脑中高 β 和 γ 频率的激发预示着不愉快的负面情绪。

小且对称的、连续重复的正方形图案具有高的 θ 和 α 频率，表现出较低的警觉性水平，促进了平静的反应。然而，不对称、不规律的随机模式的密集块图案则在视觉大脑中激发高的 β 频率，这表明高刺激性和情绪兴奋增加。

规则重复的大正方形对称图案显示较低的 β 频率，这与冷静情绪有关。相同的方块但不重复、不规律的较小密集图案则激发更高的唤醒和兴奋，这也与自我评价结果相同。

既然通过一种图案到另一种图案的切换可以实现改变情绪的效果，这就说明利用视觉艺术操控人类情绪是可能的，就像人们对精神纺织品的研究一样。

研究结果发现，大脑情绪数据与自我评价数据之间存在着很好的一致性。这项研究表明，可以有目的地设计图案转换以实现特定情绪的改变。虽然这些图案也可以由其他材料制成，但因智能纺织品具有"可变"的属性优势，把它们命名为精神纺织品。因此，可以将同样的概念应用于其他学科，这样就会出现精神材料、精神艺术、精神室内设计、精神建筑等，通过对其设计、颜色和形状的改变实现对我们的情绪的影响。

参考文献

[1] Stylios G. Engineering textile and clothing aesthetics using shape changing materials. Intell Text Cloth 2006;54:528.

[2] Baurley S. Interactive and experiential design in smart textile products and applications. Personal Ubiquitous Comput 2004;8(3-4): 274-81.

[3] Stead LJ. The emotional wardrobe: a fashion perspective on the integration of technology and clothing. University of the Arts London; 2005.

[4] Diette GB, Lechtzin N, Haponik E, Devrotes A, Rubin HR. Distraction therapy with nature sights and sounds reduces pain during flexible bronchoscopy: A complementary approach to routine analgesia. Chest Journal 2003;123(3):941-8.

[5] Schneider SM, Ellis M, Coombs WT, Shonkwiler EL, Folsom LC. Virtual reality intervention for older women with breast cancer. CyberPsychology & Behavior 2003;6 (3): 301-7.

[6] Miller AC, Hickman LC, Lemasters GK. A distraction technique for control of burn pain. J Burn Care Rehabilit 1992;13(5):576-80.

[7] Nanda U, Chanaud C, Nelson M, Zhu X, Bajema R, Jansen BH. Impact of visual art on patient behavior in the emergency department waiting room. The Journal of Emergency Medicine 2012;43(1):172-81.

[8] Goldstein K. Some experimental observations concerning the influence of colors on the function of the organism. Occup Ther 1942;21:147-51.

[9] Cheskin L. Colors: What they can do for you. New York: Liveright Publishing Corporation; 1947.

[10] Gerard RM. Differential effects of colored lights on psychophysiological functions. 1958.

[11] Mahnke FH, Mahnke RH. Color and light in man-made environments. New York: Van Nostrand Reinhold; 1993.

[12] Wexner LB. The degree to which colors (hues) are associated with mood-tones. J Appl Psychol 1954;38(6):432.

[13] Wilson GD. Arousal properties of red versus green. Percept Mot Skills 1966;23 (3):947-9.

[14] Ali M. Pattern of EEG recovery under photic stimulation by light of different colors. Electroencephalogr Clin Neurophysiol 1972;33(3):332-5.

[15] Jacobs KW, Suess JF. Effects of four psychological primary colors on anxiety state.

Percept Mot Skills 1975;41(1):207-10.

[16] Acking BC, Küller H. The perception of an interior as a function of its colour. Ergonomics 1972;15(6):645-54.

[17] Mikellides B. Color and physiological arousal. J Archit Plan Res 1990.

[18] Rodemann PA. Psychology and perception of patterns in architecture. Archit Des 2009; 79(6):100-7.

[19] White CT. Evoked cortical responses and patterned stimuli. Am Psychol 1969;24 (3):211.

[20] Spehlmann R. The averaged electrical responses to diffuse and to patterned light in the human. Electroencephalography and Clinical Neurophysiology 1965;19(6): 560-9.

[21] Armington JC, Corwin TR, Marsetta R. Simultaneously recorded retinal and cortical responses to patterned stimuli. J Opt Soc Am 1971;61(11):1514-21.

[22] Harter MR, White C. Effects of contour sharpness and check-size on visually evoked cortical potentials. Vis Res 1968;8(6):701-11.

[23] Ito M, Sugata T. Visual evoked potentials to geometric forms. Jpn Psychol Res 1995;37(4): 221-8.

[24] Moskowitz AF, Armington JC, Timberlake G. Corners, receptive fields, and visually evoked cortical potentials. Percept Psychophys 1974;15(2):325-30.

[25] Ito M, et al. Effects of angularity of the figures with sharp and round corners on visual evoked potentials. Jpn Psychol Res 1999;41(2):91-101.

[26] Wagemans J. Detection of visual symmetries. In: Human symmetry perception and its computational analysis; 1996. p. 25-48.

[27] Perrett DI, et al. Symmetry and human facial attractiveness. Evol Hum Behav 1999; 20(5): 295-307.

[28] Rhodes G, et al. Facial symmetry and the perception of beauty. Psychon Bull Rev 1998; 5(4):659-69.

[29] Küller R. The use of space-some physiological and philosophical aspects. In: Appropriation of space. Proceedings of the Strasbourgh Conference. Louvain-la-Neuve: CIACO; 1976.

[30] Larson CL, Aronoff J, Steuer EL. Simple geometric shapes are implicitly associated with affective value. Motiv Emot 2012;36(3):404-13.

[31] Bear MF, Connors BW, Paradiso MA. Neuroscience: exploring the brain. Lippincott Williams & Wilkins; 2001. p. 608.

[32] Nolte J. The human brain in photographs and diagrams: with student consult online

access. Elsevier Health Sciences; 2013.

[33] Andreassi JL. Psychophysiology: human behavior and physiological response [eBook]. 5th ed. Lawrence Erlbaum; 2007.

[34] Cooper R, Osselton JW, Shaw JC. EEG technology. 3rd ed. London; Boston: Butterworths; 1980.

[35] Sakihara K, et al. Event-related oscillations in structural and semantic encoding of faces. Clin Neurophysiol 2012;123(2):270-7.

[36] Aftanas L, Golocheikine S. Human anterior and frontal midline theta and lower alpha reflect emotionally positive state and internalized attention: high-resolution EEG investigation of meditation. Neurosci Lett 2001;310(1):57-60.

[37] Coan JA, Allen JJ. Frontal EEG asymmetry as a moderator and mediator of emotion. Biol Psychol 2004;67(1):7-50.

[38] Güntekin B, Başar E. Event-related beta oscillations are affected by emotional eliciting stimuli. Neurosci Lett 2010;483(3):173-8.

[39] De Pascalis V, Ray W. Effects of memory load on event-related patterns of 40-Hz EEG during cognitive and motor tasks. Int J Psychophysiol 1998;28(3):301-15.

[40] Keil A, et al. Effects of emotional arousal in the cerebral hemispheres: a study of oscillatory brain activity and event-related potentials. Clin Neurophysiol 2001;112 (11):2057-68.

[41] Müller MM, et al. Processing of affective pictures modulates right-hemispheric gamma band EEG activity. Clin Neurophysiol 1999;110(11):1913-20.

[42] Mehrabian A. Framework for a comprehensive description and measurement of emotional states. Genetic, Social & General Psychology Monographs 1995;121(3): 341. PubMed PMID: 9510181665.

[43] Osgood CE, Suci GJ, Tannenbaum PH. The measurement of meaning. Urbana: University of Illinois Press; 1957.

[44] Mehrabian A. Basic dimensions for a general psychological theory: implications for personality, social, environmental, and developmental studies. Cambridge (MA): Oelgeschlager, Gunn & Hain; 1980.

[45] Mehrabian A, Blum JS. Physical appearance, attractiveness, and the mediating role of emotions. 1997.

[46] Mehrabian A. Interrelationships among name desirability, name uniqueness, emotion characteristics connoted by names, and temperament. J Appl Soc Psychol 1992;22 (23): 1797-808.

[47] Mehrabian A, de Wetter R. Experimental test of an emotion-based approach to fit-

ting brand names to products. J Appl Psychol 1987;72(1):125-30.

[48] Valdez P, Mehrabian A. Effects of color on emotions. J Exp Psychol 1994:394-409.

[49] Lang PJ. Behavioral treatment and bio-behavioral assessment: computer applications. In: Technology in mental health care delivery systems B2-Technology in mental health care delivery systems. Norwood (NJ): Ablex; 1980.

[50] Hodes RL, Cook EW, Lang PJ. Individual differences in autonomic response: conditioned association or conditioned fear? Psychophysiology 1985;22(5):545-60.

[51] Bradley MM, Lang PJ. Measuring emotion: the self-assessment manikin and the semantic differential. J Behav Ther Exp Psychiatry 1994;25(1):49-59.

[52] Lang PJ, Bradley MM, Cuthbert BN. International affective picture system (IAPS): technical manual and affective ratings. Gainesville (FL): The Center for Research in Psychophysiology, University of Florida; 1999.

[53] Lang PJ. The cognitive psychophysiology of emotion: fear and anxiety. In: Tuma AH, Maser JD, editors. Anxiety and the anxiety disorders. Hillsdale (NJ); England: Lawrence Erlbaum Associates, Inc.; 1985. p. 131-70.

[54] Bradley MM, Lang PJ. Measuring emotion: behavior, feeling, and physiology. Cognit Neurosci Emot 2000;25:49-59.

[55] Jasper H. Report of the committee on methods of clinical examination in electroencephalography. Electroencephalogr Clin Neurophysiol 1958;10:370-5.

[56] Delorme A, Makeig S. EEGLAB: an open source toolbox for analysis of single-trial EEG dynamics including independent component analysis. J Neurosci Methods 2004; 134(1):9-21.

[57] Makeig S, et al. Independent component analysis of electroencephalographic data. Adv Neural Inf Process Syst 1996:145-51.

[58] Luo Q, et al. Visual awareness, emotion, and gamma band synchronization. Cereb Cortex 2009;19(8):1896-904.

[59] Sato W, et al. Rapid amygdala gamma oscillations in response to fearful facial expressions. Neuropsychologia 2011;49(4):612-7.

[60] Balconi M, Lucchiari C. EEG correlates (event-related desynchronization) of emotional face elaboration: a temporal analysis. Neurosci Lett 2006;392(1):118-23.

12 再生医学支架/植入物的纤维基复合材料

R. Brünler, *M. Hild*, *D. Aibibu*, *C. Cherif*
德累斯顿工业大学纺织机械与高性能材料技术研究所，德国德累斯顿

12.1 前言

人工植入物是指代替受损或缺失器官功能的人造组织。人工移植器官能够代替部分器官功能（如人造血管、臀、膝盖及假肢等），保障力量传输（如韧带、腱等），或支持结缔组织（如疝气网塞）。

组织工程学是再生医学的一个重要分支，该学科利用工程学、化学、生物学及医药学等多个交叉学科的知识共同创造出模仿自然组织特性的结构，支持新组织的生长，并根据组织再生进行降解。这种结构可设计成原位无细胞植入，或与患者自身细胞一起进行体外/体内细胞植入，随后再植入缺陷区。

对于细胞基和无细胞支架，可降解材料在多种形态下被制成各种组织结构。材料的初始形态包括颗粒、薄片、（水）凝胶、泡沫或纤维，并可以进一步形成多种几何形状。除了具有一定的几何形状和相应的机械稳定性外，植入物和支架还必须具有大的功能表面，以使细胞黏附并确保生长因子的作用，并具有相互连通的孔，使细胞迁移，增殖和生长，提供营养并排出新陈代谢废物。

纤维材料的直径范围很广，可从纳米到微米，且其特殊的比表面积设计能够满足不同的人工组织要求。通过纺织加工技术，纤维可以加工成具有相互连接的孔隙、适应负载的复杂结构。

12.2 生物聚合物

可再生医用材料必须具备促进目标组织生长的多种属性，如生物和细胞相容性、生物可降解性及提高目标组织细胞生长速率。聚合物的合成是制备植入物或支架用纤维的前提。

205

12.2.1 天然生物聚合物

12.2.1.1 壳聚糖

壳聚糖（CS）是一种非常有应用前景的生物聚合物，已经成功应用于食品科学、化妆品和医学领域，如营养物质的封闭、口腔卫生产品、脂肪消化、脂类分离等，如 Rinaudo[1]的详细综述中所述。CS 来源于甲壳素，甲壳素是仅次于纤维素的第二大生物聚合物，可从节肢动物、真菌和藻类中提取。甲壳素是由 N-乙酰-D-葡萄糖胺组成的多糖。通过碱或脱乙酰酶去除乙酰基，如图 12.1 所示，当整个分子由 50%以上的脱乙酰单位组成时，称为壳聚糖。

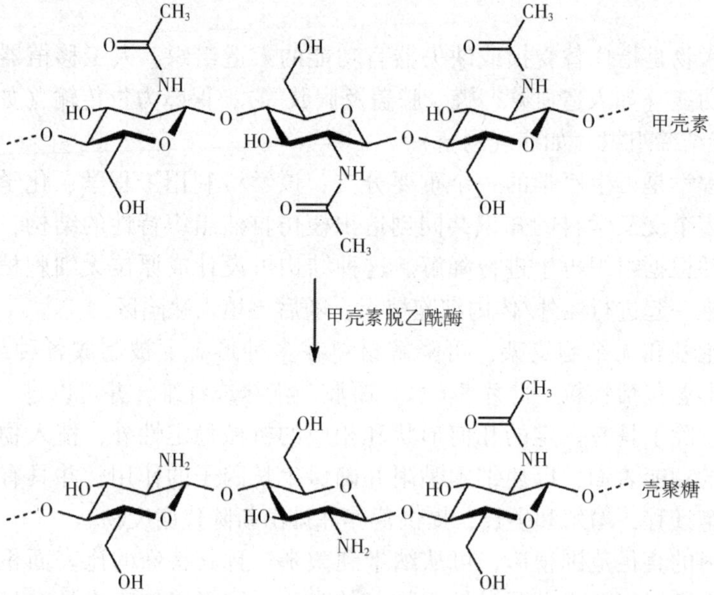

图 12.1　甲壳素制备壳聚糖的脱乙酰化（脱乙酰度 67%）

根据实际的应用需求，壳聚糖的脱乙酰度（DD）最高可达 95%。脱乙酰度值的差异决定了不同的降解速率，达到目标 DD 值的时间从几天（低 DD 值）到几个月（高 DD 值）不等。壳聚糖具有杀菌、止血、支持成骨等特性，在创面敷料[3]、给药系统[4-5]、可降解手术器械[6-7]以及皮肤、骨骼、软骨、血管等多种组织再生[8]等方面，都有应用。CS 的使用形式包括纳米和微米级的粒子、薄膜、水凝胶、涂层或纤维等，此外，还开发有多个衍生产品。

12.2.1.2 蚕丝蛋白

蛋白纤维因其光泽和穿着舒适性在时尚界应用广泛。家蚕是著名的生物材料来源，也是常用的生物材料。丝素蛋白也可以从其他吐丝昆虫蜘蛛或贻贝中提取到。

蚕丝蛋白非常大（> 200kda）[9]，在二级结构上形成 β 褶片。β 褶片在结构中的定量比例决定了蚕丝的降解行为[10]。用于生物材料的蚕丝可以通过从天然蚕丝纤维中去除丝氨酸（脱胶），直接加工成纱线、绳索、非织造布或普通纺织结构，如编织或机织结构。此外，蚕丝蛋白原纤可以溶解在丝素溶液中加工成各种形态，包括颗粒、薄膜、水凝胶、海绵或纤维（再生丝）。丝素蛋白的化学和结构性质（包括分子大小和二级结构）在再生过程中可以改变或调整。Kundu 等在参考文献[11] 中描述了丝素蛋白生物材料在血管、皮肤、骨骼、软骨、韧带等多种再生组织中的应用。

12.2.1.3　胶原蛋白

胶原蛋白是细胞外基质的主要成分，是人体和哺乳动物的主要结构蛋白。最常见的胶原蛋白是 I 型纤维，是皮肤、骨骼、肌腱和内脏器官的主要有机成分。

变性或水解胶原蛋白以明胶的形式在食品工业中广泛用作胶凝剂、增稠剂或细化剂，也可用于药物中的软硬胶囊或增稠剂。

I 型胶原纤维由多个纤维组成，这些纤维由胶原分子链（原胶原）构成，由三条多肽链缠绕在一起呈螺旋状。目前，主要的研究集中于胶原蛋白治疗皮肤缺损[12-13]和骨再生[14-15]的应用。此外，Friess[16] 在 1998 年提出胶原蛋白可以用作药物传递系统，也可以应用于 Lee 等[17] 提到的其他生物医学。胶原蛋白也具有多样性，如颗粒、薄膜、（水）凝胶或海绵。

12.2.2　合成生物聚合物

此处主要介绍可生物降解聚酯。

可降解聚合物或生物塑料广泛用于包装、园艺或一次性餐饮用品。1966 年 Kulkarni 等[18] 报道了聚乳酸（PLA）在人体中的生物降解性。生物塑料因其降解周期长，人们对它在生物医学领域中的应用进行了广泛的研究。此外，聚乳酸还可作为 3D 打印机的原料。因此，随着患者特异性植入体对可降解性的需求，PLA 被视为有前途的组织工程应用材料。PLA 植入物的体内实验研究发现，其酸性降解产物会引发轻微炎症反应[19-20]。因此，几种形式的聚乳酸如聚 L-丙交酯、聚-D-丙交酯、聚-L-丙交酯-D, L-丙交酯通常与其他聚合物混合，用于缝合材料或骨合成设备。

另一种重要的生物可降解聚合物是热塑性聚己内酯（PCL），目前已被 FDA 批准用于药物递送、缝合线和几种移植器官的合成，特别是骨组织再生[21]。PCL 通常呈颗粒状，其熔点较低，约为 60℃，可以加工成膜和纳米纤维，并且可以受热再成型。

12.3　生物聚合物纤维

理论上大多数材料都可以加工成纤维。然而，用于纺织生产过程中的纤维必须满足一定的标准，即机械强度、弹性、纤维直径、纤维长度和纱线线密度[22]。因此，支架制造采用的纺丝工艺通常为熔融纺丝或湿法纺丝，包括 PLA、聚乙醇酸（PGA）、PLLA、聚丙交酯-乙交酯（PLGA）、PCL 等[23]。

12.3.1　熔融纺丝

熔融纺丝是制备可降解、可吸收的合成生物聚合物的标准生产工艺。熔融纺生物高分子纤维，特别是聚乳酸（PLA）、聚乙醇酸（PGA）、聚己内酯（PCL）及其衍生物，自获得美国食品药品监督管理局（FDA）批准并投入市场以来，得到了广泛应用。熔融纺丝过程为：熔融热塑性聚合物以恒定的流量被送入纺丝头，聚合物被压入带有特定几何形状孔的喷丝板中，产生的连续细丝经冷却、拉伸和收集。熔融纺丝的具体工艺参数与技术要求可以参考 Freudenberg 的文献[24]。

熔融纺丝工艺的特点是长丝截面具有一定的几何形状，纤维细度和丝数具有可调控性。喷丝头有大量的孔，从而具有其他纺丝工艺无法比拟的高纺丝能力。同时纺丝过程中不需要溶剂，保证了纺丝聚合物的高纯度。但超细纤维需要双组分纺丝或熔喷工艺制备。通过使用一定比例的共聚物，可以制备吸光度动力学可调的纤维。

只有分解温度高、熔体黏度低的聚合物才可以采用熔融纺丝工艺。所以，熔融纺丝制备生物聚合物的范围有限，不适用于易变性或分解的敏感材料。

12.3.2　溶液纺丝

除熔融纺丝外，溶液纺丝是另一种主要的纤维加工技术。其过程为：将聚合物溶液送入喷丝头，所生成的长丝凝固浴凝固，称为湿法纺丝；也可以通过溶剂蒸发凝固成丝，称为干法纺丝。Freudenberg[24] 对溶液纺丝方法进行了详细描述。

生物医学用纤维对组织的形成和伤口的愈合具有积极的作用。由于天然或生物基聚合物不能形成热稳定的熔体（如多糖、蛋白质），因此溶液纺丝在生物医学纤维的合成方面起到重要的作用。为了给后续纺织提供足够的材料，开发了高性能天然纤维或生物基纤维，尤其是蚕丝[25-26]或蜘蛛丝[27]蛋白、骨胶原蛋白[28-29]和壳聚糖[30-31]的再生或重组。此外，现有的纺丝技术还需要保持生物材料的微观结构的相应工艺参数（如温和溶剂、合适的工艺温度）。

为了保证生物聚合物的性能，溶剂必须完全去除。干法纺丝时，需要保证干燥区所有溶剂全部蒸发；湿法纺丝时，需要多个洗涤槽和下游干燥装置使溶剂去除完全。所以，溶液纺丝比熔体纺丝更复杂，成本更高。

12.3.3 静电纺丝

静电纺丝（ES）是一种通过施加静电力从聚合物溶液或熔体中制备超细纤维的技术，适用的聚合物种类较多，且设置简单，在过去的十多年中得到广泛关注，尤其在再生医学领域中用于仿生支撑结构材料的制造。

静电纺丝因是纳米级的，因此具有巨大的功能比表面，为实现特定的界面特性、调控细胞或组织响应提供了有利条件。ES 可加工的聚合物及复合材料种类和形式广泛，可制备单根纤维、随机排列的非织造布、高度排列的纤维，甚至纳米纤维纱线。此外，ES 还可以实现纤维形貌和表面构型设计，通过同轴纺丝、溶液混合或表面修饰实现药物的掺入[34-35]。

尽管静电纺丝技术设备简单，适用范围广泛，但是纺丝过程受到众多相互作用参数的影响[36]。迄今为止，对纤维形成的复杂机制尚未完全了解。虽然 ES 非常适合制备具有大表面和小孔径的薄膜，但由于纤维直径小导致制备时间长，故不适合制备较厚的薄膜。

12.3.4 其他纤维制备技术

制备生物基纤维的技术还有生物纺丝技术。生物纺丝是指从蚕、蜘蛛等昆虫的纺丝腺中直接提取纤维的过程[37]。生物纺丝纤维（如蚕丝），可用作缝合线材料[38]。

微流体纺丝也是一种有前途的技术。纤维的形成是在同轴微流通道中，通过化学或光聚合的方式进行[39]。微流体纺丝能够实现纤维形态、结构和化学特征的可控调节[40]，甚至可以实现细胞封装[41]。然而，该技术制备纤维用时过长，不适用于纤维的大规模生产。

12.4 混合结构

混合结构是指综合两种或两种以上的材料、形态或功能。对于纤维支架或植入物，基本上有三种可能的组合方式：材料混合，即结合不同的纤维材料用于人工移植器官或支架；结构混合，即结合不同的材料形态，如不同的纤维直径或带涂层的纤维；功能混合，是指将不同功能如机械稳定性、表面功能化或药物传递等结合在一起的结构，通常是材料复合或多层结构。为了生产混合结构的支架或植入物，传统的纺织工艺可以与静电纺丝、涂层、发泡、成膜或生物聚合物凝胶等多种工艺相结合。下面介绍德累斯顿 TU Dresden 纺织机械和高性能材料技术研究所（ITM）开发的几种复杂的纤维混合结构。

12.5 单一材料体系的植绒支架

由单一材料合成，但形态和功能不同的复杂支架结构如由壳聚糖制成的用于软骨修复的植绒支架。单材料支架的主要优点是其降解行为一致，且细胞和免疫系统对移植物反应具有一致性。

在植绒技术中，纤维在电场中加速排列，然后用黏合剂注入基板。Walther等[42]的研究表明，壳聚糖纤维适用于植绒工艺。Aibibu[43] 提出的软骨修复植绒支架是将壳聚糖薄膜铺在植绒电极上，用作植绒的基质和黏合剂。为了产生高水平的排列，植绒过程是在反重力作用下进行的，因此避免了在电磁场中未排列的纤维由于重力作用落到支架的基底上，如图 12.2（a）所示。图 12.2（b）所示为由此产生的具有连通孔隙空间的平行排列纤维结构。在这种混合结构中，壳聚糖膜用作垂直排列纤维的载体，为细胞生长和软骨组织再生过程中的机械稳定性提供空间。

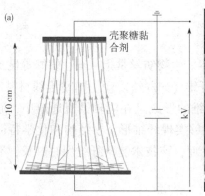

图 12.2　从下往上植绒的工艺原理（a）和壳聚糖短纤维在壳聚糖衬底上的排列（b）

12.6 基于纤维的添加剂植入技术，用于复杂几何形状的开放多孔植入物

12.6.1 技术

由于患者的缺陷尺寸和几何形状差异很大，传统纺织技术难以制备复杂的三维植入物。为了满足植入物的定制，新的纺织技术应运而生。该技术能够实现特

定结构人工器官或支架的合成，并实现尺寸及几何形状的任意调控。

网状非织造布（NSN）技术由多层短纤维形成三维结构，如图 12.3 所示[44]。

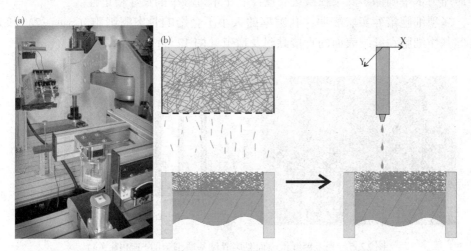

图 12.3　带静电纺设备的非织造布生产设备（a）及其技术原理（b）

每个短纤维层可以根据目标的几何形状用胶黏剂进行筛选，直至达到目标的几何形状。在合适的胶黏剂或溶剂条件下，短纤维呈各向同性排列，仅在其交点处结合，形成相互连通的孔隙空间（图 12.4）。

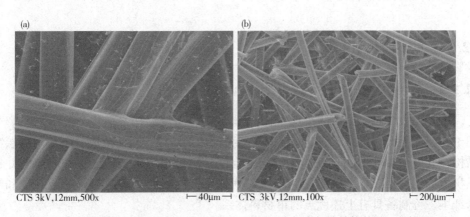

图 12.4　壳聚糖纤维之间的连接点（a）和 NSN 支架内部孔结构的 SEM 图（b）

12.6.2　表征

该结构的整体孔隙度可调至 90% ~ 99%。用壳聚糖和丝纤维制成均匀支架，并进行了大量的实验研究。在使用溶剂的情况下，纤维表面轻微溶解或膨胀，则纤维无须卷曲或摩擦直接在连接处出现结合点。干试样在压缩20%时表现出弹性变形，而湿样品的形变率可达45%。材料的变形行为是手术"压合"使用的前提，而压缩力水平确保了支架在搬运、浸没和手术过程中的尺寸稳定性。

多项细胞培养实验表明，孔隙率的大小不会影响骨肉瘤细胞（Saos-2）和人骨髓基质细胞在纤维表面的直接黏附及增殖（图12.5）。

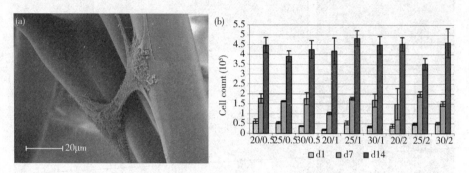

图12.5　壳聚糖纤维表面黏附骨髓基质细胞的SEM图（a）
和不同纤维直径/长度比的细胞增殖数据（b）

在水、Dulbecco改良的Eagle培养基（dMEM）和磷酸盐缓冲的生理盐水（PBS）中储存28天后，支架可保持其几何形状和力学性能。经实验证明，该支架适用于均匀性骨组织缺损。

12.7　均匀混合支架

12.7.1　静电纺丝功能化支架

为了扩大NSN支架结构的功能化表面，可在每层结构之后进行静电纺丝。如图12.6（a）所示，纳米纤维网络遍布支架的内部结构，从而形成一个均匀的层次结构，其中微纤维形成相互连接的孔隙空间，用于细胞生长、迁移和增殖，并提供机械稳定性，而纳米纤维则为细胞黏附提供大的表面。利用壳聚糖微纤维和纳米纤维，可制备具有上述优点的单材料体系。

12.7.2　涂层功能化支架

另一种实现均匀混合支架的方法是纤维的表面涂层。为了充分利用作为细胞外基质主要成分的胶原蛋白，壳聚糖NSN支架可在超声胶原浴中浸涂。胶原蛋白在纤维表面颤动，并产生纳米纤维延伸的涂层。这种均匀的层级结构内表面增大，胶原蛋白为细胞黏附和生长提供了良好的先决条件。纤维纳米化和胶原功能化使纤维的功能表面增加，如图 12.6 （b）所示。

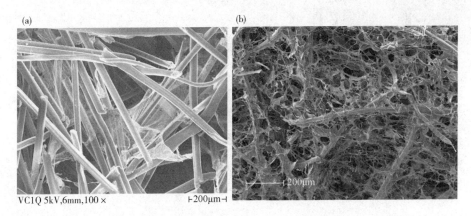

图 12.6 NSN 支架孔隙中广泛分布的纳米纤维网络 （a）
和微米纤维结构表面的骨胶原涂层扫描电镜照片 （b）

12.8 多种组织或不同组织结构的复杂缺损植入治疗

针对多种组织或不同组织结构的复杂缺陷，如骨缺损中的松质和皮质骨组织，植入物需要模拟其所替代的组织功能。但是截至目前尚无可降解的各向异性组装复杂结构投入使用。因此，具有不同组织结构的支架和植入物正处于紧张的研究中。

12.8.1 具有孔径梯度的网格非织造布植入物

在 NSN 工艺中，通过调控工艺参数，包括纤维直径、纤维长度和黏结剂筛选等，能够实现结构孔隙率的调控，获得高孔隙率（90%～99%）。通过每层工艺参数的设置，层层组装技术实现孔径梯度分布 ［图 12.7 （a）和 （b）］，制得层级支架结构，如图 12.7 （c）所示。

这种分层结构支架是一种结构混合体，它将两种不同的形态和性能结合在一个结构中。因此，该复合支架适合在具有不同组织结构的特定类型组织中优先处理复杂缺陷。

12.8.2 具有材料梯度的网格非织造布植入物

克服人体组织边界缺陷的再生需要复杂的混合人工结构。模仿多种类型的组织通常需要不同的材料构建特定组织以适应细胞和营养物质，并在组织生成过程

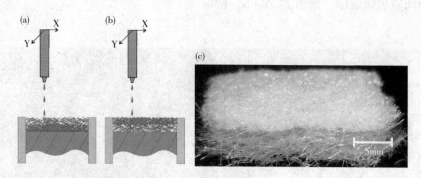

图 12.7　不同孔径梯度的层级纤维结构制备 NSN 技术过程 [（a）和（b）]
和层级支架结构实物（c）

中降解。如上所述，可以将多种纤维加工成 NSN 结构。可在壳聚糖纤维与低浓度
乙酸结合的基础上，利用三氟乙酸将蚕丝蛋白纤维制备成支架结构。通过该技术，
能够实现具有不同功能和结构性质的多区域非均质混合材料的构建。

12.9　管状支架用静电纺丝植入物

12.9.1　静电纺丝用于混合结构合成

　　通过利用不同的材料组成和形态，混合支架可用来复制管状组织和器官复杂
的天然结构和功能。特别是在胃肠道组织工程（TE）中，必须设计支架使各种
不同类型的细胞维持其功能[45]。由于灵活的实验装置，静电纺丝技术可以实现
支架关键性能的调控，如力学性能、孔性能和细胞相容性。因此 ES 广泛应用于
管状混合支架的制备。管状的形状是通过旋转的心轴来实现的，心轴用作纤维收
集电极。

　　上述混合结构可以几种方法来实现[46]。可以将静电纺丝工艺与其他制造技术
（如静电喷雾[47]或水凝胶键合[48]）相结合，以制备多层支架。两种材料可以同时
进行电纺（图 12.8 中的双注射 ES），也可以用不同的注射器进行交替电纺。此外，
双注射器还可用于实现材料[49]及其功能分级[50]或组合[51]。总之，静电纺丝能够
实现管状结构材料的制备、构成和功能的混合。

12.9.2　人造血管用管状支架

　　在再生医学领域，许多潜在的应用需要管状结构，尤其是替代神经和血管以
及整个器官，如气管、食道或其他胃肠道器官，都需要复杂的管状支架。通过纤
维基混合结构可以实现上述支架的制备。相关研究证明，在心血管旁路手术中，

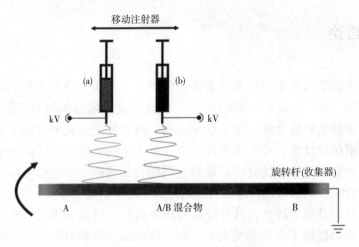

图 12.8 双注射器电纺制备混合结构工作示意图

来自聚对苯二甲酸乙二醇酯（PET）或 ePTFE 的血管假体在直径>6mm 时表现良好，但由于致血栓性和缺乏弹性，不适合小尺寸[52-53]。在旋转收集器进行静电纺丝，通过选择合适的聚合物和溶剂，并根据加工时间设定壁厚，可以制造具有自定义的内径、可调的机械性能和孔隙率的管状结构。通过 PCL 和 CS 的混合电纺，可以制造出不同直径 ［图 12.9（a）[54]］ 和壁厚 ［图 12.9（b）］ 与人类冠状动脉相匹配的血管植入物[54]。电纺 PCL 微纤维具有机械稳定性，而纳米级 CS 纤维能够扩大结构的功能表面，可将 PCL 与 CS 结合形成相互连接的微尺寸网络，如图 12.9（c）[54]所示，为血管组织再生提供了良好的前提条件，增加了人体冠状动脉的机械强度，符合血管组织工程的要求[55]。

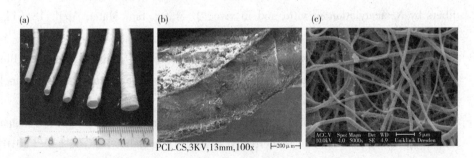

图 12.9 静电纺 PCL/CS 复合微/纳米纤维假体血管：（a）可调血管直径；（b）横截面 SEM 图；（c）微米级静电纺 PCL 纤维和纳米级 CS 纤维复合材料表面形貌

12. 10 结论

用于再生医学的支架和植入物需要多种特性，例如生物相容性和降解性、特定的三维形状、适应负载的机械特性以及模仿待支撑或替换的自然组织的结构。目前，已有多种生物聚合物应用于医学领域，用于加工成支架或植入物。通过熔融纺丝和溶液纺丝技术，可实现多种生物高分子材料在医药领域的大规模纤维合成。生物纺丝和微流体纺丝具有纤维合成周期较长的缺点，但是可单独用于特殊应用材料的合成。纳米级的纤维则可以通过静电纺丝制备。

纤维，特别是纳米纤维，具有很高的比表面积，所以纤维基结构为细胞黏附和界面相互作用提供了大的功能表面，在医疗产品中有较好的应用。此外，纺织支架和植入物能够实现适应负载的设计，并为细胞迁移提供大的、相互连接的孔隙空间，以供应细胞的营养物质或代谢废物的运输。结合纺织工艺或纤维，可以实现不同材料、不同结构性能、不同功能的混合结构。通过 ITM 开发或改良新型纺织技术，出现了更多复杂的、可定制的、适应负载的、可附加功能化的再生医学结构，可用作软骨、骨和血管的再生支架和植入物。

参考文献

［1］M. Rinaudo, Chitin and chitosan: properties and applications, Prog. Polym. Sci. 31 (7) (2006) 603–632.

［2］Y.M. Yang, W. H, X.D. Wang, X.S. Gu, The controlling biodegradation of chitosan fibers by N-acetylation in vitro and in vivo, J. Mater. Sci. Mater. Med. 18 (11) (2007) 2117–2121.

［3］R. Jayakumar, M. Prabaharan, P.T. Sudheesh Kumar, S.V. Nair, H. Tamura, Biomaterials based on chitin and chitosan in wound dressing applications, Biotechnol. Adv. 29 (3) (2011) 322–337.

［4］J.H. Park, G. Saravanakumar, K. Kim, I.C. Kwon, Targeted delivery of low molecular drugs using chitosan and its derivatives, Adv. Drug Deliv. Rev. 62 (1) (2010) 28–41.

［5］N. Bhattarai, J. Gunn, M. Zhang, Chitosan-based hydrogels for controlled, localized drug delivery, Adv. Drug Deliv. Rev. 62 (1) (2010) 83–99.

［6］T.P. Dooley, A.L. Ellis, M. Belousova, D. Petersen, A.A. DeCarlo, Dense chitosan surgical membranes produced by a coincident compression-dehydration process, J.

Biomater. Sci. Polym. Ed. 24 (5) (2013) 621-643.

[7] R. Gu, W. Sun, H. Zhou, Z. Wu, Z. Meng, X. Zhu, Q. Tang, J. Dong, G. Dou, The performance of a fly-larva shell-derived chitosan sponge as an absorbable surgical hemostatic agent, Biomaterials 31 (6) (2010) 1270-1277.

[8] I.-Y. Kim, S.-J. Seo, H.-S. Moon, M.-K. Yoo, I.-Y. Park, B.-C. Kim, C.-S. Cho, Chitosan and its derivatives for tissue engineering applications, Biotechnol. Adv. 26 (1) (2008) 1-21.

[9] N.A. Ayoub, J.E. Garb, R.M. Tinghitella, M.A. Collin, C.Y. Hayashi, Blueprint for a high-performance biomaterial: full-length spider dragline silk genes, PLoS One 2 (6) (2007) e514.

[10] Y. Hu, Q. Zhang, R. You, L. Wang, M. Li, The relationship between secondary structure and biodegradation behavior of silk fibroin scaffolds, Adv. Mater. Sci. Eng. 2012 (6) (2012) 1-5.

[11] B. Kundu, R. Rajkhowa, S.C. Kundu, X. Wang, Silk fibroin biomaterials for tissue regenerations, Adv. Drug Deliv. Rev. 65 (4) (2013) 457-470.

[12] G.H. Kim, S. Ahn, Y.Y. Kim, Y. Cho, W. Chun, Coaxial structured collagen-alginate scaffolds: fabrication, physical properties, and biomedical application for skin tissue regeneration, J. Mater. Chem. 21 (17) (2011) 6165.

[13] L. Ma, Collagen/chitosan porous scaffolds with improved biostability for skin tissue engineering, Biomaterials 24 (26) (2003) 4833-4841.

[14] S.S. Lee, B.J. Huang, S.R. Kaltz, S. Sur, C.J. Newcomb, S.R. Stock, R.N. Shah, S.I. Stupp, Bone regeneration with low dose BMP-2 amplified by biomimetic supramolecular nanofibers within collagen scaffolds, Biomaterials 34 (2) (2013) 452-459.

[15] M. Geiger, Collagen sponges for bone regeneration with rhBMP-2, Adv. Drug Deliv. Rev. 55 (12) (2003) 1613-1629.

[16] W. Friess, Collagen-biomaterial for drug delivery, Eur. J. Pharm. Biopharm. 45 (2) (1998) 113-136.

[17] C.H. Lee, A. Singla, Y. Lee, Biomedical applications of collagen, Int. J. Pharm. 221 (1-2) (2001) 1-22.

[18] R.K. Kulkarni, Polylactic acid for surgical implants, Arch. Surg. 93 (5) (1966) 839-843.

[19] K.L. Gerlach, In-vivo and clinical evaluations of poly(l-lactide) plates and screws for use in maxillofacial traumatology, Clin. Mater. 13 (1e4) (1993) 21-28.

[20] J. Suganuma, H. Alexander, Biological response of intramedullary bone to poly-L-

lactic acid, J. Appl. Biomater. 4（1）（1993）13–27.

[21] M.A. Woodruff, D.W. Hutmacher, The return of a forgotten polymer–polycaprolactone in the 21st century, Prog. Polym. Sci. 35（10）（2010）1217–1256.

[22] B. Wulfhorst, T. Gries, D. Veit, Textile Technology, Carl Hanser Verlag GmbH & Co. KG, Munchen, 2006.

[23] A. Asti, L. Gioglio, Natural and synthetic biodegradable polymers: different scaffolds for cell expansion and tissue formation, Int. J. Artif. Organs 37（3）（2014）187–205.

[24] C.H. Cherif, C.M. Freudenberg, in: Textile Materials for Lightweight Constructions: Technologies–Methods–Materials–Properties, 2015.

[25] S. Ling, L. Zhou, W. Zhou, Z. Shao, X. Chen, Conformation transition kinetics and spinnability of regenerated silk fibroin with glycol, glycerol and polyethylene glycol, Mater. Lett. 81（2012）13–15.

[26] C.S. Ki, K.H. Lee, D.H. Baek, M. Hattori, I.C. Um, D.W. Ihm, Y.H. Park, Dissolution and wet spinning of silk fibroin using phosphoric acid/formic acid mixture solvent system, J. Appl. Polym. Sci. 105（3）（2007）1605–1610.

[27] Y. Hsia, E. Gnesa, R. Pacheco, K. Kohler, F. Jeffery, C. Vierra, Synthetic spider silk production on a laboratory scale, J. Visualized Exp. 65（2012）.

[28] M.L. Siriwardane, K. DeRosa, G. Collins, B.J. Pfister, Controlled formation of cross–linked collagen fibers for neural tissue engineering applications, Biofabrication 6（1）（2014）15012.

[29] M. Meyer, H. Baltzer, K. Schwikal, Collagen fibres by thermoplastic and wet spinning, Mater. Sci. Eng. C 30（8）（2010）1266–1271.

[30] M.Z. Albanna, T.H. Bou–Akl, O. Blowytsky, H.L. Walters, H.W. Matthew, Chitosan fibers with improved biological and mechanical properties for tissue engineering applications, J. Mech. Behav. Biomed. Mater. 20（2013）217–226.

[31] G. Toskas, R. Brunler, H. Hund, R.–D. Hund, M. Hild, D. Aibibu, C. Cherif, Pure chitosan microfibres for biomedical applications, Autex Res. J. 13（4）（2013）.

[32] J.H. Wendorff, S. Agarwal, A. Greiner, Electrospinning. Materials, Processing, and Applications, John Wiley & Sons, Weinheim, Hoboken, NJ, 2012.

[33] M.N. Shuakat, T. Lin, Recent developments in electrospinning of nanofiber yarns, J. Nanosci. Nanotechnol. 14（2）（2014）1389–1408.

[34] N. Goonoo, A. Bhaw–Luximon, D. Jhurry, Drug loading and release from electrospun biodegradable nanofibers, J. Biomed. Nanotechnol. 10（9）（2014）

2173-2199.

[35] X. Hu, S. Liu, G. Zhou, Y. Huang, Z. Xie, X. Jing, Electrospinning of polymeric nanofibers for drug delivery applications, J. Controlled Release 185 (2014) 12-21.

[36] J. Pelipenko, P. Kocbek, J. Kristl, Critical attributes of nanofibers: preparation, drug loading, and tissue regeneration, Int. J. Pharm. 484 (1-2) (2015) 57-74.

[37] B.B. Mandal, S.C. Kundu, Biospinning by silkworms: silk fiber matrices for tissue engineering applications, Acta Biomater. 6 (2) (2010) 360-371.

[38] G.H. Altman, F. Diaz, C. Jakuba, T. Calabro, R.L. Horan, J. Chen, H. Lu, J. Richmond, D.L. Kaplan, Silk-based biomaterials, Biomaterials 24 (3) (2003) 401-416.

[39] Y. Jun, E. Kang, S. Chae, S.-H. Lee, Microfluidic spinning of micro- and nano-scale fibers for tissue engineering, Lab Chip 14 (13) (2014) 2145.

[40] A. Tamayol, M. Akbari, N. Annabi, A. Paul, A. Khademhosseini, D. Juncker, Fiber-based tissue engineering: progress, challenges, and opportunities, Biotechnol. Adv. 31 (5) (2013) 669-687.

[41] H. Onoe, T. Okitsu, A. Itou, M. Kato-Negishi, R. Gojo, D. Kiriya, et al., Metre-long cell-laden microfibres exhibit tissue morphologies and functions, Nat. Mater. 12 (6) (2013) 584-590.

[42] A. Walther, B. Hoyer, A. Springer, B.Mrozik, T. Hanke, C. Cherif, W. Pompe, M. Gelinsky, Novel textile scaffolds generated by flock technology for tissue engineering of bone and cartilage, Materials 5 (12) (2012) 540-557.

[43] D. Aibibu, Biodegradable and Mechanically Stable Elastic Textile Scaffold from a Single Material System (Man-made Fibers Congress). Dornbirn (11.09.2014).

[44] M. Hild, R. Brunler, M. Jager, E. Laourine, L. Scheid, D. Haupt, D. Aibibu, C. Cherif, T. Hanke, Net shape nonwoven: a novel technique for porous three-dimensional nonwoven hybrid scaffolds, Text. Res. J. 84 (10) (2014) 1084-1094.

[45] A. Saxena, Esophagus tissue engineering: designing and crafting the components for the "Hybrid construct" approach, European J. Pediatr. Surg. 24 (03) (2014) 246-262.

[46] A. Hasan, A. Memic, N. Annabi, M. Hossain, A. Paul, M.R. Dokmeci, F. Dehghani, A. Khademhosseini, Electrospun scaffolds for tissue engineering of vascular grafts, Acta Biomater. 10 (1) (2014) 11-25.

[47] A.K. Ekaputra, G.D. Prestwich, S.M. Cool, D.W. Hutmacher, Combining electrospun scaffolds with electrosprayed hydrogels leads to three-dimensional cellularization of hybrid constructs, Biomacromolecules 9 (8) (2008) 2097-2103.

[48] M.B. Browning, D. Dempsey, V. Guiza, S. Becerra, J. Rivera, B. Russell, M. Höök, F. Clubb, M.Miller, T. Fossum, J.F. Dong, A.L. Bergeron,M. Hahn, E. Cosgriff-Hernandez, Multilayer vascular grafts based on collagen-mimetic proteins, Acta Biomater. 8 (3) (2012) 1010-1021.

[49] F. Du, H. Wang, W. Zhao, D. Li, D. Kong, J. Yang, Y. Zhang, Gradient nanofibrous chitosan/poly ε-caprolactone scaffolds as extracellular microenvironments for vascular tissue engineering, Biomaterials 33 (3) (2012) 762-770.

[50] H.G. Sundararaghavan, J.A. Burdick, Gradients with depth in electrospun fibrous scaffolds for directed cell behavior, Biomacromolecules 12 (6) (2011) 2344-2350.

[51] H.-J. Lai, C.-H. Kuan, H.-C. Wu, J.-C. Tsai, T.-M. Chen, D.-J. Hsieh, T.-W. Wang, Tailored design of electrospun composite nanofibers with staged release of multiple angiogenic growth factors for chronic wound healing, Acta Biomater. 10 (10) (2014)4156-4166.

[52] K.M. Sales, H.J. Salacinski, N. Alobaid, M. Mikhail, V. Balakrishnan, A.M. Seifalian, Advancing vascular tissue engineering: the role of stem cell technology, Trends Biotechnol. 23 (9) (2005) 461-467.

[53] K. Torikai, H. Ichikawa, K. Hirakawa, G. Matsumiya, T. Kuratani, S. Iwai, A. Saito, N. Kawaguchi, N. Matsuura, Y. Sawa, A self-renewing, tissue-engineered vascular graft for arterial reconstruction, J. Thorac. Cardiovasc. Surg. 136 (1) (2008) 37-45 e1.

[54] M. Hild, M.F. Al Rez, D. Aibibu, G. Toskas, T. Cheng, E. Laourine, C. Cherif, PCL/Chitosan blended nanofibrous tubes made by dual syringe electrospinning, Autex Res. J.15 (1) (2015) 54-59.

[55] G.A. Holzapfel, G. Sommer, C.T. Gasser, P. Regitnig, Determination of layer-specific mechanical properties of human coronary arteries with nonatherosclerotic intimal thickening and related constitutive modeling, Am. J. Physiol. Heart Circ. Physiol. 289 (5)(2005) H2048-H2058.

13　纤维植入式医疗器械的智能化特点

B. Durand，*C. Marchand*
[1] 法国大学纺织物理与机械实验室（*EA 4365*），埃及开罗
[2] 米特里卡，法国克雷泰伊

13.1　前言

随着世界人口的增长，老龄化问题日益突出。而人体机能随时间会发生不可逆的损伤。目前，全球致力于提高人类健康以对抗身体疾病带来的痛苦。所以，一系列医学治疗方法应运而生，用来预防、治疗和减轻人类疾病。

通过外科手术可以治疗器官的衰竭或破坏。即使人体具有极好的自我再生能力，外科医生也需要使用植入物来帮助修复或替换受损的身体部位。器官移植同种移植和异种移植是首选的治疗方法，但器官捐献是个棘手问题，加上缺乏健康、生物相容性好和持久性的器官，限制了该方法的实施。所以科学家们致力于研究替代性的解决方案，如替代移植的可植入装置。

纤维纺织品在提高植入式医疗设备的效率方面发挥着至关重要的作用。纺织品已用于许多医疗器械，如手术服、创面敷料、口罩、长筒袜等。间断性、方向性和多尺度性是纺织结构的一些基本特征，使纺织结构具有明显的耐磨性，并符合人体对柔软和舒适度的要求。在体内使用时，纺织品具有三个重要优势。

第一，纺织品结构的渗透性，这种渗透性允许通过自身微调实现自身组件与生物环境或外部的交换。纺织结构作为过滤器或屏障，可以根据自身需要防止或促进细胞、营养物质和其他物质从一个界面进入另一个界面。

第二，使用少量纤维就能获得很好的机械强度和耐疲劳强度。刚柔并济的纺织结构能够强化有缺陷的器官，同时可承受反复和持续的压力环境，如血压循环增加。

第三，纺织结构为细胞向内生长提供适当尺寸的支撑，引导并维持开放结构，同时，提供大的表面和多种拓扑结构，为细胞调整表面化学性质制造机会。

鉴于上述特点，纺织品是一种具有吸引力的植入式装置。为了模仿原生组织和器官，必须克服许多相互冲突的限制。如人体是活的，能够对刺激做出反应，可以再生。因此，可植入式设备也能够实现上述功能，才能智能化。正是通过这

种方法，1986 年在欧洲生物材料学会共识会上确定了生物材料的定义，但该定义很宽泛[1]。生物材料本身无生命，但在机械、生物和化学约束下与生物系统相互作用可以实现增强或替代人体的功能。欧洲联盟在条例 93/42/CEE 和 90/385/CEE 中补充了这一定义，目的是规范市场准入和保障安全。根据该分类方法，"活"和"非活"的植入式医疗器械是有区别的。但是目前"活"一词仅指为设备供电，而不是指植入物感知、反应和适应生物系统刺激的能力。因此，对于智能医疗植入设备应该是什么，应该做什么，目前还没有明确且普遍采用的定义。

截至目前，来自于电子纺织品及其电源的挑战对于植入式纺织设备越来越重要，尽管生物燃料电池的开发正在进行中，并且可能在不久的将来用于植入式纺织设备中集成电子网络。如果"活"一词不能由智能植入式纺织设备端确定，则可以从终端用户的角度考虑是否"智能"。因此，创新、改进和新颖性至少应该具备以下几个特点之一：植入物的功能和效率、患者的良好生理条件以及医务人员在植入前、中、后的易用性。然而，现有的医疗技术和器械并不具备上述性能。尽管可植入医疗设备不断改进，但植入物仍然只是天然生物器官和功能的替代品。植入物的主要目的不是用新的功能来改善身体，而仅仅是修复它们。

因此，在纺织医疗器械领域，"智能"的概念与植入物在化学和机械作用下如何与其生物环境相互作用更为相关。智能行为的水平取决于设备的能力，这与机械/生物相容性和生物/生物相容性有关。人体内部植入式设备更好的整合需要不断的界面处理和相互作用。要充分理解对异物的炎症反应，还需要实现医疗设备的生物整合，并生产出与组织的自然机械特性极为相似的材料。为了实现这些目标，需要开发具有传感功能的设备，来感应和执行所需功能。理想的智能设备应该可以调节自身行为来响应环境。

纺织产品是集材料和结构于一体的多功能产品，适用于多种形式和用途的植入。机械性能、不连续性、渗透性、多尺度性、材料广泛性等可调参数为纺织可植入设备工程提供无限可能性。根据纤维的形貌、材料的化学性质和结构的力学行为，可以促进细胞的生长、分化和增殖，最终产生一种新的细胞外基质和新组织，使移植物在其中实现完全生物整合。该目标的实现受到人们对纺织品设计和植入设备要求的正确理解的限制。满足所有要求的植入式设备通常是由多个技能领域的合作产生的，如材料科学、医学、电子学、化学和细胞生物学等多个学科，必须合作来确定由所需的医学应用控制的设备设计过程。因此，纺织科学是可植入医疗设备成功的关键因素之一（图 13.1），但其贡献程度取决于具体情况。

基于这个原因，本章从生物相容性的观点出发来讨论纤维结构对更智能、可植入式医疗器械的贡献特征。首先探讨纺织品的结构特点，以了解如何在多尺度水平上更接近本体结构和机械行为的模拟转变。然后研究材料的生物和化学特性，确定其中哪些将是更好的生物整合基础，以改善第一代植入式医疗器械的化学惰

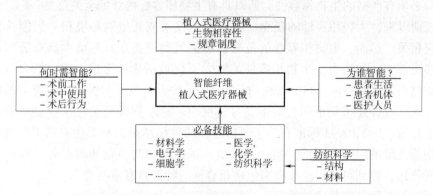

图 13.1　纺织科学对智能纤维植入医疗设备设计的贡献

性和非细胞毒性。这两种方法密不可分，但理想的植入式医疗器械设计过程很难协调。组织工程遵循上述混合概念，无论植入物是在生物反应器中培养还是原位培养，使用永久性还是非永久性纤维支架，可作为可植入医疗设备制造中的一个附加步骤图。

自用于外科手术的缝合线开始，植入式纺织品已经变得越来越多，并逐步升级，具有某种智能特性以满足特定的需求。生物相容性是限制纺织品结构和材料范围的关键参数。科学家们目前仍努力开发相关的技术与产品，不仅限于具有监测或传输功能的纺织品植入物，以期推动智能纺织品医疗设备的应用。

13.2　纤维植入装置的结构生物相容性

到目前为止，有很多医疗器械都含有纤维材料。除了与材料有关外，一方面归因于材料的多样性以及这些设备旨在解决的各种病理学问题，另一方面归因于众多的纺织工艺。事实上，由于纺织工艺的发展，纤维可以作为单元或以内聚结构形式使用，能够在或多或少的各向异性结构中，甚至在单向、双向或三维结构中调节和控制所获得的结构特征。

新的纺织专用工艺不断被开发[2]。这些都是定制的，以满足植入式设备的特定需求，根据每种应用的生物环境而具有独立性。例如，旨在诱导和促进成骨的纤维结构与必须承受脉动血流和血压的纤维结构的要求有所不同。

设计"智能"纤维植入装置应该深入了解病理学和纺织品基础知识，将这些数据联系起来，并结合新的工程技术制定治疗策略。

因此，智能纺织植入设备并不能通过案例研究来解决，因为智能设备的例子可能会缩小整个纺织植入设备领域的范围和数据分析。然而，所有的植入式纺织设备都必须有严格的生物相容性，所以具有生物相容性的纤维至关重要。

长期以来，生物相容性的概念一直与植入设备或其生物环境相关的惰性和不良反应相关。然而，生物相容性的范畴已经扩展到设备在其环境中具有适当行为并能够正常工作的能力。生物相容性的概念不仅包括化学毒性，还包括人体对植入生物材料的所有反应。ISO 10993 标准旨在保护人类免受与医疗仪器有关的潜在危险，该标准详述了几乎所有的不良身体反应。这个标准只关注医疗设备的安全性而非疗效。ISO 10993 标准有助于评估潜在的破坏结果，却无法辨别出导致植入物成功或失败的因素。因此，检测纤维植入医疗器械与生物环境在各尺度水平上的相互作用，得到可能促进或损害生物相容性的特征具有重要意义。

可根据不同细胞反应的类型，将刺激细胞反应的结构水平分为三类：

（1）超结构是指支架的整体形状，具有纺织结构和材料的固有特性。该尺度水平允许描述设备在其环境中的整体功能。

（2）微观结构是指表面的细胞层次结构。该尺度水平可表征细胞在表面的扩散。

（3）纳米结构是指表面的亚细胞层次结构。该尺度水平是指受单一因素诱导的细胞反应和细胞传播。

随着纤维植入医疗器械领域的发展，这三个尺度水平的重要性逐渐显现出来。人造血管的进化就是一个典型的例子。这些医疗设备是在 20 世纪 50 年代开始发展的，后续进步很快。目前，人造血管仍存在一些不足，相关研究仍在进行当中。

通过机织或针织的方法，合成血管移植物的目的是替代固有的缺陷血管，并提供一个新的自由内腔来维持血液流动。管状机织紧密性结构凭借其良好的机械性能首先被用于支撑高压梯度和脉动压力波。多孔针织结构具有弯曲能力，能模拟动脉管壁的自然顺应性。事实上，天然组织，包括能够收缩和放松的平滑肌细胞，可在化学因素的影响下实现血管扩张和收缩。因此人们提出了人工假体顺应性不匹配导致吻合口内膜增生过程的大胆假设。

此外，合成物移植的失败案例引起了人们对细胞黏附、迁移和增殖过程的注意，如小口径人造血管（<6mm）存在管腔闭塞风险，长期疗效较差（移植五年后血管腔闭塞率从 12% 增加至 39%）[3-4]。

为了确定拓扑结构并为细胞黏附和增殖创造有利条件，对代替物的内、外表面进行了相关研究。值得注意的是，纤维结构的高比表面积和结构孔隙率促进了细胞的黏附和营养物质的转运。然而，纤维、孔隙和细胞之间的空间不连贯性导致内壁表面聚集而不是形成新的内皮细胞。在亚细胞水平上纤维结构的调整使得内皮细胞跨越纤维间质，而这些纤维间质是细胞迁移的屏障。

人造血管装置的例子代表了纤维植入医疗装置的发展，并凸显出各尺度层面上纤维结构在生物相容性改善方面的巨大潜力。纤维和整个纤维结构应被视为植入式装置，具有与生物环境在三个预定尺度水平上相互作用的固有能力。研究纤维、纤维表面和纤维体积的特征及特异性，可为设计和实现智能医用植入式纺织器件提供更具前瞻性的方法。

13.2.1　纤维

13.2.1.1　定义

纤维，短纤维或连续纤维，是组成织物结构的基本单元。对其准确描述有助于全面理解纤维设备。

对纺织纤维来说，其长径比必须在 1000 以上。

天然纤维、再生纤维和合成纤维具有圆形或设定的截面形状。纤维可以在整个长度上弯曲，产生较大的三维体积结构，而非直线排列。纤维表面具有延伸性，比表面积大（表 13.1）。这种表面也可能具有亚细胞水平上可感知的拓扑特征，如表面纹理处理。纤维通常根据其线密度来分类，其线密度可以用特克斯（tex）［企业中习惯用旦尼尔（D）］来表示。

表 13.1　纤维的截面和形貌示例

纤维种类	纤维名称	纤维特点	纵横截面形态
天然纤维	棉	扁平，椭圆形，卷曲	
	蚕丝	三角形	
	羊毛	圆形，重叠的鳞片	

续表

纤维种类	纤维名称	纤维特点	纵横截面形态
天然纤维	木棉	中空，圆形，平滑	
合成纤维	醋酯纤维，黏胶纤维，腈纶，尼龙，人造棉，涤纶，碳纤维……	高度可调：从圆形、光滑、均匀到小叶状、扁平、星形、锯齿状、条纹状等	

与纤维有关的力学性能可以从上述几何描述中直接得到，纤维凭借其牵伸方向上的强度优势被广泛使用。纤维很细，因此具有很高的韧性和较低的弯曲模量，可以在软环境中使用。当纤维达到纳米尺度时，其韧性会大大提高。从纤维的典型应力/应变曲线上看，低应力水平对应无卷曲区域，然后是对应弹性行为的线性区域，然后是屈服点，直至极限强度和断点。

纤维的主要特性决定了织物结构的性能。为了提高可植入纤维器件的生物相容性，这些主要属性必须与纤维器件植入所诱导的生物反应相关。

13.2.1.2　生物相容性增强纤维特性

（1）交换表面积和诱导细胞向内生长。纤维对医疗器械设计的重要意义是，纤维可向生物环境提供巨大的交换表面。例如，与多孔溶剂型支架相比，纤维植入医疗器械的比表面积大大提高。纤维界面的可交换性已经成为可植入器件设计和生物相容性优化的重要参数。潜在的相互作用可以从纤维表面作用到生物环境，如化学释放。但这些也应该理解为生物环境与植入物在界面表面的物质相互交换。接下来着重介绍生物环境与纤维结构的相互作用。

①吸附。考虑到生物环境，每个植入式装置提供可吸附周围生物液体的表面。与其他多孔材料结构相比，纤维的高比表面积能够将更多的液体吸附到人造"支架"上。细胞附着直接受表面吸附量的影响，细胞黏附量/植入物的质量比更高。细胞黏附在医疗器械上是其成功生物整合的重要阶段。这种纤维结构能促进细胞黏附的强烈倾向，必须与医疗器械的设计过程相结合，以达到预期的目的。例如，组织工程支架上需要显著的细胞黏附，一些医疗器械的纤维接口需要通过组织向内生长实现在周边生物环境的锚定，或者促进止血。事实上，纳米纤维支架在24h后吸附的蛋白质是铸膜支架的16倍，这与两种支架结构的比表面值大致相关[5]。

纤维植入设备的功能化可以满足生物环境的特定需求，需要将纤维的微观结构和纳米结构与目标黏附细胞的尺度相关联。由于细胞黏附发生在纤维长度方向上，所以需要对纤维直径进行优化以保证较高的吸附比表面积；同时调整细胞尺寸，可以从纳米到数百微米不等。目前，纤维加工技术可以覆盖这一范围，静电纺丝工艺可以提供直径从毫米（缝合纤维）到纳米的可植入纤维（图 13.2）。

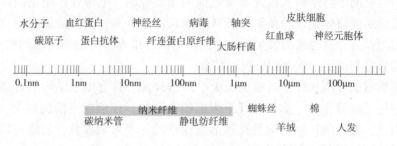

图 13.2　生物细胞与纤维直径的尺寸对比图

栓塞线圈是一种高比表面积的纤维植入医疗设备，它用于许多动脉瘤、周围病变出血和动静脉畸形的血管内治疗。通过导管将细线圈穿入大脑受损区域，填充受损血管。一旦到位，身体会做出反应，在线圈周围形成一个血块，进一步降低压力和血管破裂的风险。

该设备是软性金属线圈（图 13.3），具有直线或卷曲状的 3D 结构，可以最大限度地暴露在血管腔内，从而阻断血液流动。它们利用特殊结构（螺旋状）中长丝独特的低弯曲刚度特性来填充血管区域，同时也利用长丝的高外表面积来诱导血块形成。这些金属细丝本身就是一种装置，无须融入其他交错结构中就能够作为植入物使用。

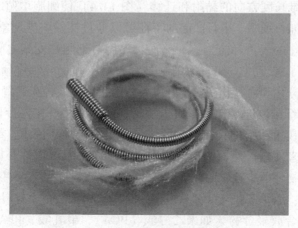

图 13.3　栓塞线圈植入物实物照片

该设备大多与柔韧卷曲的合成纤维相结合，聚合物纤维容易导致血栓形成和血管闭塞。微丝，通常是尼龙和PGLA纤维，通过线圈缠绕，以确保它们的安全性并保持线圈的包装体积。这些合成纤维的高比表面积有助于最大限度地实现血液促凝，增强早期止血和细胞附着。

②纤维毛细管作用。除纤维的高比表面积改善生物液体的吸附外，纤维的毛细管作用也有助于纤维植入医疗器械表面的细胞黏附。毛细管作用是固体中的孔隙通过接触实现液体输送，使组织液从湿端移动至干端。流体的输送动力学是由液体的表面张力和接触角的余弦值决定的。毛细纤维本身与毛细纤维结构有区别，毛细结构直接与纤维的截面和形貌相联系。

与圆形截面纤维相比，微通道较大、沟槽较深、具有中空结构的纤维和长丝具有更好的毛细管作用，除了在纤维表面的吸附外，还能促进细胞黏附、浸润和迁移。因此，纤维的拓扑结构是控制细胞迁移的一个可调参数，它既可以促进细胞迁移，也可以限制细胞迁移。

基于以上考虑，当涉及生物环境与外界的交换时，圆形截面纤维在缝合线或装置中的应用更具备优势。较低的毛细管作用降低了缝线从外部携带和传播细菌到受伤组织深层的能力，最大限度地减少了感染源的传播[6]。相反，复合缝合线或装置增强其毛细管作用，从而促进微生物的运输和传播。由于纤维间的空隙疏松，液体很容易沿着缝合线流动。这种毛细管作用与纤维截面本身无关，而是与纤维之间形成通道的纱线结构有关[7-8]。

③纤维的方向和引导迁移。纤维可促进细胞的黏附、迁移和扩散，有利于医疗器械更好地融入生物环境，而不是阻止细菌的传播。事实上，随着机体对异物植入的反应和细胞在体内的黏附，新形成组织的可持续性受到细胞分化和表达能力的限制。

细胞沿着纤维长度方向的黏附和迁移（图13.4）使细胞增殖定向到纤维指定的优先方向。例如，线状、平行凸起的特征可以通过接触引导现象引导细胞定向，增强成骨细胞分化的表型标志物[9]。然而，人们对细胞和支架之间的特定相互作用仍知之甚少。了解促进支架表面细胞黏附、增殖和引导细胞播散的具体细节，以及细胞浸润、分化和血管化，对于开发更好的生物集成植入装置至关重要。

（2）嵌入的纤维改进了初始基质生物材料。在众多纤维医疗器械中，尽管纤维植入物的形态和拓扑结构具有较大的优势，但由于加工困难，纤维只能作为植入物的部分组成来使用。然而，在基质中嵌入纤维单元可以弥补原有设备的缺点并降低器械在生物环境中迁移的风险。

①增强基体：组织工程支架。有些生物材料，如天然衍生材料（如I型胶原蛋白、藻酸盐）或合成聚合物［如聚乙醇酸（PGA）、聚乳酸（PLA）］，通常作为三维支架用于组织工程中。其主要功能是控制新组织的几何形状和体积，促进细

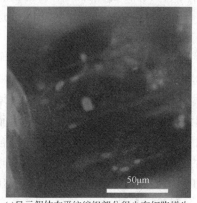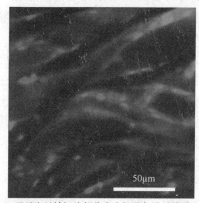

(a)显示假体在平纹编织部分很少有细胞增生　　(b)显示在丝绒切片部分内皮细胞仅沿纤维增生，
　　　　　　　　　　　　　　　　　　　　　　　　纤维间连接很少

图 13.4　用罗丹明—鬼笔毒环肽和 DAPI 染色的内皮细胞在生物材料编织/丝绒样本上
增殖 5 天后的荧光显微照片[10]

胞的埋置。遗憾的是，这些支架的完整性较差，通常无法承受要替换的原生组织的机械环境。由于纤维可以提供柔性的高表面积，故纤维增强是解决组织支架力学增强的一种理想策略。基体中融合纤维来制备复合生物材料。一方面，嵌入纤维可通过其拓扑构象显著促进细胞地黏附；另一方面，嵌入纤维可提高支架的机械性能。

模拟原生组织的力学性能是促进生物整合及替代物功能的前提。纤维与生物基体的结合使得组合物具有不均匀性、各向异性、非线性和黏弹性的特征。基体与复合材料中纤维的界面结合后可以通过改变嵌入纤维的数量和方向来调整其力学性能，以适应硬或软组织替代物的用途。纤维能够对整个纤维结构的力学性能产生影响。为构建有效的复合纤维生物材料，首先必须考虑和控制纤维的主方向。

通过单轴定向排列，纤维可以提高承载压缩载荷的支架的机械强度。例如，可以优化压缩模量和屈服强度，满足天然关节软骨非均匀和深度依赖性软骨支架材料的关键要求[11]。

此外，纤维植入支架的力学性能不仅与其生物环境的替代整体行为有关，还与其完整性、坚固和稳定性有关。植入纤维有助于在植入期间保持初始几何形状，避免植入后几周内发生翘曲。预埋纤维还有助于克服脆性基体和低应力开裂的缺点。通过适当的临界纤维长度和能量/应力沿纤维在基体中的传递，能实现更好的纤维增强效果[12]。

②纤维增强基体与复合材料。纤维增强生物材料的目标是细胞培养、细胞浸润，然后形成人体内新组织。除此之外，纤维增强生物材料具有比汽车和航空工

业中的复合材料更多的结构功能。根据材料的结构和性能，嵌入聚合物基质中的纤维可以取代不锈钢和钛等传统生物材料。只有纤维增强复合材料才能够达到足够高的机械强度。

除了具有力学性能的优势外，纤维增强植入物相对于替代材料的另一个优势是其医学成像特性，这间接地提高了其生物相容性。这种生物相容性与生物整合的评估相关联，而非生物整合本身。与金属替代物的医学成像相比，纤维增强生物材料在 X 射线下的透明度高，不影响其附近器官和组织成像（图 13.5），而且计算机断层扫描和磁共振成像技术都可以使用。植入物在其生物环境中的融合（或生物整合）可以很容易地通过成像进行评估，并且不会损害或限制其他邻近生物功能的控制。碳纤维加压聚醚醚酮（CFR-PEEK）是一种复合生物材料，历史上曾用于脊椎笼、骨固定螺钉，近期则多用于骨科植入物[13]。

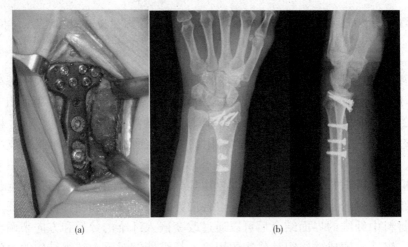

(a)　　　　　　　　　　　　　(b)

图 13.5　手术中使用 CFR-PEEK 种植体观察桡骨远端骨折，
3 个月时 X 射线检查显示该材料无伪影[14]

在承压条件下考虑的纤维增强复合材料的另一个特征可能是提高了设备的结构完整性和稳定性。在基体中嵌入纤维可以通过界面结合提高黏结性，减少磨损颗粒的体积。例如，CFR-PEEK 在骨科植入物、髋关节髋臼杯、膝关节置换术中常用作关节面。骨科生物材料的磨损导致颗粒的释放和诱导骨溶解。碳颗粒的损失和聚醚醚酮颗粒的损失已经在高磨损率和低磨损率的时期显示出来，但碳纤维—聚醚醚酮轴承的总体磨损比以前记录的实验值低。这些结果有助于克服磨粒诱导骨溶解失败的问题，有助于减少进行修正手术的需要。

③纤维独立组件。当纤维具有足够的长度时，可以考虑作为单独的植入式医疗设备使用。单丝以其最基本的形式使用，通常承受拉伸和弯曲应力，以便同时形成两个或两个以上的天然组织/器官边缘，例如伤口或胸骨闭合。

缝合熟练程度与缝合针、缝合大小、缝合材料等因素有关。缝合线结构也与缝合的物理性能和可操作性能有关。缝线缝合的特征包括打结强度、断裂强度、断裂伸长率、弹性模量、弯曲刚度、蠕变、摩擦、膨胀和毛细管作用等。在缝线良好锚定的前提下，这些参数决定了愈合过程中的力学稳定性。

a. 机械应力分布。为了发挥作用，单纤维丝必须锚定于生物环境中。打结是外科医生公认的固定光滑缝合材料的有效手段。但是，打结会造成打结处张力不等的负担，使得张力沿缝合线长度非均匀分布。然后，生物组织内/跨生物组织出现不均匀的张力分布，可能影响愈合过程、使组织变形和对异物的明显炎症反应。

单纤维丝表面的形态改变有助于越过缝合线向组织输入更为离散的张力分布。免打结提高了真皮下缝合的潜力，减少疤痕组织和感染的风险，避免潜在的毛细血管现象。此外，在愈合过程中保持最小的残余张力和压力可以提高愈合的速度和质量。Coviden 和 Angiotech 制药公司开发了一种在单纤维丝长度上采用柔软但数量众多且分布规律的锚定方式。单丝和双向带刺缝线通过微加工获得，具有真皮组织承载能力，可以应用于美容及妇产科[15-16]。

除了美容手术中的优点和减少感染的风险，这些带刺缝线还可以应用于缺乏触觉反馈的程序的缝合，如机器人腹腔镜手术，还可减少组织后坐力并提供更多的水封。

b. 传感器和生物活性。皮下缝合以及消除纤维毛细现象是目前已知的两种在缝合应用中降低带刺缝合入针风险的方法。药物释放是另一种对抗感染的方法，利用单丝缝合线的高比表面可以包含高比例的嵌入式药物。但是，与其被动地保护自己不受细菌和污染的侵害，不如加入一些能对感染做出积极反应的功能。纤维中植入传感器，其反应特性能够检测到与病理临床表现相关的症状，并通过适当的输入做出反应。

例如，温度升高既是一个可以被温度电极检测到的信号，也是一个可以通过金/金属线的电流控制的输入。因此可以设计电子条缝线来感应感染引起的温度升高，并在可控的温度触发下通过药物释放做出反应。目前最大的问题是如何在硅片脆性的情况下，使缝合线具有足够的柔性并保证较低抗弯刚度的弹性[17]。

13.2.2　黏结纤维结构

纤维因为具有许多特殊性能，因此很好地应用于植入式纺织医疗器械的设计中。但对于单丝来说，纤维通常需要在结构中组装起来才能利用。要想承受纺织过程和/或处理过程，纤维需要具有很好的内聚力。

内聚力可以通过纤维包埋在水凝胶等基质中实现，纤维在复合结构中起到加固作用。纤维交织是另一种产生黏结纤维结构的常见方法。无论是通过环锭纺丝得到的纤维间的黏合，还是针刺非织造布等纤维间的机械缠结，这些黏合后的纤维结构都表现出新的物理性质，增加了纤维的特征。为了提高生物相容性，在植入式纺织医疗器械的设计中必须考虑这些附加特性。

13.2.2.1　定义

纤维是柔性的、力学性能强的一维结构，其可以被转换成二维和三维柔性结构，如韧带、机织物、非织造网和膜。纤维组装过程的产物是纤维间摩擦产生的具有大量黏结性的不连续结构。目前的纤维组装技术，包括环锭纺、织造、编织、熔融纺、电纺、3D打印等，都可以有效实现纤维的交织。

这些纤维交织结构的不连续使其具有独特的"悬垂"和柔性特征。纤维的线密度越低，交错纤维结构的抗弯刚度越低，二者具有平方比关系。纤维的大比表面积，是提高生物相容性的有利因素，也使得纤维间接受到更多来自横向的压力，有助于提高纤维间的凝聚力，增强结构的强度，并有助于更好地发挥其毛细管作用。此外，交错纤维的不连续性也提供了开放的多孔结构，其中孔隙大小和连通性受纤维组装过程影响。合成的纤维网络至少是二维多孔结构，微观上更普遍的是三维多孔结构。在宏观层面上，交错的纤维可以创造出二维和三维的支架，其外表面延伸超过纤维尺寸。

所有这些与纤维黏结结构有关的特征决定了整个织物结构的最终性能。为了评估纤维黏合性对植入式医疗器械的影响，交织纤维结构的每一个特征都必须与其相关的生物反应相关。

13.2.2.2　黏结纤维结构的生物相容性增强特征

非连续性是由纤维交织而成的纤维结构的基础，这意味着可以利用一些特性来促进植入式医疗设备的生物相容性。

（1）不连续纤维网络。

①细胞外基质模拟：细胞支持。天然组织由细胞外基质（ECM）组成，它通过为细胞附着、增殖、迁移和分化提供结构和生化条件来支持细胞。ECM是非细胞成分，由胶原蛋白和弹性蛋白样纤维组成。采用纤维状不连续结构有助于在组织替代设计中模拟ECM。

胶原蛋白和弹性蛋白均为蛋白质。胶原蛋白是各种软组织中主要的承载力成分，而弹性蛋白可以被拉伸到大约2.5倍的初始长度。根据胶原蛋白和弹性蛋白的含量，ECM可以存在从软组织到硬骨组织不同程度的刚度和弹性，并可以指导细胞分化。

通过调整有序纤维结构模拟自然组织结构是常用的提高生物相容性和诱导新组织的组织工程手段。纳米结构的拓扑结构位于ECM组件内，并提供与人类细胞的结缔组织类似的纳米纤维结构。组织工程的最终目标是能够创造具有代谢活性的新结构，包括诱导细胞分化和表型表达的能力。纤维支架可以用来运输和移植细胞。对于自体移植物移植，移植物组织可能发生快速变性和ECM破坏，导致功能恢复不良。组织载体为细胞提供了一个人工支架，实现初始 ECM 分解及新 ECM 再生之前的细胞迁移[18]。例如，静电纺丝制备的纤维支架是一种有效的脂肪片段载体，作为一种生物人工移植物，在细胞培养液中可维持长达 4 周的细胞活性。

②细胞外基质模拟：应力—应变行为和顺应性。另一种方法不是致力于结构研究，而是着眼于建立与 ECM 具备类似的力学特性，这些似乎在细胞分化过程中至关重要，尤其是由平滑肌细胞组成的组织收缩或放松取决于化学刺激。研究发现，血管组织收缩性疏松首先导致血管壁扩张，其次导致内皮细胞功能障碍，最后导致动脉粥样硬化，游离腔明显减少。因此，有一种假设认为，如果纤维支架的力学特性不能模拟原生组织的力学特性，尤其是原生血管壁的顺应性，就无法实现新生组织的活力。

顺应性是指一种天然软组织在压力变化下适应其体积的能力。纤维与纱线交织模式中，纤维结构具有特定的应力—应变行为，在低负荷时纤维开始润胀，在高负荷时纤维增强。纤维组织的应力—应变曲线与软组织的应力—应变曲线相似，可以模拟 ECM。

然而，纤维结构应调整到适当范围，且必须采取措施预防黏弹性行为。事实上，与健康动脉相比，血管代用品的测量依从性较低（图 13.6），且在几个充电周期后迅速下降[19]。

③纤维网络/压缩性。根据纤维网络的不连续性，纤维组装的器件具有高度柔性和模拟软组织的能力。一方面，纤维间的自由相对运动有助于保持较低的收敛于纤维单元的宏观结构弯曲模量；另一方面，纤维间的自由相对运动使得结构在扩展构型下从较高的宏观占据体积中压缩，且对纤维单元造成的压缩损伤最小。尽管替代品的可压缩性与细胞在具有最佳反应的生物环境中融合没有直接关系，但这一特性使微创手术能够改善患者的伤口愈合和康复。替代物可以在输送系统中加载到压缩状态，并通过最小的皮肤切口或自然通道输送到植入位置，然后展开和锚定。介入性血管和心血管系统是这类设备的忠实用户。心房附件闭塞器、内血管主动脉血管假体、食管、腹膜前疝修补网片都是交织纤维替代品的有效实例，使用编织、针织、织造和其他纺织技术可以实现最小尺寸的几乎无损伤植入。

（2）由不连续导致的开放孔隙。高孔隙度和孔隙互连性是交织纤维基结构的直接结果。为了与纤维的高表面比相平衡，这些结构特点极大地促进了纺织替代品的生物整合。孔的大小和孔的互连性是决定细胞渗透和在支架内或整个支架中迁移的关键参数。

①营养物质的运输、活细胞的培养和渗透。为了达到组织再生的目的，在可吸收支架和永久支架上形成细胞生存所需的营养物质、氧气和代谢物的输送通道。在原生组织中，这种传递通过毛细血管网络的薄壁进行[21]。

支架设计往往仅限于外观形貌的复制，但缺乏必要的运输网络来复制传送。

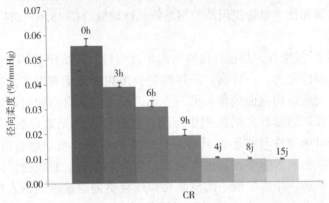

图 13.6　在三个放大倍数（×30，×100，×200）下的 SEM 照片和针织假肢结构
经历了 $t=0$（a），$t=8$ 天（b），$t=15$ 天（c）脉动的循环荷载
后的径向变化，其结构变得松散，纱线有轻微突出[20]

没有这种能力，大多数组织工程策略都局限于扩散和小型支架。事实上，支架周围的细胞繁殖会消耗或阻止氧气和营养物质扩散到支架内部[22]。

为了提高细胞穿透支架的能力，研究了孔隙结构，从而使整个支架的扩散和交换最大化。例如，通过盐浸技术获得的多孔结构有利于细胞播种，但扩散系数有限。通过纤维结构中不连续的纤维交错和完全连通的孔隙的打开，促进整个结构的扩散，并使细胞迁移并在结构内部的高纤维表面上实现增殖。孔隙度和孔隙间连通性能促进细胞穿透支架，使接种密度高且均匀，有助于血管形成和新组织的形成。

Narashima[23]提出了一种类似的方法来模拟毛细血管网络并克服大组织结构内扩散的限制。中空纤维膜集成在组织工程支架内，在体外培养过程中，通过纤维壁提供所需的营养和气体，然后与宿主血管相连接，成为植入物的功能性灌注网络。

②渗透性细胞呼吸及气体渗透。通过纤维多孔结构进行扩散提供渗透性、细胞呼吸和气体渗透。这些特性非常适合于皮肤界面。静电纺丝的纳米纤维膜已被证明在伤口渗出液方面是有效的，它不会在伤口表面形成，也不会导致伤口干燥。透氧、水分蒸发和毛细血管促进液体引流有助于伤口愈合，增加上皮生长速率，形成良好的真皮组织[24]。

③阻碍渗透/入侵。当细胞浸润支架用于血管新生和组织工程时，非浸润或有限浸润也应加以控制。根据替代目的的不同，细胞在整个支架内的迁移可能会导致严重的不良现象。不良现象如微生物入侵、不受控制的细胞排列以及厚纤维囊的向内生长都会引起织物膜变硬，与组织的意外黏附以及临近软组织的机械损伤，这些都与高毛细作用和孔隙度有关。

通过使用超细纤维和高的纤维密度，可以降低纤维结构的孔隙率，抑制替代纤维结构内的细胞向内生长。电纺膜的致密纤维网络是细胞进入的屏障，可以作为一种疾病治疗的免疫隔离策略而被用于胰岛治疗[25]。动物实验已经证明了电纺丝囊的有效性，它可以防止细胞迁移到腔内而不形成厚的纤维囊[26]。

13.2.3 纤维结构规模化、模式化

纤维交织过程中可以获得黏性纤维结构，表现出作为植入式医疗设备改善生物相容性的显著优势。然而，这些纤维内聚结构特征可能需要进一步规划和组织，以更好地匹配应用。这些调整大多与纺织工艺有关。除了简单的黏性纤维结构外，纺织工艺还可以帮助控制纤维的尺寸、取向和物理性能。

13.2.3.1 定义

大多数智能纺织品结构都是由纤维和纱线以一定的组织方式和方向交织而成。控制纤维和纱线的分布和取向，为生成各种纺织品结构和性能提供了空间，从而优化其结构。纺纱、机织和针织是常见的纺织工艺，具有可调的一维到三维结构。纺织加工可能产生的影响是多方面的。

通过纺织加工得到三维结构通常由三到四个连续的步骤来实现，从纤维到纱线，从纱线到三维结构，常用方法有3D打印和纤维组分的3D沉积。虽然这不是获得理想结构和优化结构的唯一途径，但它指出了控制纤维结构的关键参数。需要对织物的纤维取向、分布和面密度以及纤维本身的性质和交织模式进行控制。

如前所述，纤维及其结构的生物相容性特征及结构参数都可以进行特定的调整与控制，如用于细胞诱导的纤维取向。甚至可以调整其相关特性，如用于改善力学性能的纤维取向。在为细胞培养提供理想的结构支架的同时，再现自然组织的各向异性、不均匀性、非线性和黏弹性的最终目标是指日可待的。

13.2.3.2 有序排列纤维结构的生物相容性增强

（1）细胞培养。纤维支架通常与组织工程联系在一起，其目的是复制缺陷组织的细胞外基质结构，从而促进细胞与生物材料的相互作用，保证足够的气体、营养物质和调节因子的运输，以促进细胞生长。

①定标。定标和取向是这些纤维支架结构的两个相互依赖的参数。这两个参数对新组织的生长有很大的影响，但应根据应用要求加以平衡。

例如，从体外和体内的结果来看，低孔隙率可以改善成骨和促进细胞聚集，导致结构孔隙率低和血管新生受限。

同样，10μm 直径的纤维不能使内皮细胞在替代血管壁上表面增殖，而使细胞增殖并聚集在纤维长度方向上。任意纳米尺度的纤维结构可以使内皮细胞更好地表面增殖，在纤维间隙传递及表达（图13.7）。

细胞外基质成分的纳米级结构激发了人们对纳米级拓扑学的极大兴趣。纳米纤维的发展提高了支架的制造范围，使其有可能在纳米尺寸上模仿天然人体组织的结构。电纺支架的尺寸在涉及细胞附着、铺展和迁移的 ECM 组分（组织蛋白和多糖）范围内，包括纤维连接蛋白原纤维（约100nm）、肌动蛋白丝和神经丝（10nm），这些成分参与细胞的附着、扩散和迁移。通过控制电纺纳米纤维的取向和结构，可以使支架与预期的替代组织相

(a)

(b)
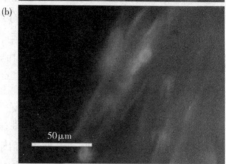

(c)
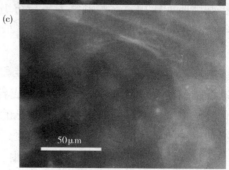

图13.7 用 DAPI 和罗丹明-鬼笔毒环肽标记的内皮细胞增殖分裂48h后的荧光显微镜照片（×600）[27]

匹配[28]。

②取向。在神经导管替代工程的特殊情况下，平行分布的纤维定向正确地排布，可以通过表面接触引导轴突扩展和雪旺细胞生长，而不渗透到内部网络，只是渗入随机的纤维网络。

事实上，在神经生物学中需要克服的三个最重要的原则是缺乏新的神经元、中枢神经系统内的轴突生长以及它们之间的连结。一种策略是在生物材料的作用下，提供适当的环境，提高新生细胞的存活率，促进轴突的再生，并建立功能上的有效连接。拓扑结构是影响轴突引导和生长的一个因素。据推测，基质的各向异性可以导致快速且定向的再生，并按照一个特定的方向引导生长。纳米纤维技术的目的在于构建三维结构或支架，而不是简单的表面形貌或粗糙度。通过静电纺丝参数的调控可实现多种纤维形貌的设计，包括随机排列的纤维和更复杂和精确的结构。

在高度排列的纳米纤维基底中，虽然有研究表明错位纤维的存在阻碍了神经突起的延伸，但突起的生长比随机纤维长 20%[29-30]。

轴突的排列和生长与凹槽深度呈正相关，细胞体被限制于凹槽，避免了凹槽之间的神经交叉。因此，纤维的尺寸参数、方向、孔隙度和拓扑结构需要匹配神经导丝再生的要求，具体来说，通道的宽度必须足够宽，以容纳神经元胞体，但又不能太宽，否则神经突过度分枝，产生神经元双极和定向结构。这些发现取决于细胞不同部位的大小：神经元胞体在 $10\sim20\mu m$ 范围内，生长锥在 $5\mu m$ 左右，而轴突和局灶性粘连的大小为 $1\sim3\mu m$。

类似地，在聚吡咯基质上形成的纤维网络（直径约 700nm）上测试的胚胎肾细胞显示出明显的排列和定向，纤维网络间距为 $20\mu m$，而不是 $100\mu m$，并且在其他基质中未观察到细胞定向[31]。但是，对于正方形网格和平行网格，当光纤之间的间距减小时，单元扩展会减小。

Correa-Duarte 等[32]研究了排列整齐的多壁碳纳米管（MWCNT）对小鼠成纤细胞黏附和增殖的影响。通过酸处理功能化在硅基板上生长的取向 MWCNT，并根据取向 MWCNT 的长度，决定由相互连接的纳米管和蜂窝状多边形或金字塔状结构组成的表面形态（图 13.8）。MWCNT 是具有潜力的组织工程支架材料。研究发现，普通小鼠成纤细胞在 7 天内广泛生长、扩散和黏附（图 13.9），这一现象证实了其在这一领域的潜在应用。

上述实例说明了纤维支架在工程中应用的无限可能性。然而，纤维的伸缩和定向是可植入结构的可变参数，需要根据每个应用程序的具体要求以提高生物相容性。纺织技术可以提供可控的结构，从而获得最佳的细胞培养条件。

（2）增强结构与力学性能。交织纤维在结构中的取向会影响整个替代品的力学性能。即使在植入体内获得良好的细胞黏附，其力学性能也应能较好地适应周围的应力和应变要求。

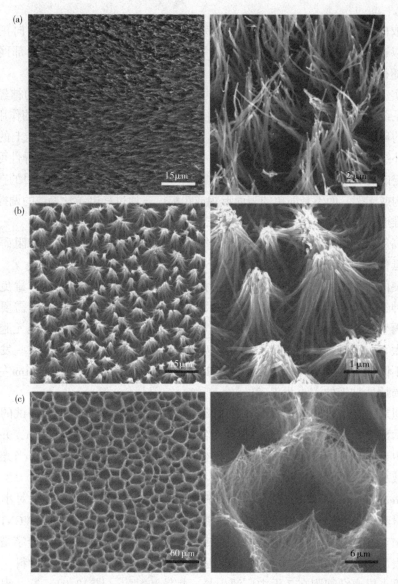

图 13.8　各种 MWCNT 结构的 SEM 图[32]：（a）直立有序排列的碳纳米管；
（b）经生化处理后的金字塔结构；（c）交错碳纳米管网形成的空腔结构

①径向强度和结构弯曲特性。一般植入物要求具有良好的抗压性能，以避免
在生物环境中发生塌陷。例如，血管支架的目的是保持血管腔开放。虽然血管支
架通常是刚性的，具有高的径向向外力，以重新打开因动脉粥样硬化而缩小的血
管腔，但支架也必须具有足够的灵活性，以避免在屈曲诱导下扭结，并符合固有
的管壁曲率。编织结构是腘动脉支架置入术的理想选择，这种支架置入常因膝关

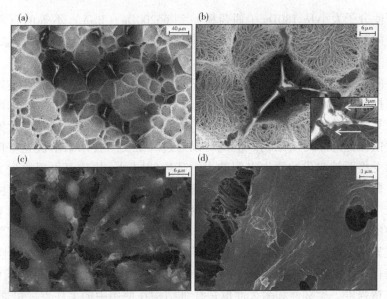

图 13.9　生长于 MWCNT 网络结构中 L929 小鼠成纤细胞的 SEM 图[32]：
(a, b) 1 天后；(c, d) 7 天后

节后屈而失败。与设备轴向成非正交角的管状导线交错，提高了可压缩性，同时提高了面对径向内力的强度，避免已植入装置的塌陷（图 13.10）。

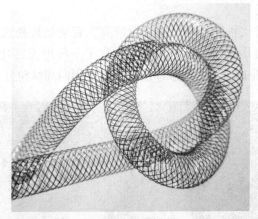

图 13.10　免压迫纵向灵活的镍钛合金编织线圈支架

　　神经导管也需具备一定的抵抗压迫能力。通常促进神经间隙修复神经再生的纤维结构，如壳聚糖多孔结构，在生理条件下力学强度较低。处理这些是非常有挑战性的，且植入结构/萌芽神经细胞崩溃的风险无法避免。在神经再生过程中，使用具有足够机械稳定性的神经导管可以避免上述问题，此外，纤维结构具有渗

透性，可使分子大小从 180Da（葡萄糖）到 66200Da（BSA）不等的营养物质透过。符合内部结构的人工导管能够促进神经再生，在生物环境中保持良好的弯曲能力，增强抗压风险[33]。

②各向异性和非均匀性力学性能。各向异性和非均质性也可以通过纤维交织技术加以控制，从而能更好地模仿天然器官的力学性能。全关节置换术后软骨损伤的治疗是骨科关节区控制滑膜反应的一项具有挑战性的课题，其中天然软骨是具有深度依赖性的非均质结构。但是可以通过纤维交织技术来解决这些问题，并能够在承受将要被取代的原生组织的力学环境的同时，构建可再现原生力学特征的支架。微三维编织复合材料已被用于解决天然软骨复杂的生物力学性能问题。聚乙醇酸（PGA）和聚己内酯（PCL）纤维与水凝胶结合用于支持软骨形成。纤维在结构中的排列沿轴向、垂直和横向分布。力学试验表明，蜂窝状的三维编织复合材料支架具有与关节软骨相似的各向异性、黏弹性和拉伸—压缩非线性[11]。这些特性为构建不需要体外细胞培养而具有承载力的仿生支架提供了有利条件。

③抗弯强度。柔韧性和耐久性也是纤维结构在使用中的关注点，可通过缩放、控制和定向纤维交织结构来解决。结构的不连续性和纤维的个体抗弯刚度低，有利于整个纤维结构在负载抗弯条件下使用，特别是对于必须快速开启和关闭而又不增加跨瓣膜血压梯度的心脏瓣膜代用品。

与大多数结缔组织相比，心脏主动脉瓣的独特之处在于不需要任何代谢活动或自我修复就能提供良好的使用寿命。替代品需要具有较高的抗机械疲劳性能，无须涉及细胞内生长。

已对主动脉瓣替代物的纤维结构进行研究，着重处理松散和紧密的结构以确保低通透性和抗高血压梯度[34]。F. Heim 研究了一种用于三叶心脏瓣膜假体的涤纶机织物的性能（图 13.11），该假体能够承受沿周向和纵向分布的主要应力[35]。

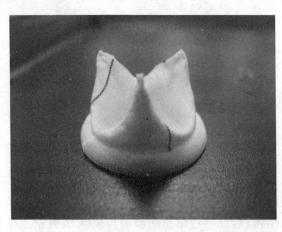

图 13.11　用于三叶心脏瓣膜假体的涤纶编织物实物照片[35]

与组织瓣和机械瓣相比，机织物和纱线参数的选择对小叶的弯曲模量和瓣膜替代物的性能有很大的影响。据报道，密闭性和比表面积与静态和动态反流值有关。然而，该结果需要平衡瓣膜功能早期发生的结构重排过程（1Mio 循环相当于以 70 次/分钟的心率运行大约 15min）。

纺织工艺参数决定了产品的使用寿命。低密度孔结构更易失效，如轧光织物[36]。

相反，已经通过 5Mio 和 10Mio 循环的阀门原型显示了结构的松散性和更高的孔隙率。除了保持织物良好力学性能及耐久性外，适度的孔隙率可以促进组织向内生长和细胞浸润，避免弯曲模量损耗。

13.3　纤维植入医疗器械的材料生物相容性

13.3.1　纤维材料及其分类

根据定义，生物材料是指在机械、生物和化学约束下，与生物系统相互作用，增强或替代人体功能的无生命材料。这种代用品与环境的相互作用可以看作是所有生物材料的智能行为。

研究者研究了纤维植入装置的结构特征，指出了促进生物整合的参数。虽然结构特征对异物植入预期的生物响应有相当大的影响，但还不足以满足最佳生物材料生物相容性的基本要求。纺织结构和纺织材料必须结合起来，从而制造更加智能化的纺织植入设备。纺织材料通过化学相互作用在细胞反应中起着重要的作用。

纺织技术涉及的材料很多，通常分为有机天然材料、有机合成材料和无机材料三类，表 13.2 列出了一些示例。

表 13.2　纤维材料的一般分类和典型示例

纤维种类		来源	各种纤维
天然纤维	有机纤维	植物	棉 亚麻 海藻酸盐 竹纤维
		动物	羊毛 壳聚糖纤维 蚕丝
	无机纤维	矿物质	金属纤维

纤维种类		来源	各种纤维
合成纤维	有机纤维	天然聚合物	黏胶纤维 醋酯纤维 海藻酸盐纤维
		合成聚合物	聚酰胺纤维 聚酯纤维 聚氨酯纤维 聚偏氟乙烯（PVDF）纤维 聚乙烯纤维 聚四氟乙烯（PTFE）纤维
	无机纤维		玻璃纤维 碳纤维 陶瓷纤维 不锈钢纤维 镍钛合金纤维

虽然纺织材料的范围非常大，但用于可植入设备的范围较小。化学生物相容性是一项基本要求。在现有的 1500 万种材料中，用于植入装置的材料只有 50 种左右。这说明，必须考虑植入式医疗器械的化学属性限制，以满足标准和监管程序要求的敏化作用、刺激性、皮内刺激、全身毒性（急性毒性）、亚慢性毒性（亚急性毒性）、基因毒性、植入、血液相容性、慢性毒性、致癌性、生殖与发育毒性试验、生物降解和免疫反应。

因此，必须从生物相容性的角度对纤维材料进行新的分类，以实现纤维替代整体生物整合的最终目标。

13.3.2 纤维材料的生物相容性增强特性

在植入式医疗器械的设计过程中，可根据材料的位置和作用来选择材料。根据预期的医疗用途，植入式装置的材料可根据化学、物理、机械或其他特定的特性进行优选。然而，为了提高生物相容性，通常建议将这些特性适当地结合起来。

根据用途的不同，可使用不同的方法来提高生物相容性。一种是促进细胞和化学反应；另一种则是限制这些反应，以保持植入装置的力学性能完整，防止渗透。也可以考虑互补的方法，即减少植入装置和生物组织之间的相互作用时间。

13.3.2.1 材料与生物环境之间的相互作用

所有应用于人体的生物材料，当植入活体组织时，都会发生急性组织反应，包括伤口愈合反应、异物反应和生物材料的纤维封装。为了确保植入物功能良好，需要对诱导的生物反应进行评估。良好的生物相容性包括无局部刺激、无毒性。此外，还应该研究局部（细胞）效应和全身效应，并考虑身体的反应因位置的不同而存在的差异。

（1）植入后的急性机体反应和炎症反应。植入后，生物材料和医疗器械在与宿主细胞相互作用之前，立即获得一层宿主蛋白。然后，白细胞出现在移植体附近，然后是巨噬细胞，称为异物巨细胞。当植入物在化学和物理上失去活性时，异物巨细胞可能无法形成，并被包裹在植入物上的一层薄薄的胶原组织所取代。否则，由于延迟愈合过程发生炎症和颗粒状组织将植入物从局部炎症环境中分离出来。有效地将植入物与环境隔离可能适合使用医疗器械，也可能不利于植入物与生物环境之间的预期交换，例如细胞和组织的生长。

基于天然高分子材料的植入设备通常具有较高的生物相容性和生物可降解性。许多天然生物材料构成 ECM 混合物的一部分，如胶原蛋白和透明质酸，类似于组织中的一些物质（如多糖、蛋白质和糖胺聚糖）。它们可以为细胞提供信号，改善细胞间的相互作用，并模拟细胞行为。

相反，基于合成聚合物的植入设备可以降低生物降解敏感性，并增加其耐久性。因此，它们可引起炎症反应和封装，例如聚酰胺用作对抗性缝合线时作用有限。

羊肠线是天然高分子材料的一个反例，与其高生物相容性无关。这种生物材料来源于羊肠黏膜下层或牛肠浆膜，几乎完全由纯胶原蛋白组成。它是一种具有历史意义的生物材料，自 1996 年以来，由于牛海绵状脑病（疯牛病）的传播风险，在一些国家已被禁止使用。尽管它是一种天然聚合物，但它的植入会引发炎症反应和吞噬。然而，植入物发生炎症反应之后，10 天至 1 个月内会发生肿胀、降解和再吸收，具体症状取决于能够调节降解动力学和力学性能的铬处理方法。

为了限制炎症反应和异物巨细胞，通常的策略是抑制细胞黏附和材料结合点的相互作用。

例如，琼脂糖（胶原蛋白、透明质酸）是一种天然聚合物，不会引起纤维性包裹，也不会引起异物反应。事实上，高分子质量的透明质酸具有抗炎作用，这是由于其负电荷的透明质酸链可以抑制细胞的附着，以及它们与巨噬细胞的细胞膜受体 CD44 的结合位点的相互作用。

另一种用于限制细胞黏附特性的材料是膨胀聚四氟乙烯（ePTFE）。聚四氟乙烯（PTFE）是由杜邦公司（DuPont de Nemours）在 20 世纪 40 年代以特氟隆（Teflon）的品牌名称推出的。1963 年，爱德华兹生命科学公司（Edwards Lifescience）首次将聚四氟乙烯（PTFE）用作人造血管。1970 年，Gore Tex 以膨胀和微孔形式将其用作人造血管（图 13.12）。聚四氟乙烯的化学性质非常稳定，具有高疏水性，与 PET 等材料相比，可降低血栓形成率。然而，聚四氟乙烯相关材料的力学性能非常差，柔性和弹性都很低。

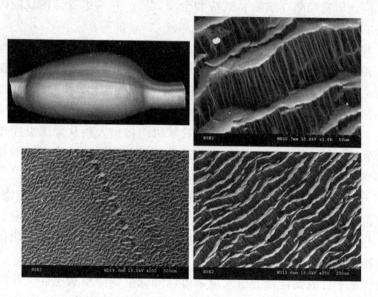

图 13.12　多孔 ePTFE 人工血管的 SEM 图[37]

由于这些原因，ePTFE 用于低口径的血管假体（5～10mm），可比高口径的血管承受更少的血流压力。

例如，聚四氟乙烯材料也被用作一种被动的、非机械应力的可植入补片，由于细胞对材料的渗透性较低，可以简化翻修手术。有限的疤痕和纤维化使手术更安全，减少血管损伤的风险，并提供一个永久性和可见的解剖平面。

（2）促进细胞黏附的物质。壳聚糖是一种存在于蟹壳和许多贝类中的天然多糖，其脱乙酰后的正电荷被认为与细胞附着增加、炎症减轻和生物相容性增强有关。壳聚糖不会引发免疫反应，可促进细胞黏附和扩散，如成骨细胞[38]、角质形成细胞、神经元细胞等。还可与 RGD 等黏附肽共价结合，提高细胞的黏附能力[39]。

因此，与非黏附性生物材料相反的一个策略是以选择性的方式促进细胞黏附，避免不受欢迎的细胞扩散，这可能与预期的植入应用相悖。这种方法直接关系到设备的理想医疗应用，并导致许多可能的解决方案和不同的生物材料。

脊髓轴突再生和中枢神经系统再生是对生物材料性质敏感的愈合过程的例子，已被广泛研究。与胶原蛋白相比，海藻酸海绵在大鼠脊髓中轴突伸长较好，如涂有海藻酸盐并植入干细胞的聚-β-羟基丁酸酯（poly-β-hydroxybutyrate，PHB）纤维导管。纤连蛋白定向纤维是一种从血浆中提取的糖蛋白，也被认为可以以一种更自由的方式定向轴突生长，而脂族聚酯 PCL 和聚（乳酸—乙醇酸）（PLGA）则可以诱导神经突向内生长，降低小胶质细胞的含量，使其缺乏封装性，以及在随机排列的纳米纤维中产生异物反应。

同样，组织工程支架通常是为了促进特定类型的细胞或分子黏附而设计，以实现特定的功能和应用。组织工程是一门比较古老的学科。这一术语是 Fung 于1987 年提出的，但在组织培养技术中，第一种旨在繁殖皮肤细胞的方法可以追溯到 20 世纪 60 年代。组织工程可以简单地定义为创造具有代谢活性的新结构、操纵生物分子和细胞的能力。

组织工程学涵盖了多种技术手段。其中一个目的是通过合成纤维支架来缓解异种基质的失效。然而，由于持续的异物炎症反应，单纤维支架可能导致植入装置的后期失效。因此，提高组织工程纤维装置生物相容性和材料的长期使用至关重要。最成功的应用之一是 1970 年开发的组织工程皮肤，至今仍在使用。

血管应用是组织工程的另一个研究领域。血管内皮生长因子（VEGF）是血管组织工程中需要促进血管生成的一种分子。合成聚酯如 PLLA 和 PLGA 因其物理性质而被广泛应用，但形成相互连接的囊状网状结构需要 PLLA 支架与凝胶状纤维蛋白基质结合。PCL 支架表面的固定化肝素的研究显示出有趣的结果，即增加肝素的带负电荷硫酸盐基团与 VEGF 的带正电荷氨基酸之间的结合，导致VEGF 在支架中的保留和吸收增加[40]。肝素—PCL 支架植入小鼠后血管密度高，内源性血管生成增加。

碳纳米管（CNTs）也被用于改善骨生物材料中的细胞反应。碳纤维主要由聚丙烯腈（PAN）为原料的前驱体制成。处理后的碳纤维由 90% 的碳、8% 的氮、1%的氧和小于 1% 的氢组成。经进一步碳化可以制备 99% 的碳化合物材料，杨氏模量提高，坚固度增加但耐受力降低。晶体排列使纤维非常坚固。碳纤维的特点是相对密度低（1.7~1.9），抗拉强度和抗压强度高，柔韧性好，导电性和导热性好，耐高温，具有化学惰性（除非氧化）。碳纤维的物理和化学特性使其在复合材料中具有优异的增强性能，是骨重建的潜在材料。

2002 年，Supronowicz 等首次报道了 CNTs 作为成骨生物材料的应用[41]。为了促进细胞生长和黏附，将多壁碳纳米管（MWCNTs）加入聚乳酸中，制备导电聚乳酸/MWCNT 纳米复合材料。将成骨细胞接种于表面，然后置于交变电流刺激下（10 mA，10Hz）。结果显示，两天后成骨细胞增殖增加 46%，连续 21 天后细胞外钙增加 307%。

2008 年，Sitharaman 等[42]对 CNT 复合材料在体内作为合成骨基质进行了评估。采用短（20~80nm）单壁碳纳米管（SWCNTs）包合制备多孔可生物降解聚合物复合材料。将含有底物 CNTs 的体内反应与不含 CNTs 的对照组比较，显微 CT 分析及组织学分析表明，CNT 复合物的骨面积增加了 300%。

为了避免由于炎症反应而导致大而不受控制的细胞黏附（可能会损害新组织的形成和生物整合过程），仍然需要在选择性黏附和非黏附之间进行研究。除了降低炎症反应外，另一种方法是减少异物进入生物医学环境的时间，以防止慢性炎症反应。这就是生物材料的降解和老化。

（3）纤维材料老化和降解。无论选择何种策略来改善植入物在其生物环境中的生物整合，通过惰性或者通过促进细胞黏附，实际上与这种生物环境的交换往往会降低材料尤其是聚合物的性能。

根据植入医疗设备的预期用途，材料的老化可能是有利的，也可能是有害的。为了设计出最适合植入式医疗器械特殊需要的智能纤维生物材料，需要了解生物材料的降解阶段。

材料的老化是材料结构不可逆的热力学变化。这种老化导致植入物力学性能的丧失（图 13.14），这是由材料与生物环境的机械和化学相互作用的不稳定性引起的。聚合物降解通常是由水解引起的，在生物环境中可以通过蛋白水解来催化。酯类和酰胺类的水解是生物材料常见的降解过程（图 13.13）。

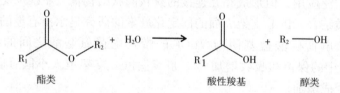

图 13.13　酯水解反应

降解是化学键或官能团的断裂，伴随物理性质的丧失（图 13.14）。纤维材料的老化具有两种生物侵蚀模式，对纤维的截面和材料结构敏感。一种是表面侵蚀，另一种是大规模侵蚀。根据材料和环境化学、材料结构和纤维尺寸的不同，它们可以共同作用，也可单独作用。

聚合物的表面或内部侵蚀表现为大分子链断裂，形成更短更多的分子链，从而导致分子量的降低。降解动力学和降解过程的演化与聚合物的空间排列、结晶度、相邻大分子间的连接等因素有关。

表面降解通过低聚体溶解引起与时间相关的质量变化，可以表示为时间的线性函数如式（13.1）所示：

$$\frac{\mathrm{d}m}{\mathrm{d}t} = -k \Leftrightarrow m(t) = m_0 - kt \tag{13.1}$$

表面降解时的质量损失是时间的线性函数，其中，m 为聚合物重量（g），m_0 为初始质量（g），k（s^{-1}）为与材料性能、结构和纤维形貌相关的动力学常数[43]。

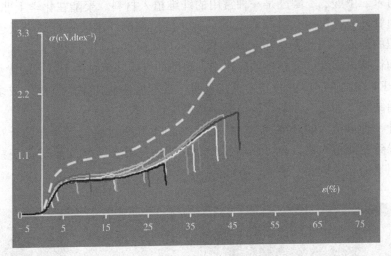

图 13.14　使用 15 年的人工血管与初始纤维（白色虚线）的应力—应变曲线对比[43]

体积降解引起另一种与时间相关的分子质量变化，可表示为时间的指数函数［式（13.2）］，直至纤维支架不发生变化：

$$\frac{\mathrm{d}M_n}{\mathrm{d}t} = -k \cdot M_n(t) \Leftrightarrow M_n(t) = M_0 e^{-kt} \tag{13.2}$$

体积降解时的分子质量损失是时间的指数函数，其中 M_n 为分子量（g/mol），M_0 为初始分子量（g/mol），k（s^{-1}）为与材料性质和结构有关的动力学常数[43]。

尽管这些方程不足以模拟纤维中聚合物降解的复杂动力学，但它们指出了调整降解过程的潜力。k 因子是影响纤维形貌的主要因素之一。事实上，表面老化而不是体积老化可以通过材料厚度来控制，因为材料内部的扩散与临界生物材料尺寸以上的表面侵蚀相比作用很小。然而，这个临界尺寸取决于聚合物（图 13.15）。例如，聚酸酐优先通过表面侵蚀降解，而聚酰胺主要通过重力侵蚀老化。

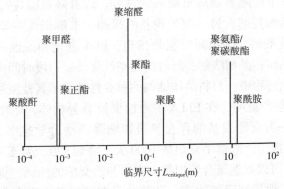

图 13.15　聚合物表面侵蚀与重力侵蚀的临界尺寸对应表[43]

聚对苯二甲酸乙二醇酯是一种常用的纤维植入材料。聚酯在化学上非常稳定，可用于血管外科，可永久替代病变的动脉。虽然聚酯纤维装置直到今天还不能促进新组织的形成，因此无法用于具有较高闭塞风险的小口径动脉置换术，但在需要长时间保持力学性能完整性的应用中，聚酯的极慢降解是一个巨大的优势。

对 PET 在血管应用中的老化研究表明，虽然这些假体制造过程中或多或少会导致表面缺陷，加速表面老化，但是仍然以质量损失占主导。

设计一种可植入的纤维装置，将稳定的 PET 和更敏感的纳米丝结合在一起降解，将导致智能植入物具有可调的部分降解特性，可平衡 PET 诱导的炎症反应和血管腔阻塞的相关风险（图 13.16）。

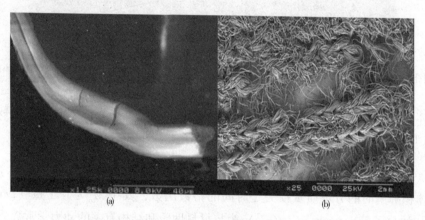

图 13.16　老化的多瓣纤维及聚酯纤维针织结构

将聚乳酸纳米纤维支架置于 PET 纤维上，可以促进内皮细胞的生长与繁殖。聚乳酸纳米纤维支架是纤维植入装置的临时构件。随着新组织向内生长，纳米纤维支架逐渐消失。因此，聚乳酸纳米纤维支架的降解动力学必须根据内皮细胞和新内皮细胞的生长速率做出相应的调整。

聚乳酸纳米纤维的降解是质量损失的过程，随着降解的进行，分子量逐渐减少。聚乳酸是一端为羟基，另一端为羧基的聚酯。水解聚乳酸导致酯键断裂，形成两条较小的聚乳酸链。多项研究报告指出，PLA 老化和侵蚀分为三个步骤[44]：即非晶相转变为晶相；晶相溶解，纤维的完整性降低；一段时间内晶相降解。

在聚合物老化过程中，材料晶体结构的重要性超越了其性质和形貌。

例如，Saha 等[45]证明，在 PLLA 中添加少量 D 异构体，老化性能会发生很大变化。PLLA 中 D-丙交酯残基的存在显著影响降解动力学速率，在添加 0.2% 和 1.2% 的 DLA 的情况下，降解半衰期从 1600 天下降到 870 天甚至 490 天。

同样，PLGA 可以根据聚合所用的丙交酯与乙交酯的比例，提高聚乳酸可植入导管的性能，更好地控制降解速率。乳酸的存在减缓了纤维中水分的浸入，诱导空间可以减缓水对纤维的渗透，加速腐蚀过程。

异物植入生物环境后，机体的急性反应和对物质的特异性反应是不可避免的现象。无论医疗应用中使用的材料还是设备的纤维结构均会导致上述现象。但是通过实验研究，对异物反应或材料降解的掌控度提高，从而使未来的植入式装置设计达到预期用途。因此仍可以期望智能可植入纤维装置达到特定目标，如精确控制细胞黏附，在预定的动力学范围内降解纤维结构，或在生物环境不断侵袭的情况下保持结构完整性。实现纤维支架降解和新组织向内生长的同步是智能植入式纺织设备的最终目标之一，目的是通过保持结构特征的小型设备促进生物整合，避免二次手术风险。

然而，患者对植入材料的反应取决于患者自身的体质。生物相容性材料和相关智能特性属于具有广阔前景的探索性领域。

此外，聚合物纤维材料目前也是研究的重点。其他材料，如无机材料，对降解也很敏感。金属材料特别容易受到腐蚀，从而导致可植入设备的失效。其中包括点状和缝隙腐蚀等局部现象，而电腐蚀和震动腐蚀由接触引起，疲劳导致裂纹。这些降解模式的特征是对暴露于生物液体中的纤维材料的表面和第一层的化学侵蚀产生敏感区域。随着聚合物的老化，金属和无机材料的降解导致植入材料性能的变化，并诱导对异物的生物反应。详细了解体内降解过程是实现智能植入式装置设计的必要条件。

（4）材料降解产物的释放及其影响。一般来说，材料的老化和降解与释放的化学成分有关，如单体、聚合物或设备的碎片，这取决于医疗应用和降解方式。这些成分的释放首先与局部和细胞效应有关，然后由于降解产物通过生物液体在机体内扩散而引起全身效应。需要对上述两方面同时进行调控，以提供良好的生物相容性和智能改进纤维医疗植入设备。

根据纤维植入医疗器械设计中使用材料的性质，降解产物有不同的形式。如前所述，聚合物降解通常导致单体的增容。金属配合物的降解是由暴露在材料表面的弱金属离子引起的。此外，生物环境中物质的降解可能发生在结构层面，并与碎屑和颗粒的释放有关。

①永久材料的稳定性。在植入过程中，不可吸收纤维材料必须保持完整性，具有化学稳定性和低的释放量等特点。这可以通过适当的材料性质来实现，如前面介绍的 PET，或材料的表面钝化。

例如，等原子镍钛合金（镍钛合金）是一种非常有吸引力的生物医学应用材料。然而，镍合金的高镍含量及其对生物相容性的潜在影响是镍钛合金器件的一个问题。植入式医疗器械镍钛合金部件的耐蚀性应根据规范程序和标准建议进行评估。众所周知，镍钛合金需要控制工艺来获得最佳的使用寿命，并确保钝化表面（主要由氧化钛组成）以保护基材不受一般的腐蚀。可以通过改变表面的厚度、拓扑结构和化学成分来提高钝化率[46]。

②永久材料的潜在故障。同时，为了不引起化学成分的释放，永久材料必须承受生物环境反复传递给植入式医疗装置的物理和机械应力。虽然材料的预期使用寿命很长，但这些应力可能导致植入物结构破坏和纤维材料的颗粒释放。

例如，碳纤维已广泛应用于矫形外科。采用碳纤维基质植入治疗髌骨慢性疼痛性关节缺损，平均随访33个月，其疗效不一，患者满意度较低[47]。滑膜活检显示关节内弥漫性碳纤维碎片和滑膜组织细胞巨细胞反应一致，有时伴有低度炎症反应。这些结果阻碍了碳纤维基质对髌骨关节软骨损伤的进一步治疗。

然而，包括碳纤维在内的其他一些骨科植入医疗器械已经显示出了成功的效果。Li 等[13]对碳纤维增强聚醚醚酮（CFR-PEEK）进行了综述，以评估其在骨科应用中的性能、技术参数和安全性。碳纤维/聚醚醚酮可能是一种理想的材料，因为它的模量非常类似于骨头，并且能够承受长期疲劳应变。它也可以制造匹配模量的皮质和松质骨密度。CFR-PEEK 稳定性良好，很容易被机体接受。Steinberg 等[48]研究比较了商用设备和 CFR-PEEK 的磨损/碎片替代品。磨损/碎片的评估是基于碳纤维聚醚醚酮板和钛合金螺钉连接时产生的碎片数量。结果表明，在类似情况下，其性能与其他商用设备类似，甚至更好，产生的碎片重量更低。

因此，可以设计永久性材料，为智能纤维植入医疗器械提供更好的性能和更少的颗粒释放量，从而获得更好的生物相容性。

③刻意降解和释放材料。根据定义，可吸收材料容易老化。它们释放出的化学成分必须在数天或数百天内由生物体处理掉。这些降解产品应该是无毒的，不应该引发炎症反应。当降解产物与自然存在于生物环境中的物质相似时，该物质的降解对生物的耐受性更强。然而，必须认识到生物成分可能在体内环境中对组织产生不同的影响。此外，应调节释放速率和动力学，以避免降解产物浓度异常引起的炎症，即使它们是天然成分。

因此，对水分敏感的 PGA 纤维是通过水解吸收的材料的一个例子，所得的乙醇酸单体被生物流体从体内消除。PHB 是由多种细菌产生的，PHB 在生理温度下以可逆的方式缓慢降解，代谢产物在尿液中分泌。PHB 的降解速度慢且能够连续消除，避免了可引起炎症的酸性碎片形成。

这种材料的降解过程通常被认为是一种材料暴露在外的被动机制。然而，它可以被认为是一种有效利用降解产物的方法。透明质酸是一种具有活性降解性质的天然材料，通过提供信号帮助控制可植入设备上的细胞黏附，这种材料的降解产物可以促进内皮细胞增殖和迁移。

天然降解为活性组分的纤维材料的范围和降解产物的性质是有限的。为了克服这些限制并设计智能释放材料，一种策略是设计具有有意识释放化学成分（如药物）的纤维植入装置。对材料力学性能在降解过程中将发生变化的成功预测，是实现可植入设备的另一个策略示例。

④作为药物传递系统的纤维装置。药物传递可能是研究纤维植入医疗装置的重要特征之一。为了提高药物管理效率，人们探索了潜在的药物传递系统和药物储存库。药物的有效性与剂量依赖的药物释放模式、组织吸附或清理有关。植入式纤维医疗器械可用于局部药物的携带和释放，由于纤维结构的高比表面积，有利于大体积的植入式药物的携带和释放，以及生物环境对纤维的破坏过程。

针对纺织品结构提出了两种策略。第一种策略是在聚合物纤维上涂上活性药物，纤维是被动的。第二种策略是将药物嵌入纤维的结构中，材料可以生物降解也可以是不能生物降解的。释放动力学将是这些设备的关键参数，以提供智能和控制的特点，而不是危险的药物输送。在不可降解材料等稳定环境中，药物的释放是通过扩散实现的，且易于调节。在以新组织取代的非永久性纤维植入结构中，药物扩散与释放相结合，使药物的释放变得更加复杂。这种非线性降解可能影响药物在植入环境中的动力学、剂量和持续时间的控制，并可能达到体内或组织重建中的毒性药物水平。考虑到患者的特异性、新组织向内生长、预期应用和疾病治疗时，这一挑战变得更加复杂，但是相关植入式医疗设备研究仍在进行。

2005 年，Blanchemain 等将 PET 血管假体浸入含有聚羧酸、环糊精（CD，图 3.17）和催化剂的溶液中，并将其放入热固炉中，然后浸渍抗生素溶液（万古霉素）。结果表明，在人造血管达可纶（Dacvon 商标，历史悠久的聚酯纤维品牌）上包覆 CDs 是可行的，环糊精对其无毒性，抗生素线性释放超过 50 天，证明环糊精移植是一个有效的药物传递系统[49]。

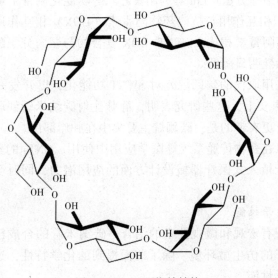

图 13.17 α-环糊精结构

许多研究都集中在电纺纳米纤维给药上。静电纺在材料和工艺上有很大的通用性，还可以结合多种活性成分。例如，同轴电纺工艺可以产生多层纳米纤维，还可以结合可降解和有附加涂层的永久材料。

Bolgen 等研究了在 PCL 电纺垫子上涂商用抗生素（Biteral®）以防止术后腹腔粘连。PCL 被电纺成非织造纤维垫，然后用抗生素溶液涂覆。体外释放研究表明，开始 3h 近 80% 的药物释放，18h 后完全释放。具有纳米孔的支架消除了细胞由 PCL 垫从一边到另一边的迁移，同时为药物装载提供一个大比表面积。电纺垫能满足屏障功能要求，可实现药物递送和防止腹腔粘连[50]。

Kenawy 等[51]研究了聚乳酸和聚（乙烯—乙酸乙酯共聚物）（PEVA）组成的纳米纤维与药物结合后的行为。用盐酸四环素药物溶解聚合物，制备出高分子纤维。实验表明，在电纺 PEVA 和 50/50 PLA/PEVA 垫中，聚合物纳米纤维中的药物释放发生在连续 5 天内。

与电纺垫相比，碳纳米管作为一种药物传递系统，在更小的范围内被用来改善药物分子的药理学和化学特性。CNTs 的高纵横比和纳米尺寸相对于现有的载体具有很大的优势，因为高比表面积为药物提供了多个附着位点。药物可以固定在表面或包裹在功能化的 CNTs 内，然后口服或直接注射到靶器官进入体内[52]。细胞摄取药物 CNT 胶囊，最后纳米管将其内容物溢出到细胞中，从而药物被输送。为了靶向特定的器官而不是健康的器官，磁性碳纳米管复合物被用于指导药物输送系统。许多抗癌药物已经与功能化的碳纳米管结合。纤维的功能化方法，如构建一个由 CNTs、药物和针对癌细胞表面过度表达的抗原的抗体组成的复合物，也已用于提供更有效的治疗方法。Liu 等利用聚乙二醇功能化制备了水溶性 SWNTs，该 SWNTs 可通过堆积相互作用与抗癌药物阿霉素（DOX）相互作用。体外毒性试验结果表明，与游离阿霉素相比，SWNT-DOX 复合物与靶向分子配体结合后，治疗效果显著提高，毒性明显降低。

另一种方法是用取代的碳硼烷笼对 SWNT 功能化，以开发一种新的硼中子捕获治疗系统[54]。事实上，这些研究表明，静脉注射碳纳米管偶联物后，一些特定组织含有碳硼烷，更有趣的是，碳硼烷主要集中在肿瘤部位。

碳纳米管可以在药物传递系统等医学应用中使用。CNTs 的药物输送应用提高了纤维材料在智能植入式医疗器械设计方面的应用潜力，同时受生物反应、力学性能的影响。

13.3.2.2　力学性能

当今，通过现有宏观和微观技术的结合，碳纳米管的合成已经从工程纳米材料转变为一个真正的仿生微环境。除了前面提到的化学特性，这些纤维结构设备还具有智能的力学性能。

碳纳米管除可以实现抗癌药物输送到靶向区域的引导作用外，还可以通过功能化用于治疗应用。例如，叶酸功能化的碳纳米管可以与癌细胞结合，利用红外辐射诱导振动杀死癌细胞，形成细胞"炸弹"[55]。类似的研究已经报道[56]。Kam等 2005 年的研究显示，由于碳纳米管的导热性内化到细胞中，热疗可选择性杀死癌细胞[57]。

尽管这些例子强调了材料的许多物理特性，但更多的性质还有待开发利用，以改善纤维植入医疗设备在应用中的智能化。虽然这些智能特性很容易识别，如辐射不透明度、辐射电阻和抗菌性、润湿性，但对于广泛受到关注的纤维结构而言，纤维材料领域是一个巨大的探索领域。

基于上述原因，有人提出将研究重点放在纤维的物理特征上，只考察一种特定的材料，即碳纳米管，而不是试图从生物整合和效率的角度列出可能导致纤维植入医疗器械潜在改进的所有材料特征。

碳纤维是一种刚性材料（高杨氏模量），具有低密度、高抗压强度和柔韧性、良好的导电性和导热性、高耐热性和化学惰性等特点。碳纤维的物理和化学性质使其成为一种优秀的复合增强材料，可用于骨重建以及更多应用中。

（1）软组织替代品。加入碳纳米管的可植入设备在力学特性上得到提高，可能是由材料结构、材料化学、机械强度或其他原因造成的，但是可以推断碳纳米管的强度对软组织基质有积极的影响。

碳纳米管已广泛应用于许多合成聚合物中，包括生物聚合物。

Yildirium 等发明了一种海藻酸盐 SWCNT 复合支架，与非 SWCNT 海藻酸盐支架相比，该支架具有更强的细胞黏附性。本案例中海藻酸盐支架由 1% 的 SWCNTs 组成。SWCNTs 1% 的添加量增加了支架的机械强度和完整性。SWCNTs 也增加了海藻酸盐支架上的内皮黏附和增殖。

类似地，Abarrategi 等[59]构建了 SWCNT 复合的壳聚糖支架。研究发现，这些纳米复合材料可以利用来自 C2 肌原性细胞系的 C2Cl2 细胞，在体外支持细胞生长。与壳聚糖共混后，MWNTs 的力学性能明显改善。与纯壳聚糖相比，由 2% MWNT 组成的纳米复合材料的杨氏模量和拉伸强度增加了一倍以上。

CNT/聚合物复合材料的刚度增加近 700%[60]，强度和韧性增加 1200%[61]。碳纳米管—生物高聚物工程的进一步改进可能构建出具有机械性能的碳纳米管—聚合物生物材料，以模拟失效组织的固有特性（图 13.18）（非复合聚合物通常具有生物创建材料 1/10 的韧性）。

（2）硬组织替代品。鉴于碳纤维优异的高拉伸强度，其可以作为硬组织替代品的材料。传统的骨科植入材料采用陶瓷或金属材料，如金属氧化物（氧化铝、氧化锆、二氧化钛）、磷酸钙、磷酸三钙、四磷酸钙和玻璃陶（生物玻璃、生物微晶玻璃）。然而，目前的植入物在失效前平均使用寿命仅为 10~15 年。植入物之所以失效，一方面是由于种植体的无菌性松动、炎症、感染、骨溶解、磨损碎片，另一方面则是植入体和修复组织缺乏机械稳定性。

理想的补强材料应能在不影响生物活性的前提下，使复合材料在高载荷下具有机械完整性。羟基磷灰石（HA）作为骨水泥的主要成分，在脊柱融合、颅颌面重建、骨折治疗等领域发挥着重要作用。PMMA 是另一种常用的骨水泥材料。但这两种材料的机械强度较低，不利于长期使用。

碳纤维具有密度低、抗拉强度高、抗压强度高、柔韧性好等优点，是骨重建的优质潜在材料。L. Syam Sundar 等[63] 为了提高普通植入物的力学强度，将一小部分碳纳米管分散到 PMMA/

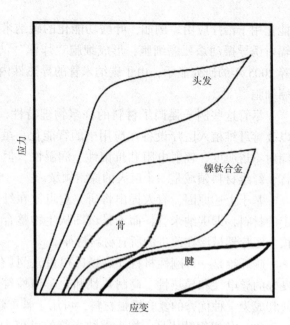

图 13.18　生物组织与镍合金的典型应力—应变曲线[62]

HA 纳米复合材料中，结果表明，0.1% 浓度的 MWCNTs 对 PMMA/HA 纳米复合材料的增强效果最好。在 MWCNTs 质量浓度 ≤0.1% 时，MWCNTs 增强的 PMMA/HA 纳米复合材料的硬度和弹性模量随纳米材料浓度的增加而增加。动物体内研究表明，新骨（MWCNT/PMMA/HA 纳米复合材料）可延伸到生物活性骨结合剂中。

多壁碳纳米管也可以用于改善聚乳酸—己内酯共聚物的力学性能。仅添加 2%（质量分数）MWCNTs 的复合材料弹性模量可提高 100%，抗拉强度可提高 160%[64]。其他研究表明，只有 0.05%（质量分数）的单壁碳纳米管可显著增强材料压缩模量（74%）和弯曲模量（69%）[65]。MWNCT 具有良好的细胞相容性，可作为骨组织工程应用的潜在支架。

Li Chen 等[66] 最近的一项研究表明，壳聚糖—多壁碳纳米管/羟基磷灰石纳米复合材料具有优异的力学性能、良好的生物活性和生物相容性。通过测定复合材料的抗压强度和弹性模量来评价复合材料的力学性能。弹性模量由 509.9MPa 急剧增加到 1089.1MPa，而抗压强度则由 33.2MPa 提高到 105.5MPa，多壁碳碳米管/壳聚糖重量比由 0% 增加到 5%。对复合材料的细胞相容性进行了体外测试，结果良好。

（3）电导率。碳纤维的导电性对心肌组织疾病的治疗具有潜在意义。

近年来，碳纳米管和其他导电材料被用于体外增强心肌细胞的活性和功能。

将单壁碳纳米管植入明胶水凝胶支架中，构建三维工程心脏组织（ECTs）。结果表明，SWNTs可为心肌收缩和电化学相关蛋白的表达提供良好的体外细胞微环境。

将ECTs植入大鼠梗死心脏后，其在结构上与宿主心肌结合，在植入物与宿主组织之间观察到不同类型的细胞相互侵入。功能测定表明，SWNTs对提高ECTs在抑制心肌病理恶化中的作用至关重要。

近年来，纳米管作为一种有潜力的聚合物加工技术在组织工程中得到了广泛关注，可以归因于其使用方便及适应性强，以及在纳米尺度上制造直径纳米管的能力。纤维材料的边界不断延伸，为智能纤维医疗器械和相关材料的改进提供了新的特性和见解。

13.4 智能纺织品植入式装置目前面临的挑战及未来展望

本章不以智能纺织品的应用为实例，以避免将智能可植入纤维医疗器械的应用领域缩小到一些创新性的纺织品。与此相反，纤维特性的研究表明，在未来的设计中，它们都可以在植入式器件领域实现智能化。然而，在使用新材料的探索领域是有限的，因为要确定一种材料是否被身体所接受，就必须少量使用。考虑到智能外观的多样性以及"植入式医疗设备"，应重点关注替代品在其环境中的生物相容性和生物整合。

可植入替代品的最终目标是能够重新创造具有代谢活性的新结构。临时支架设计是一种常见的纺织品设计，涉及多学科的交叉。纤维可以以多种结构、多种材料进行有利组装，提供依赖于层次结构的特征。关于纤维材料在可植入设备中的应用研究已经大量报道。通过不同的技术与方法实现纤维结构的目标功能，进行组织工程或药物输送。纤维支架的潜力是无限的，未来其重要性随着纳米纤维技术的发展而增加。近年来，纳米纤维被广泛用来制备各种纤维结构，促进了组织工程中假体植入扩大化研究，即通过原位给药治疗疾病。其他成熟技术还包括采用药物覆盖支架进行治疗。电纺技术在药物和组织工程中很有前景，是实验室研究的首选技术。这种技术可以在纳米尺度上制造纤维，组织介质并控制多种材料的直径；也利用"核/壳"技术进行支架调整以控制释放药物。许多研究人员正在开发利用电纺技术的新方法，致力于研究电纺膜的力学性能、结构、孔径大小和可变的纤维密度等，以加强在组织工程和药物输送方面的应用，为新的发展创造更多的可能性。

所有这些机会，如合成聚合物和天然聚合物的结合，生物可降解和非生物可降解材料的结合，有或没有干细胞的结合，支架的潜在功能化以及力学性能的调整，在组织工程领域开辟了一个复杂但令人敬畏的医学领域。

尽管目前已取得了很多进展，要清楚和充分认识可植入医用织物领域中纤维的潜在影响仍面临严峻挑战。其中产品结构与性能的关系是一个重要的研究领域，必须能够模拟设备的机械和结构参数，以适合设备，因此，可以根据具体应用调整机械参数。在组织工程方面，还需要开发有效的纤维支架制造工艺。

更好地理解和预测针对纺织品结构、化学和材料的人类靶向细胞行为是非常必要的。

组织工程中植入医疗设备的复杂性和需求是最大的挑战。可通过进行广泛的跨学科合作得到具体病理解决方案。

本章内容中缩写字母代表的含义见表13.3。

表 13.3　各缩写字母代表的含义

1D	一维	NiTi	镍钛合金
2D	二维	PAN	聚丙烯腈
3D	三维	PCL	聚己内酯
BAECs	牛主动脉内皮细胞	PEEK	聚醚醚酮
BSA	牛血清蛋白	PET	聚对苯二甲酸乙二醇酯
CD	环糊精	PEVA	聚醋酸乙烯
CEE	欧洲经济共同体	PGA	聚乙醇酸
CFR-PEEK	碳纤维—增强聚醚醚酮	PHB	聚羟基丁酸酯
CNT	碳纳米管	PLA	聚乳酸
DAPI	4′,6′-二脒-2-苯胺	PLGA	聚乳酸—羟基乙酸共聚物
DLA	丙交酯	PLLA	聚左旋乳酸
DOX	阿霉素	PMMA	聚甲基丙烯酸甲酯
ECM	细胞外基质	PTFE	聚四氟乙烯
ECTs	工程心脏组织	PVDF	聚偏氟乙烯
ePTFE	膨胀聚四氟乙烯	SEM	扫描电镜
HA	羟基磷灰石	SWNTs	单壁碳纳米管
ISO	国际标准化组织	VEGF	血管内皮生长因子
MWCNTs	多壁碳纳米管		

参考文献

［1］Williams DF. Definitions in biomaterials. Progress in biomedical engineering. In：
　　Proceedings of a consensus conference of the European society for biomaterials. Ches-

ter, England, March 3-5, 1986, vol. 4. New York: Elsevier; 1987.

[2] Tamayol A, Akbari M, Annabi N, Paul A, Kadhemosseini A, Juncker D. Fiber-based tissue engineering: progress, challenges, and opportunities. Biotechnol Adv 2013,31(5): 669-687.

[3] Klinkert P, Post PN, Breslau PJ, Van Bockel JH. Saphenous vein versus PTFE for above-knee femoropopliteal bypass. A review of the literature. Eur J Vasc Endovasc Surg 2004,27:357-362.

[4] Conklin BS, Richter ER, Kreutziger KL, Zhong DS, Chen C. Development and evaluation of a novel decellularized vascular xenograft. Med Eng Phys 2002,24(3): 173-183.

[5] Leong MF, Chian KS, Mhaisalkar PS, Ong WF, Ratner BD. Effect of electrospun poly(D,L-lactide) fibrous scaffold with nanoporous surface on attachment of porcine esophageal epithelial cells and protein adsorption. J Biomed Mater Res 2009, 89A:1040.

[6] Hochberg J, Meyer KM, Marion MD. Suture choice and other methods on skin closure. Surg Clin North Am 2009,89(3):627-641.

[7] Semer N, Adler-Lavan M. Suturing: the basics. Practical plastic surgery of non-surgeons. 2001 [chapter 1].

[8] Osterberg B. Influence of capillary multifilament suture on the antibacterial action of inflammatory cells in infected wound. Acta Chir Scand 1983,149(8):751-757.

[9] Badami AS, Kreke MR, Thompson MS, Riffle JS, Goldstein AS. Effect of fiber diameter on spreading, proliferation, and differentiation of osteoblastic cells on electrospun poly(lactic acid) substrates. Biomaterials 2006;27(4):596-606.

[10] François S, Chakfé N, Durand B, Laroche G. Effect of polyester prosthesis micro-texture on endothelial cell adhesion and proliferation. Trends Biomater Artif Organs 2008,22(2): 89-99.

[11] Moutos FT, Guilak F. Composite scaffolds for cartilage tissue engineering. Biorheology 2008,45(3e4):501-512.

[12] Yodmuang S, McNamara SL, Nover AB, Mandal BB, Agarwal M, Kelly TAN, et al. Silk microfiber-reinforced silk hydrogel composites for functional cartilage tissue repair. Acta Biomater 2015,11:27-36.

[13] Li CS, Vannabouathong C, Sprague S, Bhandari M. The use of carbon-fiber-reinforced (CFR) PEEK material in orthopedic implants: a systematic review. Clin Med Insights Arthritis Musculoskelet Disord 2015,8:33-45.

[14] Tarallo L, Mugnai R, Adani R, Zambianchi F, Catani F. A new volar plate made

of carbon-fiber-reinforced polyetheretherketon for distal radius fracture: analysis of 40 cases. J Orthop Traumatol 2014,15:277-283.

[15] Dattilo PP, et al. Medical textiles : application of an absorbable barbed bidirectional surgical suture. JTATM 2002,2(2):1-5.

[16] Greenberg JA. The use of barbed sutures in obstetrics and gynecology. Rev Obstet Gynecol 2010,3(3):82-91.

[17] Kim DH, Lu N, Huang Y, Rogers JA. Materials for stretchable electronics in bioinspired and biointegrated devices. MRS Bull 2012,37:226-235.

[18] Panneerselvan A, Nguyen LTH, Su Y, Eong Teo W, Liao S, Ramakrishna S, et al. Cell viability and angiogenic potential of a bioartificial adipose substitute. J Tissue Eng Regen Med June 2015,9(6):702-713.

[19] Khoffi F, Dieval F, Chakfe N, Durand B. A development of a technique for measuring the compliance of the textile vascular prostheses. Phys Procedia 2011,21: 234-239. http://www.sciencedirect.com/science/journal/18753892/21/supp/C.

[20] Khoffi F. Contribution à l'étude de la compliance et du vieillissement des prothèses artérielles [Thesis mechanics]. Mulhouse: Université de Haute Alsace; 2012.

[21] Levick JR. Solute transport between blood and tissue. In: Levick JR, editor. An introduction to cardiovascular physiology. 3rd ed. London: Arnold; 2000.

[22] Botchwey EA, Dupree MA, Pollack SR, Levine EM, Laurencin CT. Tissue engineered bone: measurement of nutrient transport in three-dimensional matrices. J Biomed Mater Res A 2003,67(1):357-367.

[23] Bettahalli NMS. Membrane supported scaffold architectures for tissue engineering. Enschede, The Netherlands: University of Twente; 2011 [Ph.D. thesis].

[24] Khil MS, Cha DI, Kim HY, Kim IS, Battarai N. Electrospun nanofibrous polyurethane membrane as wound dressing. Biomed Mater Res B Appl Biomater 2003, 67 (2):675-679.

[25] Buitinga M, Truckenmüller R, Engelse MA, Moroni L, Ten Hoopen HWM, van Blitterswijk CA, et al. Microwell scaffolds for the extrahepatic transplantation of islets of Langerhan. PLoS One 2013,8:64772.

[26] Krishna L, Clayton LR, Boland ED, Reed RM, Hoying JB, Williams SK. Cellular immunoisolation for islet transplantation by a novel dual porosity electrospun membrane. Transpl Proc 2011,43:3256-3261.

[27] François S, Chakfé N, Durand B, Laroche G. A poly(L-lactic acid) nanofibres mesh scaffold for endothelial cells on vascular prostheses. Acta Biomater 2009,5 (7):2418-2428.

［28］ Dhandayuthapani B, Yoshida Y, Maekawa T, Sakthi Kumar D. Polymeric scaffolds in tissue engineering application: a review. Int J Polym Sci 2011, 2011: 19, 290602.

［29］ Corey JM, Lin DY, Mycek KB, Chen Q, Samuel S, Feldman EL, et al. Aligned electrospun nanofibers specify the direction of dorsal root ganglia neurite growth. J Biomed Mater Res 2007,83A:636.

［30］ Wang HB, Mullins ME, Cregg JM, Hurtado A, Oudgea M, Trombley MW, et al. Creation of highly aligned electrospun poly-L-lactic acid fibers for nerve regeneration applications. J Neural Eng 2009,6(1):016001.

［31］ Fuh YK, Chen SZ, He ZY. Direct-write, highly aligned chitosan-poly(ethylene oxide) nanofiber patterns for cell morphology and spreading control. Nanoscale Res Lett 2013, 8:97.

［32］ Correa-Duarte MA, Wagner N, Rojas-Chapana J, Morsczeck C, Thie M, Giersig M. Fabrication and biocompatibility of carbon nanotube-based 3D networks as scaffolds for cell seeding and growth. Center of advanced european studies and research (Caesar). Nano Lett 2004,4(11):2233-2236.

［33］ Wang A, Ao Q, Wei Y, Gong K, Liu X, Zhao N, et al. Physical properties and biocompatibility of a porous chitosan-based fiber-reinforced conduit for nerve regeneration. Biotechnol Lett 2007,29:1697-1702.

［34］ Gallocher SL. Durability assessment of polymer trileaflet heart valves. January 1, 2007 [FIU electronic theses and dissertations], http://digitalcommons.fiu.edu/dissertations/AAI3299201.

［35］ Heim F, Durand B, Chakfe N. Biotextiles as percutaneous heart valves, in biotextiles as medical implants. Woodhead Publishing Series in Textiles, 2013, p. 485-525. part 16.

［36］ Vaesken A, Heim F, Chakfe N. Fiber heart valve prosthesis: influence of the fabric construction parameters on the valve fatigue performances. J Mech Behav Biomed Mater 2014,40:69-74.

［37］ L'Hostis G, Chakfe N, Durand B. Mechanical characterisation of ePTFE. In: Chakfé N, Durand B, Kretz JG, editors. New technologies in vascular biomaterials. Mulhouse-Hambourg: Europrot; 2003, p. 125-138.

［38］ Seol YJ, Lee JY, Park YJ, Lee YM, Ku Y, Rhyu IC, et al. Chitosan sponges as tissue engineering scaffolds for bone formation. Biotechnol Lett 2004, 26: 1037 - 1041.

［39］ Chau PH, Neoh KG, Kang ET, Wang W. Surface fonctionnalization of titanium with hyaluronic acid/chitosan polyelectrolyte multilayers and RGD for promoting os-teoblast functions and inhibiting bacterial adhesion. Biomaterials 2008, 29: 1412-1421.

[40] Singh S, Wu BM, Dunn JCY. The enhancement of VEGF-mediated angiogenesis by polycaprolactone scaffolds with surface cross-linked heparin. Biomaterials 2011,32: 2059-2069.

[41] Supronowicz PR, Ajayan PM, Ullmann KR, Arulanandam BP, Metzger DW, Bizios R. Novel current-conducting composite substrates for exposing osteoblasts to alternating current stimulation. J Biomed Mater Res March 5, 2002,59(3): 499-506.

[42] Sitharaman B, Shi XF, Walboomers XF, Liao HB, Cuijpers V, Wilson LJ, et al. In vivo biocompatibility of ultra-short single-walled carbon nanotube/biodegradable polymer nanocomposites for, bone tissue engineering. Bone 2008,43:362-370.

[43] Sabbatier G. Conception et élaboration d'échafaudages de nanofibres à dégradation contrôlée pour des applications en médecine régénératrice vasculaire [Ph.D. thesis: Metallurgy and material engineering.] . 2015. Québec, Canada: Laval University and Mulhouse, France: Haute-Alsace University.

[44] Tsuji H, Ikarashi K. In vitro hydrolysis of poly(L-lactide) crystalline residues as extended-chain crystallites. Part I: Long-term hydrolysis in phosphate-buffered so-lution at 37 degrees C. Biomaterials 2004,25:5449-5455.

[45] Saha SK, Tsuji H. Effects of molecular weight and small amounts of d-lactide units on hydrolytic degradation of poly(l-lactic acid)s. Polym Degrad Stab 2006,91: 1665-1673.

[46] Trepanier C, Venugopalan R, Pelton AR. Corrosion resistance and biocompatibility of passivated Nitinol. In: Yahia LH, editor. Shape memory implants; 2000, p. 35-45.

[47] Meister K, Cobb A, Bentley G. Treatment of painful articular cartilage defects of the patella by carbon-fibre implants. J Bone Jt Surg Br 1998,80(6):965-970.

[48] Steinberg EL, Rath E, Shlaifer A, Chechik O, Maman E, Salai M. Carbon fiber reinforced PEEK Optima-A composite material biomechanical properties and wear/debris characteristics of CF-PEEK composites for orthopedic trauma implants. J Mech Behav Biomed Mater 2013,17:221-228.

[49] Blanchemain N, Laurent T, Chai F, Neut C, Haulon S, Krump-konvalinkova V, et al. Polyester vascular prostheses coated with a cyclodextrin polymer and activated with antibiotics: cytotoxicity and microbiological evaluation. Acta Biomater 2008,4:

1725-1733.

[50] Bolgen N, Vargel I, Korkusuz P, Menceloglu YZ, Piskin E. In vivo performance of antibiotic embedded electrospun PCL membranes for prevention of abdominal adhesions. J Biomed Mater Res B Appl Biomater 2007,81(2):530-543.

[51] Kenawy E-R, Bowlin GL, Mansfield K, Layman J, Simpson DG, Sanders EH, et al. Release of tetracycline hydrochloride from electrospun poly(ethylene-co-vinylacetate), poly(lactic acid), and a blend. J Control Release May 17, 2002,81(1-2):57-64.

[52] Hilder TA, Hill JM. Encapsulation of the anticancer drug cisplatin into nanotubes. In: International conference on nanoscience and nanotechnology (ICONN '08), February 2008. p. 109-112.

[53] Liu Z, Fan AC, Rakhra R. Supramolecular stacking of doxorubicin on carbon nanotubes for in vitro cancer therapy. Angew Chem 2009,121:7804-7808.

[54] Yinghuai Z, Peng AT, Carpenter K, Maguire JA, Hosmane NS, Takagaki M. Substituted carborane-appended water-soluble single-wall carbon nanotubes: new approach to boron neutron capture therapy drug delivery. J Am Chem Soc 2005,127: 9875-9880.

[55] Kang B, Yu D, Dai D, Chang S, Chen D, Ding Y. Cancer-cell targeting and photoacoustic therapy using carbon nanotubes as "bomb" agents. Small 2009,5(11): 1292-1301.

[56] Moon HK, Lee SH, Choi HC. In vivo near-infrared mediated tumor destruction by photothermal effect of carbon nanotubes. ACS Nano 2009,3(11):3707-3713.

[57] Kam NWS, O'Connell M, Wisdom JA, Dai HJ. Carbon nanotubes as multifunctional biological transporters and near-infrared agents for selective cancer cell destruction. Proc Natl Acad Sci USA 2005,102:11600-11605.

[58] Yildirim ED, Yin X, Nair K, Sun W. Fabrication, characterization, and biocompatibility of single-walled carbon nanotube-reinforced alginate composite scaffolds manufactured using freeform fabrication technique. J Biomed Mater Res B Appl Biomater 2008,87(2): 406-414.

[59] Abarrategi A, Gutiérrez MC, Moreno-Vicente C, Hortigüela MJ, Ramos V, López-Lacomba JL, et al. Multiwall carbon nanotube scaffolds for tissue engineering purposes. Biomaterials January 2008,29(1):94-102.

[60] Coleman JN, Khan U, Blau WJ, Gun'ko YK. Small but strong: a review of the mechanical properties of carbon nanotube-polymer composites. Carbon 2006,44 (9):1624-1652.

[61] Byrne MT, Gun'ko YK. Recent advances in research on carbon nanotube-polymer composites. Adv Mater 2010,22:1672-1688.

[62] Duerig T, Pelton A, Stoeckel D. An Overview of nitinol medical applications. Mater Sci Eng 1999, A273-275:149-160.

[63] Sundar LS, Hawaldar R, Titus E, Gracio J, Singh MK. Integrated biomimemic carbon nanotube composites for biomedical applications. In: Hudak R, editor. Biomedical engineering-technical applications in medicine, 2012.

[64] Lahiri D, Rouzaud F, Namin S, Keshri AK, Valdés JJ, Kos L, et al. Carbon nanotube reinforced polylactide-caprolactone copolymer: mechanical strengthening and interaction with human osteoblasts in vitro. ACS Appl Mater Interfaces 2009, 1 (11):2470-2476.

[65] Shi XF, Sitharaman B, Pham QP, Spicer PP, Hudson JL, Wilson LJ, et al. In vitro cytotoxicity of single-walled carbon nanotube/biodegradable polymer nanocomposites. J Biomed Mater Res A 2008,86(3):813-823.

[66] Chen LJ, Hu JX, Shen XY, Tong H. Synthesis and characterization of chitosan multiwalled carbon nanotubes/hydroxyapatite nanocomposites for bone tissue engineering. J Mater Sci Med 2013,24:1843-1851.

14 用于结构健康监测的复合智能纺织品

S. Nauman[1], Z. Asfar[2], I. Cristian[3], C. Loghin[3], V. Koncar[4,5]

[1] 空间技术研究所，巴基斯坦伊斯兰堡

[2] 国立科技大学，巴基斯坦伊斯兰堡

[3] 佐治亚·阿萨奇理工大学，罗马尼亚

[4] 国立高等纺织工业技术学院 GEMTEX 实验室，法国鲁贝

14.1 前言

智能复合材料作为一种新型材料，能够监测自身形变与外界环境的变化，表现出巨大的应用潜力，吸引了国内外的大量关注。研究人员制备出一系列具备不同形貌、功能的智能复合材料，以满足不同的传感、形变要求。

作为众多智能复合材料的重要分支之一，智能织物正在逐渐替代传统复合织物，被广泛应用于汽车制造业、航空航天业、建筑业、运动监测、能源转化等领域。相较于短纤维增强复合材料，连续纤维具有更优异的取向能力，因此更适合发挥增强作用[6]。由于通常在极端环境和重载下工作，因此结构复合材料部件需要具备原位监测及实时反馈测定结果的能力。对于结构完整性、缺陷/损伤产生及应变变化的监测通常被统称为结构健康监测（SHM）[2,28]。类似于人类的神经系统，在线原位监测系统中的所有元素共同组成了集成传感器。

传统的监测技术包括声发射监测[4,19]与震动监测[9,32]。这些技术手段不便于原位实施，不利于成本的节约，且较为笨重，因此不适用于需要具备较高轻便性的应用领域（如航空航天、汽车工业等）[24]。智能复合材料由于自身优异的传感性能，为上述问题提供了有效的解决办法。

利用碳纳米管自身的导电性与感应性能，可将碳纳米管包覆在绝缘树脂中，形成导电逾渗网络，从而完成智能复合材料的构筑。在应变或损伤出现的情况下，这些逾渗网络发生断裂，从而导致通路电阻提高。这种电阻的变化可通过 SHM 进行监测。对这种传感机制来说，一个明显的缺陷是它只适用于自身具有导电性能的体系，非导电体系（如玻璃、芳纶等）则无法进行监测；另一缺陷在于其得到的检测结果只能表明应变或损伤发生在传感材料覆盖的区域范围内，难于进行准确的定位监测。

对于复合材料而言，一种赋予材料感应外界应变的方法在于压阻材料的使用。压阻材料包括微纳米颗粒或纳米管等导电填料[5,10-12,15-16,31]。有些导电填料可通过常规分散的方法均匀分散在基底中[17,29]；有些则可通过树脂填充技术以智能纤维的形态分散在树脂中[21-23,26-27]，或作为材料的增强结构[1,8,13-14,10,20]。

本章提出了两种基于编织层压板结构的健康监测方法。第一种方法是在层状复合材料中置入智能传感纤维将传感器集成到增强结构内部，虽然有优势，但需要在树脂注入前完成传感纤维在基底上的铺设；第二种方法是在层状复合材料表面贴附传感涂层得到智能制品，简单易行，因为智能贴片可以像传统应变计一样贴附于材料表面。

14.2 基于导电填料的聚合物复合材料的压电行为

压阻效应是半导体或金属材料在受到外界应变的刺激下电阻发生变化的过程。聚合物在与不同分量的导电填料相复合后，可表现出绝缘性、半导体性或导电性。图 14.1 显示了复合材料的电阻（ρ）与导电填料体积分数（Φ）之间所呈现出的对数关系。材料电阻—填料份数曲线呈现出两个区域：

①填料用量少时，仅形成少量搭接，无法形成导点网络，不利于电荷传输，此时复合材料表现为绝缘体。

②填料用量多时，相互搭接形成大量导电通路，构建出导电网络，便于电子传输，此时复合材料表现为导体。

材料的绝缘状态和导电状态之间的转变，发生在导电填料的特定体积浓度下，称为"逾渗阈值"。由于导电网络的破坏，材料的电阻值在逾渗阈值附近发生显著下滑。只有在填料用量高于逾渗阈值的情况下，材料内部的填料才足以搭建起允许电荷传输的导点通路。

这种填充导电填料所得到的复合材料的电导率取决于多种因素，包括填料的几何形状和分散情况等。当填料微粒直接接触时，材料导电性可用金属导电和跃迁来解释。金属电导的过程中，材料能带相交叠，允许电子直接流动。当填料之间存在间隙或势垒（本例中是聚合物层）时，电子需要在填料间发生跃迁才能实现导电性能。这种跃迁可表现为距离上的短程跃迁或是距离可变跃迁。根据量子力学的论述，由于电子的波粒二象性，它在自身动能低于能垒势能的情况下也能发生跃迁。海森堡定律指出，电子存在从任何势垒一端跃迁到另外一端的能力。当电子波越过势垒时能量不会立即降低到零，而是在势垒中呈指数衰减。当电子越过能垒而能量尚未衰减到零时，它有一定的可能性跃迁到另外一端，这也就意味着电子在非导电的界面上完成了"传输"[25]，如图 14.2 所示。

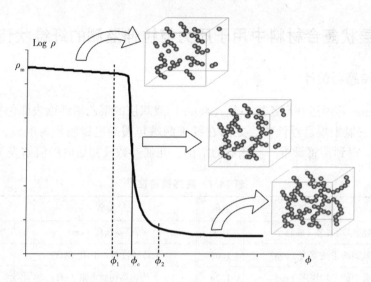

图 14.1　材料电阻随导电填料体积分数的变化曲线[21]

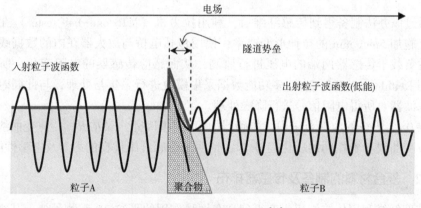

图 14.2　量子隧穿示意图[21]

当添加导电填料的复合材料受到外界拉力作用时，填料间距变大，逾渗网络发生破坏，电子跃迁所需能量提高，材料的电阻也就显著提高。因此，可利用其电阻随应变的变化来对应变进行监测。

当添加导电填料的复合材料受到外界压力作用时，填料间距变小，更多的填料相互接触，更加易于电子的传输和跃迁，从而导致材料电导性提高。这种电导性的变化也就可用来进行压力的监测。

14.3 层状复合材料中用于压力与拉伸监测的纤维状传感器

14.3.1 传感器设计

Cochrane 等通过在聚乙烯单丝（48tex）或双层的聚乙烯纤维表面包覆 Printex® L6 炭黑的三氯甲烷悬浮液[7]，之后在纤维两端包覆导电银胶作为电极，引出铜线作为导线，得到传感纤维。传感器的结构、几何参数及初始电阻值如表 14.1 所示。

表 14.1 传感器特性[21]

参数	数值	参数	数值
纤维的平均直径（mm）	0.7	传感器长度（cm）	11.7
传感器截面的平均宽度（mm）	1.68	上传感器初始电阻（kΩ）	34
传感器截面的平均厚度（mm）	1.26	下传感器初始电阻（kΩ）	24
传感器的宽厚比（宽度/厚度）	1.33		

通过该办法制备得到传感纤维后，利用拉力机（MTS one-half tester）在传感纤维上施加 5mm/min 的拉伸形变速率，使用包括电桥与放大器在内的数据线性化模块对负载于传感器两端的电压进行监测，从而感应传感器的电阻变化，所得数据利用 Keithley® KUSB-3100 多功能数据采集模块进行采集与处理，与此同时利用低通滤波器对所得电阻信号进行降噪处理。

在 0~2.75% 的应变范围内，传感器的相对电阻变化（$\Delta R/R$）—应变曲线与应力—应变曲线有着相同的变化趋势[21]，证明了传感纤维优良的力学及电学性能。

14.3.2 复合材料的制备及传感器排布

玻璃纤维利用传统织机生产得到具有增强作用的平纹 2D 织物骨架，其规格如表 14.2 所示。

表 14.2 织物骨架层材料规格[21]

参数	数值	参数	数值
经纱线密度（tex）	2331	纬密（根/cm）	16
纬纱线密度（tex）	2331	克重（g/m²）	789
织物骨架平均厚度（mm）	0.8	纤维体积分数（%）	60
经密（根/cm）	18		

　　将所得 2D 织物骨架上下交叠五层，将两根传感器分别放置于第一层织物下方与第五层织物的上方，用以感应三点弯曲试验中产生的压缩形变与拉伸形变。图 14.3（a）为所得复合织物的表面形貌，图 14.3（b）为三维模拟得到的层状复合织物的结构示意图[18]。

5层层压板内的顶部传感器

5层层压板内的底部传感器

（a）表面形貌　　（b）三维模拟得到的层状复合织物的结构示意图（上下两侧各置入一根传感纤维）

图 14.3　玻璃纤维织物骨架[21]

　　利用真空袋浸渍法将上述两种传感器的五层复合织物浸渍，包覆 EPOLAM 5015 环氧树脂，提高机械强度。在此过程中，要小心地利用真空磨具将传感纤维的四个电极相隔离，防止树脂包覆于电极表面。将所得复合材料裁剪成所需尺寸和形状，由此所得的每块玻璃纤维复合材料包含上、下两根传感纤维，分别用于压缩机拉伸形变的监测，如图 14.4 所示。

图 14.4　放置传感纤维的多层玻璃纤维复合材料[21]

14.3.3　弯曲测试结果

14.3.3.1　三点弯曲测试法（断裂前）

　　图 14.5 所示为多层玻璃纤维复合材料负载于力学性能测试仪（Instron 1185）上进行三点弯曲的实验场景。

图 14.5 利用力学性能测试仪对多层玻璃纤维复合材料进行三点弯曲实验[21]

在传感纤维两端连接信号放大器与信号调节装置（Keithley® KUSB3100），利用这些装置对所得到的电信号进行处理，以更准确地对低电阻变化进行监测。

在实验过程中，复合材料试样以 1mm/min 的恒定加载速率加载直至断裂，所得载荷—位移曲线与电阻—位移曲线如图 14.6 所示。图 14.6 中的载荷—位移曲线可体现出复合材料的受力及断裂情况，位于上层的传感纤维相较于复合材料，负载曲线在更小的变形下就出现尖锐峰。伴随着尖锐峰的出现，产生了断裂的声音，曲线斜率也发生变化，意味着裂痕的产生。复合材料整体的载荷—位移曲线上的负载峰值也对应着上层传感纤维的一系列负载峰。另外，下层的传感纤维的载荷—位移曲线在载荷最高点处开始下落，之后传感纤维发生断裂，纤维电阻达到饱和数值。图 14.7 所示为断裂样品的截面照片。

压缩产生的裂痕可通过样品断裂后拍摄的照片予以反映，如图 14.7 所示。

观察图 14.7 所示的断裂层压复合材料试样照片，可知样品下层的断裂伴随着一定程度的层间剪切的发生。这种层间剪切使复合材料下方折断，从而致使传感纤维断裂，造成了下层传感纤维力学曲线的下降（负荷最高点之后）。最为显著的负载下降（图 14.6）被推断是与下层复合材料的断裂相一致的，此时上层传感纤维的载荷—形变曲线出现了一个尖锐峰，但不会出现断裂。这是因为复合材料层间应力不会横贯整个复合材料导致样品的整体断裂。在出现最显著的负载下降之后，载荷—形变曲线进入一个逐步下跌的阶段，这一阶段最为有趣的一点在于，其每一次下跌都与上层传感器的载荷—形变曲线下跌相一致。

14.3.3.2 循环弯曲测试法

此外，还对多层玻璃纤维复合材料进行了多次循环弯曲试验。对样品施加 10 次最大应变为 0.5mm 的往复弯曲变形，速度设置为 1mm/min。图 14.8 （a）所示为测试所得的载荷—形变曲线，图 14.8 （b）为上下两个传感器的电阻值分别随形

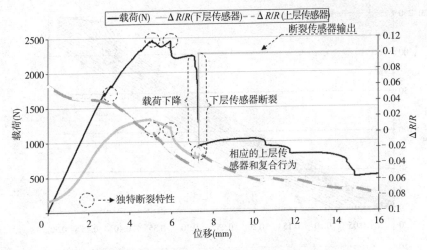

图 14.6　复合材料及两根传感纤维的载荷—位移曲线与
电阻—形变曲线[21]（负载速率为 1mm/min）

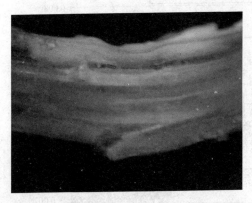

图 14.7　断裂样品的截面照片[21]

变的变化趋势。为了更清晰地体现两根传感纤维的电阻变化情况，传感纤维的相对电阻值—时间曲线被绘制出来，如图 14.9 所示。

从图 14.8（a）能够看出，样品的力学性质在循环变形过程中出现明显的滞后现象。

相似的滞后现象也出现在图 14.8（b）和图 14.9 感纤维的相对电阻图中。这两个曲线中的滞后现象可归因于复合材料和传感器的性质。由图 14.9 所示的相对电阻随时间变化的曲

线可以看出，上下传感器在卸载阶段的信号都比较嘈杂，不存在分层结构的传感器在卸载过程中就不会出现波动干扰[21]。因此，可推断出"集成传感器"出现的信号波动主要是由树脂—传感纤维层间作用导致的。在应变回复的过程中，坚硬的材料界面层无法完全回复到初始形状，从而对传感纤维产生压迫，导致传感纤维出现永久变形，造成了传感纤维相对电阻信号的波动与噪声。

卸载过程中的噪声也有可能是夹具引发的。不同于拉伸测试中使用气动夹具固定样品，三点弯曲实验中的样品没有被夹住。在负载状态下样条固定较为紧致，从而得到平滑的电学信号。然而在卸载状态下，样品发生松弛，导致了样条振动

269

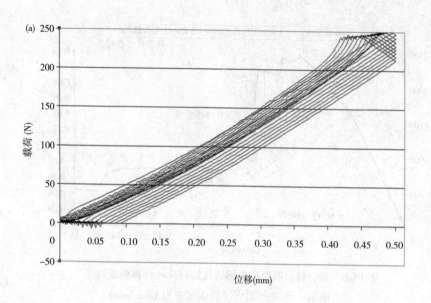

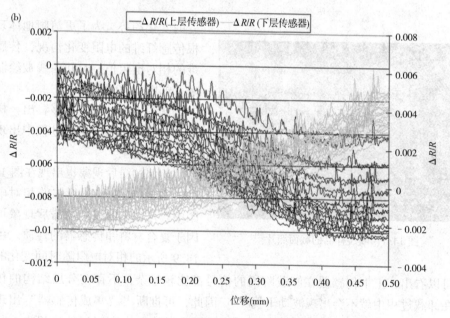

图 14.8　玻璃纤维复合材料的三点循环弯曲试验曲线[21]

（a）载荷—形变曲线；（b）两个传感器的电阻值—形变曲线

与噪声的产生，如图 14.9 所示。该推论也可通过卸载的不同阶段产生的噪声大小予以体现。当样条形变逐渐降低时（从最大应变位移 0.5mm 降到完全卸载后的 0 位移），电信号中的噪声逐步提高。每个循环周期中，样条形状完全回复后达到噪

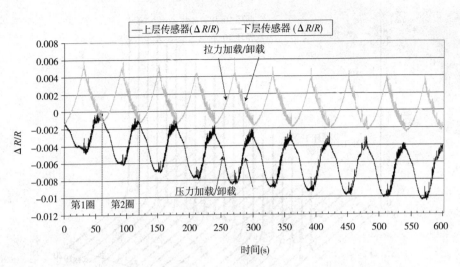

图14.9 两根传感纤维在循环弯曲试验中的相对电阻—时间曲线[21]

声最高。

从图14.9中的"拉伸"和"压缩"曲线中可以看出，这两个传感器信号的振幅差异可归因于两点：

①这两个传感器的起始电阻不相同。由于自动涂层技术的缺乏，制备过程中只能手工包覆传感层，因此无法制备出完全一样的传感纤维。因此传感纤维的初始电阻值（表14.1）存在少量偏差。

②两个传感器的电信号放大倍数不完全一致。这是由于每一个信号放大器的放大倍数是通过手动固定的电位计进行调节的，因此电信号放大倍数不可能完全一致。

通过对两种曲线的比较，上层传感纤维电信号的噪声相较于下层传感纤维更为明显。这说明在循环加载过程中，复合材料试样上下表面的能量吸收/释放机制和力学变形现象（压缩和牵引）存在很大差异。

对于两根传感纤维电阻值在循环弯曲过程中的变化情况进行了快速傅里叶变换（FFT）表征，所得结果如图14.10所示。

为了表征传感纤维在负载与卸载过程中的感应性能，将复合材料样品进行循环弯曲试验。上层传感纤维受到的载荷相当于其受到的压缩力，下层传感纤维受到的载荷相当于其受到的拉伸力。传感纤维负载状态与卸载状态的电信号存在区别。使用FFT可表征传感纤维在每一次牵伸或压缩循环时的输出信号。图14.10中的z坐标轴体现的是负载与卸载循环的次数（上层传感纤维受到的压缩力以及下层传感纤维受到的拉伸力）。在z坐标轴上对应于1的曲线表示第一周期中的加载阶段，而对应于z坐标轴上2的第二曲线代表第一周期卸载阶段中的频率分布。图

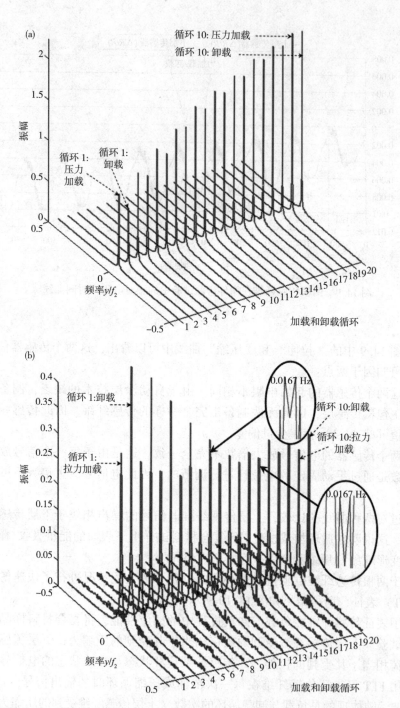

图 14.10 两根传感纤维在循环弯曲试验中的快速傅里叶变换（FFT）曲线[21]

14.10（a）与（b）中各包含 20 条 FFT 曲线，分别对应上下两传感器在 10 次循环中的负载与卸载阶段。图 14.10（a）与（b）中的 y 坐标轴体现了 FFT 的振幅，而 x 坐标轴则代表着从 0 到 $0.5 \times f_s$ Hz 的频率区间，f_s 代表 10Hz 的频率。

每一次循环对应 300 个数据点。因此，FFT 被施用于 300 个数据点上。大多数 FFT 曲线可看出负载与卸载循环的频率（0.0167Hz）。这个频率在 FFT 曲线中呈现出双"火山口"形状的峰。图 14.10（b）中的椭圆显示了其中一些峰。这些峰的数量级比 FFT 曲线上噪声的数量级要高。

加载和卸载过程中的噪声是可以完全避免的，这是因为我们的采样频率（10Hz）对于观察这种高频现象是相当低的。此外可看到，负载过程中的噪声要低于卸载过程。因此可以推测，这种噪声是由传感器和复合材料的黏弹性行为产生［图 14.10（a）和（b）中的浅色曲线］。

14.4 监测复合材料层间损坏的传感层

为了解决涂覆问题，使用苯作为溶剂，将炭黑粒子（Printex® L6）分散在聚苯乙烯（PS）中，形成导电复合材料。

14.4.1 传感薄膜的制备

将聚苯乙烯微粒在 70℃ 的真空烘箱中进行干燥去除其中水分，之后用大烧杯进行称量，精确到 0.02mg。将苯添加到烧杯中（苯含量为 5mL/g PS 与碳纳米微粒）。将盛有苯和 PS 的烧杯放置于加热台上加热至 50℃，保持搅拌维持 7h。

称量适量（35% 的 PS 质量）的碳纳米微粒（CNPs；Printex L6 由 Degussa 提供）加入烧杯中。该质量分数取决于此前关于相似粒子的研究，以达到最佳的量子隧穿效应[21-23]。之后继续搅拌 24h，确保 CNPs 在苯中的均匀分散。所有的步骤都是在日常湿度和压力下执行的。

14.4.2 复合材料的制备

为了制备复合材料样品，八层平纹玻璃纤维织物（Interglass 92110）被用作支撑材料。选用 Araldite LY5052 环氧树脂，Aradur 5052 作为硬化剂。这是一种由树脂制造商 Huntsman® 提供的低黏度转移成型（RTM）类树脂。采用真空辅助树脂转移成型的方法进行树脂灌注。固化后的多层复合片材被裁剪成 10 片尺寸为 300mm×25mm 的样品，如图 14.11 所示，所有样品中央均覆盖 PS/CNP 传感层。

这 10 个传感薄膜被区分成 3 种具有不同切口结构的样品。第一组是包含一层 PS/CNP 涂层的光滑薄膜；第二组在平行方向钻两个直径 1.5mm、相距 7mm 的洞，作为应力集中点影响 PS/CNP 传感层应变情况；第三组在平行方向钻两个直径 1.5mm、相距 12mm 的洞，用以降低应力集中点。样品细节如图 14.11 所示。

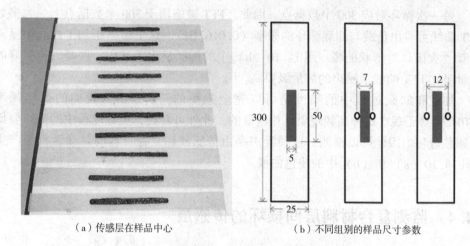

（a）传感层在样品中心　　　　　　　　　　（b）不同组别的样品尺寸参数

图 14.11　玻璃纤维增强聚合物（GFRP）复合材料层合试件[24]

平滑样品中间的智能传感层在整个测量过程中是均匀变形的。然而，对于打洞的样品，智能传感层上被构造出应力集中点。在下文中可见，洞距 7mm 的样品条只能感应一个应变峰，而洞距 12mm 的样品可以在拉伸方向上感应两个应变峰。

14.4.3　拉伸试验结果

应变是由一个计量长度内的伸长计进行测量的，并与 PS/CNP 传感涂层进行了比较。所有的拉伸速度设定在 $1 \times 10^{-3} s^{-1}$。

通过在传感涂层两端连接银胶（RS Components Ltd.）与铜线降低外接电阻，完成样品的电学连接。每个样品的铜线长度保持一致，以降低外接电阻产生的误差。数据采集模块由 Keithley KUSB-3100 与单臂电桥构成，用来采集传感数据。传感涂层在单臂电桥中提供未知电阻。数据采集模块使得数据能够从模拟信号转换到数字信号，将数据直接记录到计算机进行进一步处理，提取和显示出图形。电阻是通过双探头法进行测量的。此外，使用仪表放大器和低通滤波器进行数据的线性化、放大和噪声抑制。

图 14.12 显示的是平滑传感样品（未打洞）的应力—应变标准曲线。可以看到当样品达到断裂应变 ε_u（0.0147）时，应力 σ_u 为 460MPa。传感涂层的电阻在 50%断裂应变之前呈现出非线性变化。当样品发生断裂时，传感涂层电阻快速上升，呈现出与样品应力—应变曲线相似的线性变化趋势，直至样品完全断裂。

图 14.13 为孔距为 12mm 的样品的应力—应变标准曲线。已知复合材料断裂时

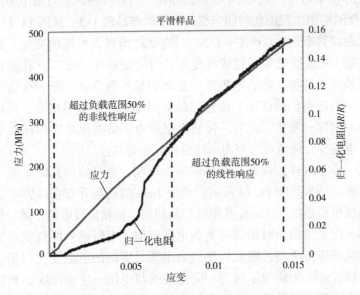

图 14.12 平滑传感样品（未打洞）的应力—应变标准曲线[24]

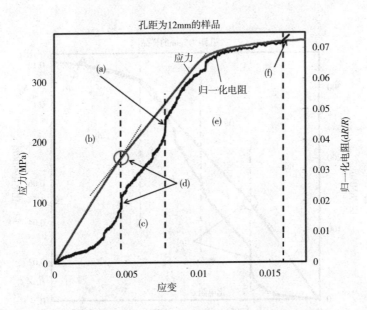

图 14.13 孔距为 12mm 样品的应力—应变标准曲线[24]

（a）应力—应变曲线体现不出来的传感器孔洞损伤；（b）传感器未断裂阶段的非线性曲线；

（c）样品部分损伤后的线性曲线；（d）样品损伤导致的应力—应变曲线突变；

（e）传感器信号与样品损伤相一致的阶段；（f）传感器断裂

达到的应变为 0.0147（ε_u）。由于孔洞的存在，打孔样条的应力集中为平滑样品的3 倍。因此孔洞周围出现损伤时的应变约为平滑样品的 1/3。从图 14.13 可以看出，应力—应变曲线斜率在 0.005（$\approx 1/3\varepsilon_u$）应变处出现大幅度的变化。在该变化之前传感器电阻不随应变增加呈现线性变化。当应变 $\varepsilon=0.005$ 时，孔洞边缘出现损伤，电阻开始快速增加，之后电阻随应变增加呈线性升高。随着应变的增加，由于另一侧孔洞附近损伤的产生，传感样品会出现第二次电阻突变，而应力—应变曲线不会显示出这一变化。此后，传感涂层的电阻值变化可准确反映复合样品的结构变化，电阻变化曲线可与应力—应变曲线完美契合。

为了进一步了解样品损伤对传感响应的影响，通过检测孔距更近（7mm）的一组样品，测试结果如图 14.14 所示。相距 7mm 的孔洞分布在传感涂层外侧 1mm处。拉伸测试所得曲线与 12mm 孔距的样品相似。初始阶段电阻不随应变发生线性变化，在第一次发生损伤时出现显著的电阻突增，电阻进入线性变化区域。由于传感涂层边缘的应变更高，因此传感网络出现了更高的电阻变化斜率。之所以斜率具有可比性，是由于固定了应力—应变曲线与电阻—应变曲线的初始端与结束端。在损伤更为严重的阶段，电阻变化曲线也与应力—应变曲线完美契合，直至样品断裂。

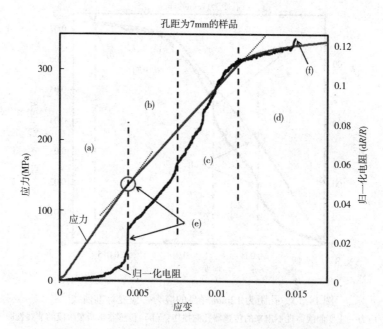

图 14.14　孔距为 7mm 的样品的应力—应变标准曲线[24]

（a）传感器未断裂阶段的非线性曲线；（b）样品部分损伤导致的应力—应变线性变化；

（c）高应变集中区域的损伤延展；（d）传感器信号与样品损伤相一致的阶段；

（e）样品损伤与传感器孔洞造成的应力—应变曲线突变；（f）传感器断裂

14.5 总结

将传感纤维制备成分段连续系统，嵌入层状复合材料中，不仅可以感应压缩与拉伸应变，还可以感应复合层状材料中断裂的发生。传感纤维可成功监测复合材料样品的应力—应变作用过程。三点弯曲测试证明了该监测的可行性。这种传感纤维仍然存在很大的发展优化空间，特别是在带宽、灵敏度及与其他高性能多纤维束的兼容性方面。由于多丝纤维束被广泛应用于高性能复合结构的增强，将其与传感纤维复合，将来可以建立一个关于不同类型复合材料在不同负载条件下变形行为的信息库。

通过观察智能传感层在缺陷存在下对于应变的反应，发现在样品出现缺陷或应力集中的情况下，传感层将出现明显的信号体现。没有孔洞的光滑样品在拉伸过程中，传感涂层电阻先发生非线性变化，之后随应变增加呈线性响应，普遍认为该线性响应是由材料基底的损坏导致的。即使损坏位置与传感涂层仍有一段距离，传感涂层的电阻仍然会出现跳跃性的增长，电阻曲线出现峰值。该损伤距离传感涂层越近，电阻峰值越明显。当样品损伤达到一定程度时，传感涂层电阻值出现线性变化，直至样品完全断裂。在电阻的线性变化区域，负荷主要承载于样品中的纤维上。在损伤程度提高的过程中，纤维发生断裂，同样可以反映在传感涂层电信号感应产生的信号中。因此，可将传感层电阻的变化标准化，从而实现对材料变形与损伤的感应检测。

结果证明，传感结构可成功监测材料在一定负荷作用下内部结构的"完整性"及"分层、断裂、延展"等变化情况。然而，所得到的电信号数据还有很大的研究空间，以提取出更多有用的辅助信息。

参考文献

[1] Abry, J.K., Choi, Y.K., Chateauminois, A., Dalloz, B., Giraud, G., Salvia, M., 2001. In-situ monitoring of damage in CFRP laminates by means of AC and DC measurements. Composites Science and Technology 61, 855–864.

[2] Balageas, D., Fritzen, C.-P., Guemes, A., 2006. Structural Health Monitoring. Wiley Online Library.

[3] Chang, F.-K., 1998. Structural Health Monitoring: Current Status and Perspectives. CRC Press.

[4] Chang, F.-K., Markmiller, J.F.C., Yang, J., et al., 2011. Structural Health Moni-

toring. System Health Management. John Wiley & Sons, Ltd, pp. 419-428.

[5] Chung, D.D.L., 2012. Carbon materials for structural self-sensing, electromagnetic shielding and thermal interfacing. Carbon 50, 3342-3353.

[6] Ciobanu, L., 2011. Development of 3D knitted fabrics for advanced composite materials. In: Advances in Composite Materials-Ecodesign and Analysis. InTech Open, Croatia.

[7] Cochrane, C., Koncar, V., Lewandowski, M., Dufour, C., 2007. Design and development of a flexible strain sensor for textile structures based on a conductive polymer composite. Sensors 7, 473-492.

[8] De Baere, I., van Paepegem, W., Degrieck, J., 2010. Electrical resistance measurement for in situ monitoring of fatigue of carbon fabric composites. Internation Journal of Fatigue 32, 197-207.

[9] Doebling, S.W., Farrar, C.R., Prime, M.B., et al., 1996. Damage Identification and Health Monitoring of Structural and Mechanical Systems from Changes in Their Vibration Characteristics: A Literature Review. Los Alamos National Lab, NM, United States.

[10] Hecht, D.S., Hu, L., Gruner, G., 2007. Electronic properties of carbon nanotube/fabric composites. Current Applied Physics 7 (1), 60-63.

[11] Johnson, T.M., Fullwood, D.T., Hansen, G., 2012. Strain monitoring of carbon fiber composite via embedded nickel nano-particles. Composites Part B: Engineering 43 (3), 1155-1163.

[12] Kang, I.P., Schulz, M.J., Kim, J.H., Shanov, V., 2006. A carbon nanotube strain sensor for structural health monitoring. Smart Materials and Structures 15, 737-748.

[13] Kaddour, A.S., Al-Salehi, F.A.R., Al-Hassani, S.T.S., Hinton, M.J., 1994. Electrical resistance measurement technique for detecting failure in CFRP materials at high strain rates. Composites Science and Technology 51, 377-385.

[14] Kupke, M., Schulte, K., Schüler, R., 2001. Non-destructive testing of FRP by D.C. and A.C. electrical methods. Composites Science and Technology 61, 837-847.

[15] Lee, S.S., Lee, J.H., Park, I.K., Song, S.J., Choi, M.Y., 2006. Structural health monitoring based on electrical impedance of a carbon nanotube neuron. Key Engineering Materials 321-323, 140-145.

[16] Li, C., Thostenson, E.T., Chou, T.-W., 2008. Sensors and actuators based on carbon nanotubes and their composites: a review. Composites Science and Technolo-

gy 68 (6), 1227-1249.

[17] Li, W., He, D., Dang, Z., et al., 2014. In situ damage sensing in the glass fabric reinforced epoxy composites containing CNT – Al_2O_3 hybrids. Composites Science and Technology 99 (0), 8-14.

[18] Long, A.C., Brown, L.P., 2011. Modelling the geometry of textile reinforcements for composites: TexGen. In: Boisse, P. (Ed.), Composite Reinforcements for Optimum Performance. Woodhead Publishing Ltd.

[19] Lynch, J.P., Loh, K.J., 2006. A summary review of wireless sensors and sensor networks for structural health monitoring. Shock and Vibration Digest 38 (2), 91-130.

[20] Muto, N., Arai, Y., Shin, S.G., Matsubara, H., Yanagida, H., Sugita, M., Nakatsuji, T., 2001. Hybrid composites with self-diagnosing function for preventing fatal fracture. Composites Science and Technology 61, 875-883.

[21] Nauman, S., Cristian, I., Koncar, V., 2011a. Simultaneous application of fibrous piezoresistive sensors for compression and traction detection in glass laminate composites. Sensors 11 (10), 9478-9498. © 2011 by the authors; licensee MDPI, Basel, Switzerland. This article is an open access article distributed under the terms and conditions of the Creative Commons Attribution license. http://creativecommons. org/licenses/by/3.0/.

[22] Nauman, S., Lapeyronnie, P., Cristian, I., et al., 2011b. Online measurement of structural deformations in composites. IEEE Sensors Journal 11 (6), 1329-1336.

[23] Nauman, S., Cristian, I., Koncar, V., 2012. Intelligent carbon fibre composite based on 3D-interlock woven reinforcement. Textile Research Journal 82 (9), 931-944.

[24] Nasir, M.A., Akram, H., Khan, Z.M., Shah, M., Anas, S., Asfar, Z., Nauman, S., 2014. Smart sensing layer for the detection of damage due to defects in a laminated composite structure. Journal of Intelligent Material Systems and Structures. November 3, 2014. http://dx.doi.org/10.1177/1045389X14554138.

[25] Peratch. QTC Science. Available online: http://www.peratech.com/what-is-qtc. html (accessed 15.12.15).

[26] Risicato, J.-V., Kelly, F., Soulat, D., et al., 2015. A complex shaped reinforced thermoplastic composite Part Made of commingled yarns with integrated sensor. Applied Composite Materials 22 (1), 81-98.

[27] Sebastian, J., Schehl, N., Bouchard, M., et al., 2014. Health monitoring of structural composites with embedded carbon nanotube coated glass fiber sensors.

Carbon 66 (0), 191-200.

[28] Sohn, H., Farrar, C.R., Hemez, F.M., et al., 2004. A Review of Structural Health Monitoring Literature: 1996-2001. Los Alamos National Laboratory, Los Alamos, NM.

[29] Thostenson, E.T., Chou, T.W., 2006. Carbon nanotube networks: sensing of distributed strain and damage for life prediction and self healing. Advanced Materials 18 (21), 2837-2841.

[30] Thostenson, E.T., Chou, T.W., 2008. Carbon nanotube-based health monitoring of mechanically fastened composite joints. Composites Science and Technology 68, 2557-2561.

[31] Zhao, H., Zhang, Y., Bradford, P.D., Zhou, Q., Jia, Q., Yuan, F.G., Zhu, Y., 2010. Carbon nanotube yarn strain sensors. Nanotechnology 21, 1-5.

[32] Zou, Y., Tong, L., Steven, G.P., 2000. Vibration-based model-dependent damage (delamination) identification and health monitoring for composite structures-a review. Journal of Sound and Vibration 230 (2), 357-378.

15　用于风力发电叶片中的玻璃纤维增强碳纤维传感器

C. Cherif, E. Haentzsche, R. Mueller,

A. Nocke, M. Huebner, M. M. B. Hasan

德累斯顿大学纺织机械和高性能材料技术研究所，德国德累斯顿

15.1　前言

由于全球对安全环保能源的亟须以及低碳减排的大趋势，使可再生能源问题成为人们关注的焦点。在可再生能源的众多应用中，风力发电因技术成熟、基础设施良好、成本低廉而成为了较有前景、发展较快的技术。目前，为了在节约成本的前提下生产更多的能源，增加了大量建立在海上的风力发电场，大型（60m以上）涡轮机叶片也得到了快速发展[1-2]。

考虑到材料重量、刚度、强度、制造便捷性及成本等因素，风力涡轮机叶片主要使用玻璃纤维增强复合材料（GFRP）来制造，大多是由环氧树脂基体制成。少量长涡轮叶片采用碳纤维增强复合材料（CFRP）或部分采用 GFRP[3]。连续纤维/长丝织造的单向预浸布或织物（多为无卷曲织物）常被用作补强材料。与铝、钢等各向同性的建筑材料不同，纤维增强复合材料可以通过结构设计（如沿受力方向铺覆增强纤维等）来优化自身性能[4]。工业上，用于涡轮叶片的制造工艺包括手工上浆、预成型、真空注射工艺（VARI）及缠绕工艺。其中 VARI 最常用。

在 20 年的预计使用寿命内，涡轮叶片会经历 108 次以上的载荷循环。在此期间，由于风力、湿度、磨损、热应力、雷击、疲劳等原因，叶片会出现纤维断裂、裂纹、分层等多种损伤。叶片的疲劳损伤一方面是由于涡轮间的气动相互作用所产生的不可预测的过载，另一方面是由于正常的交变气动载荷和重力力矩变化所产生的载荷。涡轮叶片的疲劳损伤会导致灾难性的故障，而准确预测叶片的疲劳寿命是目前面临的一个难题。此外，制造过程中可能造成涡轮的不平衡，或是造成涡轮叶片结构中出现孔隙、基体延伸区域等缺陷。虽然多数缺陷不易察觉，但它们对组件整体结构的完整性存在严重的影响。一旦缺陷或应力提高到临界值，会造成严重故障，导致灾难性的后果。图 15.1 所示为涡轮叶片典型损伤的实例。

涡轮叶片是风力发电的关键部件，可占风力发电总成本的 15%～20%。有研究

表明，叶片损伤是修复费用最高的损伤类型，所需修复时间最长[2,7]。为了减少危险，提高使用寿命，研究涡轮叶片的临界变化是非常重要的，即监测叶片结构在使用过程中（实时监测）与使用间隙的损伤。相较于使用间隙的监测，实时监测更为安全和经济。例如，大多数公共的风力涡轮机每年需要两次耗时约24h的定期维护。不定期维修的成本大约要高500%，每台涡轮机需要130h的维护时间[8]。因此，建立结构健康监测（SHM），检测、反映涡轮叶片的不良变化，实时监测叶片载荷情况，对于提高叶片可靠性、降低寿命周期成本具有重要意义。有望利用涡轮叶片的SHM

图15.1　Dresden附近的风力涡轮机的叶片损伤

提前提供可操作的信息，以避免更昂贵的计划外维修，消除部件的拆卸检查，防止叶片运行过程中的潜在故障。

有文献[1-2,6,8]讨论了涡轮叶片SHM可以应用的不同技术。传统的SHM技术，如成像超声、X射线、热成像、涡流扫描等，并不是实时监控技术，通常需要将目标部件停用较长时间以进行损伤后的检查和评估。这些方法大多用在常规维护周期之外的部件SHM中。此外，涡流扫描仅用于CFRP的监测。

声发射（AE）法和光纤法等SHM技术在检测复合材料不同类型的损伤方面具有广阔的应用前景。然而，这些方法通常价格昂贵，需要特殊的操作和分析技术。此外，随着风速的增大，AE方法监测的结构损伤情况会受到环境噪声的严重影响。对于如何在较高的叶速下滤除噪声，得到准确的AE信号，仍存在巨大的研究空间[1]。而光纤法的限制因素则包括纤维脆性、大量纤维难以连接、难以测量同一位置不同方向上的应变、成本高、监控大面积损伤对于纤维的需求量大等[9]。从本质上讲，这些方法昂贵、复杂，不适合涡轮叶片的SHM。

应用于复合材料表面的监测系统，如应变仪，不能提供复合材料结构中发生的微损伤信息。此外，应变仪的使用只能提供所监测材料的局部应变信息，因此不可能对材料的结构健康情况进行完全监测。此外，应变仪使用时多暴露在湿度、温度等不断变化环境中，因此不属于长期可靠的监测系统。与应变计类似，压电材料，以钛酸锆铅为主，通常以贴片的形式安装在结构件表面。使用压电材料进行SHM，需要在测量和分析方面耗费巨大精力。此外，它们价格昂贵，只适用于航空航天等高科技领域。因此，亟需建立简单、经济的涡轮叶片SHM方法。

与上述复合材料的 SHM 相比，电阻测量法较简单。碳纤维具有导电性，可以通过电学测量信号实时提供作用于材料的应变和损伤信息，从而使 CFRP 设计达到涡轮叶片 SHM 的目的。这些技术已广泛应用于碳纤维布中的纤维断裂、基体裂纹、纤维与基体的分层脱粘等损伤检测[9-19]。有文献[20]中记叙了利用无线连接对碳纤维增强塑料制造的涡轮叶片或直升机叶片分层进行监测的方法。Shueler 等[12] 和 Angelidis 等[21]报道了通过绘制试样电阻率（或阻抗）信息［即通常所说的电阻抗层析（EIT）］提取 CFRP 层合板的应力/应变场及损伤状态。EIT 的缺点是难以准确识别损伤位置，计算复杂程度较高。

基于电阻测量的概念，将导电材料应用于涡轮叶片的 SHM 中[22]，用以监测叶片的机械载荷情况。为此，在涡轮叶片的纺织半成品上利用刺绣技术集成了二维传感器网络。该技术的局限性在于，作为外在附着物的金属丝具有与增强材料不同的附着力和伸长率。此外，集成传感器网络需要额外的处理步骤，因此受到相应的设备及技术的限制。有文献[23]指出，刺绣技术实现的传感器纱线与钢筋结构的结合比以织造技术实现的二者结合要低。因此，结合刺绣技术的传感器在几个应力循环后就会出现性能不稳定的情况。

除了利用碳纳米管（CNTs）对 GFRP 中的基体进行改性[24-26]，CNTs 纤维还可以用于玻璃纤维织物层间，所得复合材料可以提供健康监测能力，具备更精确的定点感应能力[27]。此外，Rausch 等[28]证明了 CNTs 在构建相间电导的作用，并可以在热塑性复合材料模型（在聚丙烯基体中嵌入 CNT 涂层的单一 GFY）中使用涂有 CNT 的玻璃长丝（GFY）来感知相间损伤。尽管基于 CNTs 的传感器在潜在的 SHM 应用中显示出良好的性能，但在将其完全应用到涡轮叶片中之前，传感器在可重复性和稳定性等方面仍存在一些挑战。为了实现基于 CNTs 的纳米传感器的安装与应用，研究人员报道了碳纳米管纱线的相关研究[29-30]。

其中，本质导电碳长丝（CFY）是用于织物增强复合材料 SHM 最简单、最经济、最耐用的复合材料。多名研究者已经对碳丝在应变传感器中的使用进行了探索[31-35]。然而，在纺织半成品生产过程中，不同的工艺兼容集成技术可以最大限度地发挥纱线的用途和潜力。此外，商用 CFYs 允许简单的尺寸调整来生产 CFY 传感器，并通过改变 CFY 的长度和计数来调整标称电阻（$100 \sim 1000\Omega$）[36]。

下面将详细介绍在增强织物生产中通过多轴经编技术集成 CFY，以及 CFY 在玻纤增强风力叶片原位 SHM 中的应用。本研究的目的是开发可进行重复感应的传感网络的纺织技术及工艺。尽管在此前的研究报道中，基于织物的传感器集成已经能够通过刺绣或按照特定方向放置纤维实现，但通过经编开发传感器网络的技术价格更低廉，使集成传感的大型复合组件的进一步制造成为可能。

15.2 用于风力涡轮机叶片的压阻式碳长丝传感织物的工作原理

1970 年，奥斯顿首次观察到碳纤维（CF）的压阻特性[31]。在拉伸作用下，CF 的电阻随着施加应变/应力的提高线性增加；在压缩作用下，CF 的电阻则会呈线性减小，称为压电电阻效应。产生压阻效应的主要原因是 CFY 几何形貌（截面面积、长度）的变化。依照传统的应变测量原理，可以将 CF 的这种材料特性应用在应变感应织物中。根据 Wheatsone 和 Thomson 发现的关系式，由 n 个直径为 d、长度为 l 的单丝组成的 CFY 电阻 R 可通过式（15.1）进行计算。

$$R = \rho \cdot \frac{1}{\sum_{i=1}^{n} A_i} = \rho \cdot \frac{l \cdot 4}{\pi \cdot \sum_{i=1}^{n} d_i^2} \approx \rho \cdot \frac{l \cdot 4}{n \cdot \pi \cdot d^2} \tag{15.1}$$

碳纤维的比电阻 ρ 变化范围为 $1.5 \times 10^{-3} \sim 1.7 \times 10^{-3} \Omega cm$ [37]。

因此，小应力或伸长 ε 就很可能导致较大的电阻变化率 $\Delta R/R$。通过式（15.1）的全微分方程可以推导出式（15.2），如下所示：

$$\frac{\Delta R}{R} = \frac{\Delta l}{l} \cdot \left(1 + \frac{\frac{\Delta \rho}{\rho}}{\frac{\Delta l}{l}} - 2 \cdot \frac{\frac{\Delta d}{d}}{\frac{\Delta l}{l}} \right) = \varepsilon \cdot \left(1 + \frac{\frac{\Delta \rho}{\rho}}{\frac{\Delta l}{l}} - 2 \cdot \frac{\frac{\Delta d}{d}}{\frac{\Delta l}{l}} \right) \tag{15.2}$$

式（15.2）中的电阻与伸长率之间的线性关系也可以用比例因子 k [由 Owston 发现，式（15.3）] 表示：

$$\frac{\Delta R}{R} = \frac{\Delta l}{l} \cdot k = \varepsilon \cdot k \tag{15.3}$$

由于碳纤维的电阻率也受温度影响，因此式（15.3）仍需修正。在 $20 \sim 110℃$ 电阻的温度系数可以根据经验定义为 $\alpha_R = (3, 98 \cdots 4, 26) \cdot 10^{-2}\% \cdot K^{-1}$[38]，如式（15.4）所示：

$$\frac{\Delta R}{R} = \frac{\Delta l}{l} \cdot k - \alpha_R \cdot \Delta \theta = \varepsilon \cdot k - \alpha_R \cdot \Delta \theta = \varepsilon \cdot k - \alpha_R \cdot (\theta - \theta_0) \tag{15.4}$$

碳纤维分布于增强结构及复合组件中，具有不同的长度，通过设计碳纤维传感系统中的各元素，可以将它们放置于涡轮叶片的上下半壳中，以感应表面应变，也可以放置于涡轮叶片主翼梁的拉伸与压缩边缘，进行主要载荷测量。涡轮叶片由于外界载荷的作用会产生复杂的弯曲应力，因此碳纤维传感器需要相互搭接形成一个二维或三维的传感器网络，以满足对于空间累积应变的监测。利用惠斯顿电桥电路的优势，涡轮叶片弯曲应力所导致的拉伸或压缩可以通过电信号的叠加幅度（即在相近量级的情况下，叶片拉伸与压缩端的每个传感器的去谐）予以测定[39]。图 15.2 为在涡轮叶片上下半层的不同长度（l_{01}, l_{02}）碳纤维集成的示意图，例如，由于外部集体荷载作用的弯矩 MB 使叶片弯曲而产生的最大切向应力区域，以及它们在惠斯顿半桥电路中的实现。因此，可将集成长度相同、排列相似的碳纤维传感器在桥接电路的相邻臂上成对耦合。布置于涡轮叶片压力侧（即迎风侧）的传感器受到正应力（即拉伸应变>0、拉伸张力>0）和伸长的作用，从而测量电阻值的正向变化。涡轮叶片吸力侧（即气动侧或下风侧）的传感器由于受到负应力（压缩应变>0，压缩应力>0）而产生相反的变化，引起电阻值的负变化。

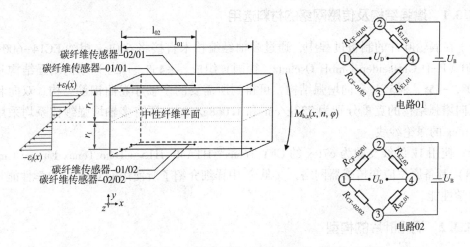

图 15.2　涡轮叶片上下半层碳纤维集成的传感网络示意图

因此，在半桥电路中会发生失谐现象，在两个测量桥的节点 1 和节点 4 之间用对角电压 U_D 测量电势降（图 15.2）。这是由分压器和基尔霍夫第二定律 [式 (15.5)] 得出的。这个表达式可以简化为式 (15.6)。

$$U_D = U_B \cdot \frac{R_{CF-\frac{0x}{01}} \cdot R_{Ex,\,01} - R_{CF-\frac{0x}{02}} \cdot R_{Ex,\,02}}{(R_{CF-\frac{0x}{01}} + R_{CF-\frac{0x}{02}}) \cdot (R_{Ex,\,01} + R_{Ex,\,02})} \tag{15.5}$$

$$\frac{U_D}{U_B} = \frac{1}{4} \cdot \left(\frac{\Delta R_{CF-\frac{0x}{01}}}{R_{CF-\frac{0x}{01}}} - \frac{\Delta R_{CF-\frac{0x}{02}}}{R_{CF-\frac{0x}{02}}} + \frac{\Delta R_{Ex,\,01}}{R_{Ex,\,02}} - \frac{\Delta R_{Ex,\,02}}{R_{Ex,\,01}} \right) \tag{15.6}$$

由于假设补偿电阻（如 $R_{E1,01}$、$R_{E1,02}$）在测量期间的变化是可以忽略的，因此可以用式 (15.3) 代替式 (15.6)，得到式 (15.7)。

$$\frac{U_D}{U_B} = \frac{k}{4} \cdot \left(\varepsilon_{CF-\frac{0x}{01}} - (-\varepsilon_{CF-\frac{0x}{02}}) + \varepsilon_{REX,\,01} - \varepsilon_{REX,\,02} \right) \tag{15.7}$$

$$\frac{U_D}{U_B} = b \cdot k \cdot \left((\varepsilon_{CF-\frac{0x}{01},\,mech} + \varepsilon_{CF-\frac{0x}{01},\,therm}) - (-\varepsilon_{CF-\frac{0x}{02}} + \varepsilon_{CF-\frac{0x}{02},\,therm}) + \varepsilon_{REX,\,01} - \varepsilon_{REX,\,02} \right)$$

$$\tag{15.8}$$

在式 (15.8) 中，将半桥电路的桥因子规定为 $b = 1/4$。很明显，该电路可以补偿热应力，并且可以增加或叠加与悬臂梁（如涡轮叶片）所受真实应力条件相似的机械诱导应变。测量装置 $R_{E1,201/02}$ 主要由温度稳定的十进位电阻器或半导体电阻器组成，由于其辅助电阻器的温度系数 α_{CFY} 较低，可以忽略由它引发的热诱导膨胀。

15.3 实验部分

15.3.1 增强结构及传感网络的材料选用

在涡轮叶片的制备过程中，通过多轴经编技术直接将 600tex 粗纱 EC14-600-350（P-D Glasseiden GmbH Oschatz，德国）织成［-45°，+45°］双向增强结构和［0°，-45°，+45°］三向增强结构，可得到所需要的多轴非卷曲钢筋结构。双向和三向增强结构的克重分别为 $732g/cm^2$ 和 $1.068g/cm^2$。所有多轴增强纱体系均采用 7.6tex 的涤纶纱线。

使用 1k 纱线支数为 67tex 的 CFY Tenax® HTA40-H15（Toho Tenax Europe GmbH）制备原位应变传感器网络，文献[40]中详细介绍了所使用的 CFY 的电学性能与力学性能。

15.3.2 涡轮叶片的构型

本研究开发的是一种附带采用纺织技术集成的 CFY 传感器的涡轮叶片，可用于小风力涡轮机，最大公称输出功率可达 10kW。根据 IEC61400-2，结合德国 Saxony 的选型实例，选择了 WTG Ⅱ 的风力级别（风力发电机 WTG）。这种涡轮叶片允许以 5.5m/s 的年平均风速旋转。此外，它们必须能够承受运行和空转状态下 42.4m/s 的极端风速（50 年内的最高风速）。这种由三个叶片组成的风力涡轮机的配置轮毂高度为 18m。由此推断出涡轮的结构需求及设计参数如表 15.1 所示。

表 15.1 小风力涡轮机的结构规格

技术参数	数值	技术参数	数值
叶片长度（mm）	2500	最大弦宽（mm）	458
中心半径（mm）	100	翼面积（m²）	0.64
叶片直径（mm）	2600		

在涡轮叶片的轮廓设计中，根据四位 NACA 系列选择了从 NACA4412 到 NACA4421 的非对称型线。NACA 所表示的是由国家航空咨询委员会（NACA）开发的飞机机翼或叶片的机翼形状。在 NACA 标准中，机翼的形状是由 NACA 后面的一系列数字描述的。将数值代码中的参数代入方程，即可精确生成机翼截面形状并计算其性能参数。虽然越来越多的大型风力涡轮机开始使用更新的特定配置参数，

但对小型机翼系统来说，这些配置参数仍具有很大的重要性。

涡轮叶片必须能够产生空气动力，并承受由此产生的载荷。所产生的电能取决于叶片半径的平方，而承载的应力与叶片半径成反比。因此，需要将机翼划分成具有所需轮廓尺寸的几部分。型号 NACA 4421 的叶片轮廓在低扬程下具有较高厚度，非常适合在叶片根部附近使用。较薄的 NACA 4412 叶型，升力系数比 NACA 4421 大 57%，因此适用于叶尖。对涡轮叶片结构的前两条导引曲线进行数值计算，其中包含各叶型前缘和后缘的精确位置。将涡轮叶片的纵轴作为这些引导曲线的几何基础 [图 15.3（a）和（b）]。NACA 轮廓沿轨迹分布 [图 15.3（c）]，并且可以进行数值计算。

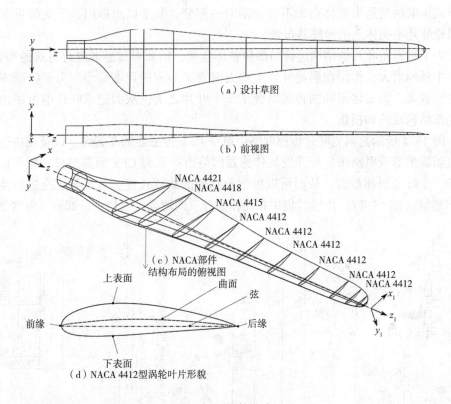

图 15.3　涡轮叶片

叶片根部外径（DW）设置为 120mm，比最厚的叶型大 30%，从而保证了翼轴到翼缘弯曲刚度的逐渐增加。最大的剖面厚度为 91mm。

15.3.3　风力涡轮机叶片的传感器布局理念

在涡轮叶片 SHM 传感器布置中，识别载荷及其在涡轮叶片上的作用方向是至关重要的。现代涡轮叶片大多由上、下半壳体组成，由于其结构与梁、剪力网相结合，大部分力以拉、压的形式作用于梁的法兰上。机翼前、后缘的最大扭矩及弯曲力矩可以忽略不计。因此，电阻敏感应变传感器必须沿着梁铺设。为了监测载荷最大值，传感器必须沿着叶片纵轴方向，置于梁翼最外层。传感器的另一放置位置是受弯曲力作用的剪切腹板。通过将传感器置于外部区域，可以对拉伸与压缩应力进行监测。部分纤维位于叶片的中心，该处传感器不受任何张力，因此可以作为并联电阻用于温度补偿。与剪切腹板相比，梁的凸缘所受弯曲应力最大，同时也有足够的空间布置大量的并联传感器。为了方便演示，在当前的小风力涡轮叶片全尺寸功能模型中，没有使用单独的梁翼来达到显著的叶片挠度。事实上，拉伸或压缩法兰是半壳体启动不可分割的一部分。基于以上原因，下文将重点讨论涡轮叶片半壳体上的传感器布置。

为了对涡轮叶片的结构进行局部和整体监测，需要对传感器进行特殊的布置。随着半径的增大，作用在涡轮叶片上的力沿着梁的方向逐渐减小。为了监测不同位置的载荷，需要将不同的传感器置于单个叶片之上，从而记录叶片中可能出现的局部结构缺陷和损伤。

图 15.4 所示为涡轮叶片传感网络中单个 CFY 传感器的布置图，以及相应的单个电阻器的等效电路图。所开发的传感器网络由一系列 CFY 回路组成，每个回路覆盖一个叶片根部截面，从而可以根据传感器的集成长度，对累积应变进行空间分解测量（图 15.4）。传感器集中布局在部分三向增强的结构中。部分三向增强结

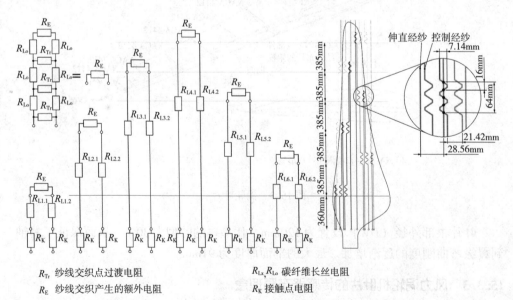

R_{Tr} 纱线交织点过渡电阻 $R_{Lx}R_{Lo}$ 碳纤维长丝电阻
R_E 纱线交织产生的额外电阻 R_K 接触点电阻

图 15.4 涡轮叶片传感网络中单个 CFY 传感器的布置图

构分别为上、下叶片半壳体双轴结构中的拉伸或压缩法兰。涡轮叶片上、下壳体采用的是负载传感器的纺织增强结构，这些结构有着明确的力流和合适堆叠次序。

15.3.4 集成到玻璃纤维增强非卷曲织物结构中的 CFY 传感器对于涡轮叶片的结构健康监测（SHM）

生产过程中，材料沿着生产方向在多轴经编机上连续运行。因此，不可能出现传感纱线沿生产方向发生逆行的情况。

在传统的多轴经编机中，只能在 90°±45°布设纬纱，在 0°布设经纱，从而在整个经编机工作的宽度范围内布设感应纱线。这在很大程度上限制了涡轮叶片中 SHM 传感器的设计。这种节省空间的传感器设计只能通过刺绣或黏合纺织传感器来替代。然而，现有的技术无法在多轴经编织物的生产中实现这种传感器的设计。

采用 ITM 公司开发的多轴经编机的经纱操纵（WPM）技术，可以提高设计的自由度。在其基本功能中，额外的 0°方向上的经纱由经纱导纱器引导，可通过与织物平面内生产方向垂直的数控直线电动机进行移动，因此，可引导纱线置于其他行针上，并在生产方向上以可变的叠加角度扩展到整个宽度。

经 ITM 公司改进的 MALIMO® 14024 多轴经编机，可以和铺布系统并用，用于集成传感器的生产。该机器包括两个 WPM 固定装置，每个固定装置能够在织物输送方向上向编织点提供 8 根传感纱线［图 15.5（a）］。夹具相互独立，且可以在机器的整个宽度内平行移动。该系统能够在编织之前从用户定义的堆叠角度（0°~90°）操纵另外两根传感经纱的路径。

通常在−45°和+45°方向的玻璃纤维（GF）纬纱层上方、0°经纱下方将 CFY 传感器集成为经纱，以保证传感器纱线在网格交点上准确黏结。该 CFY 集结了三向编织的 GF 增强无卷曲织物作为涡轮叶片的底壳，每个只需要 81.14mm 的机器工作宽度。在其余的工作宽度内，得到的是［−45°，+45°］方向的可用于其他层的双轴增强非卷曲织物。图 15.5（b）为经纱操作的功能原理示意图。图 15.5（c）显示了由经纱操纵系统得到的感应线圈（整条回路）。CFY 传感器是采用机号 F7（7 针/25mm）和针长 4.0mm 集成制造的。多轴经编机的驱动控制、转化抵消与 SIMOTION® 系统（西门子 AG）同步，以保证将 CFY 传感器无损伤地布置在 GF 增强无卷曲织物结构中。这种制造工艺的生产速度可达 16m/min。

15.3.5 内含完整 CFY 传感器的复合组件的集成

如前文所述，涡轮叶片由两个连接在一起的半壳体组成，通过真空辅助过程（VAP®）制造成为复合材料。与 VARI 工艺相比，该工艺具有以下优点：气隙数少，纺织增强结构压缩比例高，纤维体积比高达 50%。图 15.6 所示为叶片各半壳体的纺织增强层对称堆叠顺序。通过对一台小型风力发电机组叶片（标准输出功

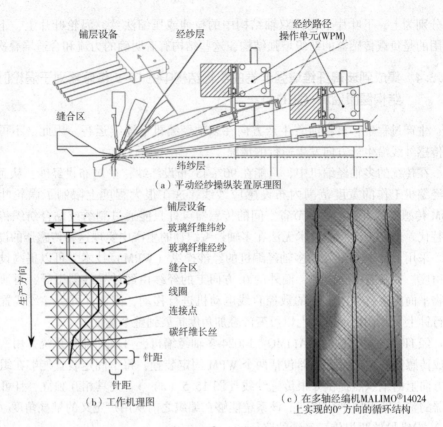

（a）平动经纱操纵装置原理图

（b）工作机理图

（c）在多轴经编机MALIMO®14024
上实现的0°方向的循环结构

图 15.5　MALIMO® 14024 多轴经编机

率为 10kW）基本结构的推断和有限元分析，可确定增强层的数目。传感器位于涡轮叶片的最外层，靠近涡轮叶片的外表面。为了稳定载荷很高的叶根法兰，将 [-45°，+45°] 及 [0°，90°] 的增强非卷曲织物采用手工堆叠法制成准各向同性的复合材料，使力均匀作用于稍后放置的十字螺栓上。

　　在复合材料形成前，将集成在三向增强非卷曲织物结构（作为涡轮叶片外层）中的 CFY 传感器与常规测量仪器的电缆相连接。这种连接是通过将 CFY 两端夹在 S-Pb93Sn5Ag2 镀锡（Stannol GmbH）铜片之间实现的，铜片厚度为 35mm，覆盖面积约为 25mm^2（图 15.7）。这种类型的电学连接的电阻率范围为 $R_{transfer}$ =（20…90）×10^{-3}Ω。

　　网状增强层的复合 [图 15.7（a）] 是在数控剪切的聚氨酯（ebaboard® S-1，Ebalta Kunststoff GmbH）模具上铸模半截小型风力涡轮机叶片时完成的。用不同的板材 [多孔金属箔、分布介质、TransTextil GmbH 与真空铝箔包覆的 VAP® 膜 [图 15.7（b）] 形成多层板，进行覆盖和密封。抽真空后，用 RIM135-RIMH137 环氧树脂基体浸没所得多层板 2min。之后连续在 30℃ 与 50℃ 温度下分别固化 18h 与

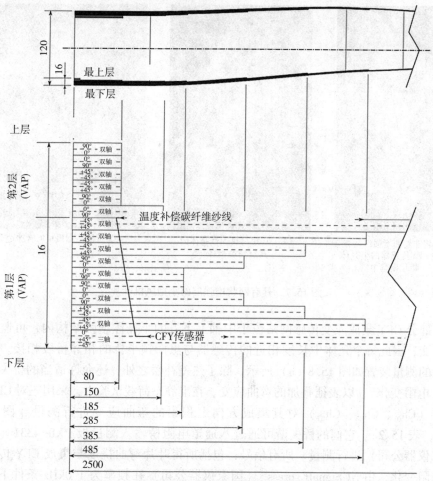

图 15.6　涡轮叶片各半壳体的纺织增强层堆叠顺序

15h。脱模后，将叶片半壳进行去毛刺处理，将 135 EPIKOTE® MGS RIM 环氧树脂与 EPIKOTE® MGS RIMH 134 固化剂涂抹在叶片边缘的连接处，将两个叶片连接起来。最后将叶片的前缘和后缘加工成所需尺寸 [图 15.7（c）]。

15.3.6　风力涡轮机叶片测试与结构健康的同步监测

为了评估 CFY 集成传感网络在 SHM 中的应用，将小型风力机叶片水平安装在全尺寸半梁试验台中。考虑到之后作用在叶片上的负荷情况，需要调整叶片气动吸力侧的对齐方式，使压力侧（压缩侧）分别受到压缩应力作用。

在距离叶片安装位置 1500mm 或 2300mm 处加载一定负荷（3.9~38N），即可研究在恒风荷载等静态应力作用下传感器对叶片运动的感应情况，可造成 5.8~87N·m 的弯曲力矩。

  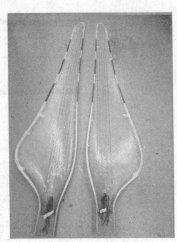

（a）将非卷曲增强织物置于　　　（b）叶片与热固性基体的　　　（c）所得小型风机叶片半壳体
内含CFY传感器的半壳体　　　　　真空辅助增强
叶片模具中

图 15.7　具有网状增强层的小型风机叶片

　　部分 CFY 集成应变传感网络位于中轴上下方的半壳体增强结构内，可监测弯曲应变，因此每个壳体中长度相近的传感器与惠斯顿半桥的相邻桥段相接。弯曲试验的测量装置如图 15.8（a）所示。除了热差补偿之外，还允许适当的桥失谐放大（电阻变化），以表征叠加的弯曲应变。在准静态荷载试验中，采用三对 CFY 传感器（Ch_{01}、Ch_{02}、Ch_{03}）对其集成方向上积累的弯曲应变进行测量［图 15.8（b），表 15.2］。它们的桥失谐可通过八通道电阻桥输入测量板 PXIe 4331（德国国家仪器公司）进行测量。所有信号，包括所得叶片弯曲挠度与集成 CFY 传感器的电阻变化，由 NI SignalExpress®（国家仪器公司）在频率为 1.0kHz 条件下处理与显示。

表 15.2　叶片半壳结构中 CFY 应变传感器性能

技术参数	Ch_{01}	Ch_{02}	Ch_{03}
CFY 传感器在下叶片半壳体中的电阻（受压侧）（Ω）	993	1624	1997
CFY 传感器在上叶片半壳体中的阻力（吸力侧）（Ω）	893	1506	1905
CFY 传感器集成长度（mm）	2×1130	2×1900	2×2285
覆盖叶片长度占总长度之比（%）	45	76	91
桥接配置（惠斯顿）	半桥		
桥励磁电压 U_0（V）	1.0		
电桥灵敏度	1.0mV/V，1000μm/m		

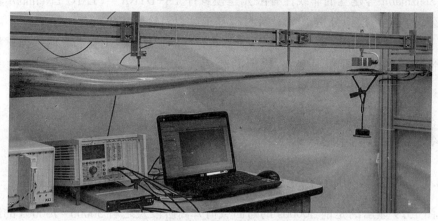

（a）涡轮叶片进行弯曲试验的测量装置

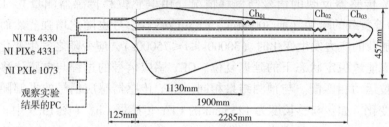

（b）用压阻式CFY传感器Ch_{01}、Ch_{02}、Ch_{03}进行应变测量

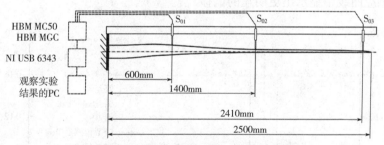

（c）用感应式位移传感器S_{01}、S_{02}、S_{03}进行挠度测量

图 15.8 对涡轮叶片进行弯曲试验

根据电感位移传感器（W1T3 和 WTA 系列，另附 MGC 桥与 MC50 感应放大器输入测量板，Hottinger Baldwin Messtechnik HBM GmbH）对叶片上三点（S_{01}，S_{02}，S_{03}，分别位于 600mm、1400mm、2410mm 处）的测量结果，可以得到叶片的整体弯曲情况，见图 15.8（c）。

为了对比原位 CFY 传感器的测量结果，继而比较其在原位应变测量中的适用性，采用基于板材的复合模型计算叶片纵轴（z）上的累积应变及位移。为此，可遵循 Stelzmann 等建立的非线性有限元建模程序 LS-DYNA® (LSTC Livermore 软件技术公司) 进行模拟分析[41]。计算过程基于风力涡轮机叶片的 CAD 壳模型，应考虑以下几点：层压板序列 (图 15.6)，各向异性的玻璃纤维增强非卷曲复合材料的力学性能 (杨氏模量和强度)，采用的载荷假说，以及 S_{01}、S_{02}、S_{03} 三点的实测挠度。

15.4 结果与讨论

15.4.1 风力涡轮机叶片 CFY 传感器在准静态载荷作用下的电特性研究

图 15.9 显示的是前 30000s 的弯曲载荷升高阶段及之后 30000~75000s 的卸载阶段中，CFY 传感器反映的信号与偏移情况 (由电感位移传感器测量)，LTP = 2300mm。随着负载的增加 (前 30000s)，CFY 传感器信号也随之增强。然而，当涡轮叶片上加载的应力发生变化时 (30000s ≤ t ≤ 75000s)，应变随之发生变化，表现出张力为零能量稳定状态下的延迟复位。CFY 感应信号的过程与电感位移传感器记录的复位运动相匹配。与预测结果相同，CFY 传感器感应信号的振幅随负载的变化发生变化，如：与总长度为 1235mm 的 CFY 传感器 Ch_{01} (图 15.9 中，三角形连接的曲线) 相比，总长度为 2410mm 的 CFY 传感器 Ch_{03} (图 15.9，方格连接的曲线) 在感应曲线中显示出更明显的偏移。

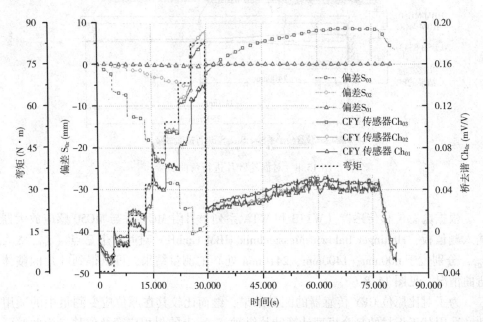

图 15.9 CFY 传感器对阶段性应变的感应曲线

15.4.2 有限元法仿真验证传感器性能

图 15.10（a）所示为计算所得叶片两端（吸力面与压缩面）表面沿 z 轴方向的积累应力（根据实测位移，用 LS-DYNA® 进行模拟），以及通过惠斯顿半桥电路耦合所得的累积应变。在弯曲力矩近似相等的情况下，在不同的 LTPs 上施加法向力，进行准静态弯曲试验，累积应变可以通过累加叶片中轴上下方的 CFY 传感器监测的单向拉伸及压缩应变来进行表征。图 15.10（b）所示为当法向力 $F=38N$ 时，距离安装位置 2300mm 处的涡轮叶片压力侧的模拟局部应变和表面应变分布。

沿传感器方向的累积应变和可测应变沿叶尖方向增大，在距离安装位置 1982mm 处达到最高值 0.063%。由于缺乏抗剪腹板，叶片几何形状复杂，加上距离安装位置 485mm 处叶片刚度增加（法兰中的额外增强板层），最大的累积伸长仅发生在叶片长度的 64% 处。

由于位于叶片安装位置后方 1150mm 与 2300mm 的两个 LTP 上的载荷作用，CFY 传感器 Ch_{01}（2×1130mm，993Ω）至 Ch_{03}（2×2285mm，1997Ω）能测量得到累积应变。将计算所得应变值与 CFY 传感器测量所得的应变值相比较，可以得到图 15.11 所示的关系。CFY 传感器测量所得的沿特定积分长度方向的累积应变不受 LTP 及弯矩影响。通过原位 CFY 压力传感器采用惠斯通电桥测量应力，利用式（15.9）可由 U/U_0 的数值计算出应变情况[42]。在式（15.9）中，B 是电桥参数（半桥电路中 $B \equiv 2$），k 是 CFY 传感器的敏感系数，在本研究中敏感系数假定为 $k=0.6$。在以往研究中[36]，将热塑性复合材料中的 CFY 传感器的 k 值定义为 0.6~1.9。k 值主要取决于组件上传感器在主应力方向的陈列情况，传感器与增强织物、基底间的形状配合与应力配合，以及 CFY 自身的电性能。

$$\varepsilon_{acc} = \frac{1}{B} \frac{4}{k} \frac{U}{U_0} \tag{15.9}$$

与距离叶片 1150mm 处相比，在距离叶片 2300mm 处加载应力时，通过建模计算和测量技术获得的应变值之间的相关性更好。为了使距离叶片 1150mm 处的数据获得更好的一致性，需要进一步研究复合模型的优化问题。然而，空间分辨应变测量是定量的。

从图 15.12 可以看出，复合组件（灰色阴影区域）中的 CFY 原位应变传感器所得电信号与计算所得的叠加应变具有很高的一致性，且不受 LTP 和弯曲应力的影响。因此，CFY 传感器所覆盖的复合组件显示出良好的负载一致性，预测应力—应变情况具有一定可能性。

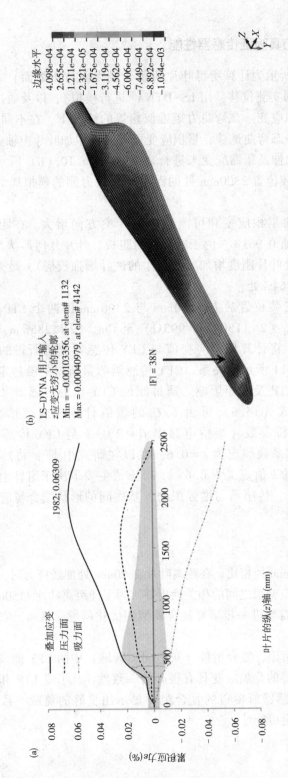

图 15.10 采用 LS-DYNA 模拟 2300mm 处 LTP（荷载传递式）在压力侧和吸力侧的累积应变（a）和
压力侧（俯视图）沿风机叶片纵轴叶片累积拉伸应变分布（b）

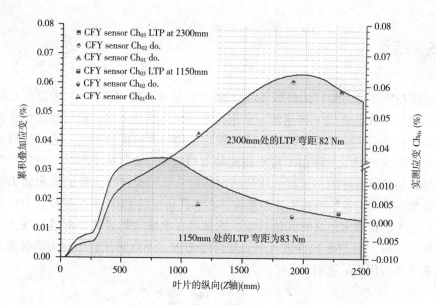

图 15.11 有限元法（FEM）模拟计算得到的 CFY 传感器在 83Nm 弯矩下监测
所得的累积应变（根据不同 LTP 下的积分长度）

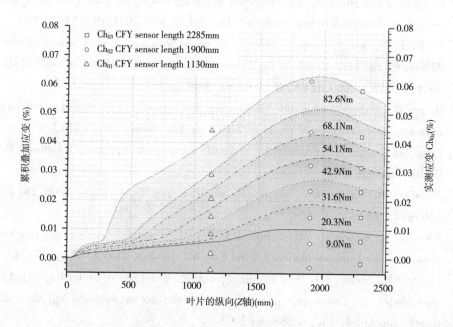

图 15.12 FEM 模拟计算得到的 CFY 传感器在不同弯矩（2300mm 处的 LTP 上的弯矩范围
为 9.0~83Nm）下监测所得的累积应变（根据不同 LTP 下的积分长度）

15.5 结论

采用新型多轴经编机的经纱操纵（WPM）技术，实现了在 GF 无卷曲织物中一步法定制二维集成 CFY 传感器。采用这种一体化制造方案，成功地在小型风力涡轮叶片的热固化成型中同时铺设增强织物结构与原位传感系统。通过比较有限元模拟计算的累积应变与 CFY 应变传感器所得监测应变，揭示出叶片电信号与模拟计算结果具有良好的一致性。该传感网络对负载情况连续无损的监测能力证明了其作为一种高可靠、低成本监控系统，在替代传统的 SHM 系统领域具有巨大的潜力。此外，该技术还具有其他优点，比如可在承重增强层的不可达区域进行原位感应，可对大型 FRP 构件进行全局及局部 SHM，不影响复合结构力学性能，可高度避免环境因素的影响等。

参考文献

［1］Ciang CC, Lee JR, Bang HJ. Structural health monitoring for a wind turbine system：areview of damage detection methods. Meas Sci Technol 2008;19(12):122001.

［2］Lu B, Li Y, Wu X, Yang Z. A review of recent advances in wind turbine condition monitoring and fault diagnosis. In：Power electronics and machines in wind applications, PEMWA 2009. IEEE. IEEE; June 2009. p. 1-7.

［3］Berger R. Strategy consultants：Maschinen/produktionsanlagen produkte mit langer nutzungsdauer- engineered products/high tech-branchenexpertise; 2012.

［4］Long AC. Design and manufacture of textile composites. England：Woodhead Publishing Limited; 2005.

［5］Kensche CW. Fatigue of composites for wind turbines. Int J Fatigue 2006;28(10):1363-74.

［6］Ghoshal A, Sundaresan MJ, Schulz MJ, Pai PF. Structural health monitoring techniques for wind turbine blades. J Wind Eng Ind Aerodyn 2000;85(3):309-24.

［7］Larsen FM, Sorensen T. New lightning qualification test procedure for large wind turbine blades. In：Proceedings of international conference on lightning and static electricity, Blackpool, UK; September 2003.

［8］Adams D, White J, Rumsey M, Farrar C. Structural health monitoring of wind turbines：method and application to a HAWT. Wind Energy 2011;14(4):603-23.

［9］Abot JL, Song Y, Vatsavaya MS, Medikonda S, Kier Z, Jayasinghe C, et al. Delamination detection with carbon nanotube thread in self-sensing composite materials. Compos Sci Technol 2010;70(7):1113-9.

[10] Weber I, Schwartz P. Monitoring bending fatigue in carbon-fibre/epoxy composite strands: a comparison between mechanical and resistance techniques. Compos Sci Technol 2001; 61(6):849-53.

[11] Kupke M, Schulte K, Schuler R. Non-destructive testing of FRP by dc and ac electrical methods. Compos Sci Technol 2001;61(6):837-47.

[12] Schueler R, Joshi SP, Schulte K. Damage detection in CFRP by electrical conductivity mapping. Compos Sci Technol 2001;61(6):921-30.

[13] Wang S, Chung DDL, Chung JH. Impact damage of carbon fiber polymerematrix composites, studied by electrical resistance measurement. Compos Part A Appl Sci Manuf 2005;36(12):1707-15.

[14] Wang S, Wang D, Chung DDL, Chung JH. Method of sensing impact damage in carbon fiber polymer-matrix composite by electrical resistance measurement. J Mater Sci 2006; 41(8):2281-9.

[15] Kaddour AS, Al-Salehi FAR, Al-Hassani STS, Hinton MJ. Electrical resistance measurement technique for detecting failure in CFRP materials at high strain rates. Compos Sci Technol 1994;51(3):377-85.

[16] Song DY, Takeda N, Kitano A. Correlation between mechanical damage behavior and electrical resistance change in CFRP composites as a health monitoring sensor. Mater Sci Eng A 2007;456(1):286-91.

[17] Todoroki A, Tanaka M, Shimamura Y. Electrical resistance change method for monitoring delaminations of CFRP laminates: effect of spacing between electrodes. Compos Sci Technol 2005;65(1):37-46.

[18] Seo DC, Lee JJ. Damage detection of CFRP laminates using electrical resistance measurement and neural network. Compos Struct 1999;47(1):525-30.

[19] Abry JC, Bochard S, Chateauminois A, Salvia M, Giraud G. In situ detection of damage in CFRP laminates by electrical resistance measurements. Compos Sci Technol 1999;59(6): 925-35.

[20] Matsuzaki R, Todoroki A. Wireless detection of internal delamination cracks in CFRP laminates using oscillating frequency changes. Compos Sci Technol 2006;66 (3):407-16.

[21] Angelidis N, Irving PE. Detection of impact damage in CFRP laminates by means of electrical potential techniques. Compos Sci Technol 2007;67(3):594-604.

[22] http://www.fibercheck.de/technologie.html, [21.01.16].

智能纺织品及其应用

[23] Matthes A, Schade M, Kleicke R, Schneider P, Hantzsche E, Cherif C. Textile structures with integrated carbon fiber based sensor networks for monitoring of filament reinforced composites. In: Adolphe D, (Hg.). 150 years of research and innovation in textile science. Wittenheim: IM' SERSON (2) und Vortrag: 11th World Textile Conference AUTEX2011, 09.06.2011.

[24] Thostenson ET, Chou TW. Carbon nanotube networks: sensing of distributed strain and damage for life prediction and self healing. Adv Mater 2006;18(21):2837-41.

[25] Fiedler B, Gojny FH, Wichmann MH, Bauhofer W, Schulte K. Can carbon nanotubes be used to sense damage in composites? Ann Chim 2004;29(6):81-94 [Lavoisier].

[26] Park JM, Kim DS, Kim SJ, Kim PG, Yoon DJ, DeVries KL. Inherent sensing and interfacial evaluation of carbon nanofiber and nanotube/epoxy composites using electrical resistance measurement and micromechanical technique. Compos Part B Eng 2007;38(7): 847-61.

[27] Alexopoulos ND, Bartholome C, Poulin P, Marioli-Riga Z. Structural health monitoring of glass fiber reinforced composites using embedded carbon nanotube (CNT) fibers. Compos Sci Technol 2010;70(2): 260-71.

[28] Rausch J, Mader E. Health monitoring in continuous glass fibre reinforced thermoplastics: manufacturing and application of interphase sensors based on carbon nanotubes. Compos Sci Technol 2010;70(11):1589-96.

[29] Zhao H, Zhang Y, Bradford PD, Zhou Q, Jia Q, Yuan FG, et al. Carbon nanotube yarn strain sensors. Nanotechnology 2010;21(30):305502.

[30] Zhong XH, Li YL, Liu YK, Qiao XH, Feng Y, Liang J, et al. Continuous multi-layered carbon nanotube yarns. Adv Mater 2010;22(6):692-6.

[31] Owston CN. Electrical properties of single carbon fibres. J Phys D Appl Phys 1970; 3: 1615-26.

[32] Muto N, Yanagida H, Nakatsuji T, Sugita M, Ohtsuka Y. Preventing fatal fractures in carbon-fiber-glass-fiber-reinforced plastic composites by monitoring change in electrical resistance. J Am Soc 1993;76(4):875-9.

[33] Cho JW, Choi JS. Relationship between electrical resistance and strain of carbon fibers upon loading. J Appl Polym Sci 2000;77:2082-7.

[34] Wang X, Wang S, Chung DDL. Sensing damage in carbon fiber and its polymer-matrix and carbon-matrix composites by electrical resistance measurement. J Mater Sci 1999; 34:2703-13.

[35] Horoschenkoff A. Sensorik fur den Leichtbau. In: Vortrage. Cluster - Treff Neue

300

Werkstoffee Sensorik fur CFK-Leichtbaustrukturen: Theorie, Einsatz und Anwendung, Munchen, Deutschland; 29.09.2010 [German].

[36] Hantzsche E, Matthes A, Nocke A, Cherif CH. Characteristics of carbon fiber based strain sensors for structural-health monitoring of textile-reinforced thermoplastic composites depending on the textile technological integration process. Sens Actuators A Phys 1 December 2013;A203:189-203.

[37] http://www.tohotenax-eu.com/produkte/tenax.html, [02.04.15].

[38] Kunadt A, Starke E, Pfeifer G, Cherif CH. Messtechnische Eigenschaften von Dehnungssensoren aus Kohlenstoff-Filamentgarn in einem Verbundwerkstoff. tm e Tech Mess 2010;77(2):113-20[German].

[39] Hottinger Baldwin Messtechnik GmbH. Eine Einfuhrung I die Technik des Messens mit Dehnungsmessstreifen. Pfungstadt. 1987. Hoffmann, K. -ASIN: B001ALAP1W e Firmenschrift.

[40] Hasan MMB, Matthes A, Schneider P, Cherif C. Application of carbon filament (CF) for the structural health monitoring of textile reinforced thermoplastic composites. Mater Technol July 2011; 26 (3): 128e34. http://dx. doi. org/10. 1179/ 175355511X130072 11258881.

[41] Stelzmann U, Hoermann M. Ply-based composite modeling with the new * ELEMENT_SHELL_COMPOSITE keyword. In: 8th European LS-DYNA users conference, Strasbourg, France; 23e24 May 2011. p. 1-9.

[42] Hoffmann K. Hottinger Baldwin messtechnik GmbH. In: Anwendung der Wheatstone Bruckenschaltung. Darmstadt; 1999. p. 15.

16　混纱/集成传感器热塑性复合部件

X. Legrand, C. Cochrane, V. Koncar
国立高等纺织工业技术学院 *GEMTEX* 实验室，法国鲁贝
里尔大学，法国里尔

16.1　前言

在交通工具的结构部件中，用复合材料代替传统金属材料可降低生产成本，有效减轻产品重量，降低整体能耗，从而起到积极的作用。然而，由于金属与复合材料存在差异，会表现出不同的失效模式。图 16.1 比较了复合材料和金属疲劳损伤随时间的变化。对于金属来说，主裂纹的产生与延展是最常见的失效机制。而复合材料存在四种基本失效机制：纤维断裂、分层、开裂和界面脱粘[1]。由于复合材料的整体非线性特征，其各向异性的结构与复杂的内部应力将对我们理解其破坏本质产生限制。因此，对复合材料部件的结构健康监测（SHM）就显得至关重要，以便及时掌握其强度弱化情况与更换需求。织物应变计（机械传感器）通常基于"压阻感应"材料的结构，这种材料（如石英、陶瓷、金属粉末、碳纳米管、导电聚合物等）的电阻会根据施加的应力（拉伸或压力）[2]发生可逆变化。

导电聚合物（ICPs）于 20 世纪 70 年代被发现，引发了人们对印刷电子电路、电致变色显示器及传感应用等领域研究的极大兴趣。在所有 ICPs 中，聚（3,4-乙烯二氧噻吩）（PEDOT）由于其高电化学稳定性、高热稳定性、高导电性及高光学透明度，受到了广泛关注。聚（3,4-乙烯二氧噻吩）—聚（苯乙烯磺酸盐）（PEDOT-PSS）的水溶液是目前常用的一种压阻传感导电聚合物材料[3-6]。压阻效应描述的是半导体或金属材料在外界机械应变作用下电阻率的变化。通过常见的涂层工艺，PEDOT-PSS 水溶液可以便捷涂覆于纺织面料、纱线或纤维上。

本章讨论了基于 PEDOT-PSS 的传感涂层在交通工具复合部件结构监测中的应用。乳胶基传感器在 300℃ 以上高温仍然能稳定工作，且可与复合材料的固化过程相兼容。

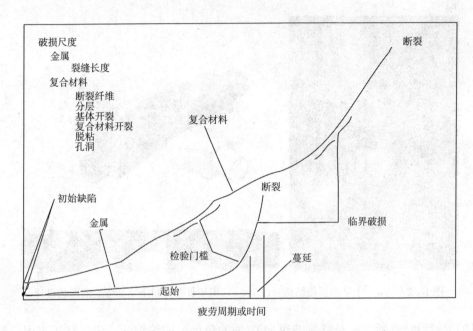

图 16.1   复合材料与金属的疲劳损伤曲线

16.2   复杂异形件增强热塑性复合材料

16.2.1   几何形貌

在铁路和汽车行业中,复杂异形件的一步成型是快速生产复合件的最佳方案之一[7-8]。图 16.2(a)为金属焊接管制成的十字加强筋。本章介绍使用一步成型法制造复合材料十字加强筋,替代金属十字加强筋。图 16.2(b)和(c)所示为用于复合材料十字加强筋的形状设计。

根据载荷标准,除管道轴线方向外,十字加强筋的加固需要从多个方向同时进行,因此,不能使用类似于热塑性材料的单向加强成型工艺(如拉挤成型等)[9]。另外,由于十字加强筋被用作结构部件,因此在制造过程中要保证纤维增强结构沿支路的连续性。

编织与捻纱均为高度自动化的加工工艺,有利于复合材料的低成本生产。所得二维(2D)双轴、二维(2D)三轴及三维(3D)结构的织物可作为结构元件,广泛用于医疗、国防、交通等领域[10-12]。该加工方法可得到具有不规则截面(圆形、方形、扁平)的复杂形状[6-9]。所得编织复合材料在大形变下仍具备高断裂强度。因此,可使用与成纱相关的超编织工艺得到复杂的几何形状[15]。编织复合材

303

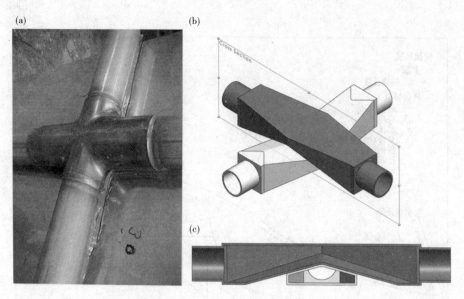

图 16.2　（a）十字加强筋结构；（b）（c）用于复合材料十字加强筋的形状设计

料的关键设计参数之一是纤维与纵向 0°轴的角度，即编织角；研究结果表明，编织复合材料的力学行为取决于其编织角[12-14,16-19]。编织角与载体转速、卷取速度及编织直径等工艺参数密切相关，而不规则的横截面会导致零件不同区域的编织角有所不同[13]，需要在最终的设计中加以考虑。为此，针对编织角对织物力学性能的影响也进行了一系列研究。

16.2.2　材料（混合纱）

近年来，热塑性复合材料由于其独特的性能（如加工时间短、储存时间长、易于回收、冲击性能好等）引发了人们的广泛关注[21-22]。与高黏性热塑性熔体相反，热固性基体是流体，易于分布于纤维周围，实现热固性加工。而将热塑性基体树脂与增强织物进行共混的加工工艺也被开发出来[23]。可以将基体材料以粉末或薄层的形式涂在织物上，通过堆叠或混合掺入，形成混合织物，该工艺可有效缩短热塑性树脂熔融后的流动路径。此外，还开发出混纺纱以缩减熔融树脂的流动路径[16,23-26]。将纺制的热塑性塑料长丝与增强纤维平行紧密结合可得到混合纱，用于机织[27]、编织[28-29]等加工工艺。用混合纱线制成的织物可通过热压加工得到复合材料。将玻璃纤维（G）和聚丙烯（PP）组合加工，所得制品特别适用于成本低廉、生产快速的汽车部件，如保险杠，前、后、边侧保护挡板及扰流器等[30-31]。

通过空气喷射混合可将玻璃纤维［图 16.3（a）］和 PP［图 16.3（b）］纤维制成混合纱线［图 16.3（c）］。玻璃纤维与 PP 纤维的质量比为 70 ∶ 30，相当于体积分数为44%的玻璃纤维分散在56%的PP基体中。通过观察试样抛光截面的显微图像可研究混合纱的结构和异质性 [图16.3（c）]。纤维在纱线中的分布是可见的，其中PP纤维为黑色，玻璃纤维为灰色/亮白色。由于喷射混合工艺，纱截面的几何形状（圆形、椭圆形）无法确定，只能观察到玻璃纤维和PP纤维是呈随机分散的。

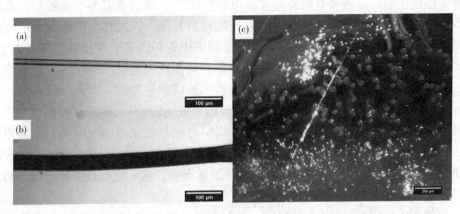

图16.3　（a）玻璃纤维、（b）PP 纤维、（c）混合纱线的光学显微镜图像

对20个混合纱试样进行拉伸试验（NF-EN-ISO 2062），以确保试样分别与编织过程中施加的应力载荷相匹配，所得拉伸结果如表16.1所示。可见，复合材料的拉伸性能几乎完全得益于玻璃增强纤维。

表 16.1　混合纱性质

性能	数值	性能	数值
线密度（tex）	636.4	拉伸应力（cN/tex）NF-EN-ISO2062	20.78
玻璃纤维直径（μm）	17	玻璃质量分数（%）	71.6
PP 纤维直径（μm）	47	加捻	无
断裂应变（%）NF-EN-ISO2062	4.25		

16.2.3　制备过程

在编织之前，将纱线重新缠绕在编织线轴的线筒上。这一步骤通过两种方式改变纱线：纱线细丝的断裂或损失；纱线的轻微扭转。长丝断裂是由绕线机导纱部件与纱线相互摩擦造成的。在复合纱的情况下，这种现象很明显，纤维断裂是可见的。原纱包装使用的圆柱形线筒会在解旋时将其固定，从而在新的线轴上形成一个扭转（每米5圈）。混合纱的轻微扭转不仅不会影响复合材料的性能，还会改善织物的预成型工艺[23,32]，从而改善纱线性能[23,33]，包括提高纱线的强度与摩擦阻力。这两种特性都将对纱线的编织提供有利因素。此外，它还会影响复合材料的横向压缩性能[36]。与表 16.1 中的初始值相比，所测得的成纱强度增加了5.5%，断裂伸长率减少了 9.4%。

编织铺层是指使用编织工艺覆盖芯轴[10,15,17,34]。在编织过程中，织带可直接放置于芯棒中心，芯棒具有所需的成品内部形状[35]。通过重复编织可得到预设的层数，以获得所需的壁厚。该技术具有高度可重复性，因此对生产低成本的网状预制件非常有效[15]。所得制件的力学性能取决于编织图案上纱线的类型和数量，因此可以通过改变编织角或芯棒直径等参数对局部性能进行调整[18,19]。在编织之前，所有线轴都要卷绕上纱线。在上浆过程中纱线发生降解[36,37]。缠绕纱线后，根据所使用的纱线类型（粗纱、绞纱、连续纱或非连续纱），编织过程中还会产生不同程度的缺陷。对于纤维或纱线来说，编织过程是很困难的，因为它在每根纱线、纱线/纱线和纱线/工具摩擦处引入张力[36]。在混合纱中，PP 纤维会在玻璃纤维中融化，产生的 PP 溶流会对玻璃纤维造成影响。这一过程进一步增加了对制件性能的预测难度。

所使用的编织机（Herzog GLH 1/97/96e100）由 96 个斜向纱架和 48 个轴向纱架组成。偏置纱线按顺时针和逆时针方向的正弦路径分为两组，形成交织（图 16.4）。第三组纱线，即轴向纱线，从每个角齿轮中间进入，沿编织轴插入纺织结构中。编织角 θ ［图 16.5（a）］为卷绕速度 ν（m/s）和线轴转动速度 ω（s^{-1}）的比值，可根据芯轴半径 R（mm）、机器上纱筒转速（s^{-1}）及芯筒对样品的收集速度（mm/s）进行估算[38]。本研究中使用的图案为规则的三相编结图案［图 16.5（b）］。棱柱的芯棒形状改变了芯棒的局部半径，对编织角有较大影响。根据最后一部分的芯棒形状，编织角将在 35°~55°变化，在进行材料表征时需要考虑编织角 θ 的变化［式（16.1）］。

$$\theta = \tan^{-1}\left(\frac{2\pi R\omega}{\nu}\right) \tag{16.1}$$

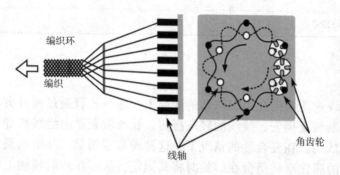

编织环

编织

线轴

角齿轮

图 16.4　编织机

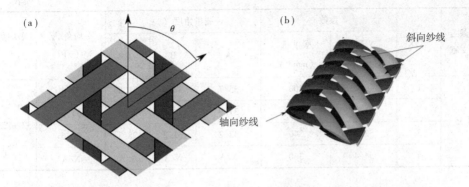

图16.5　三相编织图案的（a）编织角，（b）结构模型（与TexGen相同）

参考文献［55］、［45］、［35］中，对编织材料的性能进行了评价。该结构是在直径50mm的管状芯轴上逐层编织而成。据文献所述，编织时每个芯轴上缠绕了四层，而线轴的旋转速度保持恒定，因此每一层的厚度均会增加下一层织物的表观直径。所以，需要调整卷取速度，以保证每一层织物相同的编织角。根据纱线线密度、管状芯棒形状及编织参数，可使覆盖系数接近100%[40]。

表16.2为每一层织物的编织系数。分别在编织开始、编织中期、编织结束的A层、B层、C层的三个不同位置测量管状结构的编织角。表16.2中编织角的标准差说明编织过程有较好的规律性。

表16.2　芯轴上每一层织物的编织系数

参考文献	层数	参数		测量角度（°）			平均角/层（°）	平均角（°）
		直径（mm）	吸纳量（mm^{-1}）	A	B	C		
［55］	1	49.0	150	51.2	52.6	51.7	51.8	48 ± 3.3
	2	51.3	165	48.3	48.5	NC	48.4	
	3	53.5	185	48.2	47.8	NC	48.0	
	4	55.7	205	42.2	44.9	NC	43.5	
［45］	1	48.7	215	40.9	41.8	NC	41.3	41 ± 1.3
	2	51.0	230	40.0	41.2	40.9	40.7	
	3	52.8	245	40.3	37.6	40.7	39.5	
	4	54.5	260	N/A	N/A	N/A	N/A	

续表

参考文献	层数	参数		测量角度（°）			平均角/层（°）	平均角（°）
		直径（mm）	吸纳量（mm⁻¹）	A	B	C		
[35]	1	49.0	300	35.7	32.9	31.5	33.4	32 ± 2.0
	2	51.2	320	31.9	32.5	30.8	31.7	
	3	52.5	340	32.2	31.2	28.3	30.6	
	4	54.4	360	N/A	N/A	N/A	N/A	

为了通过热压固化得到刚性复合材料，在编织完成后沿芯轴方向切割四层织物，并将其展开压平。剪切与压平编织带会改变织物结构，尤其是编织角，如表16.3 所示。编织角的变化来自于试样尺寸的变化以及试样切割后的面内剪切，如图16.6 所示。参考文献［55］和［45］中的样品编织角较大，交织紧密，因此编织角的变化较高，约为14%。参考文献［35］中材料的编织角较小，结构内纱线较自由，因此编织角几乎不受试样从管状到扁平形状变化的影响。

表 16.3　剪切及压平对织物编织角的影响

参考文献	管状编织物角度（°）	扁平编织带角度（°）	修正度（%）
[55]	48	55	14.0
[45]	41	47	14.9
[35]	32	32	−0.2

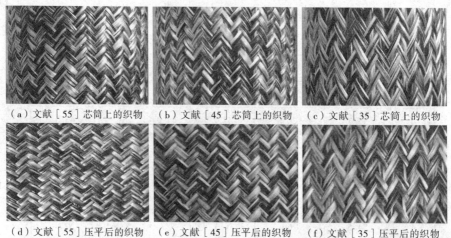

（a）文献［55］芯筒上的织物　　（b）文献［45］芯筒上的织物　　（c）文献［35］芯筒上的织物

（d）文献［55］压平后的织物　　（e）文献［45］压平后的织物　　（f）文献［35］压平后的织物

图 16.6　文献［55，45，35］中的织物在芯筒上与剪切压平后的结构对比

16.2.4　热固结与样品加工

对混合纱编织织物结构进行加热压制，使 PP 基体熔化，与玻璃增强纤维形成复合结构。复合材料的性能受固结过程影响很大[37]，同时也依赖于预成型参数（如厚度等）。工艺参数（压力、温度）如图 16.7 所示。

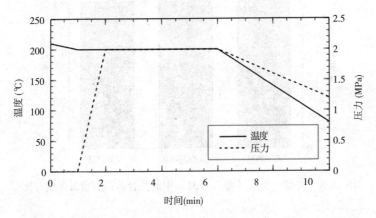

图 16.7　热固化过程中的温度与压力参数

复合材料板的尺寸约为 290mm×155mm。对其热压前后的厚度进行了测量。对于固结前的织物进行厚度测量，需采用标准 ISO 5084（压力设置为 1kPa）。对复合板进行厚度测量时使用了卡尺。表 16.4 对测量数值进行了对比，给出了由式（16.2）计算得到的各结构的压实率 C_r。嵌套，也被称为纤维结构重组，发生在压力作用于编织物时。在压缩过程中，较高的编织角会降低嵌套效果。这与编织结构的行为相一致，编织角越高，阻碍作用越大。

$$C_r = \frac{e_{\text{braid}} - e_{\text{plate}}}{e_{\text{braid}}} \times 100\% \tag{16.2}$$

表 16.4　织物与复合板的厚度及压实率

参考文献	厚度（mm）		压实率（%）
	织物	复合板	
[55]	5.62±0.05	1.98±0.07	65
[45]	5.48±0.08	1.81±0.11	67
[35]	5.48±0.10	1.51±0.03	72

由于制造参数不同，所得复合板的面密度有所不同。复合板的面密度及厚度如图 16.8 所示。在制造过程中，织物预制件的基体不发生损失，因此样品的纤维

体积分数等于原混合纱中的纤维体积含量（44%）。由于整体材料的密度恒定，所以厚度与复合板面密度直接相关。

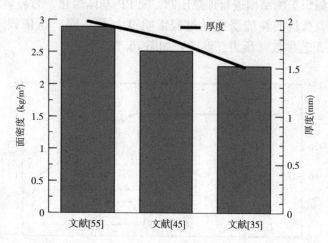

图 16.8　文献［55］、［45］、［35］中的复合板面密度及厚度对比

16.3　传感器技术

16.3.1　设计工程与实施

开发出一种由 PEDOT-PSS 与乳胶相结合的传感器涂层。乳胶是一种具有良好成膜性、乳化性和黏接性能的合成高分子水分散体。当 PEDOT-PSS（导电填料）与乳胶基体结合时，PEDOT-PSS 提供足够的导电性，而乳胶作为黏合剂，提高了聚合物/共混物的延展性、耐久性和柔韧性。本部分概述了玻璃纤维（复合材料的主要成分）传感器的制备和表征（机械和机电），所开发的传感器以压阻的方式工作，会在机械应力和应变作用下产生清晰的信号。

乳胶基质适合集成到本项目所需的复合材料部件中。在生产过程中，为了巩固复合材料，需要在 200℃下进行热处理。乳胶和 PEDOT-PSS/乳胶混合物在 300℃ 以上时均可处于稳定状态（图 16.9）。为了监测预制件的结构健康状况，可将 PEDOT-PSS/乳胶传感系统集成到热固性复合材料部件中。

16.3.2　实验

（1）传感器制备。商用 PEDOT-PSS（Clevios CPP105D，固体含量 1.2%，H. C. Starck GmbH）和乳胶（Appretan 96100）以 7∶1 的比例混合，在室温下搅拌 30min。然后将混合液在 110℃ 下加热搅拌。按照规定挥发溶剂，配备出

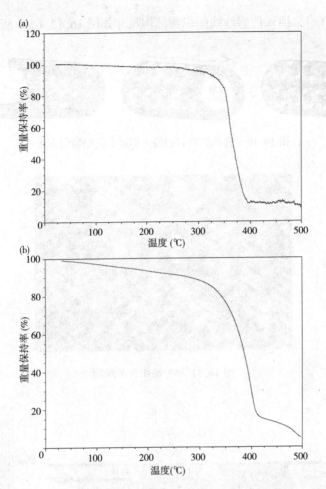

图 16.9　(a) 乳胶和 (b) PEDOT-PSS/乳胶混合物的 TGA 曲线

PEDOT-PSS 质量分数为 15%、20%、25%、30% 的混合溶液。溶剂的去除可提高溶液黏度和导电性。

　　将传感器凝胶用油漆刷涂覆在 20cm 长的玻璃纱上，涂覆两层（在涂层之间晾干）。制备好传感器并将其嵌入复合结构中。之后，将银胶涂在传感器的末端，以方便测量装置间的连接 [图 16.12 (b) 中的灰色区域]。制备 PEDOT-PSS 质量分数为 15%、20%、25% 和 30% 的传感器复合结构，并进行表征。

　　(2) 传感器在复合材料中的集成。将传感纱线插入由玻璃纤维/聚丙烯纤维制备的四层织物结构中。将管状织物切割，得到平面织物（图 16.10），平面织物的编织角为 55°（图 16.11）。在这种情况下，将传感器纱线手工插入，在编织过程中直接将传感纱线与织物相集成也是有可能的。将两根传感纱线从上表面插入，穿过两层编织带，在两层编织带之间沿轴向向前引伸，最后从进入点的同一面拉出

[图 16.12（a）]，插入传感纱线的织物结构尺寸如图 16.12（b）所示。

图 16.10　管状织物剪切展平形成平面织物的方法

图 16.11　55°编织角的织物

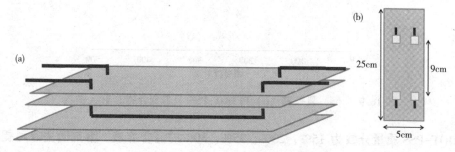

图 16.12　（a）编织过程中传感纱线与织物直接集成的方法与（b）所得结构尺寸

　　对上述制得的结构进行加热和压制，使聚丙烯熔化，成为玻璃纤维增强材料的基体。加热固化过程按照 16.2.4 节中给出的工艺参数进行。

16.4　表征

16.4.1　电学表征

　　传感器的电阻用标准欧姆计（Keithley）测量。所有传感器尺寸相同，制备标准也相同，因此选择电阻的测量值，而不是电阻率的归一化值。

16.4.2 结构健康的原位实时监测

样品在 Instron 5900 拉力试验机上进行力学测试。试验样品中的传感器仅在轴线（*AX*）方向上插在四层（两层在下面，两层在上面）织物之间［图 16.13（a）］。试验速度设定为 2mm/min，在 0.05% 和 0.25% 的应变间隔处取测量值，在试样轴线方向使用了一个 50mm 规格的视频延伸仪。根据标准，夹具间距为 115mm。图 16.13（b）为拉伸装置的表观图。

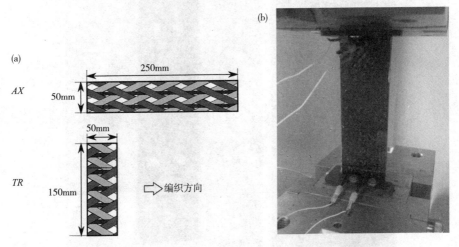

图 16.13　拉伸实验：（a）轴线方向；（b）拉伸装置

在拉伸过程中，电阻由 3706 数字万用表进行测量记录，该万用表连接到 3724 快速采集仪器上（Keithley）。夹具间传感器的电阻信号［图 16.13（b）］可与 Instron 拉力试验机的伸长应变相对应。根据这些数据计算出感应系数［*GF*，式（16.3）］。

16.5　结果与讨论

16.5.1　物理表征

图 16.14 为四层织物复合材料在热压固结前［图 16.14（a）］和固结后［图 16.14（b）］加载传感器的情况。在玻璃纤维/聚丙烯纤维复合织物的固结过程中，聚丙烯熔体冷却后形成基体，背部分散玻璃纤维网络结构，形成刚性复合材料［图 16.14（b）］。利用 SEM 可对固结后所得复合材料的截面观察，从而了解

聚丙烯基体内部的玻璃纤维网络（图16.15）。白色/浅色区域为玻璃纤维，深色区域为聚丙烯。图16.15（a）为交叠的玻璃纤维网络结构。随着放大倍数的增加[图16.15（b）和（c）]，可明显观察到玻璃纤维在固结过程中受到压缩，呈现出椭圆形截面，而非圆形截面。

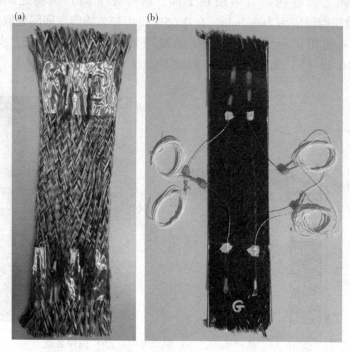

图16.14　四层织物复合材料在（a）热压固结前和（b）固结后加载传感器

16.5.2　PEDOT-PSS含量下降对电阻率的影响

为了确定PEDOT-PSS的逾渗阈值，从而确定可用于传感器开发的最佳PEDOT-PSS含量（即最佳敏感度时的PEDOT-PSS含量），分别在固结前后对传感器进行了电阻率测量（图16.16）。在这种情况下，选择导电填料含量为20%的材料进行研究，该用量易于逾渗现象（在较低伸长率下电阻率发生急剧变化）的产生。传感织物在固结前后的电阻率非常相似。这说明PEDOT-PSS/乳胶混合体系在高温高压下的稳定性，并证实了其作为SHM传感器在固结复合结构中的适用性。

对于所有含量比例的PEDOT-PSS（15%~35%，质量分数），其电阻均与标准测量设备是兼容的。因此，在电学性能的表征中仅使用PEDOT-PSS含量为20%（质量分数）的传感器。

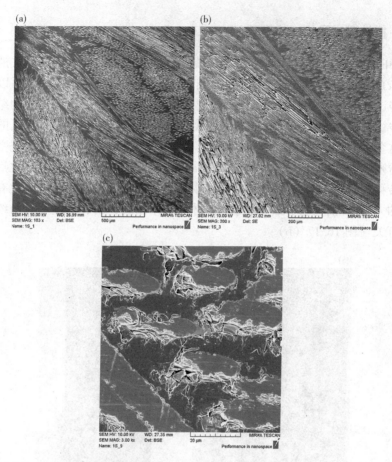

图 16.15　固结后所得复合材料的截面 SEM 图：(a) ×100，(b) ×200，(c) ×3000

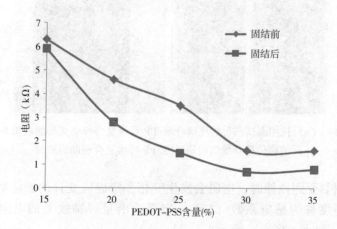

图 16.16　固结前后传感器电阻随 PEDOT-PSS 含量的变化

16.5.3　拉伸测试及机械应变响应

在轴向施加应变可测试传感器对机械应力的响应，测试方法如前文所述。图16.17（a）所示为无传感器加载的复合材料在拉伸测试前后的形貌，可以看到样品在拉伸试验后出现了明显的断裂。这种行为是三轴编织带轴向加强的结果。由于三组纱线方向不重合，导致第三组纱线沿负载方向排列，对偏置纱线的影响较小。在这个方向上，拉伸强度被限制在一个相对较窄的区间内。轴向遭受的破坏模式很清晰，沿编织角方向［图16.17（a）］轴向纱线先发生折断，之后负荷通过基体转移到倾向于与载荷对齐的偏置纱线上。传感器织物的加入并没有改变复合材料的力学性能，其失效模式与复合材料本体相同，断裂角度明显与纱线的偏置取向有关［图16.17（b）］。

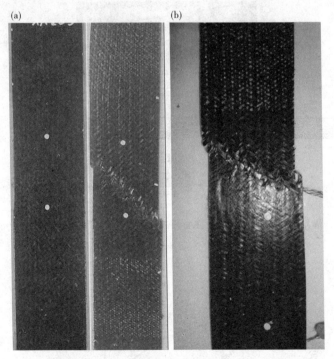

图16.17　（a）拉伸测试前后的玻璃纤维/PP纤维复合板（无传感纤维）照片；
（b）加载传感纤维的玻璃纤维/PP纤维复合板断裂照片

当压电材料受到拉伸时，电阻会发生变化，造成应变计的感应效应。电阻随应变变化的量度称为感应系数（GF），定义为沿量规轴线上的电阻变化与应变（ε）的比值，如式（16.3）所示。

$$GF = \frac{\Delta R/R}{\Delta l/l} = \frac{\Delta R/R}{\varepsilon}$$

（16.3）

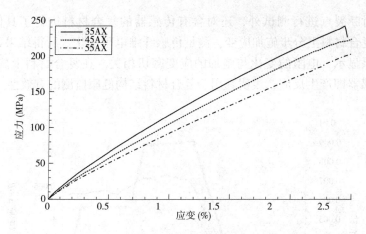

图 16.18　玻璃纤维/PP 纤维复合板的应力—应变曲线

当绘制传感织物的相对电阻变化（$\Delta R/R$）-ε 谱图时，可通过测量曲线斜率得到传感器的 GF 值［即（$\Delta R/R$）/ε］。插入传感纤维（20% PEDOT-PSS，质量分数）的固结复合材料组件的 GF 值为 73.5（图 16.19）。金属应变计的 GF 值一般在 0.8~3，单晶硅的 GF 值一般在 1~150，具体取决于其取向和掺杂情况。GF 值越大，应变传感器的灵敏度越高，因此，PEDOT-PSS 传感器具有明显的应用潜力。然而，对于插入复合结构中的传感纤维，GF 的重现性比较差。这涉及拉伸测试过程中的诸多因素，包括传感器与监测系统的连接情况。为了改进传感器的连接，还有待进一步的研究。

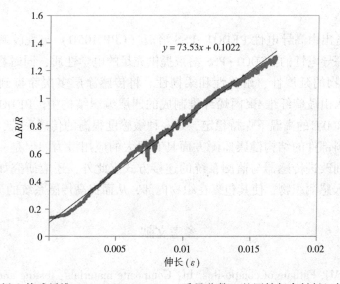

$$y = 73.53x + 0.1022$$

图 16.19　插入传感纤维（20% PEDOT-PSS，质量分数）的固结复合材料组件的 GF 值

除了对断裂点进行测试外，还对含有传感器的复合材料进行了具体的测试。方法是在复合材料上分步施加应变，测量传感纤维电阻变化，所得结果如图16.20所示。结果显示，电阻的变化与施加的应变密切相关。在复合材料上施加微弱变形时，传感器即产生反应，表明其用于复合材料结构健康监测的有效性。

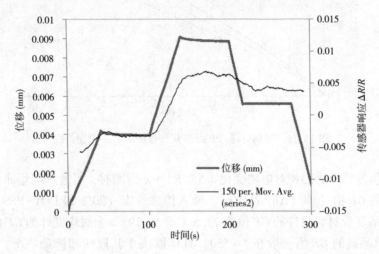

图16.20　在复合材料上分步施加应变传感纤维的电阻变化

16.6　结论

　　成功制备出由高导电性PEDOT-PSS溶液（CPP 105D）与乳胶基体组成的传感器涂层。高导电性的PEDOT-PSS溶液提供充足的电学性质，同时黏合剂提高了聚合物/共混物的延展性、耐久性和柔韧性。将传感涂层多次涂覆到玻璃纤维表面，然后插入由玻璃纤维/聚丙烯纤维制成的四层编织结构中。PEDOT-PSS/乳胶混合液可在300℃的高温下保持稳定，是一种敏感度很高的传感系统，在交通运输领域复合材料部件的结构健康监测方面具有很大的应用潜力。但是，仍需要进一步研究，从而改进传感器与监测系统的连接方式。此外，还应研究如何在编织过程中直接置入感测织物，使其包裹在织物内部，从而提高传感系统的灵敏度。

参考文献

[1] Salkind MJ. Fatigue of composites. In：Composite materials；testing and design（second conference），ASTM STP，vol. 497. American Society for Testing and Materials；

1972. p. 143-169.

［2］Cochrane C, Cayla A. Polymer-based resistive sensors for smart textiles. In: Kirstein T, editor. Multidisciplinary know - how for smart - textiles. Cambridge, UK: Woodhead Publishing; 2013. p. 129-153.

［3］Trifigny N, Kelly FM, Cochrane C, Boussu F, Koncar V, Soulat D. PEDOT:PSS-based piezo-resistive sensors applied to reinforcement glass fibres for in situ measurement during the composite material weaving process. Sensors 2013; 13: 10749 - 10764.

［4］Latessaa G, Brunettia F, Realea A, Saggioa G, Di Carloa A. Piezoresistive behaviour of flexible PEDOT:PSS based sensors. Sens Actuators B Chem 2009;139: 304-309.

［5］Calvert P, Patra P, Lo T-C, Chen CH, Sawhney A, Agrawal A. Piezoresistive sensors for smart textiles. In: Proc. SPIE 6524, electroactive polymer actuators and devices 65241I; 2007.

［6］Lang U, Rust P, Schoberle B, Dual J. Piezoresistive properties of PEDOT:PSS. Microelectron Eng 2009;86:330-334.

［7］Michaud V, Nicolais L. Fibrous preforms and preforming. In: Wiley encyclopedia of composites. John Wiley & Sons, Inc.; 2011.

［8］Cherif C, Krzywinski S, Diestel O, Schulz C, Lin H, Klug P, et al. Development of a process chain for the realization of multilayer weft knitted fabrics showing complex 2D/3D geometries for composite applications. Text Res J 2012;82:1195-1210.

［9］Joshi SC, Lam YC. Integrated approach for modelling cure and crystallization kinetics of different polymers in 3D pultrusion simulation. J Mater Process Technol 2006;174: 178-182.

［10］Mouritz AP, Bannister MK, Falzon PJ, Leong KH. Review of applications for advanced three-dimensional fibre textile composites. Compos Part A Appl Sci Manuf 1999;30: 1445-1461.

［11］Beyer S, Schmidt S, Maidl F, Meistring R, Bouchez M, Peres P. Advanced composite materials for current and future propulsion and industrial applications. Adv Sci Technol 2006;50:174-181.

［12］Bilisik K. Three-dimensional braiding for composites: a review. Text Res J 2012; 82: 220-241.

［13］Potluri P, Rawal A, Rivaldi M, Porat I. Geometrical modelling and control of a triaxial braiding machine for producing 3D preforms. Compos Part A Appl Sci Manuf 2003;34: 481-492.

[14] Rawal A, Saraswat H, Kumar R. Tensile response of tubular braids with an elastic core. Compos Part A Appl Sci Manuf 2013;47:150-155.

[15] Gnädinger F, Karcher M, Henning F, Middendorf P. Holistic and consistent design processfor hollow structures based on braided textiles and RTM. Appl Compos Mater n.d;1-16.

[16] Long AC, Wilks CE, Rudd CD. Experimental characterisation of the consolidation of a commingled glass/polypropylene composite. Compos Sci Technol 2001; 61: 1591-1603.

[17] Laberge-Lebel L, Hoa SV. Manufacturing of braided thermoplastic composites with carbon/nylon commingled fibers. J Compos Mater 2007;41:1101-1121.

[18] Kessels JFA, Akkerman R. Prediction of the yarn trajectories on complex braided preforms. Compos Part A Appl Sci Manuf 2002;33:1073-1081.

[19] Birkefeld K, Röder M, von Reden T, Bulat M, Drechsler K. Characterization of bi-axial and triaxial braids: fiber architecture and mechanical properties. Appl Compos Mater 2012;19: 259-273.

[20] Miller AH, Dodds N, Hale JM, Gibson AG. High speed pultrusion of thermoplastic matrix composites. Compos Part A Appl Sci Manuf 1998;29:773-782.

[21] Hou M, Ye L, Mai Y-W. Advances in processing of continuous fibre reinforced composites with thermoplastic matrix. Plast Rubber Compos Process Appl 1995;23: 279-293.

[22] Lebrun G, Bureau MN, Denault J. Evaluation of bias-extension and picture-frame test methods for the measurement of intraply shear properties of PP/glass commingled fabrics. Compos Struct 2003;61:341-352.

[23] Alagirusamy R, Ogale V. Commingled and air jet-textured hybrid yarns for thermo-plastic composites. J Ind Text 2004;33:223-243.

[24] Alagirusamy R, Fangueiro R, Ogale V, Padaki N. Hybrid yarns and textile prefor-ming for thermoplastic composites. Text Prog 2006;38:1-71.

[25] Svensson N, Shishoo R, Gilchrist M. Manufacturing of thermoplastic composites from commingled yarns-a review. J Thermoplast Compos Mater 1998;11:22-56.

[26] Mäder E, Rausch J, Schmidt N. Commingled yarns e processing aspects and tailored surfaces of polypropylene/glass composites. Compos Part A Appl Sci Manuf 2008;39: 612-623.

[27] Ye L, Friedrich K, Kästel J. Consolidation of GF/PP commingled yarn composites. Appl Compos Mater 1994;1:415-429.

[28] Bernet N, Michaud V, Bourban P-E, Månson J-A. Commingled yarn composites

for rapid processing of complex shapes. Compos Part A Appl Sci Manuf 2001;32: 1613-1626.

[29] Zaixia F, Zhangyu YC, Hairu L. Investigation on the tensile properties of knitted fabric reinforced composites made from gf-PP commingled yarn preforms with different loop densities. J Thermoplast Compos Mater 2006;19:113-126.

[30] Fitoussi J, Bocquet M, Meraghni F. Effect of the matrix behavior on the damage of ethyleneepropylene glass fiber reinforced composite subjected to high strain rate tension. Compos Part B Eng 2013;45:1181-1191.

[31] Hufenbach W, Böhm R, Thieme M, Winkler A, Mäder E, Rausch J, et al. Polypropylene/glass fibre 3D-textile reinforced composites for automotive applications. Mater Des 2011; 32:1468-1476.

[32] Torun AR, Hoffmann G, Mountasir A, Cherif C. Effect of twisting on mechanical properties of GF/PP commingled hybrid yarns and UD-composites. J Appl Polym Sci 2012; 123:246-256.

[33] Lefebvre M, Francois B, Daniel C. Influence of high - performance yarns degradation inside three-dimensional warp interlock fabric. J Ind Text 2013;42: 475-488.

[34] Lebel LL, Nakai A. Design and manufacturing of an L-shaped thermoplastic composite beam by braid-trusion. Compos Part A Appl Sci Manuf 2012;43:1717- 1729.

[35] Du Gw, Popper P. Analysis of a circular braiding process for complex shapes. J Text Inst 1994;85:316-337.

[36] Eebel Christoph, Brand Michael, Drechsler Klaus. Effects of fiber damage on the efficiency of the braiding process. Leuven (Belgium): TexComp-11; 2013.

[37] Wiegand N, Krüger M, Mäder E. Online hybrid yarns for thermoplastic gf composites e a comparative study. In: 13th world textile conference AUTEX, Dresden, Germany; 2013.

[38] Head AA, Ko FK, Pastore CM. Handbook of industrial braiding. Atkins and Pearce; 1989.

[39] Sherburn M. Geometric and Mechanical Modelling of Textiles. PhD Thesis. University of Nottingham; 2007.

[40] Rawal A, Kumar R, Saraswat H. Tensile mechanics of braided sutures. Textile Research Journal 2012;82:1703-1710.

17　有助于监控织造过程的纤维传感器

F. Boussu, N. Trifigny, C. Cochrane, V. Koncar
国立高等纺织工业技术学院 *GEMTEX* 实验室，法国鲁贝
里尔大学，法国里尔

17.1　前言

在过去的 10 年里，为了降低成品部件的重量及成本，复合材料越来越多地应用于最终产品，尤其是与运输相关的产品，然而，它们在老化、疲劳行为和不可预测的失效模式方面存在局限性。由于缺乏复合材料性能的相关知识，它们的应用往往局限于众所周知的标准情况中。为了打破这一局限，需要对复合材料，特别是纤维增强材料，进行更多的研究。机织物在各种复合材料中的应用十分广泛，而关于织造过程对织物最终性能影响的研究工作却非常有限。

关于织造过程中纤维的损伤问题，有专门的研究论文进行分析。Islam 博士[17]的研究工作最初是调查不同织布机部件在经纱损伤中的作用。在 Lee 等的研究论文中[20]，从织机的张力调整区、综框区和钢筘区选取了两根不同的碳纤维纱线来测量纤维的损伤情况，发现纤维只有在编织过程中受到足够大的损伤时，三维编织结构的生产才会受到不利影响。Lee 等在另一项基于 E-玻璃纱线制成的三维机织物的研究中[21]发现，在三维织造过程的大部分阶段，纱线都会因为与织机滑动时产生的磨损和断裂而受到损伤。在补充研究工作中，Rudov-Clark 等[31]使用提花织机在三维经纱联锁织物中编织连续的 E-玻璃纱，他们发现，根据 E-玻璃纱在编织图案中位置的不同，其磨损损伤和浆料的去除会导致纵向强度降低 30%~50%。在 Lefebvre 等[23]近期的研究中，同样的纱线强度测试标准被应用于对位芳纶纱线，使用专门设备避免纱线间的摩擦，从而使经纱的韧性比初始值提高了 10%，用于生产三维经纱联锁结构。此外，他们还发现，三维经纱联锁编织结构也会影响经纬纱的损伤，并对对位芳纶纱线三种不同的编织结构进行了测试：正交、贯穿厚度和层对层结构[22]。Florimond 等[13]的研究补充了这一工作，强调了几种结构下摩擦参数的影响：不同方向上纱线间的摩擦、纱线与织机金属部件间的摩擦。

此外，对复合材料结构中使用的纤维增强材料的局部和原位力学行为进行研究，将有助于防止其特有的破坏模式，提高这些材料在使用中的稳定性与可靠性。

　　很少有研究强调传感纱线纺织结构的力学行为。在 Rausch 和 Mäder 的研究工作[30]中，在含有适量质量分数的碳纳米管的 E-玻璃纱上应用涂层技术，有助于监测拉伸载荷期间发生的失效机理并确定临界应力值。基于同样的方法，Nauman 等[27]将 E-玻璃芯纱制作的传感纱线置于 3D 结构织物中进行检测试验。在三点弯曲试验中，成功地同时监测出三维编织浸渍织物上部的压缩和下部的拉应力，确保复合材料内部结构的实时健康监测。此外，Hufenbach 等[16]将传感器网络应用于玻璃纤维增强聚丙烯（GF/PP）的纬编预制件中，拉伸和弯曲试验表明，嵌入式总线系统元件对复合材料结构的刚度和强度有显著影响。最近，Konka 等[19]将压电纤维插入复合材料中，与现有应变仪进行对比，这些嵌入式传感器也能够检测作用于复合材料层板上的应力变化，防止结构内部的分层现象。在 Castellucci 等[7]的研究工作中，将光纤集成到三维编织复合材料部件中，然后在真空辅助树脂转移模塑（VARTM）制造过程中对结构进行监测，并随之进行静态和动态测试，在静态加载过程中，利用光纤传感器监测的应变与电阻应变计测量结果相一致。

　　综合这些关于织造过程及织物性能的新知识，可以对织造过程进行更精确的模拟。Vilfayeau 等[42-44]提出了一种仅基于织机运动学来模拟二维和三维机织物最终几何形状的建模方法，这种方法的优势在于能够对经纬纱织造过程中产生的机械应力和动力学有更准确的认识。

　　因此，Trifigny 的研究工作[33]是通过检查纱线上的所有接触点和动态载荷来观察织造过程中的动力学。在此基础上，完成了电感和机械阻力传感纤维的设计、测试和校准。然后在织机的不同位置进行动态测量，以检测不同经纱形变伸长的分布情况，特别是对插入三维经纱连锁面料的两根不同线密度的 E-玻璃纱进行动态测量。

17.2　织造过程动力学观察

　　织机的动力学可以通过检查与经纬纱线接触的所有织机部件来描述，在这些部件中，摩擦可导致多纤维丝束中长丝的损坏和损耗。通过对织机的这种描述，可以在经纱运动的特定区域观察到织机的动力学，特别是在梭口和钢箔打纬区。在动态模式下进行的观察可以帮助人们更好地理解高速振动对经纱的影响，但是这会导致纤维的损伤。

17.2.1　织机及与纱线接触装置的说明

　　面料[2,25]在一组经纱的宽阔区域内成型，经纱平行排列在经轴上，而且保持张力均匀，卷绕辊以恒定速度卷绕织物。图 17.1 所示为多臂织机的前视图和后视图。

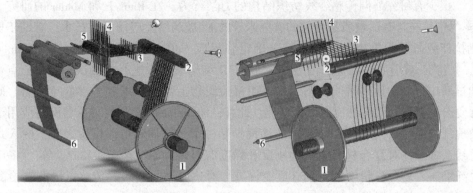

图 17.1　多臂织机的前视图（左）与后视图（右）

储存在织轴 1 上的经纱受到恒定张力作用，与后梁 2 表面接触。停经片 3 对每根经纱施加相当于自身重量的压力。经纱从综丝眼 4 中穿过，垂直于织物平面做上下运动，形成梭口（两片经纱间形成的夹角）。引纬系统与两片垂直的经纱产生摩擦接触。每隔一段时间，经纱就会落在钢筘 5 的空档处。所得织物的纬纱密度取决于卷布辊 6 的转速。

在这些步骤中，各种类型的接触和作用力作用在经纬纱上，导致经纬纱的损伤，编织结构的初始几何形状发生变化[1,20]。

具体地讲，在编织过程中［图 17.2（a）］，在这一区域完成了织物成型的三个主要操作：综丝选择经纱［图 17.2（b）］，纬纱引入［图 17.2（c）］以及钢筘将引入的纬纱打紧［图 17.2（d）］。织物两端的边撑确保织物在宽度方向上的张力。

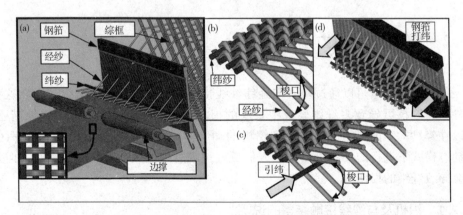

图 17.2　（a）多臂织机的织物形成区；（b）纱线张角；（c）纬纱的引入；（d）打纬

综丝对经纱的选择是动态的，这就导致经纱与综丝接触面产生局部应力集中，大小为（1~2）×10^{-2}mm^2。这种接触会在纱线外表面产生横向剪切，从而损伤纱线，而且干扰经纱在经轴上的初始张力，促进波动沿经纱传播。在利用不同类型的引纬系统（如梭子、剑杆或片梭）动态引入纬纱时，引纬系统与梭口处较低经纱片的接触摩擦也可能导致经纱外表面的损伤。由于在短时间内引纬的速度从2m/s（100纬/min于120cm的布料宽度）升高到66m/s（3300纬/min于120cm的布料宽度），造成了极高的张力峰值，这些摩擦也可能在引入的纬纱上造成"鞭打"。由于与钢箱箱齿的接触以及引入的纬纱垂直方向上的应力集中，作用于纬纱上的击打动力可看作造成纱线外表面局部应力及经纱方向上摩擦力的重要原因。

基于此前Chepelyuk与Choogin[10]以及Choogin等[11]的研究工作，在经纬纱上的钢箱击打过程中，织物编织区域内纬纱的横截面视图证明了纬纱投递越密集，钢箱在织物形成线上施加的压力越大。因此，钢箱在织物形成线上对纬纱的动态压力以及织物中引入纱线的松弛（钢箱没有施加压力的时候），可以准确说明动态压缩峰及其对交叉点处经纱形貌局部变形的影响。

在Vilfayeau[41]和Trifigny[33]的研究工作中，考虑到织机各部件的动态惯量及其对纱线纵向和横向应力的影响，倾向于对真实引纬速度下的编织动力学进行动态观察。

17.2.2 对织造过程的动态观察

将高速摄像机（Photron® APX型，最大分辨率为1024×1024像素，2000帧/s，图17.3）放置于生产3D经连锁玻璃纱面料的工业织机（生产速度为100梭/min，织物宽度为140cm）的不同位置上，拍摄视频。

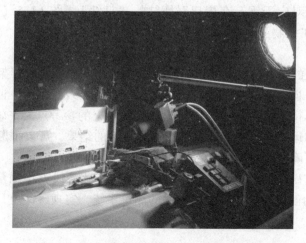

图17.3 用于动态观测织机运动的高速摄像机

织物上［图17.4（a）］和综丝上［图17.4（b）］的参考点允许在织物的引纬循环打纬过程中监视其沿 X 轴和 Y 轴的运动。

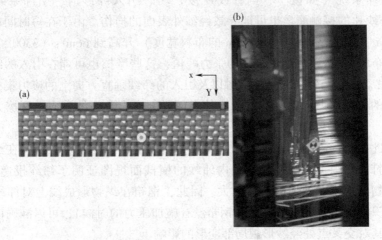

图17.4　织物上（a）和综丝上（b）的参考点

通过对织物上参考点的图像分析，揭示了钢箍在压实过程中的影响区域，该区域大约延伸至织物中引入的四根纬纱[45]。通过对综丝上参考点的图像分析，揭示了经纱方向的振动，包括作用在综丝中经纱上的轻微动态摩擦及横向剪切的横向动载荷。

参考点的运动监测结果可以通过图 17.5 中的 X 轴方向与 Y 轴方向上的曲线表现出来，并且有助于发现、理解织机部件的不同运动在纱线和织物上所造成的应力和应变。对于织物上的参考点，沿 X 轴方向的位移曲线显示出规律重复的"峰值"，对应于钢箍在梭口对纬纱的"打纬"［图17.5（a）］。沿 Y 轴方向的参考点在织物上的运动衰减表明"打纬"的逐渐衰减，在四根纬纱引入后趋于稳定。

对于综丝上的参考点，在几个循环的梭口开合过程中与多臂架的垂直运动相关联，沿 X 轴方向上的位移曲线表明与综丝接触的经纱的振荡，证实其在往复动态摩擦下的破坏行为［图17.5（b）］。根据综丝上的参考点沿 Y 轴方向的位移曲线以及综丝纵向运动框架外高速摄像机所采集到的结果，可以推断梭口循环开合时综丝上升、下降过程中经纱机械应力的动态和周期性变化。

除了这些有用的观测结果之外，还可以通过传感纱线直接测量经纱的机械应力，传感纱线的创新涂层[39-40]及其相关的测量系统，实现纱线上局部应力的动态实时监测。

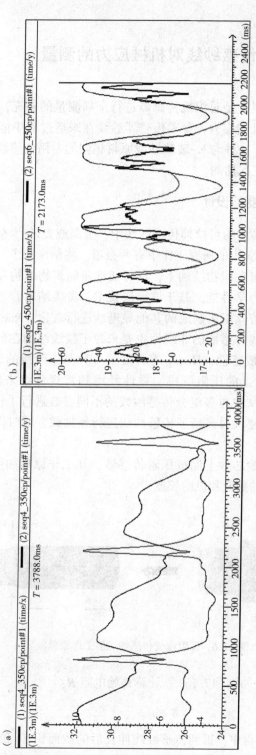

图 17.5 相对固定在织物上（a）和综框上（b）的参考点沿 X 轴和 Y 轴的位移与时间的曲线

17.3 织造过程中传感纱线对机械应力的测量

对经纱应力的局部测量是对织机传感器进行全局测量的补充，称为经纱张力器。然而，测量相似的机械应力，要求传感器纱线在织造过程中能够再现相同的机械行为。因此，设计了一种与E-玻璃纱线原料相同的专用传感纱，并对其进行标定，对织机进行真实工况监测。

17.3.1 纺织应用传感器的设计

在现有适用于柔性结构的可拉伸传感纱线中，金属或光纤[32]会改变织物的力学行为，这在Cochrane等[12]的研究工作中有所报道。将纳米粒子与导电聚合物共混制成压阻传感器，涂覆在织物结构上，尽可能地跟随织物结构在高速变形过程中的伸长，而不影响其力学性能。基于该涂层技术，将碳纳米管与聚乙烯醇共混制成导电纱，并与湿法纺丝工艺制成的其他导电纱进行对比，Xue等[46]对此进行了报道。他们强调，纱线传感器的非线性主要来源于纱线结构在低应变区域的不规则性。为了应对常规敏感性，Huang等开发了一种基于纱线的新型传感器[14]，该传感器使用聚酯纤维上的压阻纤维、弹性纤维和常规纤维来监测呼吸系统。Huang等[15]在之后的论文中对多组分传感纱线的不同参数进行了校核，以减少纱线结构的不规则性，并建议对该新型传感纱线进行预加载，同时提高纱芯和压阻纤维的机械阻力。

将导电涂层涂在初始芯纱上制成压阻传感纱，其工作原理如图17.6所示，S和l分别表示传感纱线的截面和纵向长度[18]。

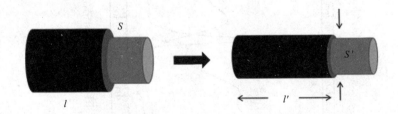

图17.6 压阻应变传感纱线的工作原理

然后，用电阻率ρ[式（17.1）]计算初始电阻R：

$$R = \rho \times \frac{l}{S} \tag{17.1}$$

在传感纱线伸长过程中，得到传感纱线伸长后的截面积S'和长度l'的值，然后可计算出新的电阻值 R' ［式（17.2）］：

$$R' = \rho \times \frac{l'}{S'}$$

（17.2）

传感器的运动以及它与织机上接触纱线的不同部件的相互作用要求这种涂层既精细又坚固，能够在不影响纱线性能的情况下承受织造的应力。传感纱线的特定尺寸（涂覆面积较小）限制了可能的涂覆方法。因此，目前的研究聚焦于是能够形成机械强度较高、导电性能较好的薄膜聚合物或其混合物。

Trifigny[33]总结了适用于 E-玻璃连续长丝纱的具有不同化学成分的涂层配方（图17.7）：

- 根据 Akerfeldt[3]，Chen[8-9]，Bashir[4]等人的报道，聚（3,4-乙二氧噻吩）是一种自身导电聚合物，当与另一种聚合物基体结合时，可得到具有压阻性能的材料。

- 聚（苯乙烯磺酸盐）（PSS），一种亲水性分散剂，可与 PEDOT 聚合物结合，以提高自身导电性[26]。

- N-甲基-2-吡咯烷酮（NMP），一种二级掺杂聚合物，有助于提高最终化学配方的导电性。

- 聚乙烯醇，其溶解度和乳化性使其可以与 PEDOT-PSS 良好混合。

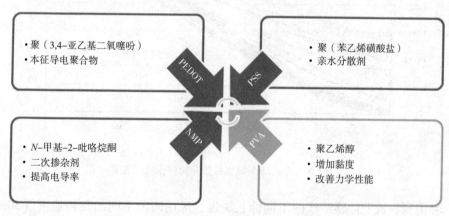

图 17.7　E-玻璃内芯表面涂覆的导电涂层配方

基于上述改进的用于纱线的导电涂层的化学配方，生产并测试了几种传感纱线，使用 E-玻璃纤维作为芯纱来检测它们的机械电阻。

17.3.2　传感纱线的校准

传感纱线的敏感性可以通过敏感系数（k）进行评估。k 为相对电阻值的变化与应变之间的比值［式（17.3）］。

$$k = \frac{\frac{\Delta R}{R_0}}{\varepsilon} \tag{17.3}$$

$$\frac{\Delta R}{R_0} = \frac{R_t - R_0}{R_0}, \quad \varepsilon = \frac{l_t - l_0}{l_0} \tag{17.4}$$

R_0、R_t分别为传感纱线的初始电阻和时间 t 时的电阻，l_0、l_t分别为纱线的初始长度和时间 t 时的长度。

通过将传感器置于速度为 50mm/min 的拉伸台上，可对传感纱线的电阻变化与张力进行同步测量，并将所得的两个值表示在同一图中（图 17.8，传感纤维应变为 1%）。测试的芯纱为 300tex（EC16 300 Z25）E-玻璃纱，选用的导电涂层为 PE-DOT-PSS/PVA 质量比为 9.2% 的混合物料。传感纱线的敏感系数可以作为一个线性函数进行估算（图 17.8）。

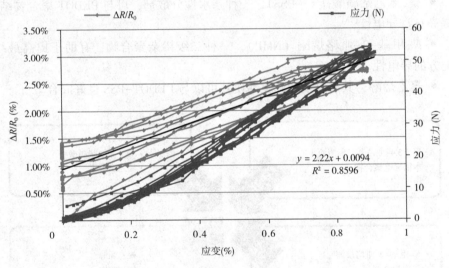

图 17.8　传感纤维敏感系数与拉伸张力的变化

考虑到织机上传感纱线的不同伸长速度，采用两种不同的拉伸速度 [50mm/min（图 17.9 左）和 250mm/min（图 17.9 右）]，以实验其在 1mm 形变过程中的感应性能。

敏感系数在两种拉伸速度下的变化为 1%~2%，在 250mm/min 时略低。循环过程中 k 的最小值与最大值之间的差别较小，趋于稳定的平均值。该结果说明，需要 5~10 个循环操作周期来校准传感器纱线，以获得安全准确的测量结果。

同样，在 Trifigny[33] 的研究工作中，测试了两种不同质量配比（9.2% 和 10.8%）的 PEDOT-PSS/PVA 聚合物导电涂层的性能。此外，还测试了 E-玻璃芯纱（300tex 与 900tex，长度为 30mm）表面涂覆不同层数（3 层和 6 层）的导电涂

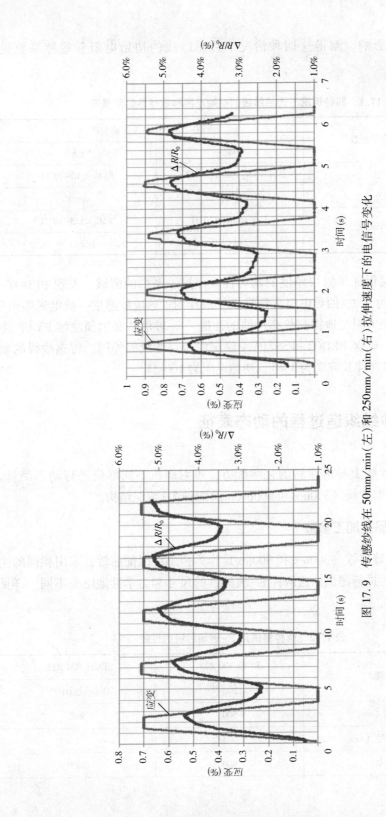

图 17.9 传感纱线在 50mm/min（左）和 250mm/min（右）拉伸速度下的电信号变化

层对传感性能的影响。测得这四种情况下传感纱线的初始电阻和敏感系数见表 17.1。

表 17.1　四种情况下传感纱线的初始电阻和敏感系数测量值

纱线上导电涂层层数	PEDOT-PSS/PVA 的质量比	
	9.2%	10.8%
3 层	$1.3 < R_0 < 2.6 \times 10^6 \Omega$	$8 < R_0 < 10 \times 10^6 \Omega$
	$1.5 < k < 2$	$k \approx 1$
6 层	$1.5 < R_0 < 3 \times 10^5 \Omega$	$3 < R_0 < 3.5 \times 10^5 \Omega$
	$1 < k < 1.5$	$1 < k < 1.5$

采用 6 层涂层保证了涂层厚度的均匀性。经过一系列的测试，发现 PEDOT-PSS/PVA 质量比为 9.2% 的导电混合物提供了最佳的"感应敏感度—抗电磁噪声"综合性能。为了最大限度地提高传感纱线的性能，E-玻璃纱必须预涂纯 PVA，将纤维黏合在一起，确保 PEDOT-PSS/PVA 涂层保持在纱线的外围。传感纱线的敏感系数为 1 和 1.5（伸长应变为 1%），初始电阻为 100kΩ。

17.4　传感纱线织造过程的动态表征

由于改进了纱线上导电涂料的化学配方，可对织机不同部位进行动态测量。测试了两种 E-玻璃纱线（300tex 和 900tex）及两种 3D 编织结构。

17.4.1　初始产品及加工参数

采用两种 E-玻璃纱（300tex 和 900tex）作为传感纱线的芯纱，采用相同的涂层配方制备样品，进行测试。这两种 E-玻璃纱的尺寸和力学性能略有不同，详见表 17.2。

表 17.2　两种测试用 E-玻璃纱线的性能

品牌名称	EC16 300 Z25	EC15 900 Z25
	E 1200[28]	Hybon 2001[29]
纱线线密度（tex）	300	900
纱线横截面直径（mm）	0.5	1
长丝根数	600	2000

品牌名称	EC16 300 Z25	EC15 900 Z25
	E 1200[28]	Hybon 2001[29]
纤维直径（μm）	16	15
断裂伸长率（%）	2.5	2.5
断裂强力（N）	130	400
捻度（捻/m）	25	25

根据表 17.3 所示的产品性能参数，分别使用两种线密度的纱线制作了两种不同的 3D 经纱连锁结构，并将传感纱线固定在这两种三维经纱连锁结构中。

表 17.3 3D 经纱连锁结构

	E-玻璃纱线	
	EC16 300 Z25	EC15 900 Z25
3D 经纱连锁机构 结构1: 3D 经纱连锁 O–T 4 1–4 　连接（平纹）（1 3 5 7 9 11 – # – # – # – #） 　填充（# – 2 8–4 10–6 12 – #）[5–6] 	织物密度 28根/cm 纬密 7根纬纱/层/cm	织物密度 20根/cm 纬密 5根纬纱/层/cm
结构2: 3D 经纱连锁 O–T 4 1–4 　连接（2–2 斜纹）（1 2 3 4 – # – # – # – #） 　填充（# – 5 – 6 – 7 – #）[5–6] 	织物密度 28根/cm 纬密 7根纬纱/层/cm	织物密度 20根/cm 纬密 5根纬纱/层/cm

考虑织机速度为 100 纬/min，织物宽度为 140cm，作用于连接经纱（传感纱）上多臂架的运动周期为 2s，钢筘的运动周期为 0.5s。

观察结构 2 中的 3D 经纱联锁结构织造过程（表 17.3），可了解织物在每一个时期的形成过程，两根纬纱引入织物内，织物就在这些动态和循环运动（表 17.4）中完成。

表 17.4　结构 2 中的 3D 经纱联锁织造过程

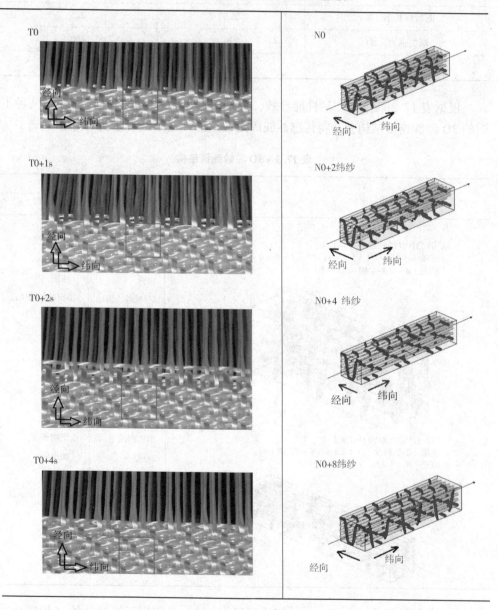

通过检查织造生产的有规律循环运动，传感纱线被放置在织机的不同区域，所选区域均是对于纱线动态行为至关重要的区域，如图 17.10 所示。

区域1：后樑附近；区域2：停经片附近；区域3：综框附近；区域4：梭口内部；区域5：织物形成界线；区域6：织物内部。

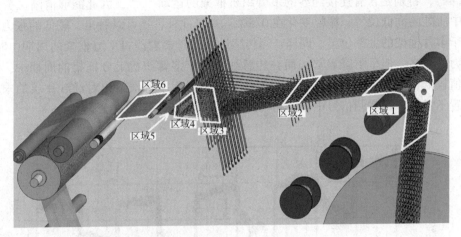

图 17.10 织机上不同的监测位置

17.4.2 不同区域传感纱线的测试结果

传感纱线对织机不同区域检测所得局部结果进行集成，可得到最终的信号样本。

17.4.2.1 区域1：后樑附近

当传感纱线在第 40~105s 与后樑接触时，可以检测出经纱张力的差别（图 17.11）。在此区域之外，同一根纱线承受的张力要比经轴与后樑之间的张力高。这些结果可以归因于两个因素：①传感纱线在后樑圆柱区域被拉长，导致应力集中现象；②由于多臂织机框架的快速垂直运动及钢筘的快速水平运动，纱线通过后樑之后会对传感纱线的电阻造成细微震动，反映在动态负荷峰值的突然下跌上。

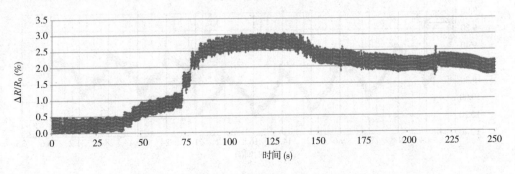

图 17.11 后樑附近传感纱线的相对电阻变化

17.4.2.2 区域2：停经片附近

停经片附近区域的测量信号（图17.12）有助于识别3D经纱联锁织造的周期（2.4s），特别是含有连接经纱的多臂织机框架的运动[34-36]，因此能够清晰区分运动中所处的高低位置，振幅变化在0.5%~1%。此外，还可以看出，较低的张力对应于多臂框架的上部位置。同样，当传感纱线位于多臂织机下方框架的周期中时，张力值较高，但呈下降趋势；而在传感纱线位于多臂织机上方框架的周期中，张力值较低，但呈上升趋势。这种张力的差异是因为多臂框架相对经纱片层的末端位置不对称。在实测信号中，监测不到钢筘运动对传感纱线的影响。

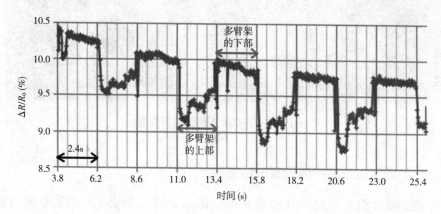

图17.12 停经片附近传感纱线的相对电阻变化

17.4.2.3 区域3：综框附近

综框附近的监测信号呈"锯齿"曲线，周期为2.4s，对应着综框在梭口循环中的垂直往复运动（图17.13）[37-38]。开始四个循环，纵坐标数值逐渐下降，从第五个循环开始，传感纱线信号增强，这是由于指令下多臂织机框架和闭合梭口位置变化造成的。

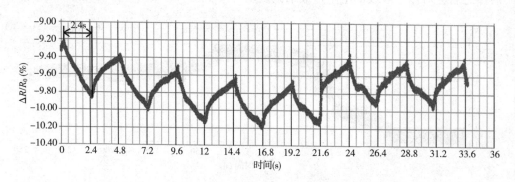

图17.13 综框附近的相对电阻变化

17. 4. 2. 4　区域 4：梭口内部

梭口内部传感纱线的监测从织机低速启动 2 根纬纱引入后第 80s 开始（图 17. 14）。到第 90 s，感应信号的平均电阻值突然增大，这是由于对经纱再次拉紧所致。感应信号中还存在一些周期性的变化，其中有相对电阻值稳定的相位，也有峰值的相位。这些峰值主要是由于钢筘在织物成形界线上的高挤压作用。可以看出，相对电阻值并没有随着峰值的增大而增大。

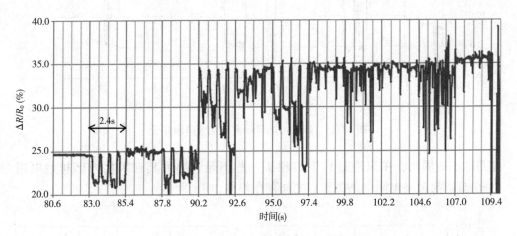

图 17. 14　梭口内部的相对电阻变化

从信号上看，钢筘的影响与上、下方支撑传感纱线的多臂架不一样。当纱线处于高张力状态时，钢筘对信号的影响更为重要。这可以解释为：传感器的敏感系数随长度增加而有所提高，或者是高速摄像机所观察到的织物的弹簧效应。

17. 4. 2. 5　区域 5：织物形成界线

在织物形成界线上，传感纱线的综合信号往往难以记录。事实上，嵌入这个区域的很短的传感纱线经历几个循环，并且对应着严重的应力集中区域，会导致传感纱线性能快速恶化。图 17. 15 中的信号是织机在该区域的一些测量数据。

将传感纱线的感应信号分为伪周期模式。有的高数值阶段会持续 2. 4s，峰值也包含在经纱的 2. 4s 周期内。

纬纱在钢筘运动过程中施加在传感纱线上的压力会降低传感纱线的电阻。这是由于压缩导电涂层使 PEDOT-PSS 粒子距离更接近，加强了传导路径，从而降低了传感纱线的电阻率。

17. 4. 2. 6　区域 6：织物内部

如图 17. 16 所示，织物内部传感纱线的感应信号逐渐被织物吸收。电阻的相对变化幅度超过了之前信号的所有水平，范围是 120% ~ 230%。这些值可以利用万用表的校准变化来解释，从而导致分辨率和准确度的损失。传感纱线也经历了一个

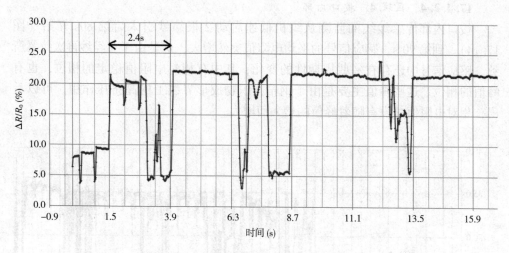

图 17.15　织物形成界线上的相对电阻变化

完整的织造周期，在织造过程中出现了一些不足，导致其在织物内部初始电阻（180kΩ）与最终电阻（990kW）之间存在差异。

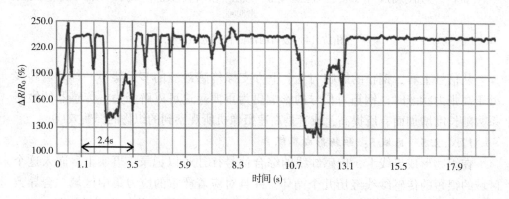

图 17.16　织物内部的相对电阻变化

前 13s，感应信号的峰值振幅逐渐减小，之后呈一条保持不变的直线。与连接经纱结合的多臂机架的运动影响不明显。这种现象可以用织物内部的传感纱线"消耗"来解释。然后，织机各部件的影响逐渐减小。另外，将传感纱线插入织物中，不仅可以测量自身的伸长率，还可以测量织物的伸长率。

17.4.3　传感纱线的感应强弱

并非所有接近织物区的传感纱线都存在同样程度的弱化。传感纱线上的金属连接线在织物形成界线处钢筘和打纬过重的高动态应力作用下会发生断裂。成功插入织物且未完全弱化的传感纱线的强度是初始强度值的 2~5 倍。

织机不同位置传感纤维的局部变形可以通过其敏感系数与相对电阻变化予以推算，所得值如表 17.5 所示。

表 17.5   根据敏感系数与相对电阻变化推算出的不同位置传感纱线的形变

区域	传感纱线的初始厚度系数	最小形变（%）	最大形变（%）
区域 1：后樑附近	1.5	1	2
区域 2：停经片附近	1.95	4.5	5.5
区域 3：综框附件	3.56	负值	负值
区域 4：梭口内部	1.95	11	18
区域 5：织物形成界线	2.23	2.2	10
区域 6：织物内部	1.68	77	139

从结果可以看出，传感纱线的敏感系数随着织造循环的进行逐渐升高。这反映了从织轴到织物卷取辊的织造过程中，传感纱线性能弱化的变化。

为了更好地理解织机部件的动态运动所引发的经纱性能弱化现象，在结构 1 的综片选择经纱过程中，利用变速相机从两个级别对其进行了观察（表 17.3）：区域 2 和 3 之间（图 17.10）；区域 4（图 17.10）。

17.4.3.1   第三级引纬过程中区域 2、3 间经纱动态运动观察

利用高速摄像技术，在结构 1 的第三级引纬过程中（图 17.17），观察区域 2、3 间经纱的动态运动（图 17.10）。

观察了四层填充物经纱因其相对于结构 1 的位置变化由上而下的运动情况（表 17.3）。在表 17.3 的图 1 中，由于两个综框的位置不同，形成了两片经纱。

在图 17.18 中，综框将不同经纱控制在梭口内的不同位置，这导致经纱发生局部高速的变化。由此产生的经纱波动和纱线间摩擦加剧了经纱的恶化，直至在较高的梭口开口位置恢

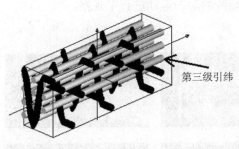

图 17.17   结构 1 的第三级引纬过程

复高张力值为止，如图 17.18（e）所示。

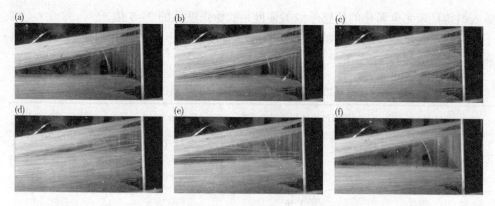

图 17.18　结构 1 的第三级引纬过程中梭口打开时的经纱动态运动顺序

17.4.3.2　第一级引纬过程中区域 2 和 3 内经纱的动态运动观察

同样的，在结构 1 的第一级引纬过程中（图 17.19），利用高速摄像观察区域 2、3 之间经纱的动态运动（图 17.10）。

在图 17.20 中，所有的连接经纱在结构 1 中交替改变位置（表 17.3）。这种位置变化区被认为是经纱间摩擦最严重的区域，导致 E－玻璃纱线中的纤维损伤，如图 17.20（f）所示。

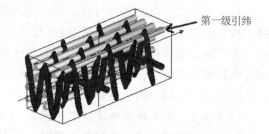

图 17.19　结构 1 的第一级引纬过程

17.4.3.3　第四级引纬过程中区域 4 内经纱的动态运动观察

利用高速摄像技术在结构 1 的第四级引纬过程中（图 17.21），对区域 4 经纱的动态运动进行了观察。

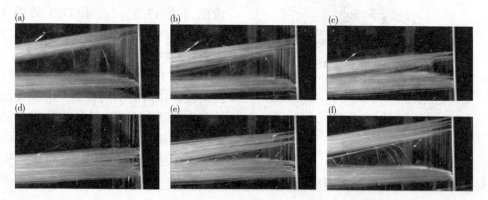

图 17.20　结构 1 的第一级引纬过程中的梭口打开时的经纱动态运动顺序

在图 17.22（a）中，当引纬剑杆离开梭口后（如图右侧所示），钢箔将纬纱动态击打到织物形成界线上。打纬一开始，综片选择的经纱就开始按照结构 1 的纹钉图运动（表 17.3）。然后，如图 17.22（c）和（d）所示，为了避免与筘齿摩擦引起的纤维损伤，钢箔返回前一直将经纱片置于较高的位置，以确保所有经纱上具有负载高而有规律的张力。然后打开梭口，允许引纬剑杆安全、高速地引入纬纱，如图 17.22（f）所示。

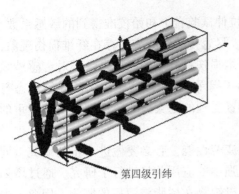

第四级引纬

图 17.21   结构 1 的第四级引纬过程

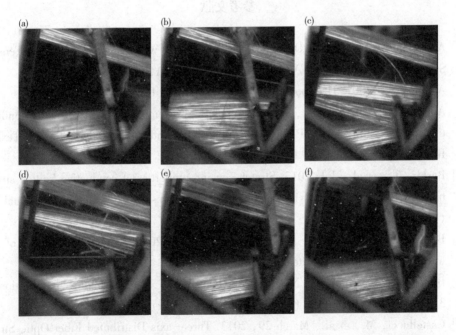

图 17.22   结构 1 中第四级引纬过程和钢箔打纬时的经纱动态运动顺序

17.5 结论

由于传感纱线以工业速度从经轴向卷布辊移动，从而实现了对织造过程的监控。然后，在织机的 6 个不同区域用 E-玻璃芯纱和纱线表面的导电涂层对传感纱线的伸长进行局部测量。根据传感纱线在拉伸试验台上初始校准得到的敏感系数，能够复原工业生产过程中纱线的动态伸长。尽管传感纱线表面存在纤维损伤现象，但梭口开口和钢筘打纬工序已被确认为纤维损伤最严重的区域。除了对传感纱线进行局部测量，高速摄像机的观测还有助于揭示 3D 经纱联锁织物的经纱动态行为，从而发现纤维在织物结构中的不同位置受到的更大破坏。纤维损伤越严重的区域，纱线间的接触摩擦越大。

为了提高传感器纱线的测量精度和抗疲劳性能，有必要做进一步的研究。同时还对传感器纱线在复合材料内部纤维增强中的应用前景进行了研究。通过增加传感纱线对纱线间摩擦阻力，可以实现对机织物在树脂浸渍后的监测。因此，最终复合预制件的在线和现场监测系统也可以成为传感纱线使用的一个新选择。

参考文献

[1] Abu Obaid, A., et al., October 2008. Effects of Weaving on S-2 Glass Tensile Strength Distribution (3TEX, Inc.). Delaware, USA, s.n, pp. 78-88.

[2] Adanur, S., 2001. Handbook of Weaving. s.l. CRC Press.

[3] Akerfeldt, M., Straat, M., Walkenstrom, P., November 2012. Electrically conductive textile coating with a PEDOT-PSS dispersion and a polyurethane binder. Textile Research Journal 83 (6), 618-627.

[4] Bashir, T., et al., July 2013. Stretch sensing properties of conductive knitted structures of PEDOT-coated viscose and polyester yarns. Textile Research Journal 84 (3), 323-334.

[5] Boussu, F., Cristian, I., Nauman, S., July 22, 2015a. General definition of 3D warp interlock fabric architecture. Composites Part B 81, 171-188.

[6] Boussu, F., Cristian, I., Nauman, S., May 26-28, 2015b. Improved Definition of 3D Warp Interlock Fabric (Raleigh, NC, USA, s.n).

[7] Castellucci, M., et al., March 29, 2013. Three-axis Distributed Fiber Optic Strain Measurement in 3D Woven Composite Structure. s.l., s.n pages. 13.

[8] Chen, C.-h., LaRue, J.C., Nelson, R.D., Kulinsky, L., November 11, 2011a. Electrical Conductivity of Polymer Blends of Poly(3,4-ethylenedioxythiophene): Poly (styrenesulfonate): N-Methyl-2-pyrrolidinone and Polyvinyl Alcohol. Wiley Online Library.

[9] Chen, C.-h., et al., 2011b. Mechanical characterizations of cast poly(3,4-ethylenedioxythiophene): poly (styrenesulfonate)/polyvinyl alcohol thin films. Synthetic Metals 161, 2259-2267.

［10］Chepelyuk，E.，Choogin，V.，2008.Weft Friction inWeaving Machines（inRussian）（Kehrson：s.n）.

［11］Choogin，V.，Bandara，P.，Chepelyuk，E.，2013.Woven Fabric Formation：Principles and Methods. In：Mechanisms of Flat Weaving Technology. s.l. Woodhead Publishing, pp. 116-121.

［12］Cochrane，C.，Koncar，V.，Dufour，C.，November 13e17，2006. Création d'un capteur d'allongement souple，compatible textile（Dijon，France，s.n）.

［13］Florimond，C.，Ramezani-Dana，H.，Vidal-Salle，E.，2013. Identification of fibre degradation due to friction during the weaving process. Key Engineering Materials 554e557, 416-422.

［14］Huang，C.-T.，Shen，C.-L.，Tang，C.-F.，Shuo-Hung，C.，2008a. A wearable yarn-based piezoresistive sensor. Sensors and Actuators A（141），396-403.

［15］Huang，C.-T.，Tang，C.-F.，Lee，M.-C.，Chang，S.-H.，2008b. Parametric design of yarn-based piezoresistive sensors for smart textiles. Sensors and Actuators A（148），10-15.

［16］Hufenbach，W.，et al.，2011. Mechanical behaviour of textile-reinforced thermoplastics with integrated sensor network components. Materials and Design（32），4931-4935.

［17］Islam，M.，1987. The Damage Suffered by the Warp Yarn during Weaving（Manchester，UK：s.n）.

［18］Koncar，V.，et al.，2009. Electro-conductive sensors and heating elements based on conductive polymer composites. International Journal of Clothing Science and Technology 21（2/3），82-92.

［19］Konka，H.P.，Wahab，M.，Lian，K.，2013. Piezoelectric fiber composite transducers for health monitoring in composite structures. Sensors and Actuators A（194），84-94.

［20］Lee，B.，Leong，K.，Herszberg，I.，2001. The effect of weaving on the tensile properties of carbon fibre tows and woven composites. Journal of Reinforced Plastics and Composites 20, 652-670.

［21］Lee，L.，et al.，2002. Effect of weaving damage on the tensile properties of three-dimensional woven composites. Composite Structures 57, 405-413.

［22］Lefebvre，M.，Boussu，F.，Coutellier，D.，April 2013. Influence of high-performance yarns degradation inside three-dimensional warp interlock fabric. Journal of Industrial Textiles 42（4），475-488.

［23］Lefebvre，M.，Boussu，F.，Coutellier，D.，July 24-30，2011. Degradation Measurement of Fibrous Reinforcement inside Composite Material (Shanghai, China, s.n).

[24] Lomov, S., et al., 2000. Textile geometry preprocessor for meso – mechanical models of woven composites. Composites Science and Technology 60, 2083–2095.

[25] Lord, P., Mohamed, M., 1999. Weaving, Conversion of Yarn to Fabric (s.l.;s.n).

[26] Louwet, F., et al., April 2003. PEDOT/PSS: synthesis, characterization, properties and applications. Synthetic Metals 135e136, 115–117.

[27] Nauman, S., Cristian, I., Koncar, V., 2011. Simultaneous application of fibrous piezoresistive sensors for compression and traction detection in glass laminate composites. Sensors 11, 9478–9498.

[28] Owens Corning, 2011. SE 1200 Single End Roving for Knitting,Weaving, and Filament Winding (Online) Available at: http://www. ocvreinforcements. com/pdf/products/SingleEndRovings_SE1200_ww_06_2008_Rev0.pdf.

[29] PPG Fiber Glass, 2010. (Online) Available at: http://www.ppg.com/glass/fiberglass/products/documents/2001_rev42008_.pdf.

[30] Rausch, J., Mader, E., 2010. Health monitoring in continuous glass fibre reinforced thermoplastics: tailored sensitivity and cyclic loading of CNT–based interphase sensors. Composites Science and Technology (70), 2023–2030.

[31] Rudov–Clark, S., Mouritz, A., Lee, L., Bannister, M., 2003. Fibre damage in the manufacture of advanced three–dimensional woven composites. Composites Part A 34, 963–970.

[32] Tao, X., 2001. Smart textile composites integrated with fibre optic sensors. In: Xiaoming, T. (Ed.), Smart Fibres, Fabrics & Clothing. Woodhead Publishing, Cambridge, pp. 174–199.

[33] Trifigny, N., December 09, 2013. Mesure in–situ et connaissance des phénomenes mécaniques au sein d'une structure tissée multicouches. Lille, France, s.n.

[34] Trifigny, N., Boussu, F., Koncar, V., July 3–4, 2012a. Dynamic In–situ Measurements of 3D Composite Material Mechanical Constraints during the Weaving Process. Bangkok, Thailand, s.n.

[35] Trifigny, N., Boussu, F., Koncar, V., Soulat, D., June 13–15, 2012b. Dynamic In–situ Measurements of 3D Composite Material Mechanical Constraints during the Weaving Process, pp. 1475–1480 (Zadar, Croatia, s.n).

[36] Trifigny, N., Boussu, F., Soulat, D., Koncar, V., September 10e12, 2012c. Dynamic In – Situ Measurements of 3D Composite Material Mechanical Constraints during the Weaving Process (Aachen, Germany, s.n).

[37] Trifigny, N., et al., September 16–20, 2013a. In–situ Measurements of Strain and

Stress on Glass Warp Yarn during the Weaving of 3D Interlock Structure with Innovative Sensors (Leuven, Belgium, s.n).

[38] Trifigny, N., et al., 2013b. PEDOT: PSS-Based piezo-resistive sensors applied to reinforcement glass fibres for in situ measurement during the composite material weaving process. Sensors 13 (8), 10749-10764.

[39] Trifigny, N., et al., October 8-10, 2013c. New PEDOT: PSS: NMP/PVA Yarn Sensors for in Measurements of Glass Fiber 3D Interlock Fabric during the Weaving Process. Lille, France, s.n.

[40] Trifigny, N., et al., May 22-24, 2013d. PEDOT: PSS Based Sensors for In-situ Measurement during the Composite Material Weaving Process. Dresden, Germany, s.n.

[41] Vilfayeau, J., March 13, 2014. Modélisation numérique du procédé de tissage des renforts fibreux pour matériaux composites (s.l.: s.n).

[42] Vilfayeau, J., Crepin, D., Boussu, F., Boisse, P., September 10-12, 2012. Numerical Modelling and Simulation of the Weaving Process for Textile Composite Applications (Aachen, Germany, s.n).

[43] Vilfayeau, J., et al., 2013a. Numerical modelling of the weaving process for textile composite. Key Engineering Materials 554-557, 472-477.

[44] Vilfayeau, J., et al., April 22-24, 2013b. Numerical Modelling of the Weaving Process for Textile Composite (Aveiro, Portugal, s.n).

[45] Vilfayeau, J., et al., Published online before print April 25, 2014. Kinematic modelling of the weaving process applied to 2D fabric. Journal of Industrial Textiles. http://dx.doi.org/10.1177/1528083714532114.

[46] Xue, P., et al., 2007. Electrically conductive yarns based on PVA/carbon nanotubes. Composite Structures (78), 271-277.

18　嵌入织物结构中的柔性光伏电池

C. Nocito[1], V. Koncar[2,3]
[1] 建筑科学技术中心，法国索菲亚科技园区
[2] 国立高等纺织工业技术学院 *GEMTEX* 实验室，法国鲁贝
[3] 里尔大学，法国里尔

18.1　简介

　　光伏电池（PV）是利用光伏效应的发生器，光伏效应是指光照使不均匀半导体或半导体与金属结合的不同部位之间产生电位差的现象。光伏电池产生的是直流电。半导体通常是固体材料，它们的电阻率介于金属和绝缘材料之间，并且受温度、光照、电场等条件的影响而发生变化。主要的半导体材料有锗、硅和硒。为了研发新一代光伏电池，知名的薄膜太阳能电池企业 Konarka 公司采用有机半导体。半导体具有周期性结构，由原子以一种有序结构互相链接，可以分为晶态、非晶态和液态三种不同的状态。

　　现有的光伏电池具有 *I–V* 特性（图 18.1）。光伏电池的最优功能是由所用的阻性电荷决定的，其工作电压或电流不取决于光强。

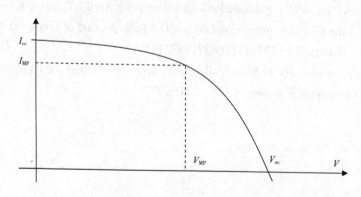

图 18.1　光伏电池的 *I–V* 特性

　　光伏电池的开路电压 V_{oc} 和闭路电流 I_{cc} 是它的两大参数。开路电压与光伏电池的两个电极间没有任何阻性电荷时的电压相关，闭路电流与闭合短路中正比于光强的最大电流相关。光伏电池的重要参数还包括峰值功率 P_c，它和传输的最大功率相关。最大功率产生的电流和电压分别用 I_{MP} 和 V_{MP} 表示。

346

光伏电池的形状因子（FF）采用下式计算：

$$FF = \frac{V_{MP} \cdot I_{MP}}{V_{oc} \cdot I_{cc}}$$

形状因子包括由于电荷电阻引起的损耗以及理想二极管和光伏电池之间的建模误差。在工艺方面，温度对电池效率也有很大的影响。

最近的研究显示，太阳能所传送的功率为每年 $750 \sim 2550 kWh/m^2$，并随纬度的降低而降低。

便携式太阳能充电器在专利 WO 2004/077577 中有所描述。这个充电器有一个柔性光伏电池面板，被永久固定在柔性织物材料上，该光伏电池面板可沿着不活动的边缝制、胶粘甚至焊接在柔性织物上，可应用于需要加热或超声领域。

这种太阳能充电器需要手工制作，目前仍没有可用的装配制造技术，这是因为在工业上很难实现大尺寸的织物和一个或更多个柔性光伏面板的组装。

小尺寸充电器的入射光线的收集表面小，将它们排列起来组装成太阳能保护面板时，比如为了构建盲区，即使只是要求织物处于收卷状态，一旦组装成一个或多个光伏电池面板，厚度将会显著甚至成倍增加，因此必须重新调整存储箱的尺寸。同时应该注意，在使用过程中形成的褶皱可能阻碍收卷或将其放入存储箱中，同时破坏复合材料在展开时的美观。

将柔性太阳能电池镶嵌在织物中克服了上述问题。首先，它的主体材料是可卷曲的光伏复合材料，主要用于太阳能保护，它包括至少一种柔性光伏电池面板和外表面的织物面板，光伏面板以一种特有的方式，在需要卷曲的横向上和光伏面板的水平方向上，通过第一连接层层压在织物面板上，复合材料的厚度大约是恒定的，包括一个或多个厚度减小的区域，其减小的厚度对应于其内表面覆盖有薄膜的织物面板的厚度。这种特定的设计可防止复合材料在卷曲过程中和展开时形成褶皱。

18.2　嵌入式光伏电池织物

在本部分，每个光伏面板包括至少一个被覆有保护层的光伏电池组件，光可以透过该保护层，如透明的 ETFE 型聚四氟乙烯，保护层可通过第二连接层层压在电池上。第一和第二连接层和保护层具有相同的尺寸，这些尺寸大于光伏电池的尺寸。

这种设计具有至少两个好处。首先，它能对光伏电池起到有效的保护作用，光伏电池完全包含在不同的连接层和保护层中，降低了损坏的风险。其次，对于给定宽度的光伏电池，该设计使得加厚区的宽度相对增大，并相应地减小一个或多个减薄区的宽度。需要注意的是，光伏电池本身的厚度相对较小，因为它通常由薄膜组成，薄膜的厚度会受沉积的半导体尤其是硅的影响，整体厚度约为 $50\mu m$，相比之下，连接层的厚度为 $200\sim500\mu m$，保护层为 $50\mu m$。因此，在这种情况下，根据光伏电池的宽度，光伏板的厚度基本可以保持恒定，甚至沿着两个侧面的部分不受光伏电池的影响。

18.2.1 包含光伏电池的柔性复合材料

一些光伏电池是柔性的，可以将它们集成并制造以下设备：柔性充电器；帐篷；行李；遮阳篷；日光膜。

在日常生活中，电子设备已成为各种用途的必需品，甚至在旅行和休闲活动中也需要。对许多用户来说，重要的问题通常是电池的寿命，特别是在自然环境中，例如在船上或者一个没有插座的地方。本节所讲的各种设备都可以使用柔性复合材料为电池充电。

18.2.1.1 柔性可充电器件

这些设备通常在露营或划船时使用，是自动和便携的。然而，它们的重量以及折叠或卷曲性是个问题。

（1）技术。市场上现有的大多数柔性充电设备都配备了基于非晶硅的 CIGS（铜铟镓硒）PV 电池（Flexcell，PowerFilm Solar®）。

曾在 Flexcell 公司工作过的 Alexandre Closset 拥有一项专利：光伏器件（WO 2004/077576 A1）[1]，该专利描述了一种装在可充电电池保护管中的可卷曲的太阳能充电器。他与 Diego Fischer 一起还提交了另一项专利（WO 2004/077577 A1）[2]，该专利描述了另一种类型的可卷曲太阳能充电光伏器件。两种充电器之间的区别是，第二种可沿着一根管子卷曲，并且受到充电器中魔术贴结构的保护。这种充电器可以连接到其他类似的充电器上。两种专利使用的柔性支架是聚氟乙烯（PVF）膜和聚酯基织物。

（2）平均功率。现有的大多数充电器功率从 5 到 40Wc 不等。形式不同，总容量往往低于 4000mL。

18.2.1.2 手提箱

光伏电池可以集成到行李箱中为电子设备充电。这些材料不包括织物—PV 电池复合材料。因为它们已经在手提箱外集成，所以没必要卷曲。然而，PV 电池在这种应用中必须要求薄、重量轻且坚固或保护良好。

（1）技术。各种技术都被使用过，然而非晶硅和 CIGS PV 电池是最常用的。在一些应用中，有机 PV 电池也被集成使用。

（2）平均功率。对于柔性电池，集成在手提箱中的大多数现有充电器的功率范围是 $1\sim3W$，而晶体电池板的功率增加到 15Wc。

18.2.1.3 帐篷和庇护所

由于各种原因，自供能帐篷和庇护所的重要性是显而易见的，例如在隔离区或难民营的使用。Konarka 和 SKYShades 公司开发了 PV 遮阳伞（SOLARBrella），主要目的是为智能手机、平板和计算机充电。它们主要用于阳光充足的地区，如佛罗里达。

（1）技术。总部位于得克萨斯州奥斯汀的 FTL Solar LLC 公司，开发了使用太阳能电池的帐篷和庇护所。将非晶硅柔性电池集成到纺织品结构中。这些产品专用于军事或庇护所以应对重大灾难。

ShadePlex 公司为几乎相同的应用开发了类似的产品。Fuji Electric 公司的 PV 电池也是采用非晶硅。PVC 涂层织物、丙烯酸织物、玻璃纤维织物、热塑性烯烃（TPO）织物或聚氟乙烯涂层结构均可用作支撑材料。

（2）平均功率。FTL 太阳能有限公司的停车场太阳能防护罩由两种不同的产品组成：PowerPark Ⅰ 和 PowerPark Ⅱ。PowerPark Ⅰ 采用表面积为每单元 $37.1m^2$ 的 PowerFilm Solar® 光伏电池，由四个模块组成，总面积为 $148.6m^2$，电功率接近 4400Wc，额定电压为 24V。

PowerPark Ⅱ 由 Uni-Solar PV 电池组成，共 8 个单元模块，每个模块功率为 680W，面积为 $18.5m^2$，总面积为 $148.6m^2$，峰值功率为 5440Wc。

这种太阳能保护罩面积大到足以容纳八个停车位。

ShadePlex 有限公司的产品具有 92Wc、110Wc 和 330Wc 三个等级的功率，对应的活性表面积分别为 $1.53m^2$、$1.58m^2$ 和 $4.73m^2$。光伏电池的平均覆盖率达到 83%~92%。

18.2.1.4　屋顶光伏膜

这种类型的产品用于屋顶表面。对于 Evalon PV 膜，这些 PV 装置的最大重量约为 $4kg/m^2$，相比之下，传统的单晶或多晶 PV 电池的重量则为 $10~15kg/m^2$。这种相对轻的膜更容易安装，其柔性能更好地适应复杂的屋顶形状。

（1）技术。屋顶光伏膜主要使用的是三结非晶硅电池。总部位于美国的 Uni Solar 公司是这类光伏膜的龙头企业。Flexcell 或 PowerFilm Solar® 等公司也生产这种非晶硅电池。Flexcell 公司使用的基材是 TPO。

（2）平均功率。Uni Solar 公司的产品有 PVL-68、PVL-136 和 PVL-144，功率为 68Wc 的产品表面积为 $1122m^2$；而功率为 136Wc 和 144Wc 的产品表面积为 $2161m^2$。膜的峰值电压是 33V。

Flexcell 公司的薄膜 FLX-TO200 具有 200Wc 的峰值功率，67V 电压和 3A 的最大电流，膜的表面积为 $6.6m^2$。

18.2.1.5　光伏遮阳篷（太阳能保护面板或百叶窗）

为了嵌入 PV 柔性电池，使用了不同类型的太阳能保护结构。1987 年，Joseph J. Hanak、James Young、Bert Kuypers 和 Richard Blieden 等申请了有关垂直遮阳篷的美国专利（US 4636579）[3]。

目前，遮阳篷已经引起了公众的兴趣。现已出现了几项专利。1998 年，Hermann Franck Muller 在德国提交了"用于遮阳篷的柔性太阳能模块"的专利申请（DE 198 25 017 C1）[4]。

2001 年，Jacques Lambey 在法国提交了"用于百叶窗、遮阳篷和泳池盖的光电池帆布"的专利申请[5]。遮阳篷由刚性封装在基板上的光伏电池组成，其可通过多边形管子进行折叠。该申请随后扩展为国际专利 WO 02/084044 A1 [6]。

2006 年，Stobag 公司在德国提出了"遮蔽物，包括遮阳篷"的专利申请（DE 001 332 A1，2006 年 10 月）。同年，在 R+T（Rollen 和 Torren，斯图加特）展览会上，Stobag 展示了被命名为 Stobosol 的这类产品。这种光伏织物由染色的丙烯酸基底和非晶硅太阳能电池组成，其可缠绕在一个由电动机驱动旋转的圆柱形管上，并且有一个内部带电池的空腔。

2010 年，在美国和加拿大，Stobag 公司把一种移动商店投放市场，其发动机由 229.32cm² 的光伏电池构成，放置于遮阳织物上。

Pascal Goulpié 的研究团队开发了一个 4.2m² 的非晶硅光伏电池遮阳篷（Flex-cell），遮阳篷的尺寸是 1.8m×3.8m，被缝制在染色的丙烯酸织物上[7]。该光伏装置在瑞士洛桑的工业服务大楼进行了测试。

在过去的几十年中，已经出现了各项专利，将柔性太阳能电池集成到百叶窗、遮阳篷和其他保护结构中，并申请了专利[8-20]。

18.2.2　遮阳篷概述

图 18.2 和图 18.3 所示为遮阳篷和一个嵌入了薄而柔韧的 PV 电池的可卷曲织物保护盒。

18.2.3　柔性光伏电池与遮阳篷织物的整合

本节介绍的研究工作涉及如何选择最佳的遮阳篷太阳能电池，如何调整现有遮阳篷以降低最终产品的成本，以及开发自动化层压工艺，以得到可靠高效的 PV 遮阳篷。

18.2.3.1　光伏电池的选择

整合到丙烯酸织物遮阳篷中的 PV 电池，是基于非晶硅技术的最佳精细度、柔性和重量来加以选择。这项技术的另一个优势是其有可能在欧洲、日本和美国找到生产商。工业目标是实现一个具有相同宽度的标准化模块，并且输出功率随长度的不同而变化。为了实现这一目标，有必要根据可能的应用作进一步调查研究。

18.2.3.2　遮阳篷的选择及其适应性

已经确立了几个标准来确定最佳的遮阳篷配置，用于实现最终产品。这些标准如下：

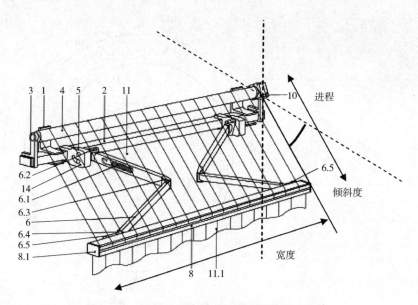

图 18.2 由各种元件组成的带铰接臂的遮阳篷

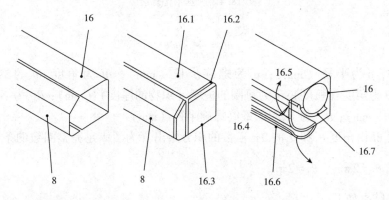

图 18.3 含有可卷曲遮阳织物的保护盒

（1）保护盒内的卷状织物尺寸。卷曲在保护盒内的遮阳篷织物的最终直径取决于其厚度和遮阳篷的长度。由于 PV 电池必须通过层压工艺整合到织物中，其是通过导电轨道连接光伏电池和电极等来加以制备的，保护盒中的剩余空间很重要，并且必须足够大，以容纳整个装置。

一般采用简单的螺旋方程来计算遮阳篷沿着管子滚动所占据的空间。

因此，遮阳篷可以通过极坐标方程 $\rho = a \cdot \theta$ 所定义的阿基米德螺旋来加以辨识，如图 18.4 所示。

$$dl = \rho d\theta = a \cdot \theta d\theta$$

$$a = \frac{e}{2\pi}$$

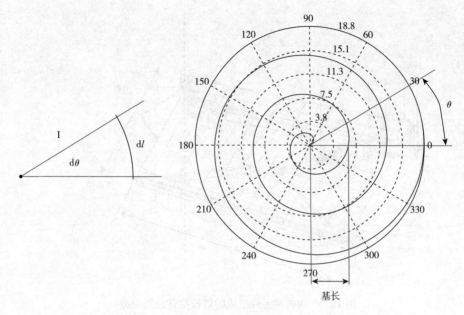

图 18.4　阿基米德螺旋

因此，
$$dl = \frac{e}{2\pi} \cdot \theta d\theta$$

其中，ρ 为半径（mm）；a 为螺旋步长（mm）；dl 为角度 $d\theta$ 的螺旋长度（mm）；θ 为角度（弧度）；e 为每圈的进度（织物的厚度）（mm）；R_{Int} 为 N_1 圈的内管圆半径（mm）；R_{Ext} 为 N_2 圈的最终螺旋半径（mm）。

长度 dl 由角度 θ_1 和 θ_2 的 2π 倍数的积分给出（为了满足完整圈数的条件）。当 $n = \dfrac{R}{e}$ 时，$\theta_1 = 2\pi n_1$，$\theta_2 = 2\pi n_2$。

最终结果如下：

$$l = \int_{2 \cdot \pi \cdot n_1}^{2 \cdot \pi \cdot n_2} \frac{e}{2\pi} \theta d\theta$$

$$l = \int_{2 \cdot \pi \cdot \frac{R_1}{e}}^{2 \cdot \pi \cdot \frac{R_2}{e}} \frac{e}{2\pi} \theta d\theta$$

$$l = \frac{e}{2 \times \pi} \left[\frac{\theta^2}{2} \right]_{2 \cdot \pi \cdot \frac{R_1}{e}}^{2 \cdot \pi \cdot \frac{R_2}{e}}$$

$$l = \frac{4\pi^2 \times e}{4\pi \times e^2} \cdot (R_2^2 - R_1^2)$$

$$l = \frac{\pi}{e} \cdot (R_2^2 - R_1^2)$$

该结果已通过实验验证，织物条带被缠绕在半径为 $R_{Init} = 315$mm 的管子上。条

带由 $l_1 = 100\text{cm}$、厚度为 $e_1 = 0.65\text{mm}$ 的织物组成，层压织物的长度为 $l_2 = 130\text{cm}$，厚度 $e_2 = 1.7\text{mm}$。最终半径 $R_{\text{Fin}} = 436\text{mm}$，与计算值相同。

为了简化模型，没有考虑箱子内部的织物在缠绕时的张力。

图 18.5 和图 18.6 给出了围绕管子缠绕的遮阳篷织物（横截面视图）和使用阿基米德螺旋线建模的结果。

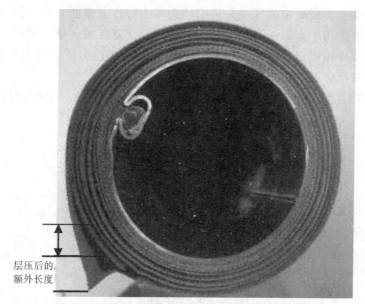

层压后的
额外长度

图 18.5　沿着圆柱管缠绕的遮阳篷织物的横截面照片

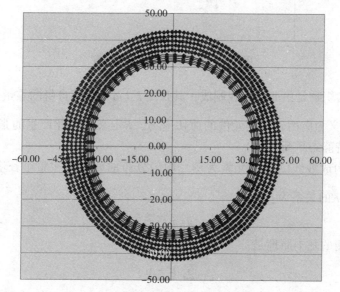

图 18.6　阿基米德螺旋模型

沿着遮阳篷织物的某些部分（组件和卷边），厚度等于织物厚度的两倍。由于默认织物结构没有缠绕带来的压缩，因此需要双层织物来计算商店的占地面积。

对于光伏遮阳篷，采用相同单位宽度的最大厚度来计算遮阳篷的厚度。同样重要的是，要注意第一圈遮阳篷织物永远不会被计算在内，第一圈通常称为轮绕。

（2）遮阳篷的力学性能。通过描述力学性能可以让人了解"凹槽"，也就是说遮阳篷的最低点。最简单的模型是将织物表示为线性元素的总和。因此，百叶窗可以在其宽度的每个点以一套挂纱的形式建模。恢复区域比单一厚度更硬，这些区域还用于支撑构成织物的所有纬纱。当织物样品在拉力试验机上受到拉力时，织物的边缘变形伸长。

通过确定在退绕过程中织物运动方向上的"Chainette"方程可以简化模型（图 18.7）。

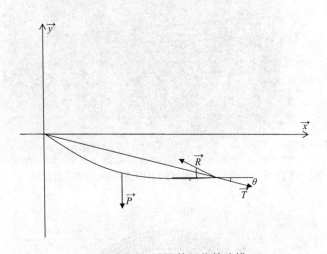

图 18.7　PV 遮阳篷织物的建模

一般认为织物是由非弹性线制成，其长度 l（m）和其自身的重量 m_1（kg）成比例。将 $\vec{T}$ 定义为应用于纱线元件的剪切应力，$\vec{R}$ 定义为由此产生的张力阻力，其可使系统保持静态平衡。

以一个构成纱线的线性元素为例。均匀分布的载荷加在整个长度 $m \cdot dl$ 上，剪切应力 $\vec{T}$ 和 R 的关系为：

$$\vec{R} = \vec{T} + \mathrm{d}\,\vec{T}$$

静态平衡的基本原理是：

$$\sum \vec{F} = \vec{0}$$

$$\mathrm{d}\,\vec{T} + \vec{P} = \vec{0}$$

$$\vec{T_y} = \vec{T_x} \tan\theta$$

其中：
$$\vec{P} = m \cdot \vec{g} = m_l \cdot l \cdot \vec{g}$$

因此，

$$\frac{dT_x}{dl} = 0$$

$$\frac{dT_y}{dl} = m_l \cdot g$$

$$T_x = Cste$$

$$T_y = m_l \cdot g \cdot l$$

$$\tan\theta = \frac{T_y}{T_x} = \frac{m_l \cdot l \cdot g}{T_x} = \frac{1}{\beta} \quad \text{其中，} \beta = \frac{T_x}{m_l \cdot g}$$

在 x—y 坐标体系中，$\tan\theta = \dfrac{dy}{dx} = y'$

$dl^2 = dx^2 + dy^2$，并且 $l^2 = \displaystyle\int \left(1 + \left(\frac{dy}{dx}\right)^2\right) \cdot dx^2$, $l = \displaystyle\int \sqrt{\left(1 + \left(\frac{dy}{dx}\right)^2\right)} \cdot dx$

最终：

$$\frac{dy}{dx} = \frac{\displaystyle\int \sqrt{(1 + dy^2)} \cdot dx}{\beta}$$

$$\frac{dy}{dx} = \frac{1}{\beta} \cdot \sqrt{(1 + dy^2)}$$

$$y'' = \frac{1}{\beta} \sqrt{1 + y'^2}$$

通过替换 $u = y'$，并在积分之后可以得到：

$$\int \frac{u'(x)}{\sqrt{1 + u^2(x)}} dy = \ln\left(u(x) + \sqrt{1 + u^2(x)}\right) + A$$

其中：$A = Cste$

$$\ln\left(u(x) + \sqrt{1 + u^2(x)}\right) + A = \frac{x}{\beta}$$

$$u(x) + \sqrt{1 + u^2(x)} = e^{\frac{x}{\beta} - A}$$

则

$$y' + \sqrt{1 + y'^2} \times \left(-\frac{1}{y' - \sqrt{1 + y'^2}}\right) = e^{\left(\frac{x}{\beta} - A\right)} - e^{-\left(\frac{x}{\beta} - A\right)}$$

$$y' = \frac{1}{2}\left[e^{\frac{x}{\beta} - A} - e^{-\left(\frac{x}{\beta} - A\right)}\right]$$

第二次积分后，

$$y = \frac{\beta}{2}\left[e^{\frac{x}{\beta} - A}_1 + e^{-\left(\frac{x}{\beta} - A\right)}\right] + B$$

确定初始条件时：

$$y(0) = 0$$

$$\frac{\beta}{2}(e^{-A} + e^{A}) + B = 0$$

$$B = -\frac{\beta}{2}(e^{A} + e^{-A})$$

最后的方程是：

$$y = \frac{\beta}{2}\left(e^{\frac{x}{\beta}-A} + e^{-\left(\frac{x}{\beta}-A\right)}\right) + \frac{\beta}{2}(-e^{A} - e^{-A})$$

常数 A 可以由负载棒的位置设定的初始条件来确定 $\{x = x_{BC}; y = y_{BC}\}$。

$$\left(e^{-\frac{x_{BC}}{\beta}} - 1\right)e^{2A} - \frac{2y_{BC}}{\beta}e^{A} + \left(e^{\left(\frac{x_{BC}}{\beta}\right)} - 1\right) = 0$$

如果定义 $X = e^{A}$，则可以解二次方程：

$$\left(e^{-\frac{x_{BC}}{\beta}} - 1\right)X^2 - \frac{2y}{\beta}X + \left(e^{\frac{x_{BC}}{\beta}} - 1\right) = 0$$

结果：

$$\Delta = \left(\frac{2 \cdot y_{BC}}{\beta}\right)^2 - 4 \cdot \left(e^{\frac{x_{BC}}{\beta}} - 1\right) \cdot \left(e^{-\frac{x_{BC}}{\beta}} - 1\right)$$

该方程有正解：

$$X = \frac{\frac{2y_{BC}}{\beta} - \sqrt{\left(\frac{2 \cdot y_{BC}}{\beta}\right)^2 - 4 \cdot \left(e^{-\frac{x_{BC}}{\beta}} - 1\right) \cdot \left(e^{\frac{x_{BC}}{\beta}} - 1\right)}}{2 \cdot \left(e^{-\frac{x_{BC}}{\beta}} - 1\right)}$$

$$A = \ln|X|$$

因此，遮阳篷画布轮廓的最终方程式为：

$$y = \frac{\beta}{2}\left[\frac{1}{X}\left(e^{\frac{x}{\beta}} - 1\right) + X\left(e^{-\frac{x}{\beta}} - 1\right)\right]$$

当应用中值定理，且函数 f 在 $[a, b]$ 上是连续的，并在 $[a, b]$ 上可微分，那么在 $[a, b]$ 上则有一个点 x_0，使得在此点的 f 的导数是 a 和 b 之间的变化率。

则：

$$f'(x_0) = \frac{f_a - f_b}{a - b}$$

两端之间的直线由方程 $y = \frac{y_{BC}}{x_{BC}}x$ 定义，x_c 必须与 $f'(x_c) = \frac{y_{BC}}{x_{BC}}$ 对应。

$$\frac{1}{2}\left(e^{\frac{x_c}{\beta}-A} - e^{-\left(\frac{x_c}{\beta}-A\right)}\right) = \frac{y_{BC}}{x_{BC}}$$

$$\left(e^{2 \cdot \left(\frac{x_c}{\beta}-A\right)} - 2 \cdot \frac{y_{BC}}{x_{BC}} \cdot e^{\frac{x_c}{\beta}-A} - 1\right) = 0$$

如果：$K = e^{\left(\frac{x_c}{\beta}-A\right)}$

$$\Delta_2 = \left(2 \cdot \frac{y_{BC}}{x_{BC}}\right)^2 + 4$$

$$\Delta_2 = 4 \cdot \left[\left(\frac{y_{BC}}{x_{BC}}\right)^2 + 1\right]$$

所得到的解是：

$$K_1 = \frac{2 \cdot \dfrac{y_{BC}}{x_{BC}} - \sqrt{\Delta_2}}{2} = \frac{y_{BC}}{x_{BC}} - \sqrt{\left(\frac{y_{BC}}{x_{BC}}\right)^2 + 1}$$

$$K_2 = \frac{2 \cdot \dfrac{y_{BC}}{x_{BC}} + \sqrt{\Delta_2}}{2} = \frac{y_{BC}}{x_{BC}} + \sqrt{\left(\frac{y_{BC}}{x_{BC}}\right)^2 + 1}$$

K_2是正值，因此可以找到满足条件的 x，

使

$$e^{\left(\frac{x_c}{\beta} - A\right)} = \frac{y_{BC}}{x_{BC}} + \sqrt{\left(\frac{y_{BC}}{x_{BC}}\right)^2 + 1}$$

则：

$$x_c = \beta \cdot \left(\ln\left|\frac{y_{BC}}{x_{BC}} + \sqrt{\left(\frac{y_{BC}}{x_{BC}}\right)^2 + 1}\right| + A\right)$$

遮阳篷最低点的坐标是：

$$\{x_c ; y_c\} = \left\{\beta \cdot \left(\ln\left|\frac{y_{BC}}{x_{BC}} + \sqrt{\left(\frac{y_{BC}}{x_{BC}}\right)^2 + 1}\right| + A\right) ; \frac{\beta}{2}\left(\frac{1}{X}\left(e^{\frac{x_c}{\beta}} - 1\right) + X\left(e^{\frac{x_c}{\beta}} - 1\right)\right)\right\}$$

凹槽的深度可以用三角函数定义（图18.8）：

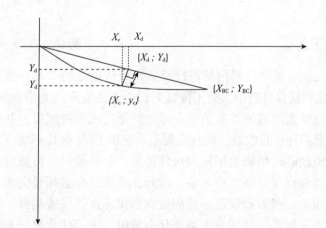

图18.8　凹槽坐标

$$P = \frac{|y_c - y_d| \cdot \sqrt{y_{BC}^2 + x_{BC}^2}}{x_{BC}}$$

这些元素允许遮阳篷织物的顶端具有最大值。实际上，盲极最低理论值会被

织物在纬纱方向上对应于盲极宽度方向的状态改变。此外，织物是弹性的，这里定义的理想模型与实际应用没有严格对应。

根据之前提出的计算结果，为了确定 PV 电池在织物上的最佳定位，需要研究该包含基于非晶硅的层压柔性 PV 电池的遮阳篷的状态，还需要测试在保护盒内的复合材料的卷绕行为。

在层压之前，导电轨道已经沉积在丙烯酸树脂织物上，以实现电池电极和电子设备之间的电接触，获取产生的电能。这项研究同样有必要保证复合遮阳篷织物—柔性 PV 电池的可靠性，并验证在不同天气条件下的功能（雨、风等）。在图18.9 中，可以观察到带有嵌入式柔性光伏电池的遮阳篷原型。

图 18.9　带有嵌入式柔性光伏电池的遮阳篷原型

18.2.4　层压工艺

层压工艺是制备复合材料丙烯酸纤维柔性光伏电池的关键。重要的是正确地将 PV 电池集成到复合材料中，而不降低它们的电性能和从光中产生电能的能力。与此同时，要保证遮阳篷的基本功能，即保护免受光线的照射，并有可能在任何天气情况下对遮阳篷进行收放，而且需要至少使用 10 年保持不变（生产商保证）。这意味着光伏电池必须精确地层压到最佳位置，并覆盖最大可能的区域以优化产生的能量。因为卷绕和退绕会循环很长时间，所以黏合必须是完美的。复合材料的美感也非常重要，因为遮阳篷一般固定在房屋、露营车或船外。另外其成本也是需要考虑的重要因素，特别是配备光伏电池时。为了优化复合材料的成本，层压过程必须快速且在工业上可行。在第一次使用不同的腈纶织物支架时，我们发现了许多问题，包括附着力差、复合材料卷曲导致的外观不合格以及对光伏电池的一些损坏。

经过多次试验，通过分析和优化包含织物的复合材料的夹层结构，已经建立起PV 电池和附加层的最优结构。这种结构如图 18.10 所示，每层都具有最佳厚度。

图 18.10　含有织物、保护性黏合层和 PV 电池的复合材料的横截面

图 18.11 显示了一些复合材料近乎最终产品的原型，层压后出现了圆弧褶皱。

图 18.11　层压后的圆弧褶皱

　　通过实验确定最佳的层压设备。因为不可能在市场上找到合适的模型，实验时采用了现有的层压生产线。在层压过程中，复合材料和 PV 电池之间的切向接触（带圆柱形层压）使 PV 电池在织物上的定位不准确，另外，织物和 PV 电池在真空中会被损坏。由于这些原因，开发了一种混合解决方案。利用传送带在织物上沉积并实现 PV 电池的精确定位，然后用一个大尺寸的覆膜加热筒进行复合材料两个元素之间的黏合。混合层压线示意图如图 18.12 所示。

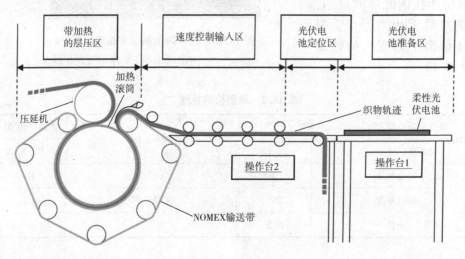

图 18.12　混合层压线

必须注意以下两个重要的问题：

①旋转台已安装在层压线的输入和输出端。

②设置了定位区和层压区入口之间的缓冲区，因为在材料进入叠层区域后不能再用之前的方法进行观察、监控和可能的干预。

18.3 性能

本节将显示最终原型机并给出一些测量结果。该原型机配备了光强传感器，可在日光达到预定阈值时自动展开遮阳篷，并在晚上收回遮阳篷。还安装了风力传感器，以便在强风的情况下卷绕遮阳篷。并开发了计算机控制的测量装置，和光伏电池相连接，持续时间为44周，接收到的总太阳能为87333kWh/m^2，产生的电能为39099kWh，总载荷为47U。所测试的卷绕和展开周期为2012个循环。每周的平均循环次数是45.72次。原型机位于法国北部的里尔，那里的晴天相当罕见。表18.1给出了原型机的性能（图18.13）。

图18.13 包含两个基于非晶硅层压PV电池的小型PV遮阳篷原型线

表18.1 原型机的性能

光伏电池总尺寸（m^2）	2	GPS 坐标	北纬：50.65
遮阳篷尺寸（m^2）	3，12		东经：3.12
电池数量	2	方位角	南
倾斜角度	26°	采样频率	1min
定位	南方		

在44周的时间里，测量系统每周都记录来自电力生产的数据。图18.14为接

收的太阳能和产生的电能。可以看到，在冬季周产生的能量有所下降。即使经历了 2000 多次收放，雨棚的性能也是完美的。在超过一年的老化测试中，没有显示任何显著的老化，也没有发现产生电能减少。

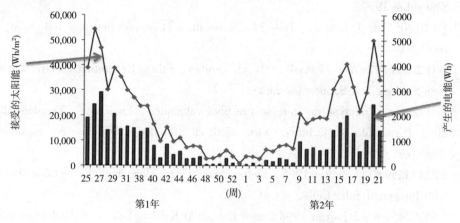

图 18.14　每周收到的太阳能与产生的电能

18.4　结论

根据对光伏雨篷的研究，总结出以下几点。首先，即使基于非晶硅的 PV 电池每个单位表面产生电能的效率比由单晶或多晶硅制成的电池低 4 倍，它们也是目前整合到织物结构的唯一可能的解决方案。其次，它们轻、薄而柔韧，单位质量的效率高于其他两种刚性溶液（单晶或多晶硅）。

将光伏电池层压到遮阳篷织物的卷对卷整合工艺已经被成功开发和测试。它在经济上是可行的，大规模的工业生产也相对容易实施。但仍有几个细节需要解决：例如，需要有一个可靠的大容量柔性光伏电池供应商；另外，复合丙烯酸树脂 PV 电池的老化问题，虽然第一批结果令人满意，但仍需要改进。

在过去几年中，在技术领域取得了一些研究成果，称为串联 a-Si/GeSi-a，以及基于有机聚合物的薄、轻和柔性的光伏电池，验证它们与织物结构的整合及效率的可能性将会很有意义。

参考文献

［1］ WO 2004/077576 A1, A. Closset, Photovoltaic Device, 10 September 2004.

［2］ WO 2004/077577 A1, A. Closset, Photovoltaic Device, 10 September 2004.

[3] J.J. Hanak, J. Young, B. Kuypers, R. Blieden, Retractable Power Supply, US 4636579, 13 Janvier 1987.

[4] DE 198 25 017 C 1, H. F. Müller, Markise mit flexiblen Solarmodulen, 23 Septembre 1999.

[5] FR 01/05176, J. Lambey, Toile Photogénératrice et support pour une telle toile, 17 Avril 2001.

[6] WO 2 823 527-A1, 17 Avril 2001, J. Lambey, Fabric Generating Electric Current from Sunlight and Support for Same.

[7] P. Goulpie, Prototype de store solaire photovoltaïque, [En ligne], Yverdon, Juin 2005. Disponible sur: http://www. eivd. ch/jt06/doc/JT06jfaffolter _ pgoulpie _ descr.pdf.

[8] US5433259 * 18 Juillet 1995 Carefree/Scott Fetzer Company, Retractable Awning with Integrated Solar Cells.

[9] US5707459 * 13 Janvier 1998 Canon Kabushiki Kaisha, Solar Cell Module provided with a Heat-fused Portion.

[10] US5979834 * 9 Novembre 1999 Falbel; Gerald, Spacecraft Solar Power System.

[11] US6288324 * 11 Septembre 2001 Canon Kabushiki Kaisha, Solar Cell Module and Method for Manufacturing Same.

[12] US20070056625 * 15 Mars 2007 Sanyo Electric Co., Ltd, Photovoltaic Module.

[13] US20070277867 * 6 Décembre 2007 D.C. Heidenreich , Photovoltaic Awning Structures.

[14] US20070295385 * 27 Décembre 2007 Nanosolar, Inc., Individually Encapsulated Solar Cells and Solar Cell Strings Having a Substantially Inorganic Protective Layer.

[15] US20080142071 * 19 Juin 2008 Miasole, Protovoltaic Module Utilizing a Flex Circuit for Reconfiguration.

[16] US20080163984 * 10 Juillet 2008 Jacques Lambey, Blind or Awning Photo-generator.

[17] US20080190476 * 14 Août 2008 B.G. Baruh, Retractable Solar Panel System.

[18] US20090019797 * 22 Janvier 2009 Cameron Todd Gunn Simplified Protective Cover Assembly.

[19] US20090095284 * 16 Avril 2009 F. Klotz, Solar Module System with Support Structure.

[20] US20100013406 * 21 Janvier 2010 Koninklijke Philips Electronics N.V., Textile for Connection of Electronic Devices.

19 带有织物辅助壁的热物理学传感器的开发

H. Gidik[1,2], *G. Bedek* [2], *D. Dupont*[2]

[1] *里尔大学, 法国里尔*

[2] *里尔天主教大学 HEI 学院 GEMTEX 实验室, 法国里尔*

19.1 简介

服装是一种由织物等材料制成的产品, 被看作是第二皮肤。服装的主要功能是保护人们免受环境和危险的影响。然而, 随着纺织技术的不断发展, 人们对面料和服装的期望越来越高。服装的舒适性被定义为幸福和舒适感的状态, 成为现代消费者最重要的需求属性, 舒适性主要考虑四个方面: 心理、感觉、工效和热生理学 (热舒适性)[1-3], 热舒适性占据总舒适性的很大一部分[4]。

为了保持穿着者的生理热平衡, 服装应保证人体与环境之间适当的热量和质量的传递。为了获得这种热平衡, 热量损失需要平衡热量的产生 (代谢率)。从图 19.1 可以看出, 人体热损失有外功、传导、辐射、对流、蒸发、呼吸[5] 几种途径。辐射、对流、传导和呼吸引起的平均热量损失分别达到总传热的 40% ~ 60%、30%、15% 和 10%。通过汗液蒸发的热转移始终存在, 并且在炎热的环境中[6] 以及由于代谢率[1]引起的身体活动时会增加。当这两个因素同时存在时, 皮肤的汗液分泌更强烈, 导致身体热量损失迅速增加, 人体在 35℃, 如果蒸发 1L 汗液, 会从体内带走 2.4MJ 能量 [5-7]。

如果代谢产生的热量高于所有热量损失, 体热的总量就会增加, 并且体温升高。如果失去的热量多于产生的热量, 那么身体就会冷却。在中性气候中, 静止时, 人体温度会调节在 37℃ 左右。白天, 温度会升高 (通常为 ±0.8℃), 由于昼夜节律, 温度会在夜晚达到峰值并在清晨再次下降。然而, 如果核心温度超过 39℃, 人的调节效率就会降低。热应激可能导致热不适、性能受损、疾病和虚脱。在核心温度为 41℃ 时, 体温调节可能不起作用, 超过 43℃ 甚至可能致命[7-8]。对于军队、警察、消防员和其他急救人员等重要职业来说, 热疾病尤其具有挑战性。这些职业通常对体力要求很高, 而且需要穿戴防护服和其他装备, 而不考虑其环境条件。与高温有关的疾病在各类人群中都很常见, 例如运动员和农民[9]。

应对热损伤的对策多种多样。其中之一是采用生理状态监测 (PSM) 系统来

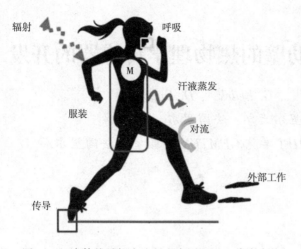

图 19.1 身体热量损失途径示意图（M =代谢产热）

监测热量应变状态。这样可以检测到早期热病症状，并且在受伤之前进行必要的干预[10]。一些科学家在热生理舒适研究中使用热通量计（heat fluxmeter, HF）测量人体和环境间的热交换[11-12]。但是，当在潮湿条件下进行热流量测量时，热通量计的非渗透性使得测量结果不准确[13]。此外，因为热通量计需要与支撑表面具有良好接触，它们的半刚性使其只能用于半光表面[14]。

本章描述的新型智能纺织品，带有织物辅助壁的热通量计，也称为织物热通量计（THF），可用于检测、分析和监测热质传递，因为纺织品具有孔隙，可以将干扰降至最低。织物热通量计是一种基于纱线的传感器，可用纱线本身作为传感元件，因此更容易用于传统的针织和机织工艺[15]。此外，当需要与人体接触时，使用柔性电子产品是可取的，在这种情况下，柔性和无刺激性要求是最重要的（图 19.2）[16]。

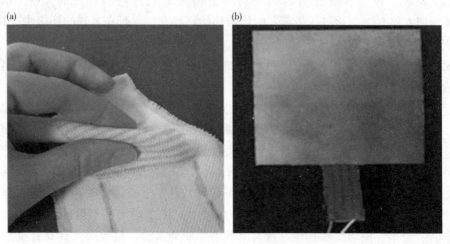

图 19.2 热通量计：（a）织物热通量计，（b）常规热通量计（Captec 公司，法国）

织物热通量计由热电偶网络组成（两个不同的导体或半导体组装而成），也称为热电堆，组装成一个织物辅助壁。

19.2 织物的传热和传质

人体与环境之间传热和传质的有六个主要决定因素分别是空气（干球）温度、湿度、平均辐射温度、空气流动、活动水平和服装。为了实现热平衡，当这些因素中的任何一个发生变化时，都需要调整其他因素以维持热量产生和热量损失之间的热平衡，以实现热平衡。这些因素的其中五个是生理的，最后一个是服装因素，它通常被认为是最重要的因素[2]。

服装是人体与环境之间的屏障，因此要求其功能之一是在各种环境条件下维持人体的热量和水分处于一定水平，并且通过让水分释放到外部空气中，来防止汗液积聚在人体皮肤上。如图 19.3 所示，通过织物进行的热量和质量的传递分为皮肤和织物之间的气隙中的传输（被称为微气候），织物内部的传输，以及织物外表面到环境的对流[17,18]。

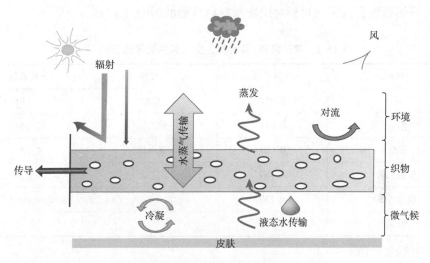

图 19.3　通过织物传热和传质的示意图

多孔介质中的传热、传质过程是一个复杂的耦合过程。一方面，热量通过传导、对流和辐射传输。另一方面，水在重力和压力梯度的作用下移动，同时蒸汽相由蒸汽密度梯度引起扩散移动。因此，传热过程可以与具有相变（如水分吸附/解吸和蒸发/冷凝）的传质过程耦合。

纤维的吸附性能决定了蒸发过程，因此水的蒸发、水蒸气的扩散和冷凝，都会引起热质传递。水从热区蒸发并通过扩散穿过充满气体的孔，然后在冷区冷凝，从而释放其汽化潜热[19-21]。

纺织材料的传热、传质是一种复杂现象，包括多种机制。纺织材料的性能对这些机制影响显著。研究人员研究了这些特性对传热和传质的影响，将其分为三个不同层次：微观水平（化学成分、形态特征、细度、横截面、孔隙率和纤维中的水分含量）、介观水平（纱线结构和性能）和宏观层面（织物的物理和结构特征及整理）[3,22-23]。因此，下面从纤维、纱线和织物三方面定义传热性能（如导热性、热阻、热吸收性和热发射率）和传质性质（如水蒸气传输和液态水传输）。

19.2.1 传热性能

纺织品的热性能通常包括导热性、热阻、热吸收性/渗透性和热辐射率。它们受到面料性能的影响，包括纤维的结构、密度、湿度、材料和性能，以及结构类型、表面处理、填充和压缩性、透气性等[24]。

19.2.1.1 导热性

导热性用导热系数表示。导热系数定义为在指定的温度梯度下，热量通过单位厚度、单位面积织物其传递速率的量度。表 19.1 比较了一些纤维/聚合物、空气和水的导热系数，以了解材料对织物基材热性能的影响（表 19.1）[25]。

表 19.1　某些纤维/聚合物、空气和水的导热系数 [3]

材料	导热系数	材料	导热系数
棉[a]	0.071	聚酯[a]	0.140
羊毛[a]	0.054	聚乙烯[a]	0.340
蚕丝[a]	0.050	聚丙烯[a]	0.120
聚氯乙烯[a]	0.160	恒定空气	0.026
醋酯纤维[a]	0.230	水	0.600
尼龙[a]	0.250		

[a] 在相同密度下（0.5g/cm³）

由于空气的热阻高于纤维，纤维对织物热阻的影响较小，因此织物在干燥状态下的绝缘性能较好。当织物变湿时，由于水的热阻较低，纤维对耐热性的作用可能变得更加重要。当水浸透纱线间隙时，这些间隙中的空气被置换，从而减少了空气的贡献，增加了纤维中的水分输送对织物热阻的贡献。湿织物的导热系数随着含水量的增加而增加。某一特定纤维的吸附性能，即亲水性和疏水性，影响初始阶段的快速导热性的增加；此后，随着含水量的增加，所有纤维类型的导热性的增加都表现出相似特性[25-27]。

19.2.1.2 热阻 R_{th}

热阻 R_{th}（$m^2 \cdot K/W$）取决于材料的导热系数 λ [$W/(m \cdot K)$] 和厚度 h（m），如式（19.1）[24]所定义。

$$R_{th} = h/\lambda \tag{19.1}$$

对于织物的几何形状，织物厚度对热和吸湿行为影响最大，这是因为织物厚度的增加会使织物体积相应增加，进而影响织物的孔隙率，这通常会导致织物间隙中空气量的增加[4]。

除了纤维的热特性（表 19.1）和织物厚度外，纱线特性还会影响织物的热性能。较粗糙的纱线生产的织物具有更多的纱线内空气间隙，但纱线间空气间隙较少，导致透气性较低。高捻纱形成较不致密的织物，导致较高的透气性。研究发现，耐热性随着透气性的增加而降低，因为较低的透气性意味着较多的覆盖，从而提高了织物的保暖性能[28]。

19.2.1.3 热吸收性/渗透性

热吸收性也称为渗透性，描述了第一次接触期间的瞬态热感。这种温暖/凉爽的感觉被认为是在织物与皮肤接触后，热量立即从皮肤快速转移到织物表面的结果。该性质不依赖于实验条件，而直接与热导率和扩散等其他热性质有关。织物的热吸收率越高，感觉越凉爽。与具有较低规则性和光滑度以及较高表面粗糙度的织物相比，规则、平坦、光滑表面的织物具有更凉爽的感觉。织物温暖的感觉是由于纤维和纱线之间夹带的空气隔离所带来的。当将拉紧的长丝纱线织物放置在皮肤附近时，可通过传导散热。粗糙纱线织物在与皮肤接触时，由于织物纤维和皮肤之间具有绝缘空气，会感觉到温暖[24,29-30]。

19.2.1.4 热辐射率

入射的热能可以被部分地反射、吸收或透射，这取决于织物体系的反射率或吸收率。织物体系的辐射系数（ε）很大程度上取决于其表面的光学性质。而表面光学性质则受到制造、精加工方法等的影响。具有最大辐射系数（$\varepsilon = 1$）的织物体系比具有最小辐射系数（$\varepsilon = 0$）的织物体系反射的热能更少。因此，加在具有高辐射系数织物上的热能主要在织物体系内部吸收，或通过织物传递[31]。

19.2.2 传质特性

包含空隙（也称为孔）的多孔结构，会填充有流体（液体或气体）。因此，可以在两个层面上研究纺织材料的传质性质：水蒸气传输性质和液体水传输性质。

19.2.2.1 水蒸气传输

水蒸气可通过以下机制穿过织物层：水蒸气通过层扩散；纤维吸收、传输和解吸水蒸气；水蒸气沿纤维表面的吸附和迁移；通过强制对流传输水蒸气[32]。

材料的水蒸气渗透性定义为：材料在两个相对面之间的压力作用下让水蒸气

通过它的能力。该性能取决于材料的物理特性，即孔径和弯曲度，并且与透气性密切相关。织物的水蒸气渗透性随着透气性的增加而增加[28,33]。

对于由特定支数和捻度的纱线制成的织物，水分转移率的数据表明，用于制备织物的纤维越细，通过织物的水分输送就越低。因为这些更细的纤维制成的织物具有较少的空气间隙[28]。当比较由相同纱线制成的织物时，水蒸气透过率主要是织物厚度和密度以及织物堆积密度的函数。最高的织物堆积密度具有最低的水蒸气透过率指数。除纱线和织物结构因素外，纤维的性质对水分输送也有影响。天然纤维（如棉）是亲水的，它们的表面具有水分子的键合位点。因此，水倾向于保留在亲水性纤维中，其具有较差的水分输送和释放能力。另外，合成纤维（如聚酯）是疏水性的，它们的表面具有很少的水分子键合位点，因此，它们往往趋于保持干燥并具有良好的水分输送和释放能力[34]。

19.2.2.2 液态水传输

液体通过多孔结构的传递涉及两个连续过程：润湿和芯吸。润湿是指通过固—液界面使固—气界面发生移动，芯吸是指当液体沿着纤维表面行进但是不被吸收到纤维中。虽然认为润湿和芯吸是独立的现象仍存在争议，但它们可以通过单独一个过程来描述：响应毛细管压力的液体转移[35-36]。

织物的润湿性可通过接触角进行测量。织物和液体之间的低接触角意味着高润湿性。随着固体和液体界面之间表面张力的减小，润湿性增加。随着液体密度和黏度的增加，材料的表面张力增加，从而降低润湿性。随着表面粗糙度的增加，由于粗糙表面提供的小槽，使得表面润湿角减小，因此水沿表面的扩散变得更快。材料的润湿性也随着表面的化学性质而变化，因此随着亲水性的增加，接触角减小，从而增加了表面的润湿性[32,37]。

织物中的毛细作用受到纱线和织物结构因素的影响，如纱线线密度、纱线捻度和编织结构，以及精加工处理，例如煮练、漂白和丝光处理。通过增加纱线捻度，毛细管通道的半径及其连续性降低，并且由于这种现象，芯吸速率降低[38]。随着毛孔弯曲度的增加，其芯吸潜力降低[39]。

由于采用纺织基材作为辅助壁来制作织物热通量计，因此该热通量计的性能受到纺织品基材性能的影响。下面介绍传统热通量计和织物热通量计的原理和生产过程。

19.3 热通量计

热通量 Φ 可定义为通过给定表面 W 热能的传递速率，热通量密度 φ 是每单位面积的热通量（$W \cdot m^2$）。测量该密度的通量计称为热通量计或热流传感器[14,40]。

根据其原理，分为惯性、耗散和梯度热通量计。下面主要介绍梯度热通量计的原理和制造技术。

19.3.1 梯度热通量计的原理

梯度热通量计的原理是通过对已知热特性的导体支座两端面之间的温度梯度进行评价，计算热通量。温度梯度通过热电偶（两个不同的导体或半导体组件）来测量，确切地说是由多个热电偶形成一个热堆。

图 19.4 给出了热导率为 λ 和厚度为 h 的梯度热通量计的示意图。传导现象中的热通量密度可以用傅里叶定律定义 [式（19.2）]。

$$\varphi = -\lambda \cdot \mathrm{grad}T = -\lambda \cdot (\Delta T/h) \tag{19.2}$$

式中：φ 是热通量密度（W/m²）；λ 是热导率 [W/（m·K）]；ΔT 是温度梯度（$T_2 - T_1$）（K）；h 是热通量计的厚度（m）[40-41]。

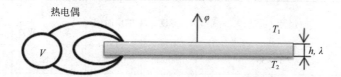

图 19.4　带辅助壁的梯度热通量计示意图[40]

热导率和热阻之间的反比关系用式（19.1）表示。因此，通过热阻和热通量密度可以计算出热通量计两个面之间的温度梯度 [式（19.3）]。

$$\Delta T = R_{\mathrm{th}} \cdot \varphi \tag{19.3}$$

式中：ΔT 是温度梯度（K）；R_{th} 是热通量计的热阻（m²·K/W）；φ 是热通量密度（W/m²）[40]。

当热通量计的两个面之间存在温度梯度时，由于塞贝克（Seebeck）效应，可以得出两个端子之间的输出电压 [式（19.4）]：

$$\Delta V = N \cdot \alpha \cdot \Delta T = N \cdot \alpha \cdot R_{\mathrm{th}} \cdot \varphi \tag{19.4}$$

式中：ΔV 是输出电压（V）；N 是热电偶的数量；α 是 Seebeck 系数（μV/K）；ΔT 是温度梯度（K）；R_{th} 是热阻（m²K/W）；φ 是热通量密度（W/m²）[14]。

为了增加由热通量计传递的信号，研究者采用大量串联的热电偶来形成热电堆。

为了比较不同的热通量计，制造商使用了其灵敏度不同的特性，输送的电压取决于温度和响应时间。在本研究中，我们特别关注灵敏度的概念，其被定义为输出信号与测量性能之间的比率。热通量计可测量热通量密度（W/m²），并给出输出电压（V），因此灵敏度的单位为 Vm²/W。在理想情况下，函数是线性的，因此在整个热通量计的测量范围内，灵敏度是恒定的[42]。

只有少数公司将梯度热通量计商品化，而且所用的原理都与上述原理相同：热通量的传递在热电堆上产生温度梯度，输出电压与热流成正比。

19.3.2　梯度热通量计的制造技术

将梯度热通量计商品化的公司相对较少。美国有三家公司（Vatell、Rdf、Omega），欧洲也有三家公司（Hukseflux、Wuntronic、Captec）（表 19.2）[43-48]。

表 19.2 中列出的这些商用热通量计采用电镀技术的电化学沉积工艺，即利用电流在样品表面获得金属层的沉积工艺。样品作为阴极，阳极由沉积材料制成。由于样品要涂覆之后才能充当阴极，因此要求样品在电镀过程之前具有导电性[50]。可以采用印刷电路技术和金属层压板蚀刻技术，这两种技术都使用聚酰亚胺/康铜薄膜来制造热通量计[14,49,51]。

表 19.2　不同商用热通量计的特性[49]

公司名称	尺寸（mm^2）	厚度	响应时间	灵敏度（V·m^2/W）	工作温度（℃）
Rdf	15×30	180μm	0.13s	0.82	−184~149
Vatell	10×10 2×25 51×51	0.25mm	0.9s	0.1 1 5	150
Omega	35.1×28.5	180μm	0.2s	0.95 2.06	148.8
Wuntronic	7.4×10.7 φ12.7mm φ0.95mm φ0.64mm	1.5mm 1.8mm 1.8mm 1.8mm	3s	18	148.5
Captec	10×10 50×50 100×100 15×130 φ30mm	420μm	150ms	0.3 0.75 30 6 2	200
Hukseflux	φ80mm	5mm	240s	50	70

图 19.5 所示为印刷电路技术的原理。首先，对聚酰亚胺/康铜薄膜进行蚀刻以产生曲折的康铜轨道。其次，通过生成所需的回路图形将该轨道转换成热电堆，通过电镀技术进行常规的铜沉积。最后，轨道变成平面热电堆，类型为康铜—铜，提供的输出电压与热电偶数量和温差成比例［参见式（19.4）］[14]。

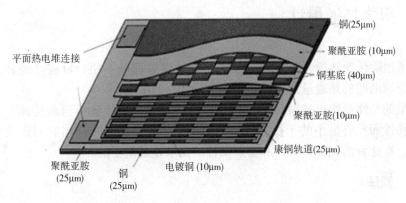

平面热电堆连接

铜(25μm)
聚酰亚胺 (10μm)
铜基底 (40μm)
聚酰亚胺(10μm)
康铜轨道(25μm)

聚酰亚胺
(25μm)　　铜
　　　　(25μm)　　电镀铜 (10μm)

图 19.5 印刷电路技术制备热通量计的剖视图（Captec 公司，法国）[14]

铜回路图形也可以通过蚀刻聚酰亚胺/铜层压板来制造。该技术包括光敏性和蚀刻的几个步骤。铜的电化学沉积在聚酰亚胺/康铜薄膜上进行。所形成的双金属膜用光敏树脂覆盖、掩蔽，然后进行紫外线曝光。第一个掩蔽膜确定轨迹［图19.6（a）］。显影后，将膜浸入氯化铁浴中。然后，在掩蔽膜中进行相同的步骤以创建铜回路图形。热电堆的蚀刻采用过二硫酸铵，其腐蚀铜的速度比康铜快［图19.6（b）］[51]。

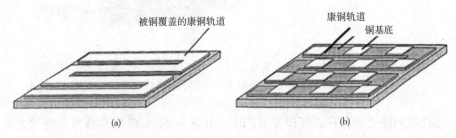

被铜覆盖的康铜轨道

康铜轨道
铜基底

(a)　　　　　　　　　　　　(b)

图 19.6 蚀刻技术：（a）蚀刻轨道，（b）蚀刻铜基底[51]

由于各种原因，优先选用康铜和铜热电偶来生产常规热通量计。铜的沉积可以通过化学或电化学过程进行。这种热电偶非常适合电镀技术，因为作为线路板的铜有着较高的导电率（59.1×10^6 S/m），而作为轨道的康铜的电导率（1.9×10^6 S/m）较低[51]。

现有的热通量计具有精密的生产工艺，在干燥条件下测量结果令人满意，在潮湿条件下测量热流时，由于其不渗透性使测量结果不准确。所以对于热生理应用，需要考虑蒸发量。而且，因为半刚性，使热通量计不能用于弯曲和可变形表面，因为通量计必须与表面具有良好的接触。

19.4　织物热通量计

为了消除传统热通量计在不透水性、刚度等方面的不便，目前已经开发出了具有纺织辅助壁的热通量计，即织物热通量计（THF）。

新型的柔性织物热通量计可以检测、分析和监控热量和质量的传递，并且由于其多孔性而具有最小的干扰。它是一种柔性传感器，尤其是当它们需要与人体接触时，在这种情况下，柔性和非刺激性的需求是最重要的。

19.4.1　原理

在编织过程中，将导电线作为传感元件（基于纱线的传感器）插入织物辅助壁中。通过后处理，许多热电偶［k 型：康铜（Cn）/铜（Cu）］形成一个热电堆［图 19.7（a）］，这个热电堆一般设置在织物辅助壁的两侧，用以测量温度梯度［图 19.7（b）］。

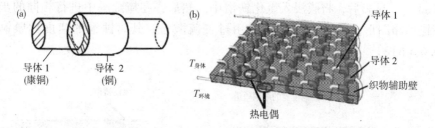

图 19.7　（a）将导体康铜作为核心，同时用另一根导体铜包覆以形成热电偶；
（b）在编织过程中插入导电线并在织物辅助壁的两侧生成热电偶接头

当热电偶结之间存在温度梯度 ΔT 时，由于 Seebeck 效应，在两个终端之间产生输出电压 ΔV［参见式（19.4）］。

图 19.7（b）显示，THF 由热电堆和织物基底组成。此外，该热电堆由若干串联的热电偶组成，以增加从热通量计终端传递的输出电压，如图 19.8 所示，其中 T 是温度（K），R_{th} 是热阻（m^2K/W），Φ 热通量（W），ΔT 是温度梯度（K）。

下面介绍织物辅助壁的概念和热电堆的两种设计方法。

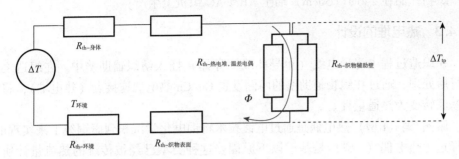

图 19.8　织物热通量计稳态等效电路模型

19.4.2　织物辅助壁概念

可以采用编织、针织、非织造等方法创建具有织物基底的辅助壁，下面重点介绍机织工艺因为使用经纱或纬纱在辅助壁的两侧都能够容易地设置热电偶。

机织使用经纱和纬纱两种纱线系统。经纱的取向与生产方向一致，纬纱的取向垂直于生产方向[52]（图 19.9）。

织物基材的性质，即结构、厚度和材料，影响通过该材料的热量和质量传递。为了理解织物基材对传递特性的影响，使用不同参数进行了大量的研究[30,53-54]，鉴于纺织材料和机织结构的影响，主要研究了两种不同的材料和三种类型的机织结构。

用于织物辅助壁的经纱和纬纱的材料分别是 100%聚酯（PES）和 70/30 聚酯/棉（PES/CO），纱线为 30/2Nm。材料是通过纤维的吸湿性来选择的。

选择平纹、斜纹和缎纹三种基本组织。研究表明，平纹组织和斜纹组织比缎纹组织具有更好的导热性和耐

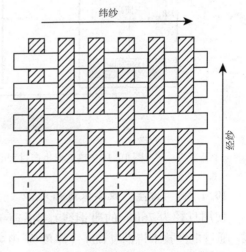

图 19.9　经纬纱织造结构示意图[53]

热性。缎纹组织由于柔韧性好，适用于复杂的表面。因此，PES_i 和 PES/CO_i，即聚酯和聚酯/棉纱线，织成平纹组织（PES_1，PES/CO_1）、斜纹 4/1Z（PES_2，PES/CO_2）和缎纹（PES_3，PES/CO_3）的织物辅助壁。虽然所有织物组织的经纱密度为 21 根/cm，但纬纱密度可根据织物组织而变化：平纹，10 根/cm；斜纹，15 根/cm；缎纹，18 根/cm。

织物样品在 24 吋（50cm）瑞士 ARM AG 织机上生产。

19.4.3 热电堆的设计

在织造过程中将导电线（单导体或双导体）插入纺织辅助壁中。在织造之后进行后处理，通过在织物辅助壁的两侧设置 Cn/Cu 热电偶连接点（热电堆），将织物基底转变为热通量计。

康铜/铜（t 型）热电偶是通过电镀技术将铜电化学沉积到康铜线上来实现的。选择这种热电偶（t 型）是基于以下原因：这种类型已经被传统的热流量计所证实；它在所寻找的生理应用温度范围内（0~350℃）具有良好的灵敏度。

使用减法和加法产生热电堆，这两种方法的生产过程如图 19.10 所示。

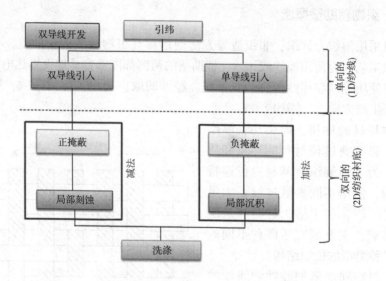

图 19.10　热电堆生产过程的两种方法：减法和加法

19.4.3.1　减法：双导体线插入

使用直径为 76μm 的康铜线（Omega Engineering，美国）作为单导体（MC）线。通过电镀技术将铜（Cu）（厚度为 10~20μm）电化学沉积到康铜线上来制备双导体（BC）线。图 19.11 所示为沉积过程。

康铜线用作阴极，铜板用作阳极。带正电的铜离子向带负电的阴极移动。因此，它接受阴极表面上的电子并将金属铜还原。电解质溶液由 300g 硫酸铜、54.35mL 硫酸（60B）、900mL 软化水和 0.8mL 甘油组成。沉积速度约为 60cm/h，电线两次经过浴槽以增加铜沉积。

在织造过程中将 Cn/Cu 双导体线插入织物辅助壁中，在 PES/CO 和 PES 两种纬纱之间以纬向浮动的形式插入，其长度可以覆盖五根经纱（0.2cm）（图 19.12）。

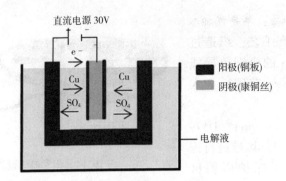

图 19.11　电镀技术的电化学沉积过程示意图

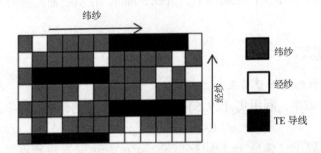

图 19.12　织物热通量计结构图：双导体线穿过五根经纱，
两根 BC 线之间有一根经纱（例如，斜纹 5Z）

　　在织造完成后进行后处理，通过在每个样品的表面获得 Cn/Cu 热电偶结，将织物结构转变为热通量计。使用聚合物 Lurapret® D579（巴斯夫，德国）进行局部掩蔽，以保护铜区（正掩蔽）［图 19.13（a）］。然后，通过化学蚀刻工艺用 250g/L 过硫酸钠（Sigma-Aldrich，美国）在 40℃ 下进行 18~20min 的局部抑制非保护性铜沉积。图 19.13（b）所示为局部刻蚀工艺后的 Cn/Cu 热电偶结。

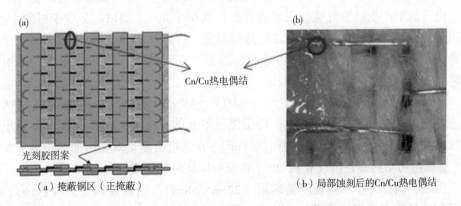

图 19.13　后处理工艺

19.4.3.2 加法：单导线插入

为了缩短生产工艺，织造过程中将直径 76μm 的康铜单导线（Omega Engineering，美国）插入织物辅助壁中。

使用聚合物 Lurapret® D579（德国巴斯夫）对局部区域进行掩蔽，但这次是为了保护康铜区（负掩蔽）。然后，采用电镀技术

图 19.14　蒸发皿法设置方案

（图 19.14）将铜电化学沉积在织物上，沉积 30min，在织物辅助壁的两侧生成 Cn/Cu 热电偶结。

19.4.4　表征方法

19.4.4.1 织物辅助壁的表征

（1）相对孔隙率。利用式（19.5）计算织物辅助壁的相对孔隙率。

$$P = [1 - m/(\rho \times h)] \times 100\% \tag{19.5}$$

其中 P 是孔隙率（%）；m 是织物重量（g/m^2）；ρ 是纤维密度（g/m^3）；h 是织物厚度（cm）。以上是根据 ISO 5084：1996 进行测试[29,56]。

（2）透气性。织物辅助壁的透气性由垂直穿过给定织物面积的气流速率决定，在给定压力及给定时间条件下，测量其在织物测试面积上的差异。根据 ISO 9237：1995 [57]，在 196Pa 压力下，用 FX3300（瑞士 Textest）测试横向透气性。

（3）热阻。根据 ISO 11092：1993 [58]，在稳态条件下，使用防出汗热板设备测量织物辅助壁的热阻 R_{th}。

保护热板的温度保持在 35℃（即人体皮肤的温度），并且用于测定织物的 R_{th}，测试条件设置在标准大气条件（65%相对湿度和 20℃）。将测试装置封闭在气候室中，由气流罩产生的空气速度设定为（1.1±0.05）m/s。测试部分位于板的中心，由防护装置和侧面加热器围绕，防止热量泄漏。在测试 R_{th} 时，将织物样品置于多孔金属板表面，并测量从板到环境的热通量。在系统达到稳定状态后，使用式（19.6）计算织物的总热阻。

$$R_{th} = [(T_m - T_a) \cdot A/(H - \Delta H_c)] - R_{th(0)} \tag{19.6}$$

其中，R_{th} 是热阻（m^2K/W）；T_m 是测量单元的温度（K）；T_a 是测试外壳里的空气温度（K）；A 是测量单元的面积（m^2）；H 是供给测量单元的加热功率（W）；ΔH_c 是加热功率的修正项（W）；$R_{th(0)}$ 是没有样品时的热阻（m^2K/W）[29]。

但是，当样品小于热板测量区域（20cm×20cm），则需要调整式（19.6），并将其和样品的表面积相关联。

（4）水蒸气渗透性。使用标准 BS 7209：1990[59]中的实验装置，通过蒸发皿法分析织物辅助壁的水蒸气传递性质。

测试时将测试样品密封在含有预定水量的蒸发皿的开口上方，在水的表面和样品的底表面之间产生（10±1）mm 厚的空气层。在每次试验中，使用 100%聚酯缎纹织物作为参照。将组装好的蒸发皿放在转盘上并均匀旋转，以避免在蒸发皿上方形成静止的空气层（图 19.14）。织物两侧的部分蒸汽压差是水蒸气转移的驱动力。在受控气氛中，在 16h 的调节期之前和之后，分别称重蒸发皿，控制温度变化为±2℃，相对湿度变化为±3%。根据式（19.7），在预定时间内根据组装的蒸发皿的重量损失计算样品的水蒸气渗透率（WVP）（g/m²天）。

$$WVP = (24 \cdot M)/(A \cdot t) \tag{19.7}$$

其中，M（g）是在时间段 t（h）内组装的蒸发皿的质量损失；A 是暴露试样的面积，等于蒸发皿的内部面积（0.0054106m²）。

为了比较样品之间的行为，引入 WVP 指数 L（%），将其定义为测试织物 WVP_{test} 和参照织物 WVP_{ref} 的比率，如式（19.8）所示。L 的每个值是三次测量的平均值。

$$L = WVP_{test}/ WVP_{ref} \times 100 \tag{19.8}$$

其中，WVP_{test} 是被测织物辅助壁的平均水蒸气渗透率；WVP_{ref} 是参照织物的水蒸气渗透率[60]。

19.4.4.2 织物热通量计的表征

在测试开始前，应该对织物热通量计的灵敏度进行校准，以便比较其和商用热通量计（Captec Entreprise，法国）的相对性能。对于生理应用而言，使用皮肤模型表征热通量计。最后，表征了热量和质量传递之间的耦合。

（1）灵敏度校准。为了确定织物热通量计的灵敏度，采用了单向（z）热力学系统，其所有元素在稳态下具有恒定的传导热通量［式（19.9）］。x 轴和 y 轴的能量损失可忽略。

$$\Phi_{cond} = - \lambda(dT/dZ) \tag{19.9}$$

图 19.15 给出了测量单元。它由数据采集设备（DAQ，带有 ExceLINX 软件的 Keithley 2700）、直流电源（elc，AL 941）、加热电阻［HR，即 2cm×2cm，5cm×5cm（法国 Captec 公司）、绝缘材料和散热器组成。

由加热电阻产生的热通量根据式（19.10）计算。

$$\varphi_{HR} = P/A = U \cdot I/A \tag{19.10}$$

其中，φ_{HR} 是由加热电阻产生的热通量密度（W/m²）；P 是加热电阻的功率（W）；A 是表面积（m²）；U 是电位（V）；I 是电流（A）。

由于从织物热通量计终端有输出电压，并且加热电阻会产生热通量密度，因此根据式（19.11）计算灵敏度。

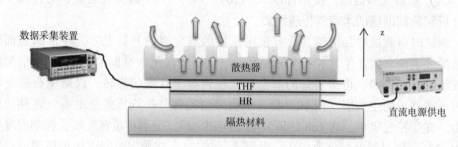

图19.15 具有热阻的灵敏度校准装置示意图

$$S_{THF} = \Delta V / \varphi_{HR} \qquad (19.11)$$

其中，S_{THF}是 THF 的灵敏度（Vm^2/W）；ΔV 是输出电压（V）；φ_{HR}是由加热电阻产生的热通量密度（W/m^2）。

系统的校准使用两种不同尺寸（2cm×2cm，5cm×5cm）的商用热通量计（法国 Captec 公司）进行。

（2）生理应用的灵敏度表征。用于生理和服装研究的热通量测量可以观察体热与环境的交换。但是，必须根据预期的使用目的来选择商用热通量计制造商给出的性能[11]。THFs 的行为与参照的商用热通量计（法国 Captec 公司）的比较是在防汗热板（皮肤模型，ISO11092：1993）上进行的。

将织物型或商用热通量计放置在气候室中的皮肤模型的加热板上［环境温度（20.0±0.2）℃，相对湿度（50±1）%，空气速度1m/s］。使用绝缘胶带将整个热通量计固定到加热板上，使其与加热表面适当接触。加热板的温度以 1℃ 的增量从（33±0.1）℃升至（37±0.1）℃，并用软件记录热板所提供的热通量密度。使用数据采集装置（DAQ，带有 ExceLINX 软件的 Keithley 2700）测量热通量计的输出电压。

校准因子采用式（19.12）所示的线性模型中的曲线和截距来计算。

$$\varphi_{(Skin\ Model)} = V_{(fluxmeter)} \cdot Slope + Intercept \qquad (19.12)$$

其中，$\varphi_{Skin\ Model}$是由皮肤模型测量的热通量密度（W/m^2）；$V_{fluxmeter}$是由热通量计测量的输出电压（V）。

曲线的梯度越大，热通量计的灵敏度越大。

（3）传热和传质耦合的表征。使用了图 19.16 所示的测量单元来表征湿度对测量的热通量密度的影响。该单元由数据采集设备（DAQ，带有 ExceLINX 软件的 Keithley 2700）、天平（带有 LabX 直接软件的 Mettler Toledo）、直流电源（elc，AL 941）、加热电阻（HR，50cm×50cm，法国 Captec 公司）以及绝缘材料组成。

将织物热通量计浸泡在蒸馏水中，以获得最大的保留率。浸泡后，立即将其置于热电阻上。整个系统固定在绝缘材料上并放在天平上。同时，记录由 THF 提

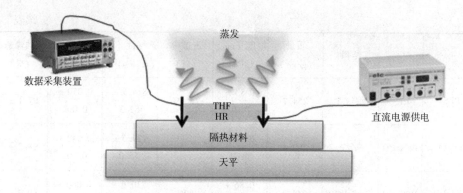

图 19.16 传热和传质耦合表征单元示意图

供的输出电压和测量单元的重量。

用三种不同的热通量密度（273W/m²，369W/m² 和 464W/m²），来分析对干燥时间的影响［参见式（19.10）］。由 THF 测量的热通量密度是根据灵敏度［参见式（19.11）］和在 THF 末端测量的输出电压而计算的［式（19.13）］。

$$\varphi_{\text{THF}} = \Delta V / S_{\text{THF}} \qquad\qquad (19.13)$$

其中，φ_{THF} 是由 THF 测量的热通量密度（W/m²）；ΔV 是由 THF 测量的输出电压（V）；S_{THF} 是带热阻的 THF 的计算灵敏度（Vm²/W）。

由织物热通量计测量的热通量密度的变化取决于湿度因子。

19.4.5 结果和讨论

19.4.5.1 织物辅助壁的选择

表 19.3 列出了织物辅助壁的耐热性和水蒸气渗透性等特性。另外，还将参考热通量计的特性，即重量、厚度和热阻，与织物辅助壁进行了比较。然而，由于热通量计的不渗透性和刚性，限制了孔隙率、透气性和水蒸气渗透率的测量。

表 19.3 织物辅助壁和参考热通量计的特性（法国 Captec 企业公司）

	材料	结构	重量 （g/m²）	厚度（mm， 1kPa）	孔隙率 （%）	透气性［L/ （m²·s）］	热阻 （m²·K/W）	水热渗透率 （%）
Ref.	参考热通量计		4500	0.40	—	—	0.00015[a]	—
PES₁	PES	平纹	205.6	0.62 ± 0.02	76%	853.8 ± 98.2	0.039 ± 0.006	98.6 ± 3
PES₂	PES	斜纹 4/1Z	243.5	0.81 ± 0.01	78.2%	774.1 ± 54.2	0.058 ± 0.002	96 ± 1

续表

	材料	结构	重量 （g/m²）	厚度（mm, 1kPa）	孔隙率 （%）	透气性［L/ （m²·s）］	热阻 （m²·K/W）	水热渗透率 （%）
PES₃	PES	缎纹5	254.7	0.83 ± 0.01	77.8%	814.9 ± 62.3	0.050 ± 0.002	97.1 ± 3
PES/CO₁	PES/CO	平纹	209.4	0.69 ± 0.04	78.5%	727.3 ± 55.0	0.042 ± 0.002	98.2 ± 1
PES/CO₂	PES/CO	斜纹4/1Z	244.3	0.86 ± 0.02	80%	730.6 ± 49.0	0.060 ± 0.003	99.3 ± 2
PES/CO₃	PES/CO	缎纹5	253.9	0.88 ± 0.01	79.5%	705.3 ± 62.6	0.048 ± 0.0004	100 ± 0.8

a 由制造商提供。

不管使用什么材料，缎纹织物的厚度和重量都高于斜纹织物和平纹织物，这是由于缎纹织物的纬密较高。纱线类型与所使用的织造结构无关，PES的透气性高于PES/CO织物。这可以通过纤维结构和纱线间通道来解释。

然而，如果比较相同结构的PES和PES/CO纱线，可以看出PES/CO织物的孔隙率略高于PES织物。从式（19.5）可以清楚地看出，PES/CO织物较大的厚度和纱线密度导致较高的孔隙率。

对于样品的热阻，具有平面结构的织物由于厚度小，而具有较低的热阻。相反，由于其特定的浮雕图案，PES/CO₂具有较大的厚度而导致较高的热阻。

根据式（19.4），可知输出电压ΔV取决于稳态下热通量计的热阻。斜纹织物提供了更好的隔热性能，因为它们具有比平纹或缎纹结构更高的耐热性。此外，与纯PES织物相比，PES/CO织物的孔隙率和透气性略高。因此，选择具有斜纹结构（PES/CO₂）的PES/CO织物作为织物辅助壁。

织物辅助壁的第二选择是由PES（PES₃）和PES/CO（PES/CO₃）纱线织造的缎纹结构样品。缎纹结构具有最高的纬密度，因此理论上每厘米可以插入比其他结构更多的导电线。此外，其光滑的表面可以与人体更好地接触。

19.4.5.2 织物热通量计的性能

将用减法或加法生产的三种织物热通量计（即PES/CO₂、PES₃和PES/CO₃）的传热和传质性能与商用热通量计进行比较。

（1）灵敏度。采用减法制作了六个织物热通量计，具有三个不同的织物辅助壁，即PES/CO₂、PES₃和PES/CO₃，以及两种不同的尺寸，即小尺寸（2cm×2cm）和大尺寸（5cm×5cm）。将它们的灵敏度与作为参考的商用热通量计（法国Captec公司）的灵敏度进行比较（表19.4）。

表 19.4　用减法生产的织物热通量计与作为参考的商用热通量计灵敏度比较

小尺寸	热电偶数量	灵敏度 （$\mu V \cdot m^2/W$）	大尺寸	热电偶数量	灵敏度 （$\mu V m^2/W$）
参考样（S）	300	2.26[a]	参考样（L）	1500	9.17[a]
PES/CO_2（S）	130	1.81（±0.09）	PES/CO_2（L）	748	10.23（±0.15）
PES/CO_3（S）	130	2.32（±0.01）	PES/CO_3（L）	748	12.71（±0.21）
PES_3（S）	130	1.64（±0.1）	PES_3（L）	748	10.52（±0.29）

a 由制造商提供。

由于热电偶数量的增加，较大尺寸的热通量计，无论是织物的或是参考的，它们的灵敏度都高于较小尺寸的热通量计的灵敏度［参见式（19.4）］。尽管热电偶的数量很少，但 THF 的灵敏度与作为参考的热通量计的范围相同。对于 PES/CO 材料的缎纹结构，其 THF 具有最高的灵敏度。这主要因为整个织物热通量计的热阻比其他因素更重要、由于其表面光滑与测量单元接触更好。

为了比较减法和加法（图 19.10），采用加法和小尺寸（2cm×2cm）制备了三种 THF，即 PES/CO_2-A（S）、PES/CO_3-A（S）和 PES_3-A（S）。减法和加法之间的灵敏度比较见表 19.5。

表 19.5　相同热电偶数的小型织物热通量计减法与加法灵敏度比较

减法	灵敏度（$\mu V \cdot m^2/W$）	加法	灵敏度（$\mu V \cdot m^2/W$）
PES/CO_2（S）	1.81（±0.09）	PES/CO_2-A（S）	6.64（±0.28）
PES/CO_3（S）	2.32（±0.01）	PES/CO_3-A（S）	8.82（±0.24）
PES_3（S）	1.64（±0.1）	PES_3-A（S）	4.82（±0.19）

用加法生产的 THF 比用减法生产的 THF 具有更高的灵敏度。这是因为化学蚀刻过程（过硫酸钠）对双导体线的性能有影响，从而改变了热电效应。在这两种方法中，PES/CO 材料的缎纹结构具有最高的灵敏度。

用减法制备的 THF 用于表征生理应用和传热传质的耦合。

（1）生理应用。除了使用制造商给出的灵敏度（也称为标称灵敏度）之外，商用热通量计的热通量性能在表征时，使用条件与皮肤模型模拟工具的织物热通量计相同。

为了比较线性模型，对于小尺寸热通量计（2cm×2cm），需要计算热通量计所测的热通量密度（$\varphi_{Skin\ Model}$）和输出电压（$V_{fluxmeter}$）的协方差（图 19.17）。

当加热板的温度从（33±0.1）℃变化到（37±0.1）℃时，由于加热板传递的热通量密度增加，热通量计两端面之间的温度差增大，从而产生更高的输出电压。

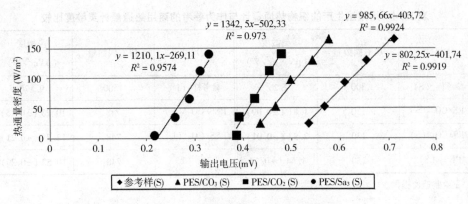

图 19.17　生理用热通量计的热通量性能

N. Niedermann 等观察到，参考 THF 对于生理应用是最佳的，由于曲线的斜率最低，因而灵敏度最高。对此，在生理应用方面，PES/CO_3通量计比其他 THF 具有更好的灵敏度。

如果将第一种表征方法（具有加热电阻的灵敏度校准）与第二种表征方法（皮肤模型的生理应用性能）进行比较，结果具有相同的趋势，并且 PES/CO 缎纹织物热通量计在所有 THF 中灵敏度最高。

（2）传热和传质的耦合。对大尺寸织物热通量计（5cm×5cm）进行表征，以分析湿度对传热性能的影响。研究了三种不同的热通量密度（273W/m^2、369W/m^2和464W/m^2）提供的热阻。

分析传热和传质耦合时需要考虑三个问题：传热和传质耦合的各个步骤、热通量密度对干燥时间的影响、不同 THF 之间的比较。

织物热通量计中的热量和质量传递的耦合包括几种现象。对于织物热通量计 PES/CO_3，该耦合的各个步骤如图 19.18 所示，并且供给的热通量密度为 464W/m^2，这取决于由 THF 测量的热通量密度和保留率。

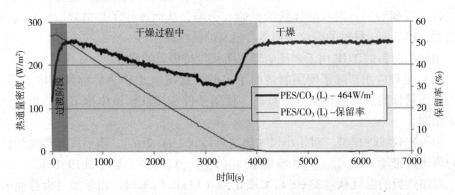

图 19.18　热通量密度为 464W/m^2 的织物热通量计 PES/CO_3 的传热传质耦合

在接通加热电阻后立即开始测量。通过增加热通量计两个端面之间的温差，在 t=0 和测量开始时的峰值之间升温，因此存在过渡区。之后，热通量密度降低到某一点，这可以通过织物热通量计内水的扩散和蒸发来解释。由加热电阻提供的热通量被用作蒸发潜热。最后，THF 开始变干，并且 THF 的两个端面之间的温差增加，导致测量的热通量密度增加。当样品完全干燥且保留率为 0 时即为稳态。

热阻提供的热通量密度（即 $273W/m^2$、$369W/m^2$ 和 $464W/m^2$）对织物热通量计 PES/CO$_3$ 干燥时间的影响如图 19.19 所示。

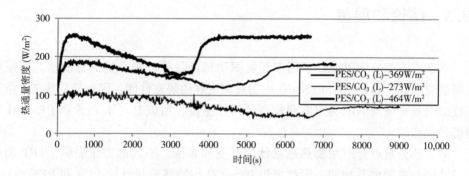

图 19.19　热阻提供的热通量密度对织物热通量计 PES/CO$_3$ 干燥时间的影响

当热阻提供的热通量密度从 $464W/m^2$ 降低到 $273W/m^2$ 时，干燥时间增加，织物热通量计测量的热通量密度低于稳定状态下提供的热通量密度，这是由热损失和不同界面之间的热阻差异引起的。

图 19.20 比较了三种不同的 THF，即 PES/CO$_2$、PES/CO$_3$ 和 PES$_3$，用于传热、传质耦合，提供的热通量密度为 $464W/m^2$，以分析材料和编织结构的影响。

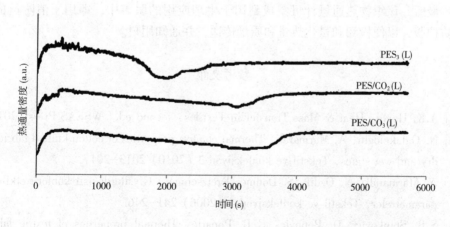

图 19.20　不同 THFs 在传热、传质耦合过程中实测热通量密度的对比

虽然通量计 PES/CO$_2$ 和 PES/CO$_3$ 在蒸发和干燥功能的时间上具有相同趋势，但通量计 PES$_3$ 干燥得更快，这可以用纤维的亲水/疏水性质来解释。天然纤维（如棉）亲水，表面具有水分子的键合位点，因此，水倾向于保留在亲水性纤维中，其具有较差的水分输送和释放性。另外，合成纤维（如聚酯等）疏水，表面具有很少的水分子键合位点，因此，它们倾向于保持干燥并具有良好的水分输送和释放性。

19.5 结论和展望

本章第一部分主要描述了用于开发织物热通量计的最合适的辅助壁。使用皮肤模型观察到，斜纹组织 PES/CO 织物具有更好的隔热性能，因此其是首选。由于缎纹组织具有光滑的织物图案和较高的纬纱密度，所以其对于 PES 和 PES/CO 材料都是优选的。

第二部分重点介绍织物热通量计的开发和表征。不同的方法表明，THF 的热通量性能与参照体系相同。缎纹组织 PES/CO 织物热通量计比 PES$_3$ 和 PES/CO$_2$ 热通量计具有稍高的灵敏度值。因此，PES/CO 可优选用作未来生理应用的热通量计。

传热和传质耦合的表征表明，织物热通量计考虑了蒸发现象。这种耦合主要受 THF 材料的影响。

关于织物热通量计的另一个发展方向是将现有的 THF 转换为辐射热通量计。将石墨用于 THF 的一个面上，以使热发射率接近 1。可以得到高性能的辐射热通量计。

最后，该织物热通量计可集成到用于生理应用的服装中，即用于消防员的个人防护服，以便检测和量化热量和质量传递，并通知用户。

参考文献

［1］A. K. Haghi, Heat & Mass Transfer in Textiles, second ed., WSEAS Press, 2011.

［2］N. Oglakcioglu, A. Marmarali, Thermal comfort properties of cotton knitted fabrics in dry and wet states, Tekstil ve konfeksiyon 3 (2010) 2013-2017.

［3］A. Marmarali, N. Ozdil, S. Donmez Kretzschmar, Giysilerde isil konforu etkileyen parametreler, Tekstil ve konfeksiyon 4 (2006) 241-246.

［4］S. B. Stankovic, D. Popovic, G. B. Poparic, Thermal properties of textile fabrics made of natural and regenerated cellulose fibers, Polym. Test. 27 (2008) 41-48.

[5] G. Havenith, Heat balance when wearing protective clothing, Ann. Occup. Hyg. 43 (5)(1999) 289-296.

[6] B. Mijovic, I. Salopek Cubric, Z. Skenderi, Measurement of thermal parameters of skin-fabric environment, Period. Biol. 112 (1) (2010) 69-73.

[7] C. Keiser, Steam Burns Moisture Management in Firefighter Protective Clothing, Swiss Federal Institute of Technology, ETH Zurich, 2007.

[8] G. Havenith, Interaction of clothing and thermoregulation, Exog. Dermatol. 1 (5) (2002)221-230.

[9] H. Gidik, G. Bedek, D. Dupont, C. Codau, Impact of the textile substrate on the heat transfer of a textile heat flux sensor, Sens. Actuators A 230 (2015) 25-32.

[10] X. Xu, A.J. Karis, M.J. Buller, W.R. Santee, Relationship between core temperature, skin temperature, and heat flux during exercise in heat, Eur. J. Appl. Physiol. 113 (2013) 2381-2389.

[11] R. Niedermann, A. Psikuta, R.M. Rossi, Heat flux measurements for use in physiological and clothing research, Int. J. Biometeorol. 58 (6) (2014) 1069-1075.

[12] Z. Xizhong, D. Zizhu, Z. Genhong, Application of the heat flux sensor in physiological studies, J. Therm. Biol. 18 (5/6) (1993) 473-476.

[13] D. Dupont, P. Godts, D. Leclercq, Design of textile heat flowmeter combining evaporation phenomena, Text. Res. J. 76 (10) (2006) 772-776 (ISSN).

[14] M. Yala-Aithammouda, Etude et réalisation de microcapteurs de flux thermique en technologie silicium, Université de science et technologie de Lille, France, 2007.

[15] C.T. Huang, C.L. Sheng, C.F. Tang, S.H. Chang, A wearable yarn-based piezo-resistive sensor, Sens. Actuators A 141 (2008) 396-403.

[16] R.B. Katragadda, Y. Xu, A novel intelligent textile technology based on silicon flexible skins, Sens. Actuators A 143 (2008) 169-174.

[17] Y. Morozumi, K. Akaki, N. Tanabe, Heat and moisture transfer in gaps between sweating imitation skin and nonwoven cloth: effect of gap space and alignment of skin and clothing on the moisture transfer, Heat Mass Transf. 48 (2012) 1235-1245.

[18] P.W. Gibson, M. Charmchi, Coupled heat and mass transfer through hygroscopic porous materials-application to clothing layers, Sen'i gakkaishi 53 (5) (1997) 183-194.

[19] A. Bouddour, J.L. Auriault, M. Mhamdi-Alaoui, J.F. Bloch, Heat and mass transfer in wet porous media in presence of evaporation-condensation, Int. J. Heat Mass Transf. 41 (15) (1998) 2263-2277.

[20] A.M. Schneider, B.N. Hoschke, H.J. Goldsmid, Heat transfer through moist fabrics, Text. Res. J. 62 (2) (1992) 61-66.

[21] Y. Li, Q. Zhu, Simultaneous heat and moisture transfer with moisture sorption, condensation, and capillary liquid diffusion in porous textiles, Text. Res. J. 73 (6) (2003) 515-524.

[22] E. Karaca, N. Kahraman, S. Omeroglu, B. Becerir, Effects of fiber cross sectional shape and weave pattern on thermal comfort properties of polyester woven fabrics, Fibres Text. East. Eur. 3(92) (20) (2012) 67-72.

[23] P. Gibson, R. Rossi, Modeling of thermal comfort: from microscale to macroscale, in: The Fibre Society 2012 Spring Conference, Fibre Research for Tomorrow's Applications, 2012.

[24] L. Hes, C. Loghin, Heat, moisture and air transfer properties of selected woven fabric in wet state, J. Fiber Bioeng. Inform. 2 (2009) 141-149.

[25] B.V. Holcombe, B.N. Hoschke, Dry heat transfer characteristics of underwear fabrics, Text. Res. J. (1983) 368-374.

[26] R.R. Van Amber, C.A. Wilson, R.M. Laing, B.J. Lowe, B.E. Niven, Thermal and moisture transfer properties of sock fabrics differing in fiber type, yarn, and fabric structure, Text. Res. J. (2014).

[27] T. Dias, G.B. Delkumburewatte, The influence of moisture content on the thermal conductivity of a knitted structure, Meas. Sci. Tech. 18 (2007) 1304-1314.

[28] S. Raj, S. Sreenivasan, Total wear comfort index as an objective parameter for characterization of overall wearability of cotton fabrics, J. Eng. Fibers Fabrics 4 (4) (2009) 29-41.

[29] G. Bedek, F. Salaun, Z. Martinkovska, E. Devau, D. Dupont, Evaluation of thermal and moisture management properties on knitted fabrics and comparison with a physiological model in warm conditions, Appl. Ergonom. 42 (6) (2011) 792-800.

[30] I. Frydrych, G. Dziworska, J. Bilska, Comparative analysis of the thermal insulation properties of fabrics made, Fibres & Text. East. Eur. (October/December 2002) 40-44.

[31] J. Dyer, Functional Textiles for Improved Performance 8-Infrared Functional Textiles, Protection and Health, Woodhead Publishing A Series in Textiles, 2011, pp. 184-197.

[32] B. Das, A. Das, V.K. Kothari, R. Fanguiero, M. de Araujo, Moisture transmission through textiles part I: processes involved in moisture transmission and the factors at play, AUTEX Res. J. 7 (2) (2007).

[33] C. Abelé, Transferts d'humidité a travers les parois, Guide technique, CSTB, 2009.

[34] E. Onofrei, A.M. Rocha, A. Catarino, The influence of knitted fabrics' structure on the thermal and moisture management properties, J. Eng. Fibers Fabrics 6 (4) (2011) 10-22.

[35] C. Zhu, M. Takatera, Effects of hydrophobic yarns on liquid migration in woven fabrics, Text. Res. J. 85 (5) (2015) 479-486.

[36] C.B. Simile, Critical Evaluation of Wicking in Performance Fabrics, Georgia Institute of Technology, 2004.

[37] E. Kissa, Wetting and wicking, Text. Res. J. 66 (10) (1996) 660-668.

[38] A. Asayesh, M. Maroufi, Effect of yarn twist on wicking of cotton interlock weft knitted fabric, Ind. J. Fibre Text. Res. 32 (2007) 373-376.

[39] N.R.S. Hollies, M.M. Kaessinger, H. Bogaty, Water transport mechanisms in textile materials1 part I: the role of yarn roughness in capillary-type penetration, Text. Res. J. 26 (1956) 829-835.

[40] P. Thureau, Fluxmetres Thermiques, Techniques de l'ingénieur, 1996. R2900.

[41] Collectif Presses de l'Ecole Nationale des Ponts et chaussées (ENPC), Résultats et recommandations du projet national Calibé, Presses des ponts, (2004).

[42] H. Randrianarisoa, These doctorat: Etude et réalisation d'un banc de mesures pour capteurs de rayonnement infrarouge. Application a la caractérisation de microradiometres, Université des sciences et technologies de Lille, France, 1998.

[43] http://www.vatell.com/.

[44] http://www.rdfcorp.com/.

[45] http://www.omega.com/.

[46] http://www.hukseflux.com/.

[47] http://www.wuntronic.de/.

[48] http://www.captec.fr/.

[49] B. Azerou, Conception, réalisation et mise en oeuvre de fluxmetres thermiques passif et dynamique a base de couches minces, Université de Nantes, France, 2013.

[50] A. Schwarz, Electro-Conductive Yarns: Their Development, Characterization and Applications, Ghent University, Belgium, 2011.

[51] C. Machut, Contribution a l'étude des thermocouples plaques. Application a l'autocompensation en températures de nouveaux capteurs, Université des sciences et technologies de Lille, France, 1997.

[52] J. Eichhoff, A. Hehl, S. Jockenhoevel, T. Gries, Textile Fabrication Technologies for Embedding Electronic Functions into Fibers, Yarns and Fabrics, Multidisciplinary Know-How for Smart-Textiles Developers, 2013, pp. 191-225.

[53] D. Bhattacharjee, V.K. Kothari, Heat transfer through woven textiles, Int. J. Heat Mass Transf. 52 (2009) 2155-2160.

[54] M. Matusiak, K. Sikorski, Influence of the structure of woven fabrics on their thermal insulation properties, Fibres Text. East. Eur. 19 (5(88)) (2011) 46-53.

[55] ISO 3801, Textiles-Woven Fabrics-Determination of Mass Per Unit Length and Mass Per Unit Area, ISO, Geneve, 1977.

[56] ISO 5084, Determination of Thickness of Textiles and Textile Products, ISO, Geneve, 1996.

[57] ISO 9237, Determination of the Permeability of Fabrics to Air, ISO, Geneve, 1995.

[58] ISO 11092, Textiles-Physiological Effects-Measurements of Thermal and Water-vapour Resistance under Steady-state Conditions (Sweating Guarded Hotplate Test), ISO, Geneve, 1993.

[59] B.S. 7209, Water Vapour Permeable Apparel Fabrics, British Standards Institutions, London, 1990.

[60] S. Petrusic, E. Onofrei, G. Bedek, C. Codau, D. Dupont, D. Soulat, Moisture management of underwear fabrics and linings of firefighter protective clothing assemblies, J. Text. Inst. 106 (12) (2014).

20 PEDOT-PSS 电荷存储装置中不同类型纱线电极的性能

S. Odhiambo[1,2], *G. De Mey*[1], *C. Hertleer*[1], *L. Van Langenhove*[1]

[1] 根特大学科技园，比利时根特

[2] 莫伊大学，肯尼亚埃尔多雷特

20.1 前言

本章概述了作为智能纺织品体系主要组成部分之一的电能储存单元，以及形成智能纺织品体系的其他组件，包括传感器、执行器、数据处理器和连接部分。在大多数现有的智能纺织品原型中，能量存储器作为电池的可拆卸单元放置在衣服的口袋中，这些电池不可弯曲、重量大、体积大。在一些智能纺织品体系的原型中，电源通常为非便携式设备，并且必须插入电插头才能操作。这限制了服装的横向扩展使用，对于智能服装的使用者来说并不理想。与衣服本身的性能相比，非织物电池不能提供舒适性和易移动性。需要将智能纺织品系统的各种功能性电子部件无缝集成到织物基材中，同时保持纺织材料的柔软性、柔韧性、轻便性和舒适性等。

能量存储装置应该像纺织品一样质轻并具有柔韧性和良好的悬垂性。应该可清洗，便于纺织品护理。

20.2 织物基电池和电容器的背景

"基于纺织品"一词意味着纺织工艺、纺织技术或纺织材料已用于制造储能装置，一些在织物基电池和电容器领域的研究工作已经开展。研究目标是将电池或电容器无缝集成到纱线或织物中，使它们成为纺织品的一部分，可以与智能纺织品体系一起使用，而不是使用可拆卸储能装置这种非柔性的电子元件。

20.2.1 柔性织物基电池

很多研究是为了制造柔性织物电池，即生产一种功能性电池可以直接与织物结合[1-2]，或其本身就是纱线[3-6]，最终织成织物。这种电池是轻便、柔韧和舒适的。在织物层面，通过将电池组件（阳极、阴极、隔板和电解质）组装在一起形成电池单元，最终得到电池；或者将通过各种技术层压在一起的织物片制成电池组件。当电池组件为纱线形式时，可通过机织[1]或针织[2]转换成电池。

目前是要找到价廉、安全的材料，这些材料可以很容易地组合在一起，将电池与纺织面料结合。将电池结合到织物中的常用技术是制造纱线/条带电池，然后织入织物。采用机织工艺将电池纱线作为纬纱织入织物中，纱线电池具有较小的应力，织入织物中的纱线电池具有最大的总输出功率。

也可以使用印刷[7-8]技术将电池组件层层印刷在织物上，有时采用机织/针织与印刷组合形式[7]。涂装技术是另一项可以在任何表面生产电池的技术[9]。将电池组件，即阳极、阴极、隔板和集电器转换成涂料，并系统地喷涂在任何表面形成电池。

在纱线层面，所有电池组件被组装成可以织造的纱线、电缆、胶带或条带[4-6]，或不同的电池组件以纱线形式呈现，再通过织造形成电池[10]。

电池芯轴是通过纤维拉伸技术[11]生产的，将铜线和铝线（电极）插入由聚乙烯制成的纤维预制件中，该预制件内部可以容纳电解质和电极。这些是在连续工艺和热定形中组装的，就像在纤维拉伸过程中形成电池一样。

Hu 等[2]生产了一种锂离子织物电池，用分散在碳纳米管中的纯聚酯制成的导电纱线织成一个导电多孔 3D 结构。然后用电池电极材料和电解质填充这些多孔结构，最后将组件粘在作为集电器的扁平金属片上。

Liu 等[1]制作了带有固体电解质的薄锂电池条，电池条作为纬纱织入织物中，大部分经纱是普通纺织材料。然后用包括经纱在内的许多导电纱线将电池条连接成串联结构。

Bhattacharya 等[12]生产了一种以提花织物作为基材的织物电池。织物基底中织有三根镀银聚酰胺纱线（电极），这些纱线彼此非常靠近，间隔约 1mm。然后将 H. C. Starck 生产的聚（3，4 - 乙烯二氧噻吩）—聚苯乙烯磺酸盐（PEDOT - PSS)[13]导电纱线在限定的小区域内系统地滴涂到基材上。PEDOT-PSS 通常旋涂在平面上，以得到均匀的涂层；但因纺织品的开放结构，旋涂是不可能的。涂覆过程在 90~100℃进行。

在每一层涂层上都涂上多层 PEDOT，以降低其体积电阻。在制作过程中总共使用了 7 层涂层，每层涂层由 0.5mL PEDOT 均匀地沉积在 60mm² 的区域上。在施加新涂层之前，将样品在 90~100℃的烘箱中固化 15min。

制造后不久，该设备被发现没有可测量的存储电荷，且开路电压为 0。采用循环伏安法测试之后，发现该设备具有 30nA 的短路电流和 50mV 的开路电压。Bhattacharya 等[12]声称，在第一次充电期间，在阴极上而不是阳极上观察到较高浓度的银，这意味着 PEDOT 充当了电解质，使银在电场中迁移。

20.2.2　柔性织物电容器

对柔性织物基电化学电容器的研究，是使其在新兴的智能纺织品体系中获得应用。和在电池中一样，这些研究是在纤维、纱线或织物上制造柔性超级电容器[7,14-17]。

柔性超级电容器用改进的常规纺织材料作为基础材料，然后在其上施加薄的电极和电解质活性层。织物也可以用于超级电容器的主要活性部件，如电极、隔板或活性元件的支架。如果纺织材料用作基材，通常是通过向其中添加导电聚合物或金属颗粒来改性，所采用的各种添加技术包括涂布、印刷、沉积、分散或导电聚合物的现场聚合等。

为了使超级电容器电极的功能最大化，已经研究了高度多孔的导电碳纳米管、导电聚合物或金属氧化物与纺织品的组合。例如，由一种导电棉织物片制成的柔性超级电容器织物电极，该导电棉织物片是通过将棉材料浸渍在多壁碳纳米管（MWCNT）中数次生成，多次浸渍可以增加织物上 MWCNT 的含量。然后将赝电容性氢氧化钴很好地分散到导电棉织物片中，所得织物超级电容器具有 $11.22F/cm^2$ 的大面积比电容[18]，以及良好的电化学稳定性，在 2000 次循环后容量损失仅为 4%。循环伏安法和电化学阻抗谱实验表明，该复合材料具有良好的电化学电容性质，其中的材料是组装在一起的，因此不需要黏合剂或导电添加剂[18]。

在其他情况下，对于简单电容器，纺织品基底可用作隔板、介电材料或电解质载体。然后将电极施加在纺织品的两侧。

Larfogue 等制造了一种柔性超级电容器，将 PEDOT 纳米纤维作为电极，聚丙烯腈（PAN）纳米纤维作为分离器[19]。通过静电纺丝和气相聚合来制备 PEDOT 纳米纤维，形成导电垫，并用作活性材料（电极），由一片 PAN 纳米纤维片分开。碳基织物被用作电流收集器。将材料层堆叠在一起，并嵌入含有离子液体和聚偏二氟乙烯与六氟丙烯的共聚物（PVDF-co-HFP）作为主体聚合物的固体电解质。

Shi 等也使用碳纤维制备出了柔性超级电容器[20]。他们以不同方式制备柔性电极，主要是使其中含有导电碳网络。

纤维牵伸技术也被用于生产软纤维超级电容器[21]。制备时，首先将导电材料和电介质膜卷绕和堆叠成多层预制件结构，然后将预制件加热至接近玻璃化转变温度，最后在高于玻璃化转变温度下拉伸预制件制得。

20.3　PEDOT-PSS 电容器的开发

现已成功开发出电荷存储装置并用于实验，其类似于 Bhattacharya 等开发的装置[12]。不同类型的导电纱线被用作纱线电极，Ossila 公司生产的 PEDOT-PSS 被用作电解质材料。在前期的出版物中，已经报道了使用不同类型的纱线电极所获得的新发现[22-23]。以 Bhattacharya 等的工作[12] 作为基础，开发了基于纱线电极的电荷存储装置，这些设备的生产过程也得到了简化。面临的挑战是寻找替代材料，以有效地将电能储存到纺织品中而不影响其性能。众所周知，大多数传统的市售能量存储装置由化学性强的材料制成，这些材料需要被包装在坚硬和紧凑的外壳中以容纳电池部件，由于它们的毒性，需要被防护而不直接暴露于使用者和环境中。然而，当与智能纺织系统一起使用时，硬壳体使能量存储装置坚固、沉重、不柔韧，并且使穿戴者不舒适。为了生产符合纺织品的能量存储装置，应选择更安全的替代材料，这些材料可以组装在一起形成电荷存储装置。

20.3.1 纱线电极材料

储能装置的电特性和能量密度由电极材料决定。很多材料都可用作电极，如碳、导电聚合物、金属和金属氧化物。

在电池组件中，电极有阳极和阴极。阳极通常是被氧化的正电极，即在电池内的化学反应中失去电子。阳极应该是具有良好导电性的有效还原剂，通常使用诸如锌、镍和锂等金属材料作为阳极材料。阴极是负电极，通常是金属氧化物或硫化物，其被还原或获得电子。阴极材料的主要特性是有效的氧化性，并且当它与电解质接触时应该是稳定的。

在电容器中，两个电极可以由两种不同的材料（不对称电容器）或相同材料（对称电容器）制成。

研究使用三种导电纱线作为纱线电极：镀铜聚苯并噁唑（PBO）纱线；镀银 PBO 纱线；纯不锈钢长丝。

在初始阶段，将纱线电极结合入装置结构中有两种方式：

①用相同类型的纱线长丝作为纱线电极，即对称电容器；

②用不同类型的纱线长丝作为纱线电极，即不对称电容器。

在大多数情况下，在一个组件中不同类型纱线电极的组合不能产生良好的结果，因此被放弃。

镀铜 PBO 纱线购自 AmberStrand® 公司[24]，由许多非常薄的铜镀层 PBO 长丝制成，这些长丝聚在一起形成长丝纱线（直径约 10μm）。镀银 PBO 纱线也来自 AmberStrand® 公司[24]，类似于镀铜的 PBO 长丝，只是使用金属银包覆 PBO 长丝。不锈钢长丝纱线电极从 Bekintex 公司获得[25]。这些导电纱线具有不同的结构和尺寸，并且为了确定每根导电纱线每米长度的电阻，对它们进行了标准测量。这些导电纱线的材料规格见表 20.1。

表 20.1 纱线电极规格概述

纱线电极类型	镀铜 PBO 纱线	镀银 PBO 纱线	不锈钢纱线
测量电阻（Ω/m）	1.7	3.4	9.7
纱线线密度（tex）	290	290	1000
单丝根数	166	166	1100
估计的纱线直径（μm）	370	370	450

20.3.2　电解质

为了将储能装置结合到织物中，非液体电解质是理想选择。可以选择 PEDOT-PSS（导电聚合物之一）作为电解质[12]。PEDOT-PSS 聚合物是一种分散体，但其在滴涂和干燥过程中转化为固体电解质。将聚合物分散体滴涂在织物上形成涂层，然后干燥，交替重复多次，可以形成干燥的电解质涂层。

20.3.3　纺织品基材

制造电池的基础材料是棉/聚酯机织物，作为电池组件的载体，也作为两个纱线电极之间的分离器，以防止它们之间的电接触。这种纺织基材的支撑确保所开发的装置是柔性的并且很好地集成到纺织基质中。使用衬布黏合剂（热熔黏合剂）将三片（5cm×5cm）棉/聚酯材料层压在一起。将从 Epurex 公司[26]获得的另一薄层热塑性聚氨酯（TPU）熔融，置于层状织物上部，除了围绕着纱线电极的 10mm×6mm 大小的区域。使用 TPU 层的目的是使表面疏水，使得在左侧区域中施加的电解质仅包含在施加区域上，不会扩散太多。TPU 是在织物表面赋予材料疏水性的良好选择，因为它质量轻，具有柔韧性，且在织物表面上融合时几乎不可见。与等离子体处理等其他技术相比，使表面疏水也是一种更便宜的选择。

层状纺织品基材在受限区域中含有电解质的能力也与织物性质有关。这些特性包括材料类型、织物结构、纱线密度和织物孔隙率。

20.4　器件制造

机织物基材由三片棉/聚酯织物（5cm×5cm）组成，从主体织物上切下。另外，使用两片与织物相同尺寸的热熔黏合剂衬里，将三片织物层层压在一起。在用衬里层压之前，将来自相同类型纱线（长度约为 6cm）的三个纱线电极缝合到表面织物中。如图 20.1 所示，纱线电极在装置的中心区域彼此紧密缝合。

纱线电极使用三种导电纱线：镀铜 PBO 长丝纱线、镀银 PBO 长丝纱线和纯不锈钢长丝纱线。如图 20.1 所示，装置有效区域内的纱线电极间隔距离约为 1mm，涂层区域内的总纱线长度约为 10mm。除中心区域 10mm×6mm 外，织物的上表面采用 Epurex 公司[26]的 TPU 层制成疏水性。

在烘箱中，用移液管将每层 PEDOT-PSS（约 0.5mL）均匀地滴涂在织物上。在施加下一层之前，将每层 PEDOT-PSS 在 90~100℃的烘箱中干燥 15min。总共涂覆七层，以增加织物中 PEDOT-PSS 的含量，因为 PEDOT-PSS 分

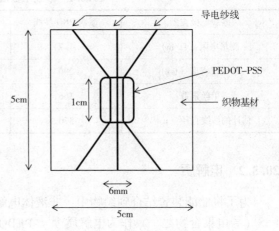

图 20.1　电荷存储装置设计

散体非常轻，固含量仅为 6%。此外，多层涂层增加了涂层的均匀性，并降低了体积电阻。所生产的部分电荷存储装置如图 20.2 所示。

 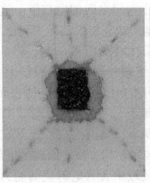 

　　　镀铜纱线电极　　　　　　　　　镀银纱线电极　　　　　　　　纯不锈钢纱线电极

图 20.2　三种电荷存储装置

　　尽管两个电极足以制造电池，但通常使用三个纱线电极，这是为了防止一个纱线电极接触失效。必须采取大量的谨慎措施，因为在一些装置中，由于长丝具有纤维性质，并且在一般的设计中，正、负纱线电极非常接近，来自两个相对电极的纱线电极长丝有可能会接触。在这种情况下，就会出现短路，因此将没有电荷存储。

　　PEDOT-PSS 层和整个电池都没有被覆保护层，并且电池始终暴露于周围环境中。但是在将来，覆盖电池以保护它们免受湿气和被氧化的影响将很重要，这会

对 PEDOT–PSS 聚合物产生影响。保护电池也是洗涤的需要，如果需要洗涤带有电池的纺织品服装。否则，当制造的装置与水接触时，聚合物电解质则容易分散到水中，从而减少电流负荷。

20.5　一般充放电程序

开发的设备可以进行常规充电，就像电池在使用前充电一样。因此，该操作需要电源。当开发的电池完全充电时，存储在其中的能量是根据电压测量的，使用电压表测量装置充电前后的电压。充电和测量的实验装置如图 20.3 所示。

首先，在充电之前测量所开发装置的纱线电极两端的电压，此时要求它们没有任何储存电荷。因此，组装过程不会在设备中产生任何电荷。所开发的设备与电源和电压表的电路连接如图 20.4 所示。然后，通过闭合开关 S，使用电源 PL601 始终以 1.5V 的恒定电压对连接的设备充电约 2h，如图 20.4 所示。

充电结束后，使用具有 10MΩ 的高输入阻抗的电压表来记录器件两端的电压 V。电压表的电压读数又由数码相机长时间依次记录。在初始时间 t = 0 打开开关 S 之后，立即开始记

图 20.3　充电和测量的实验装置

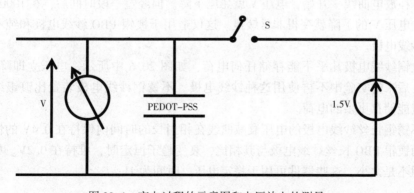

图 20.4　充电过程的示意图和电压放电的测量

录，直到经过至少 3h。

图 20.5　国家仪器公司设备（NI PXI）外观

在后来的实验中，采用国家仪器（National Instruments，NI）公司设备代替数码相机记录电压衰减数据，参见图 20.5。此外，开发了一个与该公司设备一起运行的程序，能够在指定的电压和时间为设备充电，并自动捕获电压衰减数据。NI PXI 1033 是配备多个电压发生器、数字电压表和计算机接口的机箱。采用继电器作为电路开关，继电器由其中一个电压发生器控制。

此外，该实验证明，没有电解质的空白样品不可能存储电荷。为了研究装置中的电荷存储对 PEDOT-PSS 电解质的依赖性，组装了一些没有电解质的纱线电极的空白装置。将这些装置充电 2h，然后放电。基本上这些装置无法充电，因此不能存储任何电荷。

20.6　充放电实验结果

图 20.6 所示为基于三种类型纱线电极的三种不同装置的电压衰减曲线。曲线图显示，在放电过程中，在给定时间内电池中的电压值。从图中可以观察到，所有装置都经历了自放电；然而，与镀银 PBO 和镀铜 PBO 纱线电极相比，不锈钢纱线电极装置保留了更多的电荷。一旦开关 S 断开（几秒），电压衰减曲线典型的特点是，在放电曲线一开始，电压 V 就急剧下降。但经过一段时间后，在 1000s 的范围内，电压 V 的下降就变得非常缓慢。这仅适用于镀银 PBO 纱线电极和纯不锈钢长丝纱线电极。

镀铜纱线电极几乎不能存储任何电荷，如图 20.6 中所示，电压立即降至零。因此，后来的实验中不再使用这种纱线电极。不锈钢纱线电极装置比镀银纱线电极装置能储存更多的电荷。

不锈钢长丝纱线电极的电压衰减曲线在相当长的时间内保持在 0.4V 的恒定电压，而镀银 PBO 长丝纱线电极与其相比，衰变趋于恒定时，维持在 0.2V。如果负载电阻不是太小，这些器件可用于稳定电压，时间为 1h。

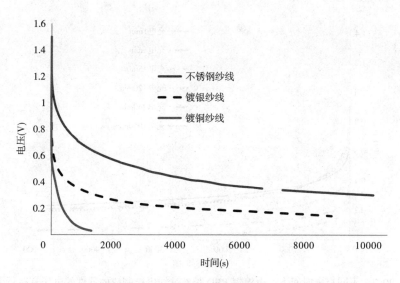

图 20.6　电压衰减曲线：不同类型纱线电极的三种不同装置的比较，
在 1.5V 下充电 2h，然后放电

20.7　在固定电压和不同充电时间下的镀银 PBO 纱线电极设备

　　镀银 PBO 纱线电极的装置在 1.5V 的恒定电压下充电不同时间（5~240min），其电路连接如图 20.4 所示。在充电过程结束后，使用具有 10MΩ 高输入阻抗的电压表来记录放电期间器件两端的电压 V。

　　在最初的实验中，为设备充电 2h，这个时间合理且充足；在试图发现电荷存储机制的过程中，改变给定范围内的充电时间，以发现充电持续时间对器件电荷存储的影响。

　　用镀银纱线电极装置得到的结果如图 20.7 所示。电压衰减记录在开关打开后立即开始，测量时间为 3h。结果表明了典型的镀银纱线电极装置在放电过程中是如何表现的，以及改变充电时间对电荷存储的影响。

　　充电时间越长，电压衰减越慢，设备中存储的电荷越高。这显示了电荷存储原理中缓慢移动的可能性，其可能与大离子的移动相关。如果器件是纯电容器，预计会在短时间内充满电。因此，基于充电时间的电荷存储没有太大变化，但我们没有再次优化充电电压，在充电过程中使用了 1.5V 的恒定电压。

　　所有曲线都显示出类似的电压衰减行为。充放电过程可以在 1.5V 下重复几次（最多 10 次），并充电 2h。如图 20.7 所示，放电时间相对较长。该循环次数与 Liu

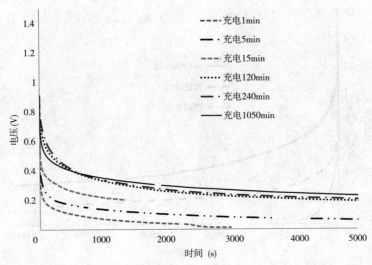

图 20.7　不同充电时间下，由镀银 PBO 长丝纱线电极制成的器件的电压衰减行为

等[1] 报道的固体电解质基锂电池的循环次数相当，也与 Bhattacharya 等[12] 的循环伏安法测量值略具可比性。

20.8　采用不锈钢纱线电极、电压固定、充电时间不同的设备

采用纯不锈钢长丝纱线电极的装置器件的电压衰减特性如图 20.8 所示。这些

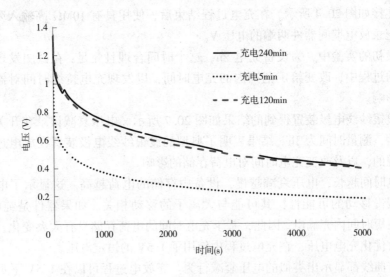

图 20.8　不同充电时间下，纯不锈钢长丝纱线电极装置的电压衰减

装置也在 1.5V 下分别充电 5min、120min 和 240min。输出电压的行为类似于镀银的 PBO 长丝纱线电极装置；设备充电越多，累积电量越高。但是，其储存的电荷值高于镀银纱线电极的值。普通电容器预计在充电后，可以完全充电到充电电压的水平，即 1.5V，如果没有连接到任何负载，就会发生微不足道的放电。因此，开发的设备正在经历自放电。

20.9　镀银 PBO 纱线电极装置与纯不锈钢长丝纱线电极装置的比较

当比较两组装置的电压衰减时，显然不锈钢纱线电极装置比镀银纱线电极装置具有更好的结果。不锈钢纱线电极装置比镀银纱线电极装置能更长时间地储存电荷，并具有更高的电压值。这表明在装置中实现电荷存储的机制，取决于所开发的电池中组装材料的兼容性，并且还取决于电荷存储是否通过电化学反应，因为电流进入和离开电池的速率依赖于它背后的化学反应。通常，从金属离子到金属固体的不同类型金属的所有反应，都具有潜在的特异性，可以认为某些元素在这些电池内被还原或氧化，但这取决于是否首先发生了反应。

刚切断电源时，所有电池的放电非常快。一段时间后，放电就非常缓慢了。对于不锈钢纱线电极，1h 后电压从 1.5 降至 0.4V（图 20.6），如果将电池用于电能储存，则效率相当低。一开始的快速放电过程可能是电池效率低的原因。此机制将在第 20.11 节"电荷存储机制"中详细讨论。实验证明，采用不锈钢纱线电极的电池比采用镀银 PBO 纱线电极的电池性能好两倍。

不锈钢长丝纱线电极和镀银 PBO 长丝纱线电极之间的性能差异，可以通过 Bhattacharya[12] 在镀银纱线电极装置中观察到的电解现象来解释。在电子显微镜测量中清楚地观察到，银颗粒在镀银的纱线电极中出现了迁移。PEDOT-PSS 充当电解质，银可以在电场的存在下迁移。此外，银/PEDOT-PSS 界面也存在化学相互作用的可能性。不锈钢长丝纱线电极目前尚不清楚是否存在电解现象，但这说明了这些装置中电荷存储机制的复杂性。研究认为不锈钢长丝纱线在制造的电池中具有更好的性能。

纯不锈钢长丝纱线电极的良好性能在医学应用中也有类似的结论[27]。此外，与镀银 PBO 纱线电极相比，纯不锈钢纱线电极更坚固，能承受多次充放电循环。

20.10　设备连接到负载电阻的实验结果

另一组实验确定了开发设备可以支持的负载大小，以及设备支持负载的时间。

在实验中使用不同尺寸的负载电阻器。负载电阻 R 总是与电池并联，如图 20.9 所示。将连接的电池充电 2h，然后放电。在本研究的初始阶段，通过相机记录电压衰减测量值。从电压表（multimeter digitool digi 16）记录读数。在针对该实验测试的每个装置上，充放电过程重复三次。带有银涂层 PBO 长丝纱电极的器件不能支持负载电阻，但是可以对其进行充电。正常情况下，在这些实验中，我们确认所开发的器件是可再充电的，并且电压衰减结果或多或少相同。对于不同的再充电次数，电压衰减曲线没有显著变化。但是，此时尚未确定设备可以充电多少次。

负载电阻实验也被用来量化我们开发的器件中有用的累积剩余电荷量。由于开发的电池具有电压衰减行为，以及我们仍在怀疑所开发的设备是电池还是电容器，因此我们无法轻易计算充电后电池中存储的能量。因为这两种设备具有不同的额定值，需要采用不同的方法来量化电池中的能量。

从目前的实验来看，由于电压表的输入阻抗很高，PSS 是自放电的。为了量化这种自放电，以电阻值分别为 978kΩ、268kΩ 和 100kΩ 的电阻 R 与 PEDOT-PSS 单元并联（图 20.9）。在 1.5V 的恒定电压下充电 120min 后，在连接电阻器的情况下记录衰减电压 V。镀银 PBO 长丝纱线电极的设备无法支撑负载电阻器，所以没有给出结果。这可能是由于镀银纱线电极的电阻低至 $3.4\Omega/m$，和 $9.7\Omega/m$ 的不锈钢电极相比，是更好的导体，它可以更快地释放少量的存储电荷（比如说以毫秒为单位，超出了我们设备的测量范围）。在我们的测量尺度上不容易观察到这一点。另外，镀银纱线电极中储存的电荷量较少。

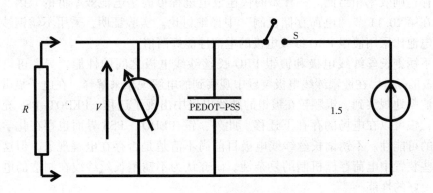

图 20.9　带负载电阻的实验装置

从纯不锈钢长丝纱线电极装置获得的电压衰减曲线如图 20.10 所示。可以观察到，在曲线的初始阶段，衰减比没有电阻时快。还可以观察到，负载电阻 R 越低，电荷衰减越快（类似于欧姆定律）。这意味着该装置只能为需要很少电流的高负载电阻提供较长时间的电源，因此，如果电阻不是太小，可用于电压稳定。

在迄今为止所做的所有实验中，都是将输入电阻为 10MΩ 的电压表和器件连

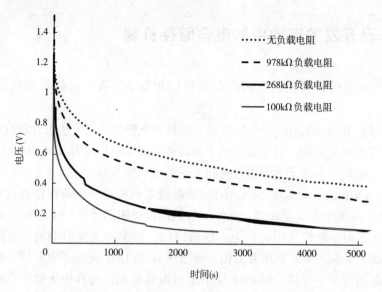

图 20.10　用于纯不锈钢长丝纱线电极装置在负载电阻下的电压衰减行为

接。有人可能想知道我们是否正在处理 PEDOT-PSS 电池的自放电，还是通过电压表的 10MΩ 输入电阻放电。因此，根据图 20.4 中的连接电路进行了不同的充放电实验。实验中，将电压表定期断开 5min，仪表也只连接很短的时间，但这足以测量电压。通过该实验获得的电压衰减图几乎与先前所示的曲线一致，说明我们确实测量了 PEDOT-PSS 电池的自放电，而电压表的影响可以忽略不计。这些研究结果表明，PEDOT-PSS 电池本身的内部电阻远低于 10MΩ。

　　根据不同负载电阻值下的放电曲线，估计 PEDOT-PSS 电池的内阻约为 300kΩ。从大多数电压衰减图中，可以观察到时间常数大约为 1h 或 3600s。如果将电池视为电容器 C，并与电阻 R（10MΩ）并联，则一个电容为：$RC = 3600s$。

　　如果使用电容，则采用式（20.1）进行计算：

$$V = V_0 e^{-t/\tau} \tag{20.1}$$

其中，V 是曲线内任意点的电压，V_0 是初始充电电压，t 为时间，$\tau = RC$ 是时间常数，由此得出电容（C）为 360μF。

　　考虑到与电解质接触的电极面积有限，所得到的电容值已经是非常高的值。可能的原因是，只有电解现象才能导致如此高的电容值，即移动离子（在强离子电解质中）在施加电场的影响下发生移动。然而，这并不排除在赝电容器的情况下，电化学和电容效应互相结合的可能性。只要在充放电过程中纱线电极极性保持不变，实验中正负极可以互换。

20.11 已开发的电池中的电荷储存机制

在这些开发的设备中，电荷的存储机制很复杂；我们可以将其描述为三个阶段：

（1）根据 Bhattacharya 等[12]的解释，电极和电解质之间发生电化学反应；

（2）没有发生反应，但电解质离子分离和形成双电层电容器（EDLC）；

（3）电解质中其他元素与电极材料之间的电化学反应。

首先，Bhattacharya 等[12]描述了在镀银纱线电极装置中电荷存储的过程，即在 PEDOT-PSS 基体中存在金属银。此外，他们还报道银离子从一个电极（阳极）迁移并沉积在另一个电极（阴极）上。他们声称，在第一次充电期间，在阴极上而不是在阳极上，观察到较高浓度的银，这意味着 PEDOT 充当了电解质，使得银离子能够在电场存在下迁移。PEDOT 层中金属银的移动，与其他研究工作中所示的 Ag/PEDOT 界面处预期的化学作用相一致。已有研究表明，与 PEDOT 接触的银和银化合物，将通过电荷和质量传递过程，以银离子的形式扩散到 PEDOT 中[28-30]。

这些现象对于镀银纱线电极来说是合理的，但是对于纯不锈钢纱线，由于不锈钢是合金并且包含许多元素，因此识别哪个元素正在反应将是复杂的。因此，我们的研究结果表明，电荷存储中涉及的机制主要是通过分离电解质内的离子，然后是基于双电层电容器（EDLC）电荷存储原理在电极表面上形成双电层。

因此，我们讨论了不同的电荷存储过程，因为 PEDOT-PSS 的移动离子在施加电场的影响下发生移动（这与 Bhattacharya 等[12]的讨论相反）。这并不排除 PEDOT-PSS 中可能存在符合此电荷存储机制的其他元素的事实，因为我们还发现并非所有类型的 PEDOT-PSS 都能够用于制造这些电荷存储设备。这种聚合物的可变性很大程度上取决于 PEDOT-PSS 的制备工艺，这也导致了不同类型 PEDOT-PSS 电解液在器件中的性能差异。我们已将一部分聚合物混合的信息公开给材料的使用者。因此，电荷存储过程也可能涉及第三种机制，这尚未在本研究中得到证实，可能是电荷存储是电解质中元素反应的结果。

我们倾向于第二种机制，即没有电化学反应，只有电荷分离。结论是，在充电的过程中，PEDOT 正电荷向负极移动，而 PSS 负电荷向正极移动，这导致电解液中的电荷分离。电活性 PEDOT-PSS 聚合物的化学结构如图 20.11 所示。

由于所涉及的聚合物分子量较大，PSS 负电荷从 PEDOT 向正极的移动需要很长时间。这就解释了为设备充电所需的时间越长（见基于充电时间的电压衰减图的变化结果）——充电时间越长，储存的电量越多。

在充电过程中，离子根据其极性进行取向，需要一段时间才能完全定向。在

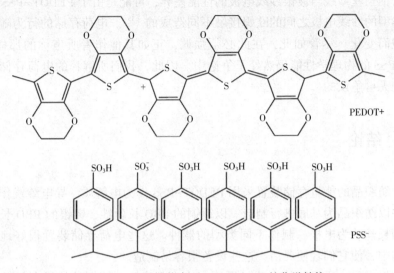

图 20.11 电活性状态下 PEDOT-PSS 的化学结构

放电阶段，离子需要更长的时间才能回到原来的位置。经过很长时间后，放电电压将达到零值。

　　不锈钢丝电极装置的实验结果与所研制装置的组成有关。一种可能的解释是，不锈钢电极是不同元素（镍、铬、锰和铁）的组合，因此不是化学惰性的。因此，与其他非惰性金属一样，它将在金属与聚合物之间形成绝缘（钝化）层界面[31-32]。纯不锈钢材料被非常薄的（几纳米）氧化铬（Cr_2O_3）层覆盖，从而抑制钢的进一步氧化。Cr_2O_3 是一种电绝缘材料，如果制成非常薄的层（几纳米），它会在器件中形成电极/绝缘体（氧化物）/电解质界面（图 20.12）。通过特殊的机制，如肖特基（Schottky）效应（由于外加电场的存在，固体表面的热离子发射增加），金属/半导体界面之间或通过场发射[33]的静电学改变，导电成为可能。

　　在相关文献[12,29,34]中提到，银离子扩散到 PEDOT-PSS 中将负责电荷储存。然而，用不锈钢纱线电极获得的结果证明，这不是 PEDOT-PSS 装置中唯一的传导机制，因为使用不锈钢长丝的纱线进行电荷存储也是可以的，甚至可以获得更好的结果。

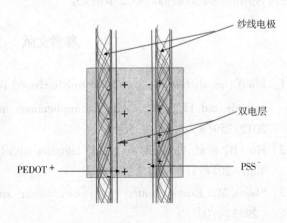

图 20.12 PEDOT-PSS 器件中的双电层机制

不锈钢长丝纱线与镀银纱线电极的性能差异，可能是由于 PEDOT-PSS 聚合物与不同类型的纱线电极之间的欧姆接触不同造成的[35]。电荷存储的行为随材料界面的类型而变化。尽管如此，在此必须强调，正如其他作者所声称的那样[36-37]，PEDOT-PSS 的物理学性能仍然处于争论中。因此，我们所解释的电荷存储机制可能也不是无可争议的。

20.12　结论

基于纺织品的能量存储装置采用 PEDOT-PSS 作为电解质，导电纱线作为纱线电极，并以纺织品为基底进行制造。以镀铜的 PBO 长丝纱、镀银的 PBO 长丝纱和纯不锈钢长丝纱为电极，制作不同类型的器件。这些电荷存储装置很好地集成到纺织结构中，使它们轻便灵活。这些设备很容易制造。

从结果来看，所研制的电池经历了一次自放电——镀铜的纱线电极几乎不能储存任何电荷。不锈钢纱线电极装置的性能优于镀银纱线电极装置。它们保持至少 0.4V 的电压，而镀银器件具有约 0.2V 的电荷。它们也可以支持负载电阻。

我们没有预先设定 PEDOT-PSS 设备的极性。两个电极都可以用作正极或负极，如果需要还可以反转。因此，可以不用将电极设为阴极或阳极，因为它们都由相同的材料制成。

人们可能想知道，为什么我们使用术语设备（device）和/或电池（cell）来指代开发的能量存储设备，而不是采用蓄电池（battery）或电容器（capacitor）。这是一个难以做出的决定。因为我们是基于 Bhattacharya 等人定义的电池原理开始研究，另外，我们不能排除器件中可能发生了一些电化学反应，因为 PEDOT-PSS 中电荷存储的物理机制仍然不是很清楚。

参考文献

[1] Liu Y, et al. Flexible, solid electrolyte-based lithium battery composed of LiFePO$_4$ cathode and Li$_4$Ti$_5$O$_{10}$ anode for applications in smart textiles. J Electrochem Soc 2012;159(4): A349-356.

[2] Hu LB, et al. Lithium-ion textile batteries with large areal mass loading. Adv Energy Mater 2011;1(6):1012-1017.

[3] Slezak M. Elastic battery yarn can power smart clothes. New Sci 2014; 222 (2973):10.

[4] Weng W, et al. Winding aligned carbon nanotube composite yarns into coaxial fiber

full batteries with high performances. Nano Lett 2014;14(6):3432-3438.

[5] Ren J, et al. Elastic and wearable wire-shaped lithium-ion battery with high electro-chemical performance. Angew Chem Int Ed 2014;53(30):7864-7869.

[6] Kwon YH, et al. Cable-type flexible lithium ion battery based on hollow multi-helix electrodes. Adv Mater 2012;24(38):5192-5197.

[7] Jost K, et al. Knitted and screen printed carbon – fiber supercapacitors for applications in wearable electronics. Energy Environ Sci 2013;6(9):2698-705.

[8] Jia WZ, et al. Wearable textile biofuel cells for powering electronics. J Mater Chem A 2014;2(43):18184-18189.

[9] Singh N, et al. Paintable battery. Sci Rep 2012;2.

[10] Lee YH, et al. Wearable textile battery rechargeable by solar energy. Nano Lett 2013; 13(11):5753-5761.

[11] Qu H, Semenikhin O, Skorobogatiy M. Flexible fiber batteries for applications in smart textiles. Smart Mater Struct 2015;24(2).

[12] Bhattacharya R, de Kok MM, Zhou J. Rechargeable electronic textile battery. Appl Phys Lett 2009;95(22).

[13] Starck H. [cited 2015 10/07/15]. Available from: http://www.hcstarck.com/en/home.html.

[14] Ren J, et al. Flexible and weaveable capacitor wire based on a carbon nanocomposite fiber. Adv Mater 2013;25(41):5965-5970.

[15] Chen XL, et al. Novel electric double-layer capacitor with a coaxial fiber structure. Adv Mater 2013;25(44):6436-6441.

[16] Sun CF, et al. Weavable high – capacity electrodes. Nano Energy 2013;2(5): 987-994.

[17] Jost K, et al. Carbon coated textiles for flexible energy storage. Energy Environ Sci 2011; 4(12):5060-5067.

[18] Yuan C, et al. Synthesis of flexible and porous cobalt hydroxide/conductive cotton textile sheet and its application in electrochemical capacitors. Electrochim Acta 2011;56(19): 6683-6687.

[19] Laforgue A. All-textile flexible supercapacitors using electrospun poly (3,4-ethyl-enedioxythiophene) nanofibers. J Power Sources 2011;196(1):559-564.

[20] Shi S, et al. Flexible supercapacitors. Particuology 2013;11(4):371-377.

[21] Gu JF, Gorgutsa S, Skorobogatiy M. Soft capacitor fibers using conductive polymers for electronic textiles. Smart Mater Struct 2010;19(11).

[22] Odhiambo S, et al. Discharge characteristics of PEDOT:PSS textile batteries; com-

parison of silver coated yarn electrodes devices and pure stainless steel filament yarn electrodes devices. Text Res J 2014;84(4).

[23] Odhiambo S, et al. Reliability testing of PEDOT:PSS capacitors integrated into textile fabrics. Eksploatacja I Niezawodnosc-Maint Reliab 2014;16(3):447-51.

[24] Amberstrand. [cited 2015 13/07/15]. Available from: http://www.metalcladfibers. com/amberstrand-fiber/.

[25] Bekintex. [cited 2015 13/07/15]. Available from: http://www.swicofil.com/ bekintex.html.

[26] Film E. [cited 2015 13/07/15]. Available from: http://www.industriepark - walsrode.de/74.html? &L=1.

[27] Rattfalt L, et al. Electrical characteristics of conductive yarns and textile electrodes for medical applications. Med Biol Eng Comput 2007;45(12):1251-1257.

[28] Ocypa M, et al. Electroless silver deposition on polypyrrole and poly (3,4-ethylenedioxythiophene): the reaction/diffusion balance. J Electroanal Chem 2006;596 (2):157-168.

[29] Mousavi Z, Bobacka J, Ivaska A. Potentiometric Ag^+ sensors based on conducting polymers: a comparison between poly (3, 4 - ethylenedioxythiophene) and polypyrrole doped with sulfonated calixarenes. Electroanalysis 2005; 17 (18): 1609-1615.

[30] Mousavi Z, et al. Response mechanism of potentiometric Ag^+ sensor based on poly (3,4-ethylenedioxythiophene) doped with silver hexabromocarborane. J Electroanal Chem 2006;593(1-2):219-226.

[31] Inganas O, Lundstrom I. Electronic-properties of metal polypyrrole junctions. Synth Met 1984;10(1):5-12.

[32] Sundfors F, et al. Characterisation of the aluminium-electropolymerised poly (3,4- ethylenedioxythiophene) system. J Solid State Electrochem 2010;14(7):1185-95.

[33] Walsh D, Solymer L. Electrical properties of materials. 6th ed. Oxford: Oxford University Press; 1997. p. 386.

[34] Vazquez M, et al. Potentiometric sensors based on poly (3,4-ethylenedioxythiophene) (PEDOT) doped with sulfonated calix 4 arene and calix 4 resorcarenes. J Solid State Electrochem 2005;9(5):312-319.

[35] Shen YL, et al. How to make ohmic contacts to organic semiconductors. Chemphyschem 2004;5(1):16-25.

[36] Ouyang J, et al. On the mechanism of conductivity enhancement in poly (3,4-ethylenedioxythiophene): poly(styrene sulfonate) film through solvent treatment. Poly-

mer 2004;45(25):8443-8450.

[37] Lee HJ, Lee J, Park SM. Electrochemistry of conductive polymers. 45. Nanoscale conductivity of PEDOT and PEDOT:PSS composite films studied by current-sensing AFM. J Phys Chem B 2010;114(8):2660-2666.

21 用于太阳能收集和传播的光导纤维基织物

A. El-Zein, A. Cayla, C. Cochrane
国立高等纺织工业技术学院 GEMTEX 实验室，法国鲁贝
里尔大学，法国里尔

21.1 前言

当前，光伏电池的实施确保了太阳光的捕获，这允许许多设备自主操作，并提供干净、耐用、安全和无限的能量。本研究旨在评估有机光伏电池（OPV）在替代和竞争方面的可行性。因为这些电池的实施需要大量表面，而目前的能量效率仅约为 6%。为了与 OPV 技术竞争，就要求生产与 OPV 电池相当或更高效的织物，因此，构思了一种基于塑料光纤的织物，光纤因为具有导光的能力而受到关注。这种织物具有更好的柔韧性或悬垂性等优点，与 OPV 相比，材料更容易回收。然而，也存在许多挑战，例如，因为太阳光是从多方向发射出来的，因此光的收集和传播非常困难。本研究的独创性和新颖性与光纤中光的进入模式有关，织造结构仅暴露在直射的阳光下，而且光纤的暴露长度不包括光纤的末端。因此，常用的光从一端进入的光纤的配置，在本研究中不再适用。

21.2 技术

21.2.1 几何光学原理

折射和反射是几何光学中的两个基本现象。每种媒介都有自己的折射率，当光线通过不同折射率的均匀介质时，光线的一部分在介质中被反射，其余部分被透射和折射。应用能量守恒原理，总能量（来自入射光）等于透射和反射能量之和。这些基本现象如图 21.1 所示。

反射光是介质的折射率和入射光与法线之间角度的函数（斯涅尔定律，Snell'Law）。因此，在所有入射光被反射的两种材料之间，存在临界角，即全内反射，如图 21.2 所示。

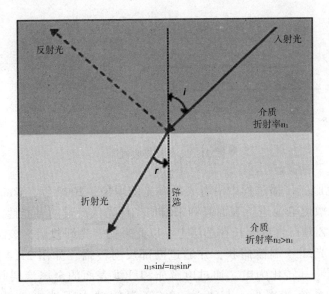

图 21.1 光线的反射和折射

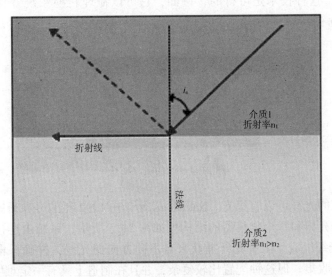

图 21.2 全内反射

21.2.2 收集光线

在大多数研究中，光纤捕获光发生在光纤的末端。在这种情况下，图 21.3 所示的"接收锥"概念非常重要[11]。实际上，在设计光纤时，也不是沿着其长度方向收集光。在光纤中通常采用两种策略来收集光能：通过混合光纤的光转换或特定光纤的设计。

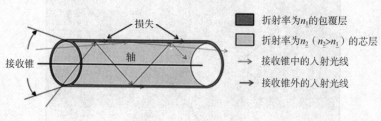

图 21.3　光纤接收锥[3]

1. 为了克服光传播过程中沿着光纤漏光的现象，2009 年，Weintraub 等研究了通过用染料敏化电池进行表面修饰来增加光纤光伏产量的可能性。他们将纳米结构氧化锌（ZnO）直接生长在芯层上，以此来代替光纤包层，该结构被用于负载染料。光在光纤一端被捕获，并通过内部反射传播，如图 21.4 所示。然后，通过 ZnO 涂层将其转化为电，通过电解质和纤维表面的金属涂层收集产生的电子。但是，该系统产率低，与高达 30% 产率的硅太阳能电池相比，只有约3.3%。然而，这种技术是可行的，例如，它可以掩埋转换系统并保护它们免受气候条件的危害。

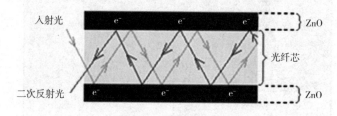

图 21.4　光的吸收捕获

设计特定的光纤可以收集光。Nakamura 等[6]在 1992 年的一项研究中，描述了一种基于多个光导和一个收集器的结构，如图 21.5 所示，系统由连接到单个光导的"卫星"光纤组成，卫星光纤捕获来自不同方向的光线，并确保根据环境和源方向进行优化收集。但这种配置比较复杂，并且在制造上具有一定难度。

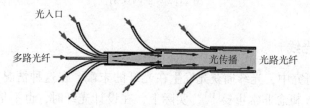

图 21.5　光纤的特定设计[6]

收集光线的另一种方法是捕获并阻止它离开。抗反射处理可以确保这种效果。该处理通常采用真空蒸镀法，包括一个（单层）或更多金属氧化物层的真空蒸镀。根据特定的入射率，单层处理操作仅对单一波长起作用。由于太阳光由多个波长组成，因此需要多层处理才能捕获不同波长的光。此外，太阳光到达地球表面会受到各种影响。根据其配方，多层抗反射处理能够覆盖一部分太阳光谱。此外，这种处理在最小化反射方面效果极好。这也是为了提高热转换能量回收系统部件的工作效率所提出的解决方案之一[7]。另一项文献[8]强调了抗反射涂层的优点，以实现高性能的聚光效果。尤其是，抗反射涂层与由黑镍制成的吸收层一起使用，优于其他处理方法。表面涂层抗反射处理促进了表面入射光线的传播，如图 21.6 所示，在光纤表面涂覆抗反射涂层，当光线照射到皮—芯界面时，入射光线的能量得以保留。如果没有经过这种处理，入射光线在到达皮—芯界面时，就已经损失部分能量。

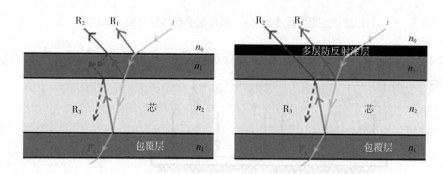

图 21.6　多层反射涂层对光传播的影响

21.2.3　引导光线

引导光线的最佳方法之一是使用光纤。光纤的芯层通常涂覆较低折射率的材料。

如果光线进入光纤的接收锥，光传播通过全内反射进行（图 21.2）。如果在锥体中不允许存在入射角，则光线传播通过连续的折射—反射进行，从而导致能量损失和光衰减[11]。有许多因素可导致光纤中的光线衰减[4,11]，如：介质吸收（取决于波长）；介质均匀性的变化引起瑞利（Rayleigh）扩散；在介质中存在夹杂物（颗粒、气泡、裂缝等），这将导致光吸收；光纤弯曲导致局部超过临界角；介于皮芯之间以及两根光纤之间的接口缺陷。

21.2.4　聚焦光线

光的聚焦可通过光学系统完成，如镜头、菲涅耳（Fresnel）透镜、镜子等。

会聚透镜可在焦点处聚光。菲涅耳透镜是一系列具有棱柱体形状的同心环，它是一个平凸透镜，与传统镜头相比，重量较轻。图21.7比较了菲涅耳透镜和传统凸透镜的轮廓，两者具有相等的透镜焦距，菲涅耳透镜是用传统镜头的材质雕刻而成的。

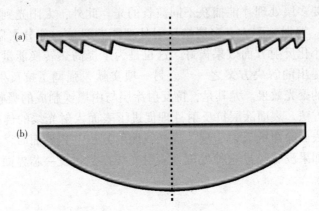

图21.7　菲涅耳透镜（a）和传统平凸透镜（b）的比较

因此，确保菲涅耳透镜的焦点与光纤接收锥的顶部相匹配，则可以获得最大的光浓度。这种配置如图21.8所示[6]。

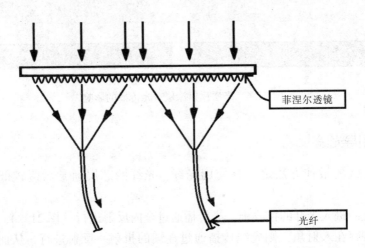

图21.8　使用菲涅耳透镜和光纤对光的聚集和传播[6]

抛物面反射镜对聚光也很有效，图21.9[6]和图21.10[7]所示为用于光聚集的两种配置实例。通过设计，使每个配置所用镜子的焦点与接收锥的顶部相匹配。

获得更大光聚集的另一种解决方案是扩大光纤的接收锥，这样能够增加光纤中传播而不损失的光线数量。也可以采用其他几何解决方案，如通过增加光纤数值孔径，如图21.11所示[6]。

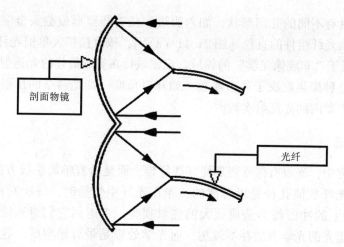

图 21.9　抛物面反射镜的光聚集[6]

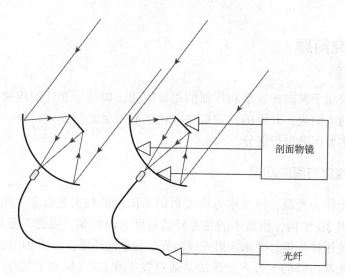

图 21.10　卡塞格林 (Cassegrain) 配置[7]

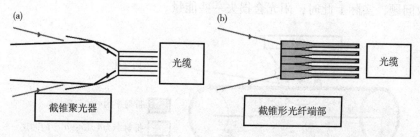

图 21.11　增加光纤数值孔径的两种几何解决方案[6]：(a) 扩大光纤电缆；(b) 扩大单根光纤

聚光器具有不同的几何形状，如六边形、截头圆锥形或截头金字塔形，因此可以逐渐扩大光纤组件的直径 [图 21.11（a）]，或直接扩大单根光纤 [图 21.11（b）]，这属于"非成像光学"的领域。该领域旨在实现最佳的光透射和最大的光线聚集[3]，这种聚集取决于许多参数，如开口角度、聚光器壁的反射率、射线入射角以及聚光器内的光反射次数[3]。

21.2.5　合成

在本研究中，光没有像常规那样穿透纤维，而是沿着轴的法线方向进行收集。因此，使用光纤数值孔径是不可能的，光在光纤中传播时，每次对皮/芯层和皮层/空气界面上的冲击都会造成很大的能量损失。考虑到它们对系统总重量的影响，采用收集光的光学方法并不理想，而光学处理是最有希望的（这种解决方案给系统带来额外的重量）。

21.3　研究问题

该研究聚焦于纵向光收集和传播的主要问题，即基于光纤的织物，其入射光为随机入射的太阳光，开发的织物应该在性能和重量之间达到最佳。由于其复杂性，对这个主要问题进行细分。

21.3.1　光收集方面的问题

用太阳光作为光源，涉及多方向发射的太阳光的最大光收集。然而，使用基于光纤的机织 2D 结构，使光不能在光纤的长度方向收集，因此需要纵向光收集，这样就不能使用接收锥，要求入射光线沿光纤轴纵向传播，如图 21.12 所示。在这种配置中，光纤内部的光进入及传播是通过发生在芯/皮层和空气/皮层界面处的连续折射或反射现象来进行的。在对这些界面的每次冲击中，没有考虑光纤内的光吸收问题，实际上此时，阳光会损失一些能量。

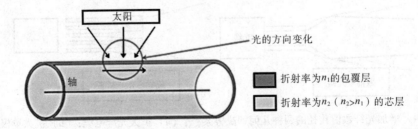

图 21.12　光纤外部和内部光传播方向的差异

故采用以下两种主要方法来尽量减少这种能量损失：

①第一种方法是减少界面处发生的冲击频率。这可以通过延长光纤芯层和皮层内的光学光路来实现。因此，如图 21.13 所示，应该从（a）模型转向（b）模型。延长光路意味着涉及光纤的芯层和皮层的折射率：折射率越高，阳光离入射平面越远，两个光学介质之间的光路越长。然而，由于根据需要调节折射率特别困难，这种想法没有得到进一步发展。这有两个重要的原因：

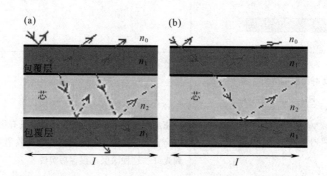

图 21.13 当光程增加时，冲击频率降低：（a）短光程和（b）长光程

a. 工业上用于生产光纤芯层和皮层的聚合物，聚甲基丙烯酸甲酯（PMMA）和氟化 PMMA，已经具有它们自己的折射率。

b. 工业上生产的光纤通常包括一些杂质以改善其可加工性，从而影响折射率。

②将光线限制在光纤内部。因此光的入口应该最大化，同时应尽量减少损耗。这个挑战相当困难。织造基于光纤的织物意味着光纤被微微弯曲，从而增加了能量损失。这就像织物的透气性问题，当赋予织物排汗性能，同时织物也表现出防水性能，这可以解释为：织物可防止液态水通过，同时蒸发的水汽可以通过织物排出。本研究要处理的物理成分是光纤内外的光子，依靠织物本身不能解决这个问题，需要通过光学处理，进行光学处理的最优选方案见表 21.1。在选择光学处理方案时，需要理想配置与现实的匹配。目的是尽可能有效地将光限制在光纤内部。

图 21.14 综合了本研究关于光收集的主要问题，未对织物进行光学处理。一方面提供了解决光收集问题的理想配置；另一方面表现出理想配置和物理现实之间的差异，这正如几何光学定律所述表明能量损失是不可避免的。防止任何损失的独特解决方案同时必须具备以下条件：从皮层（折射率 n_1）到芯层（折射率 n_2）的总折射率；以及从芯层（折射率 n_2）到皮层（折射率 n_1）的总折射率。但这实际上是不可能的。

表 21.1　解决光收集问题的解决方案

解决方案的名称和操作方案	与研究相关的解决方案的优缺点
没有经过光学处理的光纤 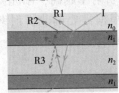	对于该研究，未处理的光纤是不合适的，因为在传播期间的能量损失很高，因此这些解决方案受到限制
带反射涂层的光纤 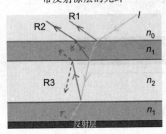	施加在光纤下半部分的反射涂层具有很高的反射效率，因为它允许光线（通常具有 99% 的效率）向内重新定向到光纤。这种涂层也很容易实现
珠光颜料涂层 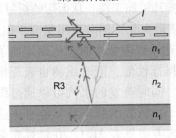	珠光涂层不能透射所有入射光线。大部分进入的太阳能在每次撞击颜料时都会丢失，然后再通过传播而再次损失。此外，光收集是随机的，并且高度依赖于珠光颜料在涂层内的分散
金属颜料涂层 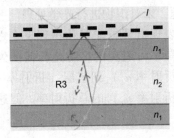	金属颜料涂层似乎是不合适的，因为光纤内的光透射和光线的重新定向是随机的，且取决于颜料分散程度。在所有其他涂层中，这种涂层往往是最随机的：首先撞击金属颜料的入射光线完全重新定向到光纤的外部，因此完全丢失，这对于其他类型的颜料来说并非完全如此

续表

解决方案的名称和操作方案	与研究相关的解决方案的优缺点
吸收颜料涂层 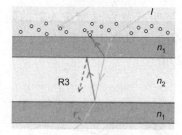	该涂层吸收光而不是传播光。因此，就本研究而言，这是不够的，本研究的目的是在光转换之前将光传送到远程位置。而且，光子吸收可能意味着光纤的加速老化，导致裂缝形成和光纤变黄
多层抗反射涂层 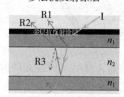	这种光学处理具有很高的效率，因为它允许入射光在抑制反射光的同时，传输到纤维芯层中，而不会由涂层引起任何损失。因此，它使光的收集最大化。这种处理的主要缺点是，它也有利于射出的光线，因此光传播仅发生在光纤芯层内部

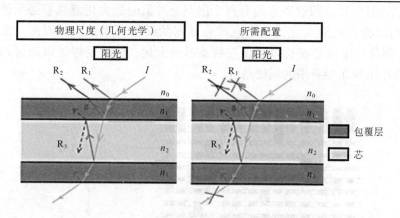

图 21.14　物理现实与理想配置之间的差异

21.3.2　光传播方面的问题

　　由于光传播意味着沿着光纤的能量损失，理论上应该存在最大光纤长度（并且由此得到最大的织物长度），这样在一部分光纤上收集的太阳光具有足够能量到达光纤末端，然后进行转换。在光纤末端附近收集的阳光，占所收集和传播的能量的大部分，而在中间收集的阳光只占小部分，因为传播的光路比较长。然而，不需要担心光线传播的方向，因为光纤的两端会重新组合，以传递所传播的光。

21.3.3 织物的问题

21.3.3.1 光纤特性

在效率方面，皮层厚度应尽可能小，以便在黎明或黄昏时捕获入射的阳光。如图 21.15 所示，对芯层/皮层界面（光传播所必需的）的影响概率取决于皮层厚度。本研究使用的工业光纤芯层和皮层直径差为 20μm。

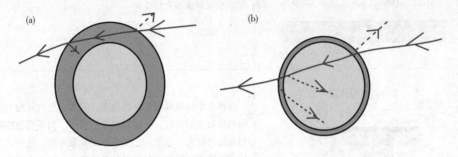

图 21.15　皮层直径对入射光线传播的影响：（a）光线未传播，（b）光线在光纤内传播

21.3.3.2 效率约束

织物在基础重量和效率方面有两个限制。效果的最大化意味着必须使暴露于阳光下的织物表面最大化，这也意味着暴露的纤维长度最大。因此，光纤浮子（非织造部分）应该足够长以确保光收集的最大化，同时足够短以确保织物的强度。图 21.16 所示为折中的织物结构。

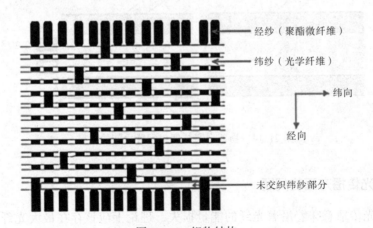

经纱（聚酯微纤维）

纬纱（光学纤维）

纬向

经向

未交织纬纱部分

图 21.16　织物结构

21.4 实验

为了纵向收集光并在光纤中尽可能地引导光，解决方案是能在光纤或织物上连续沉积抗反射层，在光纤或织物的下半部分沉积反射层，解决方案如图 21.17 所示。

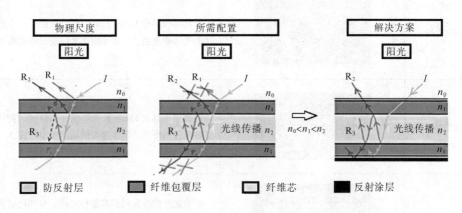

图 21.17 所需配置与现有解决方案之间的比较

21.4.1 织物结构的确定

织物原型的开发是在 ARM 的 Patronic B60 样品织机上进行。它可以制作宽度可达 50cm 的织物，由以下组件组成：24 个配有 24cm 综片的框架，可选择两束经纱，两个踏板或手动曲柄（依次有序排列），踏板来回运动带动综框升高和降低，得到的经纱上层和下层的开口被称为梭口。这使织布工可以手动插入纬纱（垂直于经纱）。

在本研究中，经纱是聚酯微纤维，它们重量轻、耐老化、耐温以及耐化学侵蚀。如果考虑在整个织物表面利用抗反射沉积层来提高性能，则经纱的这些特性是必要的。在纬纱方向，在织造过程中手动插入 Toray® 的工业光纤，参考 PG R FB 250。这些光纤由 PMMA 制成，具有出色的耐候性[9]。为了获得最佳性能，织物原型必须具有最大的恢复表面，同时确保织物在二维结构上是稳定的。所采用的经纬密度是每厘米 10 根经纱和每厘米 10 根纬纱，这是纬纱方向上浮长线的最大尺寸和维持织物结构的最优设计。浮长线的最大长度为 11 根纱线，或 1cm。本研究采用的组织结构及其优缺点见表 21.2。

表 21.2　织物组织结构及其优缺点

组织结构	图片	优缺点
平纹	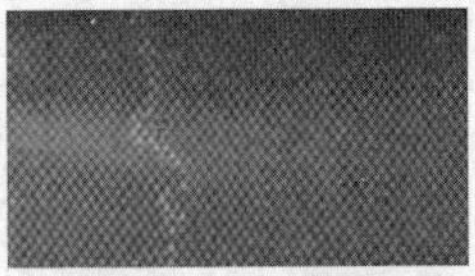	在尺寸上非常稳定，但由于缺少浮动纱线，收集光的表面的掩蔽最大
斜纹 12	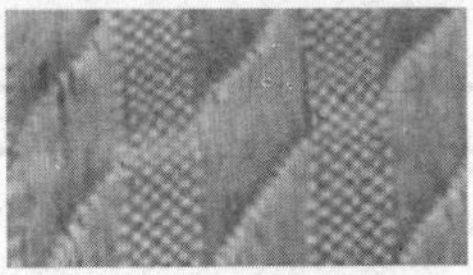	织物结构具有 11mm 长的浮线，提供了一个较优的光收集表面。这种织物比平纹或缎纹宽松
纬纱缎 12		织物结构具有 11mm 长的浮线，比斜纹织物能更好地保持形状，但该组织的前期实验不成功
平行光纤	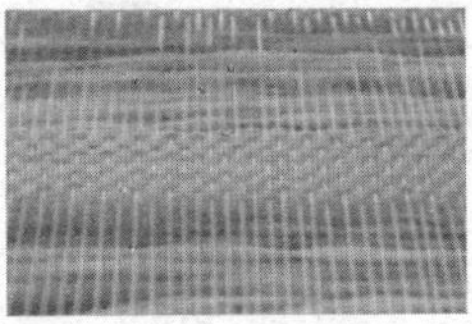	所有光纤的投射阴影都是相同的。与其他结构相比，平行光纤的光收集表面最大，但是，需要支撑来保持其结构

21.4.2　模拟太阳试验台的开发

21.4.2.1　光通量的测量

本研究使用 Orphir® Photonics Nova 功率计（图 21.18），将功率计连接到一个光电二极管上，光电二极管有一个 $1cm^2$ 的光敏电池，它可以测量电池上入射光束的功率，单位为 μW，因此，可以直接获得以 $μW/cm^2$ 为单位的局部功率值，其值和 W/m^2 相当。

21.4.2.2　模拟太阳光

为了验证不同的织物原型并确定最有效的性能模式，所做的测试必须尽可能地反映物理现实，并通过模拟使其在与最终应用的类似环境中重现。因此，需要设计一个能够替换太阳光的光源。Eschenbach 等的文献[2]明确说明了光源灯的要求，以便产生与太阳光类似的辐射。所采用的光源灯必须满足以下条件：发射光谱接近太阳光；产生类似的强度，大约 $1000W/m^2$；发射平行光线；在测试过程中保持光强恒定。

420

图 21.18　带有电子部件和光敏电池的功率计

　　本研究选择了带有过滤氙灯的太阳能模拟器 Atlas® SUNTEST CPS + （AMETEK）
（图 21.19）。该模拟器配备有过滤器，可以过滤红外辐射，从而防止装置过热，并
传输紫外线和可见光，使光线垂直到达托盘。图 21.20 说明了该装置的特性，给出
了其剖面图以及除氙灯外所使用滤光器和反射镜的细节[1]。

图 21.19　Atlas® SUNTEST CPS + （AMETEK） 的外观

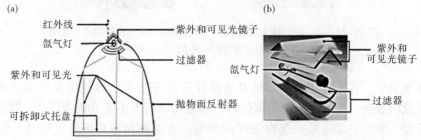

图 21.20　（a）设备的剖视图和 （b）照明设备及灯光选择的细节
（Atlas® SUNTEST CPS +，AMETEK）

21.4.2.3 测量装置的开发

为了以最真实的方式再现太阳光的路径和低入射率（或低强度的光线，例如在黎明或黄昏时的），创建了一个测试台。该装置中，氙灯是固定的，测试台可以使织物原型在不同的照明角度下曝光。图21.21所示为该测试装置。

图 21.21　测试装置的外观图片（Atlas® SUNTEST CPS +，AMETEK）

该测试台类似于一个大型量角器，它仅使用对称范围内的角度［0°，90°］。T形台用于支撑织物表面原型（120mm×200mm），操作时需要将该形状以5°或10°的间隔手动插入量角器中。该设备可以测试织物的纬向和经向，如图21.22所示。

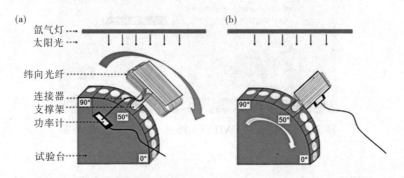

图 21.22　（a）织物表面在纬向上的配置，（b）在经向上的配置
（除织物之外的纤维被铝板覆盖以保持在黑暗中）

在测量中，首先，功率计光敏电池将评估参考功率，参考功率被定义为在可移动托盘的表面处接收的功率。据估计，参考功率的大小为 1000 W/m²。然后安装织物原型，并将光敏电池放置在光纤的末端，通过连接器与光纤连接在一起，形成单根电缆，功率计测量的值是样品传输的功率值。原型机发射的光的效率 η（无单位）可以根据式（21.1）来计算：

$$\eta = 输出功率 / 参考功率 \qquad (式 21.1)$$

21. 4. 2. 4　评估标准

基础重量（基重）性能方面的效率是本研究的两个主要约束因素。因此，织物的基重通过测量获得，不应超过 $120g/m^2$。测试台主要用于测量所考虑的不同原型的光回收效率。

所有太阳能模拟器固有的经常性问题是，它们产生平行光线，但量却很少。然而，在设计用于外部操作的原型时，需要考虑两种重要类型的光束：漫射光束和平行光束[5]。与使用模拟器获得的结果相比，在实际条件下织物的行为总有一个误差范围。在测试期间，应该使房间处于黑暗中以避免杂散光。

在该模拟器中，灯所产生的光线根据物体所处的高度而快速变化。在顶部，织物放置在可移动的托盘模拟器中；对于其他配置，可以将织物以不同的角度倾斜放置，一般情况下，上边缘会比下边缘接收到更多的光。为了弥补这种差异，需要特别注意，将原型的中间水平放置在可移动托盘中的基线位置，以接收到研究所需的功率，从而补偿光线的变化。

21. 5　结果

21. 5. 1　原型的基重

考虑到织物部分将单独暴露在最直接的阳光下，因此基础重量限制（$120g/m^2$）仅限于原型的织物部分。基重的测量不包括留在两个织物边上的光纤长度（其用于实现进一步的连接）。此外，由于用于支撑原型的结构具有不同的直径，因此用于连接的纤维长度变化很大。所得结果见表 21.3。除了平行的纤维结构，织物都遵循基重限制，对于该基础重量约束，那些易于织造的组织结构和有些许变化的组织结构都需满足。

表 21. 3　原型的基础重量

组织结构	平纹	斜纹 12	缎纹 12	平行纤维
织物基重，不包括连接点（g/m^2）	100.5	88.8	94.8	124.3

21. 5. 2　原型的效率

测量按 21. 4. 2. 3 和 21. 4. 2. 4 中的描述进行。由于时间的限制，没有在原型上应用抗反射涂层。铝箔被设置在原型的后表面，安装在支架平台上。所得结果如图 21. 23 所示。对于产生 $1000W/m^2$ 参考功率的灯，值得注意的是，在最大曝光条件下（角度 $\beta = 90°$），原型的输出功率约为 $1.4W/m^2$。

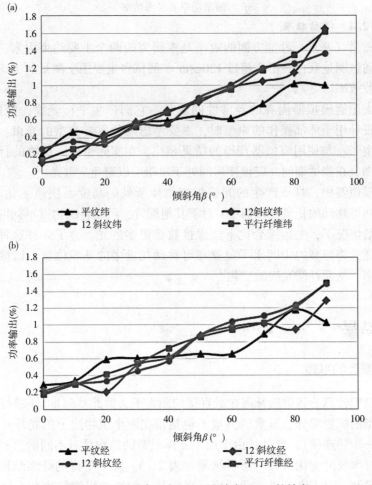

图 21.23　原型在经向（a）和纬向（b）的效率

由所得结果来看，原型的效率显然不能与光伏技术竞争。但是，这些结果显示了以下特征：暴露在阳光下的织物原型的方向（经线或纬线）对结果没有实际影响；具有平行光纤的织物是最有效的，主要是因为纬纱遮盖的表面比例较低；斜纹和缎纹织物的效率全球相同；平纹组织是效率最低的结构，主要是因为纬纱遮盖的表面比例最大。

21.6　结论

本章对插入光纤的织物原型进行了设计和测试，以便收集、传播和引导太阳光，而无须直接转换。为了减小机械应力，在纬向上对光纤进行织造。在本研究中，织物暴露在阳光下的唯一部分是织物结构；光纤末端没有暴露。因此，使用光纤接收锥是不可能收集到光的，光收集必须沿着其纵轴的法线纵向发生。该收集方法具有若干挑战，主要包括难以收集光以及光的传播过程有能量损失。其核心问题在于光的收集，由于光线的方向是随机的，在白天或冬至期间，它们的强度会发生很大变化，并且织物结构中的经纱也会产生阴影。参考文献指出了不同的几何手段、光学装置或处理方法，能够增加光的收集。使用滤光氙灯模拟太阳光进行测试，需要专门创建测试台，以模拟太阳光在原型周围的日常路径，这需要包括光强度的极端配置，例如顶端、黎明或者黄昏。测试的原型有平纹、缎纹或斜纹结构织物，以及主要由平行光纤组成的原始结构图案。由于时间限制，原型在没有优选光学处理的情况下进行了测试。该研究包括两个评估标准：为了与有机光伏电池竞争，织物原型在功率输出方面的效率（在光纤传播的末端感知到的光）必须等于或大于 6%；测试结构的基重，不应超过 $120g/m^2$。结果表明，织物结构的既定性能不足以与当前的 OPV 电池竞争。研究中假设缺少优选的光学处理几乎不影响结果。然而，应该慎重对待织物原型部分的基重标准，该标准其实很容易实现。在没有突破性技术的情况下，光的纵向收集以及编织过程中使用的光纤长度是本研究中的最大限制因素；在织物表面上有效地利用所收集的光并不难实现，并且光在转化或聚集之前行进的距离，加强了传播过程中的能量损失。

参考文献

[1] ATLAS AMETEK, 2013. Activités ATLAS. s.l. AMETEK Group.

[2] Eschenbach, R.C., Lozier, W.W., Null, M.R., 1966. Solar Simulation Apparatus. Brevet, US 3270239.

[3] Grisé, W., Patrick, C., 2002. Passive solar lighting using fiber optics. Journal of Industrial Technology 19 (1), 2–7.

[4] Kribus, A., Zik, O., Karni, J., 2000. Optical fibers and solar power generation. Solar Energy 68 (5), 405–416.

[5] Matson, R.J., Emery, K.A., Bird, R.E., 1984. Terrestrial solar spectra solar simulation and solar cell short–circuit current calibration: a review. Solar Cells 11 (2), 105–145.

[6] Nakamura, T., 1992. Survivable Solar Power – generating Systems for Use with Spacecraft. Brevet, US 5089055.

[7] Nakamura, T., 2009. Optical Waveguide System for Solar Power Applications in Space. SPIE Proceedings, San Diego, CA.

[8] Simon, F.F., February 1975. Flat–plate solar–collector performance evaluation with

a solar simulator as a basis for collector selection and performance prediction. Solar Energy 18 (5),451–466.

[9] Wallner, G.M., Weigl, C., Leitgeb, R., Lang, R.W., September 2004. Polymer films for solar energy applications e thermoanalytical and mechanical characterisation of ageing behaviour. Polymer Degradation and Stability 85 (3), 1065–1070.

[10] Weintraub, B., Wei, Y., Wang, Z.L., November 9, 2009. Optical fiber/nanowire hybrid structures for efficient three–dimensional dye–sensitized solar cells. Angewandte Chemie International Edition 48 (47), 8981–8985.

[11] Zubia, J., Arrue, J., Avril 2001. Plastic optical fibers: an introduction to their technological processes and applications. Optical Fiber Technology 7 (2), 101–140.

22 用于个人防护装备的智能材料

P. I. Dolez, J. Mlynarek
CTT 集团，加拿大魁北克

22.1 前言

将电力应用在照明、机器加工服装及配件中可以追溯到 19 世纪末[60]，智能织物的发展开始于 20 世纪 80 年代中期。随着可穿戴计算机的发明[77]以及将光纤嵌入织物的装置[85]出现，智能织物得到了快速发展。1968 年，在纽约当代工艺博物馆举办的名为 "Body Covering" 即身体遮盖物展览中，可以发现早期使用智能织物作为防护服的例子，它是一种宇航员太空服，自身可以充气/放气、发光和加热/冷却[90]。

2010~2014 年，防护服和军用服装一直是智能织物应用的主要领域，2012 年，智能纺织品在整体市场份额中占 27%[28]。2020 年，全球智能纺织品市场规模将超过 15 亿美元。智能纺织品在个人防护装备（PPE）中的应用包括集成位置定位、生理监测、冷却和加热系统、通信以及能量收集系统[103]。

22.2 产品开发的主要趋势

PPE 可根据保护的身体部位分为六大类[12]：眼睛和面部、头部、脚部和腿部、手和手臂、身体、耳朵。产品有防护服、手套、钢头靴、呼吸器、安全帽、头盔、护目镜、面罩、耳塞、耳罩、救生背心和安全带。PPE 产品开发的主要趋势可能与三个主要驱动因素相关：用户需求、全球保护系统需求以及环境条件的影响[65]。

22.2.1 用户需求

在过去的几十年里，PPE 的选择已经发生了范式的转变。过去的重点主要放在 PPE 的性能上，即提供所需保护的效率，而很少关注舒适性和美观性[15]。然而，这些方面实际上常常是起决定作用的，因为 PPE 是要穿戴的，而不是留在储物柜中[2]。此外，PPE 可能干扰活动并产生额外的应激反应，最终导致疲劳、肌肉骨骼损伤、重复性创伤障碍[9]，甚至死亡，如热应激所产生的后果[61]。如今，在大多数情况下 PPE 的性能已不再是问题[79]，因此，制造商通常改进其舒适性和美观性而使之与众不同。

22.2.1.1 舒适性和人体工程学

尽管舒适性是一种主观评估，但有几个因素被认为有助于提高 PPE 的舒适度。对于防护服，包括织物对空气和水蒸气的渗透性、吸湿排汗能力、柔韧性、表面纹理、弹性和蓬松性[26,99]。对于防护手套，薄度、柔韧性和贴合性是非常重要的[109]，这些特性可改善产品的抓握力、灵活性和触觉灵敏度，并且非常影响执行任务的能力，在相似效率的情况下所需付出的额外工作量最小。对于个人防护装置，如呼吸器和头盔，缺乏舒适感意味着额外的热量和重量、不贴合、阻碍感觉器官和通信设备的使用、穿脱困难等[1,3]。

功能性或正确执行任务的能力也与舒适性有关，因为它通常由相同的 PPE 特性控制。例如，服装重量、体积和刚度限制了运动的速度和程度[35]。手套的厚度、刚度和不合适的贴合度会使穿戴者付出的努力增加，并降低使用性能，因为降低了握力、灵活性和触觉灵敏度[109]。在使用头盔、护目镜和呼吸器等保护装置的情况下，干扰正常的听觉和视觉会严重影响使用效率，甚至可能导致事故[1]。

舒适性、贴合性和功能的评估逐渐被引入 PPE 的标准测试方法中，例如，用于化学防护套装的测试方法（ASTM F 1154-99a, 1999)[10]。然而，这种评估通常是定性的，并且是基于人类受试者进行的测试，此外，这些测试并不总能正确反映不同的水平。例如，目前用于手套灵活性的评估测试[42]。作为这些耗时的试验的替代方案，人们已经设计了机械方法，用于测量刚度[47]和黏附性[41]，并将其与贴合性相结合，来控制手套的灵活性[73]。

22.2.1.2 关于风险的新观点

目前，年轻一代更加注重安全[4]，随着社会对零风险的要求越来越高，年轻人不再认为因工作而受伤或死亡是正常的。

这种与风险相关的观点上的变化也可以在公众[53]和科学界[45]对纳米技术所产生的强烈抗议中观察到。鉴于这项新技术还存在未知因素，他们的关注点是避免重复过去的错误，例如石棉的使用，并通过采取早期行动以预防风险。采用这一预防原则的后果之一是，在采用传统的职业健康和安全措施以及实施所有其他风险管理策略后，应将 PPE 视为最后的防护措施。人们要求，在开发和测试另一种更有效的风险管理策略之前，针对纳米颗粒的有效个人防护设备应立即作为补充或临时工具提供给有潜在风险的岗位工人[32]。

22.2.1.3 多功能性

在大多数工作环境和其他环境中，通常同时存在几种危险源。例如，巡警使用的手套应保护他们免受割伤和针刺，同时保持足够的灵活性和触觉敏感性，以便对嫌疑人进行搜查并使用他们的枪支[33]。多危险工作环境的另一个例子是食品加工业，在那里同时防止高温或低温、机械风险和化学品危险。传统的方法是层层叠加，每一层只保护特定类型的危险。例如，一些肉类加工者在金属丝网手套下面戴着橡胶手套，以同时阻隔化学品并抗切割[19]。对于消防员来说，防火服通常将 15~20kg 的高科技先进纺织材料分成三个独立的层[65]：

①外壳，提供机械和火焰保护以及耐用性。

②防潮隔层，一种防水透气膜，旨在阻止化学或生物化合物的侵入，同时保持一定程度的透气性。

③内部隔热层，包含阻燃、隔热非织造材料。

这种叠加层策略的问题在于，防护服系统比较笨重，对舒适性、人体工程学和功能产生负面影响。同样的问题也存在于其他类型的 PPE 中，例如头盔、靴子等。另外，希望制备出的 PPE 材料或贴层可以结合多种功能，并可以防护与一类活动相关的所有危险，例如，通过使用智能材料，获得舒适性和使用效率[75]。

22.2.1.4　美学

使 PPE 更时尚是需要解决的另一个关键问题。新的趋势是让工作服和防护服看起来像街头服装[4]。除了增加舒适度外，合适的设计和使用有吸引力的材料，有助于人们更乐于穿戴和使用 PPE。一些制造商甚至与知名品牌建立合作，例如在安全眼镜方面，以提高 PPE 的使用率。以 Tiger Woods 为例，他使得在高尔夫球场以外穿着高尔夫球服成为时尚，制造商鼓励人们在日常生活中穿着他们的防护服和其他 PPE[99]。

22.2.2　全球保护系统

由于必须将多个 PPE 组件一起佩戴，以保护身体的不同部位或抵御不同类型的危险，所以兼容性是一个关键问题。事实上，PPE 组件之间的错误匹配，可能会损害所提供的保护和正确执行任务的能力[110]。这种兼容性至关重要，因此在许多职业规范中都有明确规定，并通过测试全套服装进行验证，例如，消防员的模拟人体测试[67]。

解决此兼容性问题的策略通常包括：设计 PPE 组件以使它们组合在一起，并将它们整体使用；或者单独评估穿戴人员在穿戴时，每个 PPE 组件与其他组件的良好匹配性能，以及穿戴人员移动和执行任务的能力[73]。此外，在 PPE 组件之间需要完全密封的情况下，如化学、生物、放射和核保护以及航天服[43]，人们开发出了基于匹配环的封闭系统。

22.2.3　环境条件

随着易于获取的自然资源的逐渐减少，人们开发出了新的方法来获取以前无法获得的储备。例如，随着全球气候变暖，北极的资源已经触手可及，估计其会占到世界上尚未发现的常规石油的 13%，和尚未发现的常规天然气资源的 30%[102]。在这些地区以及世界上其他富产矿物质的地方，如蒙古、哈萨克斯坦和加拿大北部，极端条件普遍存在，气温低至-50℃，风速为 75 英里/h，接连几个月内几乎持续黑暗，这让生活和工作面临挑战[6]。随着对这些新领土的不断征服，还需要新技术使人们在移动和执行任务时免受极端环境条件的影响。

另外，消防员所遭受的火灾特征也在发生变化，因此提供给他们的保护也需要变化。例如，在 1942~1980 年，住宅火灾负荷增加了 2~3 倍，这主要是因为人们在家具和室内装饰中大量使用了合成材料[56]。此外，与旧材料相比，一些现代材料显示出更高的燃烧速率和更高的热释放量。这些合成材料，包括用作阻燃剂的化学品，对消防员健康的影响也已记录在案[18]。此外，随着联网火灾探测系统的引入，消防员将更早地到达现场，即在建筑物还未完全陷入危险，并且闪络条件还未发展完全之前。最后，在工业环境中生产和使用的化学品种类更多，而消防员在到达火灾现场之前缺乏可用的详细信息，这进一步增加了风险。

22.3　PPE 产品和技术的发展

在各种类型的智能织物和柔性材料中，包括光学、机械、化学、电和热活性物质/结构[97]，其中一些已经显示出很大潜力可应用于 PPE 中。这包括可穿戴电子设备，如生理状况、温度和湿度传感器、功率和数据传输器，以及寿命终止指示器，这些都是本书下一章的主题。各种类型的智能柔性材料也已经应用于 PPE 中，如响应性隔膜、自净化膜、温度调节膜和减震贴片。

22.3.1　响应性阻隔膜

在设计用于 PPE 的阻隔膜时，目的是限制或阻止化学和生物有害物质通过，这些物质可以是固体、液体和气体。该通道可以通过渗透进行，即利用物质流通过封闭物、接缝、孔隙和缺陷，这发生在分子水平上[92]。PPE 使用的传统化学和生物隔膜主要基于四种方法[97]：不透性、半透性、透气性和选择性渗透性。然而，人们通常不得不在保护性和热舒适性之间做出选择，因为这些薄膜的特性，包括透气性，是固定的，不能适应佩戴者所遇到的各种条件。

响应性阻隔膜被定义为：当其暴露在特定刺激环境下时，发生变化的化学和生物保护系统[76]。可使用多种指标作为响应性阻隔膜的响应刺激：化合物的化学性质、pH 值、离子强度、反应热、含水量、表面张力、生物和化学表面功能性等。响应性阻隔膜需要用到的结合了化学和生物传感和反应功能的多种技术，都已经开发出来，已用于 PPE 中，其中包括形状记忆聚合物、聚合物凝胶、超吸水聚合物、接枝聚合物刷和聚合物离子液体[33]。

形状记忆聚合物能够在各种化学、物理、热、机械、电和磁刺激下，以可逆的方式改变形状[93]。它们可用于 PPE 中的优点包括低密度、低原材料和制造成本、很高的回收应变、在形状和性能方面的高通用性、优异的化学稳定性以及被多种刺激物激活的可能性。例如，嵌段聚氨酯的热激活形状记忆效应是众所周知的，如果将其用于生产可调节温度的透气膜[52]，则将会观察到聚氨酯泡沫的玻璃化转变温度和应力/应变行为受到湿气的影响[111]。另外，水和有机溶剂诱导的形状记忆效应，都是在用戊二醛化学交联聚（乙烯醇）时产生的[37]。用碳纳米管增强的形状记忆聚氨酯，可开发复合形状记忆材料，其可以改善驱动性并具有多功能性[57]。

聚合物凝胶、弹性体和高吸水性聚合物等聚合物，显示出可调节的和溶剂选择性的溶胀度。例如，聚丙烯腈纤维对 pH 非常敏感，在 0.2s 内即可收缩 20%[104]。用聚丙烯酸酯制备的具有可变渗透性的纤维阻隔膜［图 22.1（a）］显示出非常强的吸收能力和快速反应动力学[59]。使用聚对苯二甲酸乙二醇酯和聚丙烯酰胺的热塑性表面—互穿网络，也获得了进一步的改进，当与水接触时，织物纤维间的孔径大大减小[58]。也可以将智能溶胀聚合物接枝到多孔基材上，形成可调节孔径的多孔膜［图 22.1（b）］，例如，使用接枝有聚（乙二醇）的微孔聚氨酯膜时，可以观察到水蒸气渗透率随水分含量发生变化[95]，当使用亲水性聚电解质接枝的纳米多孔疏水基质，也能观察到其透气性能具有化学选择性[22]。

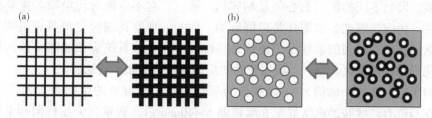

图 22.1　溶胀聚合物基反应性阻隔膜的原理：（a）纤维膜，（b）多孔膜

当与液体接触时，聚合物离子液体可以获得更加显著的效果[29]。当分别与有机溶剂和水接触时，该系统可从多孔凝胶转变为水凝胶；反之亦然，并导致孔完全闭合。聚合物离子液体的物理化学性质也受到阴离子交换反应的强烈影响，阴离子交换反应允许通过暴露于不同的离子溶液来控制它们对气体的渗透性。

作为本体反应的替代方案，膜的表面性质也可以被激活，这将会导致诸如响应性排斥等。为此，可以将聚合物链接枝到材料表面，由于共价键合，其可提供高表面密度、精确定位和高稳定性[64]。特别是，聚合物刷通过一个链端连接到表面，并且由于溶剂性质、pH、离子强度、极性等的变化，可以从折叠线圈结构切换到延伸线圈结构。使用嵌段共聚物或接枝不同聚合物到表面上，当受到刺激时，其可主动改变表面的性质。这些聚合物刷已经成功地应用于各种表面，包括棉纤维和织物[112]、聚对苯二甲酸乙二醇酯和聚酰胺[16]。

响应性隔膜还具有可调节的透气性，这一点已经在商业上得到应用。例如，三菱重工（Mitsubishi Heavy Industries）[91]已经开发出了使用形状记忆聚氨酯的热敏透气膜。它可以层压到各种类型的织物上，制造防水、防风且透气的服装。Ahlstrom 公司则采用另一种通过温度活化透气单片薄膜的策略，将该薄膜夹在两层纺黏微纤聚丙烯之间，可用于开发医疗服，将病毒防护与舒适性和透气性结合起来[80]。

22.3.2 自净化膜

智能保护可以进一步防止化学和生物危害，它的出现使危害的影响逐渐减小。自净化膜的目的是双重的。首先，它限制了二次污染，并防止将未受保护的人置于危险区域[84]；其次，可避免过滤器中阻隔膜的逐渐堵塞和透气性的降低，因为它们所筛查的污染物会逐渐加载在隔膜上[17]。

多种材料可用于自净化，以抵抗化学和生物危害，如金属和金属氧化物、N-卤胺、季铵盐、多金属氧酸盐、抗生素、银离子、生物工程酶、纳米材料和光活化化合物[33]。然而，这些解决方案使 PPE 的适用性受到若干方面的限制。第一，用于自净化的化合物及其降解产物应该对 PPE 穿戴者是安全的，例如，这一点就排除了游离卤素、高浓度的过氧化物和一些重金属。第二，由于威胁通常具有多重性质，因此不同的解毒剂必须是相容的。第三，它不应该对污染物产生获得性抗药性，而应该像观察的那样是可降解的，例如，观察到细菌变得具有耐抗生素性。第四，随着时间的推移保护应该是持续的，并且该系统应该能够补偿污染物对净化剂的逐渐消耗。第五，解毒化合物应能够抵抗磨损和清洁。

由于它们的氮—卤键，N-卤胺作为氧化剂是非常有效的生物杀灭剂[69]。例如，在与带有环状胺的电纺尼龙 6 膜接触 5～40min 后，观察到大肠杆菌和金黄色葡萄球菌的总量减少[96]。由于人们对 N-卤胺的解毒机制没有异议，并且所观察到的事实是，在通过采用诸如次氯酸钠或漂白剂等释放卤素的化学物质处理后，它们的防护效率非常容易恢复，因此，将 N-卤胺用于 PPE 中非常受欢迎。然而，对光的敏感性限制了它们在内衣和 PPE 内表面的使用[84]。

具有季铵基团的化合物也主要用作生物杀灭剂[66]。例如，尼龙织物使用酸性染料作为桥接元素进行季铵盐功能化[55]，获得了良好的耐洗涤性，在相当于 50 次机洗后，仍可保持 90% 的大肠杆菌杀灭率。此外，在细菌暴露和 Launder-Ometer 洗涤循环 5 次后，仍然保持 100% 的抗菌效率。

酶具有环境友好的优点，在环境条件下可以有效操作，可作为高效水解催化剂起作用[83]。事实上，它们目前是有机磷酸盐或神经性毒剂的最佳净化解决方案（图 22.2）。例如，使用戊二醛桥接到棉织物上的基因改性有机磷水解酶，能够水解 $21\mu g/$（$min \cdot cm^2$）的对氧磷（一种有机磷农药）和 $5.2\mu g/$（$min \cdot cm^2$）的 demeton-S（VX 和 RVX 神经性毒剂的替代品）[82]。此外，作为催化剂，酶不会随着时间的推移而耗尽[83]。然而，它们的稳定性有限，并且为了保持其活性必须将其固定在基质中，例如聚合物。即使被保存在高湿度下（高达 85% RH），和重复使用 12 个循环后，当酶被掺入由交替的聚乙烯亚胺和聚丙烯酸聚电解质制成的多层薄膜中时，仍可以观察到酶对甲基对硫磷（一种农药）的有效降解[88]。

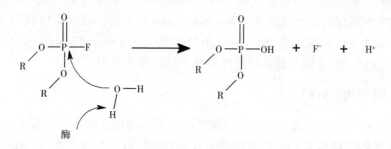

图 22.2　酶催化的有机磷酸酯水解的机理。

　　长期以来，金属被用作抗菌剂和防污剂。例如，铁颗粒可以还原氧化污染物，如氯化溶剂、硝基芳香族化合物和重金属离子[86]。此外，银也引起了人们浓厚的兴趣，因为它在与湿气反应时产生高反应性离子，从而诱导蛋白质细胞壁和核膜的变性，导致细胞死亡[66]。银离子与多金属氧酸盐的络合已被用于处理棉织物[89]。由此产生的透气膜被观察到对化学战剂模拟物、工业化学品、杀虫剂和革兰氏阳性和革兰氏阴性细菌表现出高度的反应活性。

　　除去污染化合物的化学性质外，材料的尺寸也已显示出重要性。实际上，已经对活性纳米材料进行了测量，发现其可以吸附和降解大量有毒化学物质，并显示出增强的抗菌活性[94]。例如，已经证实了纳米颗粒和纳米管，氧化镁、氧化钒、氧化钙、二氧化钛、氧化铝、钛酸锌和氧化铁的纳米纤维，都会对空气污染物、战剂、酸性气体、杀虫剂和其他化学品产生破坏性吸附。还有文献报道了氧化镁、二氧化钛、硝酸银和银纳米材料具有生物杀灭活性。例如，银盐纳米晶体已经被成功地封装在聚合物中，并作为涂层涂覆在棉和聚酯微纤织物上[98]，其在 1min 内对艰难梭菌的杀灭率达到了 99.99%。此外，也已证明此种织物处理对人体健康无毒。

　　这些化合物有的也具有光催化活性。例如，二氧化钛纳米粒子能够在紫外线照射下降解液相和气相中的 2-氯乙基硫化物（芥子气）和一系列战剂，如二乙基硫醚、二甲基磷酸二甲酯、二乙基氨基磷酸酯、甲基磷酸片呐酯和丁基氨基乙醇，以及林丹、甲基对硫磷和敌敌畏等杀虫剂[94,106]。还可以将氧化锌纳米颗粒掺入聚合物中，通过静电纺丝在棉织物上形成涂层，并为它们提供光催化活化的抗微生物性质[66]。

自净化商业产品现已进入 PPE 市场。例如，Ansell 开发了一种带有抗菌涂层的手术手套，当在手术过程中使用锋利的器具而发生手套破裂时，其可提供针对血源性病原体的第二道防线[8]。Noble 生物材料公司的抗菌银基 X-Static® 技术已经通过了奥运会运动员、美国军方特种部队和 NASA 宇航员的测试[68]，其同时还可用于军事和战术支持人员以及运动员的服装和装备的基层、外套、手套、头盔和鞋类产品，它还提供防水透气膜，通过永久黏合一层纯银提供抗菌特性。拥有抗菌银盐专利版权的伊士曼柯达（Eastman Kodak）公司，和因为将其嵌入纤维中而获得 TechAmerica 基金会 2013 年美国技术奖（American Technology Award）的 PurThread 公司，正在联手提供医疗保健和军用抗菌纺织产品[11]。

22.3.3 温度调节材料

相变材料（PCM）通过利用某些化学品在固—液相变中吸收和释放的高潜热，为温度调节 PPE 提供了一种智能解决方案（图 22.3），其可以作为外部冷却或加热的替代方案。实际上，几种 PCM 化合物，如聚乙二醇和链烷烃，其熔化和冷冻温度在 10~50℃，该温度位于防护服、手套和鞋类等的生理应用范围内。

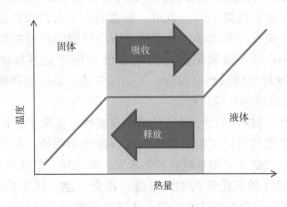

图 22.3　相变材料的原理

PCM 可以被封装在直径为 3~100μm 的聚合物壳内。常用的聚合物有三聚氰胺或丙烯酸酯树脂。这些微尺寸 PCM 由 NASA 在 20 世纪 80 年代开发，用于空间应用，可以采用传统的轧烘焙加工工艺在纤维和织物的表面进行涂层[87]。然而，这些微胶囊产生的热容量仍然有限，并且在洗涤过程中微胶囊易于被洗掉。另一种策略是采用聚合物基质的湿法纺丝来制备微尺寸 PCM，以生产可以编织或纺织的长丝纱线[50]。作者开发的手套模型显示，在温度下降到与没有 PCM 相同的水平之前，微尺寸 PCM 提供了 5~130s 的延迟。PCM 复合纤维也被用于生产纤维素，生成 Alceru® 热敏纤维[63]。此外，我们还进行了将微尺寸 PCM 嵌入聚氨酯泡沫中的测试[25]。当靴子在−18℃的条件下，可获得持续至少 55min 的 10℃ 的温差。对于消防员制服，微尺寸 PCM 泡沫衬里增加了近三倍的热保护。这些泡沫膜对压缩引起的热损失不太敏感,这也是它们的一个优点。现在,微尺寸 PCM 也已被用于织物层之间所使用的黏合剂中[20]。

大尺寸 PCMs,即封装了直径为 1~4mm 的 PCM 核的球体,也被引入透气性服装以改善高湿度条件下的热冷却,其显示出了相当的潜力[24]。在绗缝口袋中含有大尺寸 PCM 的服装,能够提供 1~2h 的舒适感,并减轻热应力。此外,含有十八烷的烷烃混合物,其在 27~38℃下熔化并在 17~25℃下凝固,可以将其用于循环加热—冷却,而无须冷冻机或加热器。其他研究人员使用一种不燃的盐水合物,其潜热储存能力高达 250J/g,包含在 1mm 厚的聚合物薄膜中,可用于为消防员、钢铁厂工人以及操作核和化学设施的工人开发冷却内衣[74]。含聚合物膜的 PCM 贴片被缝在两种织物之间,在 60min 连续骑自行车的试验中,观察到所测试的化纤材料套装内的皮肤温度降低了 2℃,并且水分积聚量降低,从而显著改善了防护服的热生理舒适性。

固体—固体 PMCs 是为了避免封装的需要而开发的。在这种情况下,相变化合物与骨架形成组分结合起来,使材料保持固态[78]。例如,以聚乙二醇和聚氨酯为原料,经本体聚合、熔融纺丝制备 PCM 纤维,该纤维表现出高的潜热储存能力,约为 100J/g,结晶温度为 20.9℃,熔融温度为 44.7℃,拉伸强度为 0.7cN/dtex,低于尼龙和聚酯纤维,但与大多数纺织应用相兼容。另外,纤维的断裂伸长率大得多,为 488%。还可以将 PCM 和聚合物基体交替组合,得到纳米复合材料,例如,将石蜡纳米分散在纤维素中[62]。

现在,各种 PCM 纤维已在市场上出售,例如,纤维素基 Smartcel™clima[62] 和含有丙烯酸、人造丝和由 Outlast®生产的聚酯纤维的 microPCM[71]。Outlast®技术也越来越多地被纳入外套、内衣、手套和头盔中,如含有纤维和涂层衬里的微尺寸 PCM、羊毛、非织造布和泡沫。近期,Outlast®与 Waxman 纤维有限公司合作,设计出一种新型的温度调节阻燃织物,将 Protex®FR 改性聚丙烯腈纤维与 Outlast®黏胶纤维混合[70]。另外,CTT 集团与加拿大魁北克的织物和 PPE 制造商开展了合作研究,也已经开发出一种防火大尺寸 PCM 技术,该技术很快在消防员服装和其他火焰和热防护服中投入商业应用[14]。对此,Freudenberg 设计了一种含有大尺寸 PCM 的非织造布 Comfortemp®,用于各种类型的服装,以提供按需冷却和加热的效果[40]。ClimaTech 公司也对 PCM 基的热调节 PPE 的市场化做出一定的贡献(ClimaTech, 2015),他们设计了一款冷却背心,其包含可更换的插入物,可以持续 3~8h,并可在普通冰箱中再冷却。

22.3.4 减震材料

剪切增稠材料已成为智能减震器的首选。这些非牛顿流体的表观剪切黏度随着剪切速率的增加而增加(图 22.4)。在静态变形下,当以高速率施加剪切应力时，材料会流动并变为固体。在胶体悬浮液如淀粉—水混合物中也可以观察到这种现象，这归因于颗粒之间的耗散流体动力学相互作用，其诱导了流体簇的形成[107]。目前，这类材料已被引入 PPE 中，以防止弹道威胁和被尖刀片和针刺伤[54]。

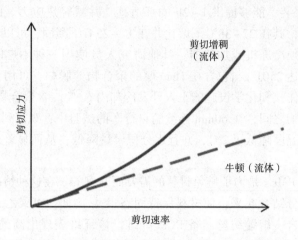

图 22.4　牛顿流体和剪切增稠流体行为的比较

基于剪切增稠流体的技术是由英国工程师理查德·帕尔默（Richard Palmer）于 1999 年发明的[72]，并由 D3O® 公司商业化。它包括泡沫弹性体聚氨酯基体，其中分布有硼酸硅剪切增稠流体。所得到的橡胶泡沫复合材料在以正常速率拉伸时是柔性的，但在以高冲击速率击打时硬化，使得在撞击物体上产生的动能会减少50%，这促使英国国防部资助开发基于这项技术的士兵头盔[46]。D3O® 系列产品目前包括肢体保护垫、头盔垫、模块化贴片、鞋垫、鞋跟杯，以及专为国防和执法、工业、医疗和体育应用而设计的防护背心[27]。

另一种方法是用胶体剪切增稠流体浸渍高强度织物，以生产防弹和防刺复合材料[38]。皮下注射针穿刺阻力，其是执法人员进行搜索时以及医务人员和维修工人的主要危险因素，人们也通过测试对其进行了改善[51]。将粒径为 450nm 胶态二氧化硅颗粒分散在聚乙二醇中，并涂覆在 Kevlar® 和尼龙织物上，研究结果表明，向织物中添加剪切增稠流体会降低受影响区域中长丝和纱线的流动性，这是由于二氧化硅颗粒与机械相互作用的影响[31]。研究人员还报告说，在不影响织物柔韧性的情况下，可以提高抗穿透性，这对于 PPE 的舒适性和功能性具有重要的意义[48]。

将剪切增稠流体技术用于 PPE 应用开发的另外一个例子，是用含有纳米颗粒的柔性剪切增稠硅氧烷浸渍 3D 间隔织物[81]。可以直接将 5mm 厚的道康宁（Dow Corning®）主动防护系统切割并缝制到服装中。选择间隔织物的尺寸以使产品透气[108]。此外，通过有机硅化学品的设计，可以使产品能够在其预期寿命内维持家用洗涤，而对其性能的影响可忽略不计。虽然该技术最初是为摩托车防护装备开发的，但其还可用于下坡滑雪者和越野自行车赛车手的服装和配件，以及士兵和执法人员的防护装备[36]。

22.4   PPE 测试和指标的影响

由于 PPE 对健康和安全的影响，其通常受性能规范的限制，需要在标准测试方法下进行测试。每个指标和标准测试方法都要定期进行审查，以确定是否需要对其进行确认、修订/修改。实际上，最重要的是确保它仍然与用户相关、准确和完整，以便相关的产品和服务是一致的、兼容的、有效的和安全的。例如，加拿大正在考虑将其漂浮服装标准与北美或 ISO 标准协调一致[105]。另外还欢迎工业界的创新，以增强舒适性、安全性和可用性。另一个例子是，美国国家职业和教育人员眼睛和面部保护标准（ANSI/ISEA Z87.1-2015）刚刚更新，更加强调根据特定危害选择设备，并在保护设备设计中加入新的创新，以提供对工作场所眼睛和面部的适当保护[7]。

新的标准是为了应对新风险或危害的出现或识别而制定的。例如，标准 ASTM F2878 提出了皮下注射针穿刺防护服的独特机制[4]。人们认识到，如果医护人员、执法人员、维修人员等的个人防护用具被针扎穿，他们可能会意外接触艾滋病毒和丙型肝炎等血液传播病原体。另一个例子涉及纳米材料，其越来越多地用于商业产品中以改善产品性能。人们还在制定新的标准，以提供通用术语和系统命名，提出测量和表征方法，限制健康、安全和环境风险，定义材料规格，进行性能评估，并确保产品的可靠性[49]。

将智能材料引入 PPE 还可能需要调整性能规范和测试方法，或制定新标准。这包括其特定属性的表征，例如，它们的触发阈值、消耗功率、响应的幅度和质量、耐久性以及与用户身体的相互作用[30]。此外，因为智能材料的响应随时间发生变化，含智能材料的 PPE 性能表征应考虑时间因素，并探测智能材料用于 PPE 期间将经历的各种状态。如果由于智能材料的特殊性质与 PPE 在使用过程中遇到的条件发生了一些意外的交互作用，而发生一些意外的副作用，则还必须进行验证。这方面的一个例子是，由于户外使用的个人防护用品中存在导电组分，因此被闪电击中的风险更高[21]。

作为智能材料 PPE 标准化的第一步，2011 年织物和织物产品委员会下属的智能织物工作组（2008 年在欧洲标准化委员会主办下成立），发布了一份技术报告，其中包含智能织物和织物的定义、分类、应用和标准化需求[21]，该标准值得立即关注。它确定了两种类型的智能织物，市场上现已有该商业化产品：带有电子元件的织物，包括导电涂层/纱线；以及用于热控制的 PCM 织物。这促使 CEN/TC 248 WG31 在智能织物上选择导电织物和含有相变材料的织物，作为其首要的两个工作项目[39]。导电织物项目的目标是测量它们在拉伸和弯曲下的电阻率。PCM 有关的工作项目主要是表征储热和释热能力。

此外，第七届欧洲研究框架计划（7th European Research Framework Programme）资助了一个名为"可持续发展智能"的项目，该项目旨在开发工具、将标准化问题纳入研究项目，以帮助进一步开发和商业化所研究出的创新成果[44]。该项目的重点是资助用于 PPE、建筑产品和消费品的智能织物。其于 2014 年 3 月结束，并为智能织物研究和创新社群发布了两份指导文件。第一份文件讨论了如何将标准化问题纳入研究项目的工作计划，第二份文件讨论了"PPE 和建筑产品领域的包含智能纺织品的复杂产品的认证和合格评估（欧盟立法）"。

22.5 结论

智能材料为 PPE 开辟了新的可能性，可以更好地响应用户的需求，可用于全球系统，并可减轻恶劣环境条件的影响。例如，基于智能材料的响应阻隔膜可以限制或阻止化学和生物有害物质通过，同时保持大多数穿戴者的舒适度和功能。人们正在寻求针对 PPE 的解决方案，主要基于形状记忆聚合物、聚合物凝胶、超吸收性聚合物、接枝聚合物刷和聚合物离子液体等。一些使用可调节透气性的膜产品已经上市。

自去污膜在智能防护化学和生物危害方面又向前迈进了一步。基于 N-卤胺、季铵基团、生物工程酶、金属和金属氧化物、纳米材料和光活化化合物的技术已经证明了 PPE 应用的潜力。目前市面上大部分的自去污 PPE 产品都是基于银盐和银盐的抗菌作用。

智能材料在 PPE 中的另一个应用是调温相变材料。基于微胶囊化、宏观封装或固—固转换，该技术可以在一定程度上按需、即时和无动力降温和升温，并可在室温下充电。几种纤维、织物和 PPE 产品都已经商业化，并且很快会增加防火功能。

本章最后介绍了减震器。剪切增稠流体在静态条件下保持完全的柔韧性，同时材料在高速撞击时瞬间硬化。基于弹性体泡沫的 2D 和 3D 浸渍织物产品已经上市，目标定位于运动、防御和执法应用。

最后，随着新材料逐步进入 PPE 市场，需要对性能规范和标准测试方法进行调整，并需要综合考虑其特定属性、响应的时间依赖性以及所产生的任何意外副作用。现已经开始启动这方面的工作，建立了织物和织物产品委员会的智能织物工作组，其隶属于欧洲标准化委员会，同时启动了旨在开发改进标准化问题整合工具的研究项目，以帮助进一步开发和商业化由此产生的创新，特别是在 PPE 中的应用创新。

参考文献

［1］Abeysekera, J.D.A., 1992. Some ergonomics issues in the design of personal protective devices. In: McBriarty, J.P., Henry, N.W. (Eds.), Performance of Protective Clothing, vol. 4. American Society for Testing and Materials, Philadelphia, PA, USA, pp. 651-659.

［2］Abeyskera, J.D., Shahnavaz, H., 1988. Ergonomics aspects of personal protective equipment: its use in industrially developing countries. Journal of Human Ergology 17, 67-79.

［3］Akbar-Khanzadeh, F., 1998. Factors contributing to discomfort or dissatisfaction as a result of wearing personal protective equipment. Journal of Human Ergology 27, 70-75.

［4］Anon, 2010. Des équipements mieux acceptés des salariés. Prévention btp 132, 6-9.

［5］Anon, May 2011. ASTM Standard for Needle Puncture Protection. Specialty Fabrics Review.

［6］Anon, March 18, 2014. Mining in the extreme: why USA/Canadian skills at a premium for cold weather mining. Mining Weekly Online, 2 p.

［7］Anon, 2015. A revised eye and face protection standard. Head2toe Protection 2, 5-6.

［8］Ansell, 2015. AMT® Technology. www.ansell.com/en/Technology/AMT-Technology. aspx (accessed 20.09.15).

［9］Armstrong, T.J., Radwin, R.G., Hansen, D.J., Kennedy, K.W., 1986. Repetitive trauma disorders: job evaluation and design. Human Factors 28, 325-336.

［10］ASTM F 1154-99a, 1999. Standard Practices for Qualitatively Evaluating the Comfort, Fit, Function, and Integrity of Chemical-protective Suit Ensembles. ASTM International, West Conshohocken, PA, USA, 12 p.

［11］Begonia, R., 2014. Kodak and PurThread to Collaborate on Antimicrobial Surface Solutions for Healthcare and Military. www.prnewswire.com (accessed 20.09.15).

［12］Berry, C., McNeely, A., Beauregard, K., Haritos, S., 2008. A Guide to Personal Protective Equipment. N.C. Department of Labor, Raleigh, NC, USA, 28 p.

[13] Bradley, J. V., 1969. Glove characteristics influencing control manipulability. Human Factors 11, 21-35.

[14] Brien-Breton, A., Marchand, D., Gauvin, C., Tessier, D., 2014. Evaluation de la réponse physiologique au port de vêtements individuels de protection chez les pompiers: application a une nouvelle technologie de matériau a changement de phase. In: Proceedings of the AQHSST Conference, Beaupré, QC, Canada, May 7-9, 2014.

[15] Brower, D., Goede, H., Tijssen, S., 2003. Introduction of ergonomics and comfort in the selection of personal protective equipment (PPE): concepts for a new approach. In: Proceedings of the 8th International Symposium of ISSA Research Section, May 19-21, 2003, Athens, Greece, 7 p.

[16] Burtovyy, O., 2008. Synthesis and Characterization of Macromolecular Layers Grafted to Polymer Surfaces (Ph.D. dissertation). Clemson University, Clemson, SC, USA, 268 p.

[17] Butler, I., 2000. Filtration Technology Handbook. INDA, Cary, NC, USA, 48 p.

[18] Californians for Toxic-Free Fire Safety, 2015. FFs Make Case for Removing Toxins from Flame Retardants. California Professional Firefighters. www.cpf.org (accessed 16.09.15).

[19] Caple, D., 2000. Evaluation of Cut Resistance Gloves in the South Australian Meat Industry. South Australia WorkCover Corporation, Adelaide, SA, Australia, 48 p.

[20] Carfagna, C., Persico, P., 2006. Functional textiles based on polymer composites. Macromolecular Symposia 245-246, 355-362.

[21] CEN., 2011. Textiles and textile products - Smart textiles - Definitions, categorisation, applications and standardization needs-CEN/TR 16298. European Committee for Standardization. Brussels, Belgium, 32p.

[22] Chen, H., Palmese, G.R., Elabd, Y.A., 2005. Polyester-polyelectrolyte nanocomposite membranes as breathable and responsive barriers. In: Proceedings of the 2005 AIChE Annual Meeting and Fall Showcase, October 30eNovember 4, 2005, Cincinnati, OH, USA, p. 4886.

[23] ClimaTech, 2015. Cooling Vests-Comfortable Body Cooling in 5 Different Models. climatechsafety.com (accessed 20.09.15).

[24] Colvin, D.P., 2002. Body heat stress measurements with MacroPCM cooling apparel. In: Proceedings of the ASME 2002 International Mechanical Engineering Congress and Exposition, New Orleans, Louisiana, USA, November 17-22, 2002, pp. 37-44.

[25] Colvin, D.P., Bryant, Y.G., 1998. Protective clothing containing encapsulated phase change materials. In: Proceedings of the 1998 ASME International Mechanical Engineering Congress and Exposition, November 15–20, 1998, Fairfield, NJ, USA, pp. 123–132.

[26] Cowan, S.L., Tilley, R.C., Wiczynski, M.E., 1988. Comfort factors of protective clothing: mechanical and transport properties, subjective evaluation of comfort. In: Mansdorf, S.Z., Sager, R., Nielsen, A.P. (Eds.), Performance of Protective Clothing: Second Symposium, Tampa, FL, January 19–21, 1987, pp. 31–42.

[27] D3O®, 2015. Market Brochure e Defence and Law Enforcement. www.d3o.com/d3o_products (accessed 26.09.15).

[28] Dalsgaard, C., Sterrett, R., 2014. White paper on Smart Textile Garments and Devices: A Market Overview of Smart Textile Wearable Technologies. Ohmatex Aps, Denmark.

[29] David, M., 2011. Polymeric ionic liquids: broadening the properties and applications of polyelectrolytes. Progress in Polymer Science 36, 1629–1648.

[30] Decaens, J., 2014. New standards for smart textiles. In: 113th Scientific Session of Institute of Textile Science, October 7, 2014, Montreal, QC, Canada.

[31] Decker, M.J., Halbach, C.J., Nam, C.H., Wagner, N.J., Wetzel, E.D., 2007. Stab resistance of shear thickening fluid (STF)-treated fabrics. Composites Science and Technology 67, 565–578.

[32] Dolez, P.I., Bodila, N., Lara, J., Truchon, G., 2010. Personal protective equipment against nanoparticles. International Journal of Nanotechnology 7, 99–117.

[33] Dolez, P., 2012. Smart barrier membranes for protective clothing. In: Chapman, R. (Ed.), Smart Textiles for Protection. Woodhead Publishing Ltd, Cambridge, UK, pp. 148–189.

[34] Dolez, P., Soulati, K., Gauvin, C., Lara, J., Vu-Khanh, T., 2012. Information Document for Selecting Gloves for Protection against Mechanical Hazards. Publications IRSST, Montreal, QC, Canada, 61 p.

[35] Dorman, L.E., Havenith, G., 2007. Examining the Impact of Protective Clothing on Range of Movement. Loughborough University, Loughborough, UK, 50 p.

[36] Dow Corning, 2009. Dow Corning to Exhibit Textile Innovations at the Northwest Apparel and Footwear Materials Show. Dow Corning Media and Information Center.

[37] Du, H., Zhang, J., 2010. Solvent induced shape recovery of shape memory polymer based on chemically cross-linked poly(vinyl alcohol). Soft Matter 6, 3370–3376.

[38] Egres Jr., R.G., Halbach, C.J., Decker, M.J., Wetzel, E.D., Wagner, N.J., 2005. Stab performance of shear thickening fluid (STF)-fabric composites for body armor applications. In: Proceedings of the 50th International SAMPE Symposium and Exhibition, May 1, 2005eMay 5, 2005, Long Beach, CA, USA, pp. 2369-2380.

[39] Eufinger, K., 2013. 3rd Meeting: CEN/TC 248 WG31 Belgian Mirror Committee. Belgian Mirror Committee CEN/TC 248 WG31. www.centexbel.be/fr/agenda/belgian-mirrorcommittee-centc-248-wg31 (accessed 26.09.15).

[40] Freudenberg, 2014. Freudenberg's Intelligent Material Makes for Smart Clothing. Press Releases. www.freudenberg.us (accessed 20.09.15).

[41] Gauvin, C., Dolez, P.I., Harrabi, L., Boutin, J., Petit, Y., Vu-Khanh, T., Lara, J., 2008. Mechanical and biomedical approaches for measuring protective glove adherence. In: Proceeding of the 52nd Annual Meeting of the Human Factors and Ergonomics Society, New York, NY, USA, September. 22-26, 2008, pp. 2018-2022.

[42] Gauvin, C., Tellier, C., Daigle, R., Petitjean-Roget, T., 2006. Evaluation of dexterity tests for gloves. In: Proceedings of the 3rd European Conference on Protective Clothing and Nokobetef 8, Gdynia, Poland, May 10-12, 2006, 6 p.

[43] Graziosi, D., Ferl, J., Splawn, K., 2005. Evaluation of a Rear Entry System for an Advanced Spacesuit. SAE Technical Paper, 2005-01-2976, 7 p.

[44] Gulacsi, A., 2014. Standardization in Research and Innovation Projects-Success Story: New Technologies - Health and Safety. CEN & CENELEC, Brussels, Belgium, 2 p.

[45] Hansen, S.F., Maynard, A., Baun, A., Tickner, J.A., 2008. Late lessons from early warnings for nanotechnology. Nature Nanotechnology 3, 444-447.

[46] Harding, T., February 27, 2009. Military to Use New Gel that Stops Bullets. The Telegraph.

[47] Harrabi, L., Dolez, P.I., Vu-Khanh, T., Lara, J., Tremblay, G., Nadeau, S., Lariviere, C., 2008. Characterization of protective gloves stiffness: development of a multidirectional deformation test method. Safety Science 46, 1025-1036.

[48] Hassan, T.A., Rangari, V.K., Jeelani, S., 2010. Synthesis, processing and characterization of shear thickening fluid (STF) impregnated fabric composites. Materials Science and Engineering A 527, 2892-2899.

[49] Haydon, B., 2015. Nanoengineering: a toolbox of standards for health and safety. In: Dolez, P. (Ed.), Nanoengineering e Global Approaches to Health and Safety

Issues. Elsevier, Amsterdam, Netherlands, pp. 557-580.

[50] Hayes, L., Bryant, Y.G., Colvin, D.P., 1993. Fabric with micro encapsulated phase change. In: Proceedings of the 1993 ASME Winter Annual Meeting, November 28-Dec 3, 1993, New York, NY, USA.

[51] Houghton, J.M., Schiffman, B.A., Kalman, D.P., Wetzel, E.D., Wagner, N.J., June 3e7, 2007. Hypodermic Needle Puncture of Shear Thickening Fluid (STF) - Treated Fabrics. SAMPE 2007, Baltimore, MD, USA, 11 p.

[52] Hu, J., 2007. Shape memory textiles. In: Shape Memory Polymers and Textiles. Woodhead Publishing Ltd & CRC Press LLC, Boca Raton, FL, Boston, MA, New York, NY, Washington, DC, USA, Cambridge, UK, pp. 305-337.

[53] ICTA, August 6, 2007. International Coalition Calls for Strong Oversight of Nanotechnology. Ohs Online.

[54] Janssen, D., 2008. Responsive materials for PPE. In: 1st International Conference on Personal Protective Equipment: For More (Than) Safety, May 21-23, 2008, Bruges, Belgium.

[55] Kim, Y.H., Sun, G., 2001. Durable antimicrobial finishing of nylon fabrics with acid dyes and a quaternary ammonium salt. Textile Research Journal 71, 318-323.

[56] Lawson, J.R., 1996. Fire Fighter's Protective Clothing and Thermal Environments of Structural Fire Fighting. U.S. Department of Commerce, Washington, DC, USA, 28 p.

[57] Leng, J., Lan, X., Liu, Y., Du, S., 2011. Shape-memory polymers and their composites: stimulus methods and applications. Progress in Materials Science 56, 1077-1135.

[58] Liu, S., Zhao, N., Rudenja, S., 2010. Surface interpenetrating networks of poly (ethylene terephthalate) and polyamides for effective biocidal properties. Macromolecular Chemistry and Physics 211, 286-296.

[59] Liu, S., Zhou, X., 2002. Suface-Crosslinking of a superabsorbent polyacrylate. In: International Symposium on Polymer Physics, PP'2002, July 2e6, 2002, Qingdao, China.

[60] Marvin, C., 1990. When Old Technologies Were New: Thinking about Electric Communication in the Late Nineteenth Century. Oxford University Press, New York, NY, USA.

[61] McLellan, T.M., Selkirk, G.A., 2006. The Management of Heat Stress for the Firefighter. Defence R&D Canada, Toronto, ON, Canada, 27 p.

[62] Meister, F., Bauer, R., Melle, J., Gersching, D., 2007. Smart duotherm®: the

thermo-regulating cellulose fibre with large heat storage capacity. In: 4th International Avantex Symposium, June 12−14, 2007, Frankfurt/Maine, Germany.

[63] Meister, F., Gersching, D., Melle, J., 2005. ALCERU thermosorb-innovative, active thermoregulating cellulose fiber. Chemical Fibers International 55, 355−356.

[64] Minko, S., Motornov, M., 2007. Hybrid polymer nanolayers for surface modification of fibers. In: Brown, P.J., Stevens, K. (Eds.), Nanofibers and Nanotechnology in Textiles. Woodhead Publishing Ltd & CRC Press LLC, Boca Raton, FL, Boston, MA, New York, NY, Washington, DC, USA, Cambridge, UK, pp. 470−492.

[65] Mlynarek, J., Vermeersch, O.G., Filteau, M., Begriche, A., Sadier, Y., Dolez, P., Tessier, D., 2013. Technical textiles for PPE in Canada: tendencies and recent developments. In: Proceedings of the 3rd International Conference of Engineering against Failure (ICEAF III), Kos, Greece, June 26−29, 2013.

[66] Munoz-Bonilla, A., Fernandez-Garcia, M., 2012. Polymeric materials with antimicrobial activity. Progress in Polymer Science 37, 281−339.

[67] NFPA 1971, 2006. Standard on Protective Ensembles for Structural Fire Fighting and Proximity Fire Fighting. National Fire Protection Association, Qincy, MA, USA, 126 p.

[68] Noble Biomaterials Inc., 2015. Bacterial Management for Apparel & Textiles. www.noblebiomaterials.com (accessed 20.09.15).

[69] Obendorf, S.K., July/August 2010. Improving Personal Protection through Novel Materials. AATCC Review, pp. 44−50.

[70] Outlast Technologies LLC, 2011. Outlast and Protex Launch New Development. Press Release. http://www.outlast.com/fileadmin/user_upload/press/1Outlast_Protex_gb.pdf (accessed 20.09.15).

[71] Outlast Technologies LLC, 2015. Fibers. www.outlast.com/en/applications/fiber (accessed 20.09.15).

[72] Palmer, R.M., Green, P.C., December 22, 2001. Energy Absorbing Material. Patent GB 0130834. Intellectual Property Office, UK.

[73] Partridge, J., January 3, 2013. Achieving Compatibility. Health & Safety Matters, 2 p.

[74] Pause, B., 2006. New cooling undergarment for protective garment systems. In: Proceedings of the 3rd European Conference on Protective Clothing and Nokobetef 8, May 10−12, 2006, Gdynia, Poland, 5 p.

[75] Peltonen, C., Varheenmaa, M., Meinander, H., 2012. Multifunctional protective

clothing for rescue team workers in the Northern areas. In: Proceeding of 5th ECPC and NOKOBETEF 10: Future of Protective Clothing-Intelligent or Not? Valencia, Spain, May 29-31, 2012, 33 p.

[76] Popa, A.-M., Crespy, D., Weder, M., Bruhwiler, P., Rossi, R., 2009. Smart materials for sport textiles. In: Techtextil Avantex Symposium, June 16-18, 2009, Frankfurt, Germany.

[77] Post, R., Orth, M., Russo, P., Gershenfeld, N., 2000. E-broidery: design and fabrication of textile-based computing. IBM Systems Journal 39 (3-4), 840-860.

[78] Qinghao, M., Jinlian, H., 2008. A temperature-regulating fiber made of PEG-based smart copolymer. Solar Energy Materials and Solar Cells 92, 1245-1252.

[79] Rey, B., 2008. Les équipements de protection individuelle-la performance ne fait pas tout. Industrie et technologies 904, 71-77.

[80] Rodie, J.B., 2005. Responsive protection. Textile World 155 (1), 66.

[81] Rodie, J.B., 2006. Protection on demand. Textile World 156 (4), 66.

[82] Rory, J.K., 2007. Enzyme-based Detoxification of Organophorsphorus Neutrotoxic Pesticides and Chemical Warfare Agents (Ph.D. dissertation). Texas A&M University, College Station, TX, USA, 140 p.

[83] Russel, A.J., Kaar, J.L., Berberich, J.A., 2003. Using biotechnology to detect and counteract chemical weapons. The Bridge-Linking Engineering and Society 33, 19-24.

[84] Schreuder-Gibson, H.L., Truong, Q., Walker, J.E., Owens, J.R., Wander, J. D., Jones Jr., W.E., 2003. Chemical and biological protection and detection in fabrics for protective clothing. MRS Bulletin 28, 574-578.

[85] Schwar, R.C., Wainwright, H.L., April 14, 1998. Apparatus for Implanting Optical Fibers in Fabric Panels. US 5738753 A. US Patent Office.

[86] Shimotori, T., Nuxoll, E.E., Cussler, E.L., Arnold, W.A., 2004. A polymer membrane containing FeO as a contaminant barrier. Environmental Science and Technology 38, 2264-2270.

[87] Shin, Y., Yoo, D.-I., Son, K., 2005. Development of thermoregulating textile materials with microencapsulated phase change materials (PCM). II. Preparation and application of PCM microcapsules. Journal of Applied Polymer Science 96, 2005-2010.

[88] Singh, A., Dressick, W.J., 2006. Self-decontaminating textiles for protection against chemical and biological toxins. In: Techtextil Symposium North America, 2006 March 28-30, 2006, Atlanta, GA, USA.

[89] Singh, W.P., 2007. Nanoparticle Modified Textiles for Protective Clothing. SBIR/ STTR Award Information. US Small Business Administration, Washington, DC, USA.

[90] Smith, P., 1968. Body Covering. Museum of Contemporary Crafts. The American Craft Council, New York, NY, USA.

[91] SMP Technologies Inc., 2010. Intelligent Material Able to Adjust Itself Accordingly to Ensure the Highest Level of Comfort & Affinity with Human Body. www2. smptechno.com/tech/pdf/smpvsspresentation100218.pdf (accessed 03.11.11).

[92] Stull, J.O., 2005. Civilian protection and protection of industrial workers from chemicals. In: Scott, R.A. (Ed.), Textiles for Protection. CRC Press, Boca Raton, FL, USA, pp. 295-354.

[93] Sun, L., Huang, W.M., Ding, Z., Zhao, Y., Wang, C.C., Purnawali, H., Tang, C., 2011. Stimulus-responsive shape memory materials: a review. Materials and Design 33, 577-640.

[94] Sundarrajan, S., Chandrasekaran, A.R., Ramakrishna, S., 2010. An update on nanomaterialsbased textiles for protection and decontamination. Journal of the American Ceramic Society 93, 3955-3975.

[95] Tan, K., Obendorf, S.K., 2006. Surface modification of microporous polyurethane membrane with poly (ethylene glycol) to develop a novel membrane. Journal of Membrane Science 274, 150-158.

[96] Tan, K., Obendorf, S.K., 2007. Fabrication and evaluation of electrospun nanofibrous antimicrobial nylon 6 membranes. Journal of Membrane Science 305, 287-298.

[97] Tao, X., 2001. Smart Fibres, Fabrics and Clothing. Woodhead Publishing Ltd and CRC Press LLC, Boca Raton, FL, Boston, MA, New York, NY, Washington, DC, USA, Cambridge, UK.

[98] Tessier, D., Radu, I., Filteau, M., 2006. Antimicrobial, nano-sized silver salt crystals encapsulated in a polymer coating. In: Trends in Nanotechnology International Conference, September 4-8, 2006, Grenoble, France, 2 p.

[99] Thiry, M.C., 2005. From ready to win to ready to wear. AATCC Review 5, 18-22.

[100] Total Fire Group, 2005. Project Heroes. www.totalfiregroup.com/pdfs/ProjectHeroes.pdf (accessed 15.06.06).

[101] Truong, Q., Wilusz, E., 2005. Chemical and biological protection. In: Scott, R. A. (Ed.), Textiles for Protection. CRC Press, Boca Raton, FL, USA, pp. 557-594.

[102] U.S. Energy Information Administration (EIA), January 20, 2012. Arctic Oil and Natural Gas Resources. Today in Energy. www.eia.gov/todayinenergy (accessed 14.09.15).

[103] van Langenhove, L., 2013. Smart textiles for protection: an overview. In: Chapman, R. (Ed.), Smart Textiles for Protection. Woodhead Publishing, Philadephia, PA, USA, pp. 3-33.

[104] van Langenhove, L., Puers, R., Matthys, D., 2005. Intelligent textiles for protection. In: Scott, R.A. (Ed.), Textiles for Protection. CRC Press, Boca Raton, FL, USA, pp. 176-195.

[105] Vidito, A., 2014. Floatation clothing standards in Canada. In: 113th Scientific Session of Institute of Textile Science, October 7, 2014, Montreal, QC, Canada.

[106] Vigo, T.L., Thibodeaux, D.P., 2001. Cross-linked polyol fibrous substrates as multifunctional and multi-use intelligent materials. In: Tao, X. (Ed.), Smart Fibres, Fabrics and Clothing. Woodhead Publishing Ltd & CRC Press LLC, Boca Raton, FL, Boston, MA, New York, NY, Washington, DC, USA, Cambridge, UK, pp. 83-92.

[107] Wagner, N.J., Brady, J.F., 2009. Shear thickening in colloidal dispersions. Physics Today 62 (10), 27-32.

[108] Walker, K., Robson, S., Ryan, N., Mallen, L., Sibbick, R., Budden, G., Mepham, A., 2008. Active protection system. Advanced Materials & Processes 166 (9), 36-37.

[109] Wells, R., Hunt, S., Hurley, K., Rosati, P., 2010. Laboratory assessment of the effect of heavy rubber glove thickness and sizing on effort, performance and comfort. International Journal of Industrial Ergonomics 40, 386-391.

[110] Willis, H.H., Castle, N.G., Sloss, E.M., Bartis, J.T., 2006. Protecting Emergency Responders, Volume 4: Personal Protective Equipment Guidelines for Structural Collapse Events. The Rand Corporation, Santa Monica, CA, USA, 82 p.

[111] Yu, Y.-J., Hearon, K., Wilson, T.S., Maitland, D.J., 2011. The effect of moisture absorption on the physical properties of polyurethane shape memory polymer foams. Smart Materials and Structures 20, 6 p.

[112] Zheng, Y.Q., Deng, S., Niu, L., Xu, F.J., Chai, M.Y., Yu, G., 2011. Functionalized cotton via surface-initiated atom transfer radical polymerization for enhanced sorption of Cu(II) and Pb(II). Journal of Hazardous Materials 192, 1401-1408.

23 个人防护装备的可穿戴技术

J. Decaens，O. Vermeersch
CTT 集团，加拿大魁北克

23.1 前言

个人防护装备（PPE）是指劳动者穿戴的具有防护各种机械或化学危害的特殊服装或配件，如服装、头盔、手套等。选择个人防护装备时，舒适性和适合性至关重要，因为它会影响穿戴者的防护性和灵活性，穿戴者可能会因为摔倒而面临更大的危险。个人防护装备可以根据需要保护的身体部位分为不同的类别[6]：眼睛和脸、头、脚和腿、手和手臂、身体、听觉。

23.1.1 个人防护装备中可穿戴设备的需求

涉及穿戴个人防护装备的高危情况往往是工人的压力来源，他们的体温、心率和呼吸频率都会急剧上升。因此，有必要监测工人的生理指标，以避免事故，并能够提醒同事。此外，肾上腺素的激增也会影响穿戴者对外界环境的感知。据报道[21]，许多消防员在高温下暴露很长一段时间后感觉不到热，因此会被灼伤。这个例子引起了人们对穿戴者的周围环境的关注，并证明了个人防护装备需要配备温度和湿度传感器。理想情况下，个人防护装备能够监控自身，并检测出任何未能履行其保护功能的情况。

23.1.2 不同层次的集成

增加可穿戴设备不应妨碍个人防护装备的舒适性或穿戴者的灵活性。因此，需要高水平的集成，但这种集成并不总是能够满足需要。事实上，电子元器件与纺织基底之间的亲密程度可以分为三类：

（1）低水平的集成意味着可穿戴设备是在制造的最后一步——组装过程中添加的。

（2）中等程度的集成是功能组件直接嵌入织物结构中。

（3）高水平的整合需要在纤维中加入活性元素。

通过在制造步骤上的逆向操作，可以提高穿戴设备各部件与个人防护装备之

448

间的交互程度。但是，难度也会增加，并可能带来更多的挑战，比如洗涤后的耐久性，因为功能部件不再是可拆卸的。

23.1.3　世界各地的项目

许多研究项目已经在世界各地进行，目的是将可穿戴设备整合到防护设备中，主要是为了能够监测人体生理参数，同时也为了取代通常添加到制服上的笨重电子设备。例如，在欧洲，普罗普西（Propsie）项目旨在开发一种内置的冷却系统和生理传感器，以评估工作人员的热状态。同年，Safe@ sea 项目启动，目标是将传感器集成到一件完全防水的外衣内，以探测落水情况。

尽管在这一领域有大量的公共资金，但是商业化的产品很少。在美国，全球消防"黄蜂"系统在 2013 年开始用于部分训练[13]。在法国，萨基姆（Sayem）的 FELIN 系统已进入生产阶段，并于 2015 年开始装备兵团。为了促进新产品进入市场，还必须解决个人防护装备的工业管制、标准化和公共采购问题。

23.2　电力和数据传输

与传统技术相比，可穿戴设备的主要优势在于其移动过程中的供电能力和数据传输能力。为了让传感器分析和记录测量值，它们需要通过导电材料连接到电源，在这种情况下，导电材料必须是线性和连续的。

所需的导电性水平可能比用于制造传感器的导电材料高，因为纱线的几何形状决定了其比表面更小，必须承受更高的电流密度。

数据的传输越来越多地通过无线通信系统来完成。蓝牙或 RFID 芯片的集成可以存储数据，并能远程访问它们。

23.2.1　导电材料

金属材料因高导电性而得到广泛应用。然而，它们在耐久性方面也表现出弱点，尤其是当暴露于汗水或护理（如洗涤周期、干燥等）引起的潮湿环境时。

主要考虑三种类型的金属材料[39]作为电线和数据传输用途，其主要性能见表 23.1。

在大多数商业用导电纱线中，如 Shieldex®[1] 或 SilverPam®，是在聚酰胺芯纱上镀银。因此，虽然银的固有电导率高于其他金属，但可以镀在纱线上的银的重量仍然有限，影响纱线的整体电导率。铜和不锈钢通常作为 100% 的金属纱线使用[50]，或与其他纱线（如涤纶）混纺使用。金属的重量比银大得多。

表 23.1　金属导电材料性能综述

材料	银	铜	不锈钢
电导率（S/m）	$6.30×10^7$	$5.96×10^7$	$1.45×10^6$
耐腐蚀性	极低	低	好
价格	高	中等	中等
其他性能	导热、抗菌、反光	导热	机械力阻

　　银粒子也可以用来制造导电油墨，然后印刷在纺织品基材上，最初是为智能卡和印刷电路板开发的，但在柔性电路领域得到了广泛应用。一些主要的挑战仍然存在[38]，在导电油墨可以应用于生产环境之前，油墨黏度[48]要根据使用过程来定（下一节讨论）。此外，提高油墨洗涤后耐久性的解决方案仍在研究中。

　　最近的研究集中在利用碳纳米颗粒来提高传统聚合物纱线的导电性能，即所谓的导电聚合物复合材料[12]。碳纳米颗粒的优点是具有很高的耐久性和对湿热等有害因素的抵抗力。使用碳填料时，缺点是纱线的价格要比金属纱线高得多，而且很难在聚合物基体中引入碳填料，同时很难与传统加工设备保持良好的分散性和内聚力。因此，Xue 等[59]研究了不同的加工方法，如湿纺和涂层。根据他们的经验，碳纳米管与 PVA（聚乙烯醇）混合以改善其分散性。

　　导电聚合物虽然还处于研究阶段，但也引起了人们的广泛关注。聚合物如聚苯胺[24]、聚吡咯、聚乙炔和聚噻吩本质上是半导体，因为它们的单键和双键交替产生电荷离域。因此，电化学掺杂可以用来提高导电性。然而，这些聚合物具有很好热稳定性和化学稳定性[31]，大多数情况下需要与另一种聚合物（如聚氨酯或聚酰胺）混合才能使用。气相沉积是该领域一种常用方法，已经被很多研究人员报道过，如 Najar 等[40]，Kaynak 等[22]。这项技术比静电纺丝技术更适合工业化生产，而静电纺丝则主要用于研发或用于特定的利基产品过滤。

23.2.2　加工方法

　　为了在不限制穿戴者移动的情况下将传感器连接到电源，导电纱线的位置特别重要。通常，导电纱线单独放置在接缝处，这样就不会被感觉到。经常使用刺绣技术（图 23.1）使导电纱保持原位。如果导电纱的位置是预先确定的，也可以采用机织或针织技术。

　　导电油墨主要用于数码印刷，因为它可以更好地控制各种参数，如油墨的数量、基材的温度等。当需要高分辨率[23]或图案复杂时，通常使用喷墨打印。喷墨打印的不便之处在于，油墨打印在织物上后需要固化[54]。喷墨打印机没有配备温度超过 70℃ 的加热系统，因此，基材必须转移到烤箱中固化。最近，Grouchko 等[18]开发了一种可以在室温下烧结的银导电油墨，避免了额外的固化步骤。

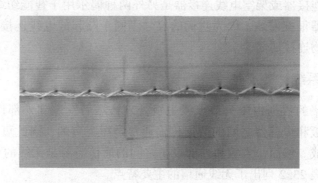

图 23.1　刺绣导电纱

　　丝网印刷和自旋涂布也常与导电油墨一起使用，但自旋涂布技术主要用于成膜或表面覆盖，不适用于生产传输线。Yang 等[60] 报道了丝网印刷银导电履带在纺织品上的防水耐用性。在银层的顶部印刷一层密封层，用于防水和防磨损。

23.2.3　连接器类型

　　导电纱与电源的连接通常涉及焊接[34]。然而，导电纱必须与焊料兼容，以提供良好的附着力。此外，与导电纱的柔韧性相比，焊锡区的硬度会产生高应力点，并可能随着时间的推移而断裂。应力释放管可以放置在焊料的每一侧，由于其半刚性结构，将有助于降低应力集中。

　　卡扣连接器也被广泛使用，因为卡扣经常用于服装装配。如图 23.2 所示，将导电纱缝在基底的一侧[7]，另一侧连接电路板。

图 23.2　快速连接器

带状电缆连接器或架空电线连接器是另外两种偶尔用于智能纺织品的连接器。带状电缆连接器很难安装，因为它们的尺寸不同于凸起的电线连接器，后者轮廓较小，但与织物连接薄弱。

23.2.4 通信系统

传感器收集的数据由中央节点或主板处理，然后发送到外部设备，如手机、计算机等。主板和传感器之间的数据传输通常是短距离的，因此可以通过电线或无线链路来完成。然而，主板和外部设备之间的通信需要是无线的[45]，以使穿戴者可以移动。表 23.2 列出了无线通信的主要特点。

表 23.2 无线通信的主要标准及其特点

技术	无线个域网（Zigbee）	蓝牙	无线局域网（Wi-Fi）
频率	868/915MHz；2.4GHz	2.4GHz	2.4GHz；5GHz
传输速率	250 Kbps	1 Mbps	55Mbps
范围（平均）	10～100m	50m	100m
能耗	30mW	50mW	700mW

Wi-Fi 通信系统可以提供比蓝牙和 Zigbee 更高的传输速率和更远的传输距离，但它也使用超过后面两者 10 倍的能量[33]。功耗是一个关键参数，因为电池的重量必须保持在尽可能低的水平，同时持续尽可能长的时间。

数据传输的一个重要的因素是私有信息的安全性。通常通信协议是加密的，在允许访问数据之前需要身份验证。从这方面来看，Wi-Fi 稍落后于它的竞争对手[4]，因为它的认证过程是可选的，并且通常使用开放系统认证。

23.3 嵌入式纺织品监控传感器

大多数纺织品传感器是基于导电材料的使用。事实上，电阻取决于[9]，机械应变、温度或湿度等因素。当机械应变作用在导电元件上时，电阻的变化被称为压阻[8]，可以通过推导欧姆定律来估计式（23.1）：

$$R = \frac{\rho \times l}{A} \tag{23.1}$$

其中，ρ 为电阻率（Ωm），l 为导体的长度（m），A 为横截面积（m^2）。

由温度引起的电阻变化只能用线性方程[32]来近似表示，而且只能在一定的温度范围内。如式 23.2 所示：

$$R(T) = R_0[1 + \alpha(T - T_0)] \tag{23.2}$$

其中，T 为某一时刻的温度（K）；T_0 为初始温度；R_0 为初始电阻；α 为电阻温度系数是一个常数，取决于金属的性质，变化范围为 $3\times10^{-3} \sim 6\times10^{-3}\mathrm{K}^{-1}$[42]。

最后，湿度对电阻的影响可以用电容材料或电阻材料来观察。对于电容元件，湿度会影响介电常数（k）[16]，其计算公式为：

$$k = 1 + \frac{210[P + \frac{48 \times P_s}{T} \times H]}{T} \times 10^{-6} \tag{23.3}$$

其中，T 为温度（K）；P 为气压（mmHg）；P_s 为一定温度 T 下饱和水蒸气的压力（mmHg）；H 为相对湿度（%）。电阻率与湿度呈正线性关系，而电阻率与湿度呈反比关系[15]，即电阻率会降低湿度水平的升高。然而，由于其精度较低，电阻器件的使用比电容器件少得多。

23.3.1 心电图和肌电图传感器

每次心跳时，微小的脉冲通过皮肤发出，这些脉冲可以被导电电极检测和转换[49]，从离子流转换为电流（ECG）更容易测量。电极由导电纱线制成，考虑其抗菌性能和生物相容性时，电极通常是银的[25]。或者考虑其抗湿性时，导电纱线通常是不锈钢的[51]。产品有针织物和刺绣纱线等。然而，CTT 集团更喜欢针织物结构，因为其有更好的拉伸性，与皮肤有更好的接触。

CTT 集团的创新产品有针织面料、电极和传输通道，全部采用全成形针织机技术电子控制生产。全成形技术[10]的优势在于工件已经预先成形，只需组装即可。传输通道用于插入导电线与电子设备连接。

电极在第一针床上编织，然后在第一针床对面的第二针床上制作基布。使用嵌入式针织技术，可以实现一个独立区域的编织，不同的线程，不像提花技术那样在背面可以看到松散的纱线。在嵌入式针织技术中，可以在同一过程中使用两个纱线载体：一个用于导电线，另一个用于非导电线[46]。

然后将创建的两个面沿四个边连接在一起，使用隔离线来保持三维形状，也称为"枕形"，如图 23.3 所示。传输通道采用由非导电螺纹制成的管状结构，并在管状结构中插入来自电极的单个导电螺纹[5]。

这种电极还可用于监测肌肉活动（EMG），以评估佩戴者的表现，或评估需要长时间卧床休息的伤者或患者的康复情况。

23.3.2 呼吸传感器

呼吸传感器通常测量每次吸气和呼气时胸腔的容积变化。这种体积变化可以通过两种模式来感知：机电模式和光学模式。

导电纱线[53]可以编织或刺绣成正弦波形状，以保持如图 23.4 所示的延展性，

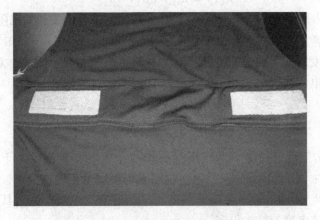

图 23.3　CTT 集团开发的集成电极原型

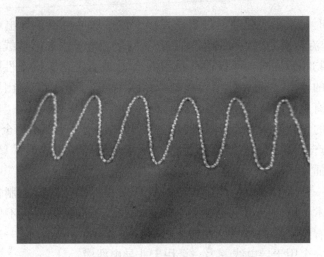

图 23.4　将导电纱刺绣成正弦波形状

并在胸部周围形成图案。体积的变化将引起导电纤维间距的变化，这可以转化为电阻的变化。压阻材料（纱线或薄膜）[19]也可以应用于此，其工作原理与电线类似。在这种情况下，电阻的变化是由每一次吸气对材料施加的压力引起的。

由于光纤不受磁共振成像环境中电磁辐射的影响，其在生物监测和健康应用方面也发挥着重要的作用。

2008 年开始的欧洲项目[17]将光纤传感器嵌入医疗用技术纺织品（OFSETH）中，探索了三种技术来开发光纤作为传感器的潜力[41]。弯曲损耗技术利用光纤的变形来触发光源在光纤中传播模式的变化。长度的变化将导致光检测器观察到的不同强度级别。

光学时域反射测量[38]或光纤光栅（Bragg fiber）[57]等技术可以考虑运用。然而，硅纤维等无机光纤的弹性较差，难以融入纺织结构中。有机聚合物纤维布拉格光栅的发展将是一个潜在的解决方案，目前世界上有两个研究小组在研究[47,56]。

23.3.3　温度传感器

为了准确地测量温度，有人研究纺织结构内传感器带的集成，他们使用聚合薄膜，主要是用 Kapton™[3]作为基板，在其上沉积薄金属层。结合光刻技术、喷墨打印或旋转涂层创建所需的模式。金属材料的选择范围很广，有银、金、钛和铂。

传感膜制成后可以将其切割成条状，以便插入纺织结构中。2011 年，Kinkeldei 等[26]已经制成一条宽度只有 500μm 的带材，使用导电纱线与每条带材建立稳定的接触。

2013，Mattana 等[36]报道了使用不锈钢纱线来达到这一目的。纱线与条带对齐，用导电环氧树脂将其黏合在一起。观测结果表明，传感器具有线性行为，这是应用式（23.2）计算结果温度所必需的。需要注意的是，利用印刷技术制作的传感器的电阻温度系数比用传统技术（如光刻）制作的传感器要低得多。

波兰的研究人员[52]试图通过连续涂层将传感器直接转移到纤维上。采用聚偏氟乙烯单丝作为核心传感器。在单丝周围加入一层由聚甲基丙烯酸甲酯基体中的多壁碳纳米管组成的热敏层，并由硅层包裹，只在每一端留下接触点。

初步测试结果表明，该温度传感器纱的性能良好，但仅在 30~45℃的极小范围内有效，且电阻温度系数变化较大。建议对热敏层和封装技术进行优化，以供进一步研究。

23.3.4　湿度传感器

湿度传感器有两种：电容式和电阻式。电容式传感器的工作原理是基于体积现象[30]，电阻式传感器则更多的是基于表面现象。电阻式传感器通常也称为聚电解质传感器，因为它们大多使用具有亲水性离子中的交联聚合物嫁接到聚合物主干上。交联密度将直接影响传感器的吸湿能力，而离子种类的性质和浓度将影响传感器的导电性。

共轭聚合物[11]具有一定的导电性。如聚苯胺[37,44]和聚（3,4-乙烯二氧噻吩）—聚（4-苯乙烯磺酸盐）（PEDOT-PSS）[14]。根据传感器的类型，推荐使用不同的材料列于表 23.3 中。

其成品是一种膜，通常由多层组成，像 Kapton™这样的材料经常以胶片的形式出售。Weremczuk 等[58]报道了使用喷墨打印机在 Nafion™层上绘制电极的特定图案，制得的传感器令人满意，但耐久性和长期稳定性仍然是一个问题。

表 23.3　用于制造湿度传感器的各种材料

传感器种类	材料种类	示　例
电容式传感器	纤维素酯类	醋酯纤维 醋酯丁酯纤维素
	聚酰亚胺树脂	Kapton™ Pyralin™
电阻式传感器	聚电解质	磺酸钠盐（Nafion™） 季铵盐 磷盐
	共轭聚合物	聚苯胺 PEDOT-PSS

23.4　寿命终端信号

　　个人防护设备，如安全吊带，是全天穿戴，并可能遭受不同类型的损伤，其中一些是可见的，而另一些如擦伤和紫外线攻击对用户来说是不可见的。此时，个人防护设备不能提供与新设备相同的保护级别。目前还没有准确的方法来确定保护装置是否仍然保持其原有的结构强度。对于此问题，基本规则是在一段时间后更换安全设备，而不考虑实际使用时间。因此，寿命指标的集成可以防止仍然有用的设备的浪费，并为用户提供必要的保护。将导电纱线集成到织带上，可以通过测量这些导电网络的电阻来检测主要的磨损或切割。

23.4.1　导电带的发展

　　为了尽可能减少干扰，传感器网络在织造过程中应直接集成[55]，原材料需要与织带的主要组件兼容，可选用具有导电性能和高力学性能的不锈钢纱线来完成导电功能。同样重要的是，导电纱不能与产品染料中的颜料发生反应，即不锈钢表现出良好的化学惰性。为了覆盖整个带子的宽度，六根不锈钢长丝被插入其中。几款原型机使用了不同的保护面：有些在表面每一英寸的地方都有浮在三尖或一尖上的漂浮物；另一些根本没有漂浮物。该织造工艺已在雅各布米勒（Jakob Mueller）织机上完成。染色前的样带如图 23.5 所示。

　　背带一般经过染整处理获得明亮的黄色，具有较高的可视性，如图 23.6 所示。样带尺寸的变化跟工艺有关，大多也受原材料（如聚酯）的影响。由于不锈钢不

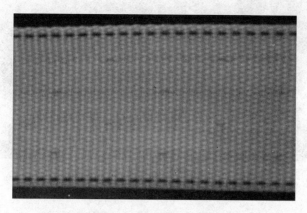

图 23.5　染色前样带原型

受影响，它可以在浮球的水平上产生过馈，如图 23.6 所示。因此，为了防止这种现象的发生，有必要在高压下进行织造。

图 23.6　显示循环浮动的染色带

23.4.2　磨损测试

磨损测试的主要目的是确定电阻与磨损程度之间的关系，而磨损程度也会影响其断裂载荷。根据 ASTM 4157-10《纺织织物（摆动圆筒）耐磨性试验方法》研制的磨损试验台如图 23.7 所示。这一标准已被修订，为了更具体地测量磨损周期中的电阻。

在条带端部设置数据采集系统，记录磨损试验过程中的电阻。测量不是对六根纱线分别进行，而是分三对纱线进行，如图 23.8 所示。

为了将电气测量、磨损程度和机械阻力联系起来，必须在 5 万次磨损周期后进行破断载荷测试。

图 23.7 磨耗试验台，左侧为摆动气缸，右侧为连接和数据采集系统

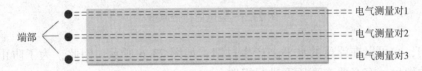

图 23.8 电气测量模式

23.4.3 切割测试

切割测试的原理是，如果刀片接触到不锈钢纱线，电子设备会自动报警。在这种特殊情况下，任何编织图案都不会浮在表面，以避免误认为是短路检测。6 条不锈钢纱线都嵌入带子的厚度内，并分散在宽度内。

本实验研究了图 23.9 所示的缝线对导电纱线的潜在损伤。电气测量采用了与磨损测试相同的方法，如图 23.8 所示。结果表明，数值稳定，且不受缝纫影响。

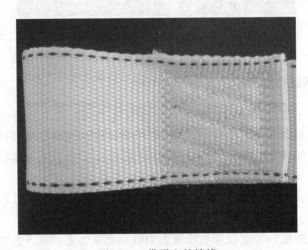

图 23.9 带子上的缝线

如果刀片有足够的强度穿过第一层并到达导电丝，则切割检测硬件可以正常工作。图 23.10 显示了一个切割的例子，左边的切口被检测到，但是右边的小切口没有被检测到。随着时间的推移，较小的切口也可以降低皮带的断裂负荷，并给工人带来危险。

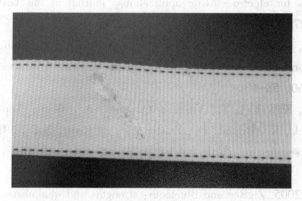

图 23.10　对各种强度的皮带进行多次切割试验

23.5　结论和展望

将传感器集成到个人防护设备中，可以帮助专业人员了解他们的健康状况和周围环境，继而做出明智的决策，从而提供更高层次的保护。在化学和生物保护领域可以受益于这种传感器。化学变色和生物变色材料已经被研究[27]，以评估它们在军事应用中的潜力，因为它们能够在检测到特定的化学或生物制剂时改变颜色。然而，颜色等级只能被视为一个主观参数，因此，不能提供足够准确的危险等级评估。

此外，新一代可穿戴设备不应局限于对某些参数的检测，还应能够对这些参数做出反应，并根据所接收到的信息对纺织结构进行调整。形状记忆聚合物[20]具有根据特定刺激（如温度或湿度）改变其形状的能力，它们在个人防护装备中的发展和整合可能会使智能制服不需要穿戴者进行任何手动操作。

可穿戴技术的另一个即将遇到的问题是对电源的需求，这就产生了额外的重量。在能量收集领域已经做了大量的研究，基于柔性太阳能电池板的使用[29]，或者身体的机械能[43]，甚至身体的热能[35]，都正在研究中，但转化率仍然太低，无法利用，但这些系统已经显示出巨大的潜力。

参考文献

[1] Alagirusamy, R., Eichhoff, J., Gries, T., Jockenhoevel, S., 2013. Coating of conductive yarns for electro-textile applications. Journal of the Textile Institute 104 (3), 270-277.

[2] Jiménez, L., Rocha, A.M., Aranberri, I., Covas, J.A., Catarino, A.P., 2009. Electrically conductive monofilaments for smart textiles. Advances in Science and Technology 60, 58-63.

[3] Ataman, C., Kinkeldei, T., Vasquez-Quintero, A., Molina-Lopez, F., Courbat, J., Cherenack, K., Briand, D., Troster, G., de Rooij, N.F., 2011. Humidity and temperature sensors on plastic foil for textile integration. Procedia Engineering 25, 136-139.

[4] Baker, N., 2005. ZigBee and Bluetooth: strengths and weaknesses for industrial applications. Computing and Control Engineering 16 (2), 20-25.

[5] Begriche, Aldjia, et al., May 2015. Fully integrated three-dimensional textile electrodes. U.S. Patent No. 9,032,762, 19.

[6] Brauer, R. L., 2006. Personal Protective Equipment. Safety and Health for Engineers, second ed., pp. 513-536.

[7] Buechley, L., Eisenberg, M., 2009. Fabric PCBs, electronic sequins, and socket buttons: techniques for e-textile craft. Personal and Ubiquitous Computing 13 (2), 133-150.

[8] Carmona, F., Canet, R., Delhaes, P., 1987. Piezoresistivity of heterogeneous solids. Journal of Applied Physics 61 (7), 2550-2557.

[9] Castano, L.M., Flatau, A.B., 2014. Smart fabric sensors and e-textile technologies: a review. Smart Materials and Structures 23 (5), 053001.

[10] Cebulla, H., Diestel, O., Offerman, P., March 2002. Fully fashioned biaxial weft knitted fabrics. Autex Research Journal 2, 8-13.

[11] Chen, Z., Lu, C., 2005. Humidity sensors: a review of materials and mechanisms. Sensor Letters 3 (4), 274-295.

[12] Cochrane, C., Koncar, V., Lewandowski, M., Dufour, C., 2007. Design and development of a flexible strain sensor for textile structures based on a conductive polymer composite. Sensors 7 (4), 473-492.

[13] Dalsgaard, C., Sterrett, R., 2014. White paper on smart textile garments and devices: a market overview of smart textile wearable technologies. Market

Opportunities for Smart Textiles 2014, 11 p.

[14] Daoud, W.A., Xin, J.H., Szeto, Y.S., 2005. Polyethylenedioxythiophene coatings for humidity, temperature and strain sensing polyamide fibers. Sensors and Actuators B: Chemical 109 (2), 329-333.

[15] Farahani, H., Wagiran, R., Hamidon, M.N., 2014. Humidity sensors principle, mechanism, and fabrication technologies: a comprehensive review. Sensors 14 (5), 7881-7939.

[16] Fraden, J., 2004. Handbook of Modern Sensors: Physics, Designs, and Applications. Springer Science and Business Media.

[17] Grillet, A., Kinet, D., Witt, J., Schukar, M., Krebber, K., Pirotte, F., Depré, A., 2008. Optical fiber sensors embedded into medical textiles for healthcare monitoring. Sensors Journal, IEEE 8 (7), 1215-1222.

[18] Grouchko, M., Kamyshny, A., Florentina Mihailescu, C., Florin Anghel, D., Magdassi, S., 2011. Conductive inks with a "built-in" mechanism that enables sintering at room temperature. ACS Nano 5 (4), 3354-3359.

[19] Huang, C.-T., Shen, C.-L., Tang, C.-F., Chang, S.-H., 2008. A wearable yarn-based piezo-resistive sensor. Sensors and Actuators A: Physical 141 (2), 396-403.

[20] Jayaraman, S., 2014. A note on smart textiles. IEEE Pervasive Computing 2, 5-6.

[21] Kantor, M., Brown, C., 1996. US Department of Commerce, US Fire Administration.

[22] Kaynak, A., Najar, S.S., Foitzik, R.C., 2008. Conducting nylon, cotton and wool yarns by continuous vapor polymerization of pyrrole. Synthetic Metals 158 (1), 1-5.

[23] Kim, D., Moon, J., 2005. Highly conductive ink jet printed films of nanosilver particles for printable electronics. Electrochemical and Solid-State Letters 8 (11), J30-J33.

[24] Kim, B., Koncar, V., Dufour, C., 2006. Polyaniline-coated PET conductive yarns: study of electrical, mechanical, and electro-mechanical properties. Journal of Applied Polymer Science 101 (3), 1252-1256.

[25] Kim, J.S., Kuk, E., Yu, K.N., Kim, J.H., Park, S.J., Lee, H.J., Cho, M.H., 2007. Antimicrobial effects of silver nanoparticles. Nanomedicine: nanotechnology. Biology and Medicine 3 (1), 95-101.

[26] Kinkeldei, T., Zysset, C., Cherenack, K.H., Troster, G., 2011. A textile integrated sensor system for monitoring humidity and temperature. In: Solid-state Sen-

461

sors, Actuators and Microsystems Conference (TRANSDUCERS), 2011 16th International. IEEE, pp. 1156-1159.

[27] Korotcenkov, G., 2013. Handbook of Gas Sensor Materials: Properties, Advantages and Shortcomings for Applications Volume 1: Conventional Approaches. Springer Science and Business Media.

[28] Krebber, K., Lenke, P., Liehr, S., Witt, J., Schukar, M., 2008. Smart technical textiles with integrated POF sensors. In: The 15th International Symposium on: Smart Structures and Materials and Nondestructive Evaluation and Health Monitoring. International Society for Optics and Photonics, p. 69330V.

[29] Krebs, F.C., Hösel, M., 2015. The solar textile challenge: how it will not work and where it might. ChemSusChem 8 (6), 966-969.

[30] Kulwicki, B.M., 1991. Humidity sensors. Journal of the American Ceramic Society 74 (4), 697-708.

[31] Kumar, D., Sharma, R.C., 1998. Advances in conductive polymers. European Polymer Journal 34 (8), 1053-1060.

[32] Larrimore, L.M., 2005. Low temperature resistivity. Swarthmore College Computer Society, 11 p.

[33] Lee, J.-S., Su, Yu-W., Shen, C.-C., 2007. A comparative study of wireless protocols: Bluetooth, UWB, ZigBee, and Wi-Fi. In: Industrial Electronics Society, 2007. IECON 2007. 33rd Annual Conference of the IEEE. IEEE, pp. 46-51.

[34] Lehn, D., Neely, C., Schoonover, K., Martin, T., Jones, M., 2004. e-TAGs: e-textile attached gadgets. In: Proceedings of Communication Networks and Distributed Systems: Modeling and Simulation.

[35] Leonov, V., 2013. Thermoelectric energy harvesting of human body heat for wearable sensors. IEEE Sensors Journal 13 (6), 2284-2291.

[36] Mattana, G., Kinkeldei, T., Leuenberger, D., Ataman, C., Ruan, J.J., Molina-Lopez, F., Vasquez Quintero, A., et al., 2013. Woven temperature and humidity sensors on flexible plastic substrates for e-textile applications. IEEE Sensors Journal 13 (10), 3901-3909.

[37] McGovern, S.T., Spinks, G.M., Wallace, G.G., 2005. Micro-humidity sensors based on a processable polyaniline blend. Sensors and Actuators B: Chemical 107 (2), 657-665.

[38] Meoli, D., May-Plumlee, T., 2002. Interactive electronic textile development: a review of technologies. Journal of Textile and Apparel, Technology and Management 2 (2), 1-12.

[39] Mestrovic, M., Helmer, R. J. N., Kyratzis, L., Kumar, D., 2007. Preliminary study of dry knitted fabric electrodes for physiological monitoring. In: 3rd International Conference on Intelligent Sensors, Sensor Networks and Information, 2007, ISSNIP 2007. IEEE, pp. 601–606.

[40] Najar, S.S., Kaynak, A., Foitzik, R.C., 2007. Conductive wool yarns by continuous vapour phase polymerization of pyrrole. Synthetic Metals 157 (1), 1–4.

[41] Narbonneau, F., Jeanne, M., Kinet, D., Witt, J., Krebber, K., Paquet, B., Depre, A., Logier, R., 2009. OFSETH: smart medical textile for continuous monitoring of respiratory motions under magnetic resonance imaging. In: Annual International Conference of the IEEE Engineering in Medicine and Biology Society, 2009, EMBC 2009. IEEE, pp. 1473–1476.

[42] Nave, C.R., 2001. Temperature Coefficient of Resistance. In le site internet de Georgia State University, Department of Physics and Astronomy. En ligne. http://hyperphysics.phy–astr. gsu.edu/hbase/electric/restmp.html. Consulté le 22 janvier 2014.

[43] Nilsson, E., Mateu, L., Spies, P., Hagstrom, B., 2014. Energy harvesting from piezoelectric textile fibers. Procedia Engineering 87, 1569–1572.

[44] Nohria, R., et al., 2006. Humidity sensor based on ultrathin polyaniline film deposited using layer–by–layer nano–assembly. Sensors and Actuators B: Chemical 114 (1), 218–222.

[45] Pantelopoulos, A., Bourbakis, N.G., 2010. A survey on wearable sensor–based systems for health monitoring and prognosis. IEEE Transactions on Systems, Man, and Cybernetics, Part C: Applications and Reviews 40 (1), 1–12.

[46] Paradiso, R., 2004. Knitted textile for the monitoring of vital signals. U.S. Patent Application No. 10/581,476.

[47] Peng, G.D., Xiong, Z., Chu, P.L., April 1999. Photosensitivity and grating in dye–doped polymer optical fibers. Optical Fiber Technology 5 (2), 242–251.

[48] Perelaer, J., Smith, P.J., Mager, D., Soltman, D., Volkman, S.K., Subramanian, V., Korvink, J.G., Schubert, U.S., 2010. Printed electronics: the challenges involved in printing devices, interconnects, and contacts based on inorganic materials. Journal of Materials Chemistry 20 (39), 8446–8453.

[49] Pola, T., Vanhala, J., 2007. Textile electrodes in ECG measurement. In: 3rd International Conference on Intelligent Sensors, Sensor Networks and Information, 2007, ISSNIP 2007. IEEE.

[50] Post, E.R., Orth, M., Russo, P.R., Gershenfeld, N., 2000. E–broidery: design

and fabrication of textile-based computing. IBM Systems Journal 39 (3-4), 840-860.

[51] Schwarz, A., Kazani, I., Cuny, L., Hertleer, C., Ghekiere, F., De Clercq, G., Van Langenhove, L., 2011. Electro-conductive and elastic hybrid yarnsthe effects of stretching, cyclic straining and washing on their electro-conductive properties. Materials and Design 32 (8), 4247-4256.

[52] Sibinski, M., Jakubowska, M., Sloma, M., 2010. Flexible temperature sensors on fibers. Sensors 10 (9), 7934-7946.

[53] Van Langenhove, L., Hertleer, C., 2004. Smart clothing: a new life. International Journal of Clothing Science and Technology 16 (1/2), 63-72.

[54] Van Osch, T.H.J., Perelaer, J., de Laat, A.W.M., Schubert, U.S., 2008. Inkjet printing of narrow conductive tracks on untreated polymeric substrates. Advanced Materials 20 (2), 343-345.

[55] Vermeersch, O.G., Begriche, A., Decaens, J., Mlynarek, J., 2013. Wearable technologies for PPE: power and data transmission, environment monitoring, temperature, alarms, embedded textile sensors, end-life indicators. In: 3rd International Conference of Engineering Against Failure (ICEAF III).

[56] Webb, D., et al., September 19-21, 2005. Grating and interferometric devices in POF. In: Proc. 14th Int. Conf. Polymer Optical Fiber, Hong Kong, China, pp. 325-328.

[57] Wehrle, G., Nohama, P., José Kalinowski, H., Ignacio Torres, P., Valente, L.C.G., 2001. A fibre optic Bragg grating strain sensor for monitoring ventilatory movements. Measurement Science and Technology 12 (7), 805.

[58] Weremczuk, J., Tarapata, G., Jachowicz, R., 2012. Humidity sensor printed on textile with use of ink-jet technology. Procedia Engineering 47, 1366-1369.

[59] Xue, P., Park, K.H., Tao, X.M., Chen, W., Cheng, X.Y., 2007. Electrically conductive yarns based on PVA/carbon nanotubes. Composite Structures 78 (2), 271-277.

[60] Yang, K., Torah, R., Wei, Y., Beeby, S., Tudor, J., 2013. Waterproof and durable screen printed silver conductive tracks on textiles. Textile Research Journal 83 (19), 2023-2031. http://dx.doi.org/10.1177/0040517513490063.

24　用于个人交流的电致变色纺织品显示器

C. Moretti, X. Tao, L. Koehl, V. Koncar
国立高等纺织工业技术学院 *GEMTEX* 实验室，法国鲁贝
里尔大学，法国里尔

24.1　前言

　　某些材料在受到特定外场的刺激，如温度变化、施加电势、光照、与溶剂接触、机械摩擦、压力等，其光学性质将发生改变。光学性质变化可以体现为颜色变化（反射性质）或光的发射。这些材料可以应用于纺织基材或者柔性纺织器件的开发。这种变色或发光装置有多种用途，从个人安全设备到宣传、设计领域，当然还有时尚领域。"交流纺织品"是一个新的研究领域，它发展为一种理念，即服装可以帮助人们识别和联系具有相同关注点的新朋友。纺织显示器连接到特定的控制系统，形成一种可视的、有吸引力的信号，可以相互识别，也可以作为一种新的通信方式。

24.2　发射性的织物装备

24.2.1　发冷光、电致发光和电致发光二极管

24.2.1.1　光致发光

　　发光材料在受到刺激时能够发出光而不产生热效应[1]。不同的外场刺激，例如将材料暴露在光下、温度升高或电流的作用，都会引起不同类型的发光现象，其中一些已经应用于织物中，如光致发光材料对光的照射是敏感的，它们吸收一定波长的光（通常是紫外光），然后发出另一种波长的光（通常是可见光）。光致发光有两种：荧光和磷光。荧光在去除光源后立即停止发射，而磷光可以持续数小时。荧光材料用于高能见度纺织品，磷光纺织品用于家居设计或产品。热致发光材料受热时会发光，一些纺织纤维，如聚酯或 PVC，受热能够发光，但这种热致发光的效应只发生在非常高的温度（高于 400℃），因此它们无法应用在常见领域[2]。

24.2.1.2　电致发光

电致发光材料是能够在电流或强电场作用下发光的材料。众所周知，电致发光材料也被用于刚性电子材料及柔性织物结构中。

一般来说，电致发光结构由以下四层构成，如图 24.1 所示：两种有机或无机电致发光材料，一种能够发射电子，另一种能够发射电子空穴；两个电极，这种电致发光材料可以是有机的或无机的[3]。其中至少有一个电极必须是透明的。固定在玻璃或塑料上的氧化铟锡（ITO）由于其良好的透明性和高导电性，常被用作电致发光面板的顶部电极。隐藏电极一般为反射金属层。然后将结构固定在适应最终应用的机械支撑层上。刚性或柔性都合适，但纺织面料更方便。当导电材料［如聚（3,4-乙烯二氧噻吩）—聚（苯乙烯磺酸盐）（PEDOT-PSS），一种导电聚合物］涂覆在纺织基材上时，可以用作底层电极[4]。当该结构与电源连接时，电子由阴极发射，电子空穴由阳极发射。光的发射是通过电子和电子空穴的辐射复合而发生的，通过激子的发射来释放它们的能量。随着单色光的发射，这个激子弛豫到先前的激发基态。发出光的颜色取决于所选的电致发光材料。有几种颜色可供选择：如以聚［2-甲氧基 5-（20-乙基己氧）-对苯乙烯］为有机半导体层，得到橙红色光；聚对苯乙烯发出绿色光，聚芴发出蓝色光[5]，同时，光的颜色可以通过添加滤镜来调节。电致发光结构的亮度随着外加电压的增加而增加，直至其饱和。电致发光器件所需电压为 100~1000V。光发射是可见的大视角，从几度到近 180°。电致发光结构老化非常缓慢，使用数万次后，光输出损耗低至 10%。

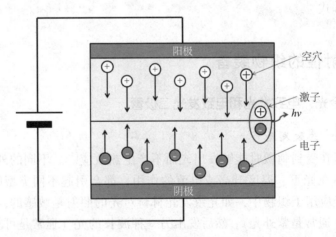

图 24.1　电致发光结构

电致发光结构发出均匀的表面光，特别适用于背光。自 1960 年以来，在汽车工业中，刚性电致发光板一直被用作反光显示器的背光板和仪表板的背光板。电致发光板轻而薄（1mm），当使用柔性电极时可弯曲。但它们对紫外线很敏感。

　　柔性电致发光器件从装饰纺织品到安全服装及时尚领域均有应用。电致发光材料可应用于导电纺织品，从而形成电致发光纺织器件[6]。西班牙技术中心CETEMMSA 在 2009 年发明了一种电致发光柔性纺织装置[7]（图 24.2）。在聚酰胺织物支架上涂覆一连续层，形成基于织物的电致发光装置。与电池连接时，这种统一的纯蓝色纺织品可以显示具有照明效果的文本、标识或图片。屏幕可以根据所施加的电压在不同的强度等级之间进行切换。2012 年，Lempa 等[8]获得了类似技术的专利。能够区分几个像素并且实现独立控制，将是纺织品电致发光显示器的创新。然而，只有少数电致发光颜料可用于该领域，所以这种显示器的调色板将受到限制。

图 24.2　电致发光柔性纺织装置[7]

　　还有一种电致发光灯丝，其结构是同心的，将导电纱线（如铜）涂上电致发光材料，然后用第二透明电极覆盖[9]。这种电致发光灯丝具有防水、柔韧等性能，通过上胶、织造或缝合，可以很容易地融入纺织服装中。电致发光灯丝可以固定在纺织品上，形成高能见度的服装。

24.2.1.3　电致发光二极管：LED 和 OLED

　　发光二极管（LEDs）是一种光电器件，其利用电致发光现象发出单色光。LED 利用多种无机电致变色材料发出红光、黄光、绿光、蓝光、红外光或紫外光，这些颜色可以组合起来产生新的颜色，如白色。Akasaki 等在 1992 年发明了蓝色LED 并获得了 2014 年的诺贝尔物理学奖。目前，LED 因低功耗、成本低、寿命长、色调调节幅度大而越来越多地用于照明等领域。它们也可以用于纺织应用程序中，LED 固定在纺织设备上，并可以进行独立控制，实现柔性纺织品发光显示。这种展示已经商业化，主要用于宣传活动或户外应用[10-11]。飞利浦公司开发了一种名为 Lumalive 的 LED 显示屏（图 24.2）。标准 Lumalive 显示屏的像素为 14×14，由三个发光二极管（一个红色，一个绿色，一个蓝色）组成，固定在一个灵活的塑料基板上并覆盖着 20cm×20cm 纺织面料。面料有助于扩散和软化 LED 屏，使它在视觉上更加舒适。每个像素的控制都可通过计算机或手机独立实现，可以动态显示 logo、图像或文字，在家具、服装、通信、健康和个人防护设备等方面具有极大的应用前景[12-13]。英国设计师 Hussein Chalayan 与 Moritz Waldemeyer 共同设计了由 15600 个独立控制的 LED 光源组成的"空降"服装（图 24.4），第一个纺织层支撑着所有的 LED 灯，然后通过覆盖在其上的薄纱使所发出的光扩散和均匀化[14-15]。2009 年，英国 CuteCircuit 公司设计了另一款 LED 连衣裙"银河礼服"，被认为是"世界上最大的便携式显示器"。它由 24000 个固定在丝绸织物支架上的 LED 灯组成，顶部有四块纺织面纱（图 24.5），所有的电子电路都固定在纺织品支架上，隐藏在裙衬里的 iPod 电池作为电源，可以使用 30~60min[16-17]。CuteCircuit 的设计师兼首席执行官 Francesca Rosella 和 Ryan Genz 在 2012 年利用 LED 纺织品展示的经验，设计了"T 恤 OS"，如图 24.6 所示。这件 T 恤包含 32×32 个多色彩 LED 灯、一个相机、一个麦克风、一个扬声器和一个加速计，它可以通过蓝牙连接到智能手机上。T 恤可以显示用户发送的图片、文字或动画，也可以显示集成摄像头拍摄的图片。它轻便、灵活、易洗，T 恤操作系统是 CuteCircuit 商业化的项目[18]。

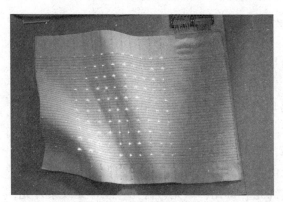

图 24.3　展示鲜活亮度
图：© 2007 飞利浦电子股份有限公司

图 24.4　"空降"服装[15]

有机发光二极管（OLEDs）使用有机电致发光材料，具体地说是半导体薄膜，如聚合物发光二极管（PLED）或小分子有机发光二极管（SMOLED）。OLED 显示器非常薄（100~500nm），功耗低，色彩多，如果使用柔性材料，可以更加灵活应用。一些柔性显示器已经被应用于电信领域。OLED 器件的主要缺点是寿命短，由

图 24.5 "银河礼服"[17]

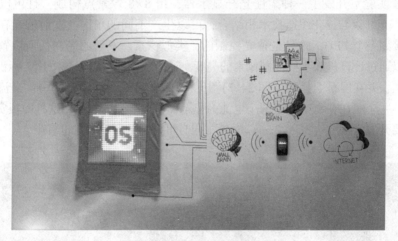

图 24.6 "T 恤 OS"[18]

于对氧气和湿度敏感，通常情况只能使用 14000h。一些设计和艺术项目使用固定在纺织品上的 OLED 显示器[19,20]，这种情况下的 OLED 是在塑料基底上形成，然后通过缝合或黏合固定在纺织设备上，这就限制了纺织结构的灵活性和舒适性。对于 OLED 灯丝的研制也在进行中[21]。

24.2.2 光学纤维

光纤是由聚合物（聚甲基丙烯酸甲酯、聚碳酸酯）、二氧化硅或石英制成的纤芯、氟聚合物制成的护套组成的柔韧而透明的细丝。有时也会添加额外的透明保护层。光纤主要用于远距离数据传输。由于光的全内反射，光纤可以将光线从一端传输到另一端，一根光纤可以以每小时 20 万千米的速度传输几千千米，而光不受任何损失。

通过避免某些点的全内反射现象，可制备沿其长度发光的纤维。对纤维表面进行机械（砂光）、化学（溶剂）或光学（激光）处理，使其降解，从而在纤维中形成开口，当连接到一个光源（如 LED 或激光二极管），这些开口释放光，纤维发光。

将光纤与传统的纺织纱线编织在一起可获得发光织物，这种面料轻薄、低消耗（约 $500W/m^2$），织物的颜色根据所连接光源的颜色来确定。RGB LED 可用于实现织物变色。发光织物的使用寿命约为 100,000h。其在平行于光纤的方向上可以完全弯曲和滚动，但在交叉方向上，织物的任何过度弯曲都可能导致光纤结构裂缝，从而造成光泄漏。

光纤面板可用于装饰或时尚领域，如发光的衣服、枕头、袋子或桌布[22]。普通光纤面板由于均匀的照明表面在背光反射显示中非常有用。光纤设备也被用于光动力治疗中，可治疗婴儿黄疸或皮肤癌等皮肤病[23]。2002 年，法国电信和 GEMTEX 实验室开发了一种柔性光纤显示器，由 8×8 像素点构成，且可以直接织进衣物。光纤束与提花织造技术相结合，可以生产不同的扇区。发射的光在每个扇区都连接到一个 LED，并且是独立控制的，类似像素。发射的光在任何位置都能看到。可以通过计算机和手机控制像素的亮度。通过控制器可以下载图片、标识、动画或短文本，并在屏幕上显示（图 24.7）[24]。该面板集成在两种产品中：交流夹克和交流袋。一个藏在夹克或包里的小电池为显示器供电。然而，利用这种面板实现动画显示需要开发大尺寸（3cm×3cm）设备，同时可显示的图片数量也有限。

图 24.7　法国电信和 GEMTEX 实验室[24]开发的光纤灵活显示

24.3　反射性设备

24.3.1　电泳显示

电泳现象描述的是粒子在电场作用下的运动。电泳显示器利用这一原理在电压下通过双色带电粒子的运动来切换图像。电泳显示器使用含有黑色或白色带电粒子的微胶囊，并填充液体，使其易于移动。一般来说，带正电的黑色粒子由炭黑组成，带负电的白色粒子由二氧化钛[25]组成。这些微胶囊夹在两个电极之间，其中一个是透明的。电场在结构上的作用使粒子根据电荷运动。单电场作用得到全白荧光屏，双电场作用得到全黑荧光屏。将显示器分割成几个独立控制的像素可以创建双色文本和图像。通过加入滤波矩阵，得到彩色图像。

第一种电子纸是 1976 年由美国施乐公司（Xerox）开发的一种名为 Gyricon 的旋转球形显示屏[26]，双色带电粒子包含在透明的液体中，微球的每一面都有不同的颜色和电荷，白色的一面带负电荷，黑色的一面带正电荷[27-28]。当电场作用于 Gyricon 显示器时，微球根据其极性旋转，显示一个面或另一个面（图 24.8）。另一种系统是由 SiPix 公司开发的，在两个电极之间放置装有黑色液体和白色带电粒子的微胶囊，根据所施加的电场，粒子的颜色或液体的颜色是可见的。然而，这种显示器的对比度较低（图 24.9）。目前广泛应用的系统是电子墨水（E Ink）系统，它使用两种带电粒子：黑色带正电荷的粒子和白色带负电荷的粒子。这些微粒包含在微胶囊中的透明液体中，并置于两个电极之间。当电场作用于该装置时，黑色粒子被阴极吸引，白色粒子被阳极吸引，这样就可以控制显示器的颜色（图 24.10）。

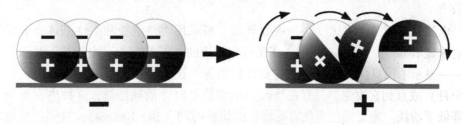

图 24.8　Gyricon 型电泳系统

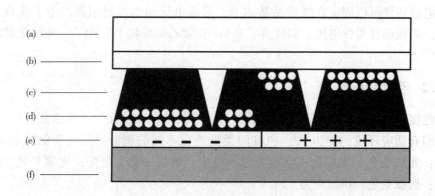

图 24.9　SiPix 型电泳系统

（a）透明的机械支撑，（b）透明的上部电极，（c）充满深色液体的微胶囊，（d）白色带电粒子，（e）底部电极，（f）机械支撑

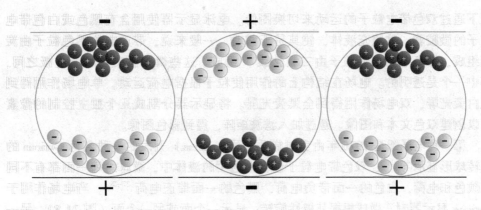

图 24.10　E Ink 型电泳系统

为了显示文本或图像，电极可以被分割成像素，并独立控制。电泳显示器的颜色过去仅限于黑色、白色和灰色阴影，为了获得全彩色显示器[29]，科研工作者开发了不同的方法。有时会添加彩色滤镜，但它们会破坏显示器的对比度。微胶囊填充的颜色液体和黑色颗粒也被使用。令人满意的解决方案是 E Ink 在 2013 年研发的采用黑、白、红三种带电粒子，不同的电荷可以单独控制，形成三色显示[30]。

电泳显示器薄、对比度高、视觉舒服，可采用柔性电极和柔性基体，形成柔性电泳显示器[31]。大约 15V 的电压是颜色切换的必要条件[32]。电泳技术是双稳态的——显示的信息保持不变，不需要任何电源，在理论上无限期（事实上，最多几个月）或直到它改变，只有在修改显示的信息时才消耗能量，这种内存效果大大降低了功耗。观察颜色变化需要较长的切换时间（50～1000ms），这是播放电影的一个障碍。

电泳装置可以固定在纺织品基体上，形成电泳纺织品显示器。为了获得柔性器件，必须选择柔性电极。2011 年，E Ink 在聚乙烯织物上实现了一种可滚动的原型机[33]。

24.3.2　变色纺织品

色度是材料根据刺激改变颜色的能力。变色材料也被称为"变色龙材料"，因为它们有适应环境的能力[34]。色度的类型是在不同的刺激导致其变化后定义的，例如：光致变色，光辐射；热致变色，温度；电致变色，电势；化学变色，化学环境；机械变色，机械应力。

24.3.2.1　光致变色

光致变色是材料由于暴露于电磁辐射（通常是紫外光）中而引起的光学性质的可逆变化。在变化过程中，不仅是吸收光谱发生变化，材料的几何结构、折射率或介电常数等化学、电气、力学和光学性质也发生了改变[35]。通常，这种变化发生在无色状态和有色状态之间。它不限于可见光谱，还可以发生在紫外和红外范围内[36]。光致变色反应是光化学（P型光致变色）或热致（T型光致变色）可逆的，当光致变色材料从辐射源[37]中去除时，通常发生逆反应。

许多有机和无机材料都具有光致变色的性质，如金属氧化物、钛酸盐、铜组分、汞组分、过渡金属氧化物等用于无机光致变色材料，螺吡喃类、螺噁嗪类、铬酮类、富勒烯类、氟酰胺类、二芳基乙烯等用于有机光致变色材料。

第一次提到光致变色效应是在19世纪，Fritzsche报道了橙色四环素溶液在阳光照射下的可逆漂白过程[38]。过去十年中，光致变色材料的使用显著增加。商用的有机或无机光致变色染料目前被用于许多领域，或刚性或柔性，包括阳光激活的响应式眼镜、安全打印、光学数据存储、化妆品、玩具或自适应窗口[39-40]。在安保应用及打击伪冒方面，可使用紫外光源活化不可见的发光文字或符号，以方便识别有关产品[37]。光致变色材料可通过染色、印花或涂布于织物载体上[41]。无机光致变色材料由于其更好的效率和对环境友好，通常是纺织应用的首选材料。在纺丝过程中，光致变色颜料也可以与合成材料混合，形成本质上的光致变色纤维[42]。在纺织设备的范围内，已经应用于响应伪装[43]、柔性紫外线传感器、品牌保护、响应窗帘、时尚和艺术。英国设计师艾米·温特斯（Amy Winters）利用印在纺织品上的光致变色油墨，创造了不同的阳光反射服装。"热带雨林"和"花瓣"裙子在室内是白色的，但在阳光下会变成紫色（图24.11）[44]。

图24.11　艾米·温特斯的"花瓣"连衣裙

通过将不同的光致变色材料混合在一起或将光致变色材料与经典染料混合，可以扩展光致变色材料的色调[45]。

创建一个完整的光控显示用于独立控制光致变色纺织品的不同区域。这个想法是由瑞典互动研究所提出的。紫外光灯独立照亮光致变色织物的不同区域，形成动态图案[46]。然而，光致变色变化缓慢，限制了纺织品显示的活力。

由于环境的影响，光致变色元件的循环寿命较短。光致变色材料对溶剂和高温敏感，因此对洗涤敏感[42]。经过大约20次洗涤后，光致变色效应消失。为了提高光致变色元件的使用寿命，通常采用微胶囊技术来保护光致变色元件。

24.3.2.2 热致变色

由温度变化引起的可逆变色或变色过程称为热变色。根据热变色材料的不同，颜色的变化发生在一个特定的温度，被称为热变色转变温度。当达到这个转变温度时，颜色变化发生得很快。热变色染料通常用于刚性材料，如温度计、安全印刷、化妆品、医疗热成像或食品包装。当应用于纺织品时，热致变色材料目前被用于时尚和家居装饰，例如，滑雪服、在接触热盘子时颜色会发生变化的桌布、颜色变化表明一个人坐在哪里的椅子，等等[47]。在智能纺织品领域，它们提供了功能性应用的可能性，如安全或伪装以及时尚美学应用。热变色纺织品可用作柔性温度传感器[40]。消防员的热变色安全制服已经研制出来了。制服在低温下是彩色的，但在高温下变成白色。这种颜色的变化有两个影响：它警告消防队员危险，同时，白色有助于反射热量[48]。第一次描述热变色现象是在1929年，当时描述的是一种无色的二-β-萘酚溶液加热后变成蓝色紫色，冷却后又失去颜色[49]。

根据其材料类别，热变色组分可分为有机和无机材料。大多数无机热致变色材料的转变温度都很高，不适合在纺织基材使用。有机热致变色材料是最常用的。它们的颜色变化可以直接或间接发生。直接热变色过程包括分子重排、液晶结构变化、立体异构或大分子体系。液晶结构变化和分子重排是纺织结构上使用最多的变色过程[42]。液晶是介于液相和晶相之间的中间状态。一方面，液晶分子很容易移动；另一方面，它们保持一定程度的排列。这些分子的排列对温度变化很敏感。此外，液晶的反射特性取决于这种排列方式。因此，温度变化导致液晶的颜色变化。液晶热致变色材料可用于-30℃～+120℃的温度范围。分子重排是指通过加热和冷却使材料的分子系统发生重组，从而引发新的显色基团的出现。这些重组可以是键的重排或环状结构开环[45]。

当环境温度变化时，间接热致变色系统能够改变其颜色；但是，它们不使用热致变色材料，而是使用其他变色材料。通常使用卤素致变色（对pH变化敏感）或离子致变色（对特定离子敏感）材料。环境的温度变化引起环境的物理和化学性质的变化，如pH的变化或离子流的变化。然后，变色材料根据这种物理化学变化改变其颜色。因此，整个系统被认为是热致变色的，而变色现象不是热致变色。

在实际应用中，间接热变色系统比直接热变色系统更常用[1]。有机热致变色颜料又称隐色染料，是一种间接的热致变色材料。隐色染料通常由三部分组成：卤素染料（对 pH 变化敏感）、显色剂和溶剂。显色剂能够提供质子，然后被染料接受。这两种组分之间的质子交换导致卤素染料的显色。在低温下，溶剂是固体，它在加热时变成液体，然后阻止染料和显色剂之间的所有接触。因此，上色剂与显色剂之间的相互作用就会停止并发生变色。共溶剂的熔点决定了变色点[50-52]。

热致变色元件通常微胶囊化，以克服环境的不良影响。热致变色染料对光、溶剂和高温有很强的敏感性。据报道，微胶囊热变色染料的耐洗性可达 20 次[53]。

单一的热致变色染料只能在两种颜色之间变化：一种处于有色状态，另一种处于变色状态。为了扩大色调范围，可以通过混合不同的热致变色材料或将热变色染料与传统染料混合。当热致变色染料漂白时，混合物的颜色为经典染料的颜色；当热致变色染料上色时，混合物的颜色是两种染料的相互叠加[42]。

应用于纺织品的热致变色材料可用于创建动态图案。2005 年，瑞典纺织品与交互设计研究人员琳达·沃宾（Linda Worbin）制作了一种热致变色手机袋，它可以对袋中手机来电做出颜色变化的反应。这种"变色袋"是用热致变色染料印刷的。这些染料最初是灰色的，但加热后会变成彩色（绿色、蓝色、粉色、黄色和橙色）。导电纱线连接到九个加热片，一个微控制器和一个小的 14V 电池。当放入袋中的手机响起时，电信号被发送到导电纱线，然后传到加热片。加热片的温度升高会导致图案发生可逆的颜色变化。由于这九个加热片的独立控制，袋子的不同区域可以根据手机传输的信号类型改变颜色：错过的电话或收到的短信会引起袋子不同区域的颜色变化[47,54,55]。另一种动态热变色纺织设备是由一家名为"国际时装机器"（International Fashion Machine）的初创公司的创始人马加雷斯·奥斯（Margareth Oth）和乔伊·贝尔佐斯卡（Joey Berzowska）制作的。该设备是一种名为"电格子"的彩色加热格子，由纺织和金属纱线编织而成。热致变色油墨涂在格子布上。当与电源连接时，金属丝被加热，引起位于纱线附近的热致变色染料变色（图 24.12）[24,56]。

加拿大国家研究委员会工业材料研究所（Industrial Materials Institute, National Research Council Canada）于 2012 年设计了一种热致变色纺织品长丝，如图 24.13 所示[57]。导电聚合物芯被含有 25% 热致变色组分的聚合物覆盖。热致变色材料的变色温度为 40℃，降低了用户过热或烧伤的风险。当连接到电源时，导电聚合物加热并引起热致变色护套的颜色变化。

24.3.2.3 电致变色

"电致变色"一词是 1961 年根据热致变色和光致变色的模型提出的[58]，即当电势作用于一种材料上时，这种材料就具备了改变其光学性质的能力[59]。电致变色材料的光学性质与其氧化态有关，因此可以通过氧化还原过程即电子的得失来

图 24.12　电格子[56]

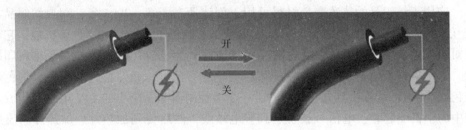

开

关

图 24.13　热致变色长丝[57]

控制。电致变色所需的电压非常低，只需要几伏特。即使电流停止流动，电致变色材料的颜色仍然保持不变（即所谓的"记忆效应"[60]），当施加反向电势时，其颜色变化是可逆的。颜色可由无色变为有颜色或由一种颜色变为另一种颜色，甚至在红外线或紫外线范围内也会发生变化。

电致变色材料有两种分类体系：根据其化学种类和物理状态。按化学种类分为有机和无机电致变色材料。有机电致变色材料包括导电聚合物、微孔聚合物和金属聚合物。无机电致变色材料包括过渡金属氧化物和六氰酸盐。

按物理状态分为三种电致变色材料。Ⅰ型电致变色材料，总是在溶液中，其中金属离子属于这一类。Ⅱ型电致变色材料，其在一种状态下为无色溶液，在另一种状态下为有色固体，庚基紫罗精属于Ⅱ型。Ⅲ型电致变色材料总是固体，大多数电致变色材料都属于Ⅲ型，包括导电聚合物或金属氧化物[59-60]。

每一种电致变色材料至少提供两种颜色，一种是处于氧化态所显示出的颜色，另一种是还原态显示的颜色。当电致变色材料具有三种或三种以上的稳定氧化态，每种氧化态都具有不同的颜色时，称为多色电致变色材料，或首选的电致变色材料[60-63]。例如，聚苯胺是一种多色电致变色材料，具有四种颜色的氧化态：黄色、绿色、蓝色和黑色[1]。甲基紫精是一种三色的多色电致变色材料，可以从无色到蓝色再到红色。目前已经合成了具有六种不同颜色的紫精[60]。多色电致变色聚合物很常见，因为它们的化学结构比较容易被改变[64]。

一般情况下，刚性电致变色装置由 7 层组成，如图 24.14 所示。机械支撑是由基体提供的。两个电极为结构提供电源，其中至少有一个电极必须是透明的，以使颜色变化可见。储存膜中含有电解质中不稳定的离子。电致变色层为变色组分。

由于大量电致变色材料的存在，电致变色的色调范围非常大。扩展电致变色结构的色调范围有多种可能性：将几种电致变色材料叠加在不同的层上[65]；几种电致变色材料并置

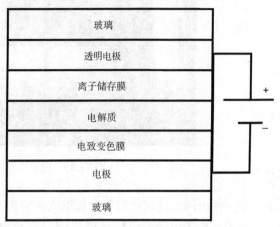

图 24.14　七层电致变色装置

在同一层上[59]；选择天然的多色电致变色材料；电致变色材料与传统染料的混合物；两种电致变色材料的混合物[65-66]，或在电致变色聚合物的特定情况下，几种电致变色单体共聚[67]。电致变色共聚物可以根据其各自的配比提供新的颜色，Gaupp 和 Reynolds 以 BiEDOT 和 BEDOT–NMeCz 共聚物为例证明了这一点[68]。

电致变色在商业应用中目前仅限于刚性设备，特别是自适应"智能"窗户和具有防眩光效果的后视镜。这两个例子的原理是一样的：使用电致变色材料，在一种状态下透明，在另一种状态下不透明或较暗。该设备的颜色变化是手动或自动控制的。当室外多云时，电致变色窗口是透明的，以便最大限度地让光线进入；但晴天时，为了避免强光和热辐射，电致变色窗口可以变为不透明或较暗（图 24.15）。2008 年，在意大利、瑞典和比利时的办公室进行的实验证明，使用电致变色窗户有助于将空调开支减少至多 50%。类似的研究在车窗上也得到了同样的结论[69]。电致变色窗是一种透射结构。两种机械支撑层都是透明的，通常由玻璃或塑料制成。防眩光后视镜也有类似的原理，电致变色装置连接在汽车后部的一个光传感器上，这种电致变色材料最初是透明的，当传感器检测到与车后车辆前照灯对应的强光时，它会自动变暗。电致变色后视镜是一种反射结构。

当电致变色材料应用于纺织品时，可获得一种电控柔性变色装置。这种结构的首个专利发表于 1976 年[70]，自此，已有 30 多项专利发表，自 2010 年以来有了显著的增长，与此同时，纺织材料在这些结构中的作用也越来越大。1976 年的专

图 24.15　电致变色[69]

利描述了一种由两个玻璃或塑料电极组成的结构，表面涂有二氧化锡（作为电极）和三氧化钨（作为电致变色材料），所述涂层电极由若干层纺织品和液体电解质隔开。这种纺织材料用作增强对比度的辅助。

Beaupre 等在 2006 年开发了一种使用纺织品的柔性电致变色装置[71]，该结构由透明电极、喷涂电致变色聚合物、凝胶电解质和导电纺织品构成。纺织电极由涂有铜和镍的纺织品制成，另一个电极由涂有 ITO 的玻璃或聚酯（PET）制成。对两种电致变色导电聚合物进行了测试。使用两个 PET—ITO 电极，或两个玻璃—ITO 电极，或一个纺织品电极和一个 PET—ITO 电极的结构，可以获得类似的颜色和颜色变化。颜色的变化是可见的，但很慢。当使用塑料电极和纺织电极时，结构是柔性的。2013 年，Zhan 等描述了一种类似的结构，使用铜涂层织物阴极[72]。

2011 年，Molina 等首次描述了聚苯胺浸渍织物的电致变色性能[73]。浸在电解池中并连接电源，织物显示可见的颜色变化，从 -1V 的浅绿色到 +2V 的深绿色。然而，他们的研究目的是开发一种导电纺织品，而电致变色性能被认为是次要的，没有进一步开发。

2014 年，Yan 等开发了一种柔性、可扩展的电致变色器件[74]。电致变色材料（三氧化钨）通过电化学方法沉积在涂有银的柔性、可扩展和透明的聚二甲基硅氧烷（PDMS）基体上。整个结构是可扩展的（高达 50%），并呈现出从白色到蓝色的可见颜色变化。1s 内出现颜色，4s 内发生变色。经过 100 个循环后，氧化态和还原态的对比仅下降 19%。制成了由三个独立控制像素组成的小显示器。将基于 PDMS 的结构与棉织物结合，形成基于织物的电致变色装置。然而，织物本身很难被认为是必不可少的工作结构，它更像是一种可以固定在纺织品上的基于塑料的电致变色结构，而不是纺织品的电致变色结构。

　　2011 年，Meunier 等描述了一种四层电致变色织物基器件[75]。这种结构由织物垫片组成，浸渍了无机电致变色材料，夹在两个柔性电极之间。使用 100% 涤纶织物垫片。实验中使用两个 PET-ITO 透明电极，或一个 PET-ITO 电极和一个涂层电极。在这种情况下，银或炭黑被涂在织物基体上，用作底部电极。所述电致变色材料和电解材料均采用Ⅲ型电致变色材料普鲁士蓝水溶液。得到普鲁士蓝制作过程如下：使用两种前体，即 $FeCl_3 \cdot 6H_2O$ 和 $K_3Fe(CN)_6$。经氧化还原反应，得到橙红色的 $K_4[Fe(CN)_6]$ 溶液。这种溶液被应用到白色的纺织基材上，使其呈现橙黄色。浸渍织物放置在两个电极之间，结构密封。在设备上通入 4.5~5.5V 的电源至少 20s。电致变色材料由普鲁士黄变为普鲁士蓝，如图 24.16 所示。有几个难点需要解决：首先，在机械应力作用下，普鲁士蓝电解液有泄漏的倾向；其次，存在快速老化现象——在不到 10 个周期后，黄色和蓝色之间不再发生颜色变化，而是先在绿色和蓝色之间变化，然后两种状态都是蓝色。这种快速老化可能是由于设备暴露在大气中，因此是由于组件与氧气和水分的相互作用造成的。

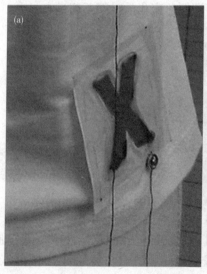

图 24.16　以普鲁士蓝为电致变色材料的电致变色结构[75]

　　随后又开发了一种替代结构，使用有机导电聚合物代替无机普鲁士蓝[75-76]。采用 Ding 等[77]提出的方法合成了聚噻吩类化合物和有机电解质，获得了良好的结果。

　　图 24.17 展示了用聚二噻吩（3,2-b：2′-3′-d）噻吩（pDTT）和这种电解质浸渍棉间隔织物后得到的颜色。柔性结构从中性氧化态的绿色转变为掺杂还原态的红色[78]。寿命可达数百个周期。该结构可用于实现电致变色纺织品显示。

　　图 24.18 所示为三个不同形状和颜色像素的设备。三个纺织垫片以正确的形式

（a） （b）

图 24.17　基设备使用 pDTT 和有机电解液浸渍棉布的电致变色织物，
其氧化（a）和还原（b）状态

被切割，作为独立的顶部 PET-ITO 电极。底部的 PET-ITO 电极是三个像素的公共电极。丙烯酸树脂用于确定像素的形状，并将电极粘在棉花垫片上。不同的电致变色材料被用来获得不同的颜色：绿色到红色像素的聚二噻吩（3,2-b：2′,3′-d），白色到蓝色像素的 3,4-（2,2-二乙丙二氧基）噻吩，绿色到紫色像素的混合材料（中间）。对像素施加 3V 电压，观察到颜色变化的时间不超过 5s。

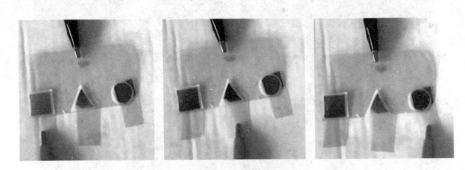

图 24.18　电致变色纺织品显示器

Kelly 等利用聚苯胺浸渍纤维实现了其他成功的电致变色器件[79]。聚苯胺的原位电化学聚合用于将聚苯胺与 PET 或黏胶间隔织物结合。然后将织物浸渍在电解液中，夹在两个电极之间。炭黑或银墨可以直接印在织物上作为底部电极。聚苯胺的颜色在氧化还原过程中由绿色变为蓝色。然而，这种结构的寿命也很短，不超过几十个氧化还原循环。

电致变色纺织器件的下一步发展是去除所有的塑料材料。为此，Invernale 等[80]研发了一种柔性的全纺织结构。塑料电极被导电纺织品所取代，这些导电纺织品或由金属纱线制成，或由涂有 PEDOT-PSS 水溶液的纺织品制成。通过测试了不同的织物成分证明，亲水织物能吸收更多的 PEDOT-PSS，因此导电性更好，可以更快地显示颜色变化。电致变色聚合物直接喷涂在纺织电极上，然后浸渍有机电解质。由于使用了氨纶织物，该装置具有柔性和可扩展性。被测电致变色材料

（EDOT-b-噻吩-b- EDOT）由绿色变为红色，如图 24.19 所示。同时也证明了染色织物可以将电致变色材料的颜色变化与织物支架的颜色相结合，从而扩展结构的调色板[81]。然而，纺织电极的电导率在长时间使用和储存过程中往往会下降，因此结构的不稳定性限制了它的使用。

图 24.19　基于氨纶还原（左）和氧化（右）状态下的[80]电致变色的织物器件

24. 3. 2. 4　化学变色

化学变色是指当化学环境发生变化时，材料的光学性质发生变化的特征。具体地说，它包括离子变色、加酸显色和溶剂变色。

离子变色材料与特定的离子相互作用时会改变颜色。这种颜色变化是可逆的，可以发生在两种颜色之间，也可以发生在一种颜色和无色之间。

加酸显色材料呈弱酸性或弱碱性，当它们与另一种物质交换质子时颜色会发生变化，因此对 pH 变化很敏感。加酸显色是一种特殊的离子变色，是加酸显色材料与水合氢离子反应。许多天然物质是加酸显色的，如蔬菜（卷心菜、洋蓟、甜菜）、水果（大多数红色浆果）或鲜花（紫罗兰、玫瑰、矢车菊）的汁液。自 17 世纪以来，它们就被用作化学、生物学或医学的酸度指标[82]。pH 试纸是加酸显色法的一个著名应用，它是用几种加酸显色变色材料浸渍纸而制成。

与特定溶剂接触时变色的材料称为溶剂变色材料。当溶剂的极性改变时，颜色就会改变。颜色与水接触后发生反应的材料称为水色材料或湿色材料。湿色性可作为湿度指示物使用[83]。当应用于纺织基材时，湿色材料用于卫生、家居或服装，如雨滴到雨伞上变色或当饮料洒在[48]上面时改变颜色的桌布。英国设计师艾米·温特斯（Amy Winters）设计的服装都使用了湿色材料，如"热带雨林"湿色裙，它最初是白色的，浸湿时会变得五颜六色（图 24.20）[44]。湿色材料可通过涂覆或印刷的方式应用于纺织基材上，但需要干燥且均匀的表面，因此首选合成纤维[84]。

图 24.20　艾米·温特斯的"热带雨林"湿色裙[44]

24.3.2.5　机械变色

机械变色是指当机械应力作用于材料时，材料的颜色会发生变化。机械变色材料是一个主要的研究领域，因为它们能够通过可见的彩色信号来指示材料的断裂或裂纹[84]。它包括根据机械压力改变颜色的压致变色材料以及根据机械摩擦改变颜色的摩擦致变色材料[1]。许多无机和高分子材料是压致变色材料。然而，它们中的大多数需要很高的压力才能显示可见的颜色变化，如钯配合物，需要高达 6.5 GPa 的压力[85]。这些要求限制了它们的使用。Seeboth 等开发了一种能够在低压力下反应的聚合物压致变色结构（图 24.21）[86]。该材料最初是红色的，在施加 0.4 bar❶压力时变为绿色。此外，这种颜色变化是可逆的，可以工作 100 个周期，没有任何可见的退化。如果不使用压致变色材料来开发压致变色结构，一种简单方法是将含有彩色染料的微胶囊涂在基体上。当施加足够的压力时，微胶囊破裂并释放染料[84]。压致变色结构用于测量压力或冲击指标[87]。它们有时与热致变色材料结合在一起，因此一种材料对手的温度做出反应，而另一种材料对手的压力做出反应。此外，一些材料同时具有热致变色和压致变色特性[88]。摩擦变色目前较少为人所知和使用，热致变色材料尚未应用于纺织基材。

---

❶　1bar = 10^5 Pa。

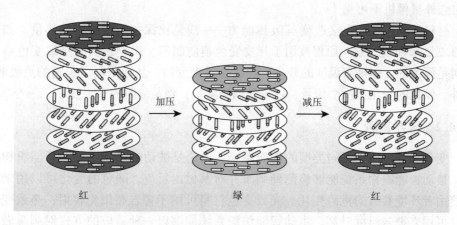

图 24. 21　压致变色现象[86]

　　有些材料结合了不同的变色效应，如热致变色与荧光、热致变色与压致变色、光致变色与热致变色或摩擦致变色与发冷光[49,89]。

24. 4　交流用纺织品的应用和需求

24. 4. 1　个体防护装备

　　变色纺织品的主要用途是伪装，即通过模仿环境的颜色和图案来伪装人或物体[45]。迷彩服主要用于军事，也可用于体育运动。经典的迷彩是静态的颜色，不能随环境的变化而变化，如光线、时间、地点（沙地或雪地、森林或城市）或植被。变色材料可以用来发展动态伪装，能够改善对环境的模仿能力。由于明显的原因，反射变色材料优于发射变色材料，其原因显而易见。光致变色染料最早被用于自适应伪装，可追溯到 20 世纪 60 年代，当时美国氰基化公司[45]使用光致变色螺吡喃。此后，人们做了一些改进，包括将光致变色染料与传统染料混合，以扩大现有的色调。使用光致变色的无色染料与传统染料混合，可以生产出一种变色纺织品，在不受阳光照射的情况下呈现传统染料的颜色，但暴露在阳光下时会改变其颜色。因此，当日照较低或穿着者在建筑物内时，迷彩服装会有第一种颜色或图案；当穿着者暴露在直射阳光下时，会有第二种颜色或图案。热变色染料也用于适应性伪装[43,50]。为了提高伪装的适应性，可以将光色效应和热色效应相结合[90]。电致变色材料也用于自适应伪装的开发[60]。与光致变色相比，电致变色的优点是颜色可以被电控制。这意味着伪装的颜色不依赖于光的变化，而是可以在任何情况下根据佩戴者的决定而改变。自适应伪装并不局限于可见的颜色变化。电磁波谱的红外线和紫外线区域也有应用，例如，可编程的红外伪装将允许穿戴者对红外摄像机不可见[43]。

材料的颜色变化也会改变其吸热能力——浅色比深色反射更多的热量。如第24.3.2.2节所述，这一原理被用于开发变色消防制服。织物表面的热致变色染料最初是深色的，但随着温度的升高，颜色会逐渐变白，从而限制了织物的热吸收。此外，颜色的变化是一个信号，以警告消防队员，他是危险的[45]。

24.4.2 医学领域

变色装置可用于不同类型的智能系统，无论是被动的还是主动的智能织物系统。被动智能织物系统能够检测到刺激并对其做出反应。颜色的变化可以用来警告使用者环境参数的危险变化。光致变色材料可用于警告高阳光辐射；热致变色材料可用来警告温度升高。主动智能纺织系统能够以一种适应的方式对刺激做出反应。主动智能纺织系统在医学领域的主要应用之一是监测[91]。将监控传感器和组件直接集成到衣服中，方便健康数据的获取，同时提高穿着者的舒适性。当与智能纺织品结合在一起时，监测传感器的优点是可以与穿戴者的身体和皮肤密切接触，并跟踪穿戴者的每一个动作。传感器连接到能够分析接收信号的控制器组件。最后，将一种纺织变色装置直接集成到服装和内衣中，可以根据所接收到的信号显示患者的健康参数。通过颜色变化传达的可见信号可以让医生或病人本人快速识别病人的状态。纺织显示器可以连接到许多类型的传感器，如温度、心率、呼吸的节奏、汗水、心电图、脑电图、血压、运动或皮肤pH。传感器还可以连接到数据传输组件，能够将健康参数传送到医院的计算机，以便对患者进行"远程监控"。因此，在其健康状况允许的情况下，患者没有必要长期留在医院，可以在手术后尽快回家，而不会降低其医疗随访效果。这样，医院可以为其他需要密切随访的病人腾出床位。

24.4.3 体育运动

与医疗用途相同的监测可应用于体育运动[92]。"量化自我"运动在过去的10年里有了惊人的增长。现在很多相互连接的装置被用来不断地测量人们的状态，如心跳、出汗、速度、空间位置、体重、呼吸节奏、每分钟的步数、步数和爬的楼层。所有这些相互连接的对象之间的交换形成了"物联网"。在所有这些物品中，衣服最接近身体和皮肤，因此是穿着者和周围环境之间的一个有利界面。2014年，Mauriello等研究了可穿戴式电子纺织品显示器对一组运动成绩的影响[93]。将几种类型的显示器（两种LED显示器和一种电泳显示器）固定在跑步者所穿的T恤上，并将它们对团队表现的影响与智能手表或智能手机等单独监控系统的影响进行了比较。事实证明，佩戴电子纺织品显示屏可以增强团队凝聚力和积极性。因此，尽管现有的均是个人运动自我监控，智能纺织品也可以有用武之地。

24.4.4 设计和时尚领域

设计和时尚领域是目前变色纺织品最明显的应用。许多使用 LED 网络在纺织设备上显示动态图案的例子，如飞利浦、CuteCircuit 或 Hussein Chalayan 的产品。作为紧贴项目的一部分，飞利浦还设计了一款名为"Bubelle"的 LED 连衣裙，能够通过发光和改变颜色来对穿着者的"情绪"（事实上是对综合传感器检测到的生理参数，尤其是皮肤温度）做出反应，如图 24.22 所示[89]。这件衣服由几层织物组成：第一层支撑着传感器，与穿着者的皮肤接触；第二层支撑着 LED，LED 的光线根据传感器检测到的"情绪"而变化[94]。英国设计师艾米·温特斯（Amy Winters）用光致变色和湿致变色染料所做的工作之前已经介绍过了。许多纺织应用，如 T 恤衫、手提包或帽子，都使用光致变色染料，这种染料内部通常无色，外部则五颜六色[42]。热致变色材料也有同样的应用，但更广泛地应用于家居装饰。

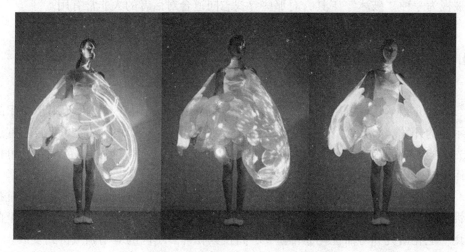

图 24.22　飞利浦的"Bubelle"连衣裙[95]

24.4.5 社会网络

日常服装已经成为社会认同和交流的载体，交流纺织品可以带来新的变化。一般来说，为了识别一个未知的对话者，人们会参考他们的外表、衣着、语调以及必要时的姓名标签。然而，这些迹象大多是主观的；至于铭牌，并不是每个人都带着，即使带着，文字通常也太小，无法在直接接触之前进行任何识别。

交际服装可以满足这种需要。衣服是可见的，从很远的地方就可以看到，它们与人和他/她的环境有联系。而且，它们提供了一个大的表面来显示许多不同类型的信息。

最近，麻省理工学院有形媒体组和流体界面组的研究人员开发了一个用于识别个人身份的通信设备[96]。一件 T 恤用热致变色油墨印成字母表。这种蓝色的热致变色墨水在 30℃ 下变得透明，因此变色温度对佩戴者来说并不危险。变色图案连接到几个传感器和执行器，以及用户的智能手机。该系统由固定在 T 恤衫上的 Arduino 微控制器和蓝牙无线系统控制，由一个 15V 电池供电，使用纺织导电纱。一个电容传感器和一个振动马达藏在 T 恤的领子里。当两个志趣相投的人接近时（即当他们之间的距离小于 3m 时），T 恤衫就会振动。当他们相互接触时，电容传感器检测到接触并向控制系统发送信号，引发热致变色油墨的颜色变化，以显示共同的兴趣。蓝牙系统使用户的智能手机和嵌入式系统之间进行通信，以便传输有关用户兴趣和定位的数据。

这种"社会织物"的目的是将同一环境中的人们联系起来，而不是像大多数虚拟社会网络那样仅在远处。交流 T 恤鼓励穿着者与其他穿着者进行身体接触。它被视为一种"破冰"工具，对那些寻找志同道合对话者的人非常有用。

24.5 结论和展望

本章介绍了几种可用于开发通信纺织设备的技术。其中一些已经用于纺织品显示器的开发。为了人身安全、艺术和时装设计或广告活动，高能见度服装首选发光结构或光纤等发射装置。反光设备提供了更柔和、更谨慎的颜色变化，可优先用于日常应用，如交流服装、家居或时尚领域。

大多数变色材料对阳光、高温、洗涤或熨烫等外界影响很敏感，它们的抗疲劳性能通常较低，即使用寿命较短。目前，这些缺点限制了它们在纺织基材上的应用。老化研究和寿命优化非常重要，将使其在许多不同的应用领域得到发展。

参考文献

[1] Bamfield P. Chromic phenomena. Cambridge：Royal Society of Chemistry；2001. p. 389.

[2] Aramu F, Maxia V, Rucci A. On the thermoluminescence of textile fibres. J Lumin 1971；3(115)：438-446.

[3] Kitai A. Luminescent materials and applications. New York：John Wiley and Sons；2008.

[4] Hu B, et al. Textile-based flexible electroluminescent devices. Adv Funct Mater 2011；21(2)：305-311.

［5］ Carpi F, De Rossi D. Colours from electroactive polymers: electrochromic, electrolu-
minescent and laser devices based on organic materials. Opt Laser Technol 2006;38
(4-6): 292-305.

［6］ Gimpel S, et al. Textile-based electronic substrate technology. J Ind Text 2004;33
(3): 179-189.

［7］ Cetemmsa T. Wearable technology trendguide. Scenarios and opportunities for printed
electronics and smart fabrics, Barcelona; 2014. p. 1-76.

［8］ Rabe M, Lempa E, Steinem CM. Electroluminescent textile and method for the pro-
duction thereof. 2010. p. 1-16.

［9］ O'Connor B, et al. Fibre shaped light emitting device. Adv Mater 2007;19(22):
3897-3900.

［10］ Flexible LED display. 2013. http://flexibleleddisplay.com.

［11］ Eurolite. 2015. Eurolite, www.eurolite.de.

［12］ Harold P. Creating a magic lighting experience with textiles. Philips Research Tech-
nology Magazine; October 28, 2006. p. 1-32.

［13］ Coyle S, et al. Smart nanotextiles: a review of materials and applications. MRS Bul-
letin May 2007;32:434-442.

［14］ Armand L. Star Tech. New York Times; April 1, 2007.

［15］ Waldemeyer, M. Hussein chalayan-airborne-video dresses, http://www.waldem-
eyer. com/hussein-chalayan-airborne-video-dresses.

［16］ Ganapati P. Designer duo create dress with 24, 000 LEDs. 2009. Wired. com.
http://www.wired.com/2009/11/led-dress.

［17］ Genz R, Rosell F. Galaxy dress. 2009.

［18］ Genz R, Rosell F. T-shirt OS. 2012.

［19］ Stead L, et al. The emotional wardrobe. Pers Ubiquit Comput 2004;8(3-4):
282-290.

［20］ Holden A. Gareth pugh OLED dress. 2010. http://amy-holden.blogspot.fr/2010/
11/gareth-pugh-oled-dress.html.

［21］ Janietz, A.S., et al. Die textile OLED-wo stehen wir? Thuring, Germany.

［22］ Lumigram-light for style, http://www.lumigram.com.

［23］ Cochrane C, et al. New design of textile light diffusers for photodynamic therapy.
Mater Sci Eng C 2013;33(3):1170-1175.

［24］ GEMTEX and France Télécom for Brochier technologies, optical fiber weaving,
www.brochiertechnologies.com.

［25］ Kholghi Eshkalak, S., Khatibzadeh, M. A review in preparation of electronic ink for electrophoretic displays.

[26] Sheridon NK. Twisting ball panel display patent. 1978. US 4 126 854.

[27] Silverman AE. Gyricon sheet patent. 2000. US 6122094 A.

[28] Foucher Daniel A, et al. Photochromic gyricon display. 2002. EP 1 262 817.

[29] Duthaler G, et al. Active – matrix colour displays using electrophoretic ink and colour filters. SID Symp Dig Tech Pap 2002;33(617):1374–1377.

[30] Wang M, Lin C, Du H, Zang HM, McCreary M. Electrophoretic display platform comprising B, W, R particles. SID Dig 2014;45(1):857–860.

[31] Chen Y, et al. A conformable electronic ink display using a foil–based a–Si TFT array. SID Symp Dig Tech Pap 2001;32(1):157–159.

[32] Choi M–C, Kim Y, Ha C–S. Polymers for flexible displays: from material selection to device applications. Prog Polym Sci 2008;33(6):581–630.

[33] Gatto K. The next generation of E–ink may be on cloth. 2011. http://phys.org/news/2011–05–e–ink–video.html. phys.org.

[34] Hu J. Adaptive and functional polymers, textiles and their applications. London: Imperial College Press; 2010.

[35] Irie M. Photochromism memories and switches. Chem Rev 2000;100(5):2.

[36] Durr H, Bouas–Lauren H. Photochromism: molecules and systems, revised edition. Elsevier Science 2005.

[37] Little AF, Christie RM. Textile applications of photochromic dyes. Part 1: establishment of a methodology for evaluation of photochromic textiles using traditional colour measurement instrumentation. Colouration Technol 2010;126(3):157–163.

[38] Fritzsche J. Chimie Organique–Note sur les carbures d'hydrogene solides, tirés du goudron de houille. Compte rendus séances l'Académie Sci 1867:1035–1039.

[39] Tsivgoulis GM. New photochromic materials. Marie Curie Fellowsh Ann 1995:1.

[40] Addington M, Schodek D. Smart materials and new technologies for architecture and design professions. Elsevier; 2005. p. 1–254.

[41] Ferrara M, Bengisu M. Intelligent design with chromogenic materials : materials that change colour : how they work, how they are applied and their multi–faceted nature. J Int Colour Assoc 2014;13:54–66.

[42] Talvenmaa P. Introduction to chromic materials. In: Intelligent textiles and clothing. Woodhead Publishing; 2006.

[43] Sudhakar P, Gobi N, Senthilhumar M. Camouflage fabrics for military protective clothing. In: Wilusz E, editor. Military textiles. Woodhead Publishing Limited in Association with the Textile Institute; 2008. p. 293–318.

[44] Winters, A. Rainbow winters, www.rainbowwinters.com.

[45] Rijavec T, Bracko S. Smart dyes for medical and other textiles. In: Langenhove LV, editor. Smart textiles for medicine and healthcare, materials, systems and applications. Woodhead Publishing Limited in Association with the Textile Institute; 2007. p. 123−149.

[46] Hallnas L, Melin L, Redstrom J. Textile displays: using textiles to investigate computational technology as design material. In: NordiCHI '02 : Second Nordic Conference on Human−computer Interaction; 2002: p. 157−166.

[47] Worbin L. Textile disobedience: when textile patterns start to interact. Nordic Text J 2005; 8:51−69.

[48] Tang SLP, Stylios GK. An overview of smart technologies for clothing design and engineering. Int J Cloth Sci Technol 2006;18(2):108−128.

[49] Day JH. Thermochromism. Chem Rev 1963;63(1):65−80.

[50] Chowdhury MA, Butola BS, Joshi M. Application of thermochromic colourants on textiles: temperature dependence of colourimetric properties. Colouration Technol 2013; 129(3):232−237.

[51] Akin T. Communication of smart materials: bridging the gap between material innovation and product design. 2009. p. 170.

[52] Mather RR. Intelligent textiles. Rev Prog Colouration Relat Top 2001; 31 (1): 36−41.

[53] Nelson G. Application of microencapsulation in textiles. Int J Pharm 2002;242: 55−62.

[54] Landin H, Worbin L. The fabrication bag−an accessory to a mobile phone. In: Ambience; 2005 [Tampere, Finlande].

[55] Landin H, Persson A, Worbin L. Electrical burn−outs−a technique to design knitted dynamic textile patterns. In: Ambience; 2008 [Grenoble, France].

[56] Nolan P. Electric plaid. Ind Fabr Prod Rev 2003;88(10):10−12.

[57] Laforgue A, et al. Multifunctional resistive−heating and colour−changing monofilaments produced by a single−step coaxial melt−spinning process. ACS Appl Mater Interfaces 2012; 4(6):3163−3168.

[58] Platt JR. Electrochromism, a possible change of colour producible in dyes by an electric field. J Chem Phys 1961;34(862).

[59] Monk PMS, Mortimer RJ, Rosseinsky DR. Electrochromism: fundamentals and applications. VCH Edition; 1995. p. 243.

[60] Monk PMS, Mortimer RJ, Rosseinsky DR. Electrochromism and electrochromic

devices. Cambridge Edition: 2007. p. 1-512.

[61] Yi C, et al. *Tricolour* electrochromism of PEDOT film electrodeposited in mixed solution of boron trifluoride diethyl etherate and tetrahydrofuran: hypsochromic effect. J Appl Polym Sci 2013;129(6):3764-3771.

[62] Argun AA, et al. Multicoloured electrochromism in polymers: structures and devices. Chem Mater 2004;16(23):4401-4412.

[63] Hong S-F, Hwang S-C, Chen L-C. Deposition-order-dependent polyelectrochromic and redox behaviors of the polyaniline – prussian blue bilayer. Electrochim Acta 2008;53(21):6215-6227.

[64] Mortimer RJ, Dyer AL, Reynolds JR. Electrochromic organic and polymeric materials for display applications. Displays 2006;27(1):2-18.

[65] Shin H, et al. Colour combination of conductive polymers for black electrochromism. ACS Appl Mater Interfaces 2012;4(1):185-191.

[66] Dyer AL, Thompson EJ, Reynolds JR. Completing the colour palette with spray-processable polymer electrochromics. ACS Appl Mater Interfaces 2011;3(6): 1787-1795.

[67] Mastragostino M, et al. Polymer-based electrochromic devices. Solid State Ionics 1992;56:471-478.

[68] Gaupp CL, Reynolds JR. Multichromic copolymers based on 3,6-bis(2-(3,4-ethylenedioxythiophene)) – N – alkylcarbazole derivatives. Macromolecules 2003; 36 (17):6305-6315.

[69] Granqvist CG. Oxide electrochromics: why, how, and whither. Sol Energy Mater Sol Cells 2008;92(2):203-208.

[70] Dlouhy J, Zeller HR. Electrochromic display device with a contrast-enhancing adjuvant and method of producing the same. 1978. p. 4.

[71] Beaupre S, Dumas J, Leclerc M. Toward the development of new textile/plastic electrochromic cells using triphenylamine-based copolymers. Chem Mater 2006;18 (17):4011-4018.

[72] Zhang Q, Xin B, Lin L. Preparation and characterisation of electrochromic fabrics based on polyaniline. Adv Mater Res 2013;651:77-82.

[73] Molina J, et al. Polyaniline coated conducting fabrics. Chemical and electrochemical characterization. Eur Polym J 2011;47:2003-2015.

[74] Yan C, et al. Stretchable and wearable electrochromic devices. ACS Nano 2014;8 (1):316-322.

[75] Meunier L, et al. Flexible displays for smart clothing: part Ⅱ−electrochromic dis-

plays. Indian J Fibre Text Res December 2011;36:429-435.

[76] Kelly FM, et al. Evaluation of solid or liquid phase conducting polymers within a flexible textile electrochromic device. J Disp Technol 2013;9(8):626-631.

[77] Ding Y, et al. A simple, low waste and versatile procedure to make polymer electrochromic devices. J Mater Chem 2011;21(32):11873.

[78] Moretti C, et al. Contribution to the creation and command of textile electrochromic devices. In: Autex world textile conference; 2013[Dresden, Germany].

[79] Kelly FM, et al. Polyaniline: application as solid state electrochromic in a flexible textile display. Displays 2013;34(1):1-7.

[80] Invernale MA, Ding Y, Sotzing GA. All-organic electrochromic spandex. Appl Mater Interfaces 2010;2(1):296-300.

[81] Invernale MA, Ding Y, Sotzing GA. The effects of coloured base fabric on electrochromic textile. Colouration Technol 2011;127(3):167-172.

[82] Boyle R. Experiments and considerations touching colours. 1664. Table of Contents. (1664).

[83] Lee J, et al. Hygrochromic conjugated polymers for human sweat pore mapping. Nat Commun 2014;5:3736.

[84] Ferrara M, Bengisu M. Materials that change colour: smart materials, intelligent design. Springer Science and Business Media; 2013.

[85] Takagi HD, et al. Piezochromism and related phenomena exhibited by palladium complexes. Platin Met Rev 2004;48(3):117-124.

[86] Seeboth A, Loetzsch D, Ruhmann R. Piezochromic polymer materials displaying pressure changes in bar-ranges. Am J Mater Sci 2012;1(2):139-142.

[87] Galloway KW, et al. Pressure-induced switching in a copper(ii) citrate dimer. CrystEngComm 2010;12(9):2516.

[88] Kortum G. Thermochromie, piezochromie, photochromie und photomagnetismus. Angew Chem 1958;1:14-20.

[89] Lee Y-A, Eisenberg R. Luminescence tribochromism and bright emission in gold (I) thiouracilate complexes. J Am Chem Soc 2003;125(26):7778-7779.

[90] Conner KH. Methods for increasing a camouflaging effect and articles so produced. 1998. p. 10.

[91] Solaz JS, et al. Intelligent textiles for medical and monitoring applications. In: Mattila H, editor. Intelligent textiles and clothing. Woodhead Publishing and the Textile Institute; 2006. p. 369-398.

[92] Nusser M, Senner V. High-tech-textiles in competition sports. Procedia Eng 2010;

2(2):2845-2850.

[93] Mauriello M, Gubbels M, Froehlich J. Social fabric fitness: the design and evaluation of wearable e-textile displays to support group running. [Toronto].

[94] Bost F, Crosetto G. Textiles: innovations et matieres actives. Make it design. Eyrolles; 2014.

[95] Zainzinger E. Bubelle the emotion sensing dress of the future. 2007. Available from: http://www.talk2myshirt.com/blog/archives/335.

[96] Kan V, et al. Social textiles: social affordances and icebreaking interactions through wearable social messaging. In: TEI; 2015 [Stanford, USA].

25 基于有机纤维晶体管的纺织电子电路

X. Tao，*V. Koncar*
国立高等纺织工业技术学院 *GEMTEX* 实验室，法国鲁贝
里尔大学，法国里尔

25.1 前言

几十年来，电子纺织品和可穿戴电子产品一直是智能纺织品领域研究的焦点。基于纤维的服装系统因其柔软性、变形性和耐用性而被认为是可穿戴电子产品的一个有前途的平台和基板[54,82]。随着材料科学的发展，特别是纳米科学和导电高分子材料的发展，服装被赋予不同的电子功能，集成了不同的传感器，如心电图传感器[15,86]、肌电图传感器[47]、应变传感器[85,91]、压力传感器[45,57,90]、光学传感器[11,16,46]和化学传感器[18,89]。电子设备微型化进程的快速发展，预示着电子设备将无缝集成到服装中，用于人机界面设计和控制[8,30-31]，如电化学显示[60]、有机发光器件（OLED）[3,33]或射频识别（RFID）[27]。

首先，要研究电子纺织品和可穿戴电子产品的材料。其次，研究不同的集成技术（Stoppa 和 Chiolerio，2014）。这些技术包括刺绣、缝纫、非织造、针织、机织、纺纱、编织、涂层/层压、印刷和化学方法。

晶体管作为电子纺织品的组成部分，在纺织品电子电路中起着至关重要的作用。现有的纤维晶体管可分为两类：线状薄膜晶体管（WTFTs）[43,49,51]和线状电化学晶体管（WECTs）[17,25,83]。WTFT 又称 WFET，是基于场效应晶体管（FET）技术，WECT 是基于电化学技术。借助于这些晶体管，可使纺织品电子电路不失去柔软性或柔韧性等力学性能。

25.2 材料

关于纤维晶体管的研究在第一阶段被简化为半导体材料的研究。在过去的十年中，人们发现和开发了许多新型材料来制造半导体元件，其中一些被用于智能纺织品。这些材料可分为无机材料和有机材料两大类。本书将介绍这两类材料，

并解释它们的半导体特性。

25.2.1 无机材料

1947 年，贝尔实验室在晶体管中使用了无机材料。了解不同种类无机半导体材料的最好方法是研究元素周期表。表 25.1 显示了周期表中与半导体和复合半导体有关的部分。

表 25.1　元素周期表中与半导体和复合半导体有关的部分

II	III	IV	V	VI
	B	C	N	O
Ma	Al	Si	P	S
Zn	Ga	Ge	As	Se
Cd	In	Sn	Sb	Te
Hg	Tl	Pb	Bi	

大多数无机半导体属于第四组，以金刚石碳（C）、硅（Si）、锗（Ge）和锡（Sn）的形式存在。所有这些半导体的晶体结构都显示为金刚石。它们之间的区别在于金属和绝缘体之间的导电性能。金刚石的性质更像绝缘体，而锡则更像金属。其中硅和锗是两种典型的半导体。它们是当今微电子领域的主导材料，也是现代通信技术中最重要的材料。除了纯元素半导体 Si 和 Ge 之外，这两种材料的合金还具有半导体性质，例如 SiGe 或 $Si_{1-x}Ge_x$，其中 x 表示合金成分的摩尔分数。

元素周期表第四主族元素的共同特征是，它们的电子云的最外层有四个电子，即所谓的价层电子。可以掺杂不同类型和浓度的杂质来改变它们的电导率。电导率的这种变化可以被认为是半导体最重要的特性之一。

图 25.1 显示了半导体的三种基本键合形式。图 25.1（a）为本征硅，本征硅纯度高，杂质含量低。每个硅原子与它的 4 个相邻原子共用 4 个最外层电子，形成 4 个共价键。图 25.1（b）为 n 型硅，其中 5 个最外层电子取代的磷原子取代了硅原子。结果，一个带负电荷的电子被捐赠给导电带中的晶格。由图 25.1（c）可知，当一个最外层有 3 个电子的硼原子取代一个硅原子时，价电子带中会形成一个带正电的空穴，并且会接受一个额外的电子在硼周围形成 4 个共价键。这是 p 型硅。

除了第Ⅳ组外，第Ⅲ和第Ⅴ组中原子构成的化合物也是半导体，如 BN、BP、Bas、AlN、AlP、AlAs、AlSb、GaN、GaP、GaAs、GaSb、InN、InP、InAs、InSb 等。除氮化物外，所有这些化合物都结晶成闪锌矿结构。氮化物在闪锌矿结构中是稳定的。同时，由二元Ⅲ–Ⅴ化合物组成的混合晶体也具有半导体性质，如

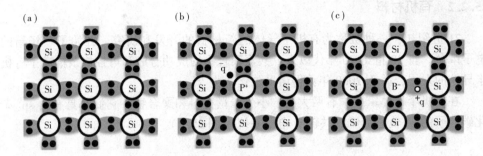

图 25.1 半导体的三种基本键合图

(a) 不含杂质的本征 Si；(b) 有给体（磷）的 n 型硅；(c) 有受体（硼）的 p 型硅

(Ga, Al) As、Ga (As, P)、(In, Ga) As 和 (In, Ga) (As, P)。

由原子组成的 II - VI 化合物如 ZnS、ZnSe、ZnTe、CdTe、HgSe、HgTe、CdS、CdSe、MgTe 等也具有半导体性质。同 III - V 化合物类似，大量的半导体合金也可以从 II - IV 化合物中实现，如 (Hg, Cd) Te, Zn (S, Se), Cd (S, Se) 等。

虽然无机材料保证了所制备的器件在半导体应用中的最佳性能，但其晶体结构使其无法应用于可穿戴纺织品。这些材料不能沉积在具有良好附着力的柔性基材上，如薄板、薄膜或纱线，因为它们在制造条件下易碎，且对杂质敏感。对其沉积的高温要求也是其在纺织基材上应用的一个障碍。最常见的纺织材料不能承受 300℃ 以上的温度，这就阻碍了传统的沉积技术在纺织基材上的应用，如溅射沉积[10]。然而，非晶硅 (a-Si) 的使用克服了这种缺陷[52]。

从 1965 年开始，Sterling 和他的同事在标准电信实验室[79]率先开展了在硅烷气体 (SiH$_4$) 中使用等离子体增强化学气相沉积 (PECVD) 的 a-Si 的研究。如今，它已成为一个数十亿美元的市场基础，如场效应器件[42]、有源矩阵液晶显示器[72]、电子照相[76]、图像传感器、太阳能电池[70]。其无序的原子结构是非晶材料区别于晶体材料的主要特征。虽然 a-Si 有一个非晶态的词，但它并不是完全非晶态的，因为在晶体硅中，a-Si 的硅原子之间的共价键保持相同的方式，具有相同数量的相邻原子，相同的平均键长和键角。非晶硅具有与晶体相同的近程有序结构，但缺乏长程有序结构。但由于材料的无序性，仍然存在一些缺陷，即所谓的悬空键。

传统的硅基晶体管通常需要超过 800℃ 的高温，而非晶硅的最大优势在于，它可以在低温下以薄膜形式沉积在各种衬底上。这为纺织应用提供了大量的机会。然而，非晶硅的载流子迁移率被限制在 1cm^2/ (V·s)，比单晶硅的迁移率低两到三个数量级 [对于载流子浓度约 10^{19} cm^3，约 200cm^2/ (V·s)][63]。事实上，由于织物表面的粗糙度和杂质，实际的线性迁移率会低于理想值。

25.2.2 有机材料

21 世纪初，一种被称为有机半导体的新材料的开发和研究，开始了一场新的电子革命。自 20 世纪 70 年代以来，共轭聚合物的成功合成和可控掺杂推动了有机半导体的发展，并于 2000 年获得诺贝尔化学奖[12]。

在有机半导体家族中有两大类：小分子量材料和聚合物。它们都具有由 sp^2 杂化碳原子的 p^z 轨道形成的共轭 π 电子系统（图 25.2）。

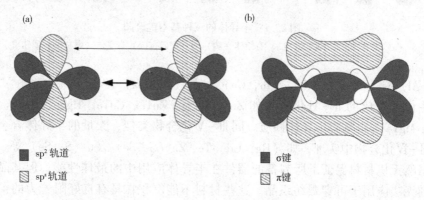

图 25.2　（a）sp_2 和 sp_z 轨道；（b）最简单的共轭 p 电子系统中的 s 和 p 键

这两类材料的重要区别在于薄膜的形成。小分子量材料通常通过升华或蒸发从气相沉积而成，聚合物则通过溶液处理形成薄膜，如旋涂、浸涂等。此外，为了获得相对较高的电子迁移率，小分子量材料可以作为单晶生长，使其具有特有的电子性能[20,67]。

与共价键合的无机半导体材料不同，有机材料是范德瓦耳斯力键合固体，分子间键合较弱。因此，有机材料具有较低的硬度和较低的熔点。尤其是电子波函数在相邻分子间的离域性弱得多。在有机材料中，π 键的最高能级称为最高占据分子轨道（HOMO），而 π 键的最低能级称为最低未占据分子轨道（LUMO）。HOMO 对应于无机半导体材料中的导带，LUMO 可视为无机半导体材料中的价带。

纯本征有机半导体可以看作绝缘体。然而，有几种方法可以增加载流子密度，使其成为非本征半导体，在大多数情况下这是 p 型掺杂，例如化学掺杂[21,67]、电化学掺杂[59]、光生载流子[81]、接触性载流子注入[9]和场效应掺杂。

几种模型可以解释有机半导体中的载流子输运。然而，它们都不能同时独立地解释载流子输运现象和机理。在理论模型中，最常用的是带输运模型[35,66,88]、极化子输运模型[19,28,53]、跳跃输运模型[87]和多重俘获与释放模型[29,41]。

25.2.2.1 小分子半导体材料

小分子半导体材料可以通过真空物理蒸汽热技术沉积[74]，也可以通过溶液处理沉积[13,37,71]。除了晶体体系外，有机分子束沉积还可以制备出 Alq₃、TPD 等小分子半导体。一些常用的小分子有机半导体的化学结构如图 25.3 所示。

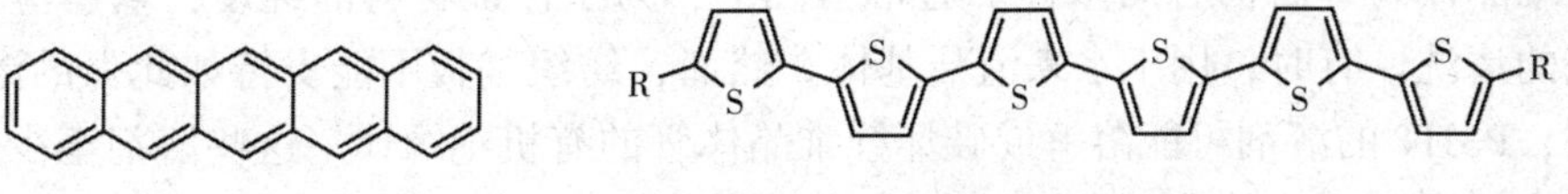

并五苯　　　　　　　　　　　　　　六噻吩

图 25.3　一些常用的小分子有机半导体的化学结构

　　戊烯是一种典型的小分子材料，已有报道称其电荷转移性能优异[20]。戊烯的重要特性是在氧化硅表面形成有序的薄膜。研究表明，在单层膜中最小的稳定岛由 4 个分子组成[37]。在适当的生长条件下可以获得单晶晶粒[56]。它也可以沉积在氧化铝和金属上。Brinkmann 等已经证明戊烯可以沉积在聚合物膜上[7]。

　　除了戊烯，一些其他的小分子有机半导体也可以通过柔性侧链的连接进行溶液处理。但它们不再用于实现纤维晶体管。更多详细信息参见参考文献[77]

25. 2. 2. 2　聚合物

　　Koezuka 等研究了用于制备有机薄膜晶体管（OTFT）的聚合物半导体材料[39]。自从第一次演示以来，有机薄膜已经被证明在许多应用中是有用的，其中一些现在已经进入消费者市场，如彩色显示器是使用 OLED 最成功的案例。除了 OLED，有机薄膜晶体管和低成本、高效率的有机太阳能电池也是高分子半导体材料的重要应用。一些共轭半导体聚合物如图 25.4 所示。

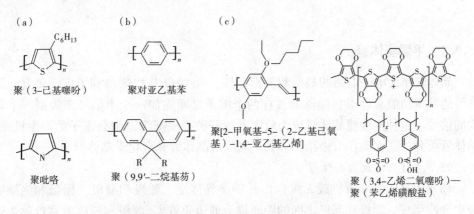

（a）　　　　　　　　　（b）　　　　　　　　　（c）

C₆H₁₃

聚（3-己基噻吩）

聚对亚乙基苯

聚吡咯

聚（9,9'-二烷基芴）

聚[2-甲氧基-5-（2-乙基己氧基）-1,4-亚乙基乙烯]

聚（3,4-乙烯二氧噻吩）—聚（苯乙烯磺酸盐）

图 25.4　共轭半导体聚合物示例
（a）杂环系统，（b）芳香系统，（c）混合物系统

　　典型的半导体聚合物是聚噻吩。由于纯聚噻吩不可溶，很难形成薄膜，因此使用其衍生物，如聚（3-己基噻吩）（P3HT），其在各种有机溶剂中具有极好的溶解性[2]，并且可以通过不同类型的溶液处理，如旋转涂层、浸渍涂层、滴涂、丝

网印刷或喷墨印刷。

尽管 P3HT 在低温条件和溶液处理方面具有优势，但由于工艺条件的限制，其在纤维晶体管方面仍有局限性。通常情况下，为了保证材料的纯度，基体应进行彻底的清洗。有时，用王水来清洁基体。然而，纺织基板不能支持如此强的溶剂。同时，P3HT 的溶剂可能溶解或破坏纤维晶体管的有机绝缘体。这些溶剂至少会侵蚀聚合物表面，使其变得粗糙，这对分子的结构很重要，并影响其流动性。另外，加工条件应该是真空的，以避免 P3TH 的降解，这与纺织品的大批量生产是不兼容的。

另一种成功的聚噻吩衍生物是聚（3,4-乙烯二氧噻吩）—聚（苯乙烯磺酸盐）（PEDOT-PSS）（图 25.4），由德国拜耳公司于 20 世纪 80 年代开发。自 2002 年 David Nilsson 等利用 PEDOT-PSS 实现电化学有机晶体管以来[62]，PEDOT-PSS 已成为柔性印刷有机电子设备中应用最广泛的材料[1,32]。

随着极化子带在红外区域的吸收，PEDOT 的掺杂态几乎是透明的。PEDOT 的去掺杂态为深蓝色，最大吸收波长略高于 600nm。PEDOT-PSS 和其他 PEDOT 类似物良好的离子迁移率使这种材料成为电化学器件的理想材料。PEDOT-PSS 及其衍生物被用于实现电化学晶体管（ECTs）在传感、传感器信号放大、化学和生物传感等领域的应用[4,40]。更详细的信息可参见参考文献[24]的综述。

25.3 纤维晶体管

25.3.1 平面晶体管

晶体管作为电子电路的基础和关键元件，自 1947 年以来得到了广泛研究。晶体管的基本功能来自于它能够通过在两个端子之间施加一个小信号来控制一个较大的信号。这种特性使晶体管成为放大器或开关。根据沟道中载流子的产生机理，晶体管可分为三大类：双极结晶体管、场效应晶体管和电化学晶体管。

25.3.1.1 场效应晶体管

场效应晶体管（有机或无机）由一薄半导体层、源极和漏极、栅极和绝缘栅极电介质组成。源极和漏极之间的距离称为通道长度 l，源极和漏极的宽度称为通道宽度 w。作为栅极介质，无机绝缘体，如 SiO_2，或聚合物绝缘体，如聚（甲基丙烯酸甲酯）（PMMA）或聚（4-乙烯基苯酚）（PVP），通常根据晶体管结构使用。向半导体中注入电荷的源极和漏极通常是高功能金属，如金，但也使用可打印的导电聚合物（如 PEDOT-PSS，PANI）（图 25.5）。

根据半导体和介质的性质或不同的组装技术的需要，有四种不同的器件结构

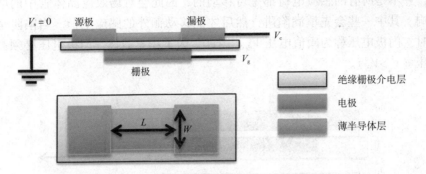

图 25.5 场效应晶体管的结构示意图

可以表现出特殊的晶体管行为。它们是（相对于半导体和栅极介质）底部接触/顶部栅极［BC/TG，图 25.6（a）］，底部接触/底部栅极［BC/BG，图 25.6（b）］，顶部接触/底部栅极［TC/BG，图 25.6（c）］，顶部接触/顶部栅极［TC/TG，图 25.6（d）］。具有相同元件但几何形状不同的晶体管会表现出非同寻常的行为。

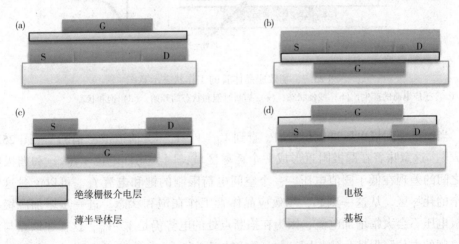

图 25.6 四种场效应晶体管配置

所述栅极为电压 V_g，所述漏极为电压 V_d。正常情况下，源极接地，$V_s = 0$。源极和漏极之间的电位差称为源极—漏极电压 V_{ds}。晶体管的工作状态可分为线性和饱和两种。

当栅极施加电压 V_g 时，绝缘子/半导体界面会产生电荷［图 25.7（a）］。累积电荷数与 V_g 和绝缘子电容 C_i 成正比。如果使用小电压 V_{ds}，则源极和漏极之间的载流子移动将形成一个电流 I_{ds}。场效应晶体管以线性方式工作［图 25.7（b）］。

然而，并不是所有的感应电荷都是可移动的，因此会对场效应晶体管中的电流产生影响。其中一些会先填满陷阱，然后才能移动额外的感应电荷。当陷阱全部被填满时，门极电压称为阈值电压 V_{th}。因此，为了积累载波，门极电压必须高于阈值电压（$V_g > V_{th}$）。

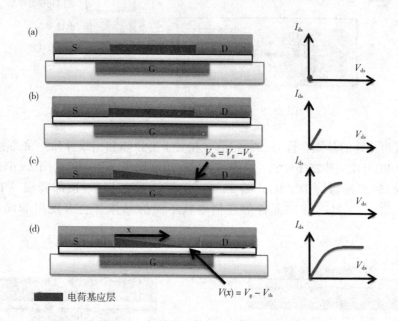

图 25.7　场效应晶体管的工作状态示意图

（a）感应电荷的产生，（b）线性状态，（c）掐断时饱和状态的开始，（d）饱和状态

电荷基应层

当源极—漏极电压进一步增加，直到 $V_{ds} = V_g - V_{thvds}$，信道被"掐断"［图 25.7（c）］。这意味着在漏极附近形成一个耗尽区域，因为局部电位 V（x）和栅极电压之间的差现在低于阈值电压。一个空间电荷限制的饱和电流 $I_{ds,sat}$ 可以流过这个狭窄的耗尽区。从这一刻起，场效应晶体管工作在饱和状态。进一步增加源极—漏极电压不会大幅增加电流，因为在掐断点处的电势仍是 $V_g - V_{th}$，这样在该点与源极之间的电位降保持大致相同，并且饱和电流为 $I_{ds,sat}$［图 25.7（d）］。

由于有两种工作状态，所以必须分别描述电流电压特性。对于不同的门极电压，随着源极—漏极电压 V_{ds} 的增加，电流 I_{ds} 包括线性和饱和两种状态［图 25.8（a）］。在传输特性中，当栅极电压超过电压 V_g 时，I_{ds} 首先随 V_g 线性增加［图 25.8（b）］。当晶体管处于饱和状态时，饱和电流的平方根与栅极电压成正比［图 25.8（c）］。电荷的流动取决于 I_{ds} 和 $(V_g - V_{th})^2$ 的比值。

传统的 OFET 是基于薄膜晶体管（TFT），需要精确控制栅极介质的厚度。然而，考虑到织物表面的粗糙度，这种精确控制不适用于纺织基材。因此，另一个

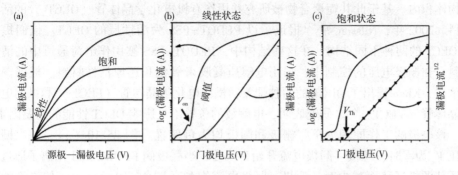

图 25.8 n 通道有机场效应晶体管的电流—电压特性

（a）输出特性，（b）线性区域的传输特性，（c）饱和区域的传输特性[93]

场效应晶体管与电解质代替栅极介质被开发出来（图 25.9）[64]。在这种晶体管中，载流子通道是由大量电解质诱导而成的。当栅极为负偏置时，阳离子被电解质内部的栅极侧所吸引。由于栅极电极和电解质中累积的阳离子之间的距离很小，形成了栅极/电解质界面，其电容非常高（约为 $10\mu f/cm^2$）。同时阴离子被排斥到半导体一侧，实现了电解质/半导体的另一个高电容界面。双层电容器诱导半导体中的载流子。由于载流子在半导体层中的积累是由离子在电解液中的迁移引起的，不是瞬间发生的，所以开关速率低于 TFT。此外，电解液是溶胶—凝胶形式，在没有封装的情况下，老化仍然是一个问题。然而，易于加工是制造纤维晶体管的一个巨大优势。

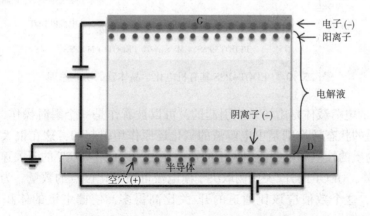

图 25.9 偏置的电解门控 OFET 示意图

25.3.1.2 电化学晶体管

电化学晶体管的工作是基于材料的中性态和导电态的转换。对于有机电化学晶体管，随着共轭聚合物的氧化状态的改变，自由电荷载流子的数量被控制在聚合物体积内。基于此共轭聚合物被研究并用作有机电化学晶体管（OECTs）的活性材料。2002 年，Nilsson 等[62] 报道了以 PEDOT-PSS 为活性层的 OECT。他们提出了 OECT 的两种不同结构。在这些结构中，PEDOT-PSS 被用作电荷通道中的活性材料。在栅极电压的控制中，采用电解质凝胶来氧化和还原活性材料。根据栅极的位置，Khan 提出了 OECT 的两种配置：横向电化学晶体管（LECT）和纵向电化学晶体管（VECT）[36]。研究表明，电解液的位置不是影响 OECT 性能的重要因素。

　　该电极的工作原理如下：栅极和漏极均为负偏置［图 25.10（a）］。当栅极电压 V_g 为零时，源极—漏极电流开始为线性，当漏极侧 PEDOT 由于阳离子通过电解质从源极迁移而减少时，源极—漏极电流饱和［图 25.10（c）］。如果施加栅极电压，由于阳离子从栅极上迁移，饱和会发生得更早［图 25.10（b）］，因此饱和源极—漏极电流会更低。典型输出特性如图 25.11 所示。

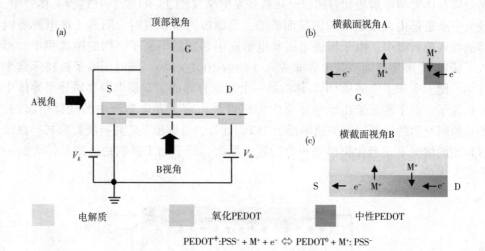

$$PEDOT^+:PSS^- + M^+ + e^- \Leftrightarrow PEDOT^0 + M^+:PSS^-$$

图 25.10　PEDOT-PSS 基有机电化学晶体管的功能原理

　　OFET 的电荷载体是由场效应引起的，可以被看作是一个瞬时操作，而 OECT 中活性物质的状态转换则是由电解液的氧化还原作用引起的，这在很大程度上取决于活性物质的性质和电解液中离子的运动能力。因此，OECT 的开关速率远低于 OFET。此外，OECT 的开/关比例取决于栅电极可用氧化位点的数量。为了获得高的开/关比，这个数值应该比通道的开/关比高得多，使栅电极的体积比通道大 10 倍[4]。

　　相反，OECT 的处理条件要比 OFET 简单得多。活性物质、栅极、漏极和源极使用相同的物质。它们可以在常温下通过溶液处理沉积。对电解质的尺寸控制要求不高，由于离子在电解质中的运动速度不受电解质形状和厚度的影响，而是受离子的大小和溶胶—凝胶微观结构的影响，所以电解质的形状和厚度变化很大。

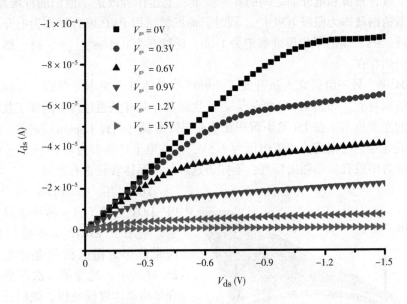

图 25.11　PEDOT-PSS 基有机电化学晶体管的输出特性

25.3.2　纤维场效应晶体管

2003 年，Josephine B. Lee 和 Vivek Subramanian 发表了第一篇关于纤维晶体管的研究。他们使用直径为 250μm 和 500μm 的铝丝作为栅电极，沉积 150~250nm 的低温氧化物栅极介质封装栅极。输出特性与 TFT 类似，但栅极电极泄漏严重，这是由于栅极介质的质量差，金属丝表面粗糙（图 25.12），在曲率半径为 7.9cm 处，由于电介质的击穿而出现器件失效。他们发现介质缺陷的密度是平面硅衬底的 10 倍。

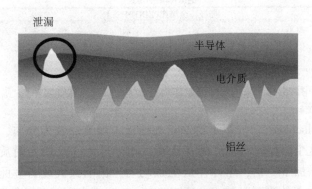

图 25.12　介质中泄漏的来源

为了改善栅极和电介质之间的界面质量，上述作者改进了他们的纤维晶体管，采用了不锈钢丝作为栅极电极[44]。同时，他们尝试用 PVP 聚合物作为电介质进行溶液处理。PVP 膜的平均厚度假定为 1μm，迁移率为 0.5cm²/（V·s）。然而，泄漏问题仍然存在。

2004 年，另一组研究人员开发了一种纤维晶体管，使用卡普顿（Kapton）纤维作为纺织衬底，如图 25.13 所示[5]。氮化硅和非晶硅是通过传统的加工技术，包括传统的光刻技术，在 150℃下沉积在聚酰亚胺薄膜（商标 Kapton）表面，然后薄膜被切成纤维。据报道，阈值电压为 7.5V，线性电子迁移率为 0.13cm²/（V·s）。但是，报告中没有显示输出特性，不知道这种纤维晶体管是否有泄漏。

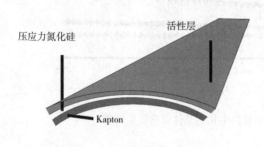

图 25.13　光纤期望曲率模式[5]

2005 年，Bonfiglio 等[6] 利用 PFEDOT 开发了另一种纤维晶体管原型，采用 PFEDOT-PSS 涂层的聚酯薄膜带作为栅电极和电介质，如图 25.14 所示，这是第一次用溶液法处理纤维晶体管栅电极。他们使用了三种不同的半导体（区域规整的聚-3-2-exil 噻吩，区域规整的 3.3-二茂-2,2：5,2-叔噻吩，在氯仿、氯苯和五苯类化合物的并五苯溶剂中真空蒸发），显示了五苯类化合物的电特性。

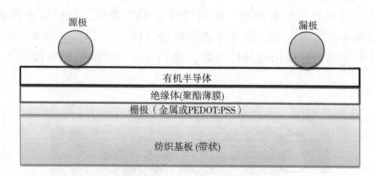

图 25.14　采用聚酯薄膜作为绝缘体的纤维晶体管原理图[6]

2006 年，Maccioni 等[51] 以不锈钢丝为栅极，聚酰亚胺为介质，开发了另一种纤维晶体管，这个原型的新颖之处在于在沉积半导体（戊烯）时旋转了导线。结果，沟道宽度增加了一倍，半导体层更加均匀，栅漏大大改善。此外，他们还利用 PDMS 图章的"软光刻"技术，通过 PEDOT-PSS 来实现源极和漏极。

该团队在 2007 年发表了圆柱形 OFET 的理论模型[49]，将场效应纤维晶体管视为薄膜晶体管（图25.15），并将线性和饱和状态下的源极—漏极电流降低，如式（25.1）和式（25.2）所示：

$$I_{dlin} = \frac{2\pi\varepsilon_i\mu}{L\ln\left(\dfrac{r_i}{r_g}\right)}\left[(V_g - V_t)(V_{ds} - R_sI_d) - \frac{(V_d - R_sI_d)^2}{2}\right] \tag{25.1}$$

$$I_{dsat} = \frac{Z}{L}\mu C_i\left(\frac{V_g^2}{2} - V_tV_g\right) + \frac{Z}{L}\mu C_i\frac{V_pV_t}{2} + \frac{q\mu n_0\pi}{L}\left(-V_pd_sr_i - V_p\frac{d_s^2}{2} - \frac{qNd_s^3r_i}{6\varepsilon_s}\right) \tag{25.2}$$

其中，ε_i 为绝缘体介电常数；μ 为载流子迁移率；L 为通道长度；r_i 为介质外半径；r_g 为闸门外半径；R_s 为接触电阻；Z 为通道宽度，$Z = 2\pi r_i$；C_i 为介电能力；V_p 为夹断电压；q 为单电子电荷；n_0 为自由载体密度；d_s 为介质厚度；ε_s 为介电常数。

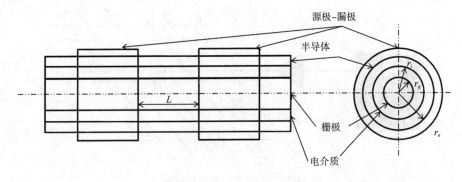

图 25.15　圆柱形 OFET 的结构

假设 $n_0 = N$，且 $r_i \gg d_s$，阈值电压等于夹断电压，即 $V_p = V_{th}$，式（25.2）第二行中的所有项都可以忽略，可得到方程式（25.3）。在这种情况下，场效应纤维晶体管可以看作是一个平面薄膜场效应晶体管。

$$I_{dsat} = \frac{Z}{2L}\mu C_i(V_g - V_t)^2 \tag{25.3}$$

在纤维状场效应晶体管的研究中，半导体和绝缘体材料是通过气相热技术或PECVD 沉积的。只有在文献[6]中介绍，聚噻吩作为半导体材料的衍生物是通过溶液处理沉积的。然而，文章没有提及该材料的电特性。热或化学蒸发沉积技术需要真空环境，这很难与大规模的工业生产相适应。即使 PECVD 被称为"低温"，实际工作温度也在 250~350℃，这对于传统纺织材料来说仍然过高。此外，源极和漏极采用掩模或 PDMS 压模实现，不适合连续加工。

随着现代技术的发展，沉积薄膜的数量仍然是 WFET 发展的明显障碍。为了避免这个问题，将基于电解液的 OFET 转化为 WFET[26]，电解质取代了栅极电介质。半导体材料 P3HT 经溶液处理后涂覆。但源极与漏极之间的间距仍需控制好，电极通过蒸发沉积（图 25.16）。

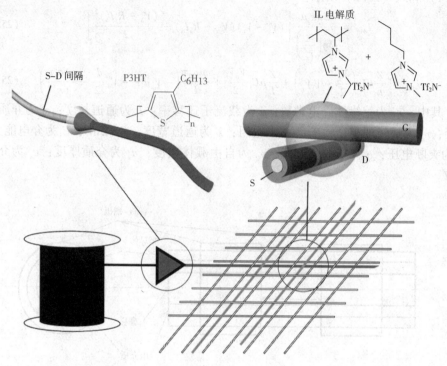

图 25.16　电解 WFET 的原理图[26]

25.3.3　纤维电化学晶体管

为了克服纤维 FET 的不便，2007 年开始开发基于电解的纤维 ECT。第一个纤维 ECT 由 Hamedi 等[25]发表。Danilo De Rossi[17]发表了 WFET 与 WECT 的比较研究。

WECT 基于两种 PEDOT-PSS 涂层的材料，分别是 Kevlar 单丝和交叉连接结构的聚酯，两者之间有电解质溶胶—凝胶［图 25.17（a）］。其中一根作为源漏电极，另一根作为栅极。涂层是利用 PEDOT-PSS 流体在重力作用下以水滴的形式垂直流动进行的。由于系统的几何形状是对称的，源漏灯丝可以认为是栅极灯丝，反之亦然。WECT 的结构与 VECT 相似。WECT 的工作原理与 OECT 相同，其通断比为 10^3［图 25.17（b）］。

2011 年 Tao 等[83]利用 Kevlar 纤维开发了类似的 WECT。除了交叉结构外，还提出了并行结构（图 25.18）。采用 PEDOT-PSS 涂布于 Kevlar 复合纤维上，采用一种卷对卷的机器进行涂覆，与大规模制造兼容。这种材料被包裹在复丝周围，

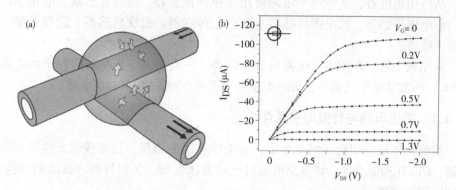

图 25.17 （a）线状 ECT 示意图；（b）通道和栅极均采用 10mm 光纤的 WECT 输出特性[25]

并穿透纤维之间的空隙。由扫描电子显微镜（SEM）观察可知，PEDOT-PSS 层的厚度 3~5μm。为了检测磁滞特性，对 WECTs 进行了重复的 I_{ds}-V_g 扫描。滞后行为在前 10 个周期内是稳定的。然后 I_{off} 增加，离子减少。开/关比下降并稳定在 10^2。

同年，Müller 等开发了丝纤维的交叉连接配置 WECT[61]，将纤维浸泡在 PEDOT-S 水溶液中 1h，并使用更小的离子液体—聚合物混合电解质。试验用蒸馏水冲洗WECT，设备性能没有明显下降。开关比和开关速率与文献中[83] 相似。

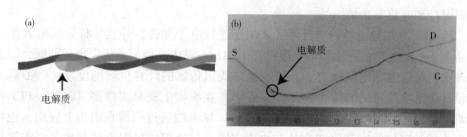

图 25.18 （a）WECT 并行配置示意图，（b）扭曲的 WECT 照片[83]

25.4 纺织电子电路

人们更喜欢穿着舒适的纺织品，而不是僵硬的盒子，为了增加先进功能，人们首先努力使用纺织品本身作为电子功能设备的基底[68]。因此，电子电路在纺织电子功能化的发展中起着重要的作用。电子元件和它们之间的相互连接最好是固有的，或者对于织物不太可见。纺织电子电路可以作为纺织传感器和执行器应用的平台。

从应用角度看，纺织电子电路可用于拉伸传感器、压力传感器、电化学传感器、心电图传感器、肌电图传感器、脑电图传感器、温度传感器、能量采集、可穿戴天线等。

从结构上看，纺织电子电路可分为两类：一类是基于织物的柔性平面电路板（PCB）的常规电子元器件，另一类是基于纤维/纱线的固有功能电路。

25.4.1 纺织电路与传统电子元件

传统元件被应用到纺织基材中，如柔性平面电路板。这些传统元件可以是传感器、OLED 和驱动器。该电路可通过三种方法实现：纺织导线、缝纫刺绣技术、丝网印刷和喷墨。

可将导线织成织物，实现纬向或经向电路。这些导线可以是金属丝、绞合金属丝、金属纤维、镀金属丝或导电高分子丝，它们用于连接组件。例如，由直径为 42μm 的聚酯单丝纱和直径为（50±8）μm 的铜合金丝（AWG 461）组成的平纹织物。每根铜线都涂有聚氨酯清漆作为电气绝缘[50]。切割必须用激光在布线的特定位置进行，以避免铜线之间短路。该互连是通过加入一滴导电胶黏剂实现的。最后，在电路上沉积环氧树脂，以加强机电保护。然而，由于织物的形状不规则，导电纤维之间连接点位置的重复性不可能实现。Sabine 等开发了一种三层纺织 RFID 标签，顶层为导电经线，底层为导电纬线[22]。他们还利用同样的技术开发了纺织键盘和电致发光纺织品。

Post 等[68]用导电纱线进行刺绣来相互连接电子元件，并直接将它们附着在纺织品上，不同类型的导电纱的电阻都在 100Ω/m 以内。他们首先提出一种缝合图案的方法，可以确定电路轨迹、元件连接垫或用传统的计算机辅助设计（CAD）工具设计用于电路布局的传感表面。Linz 等[48]在织物上安装柔性多氯联苯（PCB），并将金属镀膜复丝纱作为 PCB 之间的连接。导电线通过刺绣在织物上应用，也可以在不同类型的纺织和服装产品上快速应用，与针织或机织方法相比，刺绣更加简单有效。

丝网印刷是实现纺织电子电路的另一种技术。Paul 等[65]开发了一种用于医疗用途的纺织品的丝网印刷电极网络和相关导电轨道。将聚氨酯浆料印刷在机织物上，形成光滑、表面能高的界面层，然后在界面层上方印刷银浆料，形成导电轨道（图 25.19）。Merritt 等[55]和 Karaguzel 等[34]在非织造布上丝网印刷导电结构，通过测量不同类型的输电线路，并定义了它们在洗涤前后的直流电

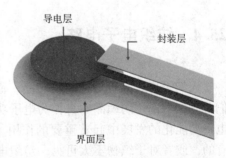

图 25.19　丝网印刷的导电轨道[65]

阻和线路阻抗等电气参数。

喷墨打印机灵活通用，易于设置，但对墨水有具体要求。所用油墨应具有高导电性和抗氧化性。印刷时应干燥而不堵塞喷嘴，并与基材有良好的附着力。较低的颗粒聚集度、合适的黏度和表面张力对油墨的选择至关重要。喷墨打印有一些不便之处。导电性能最好的油墨和浆料都是用银填料制成的，而且易脆。为了获得令人满意的导电性，应采用几个通道。但浆料的厚度会增大，影响织物基体的柔韧性和弹性。

25.4.2 本征功能光纤/纱线电路

本征功能纤维/纱线电路是一种柔性纺织电路，其电子元件是由纤维或纱线代替传统的微型电子器件制造的。这些电子元器件功能简单，如逻辑门、机械传感器[94]。组件的尺寸为 $100\mu m \sim 10cm$。

当 Lee 和 Subramanian 发明第一个纤维晶体管时[43]，他们并没有用它来开发纺织电路。原因可能在于纤维晶体管的刚性、稳定性和可再生性。电线是铝制的，很难将其作为普通的纺织长丝插入机织物中，它的蒸发半导体和源漏电极也很脆弱，在装配过程中很容易被破坏。此外，源极-漏极只在导线的一侧。使用不锈钢丝作为栅极并在整根丝周围沉积源漏电极对这种纤维晶体管进行了改进[44,51]，目前还没有发表过基于纤维晶体管的电子电路的实验室原型。由于沉积必须在真空环境进行，因此在长导线中实现多个纤维晶体管的串联制造是不可能的，这就使其在真实环境中的应用受到限制。

同时，以带状或片状为衬底的纤维 OFET 晶体管成功地制成了电子电路。Bonderover 和 Wagner[5]利用晶体管开发了一种逆变器。利用卡普顿（Kapton）薄板保持了织物的柔韧性，实现了织物的系列化生产。Bonfiglio 等[6]用同样的想法提出了一个理论环形振荡器结构，但并设有制造出真正的原型。

至于电解液基晶体管，由于半导体材料是通过溶液处理沉积的，而半导体材料与导电材料之间的连接是通过电解液进行的，不需要精确的对准和尺寸控制，因此更容易用于制作纺织电路。

Hamedi 等[25]利用 WECT 开发了第一个纺织电路，如图 25.20 所示。他们已经通过构建基于电压转移逻辑设计的逆变器演示了通用逻辑操作，该逆变器由三个电阻和一个耗尽型 p 型晶体管组成。图 25.20（b）所示为将逆变器电路图转换为真实纺织电路的可能方法，该方法是在交叉连接处用电解质溶胶—凝胶从涂覆的单丝中手动生成纤维交叉条。逆变器的动态特性如图 25.20（c）所示。逆变器的工作电压为 $1 \sim 2V$，比传统的光纤光栅低一个数量级以上。制成了一个二叉树复用器，该复用器有两条地址线和四条信道线，如图 25.21（a）所示。其动态运行特性如图 25.21（b）所示，使用四个可能的二进制组合作为对两个地址行的输入，对四个信道行中的每一个进行唯一寻址。

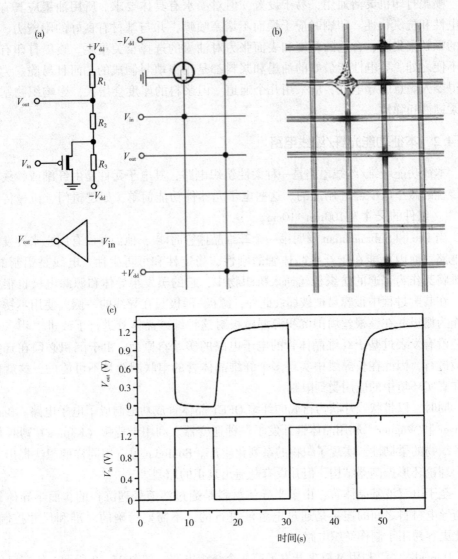

图 25.20　（a）纺织电路及其原理图，（b）由设计的电路图（a）得到的
织物/网格结构的光学显微图，（c）逆变器的动态切换特性[25]

　　Hamedi 等[26]利用两个电解液晶体管开发了一个布尔和逻辑电路。将这两个晶体管插入图 25.22（a）中的薄纱中。图 25.22（b）中的输入输出曲线为布尔和运算，两个输入对应于栅极电压 V_{G1} 和 V_{G2}，输出测量信号为输出电流 I_{out}。

　　Tao 等[83-84]利用 WECT 开发了或非门逻辑电路，把 PEDOT-PSS 涂层的纱线作为晶体管绣入棉织物中，电阻由黑色碳包覆纱实现，采用并行配置［图 25.23

510

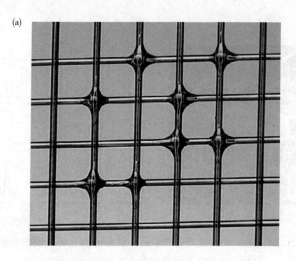

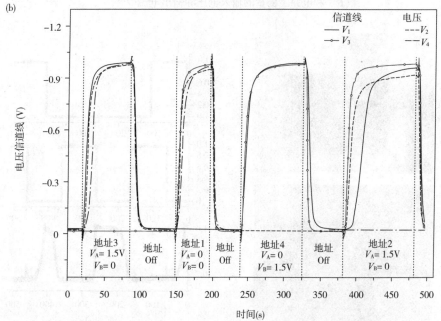

图 25.21　（a）织物网格上二叉树多路复用器的光学显微镜图，
　　　　　（b）多路复用器的动态运行特性[25]

（a）] 和交叉连接配置 [图 25.23 （b）]。电解液被织物吸收，干燥后形成溶胶—凝胶。这些电解质对织物的手感有一定影响，并在织物上留下斑点。除了数字逻辑电路外，他们还利用 WECT 开发了一种增益为 5 的简单放大器。

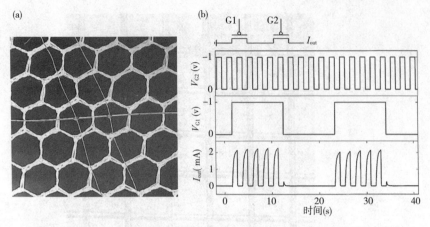

图 25.22　(a) 平面光纤上两个晶体管在薄纱上的显微图像和逻辑电路，
(b) 和电路上测量的输入电压和输出电流[26]

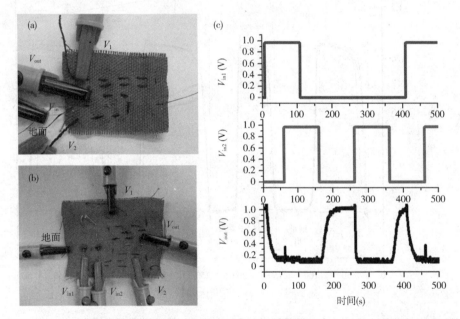

图 25.23　(a) 纺织逆变器的照片，由两个平行配置的挡板组成；(b) 由两组交叉配置的
织物逆变器的照片；(c) 图 (a) 中电路的输入输出特性[83]

25.5　结论和展望

多年来，可穿戴技术在纺织行业得到了极大的发展。他们大多致力于开发手

表、眼镜等可穿戴设备，帮助佩戴者交流和获取数据。人们已经意识到可穿戴设备的重要性及其巨大的市场和商业价值。便携性、隐蔽性、灵活性和可行性已经成为电子设备的发展趋势。在服装行业，已经开始研究将微型化电子元器件集成到纺织面料中[23]。谷歌和列维·施特劳斯（Levi Strauss）已经开始了一个名为"提花工程"（Project Jacquard）的特别项目，该项目旨在制造能够与计算机、平板或手机连接的牛仔裤。

研究目标是将电子设备无缝地集成到纺织品中。在新材料、纳米技术和微型电子元件领域，正尽一切努力实现这一目标。最终目的是让用户接受电子功能化产品，而不会感觉到材料的力学性能和手感的差异。

实现这一目标有两种方法。随着电子器件、导电材料和电子制造技术的发展，微型化电子元件可以在柔性平面线路板上实现，如平面时尚线路板[30]。这种柔性平面线路板具有与织物相同的力学性能。因此，它们可以很容易地加工成各种物品，如服装、手袋、枕头等，可作为一种普通的纺织品和电子设备，如平面织物传感器、LED显示器、织物芯片封装等。这种电路也可以直接在织物上丝网印刷[92]。除印刷技术外，随着与纺织品兼容的电子控制设备的发展，如Lilypad、Adafruit FLORA等，控制系统可以很容易地集成到与绣花导线相连的纺织品中。利用XBee协议进行无线控制成为可能。这些设备是可以手洗的。

另外，纤维晶体管电路利用了这种微型尺寸和纯纺织特性。特别是对于WECT，可以用来开发基本的数字或模拟电路。技术难点在于工作效率低和灵活性低。通过使用更小的离子电解质，WECT将获得更高的工作效率。同时，还应研究电解液的溶胶—凝胶老化问题。

参考文献

[1] Andersson, P., Forchheimer, R., Tehrani, P., Berggren, M., 2007. Printable all-organic electrochromic active-matrix displays. Advanced Functional Materials 17, 3074-3082.

[2] Assadi, A., Svensson, C., Willander, M., Inganas, O., 1988. Field-effect mobility of poly(3-hexylthiophene). Applied Physics Letters 53, 195-197.

[3] Benito-Lopez, F., Coyle, S., Byrne, R., Smeaton, A., O'Connor, N.E., Diamond, D., 2009. Pump less wearable microfluidic device for real time pH sweat monitoring. Procedia Chemistry 1, 1103-1106.

[4] Berggren, M., Forchheimer, R., Bobacka, J., Svensson, P.O., Nilsson, D., Larsson, O., Ivaska, A., 2008. PEDOT: PSS-Based electrochemical transistors for ion-to-electron transduction and sensor signal amplification. In: Bernards, D.,

Malliaras, G., Owens, R. (Eds.), Organic Semiconductors in Sensor Applications. Springer Berlin Heidelberg.

[5] Bonderover, E., Wagner, S., 2004. A woven inverter circuit for e-textile applications. Electron Device Letters, IEEE 25, 295-297.

[6] Bonfiglio, A., De Rossi, D., Kirstein, T., Locher, I.R., Mameli, F., Paradiso, R., Vozzi, G., 2005. Organic field effect transistors for textile applications. Information Technology in Biomedicine, IEEE Transactions on 9, 319-324.

[7] Brinkmann, M., Graff, S., Straupé, C., Wittmann, J. – C., Chaumont, C., Nuesch, F., Aziz, A., Schaer, M., Zuppiroli, L., 2003. Orienting tetracene and pentacene thin films onto friction-transferred poly(tetrafluoroethylene) substrate. The Journal of Physical Chemistry B 107, 10531-10539.

[8] Brun, J., Vicard, D., Mourey, B., Lepine, B., Frassati, F., 2009. Packaging and wired interconnections for insertion of miniaturized chips in smart fabrics. In: Microelectronics and Packaging Conference, 2009. EMPC 2009. European, 15-18 June 2009, pp. 1-5.

[9] Bürgi, L., Richards, T.J., Friend, R.H., Sirringhaus, H., 2003. Close look at charge carrier injection in polymer field-effect transistors. Journal of Applied Physics 94, 6129-6137.

[10] Carlston, C.E., Magnuson, G.D., Comeaux, A., Mahadevan, P., 1965. Effect of elevated temperatures on sputtering yields. Physical Review 138, A759.

[11] Carmo, J.P., Da Silva, A.M.F., Rocha, R.P., Correia, J.H., 2012. Application of fiber Bragg gratings to wearable garments. Sensors Journal, IEEE 12, 261-266.

[12] Chiang, C.K., Fincher Jr., C.R., Park, Y.W., Heeger, A.J., Shirakawa, H., Louis, E.J., Gau, S.C., Macdiarmid, A.G., 1977. Electrical conductivity in doped polyacetylene. Physical Review Letters 39, 1098.

[13] Choi, J.H., Cho, D.W., Park, H.J., Jin, S.-H., Jung, S., Yi, M., Song, C.K., Yoon, U.C., 2009. Synthesis and characterization of a series of bis(dimethyl-n-octylsilyl)oligothiophenes for organic thin film transistor applications. Synthetic Metals 159, 1589-1596.

[14] CNET, 2015. Nike Wearable Tech [Online]. Available: http://www.cnet.com/topics/wearable-tech/products/nike/ (accessed 06.05.15).

[15] Coosemans, J., Hermans, B., Puers, R., 2006. Integrating wireless ECG monitoring in textiles. Sensors and Actuators A: Physical 130-131, 48-53.

[16] De Jonckheere, J., Narbonneau, F., Kinet, D., Zinke, J., Paquet, B., Depre, A., Jeanne, M., Logier, R., 2008. Optical fibre sensors embedded into technical

textile for a continuous monitoring of patients under magnetic resonance imaging. In: Engineering in Medicine and Biology Society, 2008. EMBS 2008. 30th Annual International Conference of the IEEE, 20-25 August 2008, pp. 5266-5269.

[17] De Rossi, D., 2007. A logical step. Nature Materials 6, 328-329.

[18] Dickinson, T. A., White, J., Kauer, J. S., Walt, D. R., 1996. A chemical – detecting system based on a cross – reactive optical sensor array. Nature 382, 697-700.

[19] Emin, D., Holstein, T., 1969. Studies of small – polaron motion IV. Adiabatic theory of the Hall effect. Annals of Physics 53, 439-520.

[20] Farchioni, R., Grosso, G., 2001. Organic Electronic Materials, 450 pp.

[21] Fedorko, P., Fraysse, J., Dufresne, A., Planes, J., Travers, J.P., Olinga, T., Kramer, C., Rannou, P., Pron, A., 2001. New counterion-plasticized polyaniline with improved mechanical and thermal properties: comparison with PANI – CSA. Synthetic Metals 119, 445-446.

[22] Gimpel, S., Mohring, U., Muller, H., Neudeck, A., Scheibner, W., 2004. Textile – based electronic substrate technology. Journal of Industrial Textiles 33, 179-189.

[23] GOOGLE, 2015. Project Jacquard [Online]. Available: https://www.google.com/atap/project-jacquard/ (accessed 12.06.15).

[24] Groenendaal, L., Jonas, F., Freitag, D., Pielartzik, H., Reynolds, J.R., 2000. Poly(3,4-ethylenedioxythiophene) and its derivatives: past, present, and future. Advanced Materials 12, 481-494.

[25] Hamedi, M., Forchheimer, R., Inganas, O., 2007. Towards woven logic from organic electronic fibres. Nature Materials 6, 357-362.

[26] Hamedi, M., Herlogsson, L., Crispin, X., Marcilla, R., Berggren, M., Inganas, O., 2009. Fiber-embedded electrolyte-gated field-effect transistors for e-textiles. Advanced Materials 21, 573-577.

[27] Harrop, P., Das, R., 2014. E-Textiles: Electronic Textiles 2014-2024. IDTechEx.

[28] Holstein, T., 1959. Studies of polaron motion: part I. The molecular-crystal model. Annals of Physics 8, 325-342.

[29] Horowitz, G., Hajlaoui, R., Delannoy, P., 1995. Temperature dependence of the field-effect mobility of sexithiophene. Determination of the density of traps. Journal de Physique III France 5, 355-371.

[30] Hyejung, K., Yongsang, K., Binhee, K., Hoi-Jun, Y., 2009. A wearable fabric

computer by planar-fashionable circuit board technique. In: Wearable and Implantable Body Sensor Networks, 2009. BSN 2009. Sixth International Workshop on, 3-5 June 2009, pp. 282-285.

[31] Hyejung, K., Yongsang, K., Young-Se, K., Hoi-Jun, Y., 2008. A 1.12mW continuous healthcare monitor chip integrated on a planar fashionable circuit board. In: Solid - State Circuits Conference, 2008. ISSCC 2008. Digest of Technical Papers. IEEE International, 3-7 February 2008, pp. 150-603.

[32] Invernale, M.A., Ding, Y., Sotzing, G.A., 2010. All - organic electrochromic Spandex. ACS Applied Materials & Interfaces 2, 296-300.

[33] Janietz, S., Gruber, B., Schattauer, S., Schulze, K., 2012. Integration of OLEDs in textiles. Advances in Science and Technology 80, 14-21.

[34] Karaguzel, B., Merritt, C.R., Kang, T., Wilson, J.M., Nagle, H.T., Grant, E., Pourdeyhimi, B., 2009. Flexible, durable printed electrical circuits. Journal of the Textile Institute 100 (1), 1-9.

[35] Karl, N., Marktanner, J., Stehle, R., Warta, W., 1991. High-field saturation of charge carrier drift velocities in ultrapurified organic photoconductors. Synthetic Metals 42, 2473-2481.

[36] Khan, Z.U., 2009. Amplification Circuits Based on Electrochemical Transistors. Master. Linkopings universitet.

[37] Kim, C., Jeon, D., 2008. Formation of pentacene wetting layer on the SiO_2 surface and charge trap in the wetting layer. Ultramicroscopy 108, 1050-1053.

[38] Kline, R.J., Mcgehee, M.D., Kadnikova, E.N., Liu, J., Fréchet, J.M.J., Toney, M.F., 2005. Dependence of regioregular poly(3-hexylthiophene) film morphology and field - effect mobility on molecular weight. Macromolecules 38, 3312-3319.

[39] Koezuka, H., Tsumura, A., Ando, T., 1987. Field-effect transistor with polythiophene thin film. Synthetic Metals 18, 699-704.

[40] Kumar, A., Sinha, J., 2008. Electrochemical transistors for applications in chemical and biological sensing. In: Bernards, D., Malliaras, G., Owens, R. (Eds.), Organic Semiconductors in Sensor Applications. Springer, Heidelberg (Berlin).

[41] Le Comber, P.G., Spear, W.E., 1970. Electronic transport in amorphous silicon films. Physical Review Letters 25, 509.

[42] Le Comber, P.G., Spear, W.E., Ghaith, A., 1979. Amorphous - silicon field - effect device and possible application. Electronics Letters 15, 179-181.

[43] Lee, J. B., Subramanian, V., 2003. Organic transistors on fiber: a first step towards electronic textiles.

[44] Lee, J.B., Subramanian, V., 2005. Weave patterned organic transistors on fiber for e-textiles. Electron Devices, IEEE Transactions on 52, 269-275.

[45] Lee, J., Kwon, H., Seo, J., Shin, S., Koo, J.H., Pang, C., Son, S., Kim, J. H., Jang, Y.H., Kim, D.E., Lee, T., 2015. Conductive fiber-based ultrasensitive textile pressure sensor for wearable electronics. Advanced Materials 27, 2433-2439.

[46] Liang, W., Huang, Y., Xu, Y., Lee, R.K., Yariv, A., 2005. Highly sensitive fiber Bragg grating refractive index sensors. Applied Physics Letters 86, 151122.

[47] Linz, T., Gourmelon, L., Langereis, G., 2007. Contactless EMG sensors embroidered onto textile. 4th International Workshop on Wearable and Implantable Body Sensor Networks 29.

[48] Linz, T., Kallmayer, C., Aschenbrenner, R., Reichl, H., 2005. Embroidering electrical interconnects with conductive yarn for the integration of flexible electronic modules into fabric. In: Wearable Computers, 2005. Proceedings. Ninth IEEE International Symposium on, 18-21 October 2005, pp. 86-89.

[49] Locci, S., Maccioni, M., Orgiu, E., Bonfiglio, A., 2007. An analytical model for cylindrical thin-film transistors. Electron Devices, IEEE Transactions on 54, 2362-2368.

[50] Locher, I., 2006. Technologies for System-on-textile Integration (Ph.D.). Swiss Federal Institute of Technology Zurich.

[51] Maccioni, M., Orgiu, E., Cosseddu, P., Locci, S., Bonfiglio, A., 2006. Towards the textile transistor: assembly and characterization of an organic field effect transistor with a cylindrical geometry. Applied Physics Letters 89, 143515.

[52] Madan, A., 2006. Amorphous silicon-from doping to multi-billion dollar applications. Journal of Non-Crystalline Solids 352, 881-886.

[53] Marcus, R.A., 1960. Exchange reactions and electron transfer reactions including isotopic exchange. Theory of oxidation-reduction reactions involving electron transfer. Part 4. A statistical-mechanical basis for treating contributions from solvent, ligands, and inert salt. Discussions of the Faraday Society 29, 21.

[54] Mattila, H., 2006. Intelligent Textiles and Clothing. Elsevier Science.

[55] Merritt, C.R., Karaguze, B., Kang, T.-H., Wilson, J.M., Franzon, P.D., Nagle, H.T., Pourdeyhimi, B., Grant, E., 2005. Electrical characterization of transmission lines on nonwoven textile substrates. In: MRS Online Proceedings

517

Library, vol. 870. http://dx.doi.org/10.1557/PROC-870-H4.7. H4.7.

[56] Meyer Zu Heringdorf, F. - J., Reuter, M. C., Tromp, R. M., 2001. Growth dynamics of pentacene thin films. Nature 412, 517-520.

[57] Meyer, J., Arnrich, B., Schumm, J., Troster, G., 2010. Design and modeling of a textile pressure sensor for sitting posture classification. Sensors Journal, IEEE 10, 1391-1398.

[58] MICROSOFT, 2015. Wearables [Online]. Available: http://www.microsoftstore. com/store/msusa/en_US/cat/Wearables/categoryID.67937000 (accessed 05.06. 15).

[59] Miomandre, F., Sadki, S., Audebert, P., Mealleat-Renault, R., 2005. Electro-chimie: Des Concepts Aux Applications. DUNODZ.

[60] Moretti, C., Tao, X., Koncar, V., Koehl, L., 2013. Study on Electrical Performances of a Flexible Electrochromic Textile Device. ITMC, Lille.

[61] Müller, C., Hamedi, M., Karlsson, R., Jansson, R., Marcilla, R., Hedhammar, M., Inganas, O., 2011. Woven electrochemical transistors on silk fibers. Advanced Materials 23, 898-901.

[62] Nilsson, D., Chen, M., Kugler, T., Remonen, T., Armgarth, M., Berggren, M., 2002. Bi-stableand dynamic current modulation in electrochemical organic transistors. Advanced Materials 14, 51-54.

[63] Nomura, K., Ohta, H., Takagi, A., Kamiya, T., Hirano, M., Hosono, H., 2004. Room-temperature fabrication of transparent flexible thin-film transistors using amorphous oxide semiconductors. Nature 432, 488-492.

[64] Panzer, M.J., Frisbie, C.D., 2008. Exploiting ionic coupling in electronic devices: electrolyte-gated organic field-effect transistors. Advanced Materials 20, 3177-3180.

[65] Paul, G., Torah, R., Beeby, S., Tudor, J., 2014. The development of screen printed conductive networks on textiles for biopotential monitoring applications. Sensors and Actuators A: Physical 206, 35-41.

[66] Pernstich, K.P., Rossner, B., Batlogg, B., 2008. Field-effect-modulated seebeck coefficient in organic semiconductors. Nature Materials 7, 321-325.

[67] Pope, M., Swenberg, C.E., 1999. Electronic Processes in Organic Crystals and Polymers. Oxford University Press.

[68] Post, E.R., Orth, M., Russo, P.R., Gershenfeld, N., 2000. E-broidery: design and fabrication of textile-based computing. IBM Systems Journal 39, 840-860.

[69] Pron, A., Rannou, P., 2002. Processible conjugated polymers: from organic semi-

conductors to organic metals and superconductors. Progress in Polymer Science 27, 135–190.

[70] Rech, B., Wagner, H., 1999. Potential of amorphous silicon for solar cells. Applied Physics A 69, 155–167.

[71] Romanazzi, G., Marinelli, F., Mastrorilli, P., Torsi, L., Sibaouih, A., Räisänen, M., Repo, T., Cosma, P., Suranna, G.P., Nobile, C.F., 2009. Synthesis and characterization of [alpha], [omega]–disubstituted quaterthiophenes functionalized with polar groups for solution processed OTFTs. Tetrahedron 65, 9833–9842.

[72] Rose, M., 2012. Active matrix liquid crystal displays (AMLCDs). In: Chen, J., Cranton, W., Fihn, M. (Eds.), Handbook of Visual Display Technology. Springer Berlin Heidelberg.

[73] Ruiz, R., Nickel, B., Koch, N., Feldman, L.C., Haglund, R.F., Kahn, J.A., Family, F., Scoles, G., 2003. Dynamic scaling, island size distribution, and morphology in the aggregation regime of submonolayer pentacene films. Physical Review Letters 91, 136102.

[74] Sadaharu, J., Kentaro, K., Mitsuru, T., 2014. Growth process of pentacene crystals obtained by physical vapor transport technique. Japanese Journal of Applied Physics 53, 115506.

[75] Samsung, 2015. Wearable Tech [Online]. Available: http://www.samsung.com/us/mobile/wearable-tech (accessed 05.06.15).

[76] Schein, L.B., 1988. Electrophotography and Development Physics. Springer-Verlag Berlin Heidelberg.

[77] Sirringhaus, H., 2005. Device physics of solution–processed organic field–effect transistors. Advanced Materials 17, 2411–2425.

[78] Sirringhaus, H., Brown, P.J., Friend, R.H., Nielsen, M.M., Bechgaard, K., Langeveld-Voss, B.M.W., Spiering, A.J.H., Janssen, R.A.J., Meijer, E.W., Herwig, P., De Leeuw, D.M., 1999. Two–dimensional charge transport in self–organized, high–mobility conjugated polymers. Nature 401, 685–688.

[79] Sterling, H.F., Swann, R.C.G., 1965. Chemical vapour deposition promoted by r.f. discharge. Solid-State Electronics 8, 653–654.

[80] Stoppa, M., Chiolerio, A., 2014. Wearable electronics and smart textiles: a critical review. Sensors 14, 11957–11992.

[81] Sun, S.-S., Sariciftci, N.S., 2005. Organic Photovoltaics. Taylor & Francis Group.

[82] Tao, X., 2005. Wearable Electronics and Photonics. Elsevier Science.

[83] Tao, X., Koncar, V., Dufour, C., 2011. Geometry pattern for the wire organic

electrochemical textile transistor. Journal of the Electrochemical Society 158, H572-H577.

[84] Tao, X., Koncar, V., Dufour, C., 2012. Realization of fibrous electrochemical transistors and textile electronic circuits. l'actualité chimique 360-361, 65-68.

[85] Trifigny, N., Kelly, F.M., Cochrane, C., Boussu, F., Koncar, V., Soulat, D., 2013. PEDOT: PSS-based piezo-resistive sensors applied to reinforcement glass fibres for in situ measurement during the composite material weaving process. Sensors (Basel, Switzerland) 13, 10749-10764.

[86] Ulbrich, M., Muhlsteff, J., Sipila, A., Kamppi, M., Koskela, A., Myry, M., Wan, T., Leonhardt, S., Walter, M., 2014. The IMPACT shirt: textile integrated and portable impedance cardiography. Physiological Measurement 35, 1181.

[87] Vissenberg, M., Matters, M., 1998. Theory of the field-effect mobility in amorphous organic transistors. Physical Review B 57, 12964-12967.

[88] Warta, W., Karl, N., 1985. Hot holes in naphthalene: high, electric-field-dependent mobilities. Physical Review B 32, 1172.

[89] Windmiller, J.R., Wang, J., 2013. Wearable electrochemical sensors and biosensors: a review. Electroanalysis 25, 29-46.

[90] Xu, W., Huang, M.-C., Amini, N., He, L., Sarrafzadeh, M., 2013. eCushion: a textile pressure sensor array design and calibration for sitting posture analysis. Sensors Journal, IEEE 13, 3926-3934.

[91] Yi, W., Wang, Y., Wang, G., Tao, X., 2012. Investigation of carbon black/silicone elastomer/dimethylsilicone oil composites for flexible strain sensors. Polymer Testing 31, 677-684.

[92] Yongsang, K., Hyejung, K., Hoi-Jun, Y., 2010. Electrical characterization of screen-printed circuits on the fabric. Advanced Packaging, IEEE Transactions on 33, 196-205.

[93] Zaumseil, J., Sirringhaus, H., 2007. Electron and ambipolar transport in organic field-effect transistors. Chemical Reviews 107, 1296-1323.

[94] Zou, D., Lv, Z., Cai, X., Hou, S., 2012. Macro/microfiber-shaped electronic devices. Nano Energy 1, 273-281.

26　纺织天线领域最新进展

L. Vallozzi, C. Hertleer, H. Rogier
根特大学，比利时根特

26.1　纺织天线简介

纺织天线是指部分或全部由纺织材料构成的天线。与由刚性材料构成的传统天线相比，纺织天线是一种特殊的天线。构成纺织天线的纺织品有两种，一是用于辐射和接地部分的导电织物，一是用于天线绝缘部分的介电材料。

天线中使用纺织材料的原因在于他们的预期应用，即智能纺织系统和人体中心通信。

传统服装具有保护身体、抵抗外界环境的功能。智能纺织系统提出一种新的服装概念，除传统服装具有的功能外，还有许多其他功能，如感知、驱动和通信等。这些功能通过集成到智能服装的可穿戴产品上来实现。集成到纺织服装材料中的传感器能够实现感知功能，监测穿戴者的身体状态（如体温、心率、位置等）和/或周围环境情况（如外部的温湿度）。执行功能通过服装中集成的执行器来实现，执行器可提供信号或报警，通知、指示或提醒穿戴者自身状态或者周围环境的变化。

最后，通过集成的可穿戴天线和可穿戴收发器实现无线通信。无线通信方式发生在人体和环境之间，也被称为人体中心通信。过去 10 年来，人体中心通信和纺织天线都是非常热门的研究领域[1]。这些研究对患者生命体征监测、救援人员的协调和监督[2]甚至娱乐[3]及体育[4]领域都有重要意义。

可穿戴天线必须结构紧凑、剖面低（即高度小），以适合放置到人体上或无缝集成到服装上。目前，现有的纺织天线主要为微带或贴片天线。

大家熟知的微带天线通常被称为贴片天线，在过去 40 多年备受瞩目，它的出现甚至可追溯到 20 世纪 50 年代[5]。微带或贴片天线具有低剖面，与曲面的贴合性好，这使得它们最初非常适合在飞机、导弹、卫星、船舶等表面集成。贴片天线由厚度为 $t_p \ll \lambda_0$ 的超薄导电微带组成，放置在离地平面一定距离 h 处（通常为 $0.003\lambda_0 < h < 0.05\lambda_0$），如图 26.1 所示。贴片和接地面之间填充一层介电材料作为天线基板，基板的介电常数为 ε_r，损耗正切角 δ，厚度为 h。世界各地的设计人员

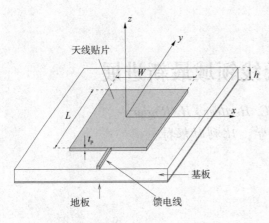

图 26.1　贴片天线结构示意图

几十种可穿戴纺织天线[8-11]。

已经提出并应用了多种不同的贴片拓扑结构。

1999 年，Salonen 等[6] 首次提出可穿戴天线（尽管当时并不是由纺织材料制成）的时候，微带贴片成为自然的选择：一种在 GSM 上应用的平面倒 F 天线，电路板上印制有铜片，适合集成到服装上。随后，飞利浦实验室的 Massey 等[7] 首次利用纺织材料制备了可穿戴天线。从这些最初的原型开始，在过去的 15 年里，研究人员开发出了

26.2　纺织天线基础

本节简单概述纺织天线的基础参数以及用于纺织天线设计和分析的典型指导原则（与传统的一样）。这一主题的更深入的信息可阅读参考文献[12]。

26.2.1　纺织天线性能参数

26.2.1.1　输入阻抗、反射系数和回波损耗

天线处于发射模式时，其输入阻抗定义为终端电压和电流之比。等效电路见图 26.2。

输入阻抗 Z_{in} 由实部和虚部组成，分别称为输入电阻 R_{in} 和输入电抗 X_{in}。输入电阻也由两部分组成，一部分源于介质和导电天线材料（R_{cd}）中的欧姆损耗，另一部分源于辐射功率（R_a）。二者之间的关系可以写成下面的公式：

$$Z_{in} = R_{in} + jX_{in} = R_{cd} + R_a + jX_a = R_{cd} + Z_a$$

此处 $X_a = X_{in}$。Z_a 作为输入阻抗的一部分，被称为辐射阻抗，仅考虑天线的辐射功率和存储的能量。此外，R_a 表示辐射场的有效功率，X_a 表示近场的剩余能量。

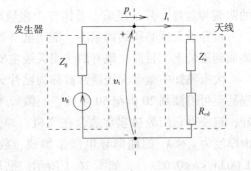

图 26.2　TX 模式下天线的等效电路

天线输入阻抗与另一个基本参数——反射系数 Γ 有关。假设 $Z_g = R_g$，在 TX 天线终端施加 Thévenin 电压电源，反射系数定义如下：

$$\Gamma = \frac{Z_{in} - R_g}{Z_{in} + R_g}$$

反射系数（与天线 S_{11} 的单端口参数 S 一致）指 TX 天线终端被反射的输入功率部分，是发生器与天线阻抗不匹配引起的。实际上，经常使用的等效参数称为回波损耗（用 dB 表示），回波损耗定义为反射系数的倒数，记为 dB：

$$RL\mid_{dB} = 20\lg(1/\mid \Gamma \mid)$$

一般情况下，反射系数和回波损耗是频率的函数。经典的设计标准要求反射系数满足 $\mid \Gamma \mid = \mid S_{11} \mid < -10\text{dB}$，因为 $f_L < f < f_H$，意味着在整个频率波段 $[f_L, f_H]$ 范围内，天线终端被反射的注入功率低于 10%。

26.2.1.2　增益和方向性

增益定义为，给定方向 (θ, φ) 下所考虑天线的辐射强度与在其终端具有相同输入功率 P_t 的各向同性天线的辐射强度之比：

$$G(\theta, \varphi) = \frac{U(\theta, \varphi)}{\frac{P_t}{4\pi}} = 4\pi\frac{U(\theta, \varphi)}{P_t}$$

相反，方向性定义为被测天线的辐射强度与沿给定方向发射辐射功率 P_{rad} 的各向同性散热器的辐射强度之比：

$$D(\theta, \varphi) = 4\pi\frac{U(\theta, \varphi)}{P_{rad}}$$

天线终端功率 P_t 不同于辐射功率 P_{rad}，由于天线的介电和导电部分存在损耗，一般情况下 $P_{rad} \leqslant P_t$。这种关系用导电介电效率 e_{cd} 表示，$P_{rad} = e_{cd} \cdot P_t$，$0 < e_{cd} < 1$。因此，增益和方向性的关系如下：

$$G(\theta, \varphi) = e_{cd}D(\theta, \varphi)$$

要分析天线的性能，通常需要测量作为角度方向函数的增益，例如增益方向图。增益方向图可以是 3D 的，用于单元球体上的所有方向 (θ, φ)，或者是 2D 的，表示 3D 模式的一个切面。

26.2.1.3　辐射方向图

辐射方向图定义为天线远场（例如，$r \gg 2D_2/\lambda$，D 是天线的最大尺寸）辐射性能的数学函数或图形表示，天线辐射性能是电磁波（EM）发射方向的函数。辐射方向图能够表示 7 个方面的信息，如增益、方向性、电场或辐射矢量，分别使用对应的增益方向图、电场方向图、辐射矢量方向图。

辐射方向图可以是三维的，即 (θ, ϕ, r) 的函数，也可以是二维的。在二维模式下，辐射方向图代表给定角度下三维方向图的一个切面，$\theta = \theta_0$ 或 $\phi = \phi_0$。图 26.3 是 $\lambda/2$ 偶极子天线的二维增益方向图。

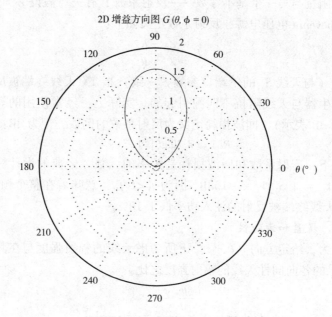

图 26.3　自由状态下 $\lambda/2$ 偶极子天线三维增益方向图的垂直切面（$\phi=0$）

26.2.1.4　效率

天线总效率是发生器产生的最大可用功率百分比。总功率损耗由两部分组成，一是不匹配损耗，一是导电介质损耗。前者是被反射的功率部分，损耗是由发生器和天线之间的阻抗不匹配造成的，$M_t = 1 - |\varGamma|^2$。后者的损耗是由天线中导电介质材料的欧姆功耗造成的，对应电阻 R_{cd} 消耗的功率，由导电介电系数进行定量，如图 26.2 中电路所示。辐射功率与发生器能够提供的最大功率有关，计算公式如下：

$$P_{rad} = M_t e_{cd} P_g = e_t P_g$$

$e_t = M_t e_{cd}$，e_t 是天线总效率。实际天线测量中，通常测量的参数称为辐射效率 e_{rad}，e_{rad} 与 e_{cd} 是一致的。

26.2.1.5　极化

参数极化表示沿着给定的方向，在远场区域内，由天线辐射的电场的极化。当没有特定指向时，极化指的是最大增益方向。在 Fraunhofer 远场中的天线辐射场（电或磁）可看做局部平面波，沿着径向 $\hat{z}$ 传播。传播过程中，场矢量在垂直于 $\hat{z}$ 的平面内旋转，用图形来描述时，如图 26.4 所示的椭圆形。天线在这种情况下的极化称为椭圆形极化。用两个参数表征极化椭圆，一个是偏心距 τ，$\tau = OA/OB$，是椭圆中最小与最大轴距之比。另一个是倾角 α，指椭圆长轴与作为局部参考系统的 x 轴之间的夹角，具体如图 26.4 所示。椭圆形极化是普遍现象，线性极化（LP）

和圆形极化（CP）代表特殊情况。

实际上通过轴比（AR）来表示天线的极化质量，轴比与偏心距的绝对值提供同样的信息。τ 代表旋转度，如果 $\tau > 0$，得到的是右旋极化波；如果 $\tau < 0$，是左旋极化波。轴比的定义可用于圆极化和线性极化。

线性极化天线使用线性极化轴比，定义如下：

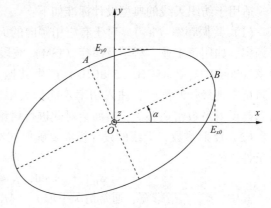

图 26.4　极化椭圆

$$AR_{LP|dB} = 20\lg\frac{1 + |\tau|}{1 - |\tau|}$$

$AR_{LP|dB}$ 取值范围如下：$0 < AR_{LP|dB} < +\infty$，0 值对应线性极化，$+\infty$ 对应圆形极化。

26.2.1.6　比吸收率

比吸收率（SAR）指电磁场作用于人体组织时，被人体组织吸收的能量。比吸收率定义为无穷小能量 $\mathrm{d}W$ 的时间导数（即速度），即被一个无穷小质量（$\mathrm{d}M$）组织部分吸收的能量。SAR 表达式如下：

$$SAR = \frac{\mathrm{d}}{\mathrm{d}t}\frac{\mathrm{d}W}{\mathrm{d}M} = \frac{\mathrm{d}}{\mathrm{d}t}\frac{\mathrm{d}W}{\rho \mathrm{d}V}\left[\frac{W}{Kg}\right] \text{ or } \left[\frac{W}{g}\right]$$

式中：ρ 为人体组织的密度。

通过计算获得 SAR 值。首先确定（通过测量或模拟）人体组织内部的电场，并通过下面的公式进行计算：

$$SAR = \frac{\sigma E^2}{\rho}$$

此外，SAR 最终数值是各给定人体局部组织质量的平均值。

26.2.2　纺织天线设计标准和优化

通常，纺织天线设计目标在于确定天线的几何结构，使其满足给定的设计标准，用一个或多个性能参数表征这些设计标准。

典型的天线设计分为几个阶段。首先，利用分析公式（例如用于矩形贴片天线的公式，在天线理论教材中可以找到）粗略计算天线的尺寸。其次，仔细调整尺寸（即优化），使其满足设计标准。利用全波电磁解算器（如 ADS Momentcus，Ansoft HFSS，或 CST 微波工作室）对天线仿真模型进行自动尺寸优化。天线模型和优化包括穿戴者的身体，因为人体可能在很大程度上影响天线的性能。如果仅仅关注 SAR 和阻抗匹配问题，简单的外部人体组织三层部分模型就足够了。如果要计算辐射方向图，必须引入完整的人体模型。

适用于纺织天线的典型设计标准如下：

（1）共振频率（ies）。对于有应用倾向的天线，采用指定的共振频率或多个共振频率。如用于工业、科学及医疗（ISM）波段的天线，需要在一个（多个）ISM频率（868MHz，2.45GHz，5.8GHz）产生共振。天线运行过程中，当输入阻抗与源阻抗实现最佳匹配时，注入功率才能最大限度地转化为辐射场的形式。共振的概念与反射系数密切相关，后面会对此进行讨论。

（2）反射系数。天线的设计标准要确保在给定频率 f_r 下的共振，f_r 必须满足如下条件：

$$|S_{11}| < -10dB, \quad f_L \leq f \leq f_H$$

其中，f_L，f_H 指带宽，通常情况下取 $f_r = (f_L + f_H)/2$。

对于双输入/输出天线，除施加在两个端口的反射系数标准外，还存在端口之间的隔离标准，通过两个端口（即 S_{21}，S_{12}）之间的传输系数来表示。

（3）增益。纺织贴片天线对增益的要求是增益方向图的最大化，即 $G(\theta_{max}, \phi_{max}) = G_{max}$，在带宽间隔内的任一频率下，$G_{max}$ 都要比一个给定值更大，即

$$G_{max} > G_{max, goal}, \quad f_L \leq f \leq f_H$$

（4）效率。为了获得最大辐射功率，设计天线会以高的辐射效率为目标。如前所述，天线的总效率是两个系数的乘积。首先是阻抗不匹配因子 M_t，可通过放射系数的最小化实现 M_t 的最大化。其次是导电—介电系数 e_{cd}，通过使用低欧姆和介电损耗纺织材料来增大 e_{cd} 值，比如高电导率的电子纺织品和低 tanδ 的纺织介质基板。

（5）极化。一些特定的应用需要特殊类型的极化。如利用简单的矩形贴片可以实现线性极化，贴片的馈电点沿着一个对称轴设置。在这种情况下，设计标准规定轴比（对于线性极化）小于 3dB，f 的取值范围为：$f_L \leq f \leq f_H$。

如 GPS 卫星定位通信等应用需要圆极化。在此情况下，使用与线性极化相似的标准，定义圆形极化的轴比：

$$AR_{CP|dB} = 20lg\frac{1}{|\tau|} < 3dB, \quad f_L \leq f \leq f_H$$

（6）SAR。设计准则通常要求 SAR 低于法规规定的最大限度，部分国家设置了 SAR 最高水平的安全极限值。如欧洲设定的极限值是 2.0mW/g（平均 10g 组织）。纺织天线中有一块隔板，放置在辐射元件和穿戴者的身体之间。由于隔板对人体组织起到电磁屏蔽的作用，在任何情况下都需要。因此，由其引起的 SAR 值的显著降低是可以接受的。

26.3　与纺织天线相关的挑战和不利影响

在处理可穿戴天线时，经常遇到影响天线性能的不利因素，可通过建立有效的模型预测这些不利因素引起的天线性能的变化。

26.3.1　人体接近度

因为辐射体组装在服装上，靠近佩戴者身体表面，所以人体与可穿戴天线的距离非常近，这是导致天线性能下降的最常见因素。通常可穿戴天线在靠近人体胳膊、腿、胸部或背部的位置，最大距离也就几厘米。这种距离对天线的回波损耗、辐射方向图和辐射效率均有影响。

纺织天线基本上分为两类，一类是有接地面的天线（如贴片天线），一类是没接地面的天线（如超宽带偶极子天线）。在有接地面的天线中，接地面在辐射元件和人体之间起到电屏蔽的作用，所以人体接近度对天线性能的影响很小。

人体的存在对没有接地面天线的性能影响较大。人体对于辐射场是个吸收体，会产生额外的负荷，改变天线的输入阻抗和效率。辐射方向图也随自由空间的情况而变：人体作为一个有损反射体，使辐射方向图在离体方向上更具有定向性。例如，在一个没有接地面的可穿戴天线上，如图26.5所示，对天线在贴近人体和自由空间情况下的水平增益图进行比较，所用天线为聚酰胺基板上的可穿戴超宽带单级天线（由根特大学EM小组实现的）。

在天线的设计和优化阶段，首先预测人体对天线性能的影响，特别是在无底板可穿戴天线的情况下。另外，通过模拟或测试真实人体或人体模型来分析人体邻近效应也非常方便。

26.3.2　弯曲

天线弯曲是设计和分析可穿戴天线过程中需要考虑的另一个重要的不利因素。纺织天线本身是柔性的，集成到服装上的时候，通常放在胳膊、腿或胸部区域，与人体表面相吻合，这会引起某些天线性能参数的显著变化，如共振频率的偏移和辐射方向图的变形。对于窄带宽天线，在可操作频带上对共振频率进行调谐，确保天线的链路质量和可靠性至关重要。因此，天线设计工程师要能够模拟和预测弯曲对纺织天线的影响。

近年来，纺织天线弯曲一直是研究人员的研究对象，现已有几种方法用于分析天线弯曲情况。前期是通过测量和全波段模拟进行分析；最近通过更复杂的基于分析和随机模型进行分析。Boeykens等建立了精确的分析模型用于圆柱形弯曲纺

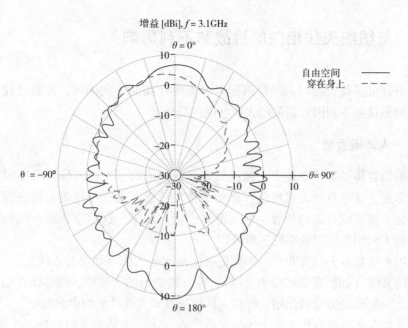

图 26.5 在 3.1GHz 下可穿戴 UWB 单极子的水平增益模式：自由空间与穿在身上的比较

织矩形贴片天线的分析[13]，在该模型中，天线基板被看作柱面矩形空腔，以弯曲半径作为参数，通过求解麦克斯韦方程来表示空腔内的电磁场分布。这个模型考虑了纺织材料的特殊影响，如由基板拉伸和压缩导致的贴片伸长。模型中共振频率作为弯曲半径的函数，能够精确再现测量到的共振频率。后来，作为新的随机结构的核心元素，Boeykens 等又提出一个建立在多项式混沌理论基础之上的分析模型。由于穿戴者的身体形态不同，天线的弯曲半径会随机发生变化，此时可以用这个模型来描述共振频率的统计分布[14]。

26.3.3　洗涤

　　纺织天线是未来智能服装集成的一部分，会因为灰尘和汗液等变脏，也需要和服装一起或分开洗涤。多年来科学界忽略了洗涤对天线性能的影响，研究者的目标更多地集中在设计和实现上。近年已经考虑到洗涤问题，并研究循环洗涤次数对天线稳定性的影响，制备了防水、耐洗纺织天线。Kazani 等[15] 在 2012 年通过实验研究机洗次数如何影响丝网印刷纺织天线的性能，选择了两个丝网印刷插入馈电天线原型，并比较两个天线的性能。其中一个天线有热塑性防水聚氨酯涂层，另一个没有。两个天线在反复洗涤两次前后 | S_{11} | 和 e_{rad} 数值的变化，并与传统的带有 Flectron® 贴片的天线进行比较。实验证明，有聚氨酯涂层的丝网印刷天线的稳定性较好，用传统导电织物制作、没有涂层的天线在洗涤两次后性能显著变差。

26.3.4 功率效率

对于可穿戴系统，包括纺织天线，功率效率都是关键性参数，对于所谓的自制系统尤其重要。自制系统中维持系统运行的必要功率全部来自周围环境的能量[16]，不需要额外提供动力。即使是在配有电池组的可穿戴系统中，尽可能保持低功耗也是非常重要的。为了达到这个目的，最近研究人员提出几种技术用于天线创新，例如，通过这些技术创新的有源天线，以及多天线处理技术创新的多个可穿戴天线分集。

26.3.4.1 有源天线

传统天线长久以来都使用有源天线的概念，近年来这一概念也用于可穿戴纺织天线。在最近的发展中，研究者提出一种新的具有集成有源电路的纺织天线，这种天线在低噪声下有很高的增益，而且还有非常紧凑的可穿戴结构。通过天线直接放大收到的信号，几乎没有附加噪声，在离体无线通信中提高收到信号的功率，不需要增加发射侧的功率。后面的章节中对有源天线进行详细介绍。

26.3.4.2 分集

在以人体为中心的通信中，大家熟知的不利影响是由信号的衰减和遮蔽导致的，信号由可穿戴天线系统中的可移动设备接收。这些现象是多通道传播导致的，对功耗有不好的作用。接收信号的随机波动尤其容易增加误码率（BER）。

为了改善这种不利影响，并控制接收端的误码率在一定范围内，在没有信号衰减和屏蔽的情况下，也要大幅度提高发射功率，这显然不是解决问题的有效方法。更有效的方法是使用多个可穿戴接收天线，将其分布在人体的不同部位，实现分集[17]。分集技术基于一个主要原理，即多个天线同时经历低 RX 信号电平的概率低于一个天线的。根据天线之间的差别，尤其是在空间（如天线位置）、频率、方向图和极化等方面的差别进行分集。

简单来讲，分集在不额外增加 TX 功率的条件下提高 RX 信号电平，或者说在明显低的 TX 功率条件下，获得与单个 RX 天线同样的接收功率。在下一节中，介绍可穿戴天线分集技术最先进的应用案例。

26.4 纺织天线的最新进展

根据工作频段对天线进行分类，频段范围可从最低的 ISM（868MHz）到最新开发的 60GHz。

26.4.1 用于射频识别的超高频带（860~960MHz）

射频识别技术（RFID）目的在于明确识别目标，每个目标有一个由 RFID 标签设备给出的 ID 码。一个 RFID 标签包含一个小的射频发射机应答器，应答器由集成电路和天线构成。当查询时，发射机应答器通过发射一个含有它身份信息的射频信号进行回答[18]。根据国际标准，RFID 技术利用 UHF 射频段。负责这种标准化活动的 EPC 全球组织已经在 UHF 频率范围［860，960］[19]建立了一些标准，大多数已开发的 RFID 标签和天线都在这个频段工作。

目前 RFID 已广泛应用于货物追踪、访问管理和无接触支付等。近来，作为可穿戴 RFID 标签集成的一部分，新发展的纺织天线已引起很多关注，成为人们研究的热点，并被广泛应用于人体定位和跟踪。此后，大量纺织天线将被开发使用，在指定的频率范围工作。

2014 年，Koski 等提出一种 866MHz 处的贴片标签天线，使用各向异性结构的刺绣纺织品作为辐射贴片[20]。对比了该天线与同等原型机的性能，原型机利用传统的铜线织物作为辐射贴片。将天线安装在人体测试对象的胳膊上进行可读性范围测试。分析表明，与相应的传统铜织物贴片天线相比，刺绣贴片可穿戴天线存在类似的链路损耗和遮蔽，表明刺绣技术可用于可穿戴 RFID 天线的生产。

2013 年，Hirvonen 等[21]提出了在人体表面传播的纺织单级天线，工作在同样的频段（867MHz）。实验研究了基于路径损耗的体间通信性能。他们使用的天线是一个 4mm 厚的磁单极子，安装在尺寸为 50mm×50mm 的底板上，底板的导电部分由镀银的聚酰亚胺膜组成，有很好的韧性和导电性。天线基板是厚 4mm、低介电系数的泡沫材料（ε_r）。天线含有两个多边形顶板，有优化的拓扑结构，顶板上连接有馈线。通过弯曲基板上的电子纺织品，可以获得天线的 3D 结构。辐射元件较短为 4mm，连接在顶板和底板之间。

含有无线电子和电池的电路板嵌入天线基板内。由于尺寸较小、纺织材料的导电性较低，所以天线的 G_{max} 值比较小，约为 -10dBi。但是，两个佩戴在身体不同部位样机之间的连接测试表明，身体信道增益值相对较高，消音环境下 G_{max} 的值在 -47~-56dB，多路径情况下在 -80~-35dB。因此，小尺寸和可靠性好的天线尤其适用于人体无线通信。

此外，还对太阳能收割机与平面纺织天线在超高频射频识别波段的集成进行了研究。Declercq 等[22]提出一种新的可穿戴孔径耦合短路平面天线，将太阳能电池直接集成到辐射贴片上，能够将两个基本元件有效地集成到一个可穿戴纺织系统中，将可穿戴天线和能量采集器集成在一起，形成紧凑的堆叠结构。

该天线设计用在超高频段［902，928］MHz 下工作，在辐射贴片和底板之间设置一个短板，可以减小贴片尺寸，62mm×80mm 的面积相当于传统的 $\lambda/2$ 贴片。孔径耦合馈电用于提高天线的灵活性和坚固性，通过底板底侧的一条弯曲的微带来实现，微带通过一个 H 型的狭缝连接在底板上。基板包括一个用作天线的 11mm 厚的柔性聚氨酯泡沫板和一个用于馈电线的 0.95mm 厚的芳纶层。两个 a-Si：H 太阳能电池直接安装到天线贴片上。由于电池的厚度为 0.2mm，远小于波长，所以对天线辐射性能的影响可以忽略不计。由照明太阳能电池获得的直流信号沿着铜线传输到结构的背面（短壁作为回路），背面集成了适当的调节电路以提供稳定的电压输出。将天线安装到真正的人体上进行性能测试，得到的阻抗带宽是 64MHz，最大增益是 1.6dBi。

26.4.2　2.45GHz 和 5.8GHz 的工业、科学和医疗频带

工业、科学和医疗频段是无线电频段的保留部分，国际电联无线电条例[23]规定，这一频段用于人体中心无线通信领域，更广泛地说，用于其他工业、医疗和科学领域。迄今为止，开发的大部分纺织天线都在部分 ISM 频段中工作，尤其是 2.45GHz。可穿戴天线最常用的是 5.8GHz。第一频段兼顾了天线尺寸（与频率成反比）和路径损耗；然而，当要求天线尺寸更小时，第二个频段更方便。现举例说明这些频段中最具代表性的先进天线。

26.4.2.1　2.45GHz

Hertleer 等[24]介绍了一种可穿戴贴片天线，可在 [2.4, 2.4835] GHz 频段工作，由一种减震、阻燃泡沫基板制成，适于救援人员应用。该天线采用了一种简单的拓扑结构，包括一个矩形截角贴片（图26.6），在贴片对角线上有同轴馈电，允许两个正交模式激发，产生近似圆形的极化。天线导电部分来自商业化的导电纺织材料。特别是用"ShieldIt™"作为辐射贴片，"Flectron®"作为底板时，导电性非常高。设计该天线时，首次通过全波 EM 求

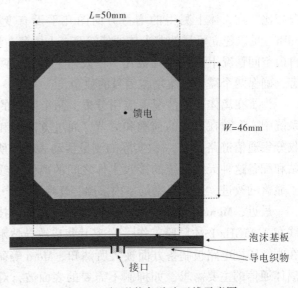

图 26.6　矩形截角贴片天线示意图

解器进行优化，然后进行样机制备，在不同的工作环境下进行测试。通过测试和模拟，特别研究了人体胳膊到弯曲天线的距离如何通过产生共振偏移的方式影响其性能。然而，由于设计的阻抗带宽（-10dB）相对较大，当在人的胳膊周围弯曲时，天线仍然能够满足设计要求。

2008 年，Vallozzi 等[11]采用同样保护性的泡沫作为基板，开发出一种双极化（2.45GHz）贴片天线，通过单一、紧凑的可穿戴天线实现极化分集，天线结构见

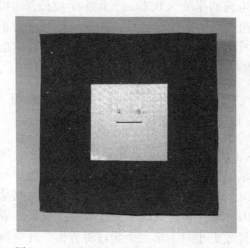

图 26.7　泡沫基板上的双极化贴片天线样机

图 26.7。采用简单的近似方形的拓扑结构，中心有一个小狭缝，两个同轴馈电点对称安置在两个贴片对角线上。这种设计能够激发两个正交线性偏振波，同时发送/接收两个独立的无线电波，以实现极化分集。制作天线时，首先利用全波 EM 求解器对天线进行设计和优化，然后构建样机并测试其性能。除在自由空间测试外，还要在人体上进行测试，以便验证人体存在下天线的适应性。以上两种情况下测得的反射系数均满足设计要求（$|S_{11}| < -10\text{dB}$；$|S_{22}| < -10\text{dB}$），在人体上测试，共振频率只有很小的偏移。与自由空间情况相比，在人体上测得的增益方向图几乎没有变化，侧面方向的增益最大值约 6dBi，足以建立可靠的非人体通信链路。人体存在情况下获得的是椭圆形极化，而自由空间情况下是近线性极化。在人体上测试，两个极化椭圆彼此保持准正交状态，确保两个需要分集增益信号的独立。

为了在离体通信情况下应用分集，两个同样的天线被集成到一个可穿戴纺织系统中，穿戴在人体的前胸和后背，通过方向图和极化分集的组合，实现四阶接收分集通信链路[25]。一次实际的测量活动表明，所提出的分集系统在固定发射基站和配备这种天线系统的接收主体之间的离体无线通信链路中的接收误码率取得了显著的改进，进入典型的室内多路径环境。

最近，Moro 等首次将基片集成波导（SIW）技术运用到可穿戴天线上，该天线在 2.45GHz ISM 频段工作[26]。基片集成波导技术作为一种新颖而有前途的技术，在刚性印刷电路板制备方面被人所熟知。Moro 等研制的这种贴片天线，能够满足离体通信的主要需求，如抑制不需要的表面波，对人体的高度屏蔽，甚至有很小的底板，高的方向性，性能稳定等。天线顶层有一个狗骨头形狭缝的矩形导电层，是辐射元件，底层一个 50Ω 的接地共面波导作为馈电线。天线基板上形成一个矩形腔，用针眼作为金属化小孔，小孔之间有合适的距离。使用商业化的全波 EM 求解器对天线的几何参数进行优化，然后以低成本的生产技术制备天线样机。自由空间下的天线性能实验表明，在 165MHz 带宽范围内，包括完整的 2.45GHz ISM 频段，天线的反射系数低于-10dB，在 2.45GHz 处的最大增益值为 3.21dBi，辐射系数是 68%。将天线集成到消防员夹克的背部，重复前面的实验，与自由空间状态相比，性能仅有很小的偏差，由于人体的反射，最大增益提高到 4.9dBi。仿真结果也验证了弯曲的影响，在弯曲半径为 10cm 条件下，共振频率稍有提高，但工作波段的整体性能不会降低。

　　后来，Lemey 等[27] 使用 SIW 背腔狭缝天线开发新的能量收集平台，通过太阳能电池和专用柔性电路来实现，二者紧凑地集成在 SIW 天线结构的顶部和背部，具体见图 26.8。更具体地说，两块 a-Si:H 太阳能电池安装在 SIW 天线的正面，管理太阳能捕集器输出直流电源的必要电路集成在侧面，通过穿过孔眼的电线与太阳能电池相连。

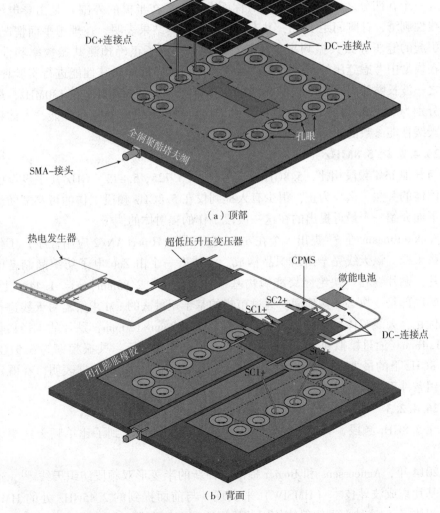

（a）顶部

（b）背面

图 26.8　使用 SIW 背腔狭缝天线开发的能量收集平台

集成电路由中央电源管理系统和低功率（LPS）系统组成，布置在底板上的柔性聚酰胺基板上，粘在 SIW 的背面。更多的安装细节见参考文献[27]。

Liu 等[28]提出另外两个紧凑的结构，用于在 2.45GHz 下工作的可穿戴纺织贴片天线。通过电对称或磁对称，可以将这些天线的尺寸减小到传统天线的一半。尤其是被称为四分之一波长贴片的第一个天线，采用矩形贴片的一半，设置一个短壁提供电对称。第二个天线有个半模腔，起源于半模基片集成腔，在基片的对称平面上开一小孔，只允许使用整个腔体的一半。作者首先对这两种结构进行分析，然后建立精确的 EM 仿真模型，再现真正的织物所表现的特征。两种天线均由低损耗非吸收性微波天线罩泡沫 PF4（厚度 $H = 3.2$mm，$\varepsilon_r = 1.06$）制成，有一个 10cm×10cm 的接地面，顶部有一个由镀银织物 NCS95R-CR 组成的半方形导电层。短边（一个在四分之一波长天线的对称面上，三个在半模的外围）是由导电纱线做的线性刺绣，针脚间距 1mm，共有 5 道线。仿真结果表明，在理想平面情况下，缝合引起的缝压导致共振频率发生偏移。因此，为了正确预测共振频率和性能，需要在模型中考虑缝压的影响，通过制备两种天线样机并对其性能进行实验评估，四分之一波长贴片天线和半模腔天线的工作带宽分别为 300MHz 和 130MHz，最大增益分别为 5.3dBi 和 5.1dBi。此外，由于接地面具有良好的隔离性能，人体接近度对天线性能参数的影响并不明显。

26.4.2.2　5.8MHz

与其他 ISM 频段相比，5.8GHz ISM 频段 [5.725，5.875] GHz 几乎没有引起研究团体的关注。迄今为止，很少有人提到仅在 5.8GHz 频段工作的可穿戴纺织天线。下面介绍一个最近提出的在这一波段工作的辐射体的例子。

Sankaralingam 等[29]提出一个在 5.8GHz 频段（HiperLAN/2 应用程序）工作的可穿戴天线，该天线完全由纺织品构成。天线有一个由 Zelt 电子纺织品制备的圆形贴片，贴片缝在一块绝缘聚酯织物基板（厚度 $h = 2.85$mm，$\varepsilon_r = 1.44$）上面，基板的底部是一块 Zelt 接地面。通过市售的基于矩量法的 EM 求解器对天线进行设计和优化，天线整体尺寸非常紧凑。底板尺寸 120mm×120mm，贴片的半径最佳值 $a = 11.4$mm。通过模拟和测试分析其性能，测试结果如下：共振频率为 5.91GHz，在 5.8GHz 下的最大离体增益为 11dBi，效率达到 74%。测试数据表明，在既定目的应用条件下，可以选择这种辐射体。

26.4.2.3　双频段（2.45GHz and 5.8GHz）

在 5.8GHz 频段，具有双频操作能力的可穿戴天线受到了比单频天线更多的关注。

2014 年，Agneessens 和 Rogier 提出一种新的半菱形双频段纺织天线[30]，通过半模基片集成波导技术（HMSIW）来实现。与前面提到的 2.45GHz 处的 HMSIW 天线相比[28]，这种新型辐射体使用结构紧凑、坚实耐用的可穿戴天线元件，能够

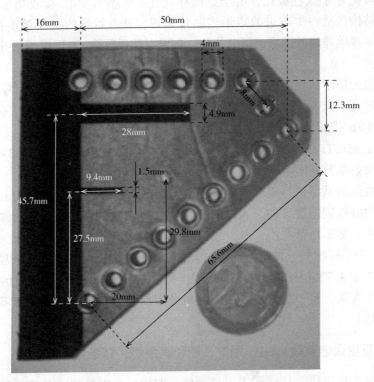

图 26.9　半菱形双频段纺织天线样机

适应 2.45GHz 和 5.8GHz 频段。传统贴片天线和 EBG 基片贴片天线[31]的底板尺寸比辐射元件大，而 SIW 技术则能使用更小的接地，提供更高水平的人体屏蔽。半菱形双频段 HMSIW 含有一个半菱形腔背拓扑结构，添加两个插槽，实现两种预期的共振，天线样机见图 26.9。获得这种拓扑结构的设计流程从一个矩形 SIW 腔背缝隙天线开始，其周边有小孔，首先通过沿对角线的虚拟磁壁将尺寸减小到一半，然后再添加一排小孔，实现小型化。在样机单独存在和人体佩戴情况下，在消声环境中对样机的性能进行检测。4.9% 和 5.1% 带宽条件下的反射系数为 −10dB，2.4GHz 和 5.8GHz 频段的最大增益分别为 4.4dBi 和 5.7dBi，效率分别为 72.8% 和 85.6%。此外，在 2.4GHz 和 5.8GHz 处，输入功率为 500mW 条件下，最大 SAR 值分别是 0.55W/kg 和 0.90W/kg，这个数值低于国际上建议的极限值 1.6W/kg（平均超过 1g 组织）。因此，这种紧凑而低成本的天线是一种实用的辐射体，具有出色的双频性能和鲁棒性，用于人体中心通信应用，如医疗监测或救援人员监测与协调系统等的可穿戴生物传感器等。

　　Mishra 等[32]发表的另一篇文章提到一种可穿戴圆形极化双频段贴片天线，该天线使用导电金属化尼龙织物（Zell）作为贴片和接地，粗棉布作为基板。这种天线的圆形极化好于线性极化，由于方向独立性，可使其发射/接收功率达到最大化。拓扑结构包括一个改进的矩形槽贴片天线，具有特殊的 L 形馈电拓扑结构，周围的共面接地通过外围槽与馈电分开，布置在基板顶部。L 形馈线拓扑结构将基本共振模式（TM_{01}）分成两个退化正交模式，从而产生圆形极化。

该天线的槽形拓扑结构与 L 形馈电相结合，确保围绕两个中心频率的相对较宽的阻抗带宽，以及用于圆形极化的宽泛的轴比带宽。仿真结果显示，在 2.45GHz 频段 2017MHz 带宽和 5.8GHz 频段 1759MHz 的带宽处，存在 -10dB｜S_{11}｜的较大带宽，在 2.45GHz 和 5.8GHz 频段处的轴比带宽分别为 800MHz 和 2343MHz。这表明人体对反射系数的影响较小。

实验性能测试结果与模拟测试相似，在 2.45GHz 频段，在｜S_{11}｜上有 5dB 的上移，是由制作偏差造成的。人体的存在导致测试性能有一定程度的降低，但依然能够覆盖全部工作带宽。

Chen 等[33]提出另一种新的多频段天线，除了两个被证实的 ISM 频段外，该天线也能在位于 4.725GHz 周围的第三频段工作。这种天线使用一个改进的 U 型狭槽拓扑结构来实现，将一块银涂层的防刮尼龙布放在一个柔性绝缘泡沫基板上，基板底部接地。

26.4.3　卫星通信波段：GPS 系统、伽利略系统、铱系统

可穿戴纺织天线尤其适用于卫星通信。例如，一组救援人员在工作中的活动协调。每个人可以装配一个可穿戴纺织系统，系统中的纺织天线与卫星定位系统相连，如 GPS、Galileo 或全球导航卫星系统（GNSS）。借助这些天线，每个救援人员都能够获得其位置的信息，这些信息被转发到基站，可以跟踪这些位置并使团队活动实现最佳协调。

由 Vallozzi 等[34]完成了可穿戴纺织 GPS 天线的初期设计和执行工作。在这项工作中，首次设计出在 GPS-L1 频段［1.56342，1.58742］GHz 运行的可穿戴天线，并将其安装在一个可穿戴的保护性泡沫基板上，通常用于救援人员的衣服上。采用截角拓扑结构作为辐射元件的贴片天线，具体见图 26.10。通过尺寸优化确保天线实现右手圆形极化，正如 GPS 标准中要求的。该天线使用的可穿戴材料包括高导电性电子织物 Flectron，用作辐射贴片和接地面，柔性减震、阻燃泡沫作为基板。辐射贴片的最佳尺寸约为 8cm×8cm，最小接地面尺寸是 12cm×12cm，对于可穿戴应用来说足够紧凑。

该天线首先通过全波电磁求解器 ADS Momentum®进行设计和优化，然后制备了几个样机。在消声室中进行了天线性能的实验评估，考虑了三种不同的工作环境：单机、覆盖纺织品（在辐射元件上）和集成到人体穿的外套中。实验测试三个性能参数：反射系数、增益方向图和轴比（宽边侧）。在单机环境下，三个样机

的反射系数范围为 117.5～145MHz，在
中心频率附近 33MHz 带宽范围内的轴
比带宽为-3dB，完全覆盖 GPS-L1 波
段，定向离体增益方向图中沿宽边侧
的最大值是 5.43dBi。在其他两种工作
条件下，如覆盖纺织品和近体条件下，
测得的性能参数稍有变差，但仍然足
够满足设计标准。以上结果表明，这
种拓扑结构能够稳定接收 GPS 信号，
同时确保不受人体和服装接近度的
影响。

图 26.10　可穿戴纺织 GPS 天线样机

　　后来，人们又开发出更精密、性
能得到改进的可穿戴天线，用于卫星
通信。尤其是 Kaivanto 等[35] 在 2011 年
提出的可穿戴圆形极化天线，该天线可在 GPS 和 Iridium 系统（［1621.35，
1626.50］MHz）卫星波段工作，因此可同时用于定位和通信服务。在作为辐射元
件的方形贴片上面开设一个多边形的狭槽，能够实现较宽的工作带宽，覆盖两个
波段。辐射贴片放在柔性纺织品制备的基板上，常用的柔性纺织品有极性较好的
高强黏胶丝和防弹织物，它们有好的机械性能。镀银和镀铜的导电尼龙织物用作
贴片和接地。实验分析表明，天线在两个频段的运行都很好。甚至在弯曲的条件
下，在 53MHz 带宽范围内右手圆形极化（RHCP）的反射系数维持不变。在非弯
曲条件下，三维球面上 RHCP 的增益值在［-2.5，7.5］dB 范围内，GPS 波段和 I-
ridium 波段的最大视距值分别是 5dB 和 6dB。在顶点周围的广角区域，测得的轴比
低于 5dB。总之，这种天线适用于 GPS 和铱卫星通信，具有令人满意的性能。但
是，探针馈电的使用，限制了可获得的带宽，可使用更复杂的馈电技术对其进行
扩大。

　　Dierck 等的一项研究对这个问题做了进一步的改进[36]，他们提出的天线能在
GPS 和 Iridium 双波段下运行，附加了一个含有低噪声放大器芯片的有源电路，方
便集成在这个结构背面的馈电板上，提高了天线的整体性能。此外，另一文献[35]
中提到一种天线，使用探针馈电限制了机械鲁棒性和带宽。现在开发的天线将混
合耦合与孔径耦合馈电结合起来，获得了反射系数为-10dB 的 340MHz 的带宽，以
及 3dB 的 AR 圆形极化 183MHz 的带宽，具体如图 26.11 所示。与文献报道相比，
这一带宽比在同样频率下工作的其他可穿戴天线都宽。由于不存在金属结构（如
探针），因此孔径耦合馈电也能提高这一结构的柔性和机械强度。据悉，这种天线
是唯一一种将 LNA 芯片和混合耦合器紧密集成到天线结构中的有源可穿戴天线。

智能纺织品及其应用

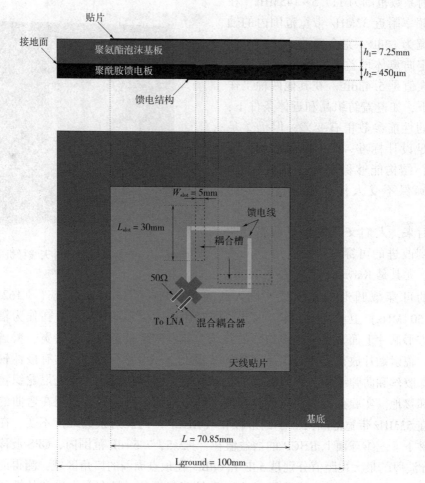

图 26.11　用于 GPS 和 Iridium 卫星通信的有源可穿戴天线示意图

这种天线结构包括三个金属化层和两个基板，即一个聚氨酯泡沫基板用于辐射贴片（通常用于防护服垫肩的材料），一个 0.4mm 厚的芳纶基板用于馈电电路。顶层是一个矩形辐射贴片，蚀刻在镀铜的聚酰亚胺膜上，在两个基板之间布置一个底板，两个正交的矩形孔径实现馈电和辐射贴片之间的耦合。该馈电结构由两个正交的微带臂组成，通过混合耦合器连接到 LNA，在注入馈电臂的两个信号之间提供必要的 90°相移。

设置不同条件，在无反射环境中大量测试样机的反射系数和增益（RHCP 和 LHCP）性能。样机有有源和无源天线，三种测试条件分别是自由空间状态、弯曲和集成到穿戴的夹克上。

自由空间状态下，在频段 [1.512, 1.8] GHz 内，无源天线评价结果是 $|S_{11}| <$

538

-10dB，当天线沿着几个方向弯曲或集成到人穿着的防护夹克上时，这一数值并没有明显的变化。这主要是由于混合耦合器馈电能够确保一个稳定的50Ω的阻抗匹配。天线增益（在宽边方向）是频率的函数，在1.619GHz处存在最大值5.5dB，在感兴趣的频段内最大变化为1dB。弯曲和集成到人体穿着的夹克上导致最大增益值减小，最糟糕的情况下比自由空间下低2.5dB。RHCP增益几乎不受弯曲和人体存在的影响，且至少比LHCP增益值高5.6dB，正如GPS应用所需要的。

对于有源天线，在 [1.36, 1.7] GHz 频段的测试结果是 $|S_{11}|$ <-10dB，覆盖所有感兴趣的波段。与自由空间情形相比，当天线弯曲或磨损时，天线的反射系数几乎没有发生变化。对于自由空间，在1.625GHz时的侧面增益最大值为25.43dB，比同一天线的无源版本高约25dB，在 [1.558, 1.677] GHz 区间内最大变化为1dB。这些值在不同的情况下几乎保持不变，但最大增益略有下降，特别是在天线弯曲的情况下。在任何情况下，在整个感兴趣的频段上，RHCP增益都至少比LHCP增益大10.44dB。

总之，这种天线在性能和鲁棒性方面代表了最新的技术，适于可穿戴应用，并能在GPS和Iridium双波段运行。

26.4.4　超宽波段

自美国联邦通信委员会（FCC）（[3.1, 10.6] GHz）和欧盟（[6, 8.5] GHz）分配超宽带（UWB）频段以来，人们开始对在这些频段工作的天线设计和样机制作进行广泛的研究。与传统的窄带相比，UWB通信有几个潜在的好处，比如，由于光谱功率密度更低，所以有更高的数据获取速率和更好的抗干扰性能。对于人体通信而言，UWB的优势尤其有吸引力。在过去十年里，这刺激人们对新型UWB可穿戴天线进行广泛的研究。下面列举两个例子代表UWB可穿戴天线的最新发展。在这两个例子中，在辐射元件和穿戴者之间设置一块接地面，使辐射远离人体，满足了UWB可穿戴天线最具挑战性的要求。与前面提到的可穿戴纺织UWB天线相比，这个特征代表了一种创新，建立在非常流行的Vivaldi拓扑结构基础之上，具有全方位辐射模式特征，其中大部分辐射功率被人体吸收，就像参考文献[37-38]中提到的那样。

2014年，Zaric等[39]提出一种可穿戴UWB天线，该天线具有非常紧凑的外形、单向辐射模式和高保真性能，可在欧盟UWB频段 [6, 8.5] GHz 运行。该天线适用于脉冲无线电超宽带应用（IR-UWB），用于精确定位人体目标。这种结构展示在图26.12中，严格来讲不是纺织品。然而，其紧凑的尺寸和低剖面，与人体接近的高适应性一起，使其成为可穿戴天线。在未来的植入物中，导电和可穿戴介电材料很容易取代现有的刚性材料。天线包含三个金属化层，放在两个堆叠在一起的低成本FR4基片上，基片厚度 h=1.46mm。顶端的金属化层是主要的辐射元件，

是一个圆形贴片，在所考虑的波段高频区域产生共振。第二个金属化层放在第一个下面，处于两个基片层之间，是三角形的，以确保低频共振。第三个金属化层放在整个结构下面，作为接地面，整体尺寸为37mm×21mm。连接辐射元件和接地面的短针，拓宽$|S_{11}|$带宽并连接不同频率下的共振。数值和实验表征显示，整个感兴趣的波段中$|S_{11}|$<-10dB，单向辐射模式下的最大值约为6dB。时域特性分析证明，大多数离体立体角的保真度因子高于95%，优于以往文献报道的大多数天线。此外，人体的存在对这种天线几乎没有影响，因为直接接触人体皮肤时，天线的性能也很稳定。

图26.12　具有定向辐射模式的低剖面 UWB 天线

Samal 等设想了另一种具有底板和单向辐射模式的全纺织超宽带天线[40]。该天线由一个平面贴片结构组成，贴片结构位于由毛毡制成的纺织基板上，接地面和辐射贴片使用一种常见的称为 Shieldit™ 的导电织物。该装置是首次制备的全织物超宽带天线，具有一个完整的接地平面和定向辐射模式。天线性能是通过一个复杂的贴片拓扑结构实现的，该拓扑结构由多个几何形状组合而成，在不同的频率下产生多个共振，使该天线在整个 FCC UWB 频段（[3.1，10.6] GHz）上满足$|S_{11}|$<-10dB。验证实验结果表明，该天线的最大可达增益为6.89dB，在半空间内辐射指向人体的辐射功率极低，对人体近距离不敏感，是 UWB 离体通信的理想选择。

26.4.5　60GHz 频段

近年来，围绕60GHz中心频率的毫米波体间通信由于其固有的一些优点开始受到研究者们的广泛关注。在参考文献[41]中，Chahat 等提出三个主要方面的优势。首先，考虑到全球范围内7GHz（[57，64] GHz）的广泛可用频谱，可能会实现更高的数据传输速率。其次，在这种宽带无线通信中有可能使用低功率谱密度，这可能获得高水平的抗干扰能力和保密性能。最后，天线尺寸大大减小，这点尤其适合可穿戴应用。在参考文献[41-42]中，同一作者还提到了60GHz可穿戴天线的两个有趣例子。

第一个是用于60GHz频段的离体通信的四元贴片天线阵列。天线辐射元件是通过激光切割的一个0.07mm厚的柔性铜箔制成的，放置在带有ShieldIt™底板的棉质基片上。实验测试了天线在自由空间、穿在身上以及弯曲时的性能。在自由空间中，在57~64GHz范围内，测量到的 $|S_{11}|$ 仍然低于10dB。而在60GHz范围内，最大测量增益为8.0dB。当天线部署在人体上时，其性能只有轻微的变化，因为接地面将其与人体组织隔离。这种性能变化也适用于弯曲和起皱的情况。

第二种用于可穿戴通信的天线是一种平面Yagi-Uda，为人体传播提供辐射端。在自由空间状态下，该天线与60GHz波段完全匹配，且在60GHz处最大增益值为11.8dB。人体接近度对天线性能的影响取决于天线与人体的间距。然而，即使放置在人体上或弯曲情况下，天线表现也令人满意。

26.5 结论和展望

本章根据可穿戴纺织天线的工作频率范围概述了一些具有代表性的最先进的可穿戴纺织天线。过去十年里，可穿戴纺织天线技术已有很大进展，从简单的矩形贴片窄带天线，发展到用于辐射元件的更为复杂的拓扑结构，具有宽带性能，以及新材料和前景乐观的技术方案。这些发展使更坚固、舒适和无缝结构天线的制备成为可能。可穿戴天线目前可在不同频率下工作，范围从低UHF波段到最新的60GHz的毫米波段。与人体中心通信和人体存在相关的诸多挑战，如对穿戴者身体的不敏感性和鲁棒性、弯曲性和洗涤等问题已经解决，也已提出成功解决其他问题的方案。

人体中心无线通信与可穿戴纺织天线仍然是一个热门的研究领域。未来的研究工作可能侧重于提供更好性能的新结构和拓扑结构，以及材料和实际问题。例如，机械牢度和舒适性问题仍然面临很大的挑战，为了实现与服装的完美融合，仍需做大量的研究工作。

参考文献

[1] P. Hall, Y. Hao, Antennas and Propagation for Body-centric Wireless Communications, second ed., Artech House, Norwood, MA, 2012, p. 400.

[2] D. Curone, G. Dudnik, G. Loriga, G. Magenes, E. Secco, A. Tognetti, A. Bon-

figlio, Smart garments for emergency operators: results of laboratory and field tests, in: 2008 30th Annual International Conference of the IEEE Engineering in Medicine and Biology Society, 2008.

[3] M. Orth, J. Smith, E. Post, J. Strickon, E. Cooper, Musical jacket, SIGGRAPH ' 98: ACM SIGGRAPH 98 Electronic Art and Animation Catalog (1998) 38.

[4] S. Coyle, D. Morris, K. Lau, D. Diamond, N. Moyna, Textile-based wearable sensors for assisting sports performance, in: BSN '09: Proceedings of the 2009 Sixth International Workshop on Wearable and Implantable Body Sensor Networks, Washington, DC, USA, 2009.

[5] G.A. Deschamps, Microstrip microwave antennas, in: Third USAF Symposium on Antennas, 1953.

[6] P. Salonen, M. Sydanheimo, M. Keskilammi, M. Kivikoski, A small planar inverted-F antenna for wearable applications, in: Third International Symposium on Wearable Computers, October 19, 1999.

[7] P. Massey, Mobile phone fabric antennas integrated within clothing, in: Antennas and Propagation, 2001. Eleventh International Conference on, 2001.

[8] T. Kellomaki, W. Whittow, J. Heikkinen, L. Kettunen, 2.4GHz plaster antennas for health monitoring, in: EuCAP 2009, the 3rd European Conference on Antennas and Propagation, Berlin, March 23-27, 2009.

[9] A. Tronquo, H. Rogier, C. Hertleer, L. Van Langenhove, Robust planar textile antenna for wireless body LANs operating in 2.45GHz ISM band, IEEE Electron. Lett. 3 (42) (Februrary 2006) 142-143.

[10] M. Klemm, I. Locher, Troster, A novel circularly polarized textile antenna for wearable applications, in: 34th European Microwave Conference 2004, 2004.

[11] L. Vallozzi, H. Rogier, C. Hertleer, Dual polarized textile patch antenna for integration into protective garments, IEEE Antenn. Wireless Propag. Lett. 7 (2008) 440-443.

[12] C.A. Balanis, Antenna Theory: Analysis and Design, John Wiley & Sons, New York, 1997.

[13] F. Boeykens, L. Vallozzi, H. Rogier, Cylindrical bending of deformable textile rectangular patch antennas, Int. J. Antenn. Propag. (2012) 11.

[14] F. Boeykens, H. Rogier, L. Vallozzi, An efficient technique based on polynomial chaos to model the uncertainty in the resonance frequency of textile antennas due to bending, IEEE Trans. Antenn. Propag. 62 (3) (2014) 1253-1260.

[15] I. Kazani, F. Declercq, M.L. Scarpello, C. Hertleer, H. Rogier, D. Vande Ginste,

et al., Performance study of screen-printed textile antennas after repeated washing. AUTEX RESEARCH JOURNAL. 14 (2) (2014) 47-54.

[16] M. Tentzeris, A. Georgiadis, L. Roselli, Energy harvesting and scavenging (Scanning the issue), Proc. IEEE 102 (11) (November 2014) 1644-1648.

[17] C.J. Dietrich, K. Dietze, J. Nealy, W. Stutzman, Spatial, polarization, and pattern diversity for wireless handheld terminals, IEEE Trans. Antenn. Propag. 49 (9) (September 2001) 1271-1281.

[18] K. Finkenzeller, RFID Handbook Fundamentals and Applications in Contactless Smart Cards, Radio Frequency Identification and Near - field Communication, Wiley, 2010.

[19] Available: http://www.gs1.org/epcglobal (Online), 2013.

[20] K. Koski, E. Lohan, L. Sydanheimo, L. Ukkonen, Y. Rahmat-Samii, Electro-textile UHF RFID patch antennas for positioning and localization applications, in: IEEE RFID Technology and Applications Conference (RFID - TA), September 2014.

[21] M. Hirvonen, C. Bohme, D. Severac, M. Meman, On-body propagation performance with textile antennas at 867MHz, IEEE Trans. Antenn. Propag. 61 (4) (April 2013) 2195-2199.

[22] F. Declercq, A. Georgiadis, H. Rogier, Wearable aperture-coupled shorted solar patch antenna for remote tracking and monitoring applications, in: Proceedings of the 5th European Conference on Antennas and Propagation (EUCAP), Rome, Italy, April 2011.

[23] ITU, Radio Regulations, 2012 (Online). Available: http://www.itu.int/pub/R-REG-RR-2012.

[24] C. Hertleer, H. Rogier, L. Vallozzi, L. Van Langenhove, A textile antenna for off-body communication integrated into protective clothing for firefighters, IEEE Trans. Antenn. Propag. 57 (4) (April 2009) 919-925.

[25] L. Vallozzi, P. Van Torre, C. Hertleer, H. Rogier, M. Moeneclaey, J. Verhaevert, Wireless communication for firefighters using dual-polarized textile antennas integrated in their garment, IEEE Trans. Antenn. Propag. 58 (4) (April 2010) 1357-1368.

[26] R. Moro, S. Agneessens, H. Rogier, M. Bozzi, Wearable textile antenna in substrate integrated waveguide technology, Electron. Lett. 48 (16) (August 2012) 985-987.

[27] S. Lemey, F. Declercq, H. Rogier, Textile antennas as hybrid energy-harvesting

platforms, Proc. IEEE 102 (11) (November 2014).

[28] F. Liu, T. Kaufmann, Z. Xu, C. Fumeaux, Wearable applications of quarter-wave patch and half-mode cavity antennas, IEEE Antenn. Wireless Propag. Lett. 14 (2014).

[29] S. Sankaralingam, S. Dasgupta, S. Roy, K. Mohanty, B. Gupta, A fully fabric wearable antenna for HiperLAN/2 applications, in: 2011 Annual IEEE India Conference (INDICON), December 2011, pp. 1-5.

[30] S. Agneessens, H. Rogier, Compact half Diamond dual-band textile HMSIW on-body antenna, IEEE Trans. Antenn. Propag. 62 (5) (May 2014) 2374-2381.

[31] S. Zhu, R. Langley, Dual-band wearable textile antenna on an EBG substrate, IEEE Trans. Antenn. Propag. 57 (4) (April 2009) 926-935.

[32] S. Mishra, V. Mishra, N. Purohit, Design of wide band circularly polarized textile antenna for ISM bands at 2.4 and 5.8GHz, in: 2015 IEEE International Conference on Signal Processing, Informatics, Communication and Energy Systems (SPICES), 2015.

[33] S. Chen, T. Kaufmann, C. Fumeaux, Wearable textile microstrip patch antenna for multiple ISM band communications, in: 2013 IEEE Antennas and Propagation Society International Symposium (APSURSI), 2013.

[34] L. Vallozzi, W. Vandendriessche, H. Rogier, C. Hertleer, M. Scarpello, Design of a protective garment GPS antenna, Microw. Opt. Technol. Lett. 51 (6) (2009) 1504-1508.

[35] E. Kaivanto, M. Berg, E. Salonen, P. de Maagt, Wearable circularly polarized antenna for personal satellite communication and navigation, IEEE Trans. Antenn. Propag. 59 (12) (December 2011) 4490-4496.

[36] A. Dierck, H. Rogier, F. Declercq, A wearable active antenna for global positioning system and satellite phone, IEEE Trans. Antenn. Propag. 61 (2) (February 2013) 532-538.

[37] J. Bai, S. Shi, D. Prather, Modified compact antipodal vivaldi antenna for 4-50-GHz UWB application, IEEE Trans. Microw. Theory Tech. 59 (4) (April 2011) 1051-1057.

[38] M.A.R. Osman, M.K.A. Rahim, M.A. Abdullah, N.A. Samsuri, F. Zubir, K. Kamardin, Design, implementation and performance of ultra-wideband textile antenna, Prog. Electromagn. Res. B 27 (2011) 307-325.

[39] A. Zaric, J. Costa, C. Fernandes, Design and ranging performance of a low-profile UWB antenna for WBAN localization applications, IEEE Trans. Antenn. Propag. 62

（12）（December 2014）6420-6427.

［40］ P. Samal, P. Soh, G. Vandenbosch, UWB all-textile antenna with full ground plane for off-body WBAN communications, IEEE Trans. Antenn. Propag. 62（1）（2014）102-108.

［41］ N. Chahat, M. Zhadobov, R. Sauleau, Antennas for body centric wireless communications at millimeter-wave frequencies, in：D. L. Huitema（Ed.）, Progress in Compact Antennas, InTech, 2014.

［42］ N. Chahat, M. Zhadobov, S. Muhammad, L. Le Coq, R. Sauleau, 60-GHz textile antenna array for body-centric communications, IEEE Trans. Antenn. Propag. 61（4）（April 2013）1816-1824.

27 运动捕捉和活动分类智能服装设计

R. Younes, *K. Hines*, *J. Forsyth*, *J. Dennis*, *T. Martin*, *M. Jones*
弗吉尼亚理工电子纺织品实验室，美国弗吉尼亚州布莱克斯堡

27.1 前言

本章旨在描述几代电子纺织品原型服装的设计和实现问题。尽管这些服装用途不同，但它们在两方面是一致的：一方面是服装应用时需要感知人体躯干、胳膊和腿的运动，每件衣服利用某种形式的惯性测量单元（IMU）去测量人体的运动[5]；另一方面是每件服装都有一个有线数字网络，用于充电和通信。这种织物网络是被织制到织物上或被缝到服装上的。在服装上运行的应用程序建立在软件和硬件两重系统结构上[8-9]。较低层的计算节点接受来自 IMU 的数据并在织物网络上传输，较高层的节点从网络中读取数据并运行服装的整个应用程序。织物上的数字网络和硬件/软件一起，能使这些实体服装几乎不用重新设计即可实现不同的应用。因此，有数字网络和硬件/软件系统架构的电子纺织服装作为一系列应用程序的平台，而不仅仅适用于单一目的。

本章描述了三代原型服装：织物网络的连体衣、缝制网络的裤装和夹克以及现成的缝制网络的连体衣。这些样品在弗吉尼亚理工电子纺织品实验室的研究历程中跨时约 7 年。每件服装都是一个原型，旨在探索电子纺织服装的设计空间。作为服装原型，不是为了满足商业服装的要求，而在于探索限制条件，确定应用程序和计算技术的可行性。例如，电子产品的设计是为了功能性和易于修改，而不是为了形状因素和鲁棒性，因此它们比实际生产服装所预期的更大、性能更不可靠。同样，几乎没有考虑电子产品的物理外观或与服装的融合性。

27.2 物理设计

对于可穿戴计算产品，电子纺织品非常有吸引力，因为电子纺织品可以让传感器无干扰、自然地靠近穿戴者。为了利用人们对日常纺织品的熟悉度和接受度，智能服装的生产版型应该有一定的设计限制，即必须与日常服装有相似的外观和

感觉。物理设计部分讨论了三代服装的设计目标和服装结构。本章讨论的智能服装均为不同项目而设计，有不同的限制。在这些不同的项目中保持不变的主题，如可穿戴通信结构的物理设计、躯干和肢体运动的测量、衣服的可穿戴性以及电子设备的可见性。

27.2.1 带有织物网络的连体衣

带有织物网络的连体衣的重点是感知整个身体（四肢和躯干）。这种服装的应用包括动作捕捉和环境感知[12]。该服装也是对多种电子纺织设计问题的探索，包括电子硬件问题，如电子元件与服装[3]的连接、服装面料[14]的组织设计、织物网络的可扩展性等[11,15]。

27.2.1.1 设计目标

这种服装需要满足多种需求。首先在外观、舒适及感觉等方面与日常服装相近，并被视为日常服装[12]。为了提高对该系统的接受性，服装必须是宽松和耐久的。一个相关的要求是，纺织品必须使用纺织和服装行业现有的制造工艺，如在工业织机上织布[11-12,14]。

还需要包括一个柔性可扩展的物理和逻辑网络构架，允许传感器放置在身体任何部位 1 英寸❶的范围内。此外，传感器节点放置在任何位置都能正常工作，便于传感器节点拆除和清洗之后重新插入[3,11]。

27.2.1.2 服装结构与物理网络描述

服装面料通过改良的斜纹组织织造，样品如图 27.1 所示。按照现成连体衣的样式裁剪面料，构建物理服装结构。总线周期性浮动，将传感器连接到织入套装

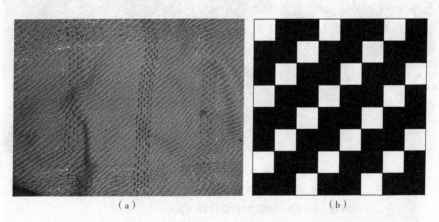

（a）   （b）

图 27.1 制备带有织物网络的连体衣用改进斜纹组织样品（a）；与日常面料用斜纹组织（b）

---

❶ 1 英寸 = 2.54cm。

内的有线网络，在织物上每隔 3 英寸重复一次[14]。根据设计要求，织物图案和总线浮筒的放置需要满足以下条件：传感器可以放置在距人体 1 英寸范围内的任何一点，网线沿着衣服的接缝处放置，将两块面料缝在一起实现网络连接。首先剥开电线外皮露出导电材料，将剥皮的导线连接在一起，焊接连接处并使其绝缘，将处理后的接头塞入衣服接缝中[12]。实际生产服装时，如果有市售接头连接器，可以省去焊接和绝缘工序。这里之所以要焊接接头处，是因为市售压条直径与导线直径不匹配。如果有合适直径的绝缘压接胶条，只需将导线剥开并将胶条压接在导线上即可连接导线。

这种织造模式允许将两根不锈钢纱线和四根绝缘金属丝织入织物中。如图 27.1 所示，四根绝缘金属丝用于数字通信网络和电源，两根不锈钢丝用于感知织物压缩情况[12,14]。考虑到衣服必要的伸展性[14]，六排松紧带沿纬向织入织物中。织物使用自动化多臂织机织造，金属和不锈钢丝均按照经纱和纬纱两个方向织入。织好后[14]，每一片织物的裁剪与编织图案相匹配，这样便于网线沿着接缝处排列。整个系统使用缝纫机通过商用缝合模式缝合在一起。接缝处的电子器件按前面所述方法连接[14]。

新套装面临的问题之一是电子元件的连接设计。绝缘位移连接器（IDC）用来连接电线浮筒，IDC 能够实现永久连接。但对实验而言，希望能将传感器移动到服装上的不同位置，因此，传感器采用 USB 形式的接口，以便于传感器的拆卸，同时将 IDC 留在织物上，具体见图 27.2。在服装的很多位置放置小而便宜的 IDC-USB 接口器，允许在一件衣服上布置多个传感器。服装生产过程中，并不需要去掉传感器，所以不需要 USB 式连接器。

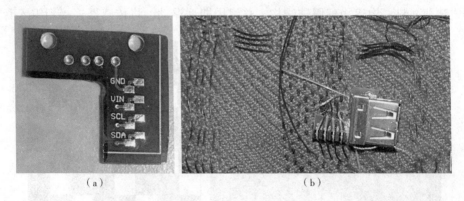

（a）   （b）

图 27.2　没有 IDC 或附加 USB 的 IDC-USB 连接器（a），两者都附加到
织物上的 IDC-USB 组合连接器（b）

通过附加弹性带形式的额外支撑，可以固定传感器的位置，减小应变[3]。传感器相对于织物的移动可能会导致连接到编织总线上的连接器出现问题，具体取决于佩戴者移动的力度。

这种服装初期采用加速器和陀螺仪捕捉运动[3]，IMUs 嵌入更多的传感器[10,15]。IMU 的最终设计包括一个罗盘、两个 2 轴陀螺仪和一个 3 轴加速计。这些模块放置在服装的九个地方：每个前臂一个，每个上臂一个，每个大腿上一个，每个胫骨上一个，躯干上一个[15]。节点设计和放置与可调节运动捕捉长裤、夹克套装以及带缝制网络的现成连体衣非常相似[10,15]。这些硬件变化在 27.3 节有详细说明。整体服装展示见图 27.3。

使用现有的产品能够加速原型设计过程，产品包括商用传感器和用于实体系统的服装样品。这种方式可让电子纺织品设计者集中精力研究高水平编程和系统设计，如数据的处理或传感器放置的位置等[11]。然而，服装生产过程中，现成的方法会受到限制，因为需要减小附加电子元器件的尺寸，而且需要像日常服装一样经受多次洗涤。尽管用的是现成的电子元件，但许多设计结论都遵循一个原则，就是尽可能多地利用现有的制造技术，以便该研究结果更容易商业化[11,14]。

图 27.3 由带有织物网络面料制备的完整连体衣

27.2.2 带有缝制网络的裤子和夹克套装

裤子和夹克套装的应用定位是运动捕捉[10]。这种服装可以作为一种替代品，取代那些需要固定测试空间或要求服装紧身的更为昂贵的运动捕捉系统。在外形上，与商业化的 Xsens MVN 套装相比，这种服装设计的更宽松，更接近常规服装。因此，这些服装更容易根据不同的体型和尺寸进行调整，以适应尽可能多的穿戴者[4,10]。与前一小节所述的连体衣相比，裤子和夹克套装不再使用织造网络，而是采用缝制网络。这种附加网络的方法旨在探索提高在非电子纺织服装上引入有线网络的可能性。为了制作原型样品和便于用户研究，把有线网络缝在带子上，通过套圈系统将带子连接到现有的衣服上，这样带子和附加的传感器就可以移动到身体的不同位置。用这种方法生产的样衣，先将传感器固定在一定的位置，然后将网络直接缝合到衣服上，或者缝合到一条带子上，然后连接到衣服上。缝制的网络与织入连体衣的四线网络一样，有同样的物理间隔，便于连体衣中的传感器与其一起使用。

27.2.2.1 设计目标

本系统的目标是在宽松衣服内设计一个相当精确的、独立控制的运动捕获单元，具体见图 27.4 [10]，这种服装比较宽松。所有的运动捕捉功能都在服装上实现，包括捕捉运动数据、加工和过滤原始数据[10]，这种服装后期的应用是利用数据识别穿戴者正在进行的运动。

图 27.4 完整的运动捕捉裤子和夹克套装

针对这种服装的设计目标有两个，一是简化系统网线的物理放置，二是无须重新设计服装即可调整传感器板布局。简化网络可以减少附加到服装上的线路。传感器放置的灵活性允许在用户研究期间对其快速调整以提高数据质量 [4,10]。

27.2.2.2 服装结构和物理网络描述

这种服装以缝制的夹克和裤子为基础，是按市场上可买到的夹克和裤子的样式缝成的，不像前面描述的连体衣，服装本身没有缝制或织入的线路[10]。为了灵活安放传感器，服装上缝制了带有索环的竖直条带，裤子的侧视图如图 27.5 所示。缝有电力和通信总线的缎带上缝有一条扣环。为了提高稳定性，在缎带背面加了尼龙搭扣。此外，在背部、肩部和膝盖处的面料能够被拉紧，以改进服装的合体性。部分调整点如图 27.4 所示。

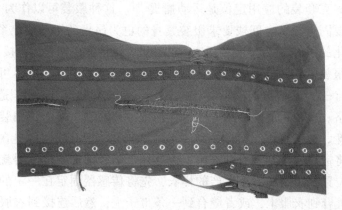

图 27.5 没有固定带状总线的裤子侧视图，使用尼龙搭扣固定带状总线

　　针对这种服装重新设计 USB- IDC 接口器，如图 27.6 所示[10]。用于该接口的电路板的设计，便于将其缝到带有通信总线的绶带上。这种设计是为了帮助提高连接的耐久性。此外，这种连接还可以消除应变[10]。图 27.7 所示为附加到总线上的接口器如何被缝制到绶带上。IDC 侧面的两个插槽消除了应变，这为 IDC 两侧的电线提供了机械稳定性，能将刚性连接点放置在柔性织物基板上。

图 27.6　缝制网络裤子—夹克套装使用的 USB-IDC 接口器

　　将参考文献[15]中开发的传感模块连接到连接器上，如图 27.8 所示。这些绶带可以沿佩戴者的四肢上下移动，并受到纱线的保护。由于使用的传感器在外形上与织物网络连体衣用的相似，所以通信结构也是相似的。传感器节点在身体上的安放位置，与织物网络连体衣一样：躯干和每个肢体的中部位置（上臂、前臂、大腿和小腿）[1,10,15]。

　　尽管这种服装能够调整得更合体，但由于尺寸和固定方法等原因，也存在一些问题：如传感器节

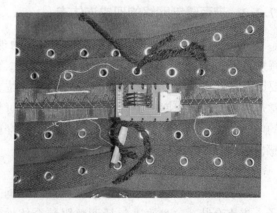

图 27.7　用纱线固定到裤子上的总线绶带，
USB-IDC 接口器在图的中心部位

点不随使用者的运动而做必要的运动，具体见图 27.9；面料传感器节点间运动的差别，导致运动捕捉结果产生错误；屏蔽使用者的运动，使其无法被服装检测到。出现这种问题一部分原因是电子产品原型设计方法问题，即传感器板使用与低密度、刚性、定制印刷电路板（PCB）相连的现成组件，以及 IDC-USB 样式连接器带来的长度问题。服装生产中，为传感器创建一个完全定制的高密度 PCB，大大减小刚性组件的尺寸，能够解决大部分问题，如果有必要，还可以选择柔性 PCB。

调整衣服合体度的方法不能解决传感器不随人体运动的问题。

 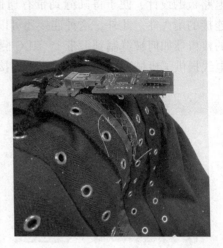

图 27.8　固定在接口器上的 IMU 板　　图 27.9　传感器板不随穿戴者运动而动的例子

27.2.3　带有缝制网络的现成连体衣

与织物网络连体衣不同，带有缝制网络的现成连体衣是对另一件衣服的扩展，特别是第 27.2.2 节中描述的长裤和夹克套装。纺织品基材重新设计关注的三个重要因素是款式、服装合体性和传感器的安放位置[4]。款式主要在于电子纺织品与常规服装的相似程度上，降低了电子产品的可见性，使这种服装看上去不是明显的电子纺织品；服装合体性主要在于服装与穿戴者运动的契合程度；重新研究传感器的位置，以便使传感器更稳定。

27.2.3.1　设计目标

服装的设计目的在于改进数据质量。数据来源于可穿戴运动捕捉服装，即裤子—夹克套装。这种改进包括调整服装合体性和改善电子产品可见性。为了提高传感器跟随穿戴者的运动程度，最终的服装必须接近正规服装。重新研究传感器的放置，为传感器找到稳定的位置。服装的合体性是导致运动捕捉系统数据偏差最大的原因，传感器的放置也影响了运动捕捉系统的性能。

27.2.3.2　服装结构和物理网络描述

将缝制网络的裤子—夹克套装的计算系统放置在现成的中型连体衣上，如图 27.10 所示。总线改成细的 USB 线，放置在织物筒管内以屏蔽其敏感性。由于在布线上的选择，这种服装不需要专门的连接器。这种改变可以缩短板的有效长度，减少漏在服装外面固体的尺寸[4]。板子放在皮套中，如图 27.11 所示，这些皮套可保持传感器节点稳定地停留在服装穿戴者的肢体上，允许打开连体衣进行调整和快速更换[4]。图 27.12 显示了两个躯干传感器节点可能放置的位置。这些变化改进了服装的合体性和传感器屏蔽质量。对于数据收集而言，服装更改足以提高数据质量和系统结果的精准度。

图 27.10 中号连体衣的前面（a）和后面（b）

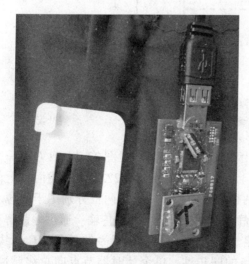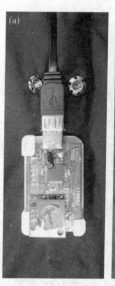

图 27.11 皮套（左）和紧邻传感器节点（右） 　　图 27.12 两个不同位置的皮套节点

　　虽然服装合体性和传感器的位置改变能够提高服装运动测量的精确度，但这种服装最大的局限性在于连接线选择。尽管 USB 线在外面并不明显，但这些线的存在明显使服装变得硬挺[4]。实际生产时，希望能找到尺寸更小、对服装悬垂性影响更小的定制连接器和连接线。

27.3 网络和硬件/软件体系结构

Jones 等[8-9]概述了电子纺织品的设计要求，包括传感器节点之间的数字通信、运行多个并发应用程序的能力以及类似于传统服装的可靠性和低成本。

27.3.1 网络结构

电子服装利用双重通信结构，数据采集和数据处理分开进行。第 1 层（T1）和第 2 层（T2）节点之间的网络层次如图 27.13 所示。T1 节点是简单而且低成本处理节点，收集来自身体上不同传感器的数据，如加速计、陀螺仪、心率监测仪和圆规等。来自 T1 节点的数据被转发到 T2 节点，以驱动服装应用程序。一般来说，第 2 层节点是更复杂的处理单元，执行诸如运动捕捉和活动分类等高级应用程序。T2 节点还充当路由器，提供跨服装的不同服务。T1 节点还有不同的功能，而T2 节点将在服装上运行的应用程序连接到所需的 T1 源上。

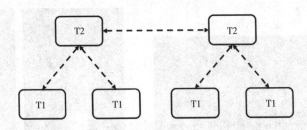

图 27.13　电子纺织品的两层结构

T1 和 T2 节点通过 I^2C 总线连接，沿着身体分布，具体见图 27.14。I^2C 是一个具有共享时钟（SCL）和数据线（SDA）的双线网络接口。27.2 节所述面料上的网络（缝制或织入）有四根线，其中两根用于 I^2C 总线，另两根分别用于电源和底板。网络上的 T1 节点监测 SDA 线的静止周期，以便于数据传输。通过仲裁解决数据冲突，确保一个节点无法控制网络。T1 节点作为多主机系统仲裁 I^2C 总线，并与 T2 节点通信。为了保持跨 T1 节点的同步性，单个计时器节点向总线脉冲，启动来自每个 T1 节点的传输。这种同步可以减少计时的不规律性，并确保定期更新所有来自总线上 T1 节点的数据。目前每个 T1 节点都在自己的 I^2C 子网络上，子网络上有一对一的 T2 节点作为其他网络和离体通信的网关。如果存在多个 T2 节点，它们可以通过自己的 I^2C 网络进行连接。如果允许多个 T2 节点管理单个 T1 节点，在衣服撕裂或损坏的情况下，可以使网络更加稳定[8]。

通过 T1 节点收集的传感器信息能够自动或按要求传递到 T2 节点。对于当前的运动捕捉应用，传感器数据的传输频率尽可能地高。典型的数据包是 17 个字节，包含节点 ID、加速度计、陀螺仪和罗盘数据。虽然 I^2C 网络可以提供高达 400kHz 的总线速度，但数据包的大小和通信开销限制了有效传输速率。Lewis 研究了增加 T1 节点数量对有效传输率的影响，结果见图 27.15[10]。

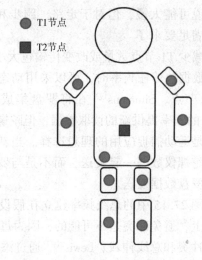

图 27.14　应用在电子纺织品上 T1 和 T2 节点的位置

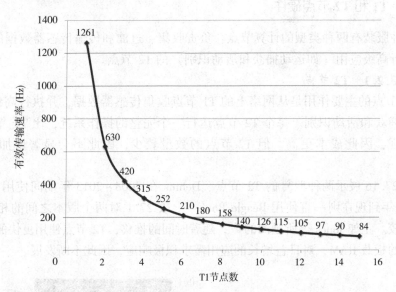

图 27.15　有效传输速率与有 17 字节包的 T1 节点数的关系

[源于文献[10]中的公式（4.1a）～（4.1c）]

根据电子纺织品上运行的应用程序，从 T1（感测节点）到 T2（应用节点）的传感器更新频率（来自总线上传输的 T1 传感器的数据）对程序的正确运行至关重要。如图 27.15 所示，当 T1 节点数量增加时，有效的总线传输速率迅速降低。当网络中加入更多的传感器时，能够通过总线传递的更新更少。图 27.14 展示了 11 节点体系，传感器更新频率可能达到 115Hz。这种更新频率对某些应用来说可能太慢，但对于走路、跑步和其他日常活动，捕捉频率在 20~120Hz 就能够满足要求了[3,7]。

减少 T1 节点数量或改变传输包大小，可以提高传输速率。当传感器更新频率低于数据包传输频率时，可以采用动态数据包尺寸，旧的传感器数据不需要传输到 T2 节点。Simmons[15] 在将罗盘集成到 T1 节点时利用了此属性。罗盘只能以 10Hz 的频率提供新的读取数据，但陀螺仪能以更高的频率采集数据，60Hz 的传输速率是运动捕捉应用的理想选择。当新的罗盘读数无法获取时，较小的一半数据包与陀螺仪数据一起发送，而不是与罗盘数据一起发送，而完整的数据包则根据新的罗盘数据发送。

图 27.15 中的总线频率建立在假设每个 T1 节点的传输不会相互冲突条件下。实际上，避免冲突是不可能的，因为每个 T1 节点上的硬件计时器都会漂移，最终导致冲突和总线仲裁。Lewis[10] 通过添加 T1 定时器节点解决这个问题，协调跨 T1 节点的传输，并确保有效的带宽使用。

27.3.2　T1 和 T2 节点硬件

这种服装有两种类型的计算节点：负责收集、过滤和传输传感器数据的 T1 节点和执行高级应用（如运动捕获和活动识别）的 T2 节点。

27.3.2.1　T2 节点

T2 节点的主要作用是从网络上的 T1 节点收集传感器数据，并执行高级应用，如运动捕获和活动识别。每个 T2 节点运行一个完整的操作系统，比 T1 节点计算能力更强，因此成本更高。但 T2 节点的数量较少，因此不会显著增加服装的成本。

图 27.16 展示两种型号的 T2 节点。Dennis 在 2008~2013 年期间使用 Gumstix 从 2013 年到现在则一直使用 Beagle Bone[4]。表 27.1 对两个版本之间的相关特性进行比较。正如 Jones 等所预测的[8]，随着时间的推移，T2 节点使用更快的处理器和更多的板载 RAM，对日益增长的应用需求积极响应，因此不断发展。

(a)　　　　　　　　　　　　　　　　(b)

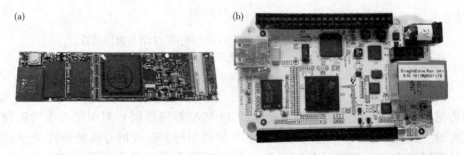

图 27.16　两种型号的 T2 节点：Gumstix（a）（2008~2013）和 Beagle Bone（b）

表 27.1 不同代 **T2** 节点间的性能差异

项目	Gumstix 型 T2 节点	Beagle Bone 型 T2 节点
CPU	Marvell 400MHz XScale	ARM A8720MHz
RAM	64MB	256MB

27.3.2.2 T1 节点

T1 节点是智能服装的主要传感器采集平台。T1 节点比 T2 节点多，但更小、功能更弱、成本更低。图 27.17 展示当前 T1 节点的正面和背面，表 27.2 描述其具体特征。如图 27.17 所示，使用 USB 型连接器将 T1 节点连接到 I^2C 网络进行通信，并向节点提供电源。（USB 型连接器仅用于样品制作，服装生产中并不使用）与 T2 节点不同，T1 节点在三代服装演变过程中变化不大，只是加入了改进的惯性测量传感器。Chong[3] 开发了原始的 T1 节点，它具有 3 轴加速度计和 1 轴陀螺仪。Simmons 增加两个 2 轴陀螺仪，创建一个 3 轴陀螺仪和一个 3 轴罗盘，执行人体运动捕捉任务[15]。T1 节点的处理能力基本没变。

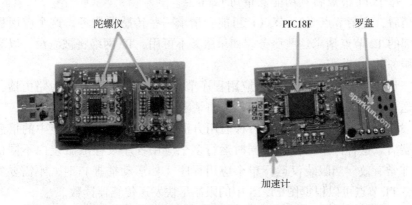

图 27.17 T1 节点的正面和背面，展示了 CPU、加速计、罗盘和陀螺仪

表 27.2 **T1** 节点的特征

项目	特征	项目	特征
CPU	PIC18LF672 40MHz	通信界面	UART, I^2C, SPI
RAM	4KB	传感器	3 轴加速计, 2 轴陀螺仪, 3 轴罗盘
存储	1KB		

27.3.3 软件结构

对于指定的服装的分布式异构计算体系结构，需要适当的软件支持应用程序

开发。Jones 等[8]在传感器硬件和通信结构基础上，开发了一个发布—订阅系统软件。该体系结构遵循两个主要原则：第一，应用程序的开发应参考单个身体部分，而不是单个节点。在这部分，应用程序应该参考左上臂而不是节点 17。从单个节点和网络地址中提炼出来的应用程序，无须重写应用程序，就可以在不同尺寸的衣服和网络拓扑之间移动。这种方法面临的挑战，就是 T1 节点能够自动确定它们在服装上的位置。如果由于清洗或更换而去掉了节点，用户不希望将节点放回其"正确"的位置，也不希望为新的节点位置重新编程。Love[11]使用模式识别方式自动确定任意节点的位置，该方法是要求用户执行已知的活动，例如步行，或者简单地采用"独立定向姿态"。

第二，即传感器数据应抽象为各种服务，而不是单个传感器节点。结合各部分的抽象，应用程序可以请求小腿的旋转信息，而不是访问该段中的单个加速计和陀螺仪。然后可以通过 T1 和 T2 节点之间的发布—订阅机制来实现此抽象，具体实现过程如下。

①开机后，T2 节点向子网广播，请求每个 T1 节点响应其提供的服务。通过这种方式，每个 T1 节点将其功能发布到 T2 节点。

②稍后，应用节点（T2 节点）可能会请求一些传感器服务。这个应用程序节点从相邻的 T2 节点请求这些服务。如果服务不可用，T2 网络将被淹没，以寻找可以提供服务的 T1 节点。

③一旦找到合适的 T1 节点，应用程序节点将使用 T2 节点作为路由器，向该节点发送订阅请求。T1 节点接受订阅并将请求的数据传输到应用程序节点。

该发布—订阅系统能够提供一种通用方法，用于连接电子服装中的信息生产者和消费者。这种体系结构对于同时运行多个应用程序及存取服装内不同信息源的系统非常有效。当服装仅运行单个应用程序（如运动捕捉）时，不需要发布订阅机制。T1 节点可以根据图 27.15 中的限制尽快发送传感器读数。

27.4 应用程序

通过开发的服装实现三个主要应用程序：在衣服上定位传感器、运动捕捉和活动分类。应用程序 1 使用图 27.2 中的服装，而应用程序 2 和 3 使用图 27.10 中的服装。

27.4.1 应用程序 1：服装上的定位传感器

第一个开发的应用程序用于织物网络连体衣，可以自动识别传感器在服装上的位置。有关此应用程序的详细信息见参考文献[11]。

27.4.1.1 动机

使用相同类型的多个传感器的服装，如动作捕捉系统，要求每个传感器都在特定的位置，以便系统能够正常工作。放置在人们日常生活中穿的衣服上的传感器可能不会永久附着在衣服上。由于衣服需要洗涤，所以衣服上的传感器是密封的或是可拆卸的。在后一种情况下，当将它们重新连接到服装上时，其中一些位置可能被改变。服装上传感器位置的变化将导致获取错误的数据。例如，在服装捕捉运动情况下，改变传感器的位置意味着切换肢节的数据，获得错误（也许是不可能的）的身体姿势。

一个简单的解决方案是对每个传感器节点的硬编码标识或定位信息，但这在节点的大规模生产中存在缺陷，将传感器安装到服装上并确保每个传感器都在正确的位置，需要大量的额外工作。无论何时当一个节点发生故障时，不能被任何其他可用的节点替换，只能用具有相同编程信息的节点替换。解决这个问题的另一种方法是，用户在连接传感器节点后，在传感器节点上加入某种输入，以指定其位置，但这将增加节点的复杂性，并需要用户完成更多的工作。

连体衣上最初的应用程序采用的方法是自动检测服装上每个传感器的位置，给定每个传感器已知的固定位置。该应用程序允许将相同的传感器节点连接到衣服上的任意位置。

27.4.1.2 方法

用于定位传感器的主要算法分为两个并行运行的子算法。这两种算法分别是定位算法和奇异值分解（SVD）算法。两个子算法执行之后，匹配算法将获得的数据结合起来，给出一个可能的传感器配置，并给出一个置信度。

传感器按图 27.18 所示放置在衣服上，由于重力的原因，加速度在身体的一侧上升，在另一侧下降。通过这些传感器的取向，可以区分人体的左侧和右侧。每个传感器的取向以 $[x \ y \ z]$ 旋转的形式表示在矩阵中。例如，$[0 \ 1 \ 1]$ 表示传感器朝向 +Y+Z 方向，而两个方向之间有 45°。在 SVD 算法中，对特征矩阵 A 进行分解，对系统进行训练。矩阵 A 包含与每个传感器相关的特征，例如所有方向的最小和最大加速度以及方差测量。

主成分分析也被用来降低 SVD 数据的维数。匹配算法利用方向和 SVD 子算法得到的数据填充成本函数并进行匹配。阈值设置为只保留高置信度的结果。

系统采用两种输入方式，第一种是用于训练系统的多个训练集。这些训练集包含来自执行已知活动的用户数据，同时具有已知的传感器配置。第二种输入是查询集，其中包含来自传感器配置未知的用户的数据，除非指定，否则用户正在执行的活动也是未知的。该系统的输出是一个匹配的传感器配置以及一个置信度值。

27.4.1.3 系统测试和精确性

设置了所有必要参数并对系统进行调试之后，用来自不同受试者的合成数据

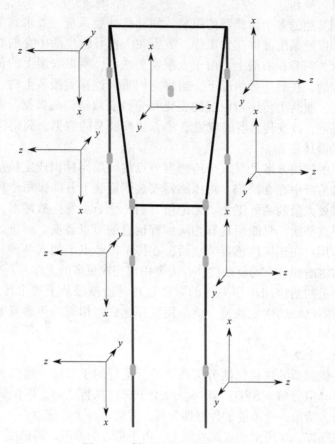

图 27.18　传感器在服装上的取向

和真实数据对其进行测试。结果见表 27.3。

表 27.3　改变阈值

阈值	精确度（%）	已知（%）	阈值	精确度（%）	已知（%）
0.5	100	5.6	-0.5	50	78
0	60	28	-1	44	89

注　"精确度"表示得到的真实阳性结果的百分比。"已知"表示导致匹配超过阈值的查询的百分比[11]。

27.4.2　应用程序2：运动捕捉服装

第二个应用是宽松运动捕捉服装。该应用程序最初是在第 27.2 节中织物网络连体衣基础上开发的，最终版本的应用程序在长裤—夹克套装上实现。

27.4.2.1　动机

对许多应用程序来说，能够跟踪受试者的运动是一项重要的任务。它被用在电影制作和视频游戏开发中，其中虚构人物的动作是基于真人的动作。在医疗和娱乐（如游戏机）领域，可用于活动分类。运动捕捉在当今健康和体育领域也被大量使用，如跟踪一个对象的步伐、锻炼和活动等。虚拟现实和增强现实也是运动捕捉的应用领域，它允许用户与数字内容进行实时交互。运动捕捉也用于军事和执法领域，用于提供虚拟现实和实时信息。

现在流行的运动捕捉系统要求用户待在有专门装备的空间里，或者穿戴一套紧身的弹性纤维套装，套装内嵌有传感器，比如 Xsens MVN 运动捕捉系统。在该应用中，开发了一种使用宽松套装的运动捕捉系统[4]。衣服比较宽松，小型传感器嵌入服装中，一点也不突出，因此这种服装更适合在工作室或研究环境之外的日常生活中穿戴。

27.4.2.2　方法

运动捕捉服装数据由九个传感器提供，这些传感器嵌在衣服上，分布在躯干、每条胳膊和腿的不同位置上，通过这九个位置的数据来估计当前的身体姿势。身体模型的九个部分分别是：躯干，两个上臂，两个下臂，两个大腿和两个小腿。这个身体模型使用四元数针对躯干的每个段位定位。从每个 IMU 中提取转向、倾斜和翻滚等信息后，将数据转换为四元数（更多详细信息请参见[4]），这些四元数都表示为相对于躯干的旋转。然后，从肢体部位中删除滚动信息，以从系统中去除不必要的复杂性，因此每个肢体段仅考虑两个自由度。最后，由于身体模型是一个链接的运动模型，给出父段和肢体之间的差异，作为肢体的绝对旋转，从而产生肢体段的四元数表示法，这来自于父段的附加旋转。

以 30Hz 的速率、XML 层次结构格式记录身体姿势的九维数据，从而得到一系列可以表示身体运动的姿势。然后使用过滤和曲线拟合技术过滤这些数据，如文献[4]所述。生成的 XML 数据既可以实现实时应用，如实时活动分类，也可以保存以供后期可视化和脱机处理。

27.4.2.3　系统测试及精确性

通过测试传感器的噪声和所用滤波方法的效率，对所研制的运动捕捉系统进行了评价。采用站立姿势，将运动捕捉数据返回的角度（校准和过滤后）与实际角度进行比较，并测量每个分段的 RMS（均方根）误差，最后得出总体平均值为 0.16°。通过考虑用户肢体的长度，将夹克（裤子和夹克套装）运动捕捉系统与基于视频的运动捕捉系统在三维空间中的实际位置进行了比较。由于肢体位置是相对于躯干计算的，误差从躯干累积到四肢。因此，手腕处的误差比躯干和上臂处的更大，手腕处的平均误差约为 3 英寸，而躯干和上臂的平均误差较小。

27.4.3　应用程序 3: 活动分类

第三个应用是独立于用户和传感器的活动分类器[1-2,4]。该应用程序最初是基于裤子—夹克套装开发的，但由于第 27.2 节所述的与服装相关的传感器移动问题，这个应用程序最终用在缝制网络的连体衣上。

27.4.3.1　*动机*

病人最重要的健康事件往往发生在病人在诊所外的日常生活中。动态监测系统是一种包含生理监测仪的系统，它可以记录病人日常生活中的生理数据，从而使医务人员对病人的健康状况有更好的了解。这些系统通常用于间歇性健康问题患者，如心律和血压异常。动态医疗监控系统还可以对抗一些不良影响，如白大褂高血压效应，即患者在检查过程中由于处于临床环境而引起的紧张和焦虑，导致血压升高[13]。了解患者在生理测量时（和之前）在做什么对诊断病人非常重要。为此，还需要记录患者的活动以及收集生理数据。但是，很难对患者的活动进行准确的手动记录，因为患者必须记录正在执行的每个活动，而且也很容易漏掉一些活动。

为了解决这个问题，开发的第三个应用程序是一个独立于用户和传感器的自动活动分类器，可用于记录日常人类活动，或用于人类活动识别的其他用途，如手势识别[17]和工厂装配线[16]等。该系统可用于门诊医疗监测系统，记录患者在门诊外自然环境中的活动（例如，心脏病患者、接受物理治疗的患者或在就诊期间不可能发生间歇性问题的患者）。此活动日志可以与患者的生理数据（如心率、血压等）一起实时记录下来。它还可以根据患者的活动，智能触发生理监视器，如血压监视器。这一功能与当前可用系统中如何触发血压监测仪形成鲜明的对比。在当前可用系统中，患者全天定期中断血压监测仪，这可能导致潜在的瘀伤、睡眠障碍和患者改变其日常规律[6]。该系统需要独立于用户，且传感器具有好的耐受性，能在不同的服装上使用，进行网络医疗监测。这套系统适用于不同的传感器及不同的用户，无需对每个新用户和每一套传感器及服装来进行再培训。

27.4.3.2　*方法*

分类器使用九段人体模型，从可使用的不同传感器类型和可使用的不同类型对象中抽象出来。九段式身体模型使用四元数表示九个身体段中的每一个，该四元数与躯干有关，估计人体在任何时间点的姿势。然后，分类器对表示受试者活动的一系列姿势进行分类。

分类器首先被训练为"离线"，标记过程本身被"在线"（实时）执行。分类器的训练过程总结如下: 分类器从不同性别和大小的受试者身上，收集九段式身体模型训练数据。该训练集应能从执行所需活动的受试者中分类收集每个活动的活动样本。对于每个活动，其训练集的示例首先在九个维度的每个维度中对齐，同时从循环活动中提取一个循环（图 27.19 和图 27.20）。该排列过程是利用动态时间扭曲算法的变化来实现的。然后，对于每个对齐的序列，使用最小边界球算法为每个活动创建一个表示，称为原型（图 27.21），并计算活动中每个维度的权重，表示该维度的变化量。最后，为了使这种表示在实时分类中有效应用，将每个原型转换为一个字符序列，从而形成一个正则表达式。只要在原型中检测到显著的变化，就会创建一个新字符并将其添加到活动的正则表达式中。分类过程使用字符串匹配算法，因为它可以实时运行，同时允许用户执行活动的不同速度。分类器使用字符串匹配算法计算观察值和每个正则表达式之间的匹配成本。将属于正则表达式的具有最低加权匹配成本的活动作为观察的标签。如果所有正则表达式的匹配成本都很高，则会拒绝观察结果，并将其归类为未知活动。

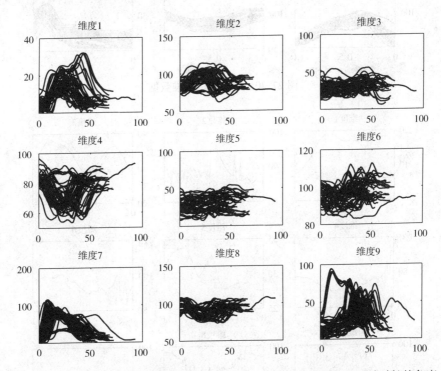

图 27.19　一种活动 X 九个维度不重合的数据，每个维度显示相对于活动时长的角度

为了加快标记过程，使用树搜索而不是线性搜索，将观察值与正则表达式进行匹配。树搜索使用自动生成的分层搜索树，初始的原型形成树的叶子，九个维度上活动之间的相似性成为内部节点。

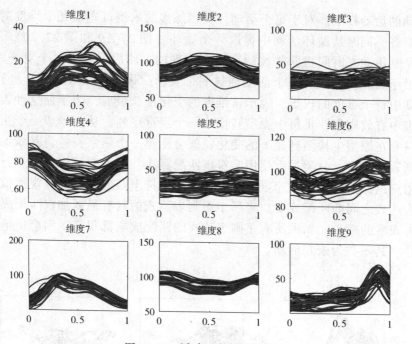

图 27.20 活动 X 的校准数据

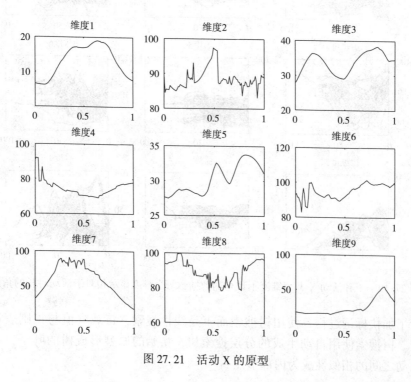

图 27.21 活动 X 的原型

27.4.3.3 系统测试和精度

测试了该分类器的用户独立性和传感器公差。该系统首先使用 Qualisys 视频运动捕捉系统的数据进行培训，其中 10 名受试者被要求进行 19 项日常活动和 5 次理疗练习。为了测试分类器的用户独立性，使用 Qualisys 系统收集了 8 个其他受试者的数据，获得了 65.9% 的总体准确度，是概率的 12.52 倍（概率 = 1/19）。

进行传感器公差的分类器测试时，以同样的方式从另一个传感器域中收集其他 10 个受试者的数据，这与参考文献[4]的情况相符，并根据现有的 Qualisys 正则表达式进行分类。本例的总准确率为 51.3%，是概率的 9.75 倍。由于传感器中存在不同类型的噪声，以及西装宽松的事实，预计精度会下降。所得结果见表 27.4和表 27.5。

表 27.4 视频运动捕捉系统数据分类混合矩阵

	站	左脚步	向左踩	步行	身体旋转	站立肩部水平旋转	站立肩部垂直旋转	右肩旋转	右肩运动	右侧刷牙	右侧梳头	立领衬衫	二头肌卷曲	坐在椅子上	驾驶	坐正吃饭	坐着用电脑	坐姿肩部水平旋转	坐姿肩部竖直旋转	未知
站	10	20	0	40	0	0	0	0	0	0	0	27.5	2.5	0	0	0	0	0	0	0
左脚步	0	40	0	60	0	0	0	0	0	0	0	0	0	0	0	0	0	0	0	0
向左踩	0	0	97.5	2.5	0	0	0	0	0	0	0	0	0	0	0	0	0	0	0	0
步行	0	5	0	95	0	0	0	0	0	0	0	0	0	0	0	0	0	0	0	0
身体旋转	0	0	0	0	40	60	0	0	0	0	0	0	0	0	0	0	0	0	0	0
站立肩部水平旋转	0	0	0	0	12.5	87.5	0	0	0	0	0	0	0	0	0	0	0	0	0	0
站立肩部垂直旋转	0	0	0	0	0	0	100	0	0	0	0	0	0	0	0	0	0	0	0	0
右肩旋转	0	2.5	0	2.5	0	0	0	40	0	0	0	42.5	12.5	0	0	0	0	0	0	0
右肩运动	0	0	0	0	0	0	0	0	50	37.5	12.5	0	0	0	0	0	0	0	0	0
右侧刷牙	0	0	0	7.5	0	0	0	0	0	62.5	30	0	0	0	0	0	0	0	0	0
右侧梳头	0	0	0	0	0	0	0	0	0	7.5	50	42.5	0	0	0	0	0	0	0	0
站立穿纽扣衬衫	0	0	0	2.5	0	0	0	0	0	0	0	77.5	20	0	0	0	0	0	0	0
二头肌卷曲	0	0	0	0	0	0	0	0	20	0	0	22.5	57.5	0	0	0	0	0	0	0
坐在椅子上	0	0	0	0	0	0	0	0	0	0	0	0	0	37.5	37.5	0	25	0	0	0
驾驶	0	0	0	0	0	0	0	0	0	0	0	0	0	0	82.9	17.1	0	0	0	0
坐正吃饭	0	0	0	0	0	0	0	0	0	0	0	0	0	0	12.5	87.5	0	0	0	0
坐着用电脑	0	0	0	0	0	0	0	0	0	0	0	0	0	0	0	12.5	40	47.5	0	0
坐姿肩部水平旋转	0	0	0	0	0	0	0	0	0	0	0	0	0	0	0	0	0	100	0	0
坐姿肩部竖直旋转	0	0	0	0	0	0	0	0	0	0	0	0	0	0	0	0	0	2.5	97.5	0

注 每个单元格的值是行的活动观察值与列的活动原型匹配的百分比。

此外，还进行分类器拒绝未知活动能力的测试，结果表明，当阈值设置为检测 99% 的真阳性和拒绝 80% 的真阴性时，它能够拒绝 74.3% 的未知活动。

如果在上面的分类器中使用参考文献[18]中的模型，则可以进一步改进结果。

表 27.5　分类可穿戴系统数据的混合矩阵

	站	左脚步	向左踩	步行	身体旋转	站立肩部水平旋转	站立肩部垂直旋转	右肩旋转	右肩运动	右侧刷牙	右侧梳头	立领扣衬衫	二头肌卷曲	坐在椅子上	驾驶	坐正吃饭	坐着用电脑	坐姿肩部水平旋转	坐姿肩部竖直旋转	未知
站	**97.8**	0	0	2.2	0	0	0	0	0	0	0	0	0	0	0	0	0	0	0	0
左脚步	15.6	**73.3**	0	11.1	0	0	0	0	0	0	0	0	0	0	0	0	0	0	0	0
向左踩	2.2	77.8	**0**	20	0	0	0	0	0	0	0	0	0	0	0	0	0	0	0	0
步行	26.7	24.4	22.2	**28.9**	0	0	0	17.8	0	0	0	0	0	0	0	0	0	0	0	0
身体旋转	0	11.1	4.4	37.8	**4.6**	22.2	0	4.4	4.4	0	0	11.1	0	0	0	0	0	0	0	0
站立肩部水平旋转	2.2	8.9	0	22.2	0	**46.8**	0	11.1	2.2	4.4	0	2.2	0	0	0	0	0	0	0	0
站立肩部垂直旋转	0	0	0	0	0	0	**100**	0	0	0	0	0	0	0	0	0	0	0	0	0
右肩旋转	0	15.6	0	22.2	0	0	0	**57.8**	0	0	4.44	0	0	0	0	0	0	0	0	0
右肩运动	0	4.4	0	0	0	0	0	0	**77.9**	11.1	4.4	2.2	0	0	0	0	0	0	0	0
右侧刷牙	0	0	0	0	0	0	0	0	4.4	**93.4**	2.2	0	0	0	0	0	0	0	0	0
右侧梳头	0	0	0	0	0	0	0	0	17.8	8.9	**73.3**	0	0	0	0	0	0	0	0	0
站立穿纽扣衬衫	0	0	0	17.8	0	0	0	0	0	0	0	**82.2**	0	0	0	0	0	0	0	0
二头肌卷曲	10.9	37	0	32.6	0	0	0	0	0	0	0	13	**6.5**	0	0	0	0	0	0	0
坐在椅子上	0	0	0	0	0	0	0	0	0	0	0	0	0	**11.1**	0	88.9	0	0	0	0
驾驶	0	0	0	0	0	0	0	0	0	0	0	0	0	2.2	**22.2**	51.1	20	0	4.5	0
坐正吃饭	0	0	0	0	0	0	0	0	0	0	0	0	0	0	2.2	**40**	57.8	0	0	0
坐着用电脑	0	0	0	0	0	0	0	0	0	0	0	0	0	0	0	37.8	**62.2**	0	0	0
坐姿肩部水平旋转	0	0	0	0	0	0	0	0	0	0	0	0	0	11.1	26.7	8.9	0	**53.3**	0	0
坐姿肩部竖直旋转	0	0	0	0	0	0	0	0	0	0	0	0	0	0	0	40	0	17.1	**42.9**	0

注　每个单元格的值是行的活动观察值与列的活动原型匹配的百分比。

27.5　结论和展望

从开发这几代服装和应用程序中吸取到的经验教训包括以下几点。首先，通过织物内的数字网络和硬件/软件体系结构，服装可以作为各种应用程序的平台。当应用程序的物理要求不同而需要不同的服装时，可以重复使用以前开发的软件和硬件，大大缩短了实现新服装原型的时间。

其次，利用纺织和服装行业现有的制造技术，将电子产品嵌入服装中。实验室成立以来的目标之一就是充分利用这些行业的规模经济，并尽可能地与它们的制造工艺无缝衔接（双关语）。然而，要跨越电子产品和服装制造工艺之间的差距，仍有大量工作要做。本章中描述的几个原型制作解决方案中，由于没有现成的解决方案，还是需要使用 IDC-USB 连接器板和用于接缝处连接的珠宝压接珠。

最后，对这些原型服装和应用程序的研究表明，计算系统设计技术，从硬件到算法设计，可以用于创建电子纺织应用程序，能够有效地满足广泛人群的需要，而无须为单个用户量身定制。

参考文献

［1］ M. Blake, An Ambulatory Monitoring Algorithm to Unify Diverse E-textile Garments (M.S. thesis), Virginia Tech, Blacksburg, VA, February 2014.

［2］ M. Blake, R. Younes, J. Dennis, T.L. Martin, M. Jones, A User-Independent and Sensor-Tolerant Wearable Activity Classifier, in: Computer 48 (10) (October 2015) 64-71.

［3］ J. Chong, Activity Recognition Processing in a Self-contained Wearable System (M. S. thesis), Virginia Tech, Blacksburg, VA, September 2008.

［4］ J. Dennis, On Quaternions and Activity Classification Across Sensor Domains (M.S. thesis), Virginia Tech, Blacksburg, VA, December 2014.

［5］ J. Edmison, M. Jones, T. Lockhart, T. Martin, An e-textile system for motion analysis, in: Proceedings of the International Workshop on New Generation of Wearable Computers for eHealth, Lucca, Italy, December 2003, pp. 215-223.

［6］ G.A. Head, B.P. McGrath, A.S. Mihailidou, M.R. Nelson, M.P. Schlaich, M. Stowasser, A.A. Mangoni, D. Cowley, A. Wilson, et al., Ambulatory blood pressure monitoring, Aust. Fam. Physician 40 (11) (2011) 877.

［7］ V. Jolly, Activity Recogniton Using Singular Value Decomposition (M.S. thesis), Virginia Tech, Blacksburg, VA, August 2006.

［8］ M. Jones, T. Martin, Hardware and software architectures for electronic textiles, in: G. Cho (Ed.), Smart Clothing: Technology and Applications, CRC Press, Boca Raton, FL, 2010.

［9］ M.T. Jones, T.L. Martin, B. Sawyer, An architecture for electronic textiles, in: Proceedings of the ICST 3rd International Conference on Body Area Networks, BodyNets'08, ICST (Institute for Computer Sciences, Social-Informatics and Telecommunications Engineering), ICST, Brussels, Belgium, 2008, 24:1-4.

［10］ R. Lewis, Analysis of a Self-contained Motion Capture Garment for E-textiles (M. S. thesis), Virginia Tech, Blacksburg, VA, May 2011.

［11］ A. Love, Automatically Locating Sensor Position on an E-textile Garment via Pattern Recognition (M.S. thesis), Virginia Tech, Blacksburg, VA, September 2009.

[12] T. Martin, M. Jones, J. Chong, M. Quirk, K. Baumann, L. Passauer, Design and implementation of an electronic textile jumpsuit, in: ISWC '09. International Symposium on Wearable Computing, September 4-7, 2009, pp. 157-158, Wearable Computers, 2009.

[13] P. Owens, N. Atkins, E. O'Brien, Diagnosis of white coat hypertension by ambulatory blood pressure monitoring, Hypertension 34 (2) (1999) 267-272.

[14] M. Quirk, Inclusion of Fabric Properties in the Design of Electronic Textiles (M.S. thesis), Virginia Tech, Blacksburg, VA, December 2009.

[15] J. Simmons, A self-contained Motion Capture Platform for E-textiles (M.S. thesis), Virginia Tech, Blacksburg, VA, August 2010.

[16] T. Stiefmeier, D. Roggen, G. Troster, G. Ogris, P. Lukowicz, Wearable activity tracking in car manufacturing, Pervasive Comput. IEEE 7 (2) (April-June 2008) 42-50.

[17] C. Tran, M. Trivedi, 3-D posture and gesture recognition for interactivity in smart spaces, Ind. Inform. IEEE Trans. 8 (1) (February 2012) 178-187.

[18] R. Younes, T.L. Martin, M. Jones, Activity classification at a higher level: what to do after the classifier does its best? in: ISWC '15. International Symposium on Wearable Computing, September 2015, Wearable Computers, 2015.

28　导电纺织品和纺织品机电传感器

L. Guo，T. Bashir，E. Bresky，N. -K. Persson
博尔大学，瑞典博尔

28.1　前言

　　智能纺织品包括两个方面：智能性和纺织性。智能性通常通过电子设备来实现，纺织性通过织物和服装来实现。服装与电子产品的结合是智能纺织品的典型例子。除电子学已经广泛应用的各个方面外，还可以引进使能技术，即从光子学、化学、生物医学工程、纳米技术等领域引入附加技术。除服装外，室内装饰和技术纺织品也可以实现智能化。

　　使能技术和纺织品结合而成的手工制品所显示出的功能范围，比产品本身所表现出的功能范围更广，如袜子既是一件普通的具有保护性和舒适性的物品，又是一种步行模式医疗测量装置。从生产的角度看，将使能技术引入纺织品中，可以用集成或整合来描述。

　　"整合"是指将使能技术以物理状态引入纺织品中，如为传感器盒缝制的口袋，智能手机支架用的织带以及粘贴光致变色板，智能性和纺织性是相对分离的，在许多情况下很容易实现空间上的分离。这种纺织品只是一种载体。

　　"集成"意味着考虑纺织品的存在，纺织生产工艺是用于创建使能技术的物理表现。纺织品的性能用于实现智能功能，如导电纺织纤维。将它们织在一起能够形成可伸缩、折叠的电极。智能性与纺织性交织在一起，在空间上不易分离，纺织品的作用不仅只是载体。下面重点讨论智能纺织品的集成。

　　纺织纱线分为长丝、聚合物长丝❶和单体聚合物链长丝（图28.1）。纱线通过纬纱和经纱系统进行交织，或经针织和编织形成织物；织物通过缝合、层压等方法被制成纺织品。纺织材料的层次结构增加了创建功能的自由程度，可以在聚合物、长丝、纤维、纱线、织物或更高级别结构上添加使能技术。例如染色，染色可以通过多种方式实现：纺纱过程染色、纱线染色、织物或服装染色，每一种都与特定的层次相联系。

---

　　❶　有时是金属丝或陶瓷丝。

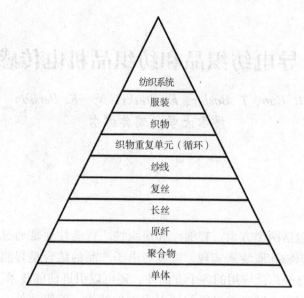

图 28.1　纺织品层次结构

在所有能想象到的使能技术中，电子学独树一帜。这是因为：

①在当代技术中，电子是一种传输信息的工具，能将信息从一个空间位置 A 传输到另一个空间位置 B。A 和 B 之间的距离可以是纳米级的，如晶体管中的距离。A 和 B 之间的介质可以是空气或大气，也可以是信号电缆的内部。那么 | A − B | 的距离可能达到几千千米。相互竞争的使能技术包括光子学（光导纤维使远距离发送最小失真的信号成为可能）和无线电技术。

②如果以刺激—响应方式描述传感器，那么传感器的输入方式比较宽泛（化学的、电学的、生理学的等），大多数都以电信号输出。

由此可见，纺织与电子的结合为能源运输、能量存储、信息传输、驱动、与人类似的感知等方面提供许多可能性。因为人类生活和社会与纺织品交织在一起，简而言之，就是智能纺织品。本章重点讨论导电结构而不是热导结构，通过导电结构感测最基本的刺激，即机械刺激类。

28.2　基础传感器

智能纺织品通常以传感器的方式定义，即应用具有广泛输入可能性的刺激—响应视角（化学、电气、机械、生理等），并给出一些相关输出（通常仅限于电信号）。刺激来源于纺织品周围的环境。令人感兴趣的最基本的刺激是力学刺激，因为它包括了位置、运动、速度、加速度、伸长、冲击力、静态和动态压力、振动、扭转和弯曲等基本量。表 28.1 给出这些基本量的测量装置及测量机理。机械传感器就是用来测量这些力学性能的。

表 28.1 一些基本量的测量装置及测量机理

机械性能	装置种类	机理
位置和位移	绝对的（位置），相对的（位移），里程计，应力和位移传感器	光学，电容，电阻，电感，霍尔效应，磁致伸缩效应
接近和存在	近距离传感器，运动检测器	光学，电容，电阻，电感，霍尔效应，多普勒，磁致伸缩效应，红外灵敏度，微波，超声波
质量和重量	天平	重力平衡，胡克定律，弹簧变形，应变计，长度敏感电阻
速度（直线速度、旋转速度、角速度）	测速仪，里程表，转速表（转速测量仪器）	磁效应，扭转弹簧
加速度	加速度计，陀螺仪	悬挂弹簧，电容，谐振，压阻效应，隔膜
冲击力（静态和动态）	称重传感器，弹性元件，测力计，天平，应变计，弯曲元件	胡克定律，由弹性元件将力转化为位移，压阻效应，电容效应，直接或反向磁致伸缩和磁弹性效应
压力（静态和动态）	压力计，气压计，压力计，压力探针，麦克风，皮托管探头，波登管	对液柱高度的影响，放大并可见的柔性薄膜中的变形，电阻变化应变计，共振现象，压阻率，隔膜板电容，驻极体
流量	孔板系统，皮托管探头，比重计，风速计	浮动：阿基米德原理；对于压力：气缸活塞，弹簧加载塞，隔膜，多普勒，科里奥利力
液位（容器中的液体）	液位传感器	共振，旋转桨，电容，微波/雷达，光闸，激光和光电池，磁阻，气泡
扭矩	扭矩传感器，应变计	霍尔效应，感应，电阻变化应变计，逆磁致伸缩效应，通过扭转应力引起的磁化变化检测转矩，共振效应
机械应力	称重传感器，应变计	欧克定律，电容，共振效应，电阻

机械性能	装置种类	机理
机械应变	应变计	变形箔和电阻，压阻，光学效应的变化
密度和（动态剪切）黏度	黏度计，密度计，比重瓶，比重计	天平/天平和体积测量，惯性质量，重力质量，浮力，科里奥利力，电感应
声音和振动	传声器，压敏检波器，加速度计	感应，电容变化，压电，弹簧安装的磁性物质在线圈内移动以产生电流

人们可以利用某种机理，即某些物理（技术、化学等）性质、现象或在技术中能够应用的原理（表 28.1 第 3 列）获得传感器的输出。例如，根据胡克定律中的（线性）弹性机理，材料的伸长与施加的压力成正比，可以通过弹簧装置测量压力。对于一个给定的制品，可以使用许多机理进行测试，也可用很多不同的机理测量一个给定的刺激。在现有技术范围内，有许多可能的装置用于执行不同的刺激测量，如表 28.1 所示。其中一些可以与纺织品结合在一起。大多数情况下，这个过程是在时尚整合中完成的，有时创建一个实用的产品，但有时是一些笨拙的、不合理的产品，具有一次性使用特征。研究由纺织品本身实现的机制（即集成）的可能性很有意义，例如，由于纺织品是由纤维构成的，因此首先研究这些要素的不同变化是非常重要的。因此，28.3 节介绍了导电纤维。28.4 节研究在纺织品上实现输出电信号的机械传感器。此外，还对压电材料的物理现象进行了研究。压电现象是机械功（压缩或拉伸）和电压之间的相互作用，通过探究如何将电容器集成到纺织品上，用于机械传感器。

28.3 导电纺织品结构

28.3.1 定义

在 28.1 节引言中，电子技术被作为一种使能技术。这里的一个关键的概念是电流，电流与运动中的电荷相同。电荷并不罕见，相反它们总是存在于物质之中，虽然分布不均匀，但会集中在某些种类的物质上，该物质称为电荷载体。这些电荷载体与许多不同类型的其他物质有关：（正、负）极化子、（正、负）双极化子、溶液等。将电荷载体简化为负电荷电子 e^-、正电荷空穴 h^+。空穴与原子中某一位置缺少电子的现象相同。简而言之，在金属中电子是电荷的载体，含有电子和空穴的材料被称为半导体。作为电荷载体，必须是移动的。迁移率高度依赖于材料的性能，对于同一材料中不同的电荷载体，迁移率有所不同。要实现电荷的运动，电荷载体需要电场，主要需要电压、电势差。维持这种运动需要能量，可使用电池或发电机供能。基本电量之间的关系见式（28.1）~式（28.12）

$$I = \frac{\Delta Q}{\Delta t} \tag{28.1}$$

其中，I 是电流（安培，A），ΔQ 是每次充电 Δt（s）的电荷数（库仑，C）。

电子迁移率方程如下：

$$\nu_d = \mu E \tag{28.2}$$

其中，ν_d 是电荷载流子漂移速度，E 是施加在材料上的电场大小，μ 是电荷载流子迁移率 [（m/s）/（V/m）= m^2/（V·s）]。根据定义，电子和空穴的迁移率都是正的。

电压（伏特，V）U 和 E 之间的简单关系如下：

$$E = \frac{U}{d} \tag{28.3}$$

U 是两个电极之间的电压，d 是距离。

进一步：

$$I = \frac{1}{R}U \tag{28.4}$$

这就是欧姆定律，其中 U 是驱动电流的电压，该电压被电阻（欧姆，Ω）抵消。

有种情况下，U 和 I 之间的关系比较复杂，遵循二极管计算公式：

$$I = I_0(e^{\frac{Ue}{\eta kT}} - 1) \tag{28.5}$$

I_0 在指定排列下是个常数，η 是依赖于材料的理想因子，k 是玻尔兹曼常数（1.38×10^{-27}J/K），T 代表绝对温度，e 表示电荷（1.602×10^{-19}C）。

$$P = UI = RI^2 \tag{28.6}$$

用欧姆定律表示的电力生产/消耗 P 和数量之间的关系。

$$R = \rho \frac{l}{A} \tag{28.7}$$

有时被称为 Pouillet 公式，适用于长度为 l（m）、截面积为 A（m^2）简单均匀的导体。对于复杂的复合材料，如纺织品，这个公式太简单了。R 是材料的电阻率（Ω·m）。

$$\sigma = \frac{1}{\rho} \tag{28.8}$$

σ 是电导率 [（Ω·m）$^{-1}$=S/m，西门子每米]。

$$\sigma = ne\mu_e + pe\mu_p \tag{28.9}$$

n 是单位体积的电子数，p 单位体积空穴数，μ_e 是电子迁移率，μ_p 是空穴迁移率。

电容 C：

$$C \equiv \frac{Q}{V} \qquad (28.10)$$

在平行板电容器情况下，

$$C = \varepsilon_r \varepsilon_0 \frac{A}{d} \qquad (28.11)$$

A 是板的面积，d 是两板之间的距离，ε_r 是相对介电系数，ε_0 是介电系数（8.854×10^{-12} As/Vm）。

机械力 F 和伸长 Δx 之间符合胡克定律：

$$F = k\Delta x \qquad (28.12)$$

k 是所考虑的每个弹性系统的弹簧常数。

根据式（28.9），导电性与电荷数量（单位体积）有关，如前所述，电荷一直存在，原则上导电现象也一直存在。但在实际应用中，都需要中等电压（即中等能量）使其产生电流。根据电导率的大小，可将材料分为绝缘体（10^{-3} S/m 以下）、导体（10^6 S/m 以上）和介于二者之间的半导体。

"半导体"不能仅表示为"半良导体"，这样的表述容易混淆。半导体主要指某些器件的基础材料，那些器件能以某种方式进行操控，如二极管、晶体管等，即计算机基础材料。

28.3.2 导电纺织材料的种类

现在有许多不同种类的导电纺织纤维、长丝、纱线和织物。这里将重点放在作为电荷载体的电子和空穴上，不讨论聚合物离子导体，如聚（环氧乙烷）和其他材料。导电材料还可以根据传导机理、电荷载体、织物结构类型、材料、导电水平等进行分类。我们将从材料角度出发，采用某种混合方法，将无机—有机类型的物质结合在一起，其中涉及导电物质［导电物质分布在（传统的）纺织材料的内部、表面或周围］。

建议使用以下七种导电纤维和纱线。

①金属（单根）长丝。全部由金属（合金）制备的单丝或复丝，如铜、不锈钢等。这里的复丝也被称为电线。

②高分子—金属混纺纱线。包括由聚合物纤维和金属丝经纺纱工艺制备的混纺纱。

③表面涂覆金属的聚合物长丝和纱线。即用金属涂覆传统的聚合物纤维和纱线。

④金属填充聚合物长丝。在长丝生产工艺过程中加入金属片或金属粉体。

⑤以碳的同素异形体作为导电剂，如用于碳纤维，或在合成聚合物长丝生产中，使用导电颗粒，如炭黑、石墨、石墨烯或碳纳米管等。

⑥聚苯胺（PANI）、聚吡咯（PPY）、聚（3,4-乙烯二氧噻吩）（PEDOT）等导电聚合物作为导电剂，与常见的成纤聚合物（PA、PES等）共混纺丝。

⑦一种机械性能稳定的普通纤维，经导电聚合物涂覆后形成导电纤维。

28.3.2.1 I类：金属长丝

金属纤维已有约3000年的历史。事实上，最早用于纺织的人造纤维不是尼龙或黏胶纤维，而是银和金。当需要最高水平的导电性时，应考虑在纱线生产过程中使用金属纤维或长丝。但不同的金属（和合金）性能不同，并非所有的金属都能用作导体。

不锈钢纱线（图28.2，左）的电导率处于中等水平（$1.3 \times 10^6\,S/m$，表示某种纱线或纺织成分的固有值），但由于纱线表面存在保护和绝缘的氧化铬层，以及由于形态的原因，这里比后面提到的值可能要小得多。此外，铜（图28.2，右）通常是一种优良的导体（$58 \times 10^6\,S/m$），但也要注意在空气中形成的氧化铜保护层，还要观察铜线表面是否有聚合物涂层。有时两种情况都存在。虽然银（$62 \times 10^6\,S/m$）和金（$44 \times 10^6\,S/m$）的电导率很高，但由于价格昂贵，其导线几乎从未用于实验室之外。

图28.2 市售金属单丝：不锈钢丝（左），铜丝（右）

铝（$37 \times 10^6\,S/m$）及其合金作为一种可加工纺织长丝，尽管电导率比较合适，但由于钝化层（表面生成的氧化铝层）的存在，导致在实际应用中很少见。注意不要将这些给定的电导率值与线性电阻相混淆（见28.3.3.1节内容）。

对于非常细的金属丝，直径范围为1~80μm，更粗的一些到几个mm级，可以通过单丝牵伸、束丝牵伸、熔融纺丝或切割工艺进行生产[1-2]。这些金属丝广泛用于纺织传输线、加热元件、抗菌剂、抗静电界面、电磁干扰（EMI）屏蔽、抗剪切、服装应用中的传感器等领域[3]。

尽管金属纤维具有良好的导电性，但由于其自身的一些特性，在纺织领域应用受到很多限制。这些特性包括相对高的重量、低柔韧性、低舒适性、刚性、与其他（聚合物）材料的低兼容性、较高的成本，有时难以进行机织或针织等[4]。除这些缺点外，如果不加以保护，几乎所有的金属都会由于腐蚀，随着时间的推移而失去光泽。在开放环境中，除金以外，所有金属表面都会形成金属氧化物，氧化物的导电性能比纯金属合金要差。随着现代表面保护技术的发展，便宜的金属纤维已在纺织领域应用。有表面保护的金属纤维，如阳极电镀和染色的铝丝，不仅具有多彩的外观，而且具有耐腐蚀性。

28.3.2.2　Ⅱ类：聚合物—金属混纺纱线

在特定的纺织应用中，导电材料的力学性能起着重要作用。金属丝通常具有良好的导电性能和较差的机械性能。金属纤维的高刚性和低拉伸性不仅使机织或针织加工过程变难，而且降低其使用寿命。相反，聚合物纤维或纱线具有良好的拉伸和回复性能。将拉伸性差的金属纤维与拉伸性好的聚合物纱线结合起来，形成了一种新型的金属基导电纤维，称为聚合物—金属混纺纱线（图 28.3）。

图 28.3　瑞典纺织学校制备的金属—聚合物混纺纱线：棉 16 英支/1 +
Cu（0.08mm）100Sm（左），PET600dtex—不锈钢丝 0.07mm（右）

在这类纱线中，高导电细丝或纱线可以通过缠绕、包覆或并入的方式加入传统的纺织纱线中。形成的混纺纱的弹性增强，这对舒适性和加工性能都很重要。金属纤维或长丝与其他纺织纤维一起进行纺纱的方法很多，如摩擦纺纱、环锭纺纱和空心锭纺纱等[5]。这些组合中使用最广泛的金属是 12μm/91 长丝和 25μm/91 的长丝。生产的混纺纱线可用于抗切割服、工业机器用抗静电刷子、抗静电滤袋和雷击保护，以及智能和交互式应用中的信号和电力传输线[3,6]。

28.3.2.3 Ⅲ类：金属涂层聚合物长丝和纱线

为了将金属的电学性能和纺织材料的力学性能结合起来，还有一种生产导电纱的方法，称为"纺织金属化"。一般来讲，纺织材料金属化就是金属颗粒沉积到传统纺织材料的表面[7]。根据织物基材和涂层材料的类型，可以使用不同涂层技术进行涂覆。最常用的涂层技术是真空沉积、电镀、离子电镀和化学镀层[7-8]。在"普通"纺织纤维和长丝上涂上这些金属和金属合金的高导电涂层后，就可以获得导电纺织结构。金属化导电纤维/纱线通常具有良好、有用的导电性以及良好的力学性能。尽管银（62×10^6S/m）的价格昂贵且存在环境问题，但用银做涂层材料仍是很好的选择[9]，而且市面上可买到不同类型的镀银纱（图28.4）。导电涂层可以应用在织物上，也可以用涂层纱生产织物。

纺织材料上的金属涂层不仅具有与纯金属相似的导电性，而且还具有装饰和保护作用。金属涂层纺织纤维能够承受的温度高达700℃，而且能持续较长时间[10]。纺织纤维表面的铝和金涂层能够反射辐射热，分别达到90%和100%[6]。尽管金属涂层纱线有以上优点，但也有一些缺点：相对高的重量、刚度高、成本高、易碎性、黏合问题等，有时耐腐蚀性较差，舒适度较低。

金属化纺织纤维广泛应用于军事、墙面装饰物、医疗、电磁干扰和纺织品设计等领域。

图 28.4　高导电性银涂层聚合物纱线

28.3.2.4 Ⅳ：金属填充聚合物长丝

在非导电材料中引入导电性的另一种方法，是将良好的纤维成型材料与高导电性材料共混纺丝。纤维成型材料本质上是绝缘的，如聚乙烯、聚丙烯和聚苯乙烯等。高导电材料如片状、球形等金属材料，能够在纤维中形成导电系统。生产导电性复合纤维最常用、最经济的方法是熔融纺丝。所制备纤维的电性能和力学性能取决于多种因素，其中最重要的因素是金属填料的浓度和容积负荷。添加具有高纵横比（即最大长度和典型宽度之间的比率）的粒子有利于渗流作用，导电部分能够通过整个材料中形成的网络进行连接。

在填料浓度较高的情况下，金属填充导电纤维具有较好的导电性能，但其力学性能会下降。因此，为了使制备的纤维具有良好的力学性能，导电填料加入浓度存在一个最佳值。金属基共混纤维适用于制作具有个体防护作用的织物，保护个人免受静电释放和电磁辐射的危害。但高刚度、低柔韧性、低舒适度和高重量等特性限制了它们在服装领域的应用。

28.3.2.5　V类：碳同素异形体

碳有许多不同的形态，即碳的同素异形体。碳原子间键合方式不同，形成不同结构的材料：金刚石、石墨烯、石墨、富勒烯、碳纳米管等。有趣的是这些材料中的一些是众所周知的最好电绝缘体（金刚石），一些是最好的导体（石墨烯），在纺织领域最有名的是碳纤维。由于碳的取向结构，沿纤维纵向的力学性能非常好，碳纤维在100℃以上也具有好的热稳定性。具有石墨结构的纯碳纤维有与金属类似的高电导率，即 $10^4 \sim 10^{6[11]}$。纯碳纤维织物可用于制备复合材料，多数情况下用于需要高强度、高刚度、低重量和特殊疲劳特性的场合[12-13]。

然而，碳纤维的刚性和脆性使其难以进行针织加工，机织加工相对容易些，这限制它在服装工业中的应用。此外，审美和与健康相关的问题也是限制其在服装工业应用的重要原因。

导电复合材料或导电填充纤维也可以通过在非导电材料（如聚乙烯、聚苯乙烯或聚丙烯）中添加导电填料（如炭黑、碳纳米管、石墨和石墨烯）来制备[14-16]。复合纤维的导电水平主要取决于两个因素：导电填料的体积负荷和填料形状[17]。在纺丝过程中加入纤维状填料可获得较高的导电性。

通常利用熔融纺丝和溶液纺丝工艺制备填充导电纤维，为了获得良好的体积电导率，要重视纺丝前的预混过程。熔融纺丝法是制备填充导电纤维工艺中最经济、最简单的。

与其他导电填料一样，碳纳米管（CNT）有很多良好的性能，如独特的一维结构、高长宽比和优越的力学、热和电性能等。基于CNT的纳米复合材料已有许多复杂的应用，如纳米电子器件、纳米结构材料、执行器和传感器，以及在智能纺织品上应用的功能织物[18-20]。可以通过以下几种方法生产CNT复合纤维，如静电纺、电泳纺、溶液纺、熔融纺和直接纺纱等[5]。但制备的导电纤维的电性能和力学性能较低，限制了其在智能和交互式纺织领域的应用。导致CNT复合纤维力学性能和电性能差的原因通常是碳颗粒的聚集，要获得导电性好的含碳纤维，导电粒子的分散性至关重要（图28.5）。

图28.5　聚酯和碳纤维混纺纱线（左）和两种碳纤维混纺纱线（右）

28.3.2.6 Ⅵ类导电聚合物

由于聚合物的电阻值较高（10^{-18}S/cm）[21]，因此通常被认为是绝缘体。然而，有一类新的聚合物，因其本身固有的导电性而被称为导电聚合物（ICP），也被称为共轭聚合物、有机金属和电活性聚合物。这类聚合物被用作驱动材料。尽管 Alan J. Heeger、Alan G. Macdiarmid 和 Hideki Shirakawa 因在这一领域的研究获得了 2000 年诺贝尔化学奖，但 ICP 研究仍处于发展阶段。最常用的 ICP 有聚苯胺、聚吡咯、聚噻吩和聚（3,4-乙烯二氧噻吩）（PEDOT）及其衍生物和共聚物。这些共轭聚合物的化学结构如图 28.6 所示。

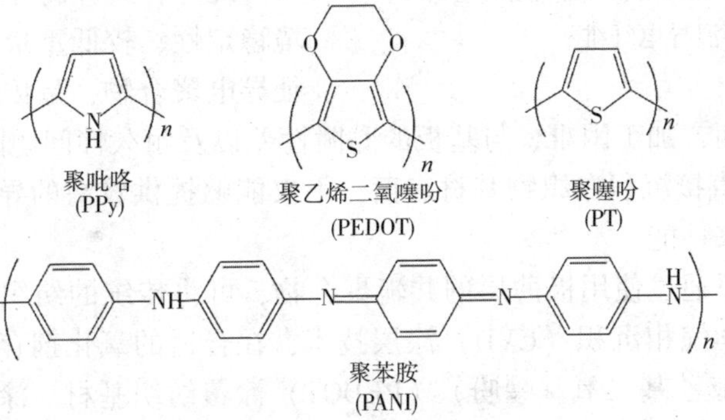

聚吡咯
(PPy)

聚乙烯二氧噻吩
(PEDOT)

聚噻吩
(PT)

聚苯胺
(PANI)

图 28.6　常用本征导电聚合物的化学结构

在过去十年中，由于 ICP 具有相当高的导电性、较低的重量和环境稳定性，因此受到相当多的关注。导电聚合物的电导率范围为 $10^{-8} \sim 10^{5}$S/cm[21]，但在实验室外很少获得更高的电导率。导电聚合物被认为是功能纺织品领域中传统导电材料的有效替代品。

然而，由 ICPs 生产的有机纤维都比较复杂和昂贵，已有人尝试利用 ICPs 制备导电纤维，如聚苯胺、PEDOT-PSS 和纯的 PEDOT，其电导率为 $150 \sim 250$S/cm[22-23]。但由于机械强度差、尺寸微米级、生产效率低、脆性大、加工难度大等因素，商业应用仍然有限。另外，其他纺织材料与 ICPs 结合，可以扩展其应用领域。两种材料的结合可通过两种方法实现，一种是将 ICP 与绝缘聚合物（如聚丙烯、聚乙烯和聚苯乙烯）混合，另一种是用 ICP 涂覆传统的纺织材料。

所有的聚合物导电纤维都可以通过 ICPs 与普通聚合物共混得到。瑞典纺织学校生产的智能纺织设备使用 PP/PANI 和 PP/PA/PANI 复合纤维，如图 28.7 所示。这些纤维的生产分为混合和纺丝两步。对于纺丝而言，熔融纺丝工艺最合适。瑞典纺织学校生产的基于 ICP 基础上的导电纤维，电导率为 10^{-2}S/cm，有可接受的力学性能，可将其整合到某些纺织品应用中[24,25]。

28.3.2.7 Ⅶ类：非金属导电涂层纤维

提高 ICPs 使用性能的另一方法是将其涂覆在纺织材料表面。通过溶液浇铸、

喷墨打印、原位聚合、气相聚合和化学气相沉积等技术，在织物基材表面施加一层非常薄的导电聚合物[26-29]。纳米级导电涂层不仅具有高的导电性，而且能够保持基底纤维的柔韧性和弹性。然而，由于一些碳基材料的健康问题，必须清楚哪些材料能用于服装，哪些不能。

图 28.7 瑞典纺织学校制备的 PANI/PP 共混导电纤维

此外，具有高导电性、良好的环境稳定性、较低重量和高依从性的本征导电聚合物，是传统导电涂层的良好替代品。然而，加工困难、与基板的黏附性差以及耐久性问题限制了 ICPs 的应用领域。ICPs 直接沉积在织物基材表面，不仅能够提供较高的导电性，而且还保留了基材的本来性能。

在实验室里通过使用极薄层的共轭聚合物，可将传统的纺织材料转变成导电材料。通过化学气相沉积（CVD）涂层技术，在合适的氧化剂存在下，用共轭聚合物聚（3,4-亚乙基二氧基噻吩）（PEDOT）涂覆纺织基材。涂层工艺过程如图 28.8 所示。

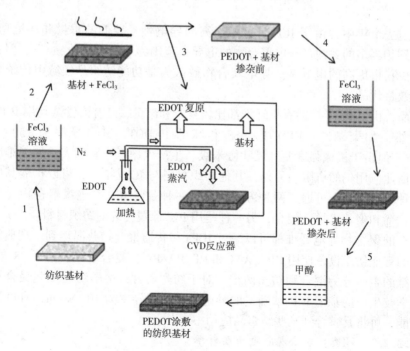

图 28.8 化学气相沉积工艺示意图[30]

PEDOT 直接沉积在纺织基材表面，可以获得很高的电导率。用这种方法可以成功地涂覆粘胶纤维、聚酯纤维、芳纶和聚酰胺纤维等纺织材料，并获得了大约 15S/cm 的电导率[31-34]。

也可以通过导电聚合物沉积方式制备织物。使用 PEDOT 涂层纱线可以制备全部由聚合物构成的纺织品柔性传感器。采用针织结构、纯聚酯纱线构成的传感器如图 28.9 所示。用循环试验机测定该针织贴片的拉伸传感性能。

图 28.9　PEDOT 涂层纱线（黑色）和聚酯纱线（白色）
采用针织结构制备的纺织拉伸传感器

PEDOT 涂层纱线的拉伸传感行为如图 28.10 所示。由此可知，经过几次伸展—收缩循环后，这种针织结构仍保持拉伸回复性和电性能[35]。

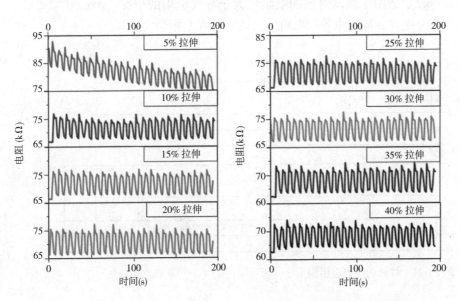

图 28.10　PEDOT 涂层纱线在不同伸长下的拉伸传感行为[35]

28.3.3 导电纺织材料的测量

对于导电纺织材料，既要考虑传统的织物尺寸稳定性，也要考虑其电性能。与传统电子产品相比，纺织品柔软、可弯曲、尺寸稳定性差。使用传统的电气测量方法和设备，可能会导致测量结果不准确，甚至得到错误的结果。

28.3.3.1 导电纱线的电阻测量

表征和比较导电材料的主要测试指标是电阻率，电阻率能够给出同样数量的信息。公式（28.7）可改写如下：

电阻率 ρ 定义为：

$$\rho = R \frac{A}{l}$$

其中，ρ 为电阻率，l 为材料长度（测试长度以米为单位），A 为试样（假定均匀）的横截面积（m^2），R 为材料的测量电阻（Ω）。然而，大多数情况下，导电纺织材料是绝缘材料（聚酯、聚酰胺等）和导电材料（不锈钢、银、铜等）结合在一起的复合材料，A 和 l 都不好确定。材料的总电阻率与导电组分的总电阻率相差较大。因此，在导电纺织材料中，电阻率往往变得复杂而毫无意义。在选择导电纱线时，应以线性电阻作为关键参数，而不是使用总电阻率。线性电阻按单位长度进行计算（单位为 Ω/m）。

线性电阻可以简单地用欧姆计测量（图 28.11，上），即两点测量法。该测量装置的等效电路如图 28.12 所示，欧姆表实际上给出的是被测对象和测量导线的总电阻。该方法比较适用于测试对象的电阻远大于导线电阻的情况。但通常期望导电纱线有高的导电性，因此由导线电阻引起的测量误差相当大。

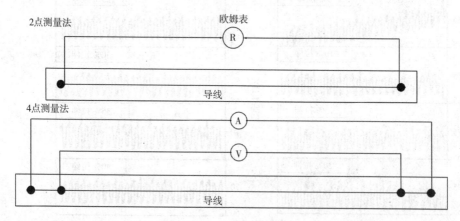

图 28.11 纱线的线性电阻测量法：两点测量法（上）和四点测量法（下）

一种更好的测量纱线电阻的方法是四点测量法。这种方法使用电流表和电压表，通过欧姆定律确定电阻（图 28.13）。

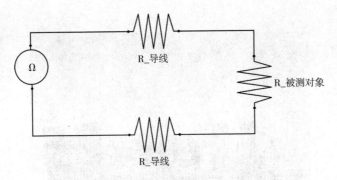

图 28.12　两点测量法设置的等效电路

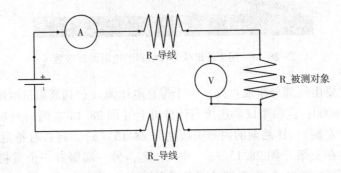

图 28.13　四点测量法设置的等效电路

电路中所有节点的电流都是一样的。在这种测试方法中，同时测量被测对象电阻的压降与电流，计算出的电阻更接近被测样品（导电纱线）的实际值。当导电纱线的电阻较低时，四点测量法更合适。

在实际应用中，由于导电纤维/纱线柔软、柔韧、尺寸稳定性差，其电阻测量一直存在问题。很少有文献报道关于纤维结构电测量的研究。传统测量方法中，通常使用鳄鱼夹与电压表相连。鳄鱼夹夹持特定长度的导电纤维/纱线，然后在特定电压下测量电阻。但鳄鱼夹对纤维/纱线的硬夹持会损坏导电涂层，或使纤维结构中产生内部裂缝，引起导线电性能的永久性损失。因此，使用鳄鱼夹无法获得稳定的测试结果。

图 28.14 所示为新开发的电阻测量装置，不仅可用于纤维状结构材料的测试，还可用于特殊尺寸织物样品的测试。

图 28.15（a）为测试样品架。有四个完全一样的单元支持测试物体，测试物体可以是一条线或一块面料。轮子支托 2 是铝制的，支撑杆 3 是钢制的。中部杆 4 由 Telfon 制作的，可以确保与底部普通支撑物的绝缘性。Telfon 支撑杆固定到铝底板 5 上的钢棒上，铝板没有固定且能在铝合金槽 6 中移动。b 为单个黄铜轮。轮子 1 由黄铜制作，尺寸 $R_1 = 30mm$，$R_2 = 40mm$，$L = 50mm$。

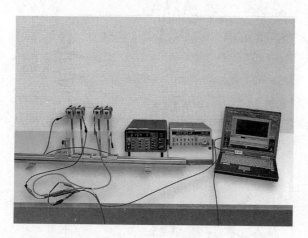

图 28.14　用于纤维状结构材料的电阻测试装置

　　该装置主要由两部分组成：（a）一个带有电压源（包括高阻抗电压表）的 Kiethley 皮安计 6000；这两个仪器连接到计算机上（图 28.14 右侧）；（b）一个样品架（图 28.14 左侧）。样品架的内部构造见图 28.15（a）。将具有特定长度的试验对象一端固定在支架［图 28.15（a）中 7］上，另一端缀有一个重物［图 28.15（a）中 8］。重物重 50g，确保试验对象是伸直的，并且与两个或四个轮子接触，如图 28.15（a）所示。

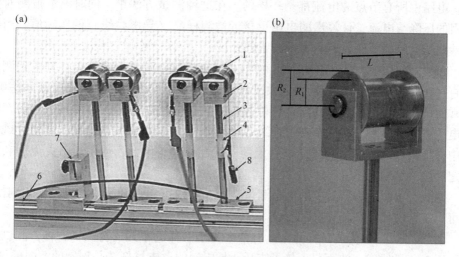

图 28.15　电阻测试装置的结构

　　该装置也可用于测量纤维生产过程中的电阻值。样品架放置在筒管上最后卷绕的纤维前。随着纤维样品的移动，轮子也会旋转。因此，物体的表面形状不会因为与轮子表面的摩擦而受到影响。

28.3.3.2　导电织物表面电阻测量

织物表面电阻测量主要根据标准 ASTM D-257[36]进行。该方法使用同心环形探针（图 28.16）。

标准测试方法规定在探针上施加恒定电压。试验期间测得的电流由电流表给出。知道中心电极的电阻外半径（R_1）和外环电极的内半径（R_2）及探针的几何系数[37]，就可以计算出表面电阻率。

与许多块状材料相比，纺织品有高的孔隙率，经常表现出各向异性。因此，多数情况下表面电阻率并不是一个有价值的指标；相反，单位面积的表面

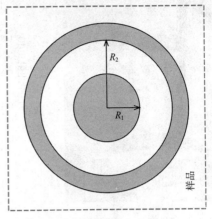

图 28.16　使用同心环形探针的表面电阻测量结构

电阻更关键，而且单位面积的电阻最好给出方向。一种纺织品专用表面测量探针结构[38]如图 28.17 所示。

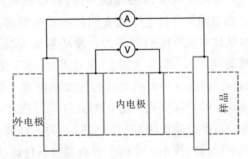

图 28.17　表面电阻测量探针和测量装置

这种装置可以测量织物经纱、纬纱方向或任一对角线方向的表面电阻率。探针由绝缘体构成，四个金属电极彼此平行放置。两个外围电极与电流计相连，而两个中心电极在测试压降的地方构成一个方形。

28.3.3.3　线性机电性能测量

在机械应变下，诸如纺织品等材料中的电量变化是机电传感组件的基础。导电纱线/织物的机电性能可通过拉力测试仪和万用表[39]来确定（图 28.18）。例如，电阻可以充当电量的任务，机械变量可表示为电阻变化量（$\Delta R/R$）相对于伸长率（$\varepsilon = \Delta l/l$）的函数。图 28.19 为电阻变量与伸长率的函数关系[39]。

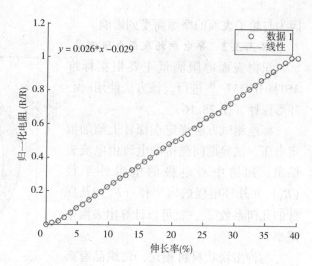

$y = 0.026*x - 0.029$

数据 1
线性

归一化电阻 (R/R)

伸长率(%)

图 28.18　线性机电性能测试装置　　图 28.19　相对电阻变量与伸长率（0~40%）的函数关系

　　高机电灵敏度的导电材料可用作应变传感器，而机电性能稳定的材料则是数据传输的理想材料。

28.3.3.4　循环机电性能测量

　　对于用作应变传感器的导电纱线/织物而言，循环机电性能是另一个重要特性。稳定的循环机电性能表明传感器的低滞后性。为了测量循环机电性能，用循环测试仪对试样施加循环力。循环测试仪是一种自制设备，有一个固定端和一个可移动端[40]。可移动端的速度可在 5 ~ 50mm/s 变化。整个测试装置长度为400mm，通过改变可移动端的速度和位置，制定 64 个不同的测试步骤，以记录应用循环下的电阻变化。循环测试仪与万用表一起工作。借助 LabVIEW 程序，万用表可以自动记录电阻和时间之间的关系曲线。改变循环测试仪的拉伸时间，可以得到不同的曲线图。这两个设备通过软件连接在一起，整个装置如图 28.20 所示。

图 28.20　带有样品传感器、万用表和软件的循环测试仪

586

28.4 织物机械传感器

28.4.1 织物压电传感器

28.4.1.1 压电现象

压电效应，来自希腊的 $\pi\iota\varepsilon\zeta\varepsilon\iota\nu$，意思是按压、挤压[41]，是材料或设备机械和电气特性之间的相互作用。改变一个参数会影响另一个参数。不同类型的材料都显示出这些特性。石英、黄玉和电气石矿物；人和动物骨骼组织；不同的蛋白质；罗谢尔盐（四水合酒石酸钾钠）；钛酸钡、锆钛酸铅、PZT；以及聚偏二氟乙烯（PVDF）等聚合物。压电效应是 Jacques 和 Pierre Curie 在研究其他矿物中的石英时发现的，与许多其他科学领域相比，压电效应发现得相对较晚。

具有机械应力—电相互作用的材料在技术上是非常有趣的：传感器可以捕捉机械振动并将其转换为电信号，机械张力可以通过电子方式测量等。压电系统并不是机械传感的唯一机理（表 28.1），但它确实非常丰富，有时非常实用。此外，在纺织界，人们对压电的兴趣也越来越大。

使材料结合在一起的纽带是电子，而电子是电的基础，因此材料力学和材料电子学之间存在联系并不奇怪。更令人惊讶的是，压电材料的列表并不长，更进一步地说，它是由一些奇怪的材料组成的。这是因为压电材料需要电荷有序排列，多数材料中正负电荷密度相互抵消，失去压电效应。因此，许多压电材料都是晶体，因为晶体具有高度有序性。而且晶体必须是非中心对称的，这样才能产生电荷转移。

事实上，压电现象有多种类型。正压电效应（PE）是由外界施加的机械力——拉伸力、压缩力、弯曲力等而产生电荷和电压。逆压电效应（RPE）正好相反，其压力是对外加电场或电压的响应。如可以通过电媒介产生长度的变化（尽管很小）。压阻率（PR）定义为材料变形时电阻率（而非电阻）的变化。半导体（单晶、非晶、多晶）如硅和锗是压阻式的。

因此，许多压电设备利用这些现象，如麦克风膜（PE）、扩音器（RPE）、声呐（历史上第一个应用；RPE）、用于压力测量的压阻式电阻器（PR）、打火机（PE）和石英表（RPE）等。

压电技术与纺织品结合过程中，除了将压电装置放在盒子里外，还以薄膜（陶瓷或聚合物）或纤维的形式进行整合。压电纤维并不常见，如由 PZT 和钛酸钡[43]制成的纤维，从纺织加工的角度来看，它们的长度通常很短。瑞典 SwereaIVF 和纺织学院[44]、葡萄牙米尼奥大学、亚琛纺织技术学院[45]、法国纺织物理与力学实验室[46]等研究小组研发了聚合压电纤维长丝。

28.4.1.2 案例研究：织物呼吸监测传感器

图 28.21 所示为呼吸监测服装原型[40]。两个压阻传感器放在服装表面，传感器表面涂有一层导电硅树脂（ELASTOSIL® LR3162）。可以利用这种装置模拟材料的另一个特性，即压阻率。传感器分别放置在胸部和腹部位置。传感器可直接涂在正面图案上，通过调整涂层材料的组合，调整和改进传感器的性能。导电纱线（Shieldex 235f34 dtex 4 层 HC，Statex）连接到传感器上用作数据传输线。

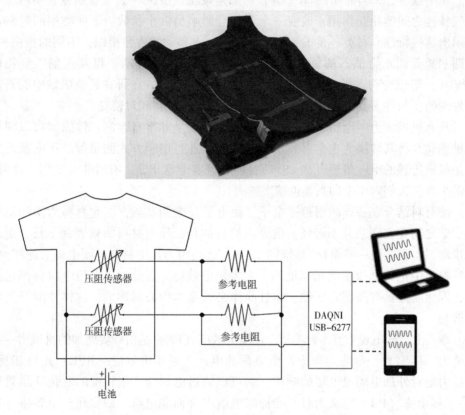

图 28.21　呼吸监测服装原型和等效测试电路

服装原型对 5 名受试者进行测试，3 名女性和 2 名男性，年龄在 25~45 岁（平均 35 岁）。要求受试者控制呼吸模式并保持呼吸节奏几分钟。几分钟后，在不通知受试者情况下记录信号。研究人员要求受试者执行一系列的呼吸动作，如同步呼吸、快速呼吸、慢呼吸和睡眠呼吸暂停模拟等。此外，为了验证传感器是否能够区分主要的呼吸部位，受试者分别接受 1min 直立位胸部主导呼吸和仰卧位腹部主导呼吸的训练。

研究结果表明，使用织物基传感器成功检测和监测到不同情况下的呼吸（图28.22和图28.23）。来自服装传感器的信号质量与来自参比压电传感器的信号质量偏差很小。该系统总体上提供了良好的信号质量，同时兼顾舒适性和易用性。此外，将两个放置在衣服不同位置的传感器组合在一起，可以提高信号质量，并检测出主要呼吸部位。

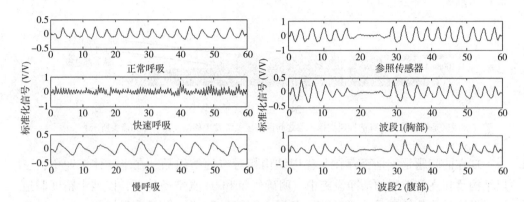

图 28.22　正常受试者的呼吸记录：正常呼吸、快速呼吸、慢呼吸（左）和呼吸暂停模拟（右）[39]

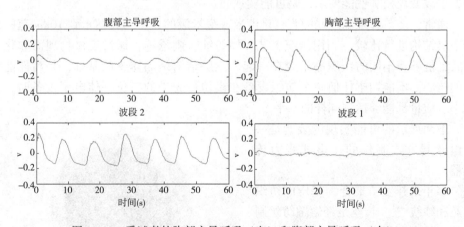

图 28.23　受试者的胸部主导呼吸（左）和腹部主导呼吸（右）
波段 1：传感器放置在胸部；波段 2：传感器放置在腹部[39]

28.4.1.3　案例研究：监测行走模式用缝制压电纺织设备

监测行走模式用缝制压电纺织设备作为集成的例子，具有两个特征：由纺织生产工艺加工；由纺织材料制备。

几乎所有类型的电子设备都是三层结构，即三个薄膜层相互叠加在一起。如电容器、LED、太阳能电池等。三层结构中的中间层是指有源层，由于一定的物理机理，当作用发生（例如在太阳能电池中，光子的吸收，激子形成和电荷载流子的分离）时，每侧的两个电极必然形成闭合电路。一个电极传送电子，另一个电极传送带正电的空穴。这种三元结构简单有效，是一种非常有潜力的设备模型，可以通过多种方式进行整合，例如添加更多的层，允许非均匀薄膜，对薄膜进行垂直切割等（图 28.24）。

图 28.24　三层模式示意图

（虚线区是绝缘的，没有活性层支撑；层之间因挤压经常发生移动，结合点如箭头所示）

现在的问题是，是否存在与三层结构相对应的纺织品。在半导体工业中，三层结构是在高度控制的洁净设施中、明确气氛和/或真空条件下，以纳米精度制造的。无论是从几何还是化学角度，各层之间接触良好，界面受到控制。通常导致电气性能被破坏的因素是氧气和水分，需要将两种成分最小化。

因此似乎不可能通过纺织工艺和纺织品来模仿三层结构，即"纺织信息化"，但如果改变规模和性能要求，是可能实现的。

通常，多数纤维和纱线的直径是微米或毫米级的，可与几纳米到 10nm 范围内的三层结构进行比较。利用纺织工艺，如纺纱、刺绣等，通过机械物理而非化学方式，能够将不同的纺织品结合在一起。三层结构是晶体管的基础，是高性能计算的核心。不能期望任何一个纺织设备在模仿最先进的三位一体电子设备时，其效率、质量都能够达到同样的水平。

下面展示的可能实现的装置是一个由缝制方式制作的压电式张力传感器。

多年来开发了聚合物基压电纺织长丝和纱线[44]。长丝是经熔融纺丝制备的、具有双组分皮—芯结构，皮层由常规本体聚合物（如高密度聚乙烯）和压电材料（PVDF）的混合物构成，芯层由导电的聚乙烯—炭黑混合物（图 28.25）构成。导电的芯层起到电极的作用。

从喷丝头出来的 PVDF 不一定是

图 28.25　具有压电皮层和导电芯层结构的长丝横截面

（由于材料的流变性，内芯并非总呈中心对称）

压电材料。研究表明，冷拉伸会导致 PVDF 的分子链重排，形成 α 晶型[44]。但这还不够，要具有压电性能，聚偏氟乙烯链需要处于 β 晶型，这可通过极化过程来实现。将材料暴露在几千伏高压下，同时加热到 70℃，聚合物链可以重新排列。结果表明，β 相稳定时间较长[47]。极化过程可以直接作用于 α 相 PVDF 纤维，也可直接作用于嵌入任何服装中的 α 相 PVDF 纤维，分别称为纱线极化和服装极化。

PVDF 化学成分上接近特氟龙 (Teflon)，与特氟龙相似，黏附性不强，这使得压电纤维作为涂层 (如外电极) 基底非常困难。但作为外电极使用，却是创建三层结构的最佳选择。实验表明，即使经过等离子体处理，也不足以增强其黏附力。

因此，必须选择另一种方法，通过导线使压电纤维 [即具有高密度聚乙烯 (美国道琼斯公司 Aspun 6835A) 和炭黑 (荷兰阿克苏诺贝尔公司 Ketjenback EC-600JD)] 的导电芯和具有压电性能的聚偏氟乙烯皮层 [意大利索维索莱西斯公司 (Solef 1006) 的压电护套] 机械性地靠近。Shieldex®导线来自前面提到的第Ⅲ类导电纱线 (德国，Statex，镀银聚酰胺)。由此我们制备了以导电炭黑芯为内电极，聚偏氟乙烯 (PVDF) 皮为活性层，Shieldex 为外电极的三元结构纺织变体。

初步实验表明，可以用手将两股纱线捻合在一起，将两个电极连接到示波器上，在拉伸系统时获得信号。实际上，压电纤维非常敏感，很小的运动就会发出清晰的信号，噪声水平中等。

我们使用 Brother Exedra (DB2-B737-403，Brother，Japan) 缝纫机，以压电纤维作面线，Shieldex 作底线，进行缝合。由于不同细度的面线和底线会引起不同的张力，而且容易产生折痕和起皱，因此使用 Shieldex 235/34×2 作为底线，与所用的压电纤维细度相似。使用常见的双线连锁缝法进行缝合。

15 件单面针织面料 (涤纶，100dtex/34×2) 样品，尺寸为 15cm×12cm，用 3 种不同的缝合长度 (1.25、2.25 和 3.25) 进行 15cm 的缝合，每种缝合长度分别缝制 5 块样品。两条线两端松散部分留出 10cm 的长度，用作电线连接接头，实物见图 28.26。

图 28.26 缝合的样品。可见两个内外电极接头

　　然后对样品进行极化。将压电纱线的末端切割成薄片露出内电极，涂上琼脂银漆 G3691，然后晾干，将铜带（3M™ EMI 铜箔屏蔽带 1181）缠绕在其外部。Shieldex 纱线用同样的铜带进行处理。依次将样品放置在绝缘玻璃表面，使用带加热灯和数字温度计（Fluke）的室内加热处理设备。压电纱线和 Shieldex 纱线与高压电源（PHYWE）以及万用表（Fluke）结合，控制产生的电流。必须避免故障，否则会破坏压电效应。将样品加热到 70℃，施加 2.5kV 电压条件下保持 10s。

　　极化之后，将每个样品连接到 PC 示波器（Picoscope2204 Pico 技术）上，测试其压电活性。

　　自制的拉伸仪见图 28.27，用两端的夹子夹紧样品。样品通过探针（Tektronix，TPP0101 电压探针，100MHz，放大 10 倍）连接到 PC 示波器（Picoscope 2204 Pico 技术）上。从样品水平放置在桌子上方的起始位置开始，重复进行拉伸松弛运动。为了避免任何不稳定状态，10min 后开始测量，反复拉伸样品，持续时间为 1min。拉伸幅度为 4mm，夹子速度为 50mm/s。15 个样品进行同样的测试，测试顺序随机进行。如图 28.28 所示，缝合的压电张力装置工作正常。使用高度重复模式，与样品的运动同步。这个过程磁滞较低。

图 28.27　拉伸仪。夹住样品（箭头），移动右侧夹子，样品沿虚线箭头方向来回移动，通过内部软件控制设备

　　此外，每个样品在探测期间的测量平均值如图 28.29 所示。缝合针距越长，图中的振幅越大，产生的电压也越大。假设大针距更有利于织物和缝制系统内任何运动的传递，那么针距为 3.25mm 的样品应该表现出最少的扩散。观察发现，针距 3.25mm 缝制的样品的视觉效果更好，其他针距缝制的样品在视觉上是分散的。

　　通过这个程序，可以进一步生产许多产品，比如监控行走模式的袜子。如图 28.28 所示结果，迟滞较低，能够跟随如行走速度、左右脚不平衡的行走方式等特征。

　　因此，可通过一体化的方法构建简单的纺织设备。尽管这两种纤维之间的电接触质量很差，但设备仍能工作。事实上，缝纫法甚至有一定的优势。由于内外电极的空间分离，连接起来比使用三组分纤维容易得多。对于图 28.24 中显示的距离，很难对特定层进行处理，但在纺织样品材料中却很容易实现，如图 28.26 所示。

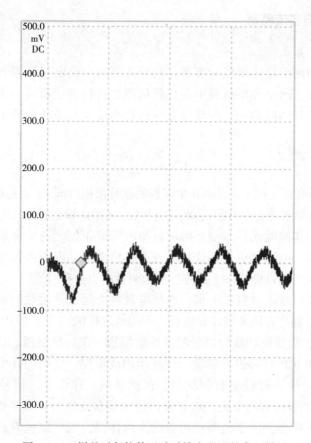

图 28.28 样品反复拉伸运动时输出电压的典型结果

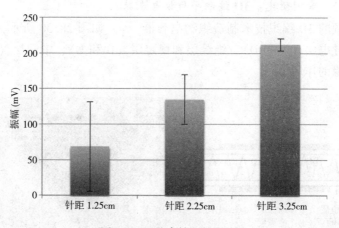

图 28.29 缝合针距的影响

28.4.2　织物电容传感器

28.4.2.1　电容

电容器是由两个导体组成的装置，两导体之间由介电材料隔开，原则上介电材料即是绝缘体，两个导电材料中夹住任何绝缘材料都能形成一个电容器。电容器的电容取决于导体的面积、两导体之间的距离以及绝缘体的介电性能。电容可按下式计算：

$$C = \varepsilon_r \varepsilon_0 \frac{A}{d}$$

式中：C 是电容（F）；A 是两块金属板的重叠面积（m^2）；ε_r 是两块金属板之间材料的相对静电容率（介电常数）；ε_0 是电常数；d 是两块金属板之间的距离（m）。

电容器可用作储能元件，储存的能量与电容成正比。通常电容器用在电路中缓冲电源的波动。电容器也可用作压力或变形传感器，因为电容与电极之间的距离有关。多个电极可以形成一个矩阵，用来测量压力分布[48]。

纺织电容器以导电材料做电极，在导电材料之间放置柔软的绝缘体。可以使用常见的纺织品制造方法来制作导电板，例如通过机织[49-50]、针织[51]、缝纫[52-53]和刺绣法等[54]，以导电纱线为原料制备导电织物，作为导电板。这些导电板也可以用导电墨水和 ICP 材料进行喷涂、丝网印刷或涂层。所用的介电材料通常是泡沫和聚合物。但这些材料也有些缺点，包括滞后、弹性差、信号漂移和横向移动[55]等，因此随着距离的变化，电容输出通常是非线性的。大多数基于织物的电容器用作压力传感器，用于监测使用者的生命体征，或检测坐着或走路时的压力分布。

28.4.2.2　案例研究：3D 编织平行板电容器

采用新颖的 3D 编织技术制造织物电容器[56]。如图 28.30 所示，编织结构由五层组成：导电层（A 和 D）、绝缘层和稳定层（B 和 E）、中间层（C），中间层起隔离和绝缘的作用。

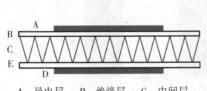

A：导电层　　B：绝缘层　　C：中间层
D：导电层　　E：绝缘层

图 28.30　平行板电容器的 3D 编织结构

构造一个一阶无源高通滤波器，利用织物样品作为电容器与 1MΩ 的电阻器串联起来，可对这种多层电容器进行检测。为了验证压力传感器的功能，函数发生器将频率为 10kHz、峰间振幅为 3V 的正弦信号发送给纺织样品（图 28.31，左），在示波器上读取输出信号。3D 编织结构的两个外层与两个金属板之间的距离从 15mm 到 5mm 不等，每 1mm 记录一次输出电压。

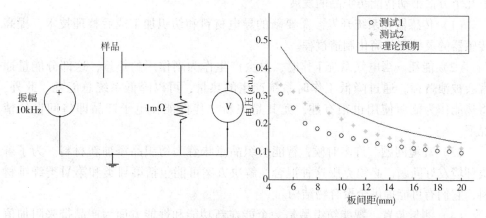

图 28.31　3D 编织电容器测试装置的等效电路和测试结果

经电路分析发现，输出电压 V_{out} 与 d 近似成反比，如图 28.31 中右图中实线所示。理论预期和两个测试结果如图 28.31 所示。在第一种情况下，样品简单地由两块有机玻璃板支撑，在第二种测量中，样品粘在有机玻璃上以防止横向移动。

实验结果表明，织物传感器的行为与预期结果比较一致，而且该结构可用于指示压力的存在，偏差主要是由导电层的横向移动引起的。随着两板间距离的减小，间隔结构的刚性产生剪切力，使导电层发生横移，从而使重叠区域不再恒定。未来的工作重点在于解决导电层的意外横移，并建立部分填充电容器的精确模型，以预测介电材料的有效介电常数。考虑到这些问题，这种结构也可用于距离或压力的绝对测量。

28.5　未来展望

材料与设备融合是现代技术的发展趋势，智能纺织品就是一个例子，尤其是集成方法。希望这能重新赋予纺织领域力量，使纺织领域能够在发展中处于领先地位，而不依赖于其他领域的使能技术。智能纺织品是一个研究领域，是一个范式转移的例子，通过将材料、技术和组件整合到一起形成完整的系统和表达，实现纺织工艺的创新。

创新本身不会自发产生，它需要不同背景和技能的人聚集在一起，共同努力，创造出最好的或意想不到的解决方案。智能纺织品领域发展的一个重要方面，是创造多学科和跨部门合作的机会，共同利用智能纺织品的机会。这是智能纺织品激动人心的未来。

尽管智能纺织品已经取得了可喜的成果，但仍需要更多的研究。以后可在以下几个方面推动智能纺织品的发展。

（1）传感器和系统开发。需要新的导电材料和纺织加工或后整理技术，提高传感器的灵敏度并简化制造过程。

（2）能耗。当电气系统工作时，总会产生作为副作用的热量，这部分能量通常会被浪费掉。通过降低工作时系统产生的热量，可以降低系统总能耗。此外，将热能作为能源使用也很有趣，尤其是在新一代低能耗电子产品即将问世的情况下。

（3）环境问题。许多时候，智能纺织品意味着为纺织品添加新材料。为了解决环境友好问题，必须克服这种混合。解决方案可能包括第Ⅶ类和第Ⅵ类纤维材料，它们有可能提供全聚合物结构。

（4）测量装置。智能纺织品是一个能在新功能和性能方面为产品带来附加值的研究方向；然而，智能纺织品的复杂性，无论是纺织品还是电子产品，都要求在市场推出之前采用新的测试和评估方法。

（5）测试标准。为了使测试结果具有可比性，应使测量功能和性能的新设备和测试方法标准化[57-58]。

参考文献

［1］ D. Meoli, T. May-Plumlee, Interactive electronic textile development: a review of technologies, J. Text. Apparel Technol. Manage. 2（2）（2002）.

［2］ Tibtech. Conductive Yarns and Fabrics for Energy Transfer and Heating Devices in SMART Textiles and Composites. http://www.tibtech.com/metal_fiber_composition. php.（accessed 08.09.15）.

［3］ Identification of Textile Materials, seventh ed., The Textile in Manchester, 1985.

［4］ M. Skrifvars, A. Soroudi, Melt spinning of carbon nanotube modified polypropylene for electrically conducting nanocomposite fibres, Solid State Phenom. 151（2008） 43-47.

［5］ R. Alagirusamy, A. Das, Technical Textile Yarns, Industrial and Medical Applications, Woodhead Publishing, Cambridge, 2010.

［6］ Desai, A.A., Metallic Fibres, Available: http://www.fibre2fashion.com/industryarticle/3/213/metallic-fibres1.asp（accessed 08.09.15）.

［7］ A.K. Sen, Coated Textiles Principles and Applications, CRC Press, Boca Raton, FL, USA, 2007.

［8］ D. Zabetakis, M. Dinderman, P. Schoen, Metal-coated cellulose fibers for use in composites applicable to microwave technology, Adv. Mater. 17（6）（2005）734-738.

［9］ D.M. Mitrano, E. Rimmele, A. Wichser, Presence of nanoparticles in wash water from conventional silver and nano-silver textiles, ACS Nano 8（7）（2014）.

［10］ Metal Coated Fibre, Available：http://www.lite-tec.co.uk/metalcoatedfibre.html （accessed 08.09.15）.

［11］ F. Dalmas, R. Dendievel, L. Chazeau, et al., Carbon nanotube-filled polymer composites. Numerical simulation of electrical conductivity in three-dimensional entangled fibrous networks, Acta Mater. 54（11）（2006）2923-2931.

［12］ M.A. Hunt, T. Saito, R.H. Brown, et al., Patterned functional carbon fibers from polyethylene, Adv. Mater. 24（18）（2012）2386-2389.

［13］ D.D.L. Chung, Chapter 2-processing of carbon fibers, in：D.D.L. Chung（Ed.）, Carbon Fiber Composites, Butterworth-Heinemann, Boston, 1994, pp. 13-53.

［14］ A. Saleem, L. Frormann, A. Iqbal, Mechanical, thermal and electrical resisitivity properties of thermoplastic composites filled with carbon fibers and carbon particles, J. Polym. Res.14（2）（2007）121-127.

［15］ D.M. Bigg, Mechanical and conductive properties of metal fibre-filled polymer composites, Composites 10（2）（1979）95-100.

［16］ Y. Show, H. Itabashi, Electrically conductive material made from CNT and PTFE, Diamond Relat. Mater. 17（4-5）（2008）602-605.

［17］ D.M. Bigg, Conductive polymeric compositions, Polym. Eng. Sci. 17（12）（1977）842-847.

［18］ M. Sharon, Carbon Nanomaterials, Encyclopedia of Nanoscience and Nanotechnology 1, American Scientific Publishers, Valencia, CA, 2004, pp. 517-546.

［19］ M. Meyyappan, Carbon Nanotubes：Science and Applications, CRC Press Taylor & Francis, London, 2005.

［20］ D. Negru, C.-T. Buda, D. Avram, Electrical conductivity of woven fabrics coated with carbon black particles, Fibers Text. East. Eur. 20（1, 90）（2012）53-56.

［21］ A. Elschner, et al., PEDOT Principles and Applications of an Intrinscially Conductive Polymer, CRC Press Taylor & Francis Group, London, 2011.

［22］ S.J. Pomfret, P.N. Adams, N.P. Comfort, et al., Electrical and mechanical properties of polyaniline fibres produced by a one-step wet spinning process, Polymer 41 (6) (2000) 2265-2269.

[23] H. Okuzaki, H. Harashina, H. Yan, Highly conductive PEDOT/PSS microfibers fabricated by wet-spinning and dip-treatment in ethylene glycol, Eur. Polym. J. 45 (1) (2009) 256-261.

[24] A. Soroudi, M. Skrifvars, H. Liu, Polyaniline-polypropylene melt-spun fibre filaments: the collaborative effects of blending conditions and fibre draw ratios on the electrical properties of fibre filaments, J. Appl. Polym. Sci. 119 (2011) 558-564.

[25] A. Soroudi, M. Skrifvars, The influence of matrix viscosity on properties of polypropylene/polyaninline composite fibres-rheological, electrical, and mechanical charactristics, J. Appl. Polym. Sci. 119 (5) (2011) 2800-2807.

[26] P. Xue, X. M. Tao, Morphological and electromechanical studies of fibers coated with electrically conductive polymer, J. Appl. Polym. Sci. 98 (2005) 1844-1854.

[27] Z. Rozek, W. Kaczorowski, D. Lukáš, et al., Potential applications of nanofiber textile covered by carbon coatings, J. Achiev. Mater. Manuf. Eng. 27 (1) (2008) 35-38.

[28] T. Hirai, J.M. Zhang, M. Watanabe, et al., Chapter 2-electrically active polymer materials-application of non-ionic polymer gel and elastomers for artificial muscles, in: X.M. Tao (Ed.), Smart Fibres, Fabrics and Clothing, Woodhead Publishing, 2001, pp. 7-33.

[29] A. Kaynak, L. Wang, C. Hurren, et al., Characterization of conductive polypyrrole coated wool yarns, Fibers Polym. 3 (1) (2002) 24-30.

[30] T. Bashir, J. Naeem, M. Skrifvars, et al., Synthesis of electro-active membranes by chemical vapor deposition (CVD) process, Polym. Adv. Technol. 25 (2014) 1501-1508.

[31] T. Bashir, M. Skrifvars, N.-K. Persson, Production of highly conductive textile viscose yarns by chemical vapour deposition technique: a route to continuous process, Polym.Adv. Technol. 22 (2011) 2214-2221.

[32] T. Bashir, M. Skrifvars, N.-K. Persson, Synthesis of high performance, conductive PEDOT-coated polyester yarns by OCVD technique, Polym. Adv. Technol. 23 (2010) 611-617.

[33] T. Bashir, M. Ali, S.-W. Cho, et al., OCVD polymerization of PEDOT: effects of pretreatment steps on PEDOT coated conductive fibers and a morphological study of PEDOT distribution on textile yarns, Polym. Adv. Technol. 24 (2013) 210-219.

[34] T. Bashir, M. Skrifvars, N.-K. Persson, Surface modification of conductive

PEDOT coated textile yarns with silicon resin, Mater. Technol. Adv. Perform. Mater. 26 (3) (2011) 135–139.

[35] T. Bashir, M. Ali, N.-K. Persson, et al., Stretch sensing properties of knitted structures made of PEDOT–coated conductive viscose and polyester yarns, Text. Res. J. 84 (3) (2013) 323–334.

[36] Standard test methods for DC resistance or conductance of insulating materials, (2014). ASTM D 257-14.

[37] W.A. Maryniak, T. Uehara, M.A. Noras, Surface Resistivity and Surface Resistance Measurements Using a Concentric Ring Probe Technique in Trek Application Note, 1005,2013.

[38] M. Åkerfeldt, M. Stråått, P. Walkenström, Influence of coating parameters on textile and electrical properties of a poly(3,4–ethylene dioxythiophene): poly(styrene sulfonate)/polyurethane–coated textile, Text. Res. J. 83 (20) (December 2013) 2164–2176.

[39] L. Guo, L. Berglin, U. Wiklund, et al., Design of a garment–based sensing system for breathing monitoring, Text. Res. J. 83 (5) (2013) 499–509.

[40] Guo, L., Berglin, L., Li, Y.J., et al., Disappearing sensor: textile–based sensors for monitoring breathing. In Proceeding of 2011 International Conference on Control, Automation and Systems Engineering (CASE), Singapore, July 30–31, 2011, pp. 1–4.

[41] H. Douglas, Piezoelectric, Online Etymology Dictionary (2015).

[42] J. Curie, P. Curie, Développement, par pression, de l'électricité polaire dans les cristaux hémiedres à faces inclinées, C. R. Acad. Sci. 91 (1880) 294–295.

[43] Advanced Cerametrics Inc., Lambertville, NJ, USA; Smart Materials Gmbh; Dresden, Gemany; and CeraNova Ceramic Microfibers of Lead Zirconate Titanate (PZT), Barium Titanate (Marlborough, MA, USA).

[44] A. Lund, Melt Spun Piezoelectric Textile Fibres: An Experimental study. Thesis for Degree of Doctor of Philosophy, Chalmers Univerisity of Technology, 2013.

[45] A. Ferreira, P. Costa, H. Carvalho, et al., Extrusion of poly(vinylidene fluoride) filaments: effect of the processing conditions and conductive inner core on the electroactive phase content and mechanical properties, J. Polym. Res. 18 (6) (2011) 1653–1658.

[46] M.B. Kechiche, F. Bauer, O. Harzallah, et al., Development of piezoelectric coaxial filament sensors P(VDF–TrFE)/copper for textile structure instrumentation, Sens. Actuators A 204 (2013) 122–130.

[47] Persson, et al., Piezo electrical systems for body movement monitoring-a sensitivity analysis, in: Proceedings NMD, 2015.

[48] Meyer, J., Lukowicz, P., Tröster, G., Textile pressure sensor for muscle activity and motiondetection. Proceeding of the 10th IEEE International Symposium on Wearable Computers, Montreux, Switzerland. October 11-14, 2006.

[49] R.Q. Zhang, J.Q. Li, D.J. Li, et al., Study of the structural design and capacitance characteristics of fabric sensor, Adv. Mater. Res. 194-196 (2011) 1489-1495.

[50] S. Takamatsu, T. Yamashita, T. Murakami, et al., Weaving of fabric for meter-scale floor touch sensors using automatic looming machine, Sens. Mater. 26 (8) (2014) 559-570.

[51] R. Wijesiriwardana, K. Mitcham, W. Hurey, et al., Capacitive fibre-meshed transducers for touch and proximity-sensing applications, IEEE Sens. J. 5 (5) (2005) 989-994.

[52] J. Avloni, R. Lau, M. Ouyang, et al., Polypyrrole-coated nonwovens for electromagnetic shielding, J. Ind. Text. 38 (2008) 55-68.

[53] T. Holleczek, A. Rüegg, H. Harms, et al., Textile pressure sensors for sports applications, in: Proceedings of the 9th IEEE Sensors Conference, Kona, Hawaii, USA, November 2010, pp. 732-737.

[54] J. Meyer, B. Arnrich, J. Schumm, et al., Design and modeling of a textile pressure sensor for sitting posture classification, IEEE Sens. J. 10 (2010) 1391-1398.

[55] L.M. Castano, A.B. Flatau, Smart fabric sensors and e-textile technologies: a review, Smart Mater. Struct. 23 (5) (2014) 1-27.

[56] Eriksson, S., Berglin, L., Gunnarsson, E., et al., Three-dimensional multilayer fabric structures for interactive textiles, In Proceeding of the Third World Conference on 3D Fabrics and Their Applications, Wuhan, China, April 20-21, 2011.

[57] M. Addington, D. Schodek, Smart Materials and Technologies in Architecture, Taylor & Francis, 2012, pp. 19-20.

[58] T. Rijavec, Standardisation of smart textiles, Glasnik hemicara, tehnologa i ekologa Republike Srpske 4 (2010) 35-38.